汉译世界学术名著丛书

爱因斯坦文集

第二卷

〔美〕爱因斯坦 著

范岱年 赵中立 许良英 编译

商务印书馆
创于1897 The Commercial Press

1905年(爱因斯坦奇迹年),在伯尔尼瑞士联邦专利局办公室

1937年的爱因斯坦，由中国物理学家

周培源先生(1902—1993)拍摄

第二卷选编说明

爱因斯坦从 1901 年到 1955 年共发表了专门性的科学研究论文大约 200 篇，这一卷文集选译了其中有代表性的 37 篇。

这一卷选编的科学论文，包括三方面的内容，主要的分别简介如下。

（一）相对论及其推广

1. 狭义相对论——第一篇论文是 1905 年 6 月的《论动体的电动力学》，这是爱因斯坦青年时代多年探索的结果，以完整的形式提出了等速运动下的相对性理论，提出了空间、时间的新概念。这是一篇引起物理学理论基础变革的重要文献。同时，作为相对论的一个推论，他又提出了质能相当关系，在理论上为原子能的应用开辟了道路。

2. 广义相对论——1907 年，爱因斯坦提出有必要把相对性理论从等速运动推广到加速运动，其基础就是惯性质量同引力质量的相当性。1912 年开始，他在 M. 格罗斯曼的合作下，用张量分析和曲面几何作为数学工具，终于在 1915 年 11 月 25 日的论文《引力场方程》中，建立了普遍协变的引力场方程，完成了广义相对论的逻辑结构。1916 年的论文《广义相对论的基础》就是这项工作的总结。三十年代以后，他在相对论的运动问题的研究上取得了进展，这就是从场定律推导出运动定律。此外，早在1918年，他就预言引力波的存在。关于引力波的实验检验和理论探索，近年来在许多国家已经形成一个热潮。

3. 宇宙学——爱因斯坦建成广义相对论后不久，就试图用来考查宇宙空间问题，他的1917年的论文被认为是宇宙学的开创性文献。他在这篇论文中，为避免在空间无限处给广义相对论方程设立边界条件的困难，假设宇宙在空间上是有限无界的。他当初提出的这个宇宙模型是静止的，以后有人提出处于不断膨胀中的宇宙模型，由此预见了星系之间存在着彼此分离（后退）的运动。这种运动于1929年由天文上观测到星云光谱的红移而得到证实。

4. 统一场论——1923年以后，在别人工作的影响下，爱因斯坦又试图进一步推广相对论，企图建立一个既包括引力场又包括电磁场的统一场理论，用以解释物质的基元结构。他把自己后半生的主要精力都用在这上面，先后提出过不少方案，在1929年、1945年和1954年曾取得一些进展，但都只停留在数学的表述形式上，没有得到有物理意义的结果。他在晚年悲叹："我完成不了这项工作了；它将被遗忘，但是将来会被重新发现。"①

（二）量子论

自从1900年，M. 普朗克提出量子假说，到1913年N. 玻尔提

① 1948年11月25日给M. 索洛文的信。见本文集第一卷614页。

出原子构造假说，这中间十来年，量子论的发展爱因斯坦起着主要的推动作用。他在1905年3月的论文《关于光的产生和转化的一个试探性观点》中，把量子概念扩充到辐射的传播上去，提出了光量子（光子）假说，这是历史上第一次揭示了微观客体的波粒二象性，可是当时只有极少数物理学家支持这一理论，普朗克本人（尽管他对狭义相对论一开始就表示最热烈的支持）直至1913年还表示反对。1906年，爱因斯坦又把量子概念扩充到物体内部粒子的振动上去，解决了低温时固体的比热同温度变化的关系问题。1916年的论文《关于辐射的量子理论》，是量子论发展第一阶段的理论总结，它从玻尔的原子构造假说出发，用统计力学的方法导出普朗克的辐射公式。文中所提出的受激辐射理论，是六十年代蓬勃发展起来的激光技术的理论基础。1924年，当L.德布罗意的物质波假说刚提出，他就用来处理单原子理想气体，同S.N.玻色一起建立了玻色-爱因斯坦量子统计理论。这项工作，促成了电子波的实验证实，也推动了E.薛定谔的波动力学的建立。

（三）分子运动论

爱因斯坦最初发表的几篇论文，都是关于分子运动论和热力学方面的。1902年的《热平衡的运动论和热力学第二定律》和1903年的《热力学基础理论》两篇论文，独立地提出了类似于W.吉布斯1901年提出的统计理论，为他以后建立光量子论和固体比热理论奠定基础。他的研究统计理论，有一个明确目的，就是要用来测定分子的实际大小，以解决当时科学思想战线上争论最激烈的问题：原子和分子究竟是否存在？这项研究的结果就是1905年4月和5月关于液体中悬浮粒子运动的两篇论文，不仅在理论上完全解决了1827年发现的布朗运动，而且提出了测定分子大小的新方法。三年后，J.B.佩兰据此作出实验测定，证实了爱因斯坦的理论预测。这一事实，迫使最顽固的原子论反对者W.奥斯特瓦耳德和E.马赫不得不服输，一时甚嚣尘上的反原子论的思潮终于宣告彻底破产。

爱因斯坦的科学研究论文是多方面的，我们在编选和翻译他的科学论文集中，遇到很多困难，因此免不了有错误和疏漏之处，切望同志们批评指正。

卷首印的爱因斯坦照片，是周培源先生1937年在普林斯顿摄的。对周培源先生慨允我们在这个文集中刊印这张珍贵的照片，谨致诚挚的谢意。

这次再版，增补了3篇论文：光化当量定律的热力学论证(1912年1月)；关于广义相对论(1915年11月4日)及其补遗(1915年11月11日)；引力场方程(1915年11月25日)。

编 译 者

1976年1月于北京

2007年9月修订

目　　录

关于热平衡和热力学第二定律的运动论[①]

尽管热的运动论在气体理论领域中取得了多么大的成就，可是，到目前为止，这个普遍的热学理论还没有一个充分的力学基础，因为现在还不能仅仅利用力学方程和几率运算就推导出热平衡定理和热力学第二定律，虽然麦克斯韦(Maxwell)和玻耳兹曼(Boltzmann)的理论已经接近了这个目的。本文的目的就是要弥补这一缺陷。同时还想得到对于热力学的应用甚为重要的第二定律的推广。此外，还要从力学观点出发，得出熵的数学表示。

§1. 物理体系的力学图像

我们设想一个任意的物理体系可以用这样一个力学体系来描述，这个力学体系的状态可以用许多坐标 $p_1,\cdots,p_n$ 和相应的速度

$$\frac{dp_1}{dt},\cdots,\frac{dp_n}{dt}$$

① 这是爱因斯坦第三篇公开发表的科学论文，写于1902年6月。当时他刚结束失业的生活，开始在伯尔尼(Bern)瑞士专利局任技术员(从1902年6月到1909年10月)。这篇论文所提出的热力学的统计理论，美国物理学家吉布斯(J. W. Gibbs，1839—1903)在一年以前也得到了类似的结果，但爱因斯坦当时并不知道吉布斯的工作。这里译自莱比锡出版的《物理学杂志》(*Annalen der Physik*)，第4编，9卷，1902年，417—433页。——编译者

来单值地确定。能量 E 同样是由势能 V 和动能 L 这两部分所组成，第一部分只是坐标的函数，第二部分是

$$\frac{dp_v}{dt}=p'_v$$

的二次函数，它们的系数是 p 的任意函数。应当有两种外力作用在这个体系的各个物体上。第一种力可由势函数 V_a 导出，它们应当反映外部条件（重力、没有热作用的固态壁等），这种力的势函数可以明显地包含时间，可是它关于时间的导数应当是很小的。第二种力不能从势函数导出，它们变化很快。可以把它们理解为引起热传导的力。如果没有这种力起作用，而且 V_a 不是明显地同时间有关，那么我们就得到了一个绝热过程。

我们还可以引进速度的线性函数——动量 $q_1,\cdots,q_n$ 作为这个体系的状态变量，它们可以用下列形式的 n 个方程

$$q_\nu=\frac{\partial L}{\partial p'_v}$$

来定义，这里 L 设想为 $p_1,\cdots,p_n$ 和 $p'_1,\cdots,p'_n$ 的函数。

§2. 关于 N 个具有几乎相等能量的全同绝热定态体系的可能状态分布

假定有无限多（N）个完全相同的体系，它们的能量连续地分布于两个相差很小的确定能量值 $\overline{E}$ 和 $\overline{E}+\delta E$ 之间。假定不可能存在那些不能从势函数导出的外力，并且 V_a 不可以明显地含有时间，那么，这个体系是一个保守系。我们现在来研究状态分布，并假定这些状态都是定态。

我们作这样的假设：除了能量 $E=L+V_a+V_i$，或者这些能量的函数以外，对于一个孤立体系，不存在不随时间变化而只同状态变量 p 和 q 有关的其他函数；而且下面就只考虑满足这一条件的体系。我们的假设等于下面的假定：我们的体系的状态分布由 E 的值来确定，并且对于每组状态变量的任意起始值，只有当它们满足我们的能量值条件时，这种状态分布才能成立。实际上，如果对于体系还存在另一种类型的条件，即 $\varphi(p_1,\cdots,q_n)=$ 常数，而且不能把这种条件简化为 $\varphi(E)=$ 常数的形式，那么，通过适当选择起始条件，显然可以实现：对于 N 个体系中的每一个体系，φ 具有一个任意给定的值。可是因为这些值不随时间而变化，由此得出：比如，量 $\sum\varphi$（对所有体系的累加）在给定 E 值的情况下，通过适当选择起始条件，也可以使它具有任意给定的值。可是，另一方面，$\sum\varphi$ 是可以从状态分布单值地算出来的，所以，不同的 $\sum\varphi$ 值对应于不同的状态分布。由此我们可以看出，φ 这样的第二个积分的存在必然导致如下的结论：状态分布不能仅仅由能量来确定，它还必须取决于体系的起始条件。

用 g 来表示全部状态变量 $p_1,\cdots,p_n,q_1,\cdots,q_n$ 的一个无限小的区域，这个区域是这样选择的：如果状态变量属于区域 g，$E(p_1,\cdots,q_n)$ 就处于 $\overline{E}$ 和 $\overline{E}+\delta E$ 之间，那么，状态分布可以用如下形式的方程来表述：

$$dN=\psi(p_1,\cdots,q_n)\int_g dp_1\cdots dq_n,$$

这里 dN 表示状态变量在一定时间属于区域 g 的体系的数目，这个方程表述了分布是定态的这个条件。

我们现在选取这样一个无限小的区域 G。于是,在任意给定的时间 $t=0$,其状态变量属于区域 G 的那种体系的数目为:

$$dN=\psi(P_1,\cdots,Q_n)\int_g dP_1\cdots dQ_n,$$

这里大写字母应当表示那些属于 $t=0$ 时的相倚变数。

现在我们允许推广到任意的时间。如果体系在 $t=0$ 时具有给定的状态变量 $P_1,\cdots,Q_n$,那么在 $t=t$ 的瞬间,体系将具有确定的状态变量 $p_1,\cdots,q_n$. 并且,在 $t=0$ 时具有属于区域 G 的状态变量的体系,在 $t=t$ 的瞬间只能是状态变量属于确定的区域 g 的体系,因此下列方程成立:

$$dN=\psi(p_1,\cdots,q_n)\int_g dp_1\cdots dq_n.$$

可是对于任何这样的体系,刘维(Liouville)定理都成立,这个定理具有如下的形式:

$$\int dP_1\cdots dQ_n=\int dp_1\cdots dq_n.$$

从上面三个方程可以得出:

$$\psi(P_1,\cdots,Q_n)=\psi(p_1,\cdots,q_n).$$ ①

所以,ψ 是体系的不变量,如上所述,它必须具有形式 $\psi(p_1,\cdots q_n)=\psi\times(E)$. 可是对于全部所考察的体系,$\psi\times(E)$ 只是无限小地不同于 $\psi\times(\overline{E})=$常数,而我们的状态方程简单地表示为:

$$dN=A\int_g dp_1\cdots dq_n,$$

① 参见 L. 玻耳兹曼:《气体理论》(*Gastheorie*),第二册,§32 和 §37。——原注

这里 A 表示一个同 p 和 q 都无关的量。

§3. 关于体系 S 的状态的(定态)几率，体系 S 同具有相对无限大能量的体系 Σ 在力学上相联系

我们再考察无限多(N)个力学体系，它们的能量处于两个相差无限小的边界值 $\overline{E}$ 和 $\overline{E}+\delta\overline{E}$ 之间。而每一个这样的力学体系又是一个具有状态变量 $p_1,\cdots,q_n$ 的力学体系 S 同另一个具有状态变量 $\pi_1,\cdots,\chi_n$ 的体系 Σ 的力学的结合。上述两个体系的总能量的表示式应当是这样的，即由一个局部体系的物体作用于另一个局部体系的物体所产生的那部分能量，相对于局部体系 S 的能量 E 可以忽略不计。此外，局部体系 Σ 的能量 H 同 E 相比为无限大。于是，一直准确到高阶无限小，都可以置：

$$E=H+E.$$

现在我们在全部状态变量 $p_1\cdots q_n,\pi_1\cdots\chi_n$ 中选择这样一个无限小的区域 g，使得 E 处于常数值 $\overline{E}$ 和 $\overline{E}+\delta\overline{E}$ 之间。于是，按照上一节的结果，其状态变量属于区域 g 之内的体系数目 dN 是：

$$dN=A\int_g dp_1\cdots d\chi_n.$$

现在我们注意到，我们可以随意地取某个连续的能量函数来代替 A，这个函数当 $E=\overline{E}$ 时取 A 值。实际上，这样只是无限小地改变了我们的结果。我们选择 $A'\cdot e^{-2hE}$ 作为这个函数，这里 h 表示一个暂时还是任意的常数，我们很快就可以确定它。于是，我们写

出：

$$dN=A'\int_g e^{-2hE}dp_1\cdots d\chi_n.$$

现在我们问：有多少个体系处于这样一些状态，其中 p_1 处于 p_1 和 p_1+dp_1 之间，p_2 处于 p_2 和 p_2+dp_2 之间，…q_n 处于 q_n 和 q_n+dq_n 之间，而 $\pi_1\cdots\chi_n$ 则取任何符合我们体系的条件的值？我们称这个数目为 dN'，那么我们就得到：

$$dN'=A'e^{-2hE}dp_1\cdots dq_n\int e^{-2hH}d\pi_1\cdots d\chi_n.$$

这里积分遍及状态变量这样的一些值，对于它们，H 处于 $\overline{E}-E$ 和 $\overline{E}-E+\delta\overline{E}$ 之间。现在我们认为，应该这样也只能这样来选取 h 的值，以便使我们的方程中所出现的积分同 E 无关。

积分 $\int e^{-2hH}d\pi_1\cdots d\chi_n$（它的积分边界可以用边界值 E 和 $E+\delta\overline{E}$ 来确定），对于确定的 $\delta\overline{E}$，显然仅仅是 E 的函数；我们称这个函数为 $\chi(E)$. 于是，在 dN' 的表示式中所出现的积分可以写成如下的形式：

$$\chi(\overline{E}-E).$$

又因为 E 相对于 $\overline{E}$ 为无限小，那么，这个表示式在准确到高阶无限小时可以写成：

$$\chi(\overline{E}-E)=\chi(\overline{E})-E\chi'(\overline{E}).$$

因此，要使这个积分同 E 无关的必要和充分条件是：

$$\chi'(\overline{E})=0.$$

可是，现在可以置：

$$\chi(E)=e^{-2hE}\cdot\omega(E),$$

这里 $\omega(E)=\int d\pi_1\cdots d\chi_n$，积分遍及变量的这样一些值，它们的能量函数处于 E 和 $E+\delta E$ 之间。

于是，求得关于 h 的条件取如下形式：

$$e^{-2h\overline{E}}\cdot\omega(\overline{E})\cdot\left\{-2h+\frac{\omega'(\overline{E})}{\omega(\overline{E})}\right\}=0,$$

或者

$$h=\frac{1}{2}\frac{\omega'(\overline{E})}{\omega(\overline{E})}.$$

因此，对于 h，总有一个而且也只有一个值是满足所求得的条件的。此外，如下节应该证明的那样，因为 $\omega(E)$ 和 $\omega'(E)$ 总是正的，所以 h 也总是取正值。

如果我们以这种方式选取 h 从而使积分成为同 E 无关的量，那么，我们就得到关于其变量 $p_1\cdots q_n$ 处于上述边界内的体系数目的表示式：

$$dN'=A''e^{-2hE}\cdot dp_1\cdots dq_n.$$

因此，这也是用另一种意义的 A'' 来表示的几率表示式，即当状态为定态时，同另一个具有相对无限大能量的体系在力学上结合在一起的体系的状态变量处于无限接近的边界内的几率表示式。

§4. 关于量 h 为正的证明

设 $\varphi(x)$ 为变数 $x_1,\cdots,x_n$ 的齐次二次函数。我们考虑量

$z=\int dx_1\cdots dx_n$，此处的积分边界可以这样来确定，使 $\varphi(x)$ 处于某个定值 y 和 $y+\Delta$ 之间，其中 Δ 是一个常数。我们断言，z 只是 y 的函数，当 $n>2$ 时，z 总是随 y 的增长而增长。

我们引进新的变量 $x_1=\alpha x_1'$，…，$x_n=\alpha x_n'$，此处 α＝常数，于是就得到：

$$z=\alpha^n\int dx_1',\cdots,dx_n'.$$

此外，我们得到

$$\varphi(x)=\alpha^2\varphi(x').$$

因此，对于 $\varphi(x')$，已求得的积分的积分边界为：

$$\frac{y}{\alpha^2}\text{和}\frac{y}{\alpha^2}+\frac{\Delta}{\alpha^2}.$$

此外，如果我们假设 Δ 为无限小，我们就得到：

$$z=\alpha^{n-2}\int dx_1'\cdots dx_n'.$$

这里 $\varphi(x')$ 处于边界

$$\frac{y}{\alpha^2}\text{和}\frac{y}{\alpha^2}+\Delta\text{之间。}$$

上述方程也可以写成：

$$z(y)=\alpha^{n-2}z\left(\frac{y}{\alpha^2}\right).$$

如果我们选取 α 为正①并且 $n>2$，那么总可得到

① 原文如此。此处"α 为正"似是"$\alpha>1$"之误。——编译者

$$\frac{z(y)}{z\left(\frac{y}{\alpha^2}\right)}>1,$$

这就是要证明的结果。

我们要用上面这个结果来证明 h 为正。

我们已求得：

$$h=\frac{1}{2}\frac{\omega'(E)}{\omega(E)},$$

这里 $$\omega(E)=\int dp_1\cdots dq_n,$$

而 E 在 E 和 $E+\delta\overline{E}$ 之间，$\omega(E)$ 按照定义必然为正，我们只需要证明，$\omega'(E)$ 也总是正的。

我们选取 E_1 和 E_2，使 $E_2>E_1$，并要证明 $\omega(E_2)>\omega(E_1)$。把 $\omega(E_1)$ 分解为无穷累加项，其形式为：

$$d[\omega(E_1)]=dp_1\cdots dp_n\int dq_1\cdots dq_n.$$

在上述积分中，变量 p 具有确定的值，并且这些值使 $V\leqslant E_1$. 积分的边界是这样表述的：L 处于 E_1-V 和 $E_1+\delta\overline{E}-V$ 之间。

对应于 $\omega(E_2)$ 的每一个这样无限小的累加项的量为：

$$d[\omega(E_2)]=dp_1\cdots dp_n\int dq_1\cdots dq_n,$$

这里的 p 和 dp 同在 $d[\omega(E_1)]$ 中所取的值相同，而 L 所取的值在 E_2-V 和 $E_2-V+\delta\overline{E}$ 之间。

因此，按照前面证明的定理，

$$d[\omega(E_2)]>d[\omega(E_1)].$$

由此可得出：

$$\sum d[\omega(E_2)] > \sum d[\omega(E_1)],$$

这里$\sum$累加的范围是整个对应的 p 区域。

但是，如果累加符号是关于全部 p 的累加，那么

$$\sum d[\omega(E_1)] = \omega(E_1),$$

所以

$$V \leqslant E_1.$$

此外

$$\sum d[\omega(E_2)] < \omega(E_2),$$

因为 p 的区域是通过方程

$$V \leqslant E_2$$

来确定的，而由方程

$$V \leqslant E_1$$

来定义的区域则完全包含于其内。

§5. 关于温度平衡

我们现在选择一个具有完全确定的特性的体系 S，并称它为温度计。它同另一个具有相对无限大能量的体系$\sum$发生力学上的相互作用。如果整个体系的状态是定态，那么温度计的状态由下列方程来规定：

$$dW = Ae^{-2hE} dp_1 \cdots dq_n,$$

这里 dW 表示温度计的状态变量处于给定的边界内的几率。而且在常数 A 和 h 之间存在下列方程：

$$1 = A \cdot \int e^{-2hE} dp_1 \cdots dq_n,$$

这里积分遍及状态变量的一切可能值。因此量 h 完全确定了温度计的状态。我们称 h 为温度函数，并且我们注意到，按照前面所述，每一个可以在体系 S 上观测到的量 H 必定仅仅是 h 的函数，只要 V_a 像我们所假定的那样保持不变。可是量 h 只同体系Σ的状态有关（§3），从而同Σ与 S 之间存在着怎样的热联系无关。由此直接得出这样一条定理：如果体系Σ同两个无限小的温度计 S 和 S'联系在一起，那么，这两个温度计得出同一个量 h. 如果 S 和 S'是两个同样的体系，那么它们也得出相同的可观察量 H 的值。

我们现在只引进同样的温度计 S，并称 H 为可观察的温度量度（*Temperaturmaass*）。因此我们得到这样一条定理：在 S 上可观测到的温度量度 H 同体系Σ和 S 之间的力学联系的方式无关；按照我们的假设，量 H 确定了 h，而 h 又确定了体系Σ的能量 E，而这又确定了体系的状态。

从上面证明的定理立即可以得出：两个体系Σ_1 和Σ_2 在力学联系的情况下，如果同它们联结的两个温度计 S 不指示同样的温度量度，或者，换句话说，如果它们不具有同样的温度函数，那么就不可能组成处于定态的体系。因为体系Σ_1 和Σ_2 的状态完全由量 h_1 和 h_2，或 H_1 和 H_2 来规定，由此推知，温度平衡只能由 $h_1=h_2$ 或 $H_1=H_2$ 的条件来确定。

现在还留待证明的是：两个具有同样的温度函数 h（或者同样的温度单位 H）的体系，可以在力学上联结成一个具有同样的温度函数的单一体系。

现在让我们把两个力学体系Σ_1和Σ_2在力学上结合成一个体系,并且使包含两个体系的状态变量的能量项为无限小。不仅Σ_1而且Σ_2都同一个无限小的温度计S相联结。它关于H_1和H_2的准确到无限小的读数总是相等的,因为它们与同一个处于定态的体系(只是接触点不同)相关联。自然,量h_1和h_2也是相等的。现在我们设想,两个体系共同的能量项无限缓慢地减少到零。与此同时,不仅是量H和h,而且还有两个体系的状态分布,都只发生了无限小的变化,因为它们都仅仅由能量来决定。如果此后Σ_1和Σ_2这两个体系在力学上完全分离开来,那么,关系

$$H_1=H_2,h_1=h_2$$

仍然保持,而状态分布的变化是无限小。而且H_1和h_1只关系到Σ_1,而H_2和h_2只关系到Σ_2.我们的过程是严格可逆的,因为它是由一系列前后相继的定态所组成。因此,我们得到这样一条定理:

两个具有相同的温度函数h的体系可以联结成一个单一的具有温度函数h的体系,而它们的状态分布只作无限小的变化。

因此,量h的相等是两个体系的稳定结合(热平衡)的必要和充分条件。由此立即可以得出:如果体系Σ_1和Σ_2,以及体系Σ_1和Σ_3都可以在力学上稳定地结合在一起(在热平衡的情况下),那么体系Σ_2和Σ_3也如此。

在这里我要指出:我们的体系是力学体系,我们到现在为止所用的这个假设,只是在我们应用刘维定理和能量原理这个意义上来使用的。可是,热学理论基础也许可能发展到适用于更普遍定义的体系。不过我们在这里不作这种尝试,而只依靠力学方程。

可以在怎样的程度上从所用的力学图像的思路上解脱出来，并加以推广，对于这个重要的问题，我们不准备在这里探讨。

§6. 关于量 h 的力学意义①

一个体系的动能 L 是量 q 的齐次二次函数。通过线性置换总可以引进变量 r，从而使动能取如下形式：

$$L=\frac{1}{2}(\alpha_1 r_1^2+\alpha_2 r_2^2+\cdots+\alpha_n r_n^2),$$

并且

$$\int dq_1\cdots dq_n=\int dr_1\cdots dr_n,$$

只要积分是在相应的无限小区域内展开的。玻耳兹曼称 r 这些量为动量元(*Momentoid*)。如果这个体系同另一个具有大得多的能量的体系组合成一个体系，那么对应于一个动量元的平均动能取下列形式：

$$\frac{\int A''e^{-2h[V+\alpha_1 r_1^2+\alpha_2 r_2^2+\cdots+\alpha_n r_n^2]}\cdot\frac{\alpha_v r_v^2}{2}dp_1\cdots dp_n\cdot dr_1\cdots dr_n}{\int A''e^{-2h[V+\alpha_1 r_1^2+\alpha_2 r_2^2+\cdots+\alpha_n r_n^2]}\cdot dp_1\cdots dp_n\cdot dr_1\cdots dr_n}=\frac{1}{4h}.$$

因此，一个体系的所有动量元的平均动能是相等的，它等于：

$$\frac{1}{4h}=\frac{L}{n},$$

这里 L 表示这个体系的动能。

§7. 理想气体绝对温度

所建立的理论把理想气体的麦克斯韦状态分布作为一个特例

① 参见 L. 玻耳兹曼：《气体理论》，第二册，§§ 33，34，42。——原注

包括在里面。也就是说，在§3中，如果我们把体系S理解为一个气体分子，而把Σ理解为全部其他气体分子的总和，这样就可以得出S各个变量的值处于一个涉及全部变量的无限小的区域g内几率的表示式：

$$dW=Ae^{-2hE}\int_g dp_1\cdots dq_n.$$

从我们在§3中求得的关于量h的表示式，还可以立即看出：准确到无限小的量h，对于体系中所出现的其他类型的一个气体分子也是相同的，因为体系Σ对于两种分子都是等同地确定h准确到无限小量。这就证明了推广了的关于理想气体的麦克斯韦状态分布。

立即可以进一步推知：体系S中所出现的一个气体分子的重心运动的平均动能的值为$\frac{3}{4}h$，因为它对应于三个动量元。现在气体的运动理论告诉我们，这个量正比于定容气体的压力。如果我们设这些压力按照定义又正比于绝对温度，那么我们就得到如下的关系式：

$$\frac{1}{4h}=\kappa T=\frac{1}{2}\frac{\omega(\overline{E})}{\omega'(\overline{E})},$$

这里κ是一个普适常数，ω是§3中引进的函数。

§8. 作为力学理论结果的热[力]学第二定律

我们把一个给定的物理体系S看作是一个具有坐标$p_1\cdots p_n$的力学体系。我们还进一步引进量

$$\frac{dp_1}{dt}=p_1',\cdots\frac{dp_n}{dt}=p_n',$$

也作为这个体系中的状态变量。设$p_1\cdots p_n$为促使体系的坐标值

增加的外力。V_i 是体系的势能，L 是体系的动能，它是 p'_ν 的齐次二次函数。对于这样一个体系，拉格朗日运动方程取下列形式：

$$\frac{\partial(V_i-L)}{\partial p_\nu}+\frac{d}{dt}\left[\frac{\partial L}{\partial p'_\nu}\right]-P_\nu=0,\quad (\nu=1,\cdots,\nu=n)$$

这些外力由两类力合成。第一类力 $P_v^{(1)}$ 是描述体系的条件的力，并且可由一种仅仅是 $p_1\cdots p_n$ 的函数的势函数推导出来(比如，绝热墙、重力等)。

$$P_\nu^{(1)}=\frac{\partial V_a}{\partial p_\nu},①$$

因为我们要考察的过程处于无限接近于稳定的状态，所以我们必须假设，V_a 即使明显包含时间，可是量 $\frac{\partial V_a}{\partial p_\nu}$ 对于时间的偏微分却是无限小。

另一种力 $P_\nu^{(2)}=\pi_\nu$，不能由只同 p_ν 有关的势函数导出。力 π_ν 描述促进热传导的力。

假设 $V_a+V_i=V$，那么方程(1)转换为：

$$\pi_\nu=\frac{\partial(V-L)}{\partial p_\nu}+\frac{d}{dt}\left[\frac{\partial L}{\partial p'_\nu}\right].$$

于是，力 π_ν 在时间 dt 内供给体系的功，正好表示了体系 S 在 dt 时间内吸收的热量 dQ，对它我们要用力学单位来量度。

$$dQ=\sum\pi_\nu dp_\nu=$$

$$=\sum\frac{\partial V}{\partial p_\nu}dp_\nu-\sum\frac{\partial L}{\partial p_\nu}dp_\nu+\sum\frac{dp_\nu}{dt}\frac{d}{dt}\left\{\frac{\partial L}{\partial p_\nu}\right\}dt.②$$

---

① 原文如此，似应为 $P_\nu^{(1)}=-\frac{\partial V_a}{\partial p_\nu}$，这从下面的推导中可以看出。——编译者

② 原文如此。右边最后一项 $\sum\frac{dp_\nu}{dt}\frac{d}{dt}\left\{\frac{\partial L}{\partial p_\nu}\right\}dt$ 似是 $\sum\frac{dp_\nu}{dt}\frac{d}{dt}\left\{\frac{\partial L}{\partial p'_\nu}\right\}dt$ 之误。——编译者

但因为：

$$\sum p'_\nu \frac{d}{dt}\left\{\frac{\partial L}{\partial p'_\nu}\right\}dt = d\ \sum p'_\nu \frac{\partial L}{\partial p'_\nu} - \sum \frac{\partial L}{d p'_\nu} d p_\nu.\text{①}$$

并且

$$\sum \frac{\partial L}{\partial p'_\nu} p'_\nu = 2L, \qquad \sum \frac{\partial L}{\partial p'_\nu} d p_\nu + \sum \frac{\partial L}{\partial p'_\nu} d p'_\nu = dL,\text{②}$$

所以 $$dQ = \sum \frac{\partial V}{\partial p'_\nu} d p_\nu + dL.\text{③}$$

又因为 $$T = \frac{1}{4\kappa h} = \frac{L}{n\kappa},$$

所以 $$\frac{dQ}{T} = n\kappa \frac{dL}{L} + 4\kappa h \sum \frac{\partial V}{\partial p_\nu} d p_\nu. \tag{1}$$

我们现在探讨表示式

$$\sum \frac{\partial V}{\partial p_\nu} d p_\nu.$$

它描述体系的势能在时间 dt 内的增长，如果 V 不是明显地同时间有关的话。时间元 dt 选取得如此之大，以致可以用这个级数和对于无限多个等温体系 S 的平均值来代替该级数和；可是它又是如此之小，以致 h 和 V 明显随时间的变化仍然无限小。

全都处于具有等同的 h 和 V_a 的稳定状态中的无限多个体系 S 可以过渡到新的稳定状态，它们可用对所有体系都是相同的 $h+\delta h, V+\delta V$ 来表示其特征。"δ"一般表示某个量在体系过渡到

① 原文如此。右边最后一项 $\sum \frac{\partial L}{\partial p_\nu} d p_\nu$ 似是 $\sum \frac{\partial L}{\partial p_\nu} d p_\nu{}'$ 之误。——编译者

② 原文如此。左边第一项 $\sum \frac{\partial L}{\partial p_\nu} d p_\nu$ 似是 $\sum \frac{\partial L}{\partial p_\nu} d p_\nu$ 之误。——编译者

③ 原文如此。右边第一项 $\sum \frac{\partial V}{\partial p_\nu} d p_\nu$ 似是 $\sum \frac{\partial V}{\partial p_\nu} d p_\nu$ 之误。——编译者

新状态时的变化;符号"d"不再表示随时间的变化,而是定积分的微分。——

状态变量的变化都在无限小的区域 g 之内的这种体系的数目由下式给出:

$$dN = Ae^{-2h(V+L)}\int dp_1\cdots dp_n,$$

而对于每一个给定的 h 和 V_a,可以随我们的意志来选取关于 V 的任意常数,从而使常数 A 等于 1. 我们所以要这样做,是为了使计算更为简单,并称这样更为精确定义的函数为 V^*.

现在我们很容易看出,我们所求的量具有如下的值:

$$\sum\frac{\partial V^*}{\partial p_n}dp_n = \frac{1}{N}\int\delta\{e^{-2h(V+L)}\}\cdot V^*\,dp_1\cdots dq_n, \tag{2}$$

这里积分遍及各个变数的全部值。这个表示式正好描述了体系的势能的平均值的增加,这发生于下列情况:虽然状态分布对应于 δV^* 和 δh 而变化,可是 V 并不明显地变化。

我们还进一步得到:

$$\left.\begin{aligned}4\kappa h\sum\frac{\partial V}{\partial p_\nu}\cdot dp_\nu &= 4\kappa\frac{4}{N}\int\delta\{e^{-2h(V^*+L)}\}h\cdot V\cdot dp_1\cdots dq_n\\ &= 4\kappa\delta[h\overline{V}]-\frac{4\kappa}{N}\int e^{-2h(V^*+L)}\cdot\delta[hV]dp_1\cdots dq_n\end{aligned}\right\} \tag{3}$$

这里和以下的积分遍及各个变量的一切可能值。此外,我们应当想到,所考察的体系的数目没有改变。由此得到方程:

$$\int\delta[e^{-2h(V^*+L)}]dp_1\cdots dq_n = 0,$$

或者

$$\int e^{-2h(V^*+L)}\delta(hV)dp_1\cdots dq_n+$$

$$+\delta h\int e^{-2h(V^*+L)}\delta(L)dp_1\cdots dq_n=0,$$

或者

$$\frac{4\kappa}{N}\int e^{-2h(V^*+L)}\delta(hV)dp_1\cdots dq_n+4\kappa\overline{L}\cdot\delta h=0. \tag{4}$$

$\overline{V}$和$\overline{L}$表示N个体系的势能和动能的平均值。通过(3)和(4)相加,我们得到:

$$4\kappa h\sum\frac{\partial V^*}{\partial p_\nu}dp_\nu=4\kappa\delta[h\overline{V}]+4\kappa\overline{L}\cdot\delta h,$$

或者,因为

$$h=\frac{n}{4\overline{L}},\delta h=-\frac{n}{4L^2}\delta L,$$

$$4\kappa h\sum\frac{\partial V}{\partial p_\nu}dp_\nu=4\kappa\delta[h\overline{V}]-n\kappa\frac{\delta L}{L}\cdot$$

如果我们把此式代入(1),那么我们就得到:

$$\frac{dQ}{T}=\delta[4\kappa h\overline{V^*}]=\delta\left[\frac{\overline{V^*}}{T}\right].$$

因此dQ/T是一个全微分。又因为

$$\frac{\overline{L}}{T}=n\kappa,于是\ \delta\left(\frac{\overline{L}}{T}\right)=0,$$

所以前式也可以写成:

$$\frac{dQ}{T}=\delta\left(\frac{E^*}{T}\right).$$

因此E^*/T是体系的熵的表示式加上一个任意的附加常数,其中

$E^*=V^*+L$. 因此,[热力学]第二定律看来是力学的世界图像的必然结果。

§9. 熵的计算

上面求得的熵 ε 的公式 $\varepsilon=E^*/T$ 只是表面上看来简单,因为 E^* 只能从力学体系的条件计算出来。这就是:

$$E^*=E+E_0,$$

其中 E 是直接给出的,而 E_0 是通过条件

$$\int e^{-2h(E-E_0)}dp_1\cdots dq_n=N$$

作为 E 和 h 的函数而确定的。这样,我们得到:

$$\varepsilon=\frac{E^*}{T}=\frac{E}{T}+2\kappa\log\left\{\int e^{-2hE}dp_1\cdots dq_n\right\}+\text{常数}.$$

在这样求得的表示式中,加到量 E 上面的任何常数对结果都没有影响,而用“常数”表示的第三项同 V 和 T 都没有相依关系。

熵 ε 的表示式之所以值得注意,是因为它只同 E 和 T 有关,而作为势能和动能之和的 E 的特殊形式可以不再出现了。从这一事实可以作出这样的推测:我们的结果较前面所用的力学描述具有更普遍的意义,特别是在§3 中所求得的关于 h 的表示式显示出同样的特性。

§10. 第二定律的推广

关于对应于势 V_a 的力的本质,不需要作出任何假设,也不需要假设这样的力在自然界中出现。因此,热的力学理论要求,当我

们把卡诺原理应用于理想过程(这些过程只有通过引进任意的 V_a 才能从观测到的过程中得到)时,我们应当得到正确的结果。当然,从那些过程的理论考察中所得到的结果,只有当它们之中不再出现理想的辅助力 V_a 时,才具有现实的意义。

热力学基础理论[1]

我在不久前发表的一篇论文[2]中已经指出，温度平衡定律和熵的概念可以利用热的[分子]运动理论推导出来。现在，自然会发生这样一个问题：为了能够推导出热学理论的这些基础，这个[分子]运动论实际上是否必要，或者，为此目的，更一般类型的假定也许已经足够了。本文将要说明的是：实际上是后一种情况，并且人们可以通过怎样一种考虑来达到目的。

§1. 关于孤立物理体系中过程的一般数学描述

设我们所考察的物理体系的任一状态由许多(n)个我们称之为状态变数的标量 $p_1, p_2, \cdots, p_n$ 来单值地确定。那么体系在时间元 dt 中的变化就由状态变量在这个时间元中所经受的变化 dp_1，$dp_2, \cdots, dp_n$ 来确定。

设这个体系是孤立的，也就是说，所考察的体系同其他体系没有相互作用。于是，很明显，体系在一个确定的时间瞬间的状态单值地确定了体系在下一时间元 dt 的变化，也就是确定了 dp_1，

---

① 本文写于1903年1月。这里译自莱比锡《物理学杂志》(*Ann. d. Phys.*)，1903年，11卷，170—187页。——编译者

② 爱因斯坦，《物理学杂志》，1902年，9卷，417—433页。——原注〔见本书1—20页。——编译者〕

$dp_2, \cdots, dp_n$ 这些量。这个陈述同如下形式的方程组是等价的：

$$\frac{dp_1}{dt} = \varphi_i(p_1 \cdots p_n) \qquad (i=1, \cdots, i=n), \tag{1}$$

其中 φ 是它的自变数的单值函数。

对于这样一个线性微分方程组，一般不存在如下形式的积分方程：

$$\psi(p_1, \cdots, p_n) = 常数,$$

它不明显包含时间。但是，对于描述一个封闭物理体系的变化的方程组，我们必须假设，至少存在这样一个方程，也就是能量方程

$$E(p_1, \cdots, p_n) = 常数.$$

我们同时还假设，再没有其他的同这个方程无关的这类积分方程存在。

§2. 关于无限多个具有几乎相等能量的孤立物理体系的定态分布

经验表明，一个孤立物理体系在一定时间之后，取这样一种状态，在这种状态中体系没有一个可观察量还随时间而变化；我们称这种状态为定态。因此，为了使方程组(1)能够描述这样一个物理体系，φ_i 满足某种条件显然是必要的。

现在我们假定，一个可观察量总是可以由状态变量 $p_1, \cdots, p_n$ 的某一函数的一个在时间上的平均值来确定，而且这组状态变量 $p_1, \cdots, p_n$ 以总是相同的频率一再取这同一组值，那么从这个我们将当作前提的条件出发，必定得到量 $p_1, \cdots, p_n$ 的所有函数的平均值的不变性；如上所述，从而也得到任何可观察量的不变性。

我们将把这个前提严格地精确化。我们考察这样一个物理体系，它由方程组(1)来描述，从任一时间瞬间到时间 T 它的能量为 E. 我们设想我们选取状态变量 $p_1,\cdots,p_n$ 的任何一个区域 Γ，那么在时间 T 这个确定的瞬间，变量 $p_1,\cdots,p_n$ 的值或者是在这个区域 Γ 中，或者是在它的外面；因此，在时间 T 的一部分内(我们将称它为 τ)这些变数的值将处在所选定的区域 Γ 内。于是，我们的条件可以表述如下：如果一个物理体系的状态变量为 $p_1,\cdots,p_n$，并且是一个处于定态的体系，那么量 τ/T，当 $T=\infty$ 时，对于每一个区域 Γ 都具有一个确定的极限值。这个极限值对于任何一个无限小区域都为无限小。

我们可以以这个前提为基础来作如下考察。设有很多(N)个彼此互不相关的物理体系，它们全都用这个方程组(1)来描述。我们选取一个任意时间瞬间 t，并求这 N 个体系在所有体系的能量 E 都处于 E^* 和无限接近的值 $E^*+\delta E^*$ 之间这一前提下可能的状态分布。从上面引进的前提立即得出，在时间 t 从 N 体系中偶然选取的一个体系的状态变量处于区域 Γ 之内的几率具有值

$$\lim_{T=\infty}\frac{\tau}{T}=\text{常数}.$$

在时间 t 其状态变量处于区域 Γ 之内的体系的数目因此为

$$N\cdot\lim_{T=\infty}\frac{\tau}{T},$$

因而是一个同时间无关的量。如果 g 表示一个对于一切变数为无限小的坐标($p_1,\cdots,p_n$)的区域，那么，其状态变量在任何时间可在任意选取的无限小区域 g 内的体系的数目为：

$$dN=\varepsilon(p_1,\cdots,p_n)\int_g dp_1,\cdots,dp_n. \quad (2)$$

在我们记下用方程(2)表示的状态分布是稳定的这一条件的同时，我们就得到了函数 ε. 如果，特别当区域 g 是选取来使 p_1 处于确定的值 p_1 和 p_1+dp_1 之间，p_2 处于 p_2 和 p_2+dp_2 之间，…，p_n 处于 p_n 和 p_n+dp_n 之间，那么，对于时间 t，

$$dN_t=\varepsilon(p_1,\cdots,p_n)\cdot dp_1\cdot dp_2\cdots dp_n,$$

这里 dN 的指标表示时间。考虑到方程(1)，我们进一步得到对于时间 $t+dt$ 和同一状态变量区域

$$dN_{t+dt}=dN_t-\sum_{\nu=1}^{\nu=n}\frac{\partial(\varepsilon\varphi_\nu)}{\partial p_\nu}\cdot dp_1,\cdots,dp_n\cdot dt.$$

但是既然 $dN_t=dN_{t+dt}$，既然分布是稳定的，那么

$$\sum\frac{\partial(\varepsilon\varphi_\nu)}{\partial p_\nu}=0.$$

由此得到

$$-\sum\frac{\partial\varphi_\nu}{\partial p_\nu}=\sum\frac{\partial(\log\varepsilon)}{\partial p_\nu}\cdot\varphi_\nu=$$

$$=\sum\frac{\partial(\log\varepsilon)}{\partial p_\nu}\cdot\frac{dp_\nu}{dt}=\frac{d(\log\varepsilon)}{dt},$$

这里 $d(\log\varepsilon)/dt$ 表示函数 $\log\varepsilon$ 对于单个体系随时间的变化，并考虑，到量 p_ν 随时间的变化。

我们进一步得到：

$$\varepsilon=e^{-\int dt\sum_{\nu=1}^{\nu=n}\frac{\partial\varphi_\nu}{\partial p_\nu}+\psi(E)}=e^{-m+\psi(E)}.$$

未知函数 ψ 是同时间无关的积分常数，虽然它同变量 $p_1,\cdots,p_n$ 有

关,可是按照 § 1 所作的假设,它只能包含在这样的组合之中,就像它在能量 E 中出现一样。

但是既然对于所有 N 个被考察的体系,$\psi(E)=\psi(E^*)=$常数,那么,在我们的情况下,关于 ε 的表示式就简化为:

$$\varepsilon=\text{常数}\cdot e^{-\int dt\sum_{\nu=1}^{\nu=n}\frac{\partial\varphi_\nu}{\partial p_\nu}}=\text{常数}\cdot e^{-m}.$$

现在,按照上面所述:

$$dN=\text{常数}\cdot e^{-m}\int_g dp_1\cdots dp_n.$$

为了简单起见,现在我们引进关于所考察体系的新的状态变量,它们可以用 π_ν 来表示。于是:

$$dN=\frac{e^{-m}}{\dfrac{D(\pi_1\cdots\pi_n)}{D(p_1\cdots p_n)}}\int_g d\pi_1\cdots d\pi_n,$$

这里 D 表示函数行列式。——我们现在要这样来选取坐标系,使

$$e^{-m}=\frac{D(\pi_1\cdots\pi_n)}{D(p_1\cdots p_n)}.$$

这个等式可以由无限多种方式得到满足,比如,如果我们置:

$$\begin{aligned}&\pi_2=p_2\\&\pi_3=p_3\qquad \pi_1=\int e^{-m}\cdot dp_1,\\&\cdots\\&\pi_n=p_n\end{aligned}$$

因此,在利用新的变量时,我们得到:

$$dN=\text{常数}\cdot\int d\pi_1\cdots d\pi_n.$$

下面我们将设想我们总是引进这样的变量。

§3. 关于同一个具有相对无限大能量的体系相接触的一个体系的状态分布

我们现在假设，N 个孤立体系中的任何一个，都由两个子系 Σ 和 σ 构成，这两个子系有着相互作用。子系 Σ 的状态可以由变量 $\Pi_1, \cdots \Pi_\lambda$ 的值来确定，子系 σ 的状态可以由变量 $\pi_1, \cdots, \pi_l$ 来确定。进一步设能量 E 对于任何体系都可以处于 E^* 和 $E^* + \delta E^*$ 之间，因此，在不计无限小量时应当等于 E^*，并且可以由两项合成，其中第一项 H 只由 Σ 的状态变量值来确定，第二项 η 只由 σ 的状态变数来确定，这样，当忽略相对无限小量时，下式

$$E = H + \eta$$

成立。两个满足这个条件的有相互作用的体系，我们称之为两个接触体系。我们还假设，η 对 H 为无限小。

N 个体系中有 dN 个体系，它们的状态变量 $\Pi_1, \cdots, \Pi_\lambda$ 和 $\pi_1, \cdots, \pi_l$ 处于界限 Π_1 和 $\Pi_1 + d\Pi_1$，Π_2 和 $\Pi_2 + d\Pi_2$，$\cdots$，Π_λ 和 $\Pi_\lambda + d\Pi_\lambda$ 以及，π_1 和 $\pi_1 + d\pi_1$，π_2 和 $\pi_2 + d\pi_2$，$\cdots \pi_l$ 和 $\pi_l + d\pi_l$ 之间，关于数目 dN 得到表示式：

$$dN_1 = C \cdot d\Pi_1 \cdots d\Pi_\lambda \cdot d\pi_1 \cdots d\pi_l,$$

这里 C 可以是 $E = H + \eta$ 的一个函数。

但是，因为按照上面的假设，任一所考察体系的能量在不计无限小量时都具有值 E^*，那么我们可以不改变结果，把 C 用常数 $\cdot e^{-2hE^*}$ = 常数 $\cdot e^{2h(H+\eta)}$ 来代替，其中 h 表示还需进一步定

义的常数。因此,关于 dN_1 的表示式转换为:

$$dN_1 = 常数 \cdot e^{-2h(H+\eta)} \cdot d\Pi_1 \cdots d\Pi_\lambda \cdot d\pi_1 \cdots d\pi_l.$$

体系的状态变量π处于上述界限之内,而变量 Π 的值不受条件限制,因此这种体系的数目可用下式

$$dN_2 = 常数 \cdot e^{-2h\eta} \cdot d\pi_1 \cdots d\pi_l \int e^{-2hH} d\Pi_1 \cdots d\Pi_\lambda$$

来表示,积分应当遍及所有 Π 值,积分值接近能量值 H,它处于 $E^* - \eta$ 和 $E^* + \delta E^* - \eta$ 之间。如果这个积分实现了,那么我们就求得了体系 σ 的状态分布。这在实际上是可能的。

我们置:

$$\int e^{-2hH} \cdot d\Pi_1 \cdots d\Pi_\lambda = \chi(E),$$

其中左边的积分值必须遍及一切变量值,对于它,H 处于确定值 E 和 $E + \delta E^*$ 之间。在表示式 dN_2 中出现的这个积分,这时取如下形式:

$$\chi(E^* - \eta),$$

或者,因为 η 对于 E^* 为无限小,取如下形式:

$$\chi(E^*) - \chi'(E^*) \cdot \eta.$$

因此,如果 h 可以选取来使 $\chi'(E^*) = 0$,那么这个积分就简化为一个同 σ 的状态无关的量。

它在不计无限小量时可以置:

$$\chi(E) = e^{-2hE} \int d\Pi_1 \cdots d\Pi_\lambda = e^{-2hE} \cdot \omega(E),$$

其中积分的边界同上面一样,而 ω 表示 E 的一个新函数。

现在关于 h 的条件取如下形式:

$$\chi'(E^*)=e^{-2hE^*}\cdot\{\omega'(E^*)-2h\omega(E^*)\}=0,$$

因此，
$$h=\frac{1}{2}\frac{\omega'(E^*)}{\omega(E^*)}.$$

如果 h 是用这种方式选取的，那么关于 dN_2 的表示式取如下形式：

$$dN_2=常数\cdot e^{-2h\eta}d\pi_1\cdots d\pi_l.$$

在适当选取常数的情况下，这个表示式表示同另一个具有相对无限大能量的体系相接触的一个体系的状态变量处于上述界限内的几率。这时，量 h 仅仅取决于那个具有相对无限大能量的体系 Σ 的状态。

§4. 关于绝对温度和热平衡

体系 σ 的状态于是仅仅取决于量 h，而 h 仅仅取决于体系 Σ 的状态。我们称量 $1/4h\kappa=T$ 为体系 Σ 的绝对温度，这里 κ 表示普适常数。

如果我们称体系 σ 为"温度计"，那么我们能够立刻提出下列命题：

1. 温度计的状态只取决于体系 Σ 的绝对温度，而同体系 Σ 和 σ 的接触方式无关。

2. 如果两个体系 Σ_1 和 Σ_2 在接触的情况下赋予一个温度计以同样的状态，那么它们具有同样的绝对温度，从而在接触的情况下赋予另一个温度计 σ' 以同样的状态。

现在进一步使两个体系 Σ_1 和 Σ_2 相互接触，而且 Σ_1 还同一个温度计 σ 相接触。这时 σ 的状态分布仅仅取决于体系 $(\Sigma_1+\Sigma_2)$ 的能量以及量 $h_{1,2}$. 我们设想 Σ_1 和 Σ_2 的相互作用无限缓慢地削减，那么关于体系$(\sum_1+\sum_2)$的能量$H_{1,2}$的表示式并不因此而改变，这不难从我们关于接触的定义和上节建立的关于量h的表示式看出来。如果相互作用最终完全停止了，那么σ的状态分布(它当$\sum_1$和$\sum_2$分离时没有变化)现在只取决于$\sum_1$，从而只取决于量h_1；这时只需要举出属于体系$\sum_1$的指标。于是：

$$h_1=h_{12}.$$

通过类似的推论，我们可以得到

$$h_2=h_{12},$$

因此

$$h_1=h_2,$$

或者换句话说：如果我们把构成一个具有绝对温度T的孤立体系$(\sum_1+\sum_2)$的两个接触体系$\sum_1$和$\sum_2$分离开，那么在分离后的两个新孤立体系$\sum_1$和$\sum_2$也具有同样的温度。我们设想一个给定的体系同一种理想气体相接触。这种气体可以用气体[分子]运动论的图像作完备的描述。我们把一个具有质量M的单个单原子气体分子看作体系σ，它的状态由它的直角坐标x,y,z和速度ξ，η,ζ完全确定。这时我们按照§3求得众所周知的关于这个分子的状态变量处于界限x和$x+dx,\cdots,\zeta$和$\zeta+d\zeta$之间的几率的麦克斯韦表示式：

$$dW=\text{常数}\cdot e^{-hM(\xi^2+\eta^2+\zeta^2)}\cdot dx\cdots d\zeta.$$

由此我们通过积分求得分子动能的平均值

$$\overline{\frac{M}{2}(\xi^2+\eta^2+\zeta^2)}=\frac{1}{4h}.$$

但是气体[分子]运动论告诉我们，在气体容积不变的情况下，这个量同气体给出的压力成正比。这个压力按照定义同物理学中称为绝对温度的量成正比。因此，我们称之为绝对温度的这个量不是别的，正是用气体温度计量出来的一个体系的温度。

§5. 论无限缓慢的过程

迄今为止我们只考虑处于定态的体系。现在我们还要研究定态的变化，不过只研究这样一些变化，它们是如此缓慢地进行，以致在任意瞬间的状态分布同定态只有无限小的偏离；更严格地说，在任何瞬间，状态变量处于某一区域 G 的几率，在忽略无限小量的情况下，可由上面求得的公式来描述。我们称这样一种变化为无限缓慢过程。

倘若一个体系的函数 φ_v（方程(1)）和能量 E 已被确定，那么如前所述，它的定态分布也就确定了。于是一个无限缓慢的过程将这样被确定，即要么 E 改变了，要么函数 φ_v 明显包含时间，要么两者同样明显包含时间，然而相应的关于时间的微商是很小的。

我们已经假设，一个孤立体系的状态变量是按照方程(1)变化的。但是逆命题并不总是成立，即倘若存在方程组(1)，一个体系的状态变量按照它们而变化，这个体系并不一定是孤立的体系。实际上能够出现这样一种情况，一个被考察体系所受到另一个体系的作用，可以仅仅取决于受作用体系的变动坐标的函数，它在受作用体系的状态分布不变的情况下不发生变化。在这种场合下，所考察体系的坐标 p_v 的变化也可以用具有方程(1)的形式的一组方程来描述。但这时函数 φ_v 不仅取决于有关体系的物理本性，而且也取决于某些确定所考察体系及其状态分布的常数。我们称所考察体系的这种受作用的方式是绝热的。容易看出，在这种场合下，对于方程(1)也存在一个能量方程，只要绝热地受作用的体系的状态分布没有改变。如果绝热地受作用的体系的状态改变了，那么所考察体系的函数 φ_v 明显地随时间而变化，并且在任何瞬间方程(1)保持有效。我们称所考察体系的状态分布的这样一种变化为一种绝热的[变化]。

现在我们考察体系Σ的第二种状态变化。它以一个能够绝热地受作用的体系Σ为基础。我们假设，体系Σ在时间 $t=0$ 和一个具有不同温度的体系 P 发生像我们在上面称为“接触”的那样一种相互作用，并且在使Σ和 P 温度相等所必需的时间之后把体系 P 移开。这时已改变了Σ的能量。在过程中方程(1)对Σ无效，但在过程之前和之后是有效的，并且函数 φ_v 在过程之前和之后是同一个函数。我们称这样一个过程为“等容的”，而称输给Σ的能量为“输入热”。

现在，在忽略相对无限小量的情况下，一个体系Σ的任何无限缓慢的过程，显然都可以由先后相继的无限小绝热和等容过程来组成，所以，我们为了得到一个总的观点，必须在下面进行研究。

§6. 关于熵的概念

设有一个物理体系，它的瞬时状态由状态变量 $p_1 \cdots p_n$ 的值完全确定。这个体系完成一个小的无限缓慢的过程，在这个过程中，绝热地作用于这个体系的一些体系经受了无限小的状态变化，并且所考察体系从一些接触体系输入了能量。我们通过这样一种计算引进绝热地受作用的体系，我们规定，所考察体系的能量 E 除了取决于 $p_1, \cdots, p_n$ 之外，还取决于某些参数 $\lambda_1, \lambda_2, \cdots$，它们的值由绝热地作用于这个体系的那些体系的状态分布所确定。在纯绝热过程的情况下，方程组(1)在任何瞬间都成立，这个方程组的函数 φ_v 除了取决于坐标 p_v 之外，还取决于缓慢变化的量 λ；这时在绝热过程的情况下具有如下形式的能量方程：

$$\sum \frac{\partial E}{\partial p_v} \varphi_v = 0 \tag{3}$$

也在任何瞬间都成立。我们现在研究体系在一个任何无限小、无限缓慢过程中的能量增量。

对于过程的任何时间元 dt，

$$dE = \sum \frac{\partial E}{\partial \lambda} d\lambda + \sum \frac{\partial E}{\partial p_v} d p_v \tag{4}$$

成立。对于一个无限小的等容过程，全部 $d\lambda$ 在任何时间元都为零，从而这个方程右边第一项也为零。但是因为 dE 按照上节对于一个等容过程必须看作是输入热，所以对于这样一个过程输入热 dQ 由表示式：

$$dQ = \sum \frac{\partial E}{\partial p_v} d p_v$$

来描述。

但是对于一个在其中方程(1)总是成立的绝热过程，由能量方程得到

$$\sum \frac{\partial E}{\partial p_v} d p_v = \sum \frac{\partial E}{\partial p_v} \varphi_v dt = 0.$$

另一方面，按照上节，对于一个绝热过程，$dQ=0$，所以对于一个绝

热过程也能够使

$$dQ=\sum\frac{\partial E}{\partial p_v}dp_v.$$

因此必须认为这个方程对于一个任意过程在任何时间元都是有效的。于是方程(4)转换为

$$dE=\sum\frac{\partial E}{\partial\lambda}d\lambda+dQ. \tag{4'}$$

在变化值 $d\lambda$ 和 dQ 的情况下,这个表示式也描述这个体系的能量值在整个无限小过程中所发生的变化。

在这个过程的始终,所考察体系的状态分布都是稳定的,如果这个体系在过程之前和之后同一个具有相对无限大能量的体系相接触的(而这个假定只具有形式上的意义),那么所考察体系的状态分布由如下形式的方程来定义:

$$dW=常数\cdot e^{-2hE}\cdot dp_1\cdots dp_n=e^{c-2hE}\cdot dp_1\cdots dp_n,$$

这里 dW 表示体系的状态变数值在任意选取的瞬间处于上述界限内的几率。常数 c 由方程

$$\int e^{c-2hE}\cdot dp_1\cdots dp_n=1 \tag{5}$$

来定义,这里积分必须遍及变量的所有值。

如果方程(5)特别对所考察过程成立,那么按照(5),

$$\int e^{(c+dc)-2(h+dh)\left(E+\sum\frac{\partial E}{\partial\lambda}d\lambda\right)}\cdot dp_1\cdots dp_n=1 \tag{5'}$$

也成立,并且由上面最后两个方程得到:

$$\int\left(dc-2Edh-2h\sum\frac{\partial E}{\partial\lambda}\cdot d\lambda\right)\cdot e^{c-2hE}\cdot dp_1\cdots dp_n=0,$$

或者,因为括弧中的式子在积分时当作常数也能够成立,这是由于

体系的能量在过程之前或之后同确定的平均值都没有显著差别，并且考虑到方程(5)：

$$dc - 2E\,dh - 2h\sum\frac{\partial E}{\partial\lambda}d\lambda = 0. \tag{5''}$$

但按照方程(4′)得到：

$$-2hdE + 2h\sum\frac{\partial E}{\partial\lambda}d\lambda + 2h\,dQ = 0,$$

并且通过这两个方程相加，我们得到：

$$2h\cdot dQ = d(2hE - c),$$

或者，因为 $1/4h = \kappa\cdot T$，

$$\frac{dQ}{T} = d\left(\frac{E}{T} - 2\kappa c\right) = dS.$$

这个方程表明，dQ/T 是一个量的全微分，我们将称它为熵 S. 考虑到方程(5)，我们得到：

$$S = 2\kappa(2hE - c) = \frac{E}{T} + 2\kappa\log\int e^{-2hE}dp_1\cdots dp_n,$$

这里积分遍及变量的所有值。

§7. 关于状态分布的几率

为了在其最普遍形式下推导出[热力学]第二定律，我们必须研究状态分布的几率。

我们考察一个很大数目(N)的孤立体系，它们全都由方程组(1)来描述，并且它们的能量在忽略无限小量的情况下都是一样的。于是这 N 个体系的状态分布在任何情况下都可以用如下形式的一个方程来描述：

$$dN=\varepsilon(p_1\cdots p_n,t)dp_1\cdots dp_n, \tag{2'}$$

这里 ε 在一般情况下取决于状态变量 $p_1\cdots p_n$，并且还明显地取决于时间。从而函数 ε 完全由状态分布来表征。

从§2推知，倘若状态分布是不变的，在 t 的值很大的情况下，按照我们的假定，总可得到：ε 必定等于常数。所以对于稳定的状态分布也就得到

$$dN=\text{常数}\cdot dp_1\cdots dp_n.$$

由此立即得知，从 N 个体系中偶然选取一个体系，它的状态变量值处于所取能量界限内的状态变量的无限小区域 g 中的几率的表示式是：

$$dW=\text{常数}\cdot\int_g dp_1\cdots dp_n.$$

这个命题也可以这样来表述：如果我们把由所取能量界限确定的全部所考察的状态变量的区域以如下方式分为 l 个分区域 g_1，g_2，…，g_l，即

$$\int_{g_1}=\int_{g_2}=\cdots=\int_{g_1},$$

并且我们用 W_1，W_2 等等表示任意选取的体系的状态变量值在某一时刻处于 g_1，g_2…内的几率，那么就得到：

$$W_1=W_2=\cdots=W_l=\frac{1}{l}.$$

因此，所考察体系在瞬间归属于区域 g_1，g_2，…，g_l 中的一个既定的区域的几率，同它归属于这些区域中任何另外一个区域的几率是严格相等的。

因此，关于 N 个所考察体系在一个偶然选取的时间 ε_1 属于

区域 g_1，在时间 ε_2 属于区域 g_2，…在时间 ε_l 属于区域 g_l 的几率为：①

$$W=\left(\frac{1}{l}\right)^N \frac{N!}{\varepsilon_1!\ \varepsilon_2!\ \cdots\varepsilon_n!},$$

或者，因为 $\varepsilon_1,\varepsilon_2,\cdots,\varepsilon_n$ 必须设想为很大的数目，又得到：

$$\log W=\text{常数}-\sum_{\varepsilon=1}^{\varepsilon=l}\varepsilon\ \log\varepsilon.$$

如果 l 足够大，那么我们就可以置：

$$\log W=\text{常数}-\int\varepsilon\ \log\ \varepsilon dp_1\cdots dp_n$$

而不会有显著的错误。在这个方程中，W 表示在一个确定时刻具有由数 $\varepsilon_1,\varepsilon_2,\cdots,\varepsilon_l$ 或者由一个 $p_1,\cdots,p_n$ 的确定的函数 ε 按照方程(2′)来表示的这样一个确定的状态分布的几率。

如果在这个方程中 ε＝常数，也就是说，在所考察的能量界限中同 p_v 无关，那么所考察的状态分布是稳定的，并且，容易证明，关于状态分布的几率 W 的表示式有一个极大值。如果 ε 同 p_v 的值有关，那么可以证明，关于所考察的状态分布的 $\log W$ 的表示式不具有极值，也就是说，这时存在一种同所考察的状态分布相差无限小的状态分布，关于这种状态分布，W 比较大。

如果我们追踪所考察的 N 个体系到任意长的时间，那么状态分布，因而还有 W，将总是随时间而变化，并且我们将不得不假设，接续非可几的状态分布，总是有更可几的状态分布，也就是说，W 总是增加，从不变的状态分布增加到 W 变成一个极

① 下式中的 ε_n 似为 ε_l 之误。——编译者

大值。

下一节将证明，从这个命题出发，可推导出热力学第二定律。

首先得到：

$$-\int \varepsilon' \log \varepsilon' dp_1 \cdots dp_n \geqslant -\int \varepsilon \log \varepsilon dp_1 \cdots dp_n,$$

这里函数 ε 决定 N 体系在某一时刻 t 的状态分布，函数 ε' 决定在某一稍晚时刻 t' 的状态分布，而两边的积分都必须遍及所有变量值。进一步，如果 N 体系中单个体系的 $\log\varepsilon$ 和 $\log\varepsilon'$ 的值彼此没有显著的差别，那么，因为

$$\int \varepsilon \, dp_1 \cdots dp_n = \int \varepsilon' dp_1 \cdots dp_n = N,$$

上面的方程就变换为：

$$-\log \varepsilon' \geqslant -\log \varepsilon. \tag{6}$$

§8. 把所求得的结果应用到一个确定的场合

我们考察有限个数的物理体系 $\sigma_1, \sigma_2, \cdots$ 它们合起来构成一个孤立体系，我们将称它为总体系。体系 $\sigma_1, \sigma_2, \cdots$ 不应当有显著的热的相互作用，然而它们可以有绝热的相互作用。我们将称之为子体系的体系 $\sigma_1, \sigma_2, \cdots$ 中的任何一个的状态分布在忽略无限小量的情况下是一种稳定的[状态分布]。子体系的绝对温度可以是任意的并且是各不相同的。

体系 σ_1 的状态分布同 σ_1 与一个等温体系相接触时所具有的那种状态分布没有显著的差别。从而我们可以用下列方程描述它的状态分布：

$$dw_1=e^{c_{(1)}-2h_{(1)}E_{(1)}}\int_g dp_1^{(1)}\cdots dp_n^{(1)},$$

其中指标(1)应当表示对子体系 σ_1 的隶属性。

对于其余的子体系，类似的方程也都成立。因为单个子体系的状态变数的瞬时值同其他子体系的这种值无关，那么我们求得关于总体系的状态分布的如下形式的方程：

$$dw=dw_1\cdot dw_2\cdots=e^{\Sigma(c_\nu-2h_\nu E_\nu)}\int_g dp_1\cdots dp_n, \tag{7}$$

这里累加遍及一切体系，积分遍及总体系的所有变数的任意无限小区域 g.

我们现在假设，子体系 $\sigma_1,\sigma_2,\cdots$在一定时间以后，进入彼此任意相互作用的情况，但在这个过程中总体系可以始终保持为孤立系。在经过一定时间以后，总体系可以进入这样一种状态，在这种状态中，子体系 $\sigma_1,\sigma_2,\cdots\cdots$彼此没有热作用，并且在忽略无限小量的情况下，都处于稳定状态。

这时，关于总体系的状态分布，下一方程成立，它完全类似于过程前成立的方程：

$$dw'=dw'_1\cdot dw'_2\cdots=e^{\Sigma(c'_\nu-2h'_\nu E'_\nu)}\int_g dp_1\cdots dp_n. \tag{7'}$$

我们现在考察 N 个这样的总体系。对于每一个这样的总体系，当时间为 t 时方程(7)在忽略无限小的情况下成立，当时间为 t' 时方程(7′)成立。于是，所考察的 N 个总体系的状态分布，当时间为 t 和 t' 时，由下列方程给出：

$$dN_t=N\cdot e^{\Sigma(c_\nu-2h_\nu E_\nu)}\cdot dp_1\cdots dp_n.$$

$$dN_{t'}=N\cdot e^{\Sigma(c'_\nu-2h'_\nu E'_\nu)}\cdot dp_1\cdots dp_n.$$

现在我们在这两个状态分布上应用上节的结果。这里，不仅

$$\varepsilon=N\cdot e^{\Sigma(c_\nu-2h_\nu E_\nu)}$$

而且 $$\varepsilon'=N\cdot e^{\Sigma(c'_\nu-2h'_\nu E'_\nu)}$$

对 N 个体系中的那些单个体系没有显著的差别，所以我们能够应用方程(6)，它给出

$$\sum(2h'E'-c')\geqslant\sum(2hE-c),$$

或者，这时我们注意到，按照§6，量 $2h_1E_1-c_1$，$2h_2E_2-c_2$，…除了一个普适常数的因子外，同子体系的熵 S_1，S_2，…相一致：

$$S'_1+S'_2+\cdots\geqslant S_1+S_2+\cdots, \tag{8}$$

这就是说，在任意一个过程之后的一个孤立体系的子体系的熵的累加等于或大于过程前子体系熵的累加。

§9. 第二定律的推导

现在有一个孤立的总体系，它的子体系可以叫做 W，M 和 Σ_1，Σ_2，…. 我们将称体系 W 为热库，它具有对体系 M(机器)来说是无限大的能量。同样，彼此有着绝热相互作用的体系 Σ_1，Σ_2…的能量同机器 M 的能量相比为无限大。我们假设，全部子体系 M，W，Σ_1，Σ_2，…都处于定态。

现在，使机器 M 完成一个任意的循环过程，在这过程中，它通过绝热作用，使体系 Σ_1，Σ_2…的状态分布无限缓慢地变化，也就是说，无限缓慢地做功，并且从体系 W 取得热量 Q. 于是，在过程的终了，体系 Σ_1，Σ_2…彼此的绝热相互作用同过程之前不同了。我们说，机器 M 已把热量 Q 转化为功。

我们现在计算进入所考察过程的单个子体系的熵的增加。按

照§6的结果，热库 W 的熵的增加为 $-Q/T$，如果 T 表示绝对温度。M 的熵在过程之前和之后是相同的，因为体系 M 完成了一个循环过程。体系 $\Sigma_1,\Sigma_2,\cdots$ 在过程中根本不改变它们的熵，因为这些体系只经受了无限缓慢的绝热作用。因此，总体系熵的增加具有值

$$S'-S=-\frac{Q}{T}.$$

因为按照上节的结果，这个量 $S'-S$ 总是 $\geqslant 0$，所以得出

$$Q\leqslant 0.$$

这个方程表示了第二类永动机的存在的不可能性。

关于光的产生和转化的一个试探性观点[①]

在物理学家关于气体或其他有重物体所形成的理论观念同麦克斯韦关于所谓空虚空间中的电磁过程的理论之间，有着深刻的形式上的分歧。这就是，我们认为一个物体的状态是由数目很大但还是有限个数的原子和电子的坐标和速度来完全确定的；与此相反，为了确定一个空间的电磁状态，我们就需要用连续的空间函数，因此，为了完全确定一个空间的电磁状态，就不能认为有限个数的物理量就足够了。按照麦克斯韦的理论，对于一切纯电磁现象因而也对于光来说，应当把能量看作是连续的空间函数，而按照物理学家现在的看法，一个有重客体的能量，则应当用其中原子和电子所带能量的总和来表示。一个有重物体的能量不可能分成任意多个、任意小的部分，而按照光的麦克斯韦理论（或者更一般地说，按照任何波动理论），从一个点光源发射出来的光束的能量，则

① 这篇论文写于1905年3月（完成于3月17日），发表在德国《物理学杂志》（*Annalen der Physik*），1905年，第4编，17卷，132—148页。这里译自该杂志。这篇论文是辐射量子论的开端，文中明确提出了光电效应基本定律。爱因斯坦以后获得1921年诺贝尔物理学奖金，名义上是由于这一工作，而不是由于创建相对论，这也表明了当时物理学家中间不少人是抱有歧视相对论的偏见的。——编译者

是在一个不断增大的体积中连续地分布的。

用连续空间函数来运算的光的波动理论，在描述纯粹的光学现象时，已被证明是十分卓越的，似乎很难用任何别的理论来替换。可是，不应当忘记，光学观测都同时间平均值有关，而不是同瞬时值有关，而且尽管衍射、反射、折射、色散等等理论完全为实验所证实，但仍可以设想，当人们把用连续空间函数进行运算的光的理论应用到光的产生和转化的现象上去时，这个理论会导致和经验相矛盾。

确实现在在我看来，关于黑体辐射、光致发光、紫外光产生阴极射线，以及其他一些有关光的产生和转化的现象的观察，如果用光的能量在空间中不是连续分布的这种假说来解释，似乎就更好理解。按照这里所设想的假设，从点光源发射出来的光束的能量在传播中不是连续分布在越来越大的空间之中，而是由个数有限的、局限在空间各点的能量子所组成，这些能量子能够运动，但不能再分割，而只能整个地被吸收或产生出来。

下面我将叙述一下我的思考过程，并且援引一些引导我走上这条道路的事实，我希望这里所要说明的观点对一些研究工作者在他们的研究中或许会显得有用。

§1. 关于“黑体辐射”理论的一个困难

让我们首先仍采用麦克斯韦理论和电子论的观点来考察下述情况。设在一个由完全反射壁围住的空间中，有一定数目的气体分子和电子，它们能够自由地运动，而且当它们彼此很靠近时，相互施以保守力的作用，也就是说，它们能够像气体[分子]运动理论中的气体分子那样相互碰撞。① 此外，还假设有一定数目的电子被某些力束缚在这空间中一些相距很远的点上，力的方向指向这些点，其大小同电子与各点的距离成正比。当自由的[气体]分子和电子很靠近这些[束缚]电子时，这些电子同自由的分子和电子之间也应当发生保守[力]的相互作用。我们称这些束缚在空间点上的电子为“振子”；它们发射一定周期的电磁波，也吸收同样周期的电磁波。

根据有关光的产生的现代观点，在我们所考察的空间中，按照麦克斯韦理论处于动态平衡情况下的辐射，应当与“黑体辐射”完全等同——至少当我们把一切具有应加以考虑的频率的振子都看作存在时是这样。

我们暂且不考虑振子发射和吸收的辐射，而深入探讨同分子和电子的相互作用(或碰撞)相适应的动态平衡的条件问题。气体[分子]运动理论为动态平衡提出的条件是：一个电子振子的平均动能必须等于一个气体分子平移运动的平均动能。如果我们把电子振子的运动分解为三个相互垂直的[分]振动，那么我们求得这样一个线性[分]振动的能量的平均值 $\overline{E}$ 为

$$\overline{E}=\frac{R}{N}T,$$

这里 R 是绝对气体常数，N 是摩尔质量的“实际分子”数，而 T 是绝对温度。由于振子的动能和势能对于时间的平均值相等，所以能

① 这个假定同下面的假设有同样的意义，那就是认为在温度平衡时气体分子和电子的平均动能是彼此相等的。如所周知，德鲁德(Drude)先生曾经利用上述假设以理论方法推导出了金属的导热率和导电率之比。——原注

量$\overline{E}$等于自由单原子气体分子的动能的2/3.如果现在不论由于哪一种原因——在我们的情况下由于辐射过程——使一个振子的能量具有大于或小于$\overline{E}$的时间平均值,那么,它同自由电子和分子的碰撞将导致气体得到或丧失平均不等于零的能量。因此,在我们所考察的情况中,只有当每一个振子都具有平均能量$\overline{E}$时,动态平衡才有可能。

现在我们进一步对振子同空间中存在的辐射之间的相互作用作类似的考虑。普朗克(Planck)先生①曾假定辐射可以看作是一种所能想象得到的最无秩序的过程②,在这种假定下,他推导出了这种情况下动态平衡的条件。他找到:

---

① M.普朗克,《物理学杂志》(*Ann. d. Phys.*),第1卷,99页,1900年。——原注

② 这个假定可以表述如下。我们把在$t=0$到$t=T$的时间间隔中(这里的T是一个比所有应加考察的振动周期都大得多的时间)在所讨论的空间内任意一点的电力(Z)的Z分量展开为一个傅里叶级数

$$Z=\sum_{\nu=1}^{\nu=\infty} A_\nu \sin\left(2\pi\nu\frac{t}{T}+\alpha_\nu\right),$$

其中$A_\nu\geqslant 0$,并且$0\leqslant\alpha_\nu\leqslant 2\pi$.如果我们设想就在这同一空间点上,以偶然选定的时间为初始点,把这样一种展开进行任意多次,那么,我们就为量A_ν和α_ν得到了各种不同的数值组。于是,对于量A_ν和α_ν的不同的数值组合的出现次数来说,存在着具有下列形式的(统计)几率dW

$$dW=f(A_1,A_2,\cdots,\alpha_1,\alpha_2,\cdots,)dA_1dA_2\cdots d\alpha_1d\alpha_2\cdots.$$

于是,当

$$f(A_1,A_2,\cdots,\alpha_1,\alpha_2,\cdots)=F_1(A_1)F_2(A_2)\cdots f_1(\alpha_1)f_2(\alpha_2)\cdots,$$

也就是说,当量A和α取某一特定值的几率同别的A或α值无关时,辐射将是所能想象的最无序的一种。所以,愈接近满足这一条件,也就是说,个别各对量A_ν和α_ν同特殊的振子群的发射和吸收过程的关系愈密切,那么,在我们所考察的情况中,辐射将愈接近于应当看作是"可想象的最无序的"一种。——原注

$$\overline{E}_\nu=\frac{L^3}{8\pi\nu^2}\rho_\nu.$$

这里$\overline{E}_\nu$是本征频率为ν的一个振子(每一个振动分量)的平均能量,L是光速,ν是频率,而$\rho_\nu d\nu$是频率介于ν和$\nu+d\nu$之间的那部分辐射在每个单位体积中的能量。

频率为ν的辐射,如果其能量总的说来既不是持续增加,又不是持续减少,那么,下式

$$\frac{R}{N}T=\overline{E}=\overline{E}_\nu=\frac{L^3}{8\pi\nu^2}\rho_\nu,$$

$$\rho_\nu=\frac{R}{N}\frac{8\pi\nu^2}{L^3}T,$$

必定成立。

作为动态平衡的条件而找到的这个关系,不但不符合经验,而且它还表明,在我们的图像中,根本不可能谈到以太和物质之间有什么确定的能量分布。因为振子的振动数范围选得愈广,空间中的辐射能就会变得愈大,而在极限情况下我们得到:

$$\int_0^\infty\rho_\nu d\nu=\frac{R}{N}\ \frac{8\pi}{L^3}T\int_0^\infty v^2\,d\nu=\infty.$$

§2. 关于普朗克对基本常数①的确定

下面我们要指出普朗克先生所作出的对基本常数的确定,这在一定程度上是同他所创立的黑体辐射理论不相关的。

---

① “基本常数”原文是“*Elementarquanta*”,指一些反映物质世界基本特征的物理常数。——编译者

迄今为止，所有经验都能满足的关于 ρ_ν 的普朗克公式①是：

$$\rho_\nu=\frac{\alpha\nu^3}{e^{\frac{\beta\nu}{T}}-1},$$

其中
$$\alpha=6.10\times10^{-56},$$
$$\beta=4.866\times10^{-11}.$$

对于大的 T/ν 值，即对于大的波长和辐射密度，这个公式在极限情况下变成下面的形式：

$$\rho_\nu=\frac{\alpha}{\beta}\nu^2 T.$$

人们看到，这个公式是同 §1 中用麦克斯韦理论和电子论所求得的公式相符的。通过使这两个公式的系数相等，我们得到：

$$\frac{R}{N}\frac{8\pi}{L^3}=\frac{\alpha}{\beta},$$

或者
$$N=\frac{\beta}{\alpha}\frac{8\pi R}{L^3}=6.17\times10^{23},$$

这就是说，一个氢原子重 $1/N$ 克 $=1.62\times10^{-24}$ 克。这正好是普朗克先生所求得的数值，它同用其他方法求得的关于这个量的数值令人满意地相符合。

我们因此得出结论：辐射的能量密度和波长愈大，我们所用的理论基础就愈显得适用；但是，对于小的波长的小的辐射密度，我们的理论基础就完全不适用了。

下面我们将不以辐射的产生和传播的模型为根据，而从经验

① M. 普朗克，《物理学杂志》(*Ann. d. Phys.*)，4 卷，561 页，1901 年。——原注

的联系上来对“黑体辐射”进行考察。

§3. 关于辐射的熵

下面的考察已经包含在 W. 维恩(Wien)先生的著名论文中了，而这里只是为了完整起见才加以引述的。

设有一种辐射，它占有的体积为 v. 我们假设，当这辐射的密度 $\rho(\nu)$ 对于一切频率都是已经给定了的时候，这种辐射的可观察的性质就完全确定了。① 因为不同频率的辐射可以看作是不用作功和输热就可以相互分离的，所以辐射的熵可以用下式表示：

$$S=\nu\int_0^\infty \varphi(\rho,\nu)d\nu,$$

这里 φ 是变数 ρ 和 ν 的函数。辐射在反射壁之间经过绝热压缩后，它的熵不会改变，把这一陈述加以形式化，φ 就可以简化为单个变数的函数。可是我们不想深入讨论这个问题，而就立即研究如何能从黑体的辐射定律求得这个函数 φ.

对于“黑体辐射”来说，ρ 是 ν 的这样一个函数，它使得熵在给定能量值的情况下为极大，也就是说，当

$$\delta\int_0^\infty \rho d\nu=0$$

时，

$$\delta\int_0^\infty \varphi(\rho,\nu)d\nu=0.$$

---

① 这个假设是一个任意的假设。自然，只要实验不迫使我们放弃它，我们将一直坚持这个最简单的假设。——原注

由此得出，对于作为 ν 的函数的 $\delta\rho$ 的每一个选择，都得到

$$\int_0^{\infty}\left(\frac{\partial\varphi}{\partial\rho}-\lambda\right)\delta\rho d\nu=0,$$

这里 λ 同 ν 无关。因此，在黑体辐射的情况下，$\partial\varphi/\partial\rho$ 同 ν 无关。

体积 $v=1$ 的黑体辐射当温度增加 dT 时，等式

$$dS=\int_{\nu=0}^{\nu=\infty}\frac{\partial\varphi}{\partial\rho}d\rho d\nu$$

成立，或者，既然 $\partial\varphi/\partial\rho$ 同 ν 无关，所以

$$dS=\frac{\partial\varphi}{\partial\rho}dE.$$

因为 dE 等于所输入的热量，而这过程又是可逆的，所以：

$$dS=\frac{1}{T}dE$$

也成立。通过比较，我们得到：

$$\frac{\partial\varphi}{\partial\rho}=\frac{1}{T}.$$

这就是黑体辐射定律。于是，我们可以从函数 φ 确定黑体辐射定律，反过来，也可以通过对后者积分，并考虑到 $\rho=0$ 时 φ 也等于零的情况，而决定函数 φ.

§4. 在辐射密度小的情况下单色辐射熵的极限定律

虽然到目前为止，关于“黑体辐射”的观察都得知，原先由 W. 维恩先生建立的关于“黑体辐射”的定律

$$\rho=\alpha\nu^3 e^{-\frac{\beta\nu}{T}}$$

并不是严格有效的。但是，对于大的 ν/T 值，这个定律被实验很完美地证实了。我们将把这个公式作为我们计算的基础，但是要记住，我们的结果只在一定范围内适用。

从这个公式首先得到

$$\frac{1}{T}=-\frac{1}{\beta\nu}\lg\frac{\rho}{\alpha\nu^{3}},$$

然后，应用上节所求得的关系式，得到：

$$\varphi(\rho,\nu)=-\frac{\rho}{\beta\nu}\left\{\lg\frac{\rho}{\alpha\nu^{3}}-1\right\}.$$

假定现在有一种能量为 E 的辐射，它的频率介于 ν 到 $\nu+d\nu$ 之间。这种辐射占有体积 v. 这种辐射的熵是：

$$S=v\varphi(\rho,\nu)d\nu=-\frac{E}{\beta\nu}\left\{\lg\frac{E}{v\alpha\nu^{3}d\nu}-1\right\}.$$

如果我们只限于研究熵对辐射所占体积的相依关系，而且我们用 S_0 来表示辐射在占有体积 v_0 时的熵，那么我们就得到：

$$S-S_0=\frac{E}{\beta\nu}\lg\left(\frac{v}{v_0}\right).$$

这个等式表明，能量密度足够小的单色辐射的熵，按照类同于理想气体或稀溶液的熵的定律随体积而变化。对刚才求得的这个等式，在下面将根据玻耳兹曼先生引进物理学中的一个原理作出解释，按照这一原理，一个体系的熵是它的状态的几率函数。

§5. 用分子论研究气体和稀溶液的熵对体积的相依关系

在用分子论方法计算熵时，常常要用到“几率”这个词，但是它的定义同几率论中所作的定义并不相符。特别是在有些情况中，所用的理论图像已经足够确定到允许采用演绎法而不用作假说性规定，但往往还是假说性地规定了“等几率的情况”。我将在一篇单独的论文中证明，人们在考察热学过程时，有了所谓“统计几率”就完全够用了，从而希望把仍在阻碍玻耳兹曼原理得以贯彻始终的逻辑困难消除掉。但是，这里将给出它的一般的表述和它在一些完全特殊的情况中的应用。

如果谈论一个体系的状态的几率是有意义的，而且如果可以把熵的每一增加都理解为向几率更大的状态的过渡，那么，一个体系的熵 S_1 就是它的瞬时状态的几率 W_1 的函数。因此，如果有两个彼此不发生作用的体系 S_1 和 S_2，那么我们就可以置：

$$S_1=\varphi_1(W_1),$$

$$S_2=\varphi_2(W_2).$$

如果我们把这两个体系看作是熵为 S 和几率为 W 的单个体系，那么就得到：

$$S=S_1+S_2=\varphi(W),$$

和

$$W=W_1\cdot W_2.$$

后一个关系式表明，这两个体系的状态是互不相关的。

从这些等式得出：

$$\varphi(W_1\cdot W_2)=\varphi_1(W_1)+\varphi_2(W_2),$$

并且最后由此得出：

$$\varphi(W_1)=C\lg(W_1)+\text{常数},$$

$$\varphi(W_2)=C\lg(W_2)+\text{常数},$$

$$\varphi(W)=C\lg(W)+\text{常数}.$$

所以量 C 是一个普适常数；它的数值如同气体的[分子]运动论所得出的那样等于 R/N，而常数 R 和 N 具有同前面已给出过的同样的意义。如果 S_0 表示所考察体系处于某一初始状态时的熵，而 W 表示熵为 S 的一个状态的相对几率，那么我们由此一般地得到：

$$S-S_0=\frac{R}{N}\lg W.$$

首先我们讨论下面一种特殊情况。设在体积 v_0 中有一定数目(n)的运动质点(比如分子)，我们要对它们进行考察。除了这些质点之外，空间中还可以有任意多的其他任何类型的运动质点。对于所考察质点在空间中的运动所遵循的规律，我们不作任何假定，只是就这种运动而论，没有任何一部分空间(以及任何一个方向)可以比其他部分(以及其他方向)显得特殊。此外，假定这些所考察的(先前提到的)运动质点的数目是如此之小，以致这些质点间的相互作用可以忽略不计。

所考察的这个体系可以是——比如说，——一种理想气体或者是一种稀溶液，它具有一定的熵 S_0. 让我们设想，体积 v_0 中有一个大小为 v 的分体积，全部 n 个运动质点都转移到体积 v 中，但没有使体系发生其他什么变化。对于这种状态，熵显然具有不同的数值(S)，现在我们要用玻耳兹曼原理来确定熵的差值。

我们问：后面提到的状态相对于原来的状态的几率有多大？或者问：在给定的体积 v_0 中的所有 n 个彼此互不相关地运动的质点在偶然选择的一个瞬间(偶然地)聚集在体积 v 内的几率有多大？

这个几率是一个“统计几率”，对于这个几率我们显然可以得到其数值为：

$$W=\left(\frac{v}{v_0}\right)^n;$$

通过应用玻耳兹曼原理，我们由此得到：

$$S-S_0=R\left(\frac{n}{N}\right)\lg\left(\frac{v}{v_0}\right).$$

从这个等式很容易用热力学方法得出波义耳和盖·吕萨克定律以及类似的渗透压定律，①值得注意的是，我们在推导时不必对分子运动所遵循的定律作出任何假定。

§6. 按照玻耳兹曼原理解释单色辐射熵对体积的相依关系的表示式

在§4中，关于单色辐射的熵对体积的相依关系，我们已求得如下的表示式：

$$S-S_0=\frac{E}{\beta\nu}\lg\left(\frac{v}{v_0}\right).$$

如果我们把这个公式写成

$$S-S_0=\frac{N}{R}\lg\left[\left(\frac{v}{v_0}\right)^{\frac{N}{R}\frac{E}{\beta\nu}}\right]$$

---

① 如果 E 是体系的能量，那么我们可以得到：

$$-d(E-TS)=pdv=TdS=R\frac{n}{N}\frac{dv}{v};$$

因此

$$pv=R\frac{n}{N}T.$$ ——原注

的形式，又把这个表示式同表示玻耳兹曼原理的一般公式

$$S-S_0=\frac{R}{N}\lg W$$

相比较，那么我们就可以得到下面的结论：

如果频率为 ν 和能量为 E 的单色辐射被（反射壁）包围在体积 v_0 中，那么，在一个任意选取的瞬间，全部辐射能量集中在体积 v_0 的部分体积 v 中的几率为

$$W=\left(\frac{v}{v_0}\right)^{\frac{N}{R}\frac{E}{\beta\nu}}.$$

从这里我们进一步作出这样的结论：

能量密度小的单色辐射（在维恩辐射公式有效的范围内），从热学方面看来，就好像它是由一些互不相关的、大小为 $R\beta\nu/N$ 的能量子所组成。

我们还想把“黑体辐射”能量子的平均值和同一温度下分子的重心运动的平均动能相比较。后者等于 $\frac{3}{2}(R/N)T$，而关于能量子的平均值，根据维恩公式，我们得到：

$$\frac{\int_0^\infty \alpha\nu^3 e-\frac{\beta\nu}{T}d\nu}{\int_0^\infty \frac{N}{R\beta\nu}\alpha\nu^3 e-\frac{\beta\nu}{T}d\nu}=3\,\frac{R}{N}T.$$

如果现在（密度足够小的）单色辐射，就其熵对体积的相依关系来说，好像辐射是由大小为 $R\beta\nu/N$ 的能量子所组成的不连续的媒质一样，那么，接着就会使人想到去研究，是否光的产生和转化的定律也具有这样的性质，就像光是由这样一种能量子所组成的一样。下面我们将对这个问题进行探讨。

§7. 关于斯托克斯定则

设有一种单色光通过光致发光转化为另一种频率的光，而且按照刚才所得的结果假定，不但入射光，而且产生出来的光都由大小为$(R/N)\beta\nu$的能量子所组成，其中ν是有关的频率。于是，这种转化过程可以解释如下。每一个频率为ν_1的入射[光]的能量子被吸收了，并且单靠它一个——至少在入射[光]能量子分布密度足够小的情况下——就引起另一个频率为ν_2的光量子的产生；也可能在吸收入射光量子的时候能够同时产生频率为ν_3，ν_4等等的光量子以及其他种类的能量(比如热)。至于在怎样一种中间过程的中介下达到这个最终结果，那是无关紧要的。如果不把光致发光物质看作是一种能不断提供能量的源泉，那么按照能量原理，一个产生出来的[光的]能量子的能量不能大于一个入射光量子的能量；因此关系式：

$$\frac{R}{N}\beta\nu_2 \leqslant \frac{R}{N}\beta\nu_1,$$

或者

$$\nu_2 \leqslant \nu_1,$$

必定成立。这就是著名的斯托克斯(Stokes)定则。

应当特别强调指出的是，根据我们的见解，在弱的辐照的情况下，而在其他情况都相同的条件下，受激而产生的光量必定同激发光的强度成正比，因为每一个激发[光]的能量子都会引起上面所述的这类基元过程，而同其他激发[光]的能量子的作用无关。特别是，对于激发光的强度来说，不存在这样一个下限，即当光的强度低于这个下限时，光就不能起激发光的作用。

根据上面所说的对一些现象的理解，对于斯托克斯定则的背离只有在下列情况下才是可以想象的：

1. 如果每单位体积内同时在转化中的能量子的数目大到使所产生的光的一个能量子能够从几个入射[光]的能量子那里获得它的能量；

2. 如果入射的(或者所产生的)光不具有那种相当于维恩定律适用范围内的“黑体辐射”的那样的能量性状，比如，如果产生激发光的物体温度很高，以致对于所考察的光波波长，维恩辐射定律已不再有效了。

后面提到的这种可能性具有特殊的意义。按照刚才已经阐明的见解，这并不排斥这样的可能性：一种“非维恩辐射”即使在高度稀薄的情况下，在能量关系方面，也可以显示出一种不同于维恩定律适用范围内“黑体辐射”的性状。

§8. 关于固体通过辐照而产生阴极射线

关于光的能量连续地分布在被照射的空间之中的这种通常的见解，当试图解释光电现象时，遇到了特别大的困难，勒纳德(Lenard)先生已在一篇开创性的论文①中说明了这一点。

按照激发光由能量为$(R/N)\beta\nu$的能量子所组成的见解，用光来产生阴极射线可以用如下方式来解释。能量子钻进物体的表面层，并且它的能量至少有一部分转换为电子的动能。最简单的设

① P. 勒纳德，《物理学杂志》(*Ann. d. Phys.*)，8 卷，169 和 170 页，1902 年。——原注

想是，一个光量子把它的全部能量给予了单个电子；我们要假设这就是实际上发生的情况。可是，这不应当排除，电子只从光量子那里接受了部分的能量。一个在物体内部具有动能的电子当它到达物体表面时已经失去了它的一部分动能。此外，还必须假设，每个电子在离开物体时还必须为它脱离物体做一定量的功 P（这是该物体的特性值）。那些在表面上朝着垂直方向被激发的电子将以最大的法线速度离开物体。这样一些电子的动能是：

$$\frac{R}{N}\beta\nu-P.$$

如果使物体充电到具有正电势 Π，并为零电势所包围，又如果 Π 正好大到足以阻止物体损失电荷，那么，必定得到：

$$\Pi\varepsilon=\frac{R}{N}\beta\nu-P,$$

这里 ε 表示电子电荷；或者

$$\Pi E=R\beta\nu-P',$$

这里 E 是摩尔质量单价离子的电荷，而 P' 是这一负电量对于这物体的电势。①

如果我们设 $E=9.6\times10^{3}$，那么 $\Pi\cdot10^{-8}$ 就是当物体在真空中被照射时以伏特计量的电势。

为了首先看看上面导出的关系式在数量级上是不是同经验相符，我们假设 $P'=0$，$\nu=1.03\times10^{15}$（这相当于太阳光谱向着紫外

① 如果我们假设，一个电子被光从一个中性分子中打出，必须消耗一定量的功，那么我们也不必对这里导出的关系式作什么修改，而只要把 P' 看作是两个相加项之和就行了。——原注

一边的极限),而$\beta=4.866\times10^{-11}$.我们得到$\Pi\cdot10^{-8}=4.3$伏特,这个结论同勒纳德先生的结果在数量级上相符。①

如果所导出的公式是正确的,那么Π作为激发光频率的函数用笛卡儿坐标来表示时,必定是一条直线,它的斜率同所研究的物质的性质无关。

就我所知道的来说,我们的这些见解同勒纳德先生所观测到的光电效应的性质没有矛盾。如果激发光的每一个能量子独立地(同一切其他能量子无关)把它的能量给予电子,那么,电子的速度分布即所产生的阴极射线的性质就同激发光的强度无关;另一方面,在其他条件都相同的情况下,离开物体的电子数同激发光的强度成正比。②

对上述规律性的臆想的适用范围,可以作出一些类似于对斯托克斯定则的臆想的背离所作的那样的评述。

前面已经假定,在入射光的能量子中至少有一部分是把每个能量子的能量完全传递给了单个电子。如果我们不作这种显而易见的假定,那么上述等式就得以下面的不等式来代替:

$$\Pi E+P'\leqslant R\beta\nu.$$

对于阴极射线发光(它构成刚才所考察的过程的逆过程)来说,我们通过一种与上面类似的考察得到:

$$\Pi E+P'\geqslant R\beta\nu.$$

就勒纳德先生所研究的那些物质而论,ΠE总是远远大于$R\beta\nu$,因

① P.勒纳德,《物理学杂志》,8卷,165和184页,表1,图2,1902年。——原注

② P.勒纳德,《物理学杂志》,8卷,150页和166—168页,1902年。——原注

为阴极射线为了刚刚能够产生可见光所必须通过的电压，在某些情况下达到几百伏特，而在另一些情况下则有几千伏特。① 因此应当假设，一个电子的动能将用于产生许多个光能量子。

§9. 关于用紫外光使气体电离

我们必须假设，在用紫外光使气体电离时，每个被吸收的光能量子都用于电离一个气体分子。由此首先得出，一个分子的电离功(也就是把它电离时理论上必需的功)不可能大于一个被吸收的致电离的光量子的能量。如果我们用 J 表示每摩尔质量的(理论上的)电离功，那么，因此就必定得到：

$$R\beta\nu \geqq J.$$

但是，根据勒纳德的量度，对于空气，最大的致电离波长大约是 1.9×10^{-5} 厘米；因此

$$R\beta\nu = 6.4\times10^{12}\text{尔格} \geqq J.$$

关于电离功的上限我们也可以从稀薄气体的电离电势得到。根据 J. 斯塔克②的工作，对于空气，测得的最小的致电离电势(在铂阳极上)约为 10 伏特。③ 于是得到关于 J 的上限为 9.6×10^{12}，这数值差不多等于刚才所求得的值。还有另外一个结论，对于它的实验检验，在我看来是十分重要的。如果每一个被吸收的光能量子都电离一个分子，那么，在被吸收的光的量 L 同被这些光量

① P. 勒纳德，《物理学杂志》，12 卷，469 页，1903 年。——原注

② J. 斯塔克，《气体中的电》(*Die Elektrizität in Gasen*)(莱比锡，1902 年)，57 页。——原注

③ 在气体内部，对于负离子，电离势实际上要比这大五倍。——原注

所电离的克分子数 j 之间必定存在着下列关系：

$$j=\frac{L}{R\beta\nu}.$$

如果我们的见解是符合实际的，那么，对于所有在没有电离时就不呈现明显的吸收作用（就有关的频率来说）的气体，这种关系都必定成立。

分子大小的新测定法[①]

气体分子运动论使测定分子实际大小的最早办法成为可能，可是液体中可观测的物理现象直到目前还没有用来计算分子的大小。其原因无疑在于迄今还有未能逾越的困难，这些困难妨碍了液体分子运动论伸向细节的发展。现在这篇论文中将说明：不离解的稀溶液中溶质的分子大小，可以从溶液和纯溶剂的内摩擦，以及从溶质在溶剂里面的扩散[率]求出来，只要一个溶质分子的体积大于一个溶剂分子的体积就行了。因为这样一个溶质分子的性状，就它在溶剂中的动性来说，以及就它对于溶剂的内摩擦的影响来说，都近似于一个悬浮在溶剂中的固体，于是流体动力学方程可以用于分子贴邻的溶剂的运动，在这里，液体被认为是均匀的，从而可以不考虑它的分子结构。关于那些可以代表溶质分子的固体的形状，我们则选取球形的。

---

① 这是爱因斯坦 1905 年 4 月写于伯尔尼瑞士专利局并向苏黎世大学申请的博士学位论文，当年以单行本在伯尔尼出版，题名《*Eine neue Bestimmung der Moleküldimensionen*》。以后他又寄到莱比锡的《物理学杂志》(*Annalen der Physik*)去发表，并加了一个"补遗"。这里译自 1906 年 2 月出版的《物理学杂志》，4 编，19 卷，第 2 期，289—306 页。1911 年爱因斯坦又在该杂志 4 编，34 卷，591—592 页上发表一篇《对我的论文〈分子大小的新测定法〉的更正》，这个译文已据此作了校正。译时曾参考 A. D. 考珀(Cowper)的英译，见爱因斯坦文集《关于布朗运动理论的研究》(*Investigations on the Theory of the Brownian Movement*)，R. 菲尔特(Fürth)编，伦敦 Methuen 1926 年版，36—62 页。——编译者

§1. 悬浮在液体中很小的球对于液体运动的影响

让我们取一具有摩擦系数 k 的均匀的不可压缩液体作为我们讨论的对象，它的速度分量 u,ν,w 规定为坐标 x,y,z 和时间的函数。取一任意点 x_0,y_0,z_0，我们设想函数 u,v,w 按照泰勒(Taylor)定理展开成 $x-x_0,y-y_0,z-z_0$ 的函数，并且设想围绕这个点画出一个这样小的区域 G，使这个展开式在这区域里只有一次项才是必须加以考虑的。容纳在 G 里面的液体的运动，因而可以用大家熟悉的方式看作是如下三种运动的叠加的结果：

1. 所有液体粒子不变更其相对位置的平行位移。

2. 不变更液体粒子相对位置的液体的转动。

3. 在三个相互垂直的方向(膨胀主轴)上的膨胀运动。

我们现在要设想区域 G 里的一个球形刚体，它的中心处在点 x_0,y_0,z_0 上，而它的大小比起区域 G 的大小来是非常之小。我们要进一步假定：所考查的这个运动是这样缓慢，以致球的动能以及液体的动能都可以略而不计。还要进一步假定：球的一个面元素的速度分量同贴邻的液体粒子的速度对应分量显示出是一致的，也就是说，接触层(设想是连续的)在无论哪里都显示一个有限的内摩擦系数。

用不着作进一步讨论就明白：这个球要是不改变附近液体的运动，它就只分担 1 和 2 这两个部分运动，因为在这两部分运动中，液体都像刚体一样运动；这样我们就忽略了惯性的作用。

但是球的存在会改变运动3，而我们下一个问题就是要研究球对于液体这种运动的影响。我们要进一步把运动3参照于这样的一个坐标系，它的轴都是同膨胀主轴平行的，并且我们置

$$x-x_0=\xi,$$

$$y-y_0=\eta,$$

$$z-z_0=\zeta,$$

那么，在球不存在的情况下，这运动可以用下列方程来表示：

$$(1)\qquad \begin{cases} u_0=A\xi, \\ v_0=B\eta, \\ w_0=C\zeta; \end{cases}$$

A,B,C 都是常数，由于液体的不可压缩性，它们必定满足条件

$$(2)\qquad A+B+C=0.$$

现在，如果在点 x_0,y_0,z_0 处有一个半径为 P 的刚性球，那么在球附近的液体运动就要改变。为了方便起见，在下面讨论中我们说 P 是"有限"的；而对于那些不再受到球的可感觉影响的液体运动，我们说 ξ,η,ζ 的值是"无限大"的。

首先，由所讨论的液体运动的对称性，显然，伴随上述运动，球既不能有平移，也不能有转动，于是我们得到极限条件：

当 $\rho=P$ 时，　　　$u=v=w=0,$

此处我们置

$$\rho=\sqrt{\xi^2+\eta^2+\zeta^2}>0.$$

这里 u, v, w 是现在所考查的运动（为球所改变的）的速度分量。如果我们置

$$
(3)\qquad \begin{cases} u=A\xi+u_1, \\ v=B\eta+v_1, \\ w=C\zeta+w_1, \end{cases}
$$

既然由方程(3)所规定的运动，在无限的区域里必定要变换成方程(1)所规定的运动，那么，在无限的区域里，速度 u_1, ν_1, w_1 都必须等于零。

函数 u, v, w 必定满足那些考虑到内摩擦而忽略了惯性的流体动力学方程。因而，下列方程该成立：——①

$$
(4)\qquad \begin{cases} \dfrac{\partial p}{\partial \xi}=k\Delta u, \quad \dfrac{\partial p}{\partial \eta}=k\Delta v, \quad \dfrac{\partial p}{\partial \zeta}=k\Delta w, \\ \dfrac{\partial u}{\partial \xi}+\dfrac{\partial v}{\partial \eta}+\dfrac{\partial w}{\partial \zeta}=0, \end{cases}
$$

此处 Δ 代表算符

$$
\frac{\partial^2}{\partial \xi^2}+\frac{\partial^2}{\partial \eta^2}+\frac{\partial^2}{\partial \zeta^2},
$$

而 p 代表流体静压力。

既然方程(1)是方程(4)的解，而后者是线性的，那么根据(3)，u_1, v_1, w_1 这些量也都必须满足方程(4)。我曾按照§4中所引的基尔霍夫讲义中提出的方法，确定了 u_1, v_1, w_1 和 p，② 并且求出

① 基尔霍夫，(G. Kirchhoff)，《力学讲义》，第26讲。——原注

② "从方程(4)，得知 $\Delta p=0$. 如果 p 是按照这个条件来选取的，而函数 V 是这样确定的，它满足方程

$$
(5)\begin{cases}
p=-\frac{5}{3}kP^3\left\{A\frac{\partial^2\left(\frac{1}{\rho}\right)}{\partial\xi^2}+B\frac{\partial^2\left(\frac{1}{\rho}\right)}{\partial\eta^2}+C\frac{\partial^2\left(\frac{1}{\rho}\right)}{\partial\zeta^2}\right\}+\text{常数},\\
u=A\xi-\frac{5}{3}P^3A\frac{\xi}{\rho^3}-\frac{\partial D}{\partial\xi},\\
v=B\eta-\frac{5}{3}P^3B\frac{\eta}{\rho^3}-\frac{\partial D}{\partial\eta},\\
w=C\zeta-\frac{5}{3}P^3C\frac{\zeta}{\rho^3}-\frac{\partial D}{\partial\zeta},
\end{cases}
$$

此处

$$\Delta V=\frac{1}{k}p,$$

如果我们置

$$u=\frac{\partial V}{\partial\xi}+u',v=\frac{\partial V}{\partial\eta}+v',w=\frac{\partial V}{\partial\zeta}+w',$$

并且这样来选取 u',v',w'，使 $\Delta u'=0,\Delta v'=0,\Delta w'=0$，以及

$$\frac{\partial u'}{\partial\xi}+\frac{\partial v'}{\partial\eta}+\frac{\partial w'}{\partial\zeta}=-\frac{1}{k}p,$$

那么方程(4)就得到满足。"

现在如果我们置

$$\frac{p}{k}=2c\frac{\partial^2\left(\frac{1}{\rho}\right)}{\partial\xi^2},$$

并且符合于

$$V=c\frac{\partial^2\rho}{\partial\xi^2}+b\frac{\partial^2\left(\frac{1}{\rho}\right)}{\partial\xi^2}+\frac{a}{2}\left(\xi^2-\frac{\eta^2}{2}-\frac{\zeta^2}{2}\right)$$

和

$$u'=-2c\frac{\partial\left(\frac{1}{\rho}\right)}{\partial\xi},v'=0,w'=0,$$

那么，可以这样来确定 a,b,c 这些常数，使得 $\rho=P$ 时，$u=v=w=0$. 把三个相似的解叠加起来，我们就得到方程(5)和(5a)中所规定的解。——原注

$$
(5a)\quad \begin{cases} D=A\left\{\frac{5}{6}P^3\frac{\partial^2\rho}{\partial\xi^2}+\frac{1}{6}P^5\frac{\partial^2\left(\frac{1}{\rho}\right)}{\partial\xi^2}\right\}+ \\ +B\left\{\frac{5}{6}P^3\frac{\partial^2\rho}{\partial\eta^2}+\frac{1}{6}P^5\frac{\partial^2\left(\frac{1}{\rho}\right)}{\partial\eta^2}\right\}+ \\ +C\left\{\frac{5}{6}P^3\frac{\partial^2\rho}{\partial\zeta^2}+\frac{1}{6}P^5\frac{\partial^2\left(\frac{1}{\rho}\right)}{\partial\zeta^2}\right\}. \end{cases}
$$

不难证明，方程(5)是方程(4)的解。由于

$$
\Delta\xi=0,\quad \Delta\frac{1}{\rho}=0,\Delta\rho=\frac{2}{\rho},
$$

并且

$$
\Delta\left(\frac{\xi}{\rho^3}\right)=-\frac{\partial}{\partial\xi}\left\{\Delta\left(\frac{1}{\rho}\right)\right\}=0,
$$

因此我们就得到

$$
k\Delta u=-k\frac{\partial}{\partial\xi}\{\Delta D\}=
$$

$$
=-k\frac{\partial}{\partial\xi}\left\{\frac{5}{3}P^3A\frac{\partial^2\left(\frac{1}{\rho}\right)}{\partial\xi^2}+\frac{5}{3}P^3B\frac{\partial^2\left(\frac{1}{\rho}\right)}{\partial\eta^2}+\frac{3}{5}P^3C\frac{\partial^2\left(\frac{1}{\rho}\right)}{\partial\zeta^2}\right\}.
$$

但是根据(5)的第一个方程，上述所求得的最后一个表示式就等同于 $dp/d\xi$[①]. 以类似方式，我们能够证明(4)的第二个和第三个方程也都得到满足。我们进一步得到——

$$
\frac{\partial u}{\partial\xi}+\frac{\partial v}{\partial\eta}+\frac{\partial w}{\partial\zeta}=(A+B+C)+
$$

$$
+\frac{5}{3}P^3\left\{A\frac{\partial^2\left(\frac{1}{\rho}\right)}{\partial\xi^2}+B\frac{\partial^2\left(\frac{1}{\rho}\right)}{\partial\eta^2}+C\frac{\partial^2\left(\frac{1}{\rho}\right)}{\partial\zeta^2}\right\}-\Delta D.
$$

① 原文如此。$dp/d\xi$ 显系 $\partial p/\partial\xi$ 之误。——编译者

但是，根据方程(5a)，既然

$$\Delta D=\frac{5}{3}P^3\left\{A\frac{\partial^2\left(\frac{1}{\rho}\right)}{\partial\xi^2}+B\frac{\partial^2\left(\frac{1}{\rho}\right)}{\partial\eta^2}+C\frac{\partial^2\left(\frac{1}{\rho}\right)}{\partial\zeta^2}\right\},$$

就得知(4)的最后一个方程是得到满足的。至于边界条件，只有当ρ是无限大时，我们关于u,v,w的方程才转变成方程(1)。把方程(5a)中得出的D值代入(5)的第二个方程，我们就得到

$$(6)\qquad \begin{cases} u=A\xi-\frac{5}{2}\frac{P^3}{\rho^5}\xi(A\xi^2+B\eta^2+C\zeta^2)+ \\ \qquad +\frac{5}{2}\frac{P^5}{\rho^7}\xi(A\xi^2+B\eta^2+C\zeta^2)-\frac{P^5}{\rho^5}A\xi. \end{cases}$$

我们知道，当$\rho=P$时，u等于零。由于对称性，这关系对于v和w也都成立。我们现在已经证明了，方程(5)既满足方程(4)，也满足这个问题的边界条件。

也可以证明，方程(5)是方程(4)中符合这个问题的这些边界条件的唯一的解。这里只要把证明指点一下。假设在有限空间中液体的速度分量u,ν,w满足方程(4)。如果还存在方程(4)的另一个解U,V,W，在所考查的空间的边界上，$U=u,V=v,W=w$，那么$(U-u,V-v,W-w)$会是方程(4)的解，而且这些速度分量在这空间的边界上都等于零。因此，对于容纳在所考查的空间中的这个液体，不能做机械功。既然我们不去考虑液体的活力①，那么，在所考查的空间中转变成热的功同样也等于零。因此我们推知，如果这空间至少有一部分是用静止的壁围起来的，那么在这整个空间中，我们必定得到$u=u',v=v',w=w'$. 这个结果也能够穿过边界推广到所考查的空间是无限的情况，就像上面所考查的情

① 即动能。——编译者

况那样。我们因而能够证明，上述所得的解是这个问题的唯一的解。

我们现在要围着 x_0, y_0, z_0 这个点安放一个半径为 R 的球，此处 R 比起 P 是无限大，于是我们要算出在这球里面的液体中（每单位时间）转变为热的能量。这个能量 W 就等于对这液体所做的机械功。如果我们把作用在半径为 R 的球面上的压力分量称为 X_n, Y_n, Z_n，那么

$$W=\int(X_n u+Y_n v+Z_n w)ds,$$

此处积分的范围是遍及这半径为 R 的整个球面。在这里，

$$X_n=-\left(X_\xi\frac{\xi}{\rho}+X_\eta\frac{\eta}{\rho}+X_\zeta\frac{\zeta}{\rho}\right),$$

$$Y_n=-\left(Y_\xi\frac{\xi}{\rho}+Y_\eta\frac{\eta}{\rho}+Y_\zeta\frac{\zeta}{\rho}\right),$$

$$Z_n=-\left(Z_\xi\frac{\xi}{\rho}+Z_\eta\frac{\eta}{\rho}+Z_\zeta\frac{\zeta}{\rho}\right),$$

此处

$$X_\xi=p-2k\frac{\partial u}{\partial\xi},\qquad Y_\zeta=Z_\eta=-k\left(\frac{\partial v}{\partial\zeta}+\frac{\partial w}{\partial\eta}\right),$$

$$Y_\eta=p-2k\frac{\partial v}{\partial\eta},\qquad Z_\xi=X_\zeta=-k\left(\frac{\partial w}{\partial\xi}+\frac{\partial u}{\partial\zeta}\right),$$

$$Z_\zeta=p-2k\frac{\partial w}{\partial\zeta},\qquad X_\eta=Y_\xi=-k\left(\frac{\partial u}{\partial\eta}+\frac{\partial v}{\partial\xi}\right).$$

当我们注意到：对于 $\rho=R$，带有因子 P^5/ρ^5 的那些项相对于带有因子 P^3/ρ^3 的那些项来说都接近于零，关于 u,v,w 的表示式就得到简化。

我们必须置

$$(6a)\begin{cases} u=A\xi-\frac{5}{2}P^3\frac{\xi(A\xi^2+B\eta^2+C\zeta^2)}{\rho^5}, \\ v=B\eta-\frac{5}{2}P^3\frac{\eta(A\xi^2+B\eta^2+C\zeta^2)}{\rho^5}, \\ w=C\zeta-\frac{5}{2}P^3\frac{\zeta(A\xi^2+B\eta^2+C\zeta^2)}{\rho^5}. \end{cases}$$

对于 p,通过相应的省略,我们从(5)中的第一个方程得到

$$p=-5kP^3\frac{A\xi^2+B\eta^2+C\zeta^2}{\rho^5}+\text{常数}.$$

我们首先得到

$$X_\xi=-2kA+10kP^3\frac{A\xi^2}{\rho^5}-25kP^3\frac{\xi^2(A\xi^2+B\eta^2+C\zeta^2)}{\rho^7},$$

$$X_\eta=+5kP^3\frac{(A+B)\xi\eta}{\rho^5}-25kP^3\frac{\xi\eta(A\xi^2+B\eta^2+C\zeta^2)}{\rho^7},$$

$$X_\zeta=+5kP^3\frac{(A+C)\xi\zeta}{\rho^5}-25kP^3\frac{\xi\zeta(A\xi^2+B\eta^2+C\zeta^2)}{\rho^7},$$

由此,$X_n=2Ak\frac{\xi}{\rho}-5AkP^3\frac{\xi}{\rho^4}+20kP^3\frac{\xi(A\xi^2+B\eta^2+C\zeta^2)}{\rho^6}$.

借助于 Y_n 和 Z_n 的表示式(通过循环代换而获得),略去含有比率 P/ρ 三次以上幂的一切项,我们就得到

$$X_nu+Y_nv+Z_nw=\frac{2k}{\rho}(A^2\xi^2+B^2\eta^2+C^2\zeta^2)-$$

$$-5k\frac{P^3}{\rho^4}(A^2\xi^2+B^2\eta^2+C^2\zeta^2)+15k\frac{P^3}{\rho^6}(A^2\xi^2+B\eta^2+C\zeta^2)^2.$$

如果我们进行遍及整个球的积分,并且记住

$$\int ds=4\pi R^2,$$

$$\int\xi^2ds=\int\eta^2ds=\int\zeta^2ds=\frac{4}{3}\pi R^4,$$

$$\int \xi^4 ds = \int \eta^4 ds = \int \zeta^4 ds = \frac{4}{5}\pi R^6,$$

$$\int \eta^2\zeta^2 ds = \int \zeta^2\xi^2 ds = \int \xi^2\eta^2 ds = \frac{4}{15}\pi R^6,$$

$$\int (A\xi^2 + B\eta^2 + C\zeta^2)^2 ds = \frac{8}{15}\pi R^6 (A^2 + B^2 + C^2),$$

那么,我们就得到

(7) $$W = \frac{8}{3}\pi R^3 k\delta^2 + \frac{4}{3}\pi P^3 k\delta^2 = 2\delta^2 k\left(V + \frac{\Phi}{2}\right),$$

此处我们置 $$\delta^2 = A^2 + B^2 + C^2,$$

$$\frac{4\pi}{3}R^3 = V, \quad 以及 \quad \frac{4}{3}\pi P^3 = \Phi.$$

如果悬浮的球不存在($\Phi=0$),那么,关于体积 V 中消耗了的能量,我们就应当得

(7a) $$W_0 = 2\delta^2 kV.$$

由于球的存在,所消耗的能量因而要减少① $\delta^2 k\Phi$.

§2. 关于有大量悬浮小球不规则分布着的液体的[内]摩擦系数的计算

在前面的讨论中,我们考查过区域 G 中悬浮有一个球的情况,球的大小的数量级如前所规定,比起这个区域来是非常小的;并且我们研究过这个球怎样影响液体的运动。现在我们要假定有无限多个球无规则地分布在区域 G 中,这些球都有同样的半径,而且实际上小到使所有这些球的总体积比起区域 G 来显得很小。设出现在单位体积中的球的数目是 n,这个 n 在液体中在足够的

① 原文如此。此处"减少"显系"增加"之误。——编译者

准确度上到处看起来都是一样的。

我们现在要再一次从没有悬浮球的均匀液体的运动出发，并且也再考查最一般的膨胀运动。如果没有球，通过坐标系的适当选取，我们可以用下列方程来表示在区域 G 中一个任意选定的点 x,y,z 处的速度分量 u_0,v_0,w_0：

$$u_0=Ax,$$
$$v_0=By,$$
$$w_0=Cz,$$

此处

$$A+B+C=0.$$

现在有一个球悬浮在点 x_v,y_v,z_v 处，它会以方程(6)所显示的方式影响这个运动。既然我们已经假定相邻的球之间的平均距离比起它们的半径来是非常之大，因而由所有这些球所产生的附加速度分量合起来同 u_0,v_0,w_0 相比是非常之小，我们考虑到悬浮球，并且略去更高阶项，就得到这液体中的速度分量 u,v,w——

$$(8)\quad\begin{cases} u=Ax-\sum\left\{\frac{5}{2}\frac{P^3}{\rho_v^2}\frac{\xi_v(A\xi_v^2+B\eta_v^2+C\zeta_v^2)}{\rho_v^3}-\right.\\ \qquad\left.-\frac{5}{2}\frac{P^5}{\rho_v^4}\frac{\xi_v(A\xi_v^2+B\eta_v^2+C\zeta_v^2)}{\rho_v^3}+\frac{P^5}{\rho_v^4}\frac{A\xi_v}{\rho_v}\right\},\\ v=By-\sum\left\{\frac{5}{2}\frac{P^3}{\rho_v^2}\frac{\eta_v(A\xi_v^2+B\eta_v^2+C\zeta_v^2)}{\rho_v^3}-\right.\\ \qquad\left.-\frac{5}{2}\frac{P^5}{\rho_v^4}\frac{\eta_v(A\xi_v^2+B\eta_v^2+C\zeta_v^2)}{\rho_v^3}+\frac{P^5}{\rho_v^4}\frac{B\eta_v}{\rho_v}\right\},\\ w=Cz-\sum\left\{\frac{5}{2}\frac{P^3}{\rho_v^2}\frac{\zeta_v(A\xi_v^2+B\eta_v^2+C\zeta_v^2)}{\rho_v^3}-\right.\\ \qquad\left.-\frac{5}{2}\frac{P^5}{\rho_v^4}\frac{\zeta_v(A\xi_v^2+B\eta_v^2+C\zeta_v^2)}{\rho_v^3}+\frac{P^5}{\rho_v^4}\frac{C\zeta_v}{\rho_v}\right\},\end{cases}$$

此处累加是遍及区域 G 中所有的球，并且我们置

$$\xi_v = x - x_v,$$

$$\eta_v = y - y_v,$$

$$\zeta_v = z - z_v,$$

$$\rho_v = \sqrt{\xi_v^2 + \eta_v^2 + \zeta_v^2},$$

x_v, y_v, z_v 是球心的坐标。进一步，我们从方程(7)和(7a)得到这样的结论：每个球的存在，造成了(略去更高阶的无限小量)每单位体积所产生热量的增加；在区域 G 中，每单位体积转化成热的能量，具有的值是

$$W = 2\delta^2 k + n\delta^2 k\Phi,$$

或者

(7b) $$W = 2\delta^2 k\left(1 + \frac{\phi}{2}\right),$$

此处 ϕ 表示这些球所占体积的比率。

由方程(7b)，能够计算出所考查的液体和悬浮球的不均匀混合物(今后简称为“混合物”)的摩擦系数 k. 但是必须注意到，A，B，C 并不是方程(8)所规定的液体运动中的主膨胀数值；我们要把这混合物的主膨胀叫做 A^*，B^*，C^*. 根据对称性，推知混合物的主膨胀方向是同主膨胀方向 A，B，C 平行的，因而也是同坐标轴平行的。如果我们把方程(8)写成形式

$$u = Ax + \sum u_v,$$

$$v = By + \sum v_v,$$

$$w = Cz + \sum w_v,$$

那么，我们就得到

$$A^* = \left(\frac{\partial u}{\partial x}\right)_{x=0} = A + \sum\left(\frac{\partial u_v}{\partial x}\right)_{x=0} = A - \sum\left(\frac{\partial u_v}{\partial x_v}\right)_{x=0}.$$

如果我们在这个讨论中不去考虑单个球的贴邻，我们就能够略去 u, v, w 表示式的第二和第三项，而当 $x=y=z=0$ 时，就得到：——

$$
(9) \quad \begin{cases} u_\nu = -\dfrac{5}{2}\dfrac{P^3}{r_v^2}\dfrac{x_v(Ax_v^2+By_v^2+Cz_v^2)}{r_v^3}, \\ v_\nu = -\dfrac{5}{2}\dfrac{P^3}{r_v^2}\dfrac{y_v(Ax_v^2+By_v^2+Cz_v^2)}{r_v^3}, \\ w_\nu = -\dfrac{5}{2}\dfrac{P^3}{r_v^2}\dfrac{z_v(Ax_v^2+By_v^2+Cz_v^2)}{r_v^3}, \end{cases}
$$

此处我们置

$$r_v = \sqrt{x_v^2+y_v^2+z_v^2} > 0.$$

我们把累加的范围扩展到一个具有很大半径 R 的球 K 的整个体积，这个球的中心是在坐标系的原点上。如果我们进一步假定这些**不规则地**分布的球现在是**均匀地**分布着，并且用积分来代替累加，那么我们就得到

$$A^* = A - n\int_K \frac{\partial u_v}{\partial x_v} dx_v dy_v dz_v = A - n\int \frac{u_v x_v}{r_v} ds,$$

此处最后一个积分必须扩展到球 K 的整个表面。考虑到(9)，我们求得

$$A^* = A - \frac{5}{2}\frac{P^3}{R^6} n \int x_0^2(Ax_0^2+By_0^2+Cz_0^2)ds =$$

$$= A - n\left(\frac{4}{3}P^3\pi\right)A = A(1-\phi).$$

通过类比，

$$B^* = B(1-\phi),$$

$$C^{*}=C(1-\phi).$$

我们置

$$\delta^{*2}=A^{*2}+B^{*2}+C^{*2},$$

那么准确到更高阶的无限小量，

$$\delta^{*2}=\delta^{2}(1-2\phi).$$

我们已经求出了每单位时间和单位体积热的发生

$$W^{*}=2\delta^{2}k\left(1+\frac{\phi}{2}\right).$$

让我们把混合物的摩擦系数叫做 k^{*}，那么

$$W^{*}=2\delta^{*2}k^{*}.$$

从这最后三个方程，我们得到（略去更高阶的无限小量）

$$k^{*}=k(1+2.5\phi).$$

因此，我们得到了结果：——

如果有一些很小的刚性球悬浮在液体中，内摩擦系数因而要增加这样一个比率，它等于一个单位容积中悬浮球的总体积的2.5倍，只要这个总体积是很小的。

§3. 分子体积大于溶剂分子体积的被溶质的体积

设有一种物质的稀溶液，这种物质在溶液中不离解。假设被溶物质的分子大于溶剂的分子；并且可以被设想为具有半径 P 的刚性球。于是我们可以应用 §2 中所得到的结果。如果用 k^{*} 表示溶液的摩擦系数，k 是纯溶剂的摩擦系数，那么

$$\frac{k^{*}}{k}=1+2.5\phi,$$

此处 ϕ 是每单位容积的溶液中所存在的[溶质]分子的总体积。

我们要计算出关于 1% 糖的水溶液的 ϕ. 根据布尔哈尔德(Burkhard)的观测(兰多耳特(Landolt)和伯恩斯坦(Börnstein)的《物理化学表册》),对于 1% 的糖的水溶液,$k^*/k=1.0245$(在20°C时);因此,对于 0.01 克糖,$\phi=0.0245$(近似地)。一克糖溶解在水里对于摩擦系数的影响,因而同总体积为 0.98 毫升的许多刚性悬浮小球的影响一样。

这里我们必须记得 1 克固态糖有体积 0.61 毫升。如果把糖溶液看作是水和糖以溶解的形式形成的一种**混合物**,我们就会发现,存在于溶液中的糖的质量体积 s 也正是这个数值。1% 的糖的水溶液在 17.5° 的比重(参照于同样温度的水)是 1.00388. 于是我们得到(略去水在 4° 和在 17.5° 时密度的差别)——

$$\frac{1}{1.00388}=0.99+0.01s.$$

因此

$$s=0.61.$$

因此,虽然糖溶液就它的密度来说,它的性状像水和固态糖的混合物,但是它对内摩擦的影响却比同样质量的糖的悬溶体所应当产生的影响大一倍半。在我看来,这一结果按照分子论简直是无法解释的,除非假定:出现在溶液中的糖分子限制了贴邻的水的动性,使得一定量的水束缚在糖分子上,这一部分的水的体积大约是糖分子体积的一半。

因此,我们可以说:被溶解的糖分子(或者是糖分子以及被它束缚住的水两者一起)在流体动力学关系中的性状,好像是一个体积为 $0.98\times342/N$ 毫升的球一样,此处 342 是糖的分子量,而 N

则是一个摩尔中实际分子的数目。

§4. 在溶液中不离解的物质在液体中的扩散

这里讨论§3中考查过的这样一种溶液。如果有一个力K作用在这个分子上，我们设想这分子像一个半径为P的球，这个分子以速度ω运动着，而ω由P和溶剂的摩擦系数k来决定。那就是说，下列方程成立：——①

$$(1)\qquad \omega=\frac{K}{6\pi kP}.$$

我们要用这个关系来计算不离解溶液的扩散系数。如果p是被溶质的渗透压，在所考查的稀溶液中，它被看作是唯一致动的力，那么，在X轴方向上作用在每单位体积被溶质上的力$=-\partial p/\partial x$. 如果每单位体积[溶液]中有ρ克[被溶质]，而m是被溶质的分子量，N是一个摩尔中实际分子的数目，那么$(\rho/m)N$是单位体积[溶液]中(实际的)[被溶质]分子的数目，而作为降低浓度的结果，作用在一个分子上的力该是

$$(2)\qquad K=-\frac{m}{\rho N}\frac{\partial p}{\partial x}.$$

如果溶液是足够稀的，渗透压就由下列方程给出：

$$(3)\qquad p=\frac{R}{m}\rho T,$$

此处T是绝对温度，而$R=8.31\times10^{7}$. 由方程(1)，(2)和(3)，我们得到被溶质运动的速度

① 基尔霍夫(G. Kirchhoff)，《力学讲义》，第26讲。——原注

$$\omega=-\frac{RT}{6\pi k}\cdot\frac{1}{NP}\frac{1}{\rho}\cdot\frac{\partial\rho}{\partial x}.$$

最后,溶质在 X 轴方向上每单位时间穿过单位面积的重量该是

$$\omega\rho=-\frac{RT}{6\pi k}\cdot\frac{1}{NP}\cdot\frac{\partial\rho}{\partial x}. \tag{4}$$

我们因而得到扩散系数 D——

$$D=\frac{RT}{6\pi k}\cdot\frac{1}{NP}\cdot$$

因此,我们可以从溶剂的扩散系数和内摩擦系数来计算出一个摩尔中实际分子的数目 N,以及该分子的流体动力学有效半径 P.

在这个计算中,渗透压是当作一种作用在单个分子上的力来处理的,它显然不符合分子运动论的看法,因为按照后者,在所讨论的情况下的渗透压必须被认为仅仅是一种虚力。但是这一困难可以消除,只要我们考虑到,对应于溶液浓度差别的(虚)渗透力的(动态)平衡,是能够借助于一个数值相等而以相反方向作用在单个分子上的力来建立的;如用热力学方法就不难看出。

对于作用在单位质量上的渗透力 $-\frac{1}{\rho}\frac{\partial\rho}{\partial x}$,可以用(作用在单个溶质分子上的)$-P_x$ 力来达到平衡,只要

$$-\frac{1}{\rho}\frac{\partial\rho}{\partial x}-P_x=0.$$

因此,如果我们设想有两组相互抵消的力 P_x 和 $-P_x$ 作用在(每单位质量)被溶质上,那么,$-P_x$ 同渗透压力建立平衡,而只剩下数值等于渗透压的力 P_x 作为运动的原因。这样就克服了上述

的困难。①

§5. 借助已经得到的关系来测定分子的大小

在§3中我们求得

$$\frac{k^*}{k}=1+2.5\phi=1+2.5n\cdot\frac{4}{3}\pi P^3,$$

此处 n 是每单位体积溶质分子的数目，P 是分子的流体动力学有效半径。如果我们记住

$$\frac{n}{N}=\frac{\rho}{m},$$

此处 ρ 是存在于单位体积中被溶质的质量，而 m 是它的分子量，那么我们就得到

$$NP^3=\frac{3}{10\pi}\frac{m}{\rho}\left(\frac{k^*}{k}-1\right).$$

另一方面，我们在§4中求得

$$NP=\frac{RT}{6\pi k}\frac{1}{D}.$$

这两个方程使我们能够分别计算出 P 和 N 的数值，其中 N 必定表明它本身同溶剂的性质无关，也同溶质的性质，以及温度都无关，只要我们的理论是符合事实的。

我们要对糖的水溶液进行计算。首先，从上述数据推算糖溶液在20°C的内摩擦系数。

$$NP^3=80.$$

① 关于这一连串思想的详细叙述，请参阅《物理学杂志》，17卷，1905年，549页。——原注〔见本书80—91页。——编译者〕

根据格拉罕姆(Graham)的研究(由斯忒藩(Stefan)算出),如果以日作为时间单位,糖在水中的扩散系数在9.5°C时是0.384,水在9.5°的黏滞度是0.0135.我们要把这些数据代入我们关于扩散系数的公式中,尽管这些数据是由10%的溶液得来的,因而不该指望我们的公式对于如此高的浓度会严格适用。我们得到

$$NP=2.08\cdot10^{16}.$$

如果我们不考虑P在9.5°和在20°的差别,由所求得的NP^3和NP的值,就可推算出①

$$P=6.2\cdot10^{-8}\text{厘米},$$

$$N=3.3\cdot10^{23}.$$

所求得的N的值,同由别种方法所得到的这个量的值,在数量级上是一致得令人满意的。

1905年4月30日于伯尔尼

补　遗

在兰多耳特和伯恩斯坦的《物理化学表册》的新版中,对于计算糖分子的大小和一个摩尔中实际分子的数目N,会找到非常有用的数据。

托未尔特(Thovert)求得(《表册》第372页),在18.5°C和浓度0.005摩尔/升时,糖在水中的扩散系数的值是0.33厘米^2/日。

① 最初发表的原文中,下列的数值是:$P=9.9\cdot10^{-8}$厘米,$N=2.1\cdot10^{23}$.——编译者

从一个列有霍斯金(Hosking)所作的观测结果的表(《表册》第81页)中,我们用内插法进一步求得:在糖的稀溶液中,在18.5°C时,糖含量增加1%,对应的黏滞系数就要增加0.00025.

利用这些数据,我们就求得①

$$P=0.49\cdot 10^{-6}\text{毫米},$$
$$N=6.56\cdot 10^{23}.$$

1906年1月于伯尔尼

① 最初发表的原文中,下列数值是:$P=0.78\cdot 10^{-6}$厘米,$N=4.15\cdot 10^{23}$.——编译者

热的分子运动论所要求的静液体中悬浮粒子的运动①

在这篇论文中，将要说明：按照热的分子运动论，由于热的分子运动，大小可以用显微镜看见的物体悬浮在液体中，必定会发生其大小可以用显微镜容易观测到的运动。可能，这里所讨论的运动就是所谓"布朗(Brown)分子运动"；可是，关于后者我所能得到的资料是如此的不准确，以致在这个问题上我无法形成判断。

只要这里所讨论的这种运动连同所期望的有关它的规律性，实际上能够被观测到，那么，古典热力学对于可用显微镜加以区别的空间，就不应该再认为是严格有效了，从此，精确测定原子的实际大小也就成为可能了。反之，要是关于这种运动的预言证明是不正确的，那么就提供了一个有分量的论据来反对热的分子运动观。

§1. 加给悬浮粒子的渗透压

设有 z 摩尔的非电解质溶解在总体积为 V 的液体的部分

---

① 这篇论文系爱因斯坦于1905年5月写于伯尔尼，发表在德国《物理学杂志》(*Annalen der Physik*)，第4编，17卷，1905年，549—560页。这里译自爱因斯坦的文集《关于布朗运动理论的研究》(*Untersuchungen über die Theorie der "Brownschen Bewegung"*)，菲尔特(R. Fürth)编，莱比锡 Akademische Verl. 1922年版，5—15页，并参考了考珀(A. D. Cowper)的英译本，伦敦 Methuen 1926年版，1—18页。——编译者

体积 V^* 中。如果这个体积 V^* 是用一个间壁同纯溶剂分隔开来，而这间壁对于溶剂是可以渗透的，但对于溶质却是不可渗透的，那么就有所谓"渗透压"作用在这间壁上，当 V^*/z 的值足够大时，它满足方程

$$pV^* = RTz.$$

另一方面，如果在液体的部分体积 V^* 中以小的悬浮体来代替溶质，这种粒子同样也不能穿过那个能渗透溶剂的间壁，那么，按照古典热力学——至少在忽略重力（它在这里对我们是无关紧要的）时——我们不应该指望会有一个力作用在间壁上；因为按照通常的概念，这个体系的"自由能"看来同间壁和悬浮体的位置无关，而只是同悬浮物质、液体和间壁的总质量和性质，以及同压力和温度有关。当然，为了算出自由能，还要考虑到界面的能量和熵（表面张力）；可是，因为当所考查的间壁和悬浮体的位置变化时接触面的大小和性质可以不发生变化，所以我们就可以不考虑这一点〔界面的能量和熵〕。

但是从热的分子运动论的观点出发，却得到了一个不同的概念。按照这一理论，一个被溶解的分子区别于一个悬浮体的，**仅仅**在于〔它的〕大小，而且我们不了解，为什么一定数目的悬浮体不该像同样数目的被溶解分子那样与同样的渗透压相对应。我们将不得不假定：由于液体的分子运动，悬浮体在液体中进行着一种不规则的，尽管是很缓慢的运动；如果它们被间壁挡着离不开体积 V^*，它们就会对间壁施加压力，正像被溶解的分子那样。于是，如果在体积 V^* 中有 n 个悬浮体，也就是单位体积中有 $n/V^* = \nu$ 个悬浮体，又如果它们中间邻近的悬浮体都隔得足够远，那么它们就

有一个对应的渗透压 p，其量值是

$$p=\frac{RT}{V^*}\frac{n}{N}=\frac{RT}{N}\cdot\nu,$$

此处 N 表示一个克分了中所含有的实际分子数。下一节里将要说明热的分子运动论实际上导致这种推广了的渗透压概念。

§2. 从热的分子运动论观点看渗透压[①]

如果 $p_1, p_2, \cdots, p_l$ 是一个物理体系的状态变量，它们完备地规定了这体系的瞬时状况（比如这体系的所有原子的坐标和速度分量），而且关于这些状态变量变化的完备方程组由下列形式给出：

$$\frac{\partial p_\nu}{\partial t}=\phi_\nu(p_1\cdots,p_l)\qquad(\nu=1,2,\cdots,l),$$

并且

$$\sum\frac{\partial\phi_\nu}{\partial p_\nu}=0,$$

那么这体系的熵就由下列表示式给出：

$$S=\frac{\overline{E}}{T}+2\kappa\ \lg\int e^{-\frac{E}{2\kappa T}}dp_1\cdots dp_l,$$

此处 T 是绝对温度，$\overline{E}$ 是这个体系的能量，E 是作为 p_ν 的函数的能量。这个积分必须遍及一切符合于有关条件的 p_ν 值的组合。κ 同上述常数 N 用关系 $2\kappa N=R$ 联系起来。因此，关于自由能 F，我们得到：

---

① 在这一节里，假定读者熟悉作者的几篇关于“热力学基础”的论文（《物理学杂志》，9 卷，417 页，1902 年〔见本书第 1—20 页。——编译者〕；11 卷，170 页，1903 年）〔见本书第 21—40 页。——编译者〕。但为了理解目前这篇论文的结论，以前那些论文以及本文这一节的知识并不是必不可少的。——原注

$$F=-\frac{R}{N}T\ \lg\int e^{-\frac{EN}{RT}}dp_1\cdots dp_l=-\frac{RT}{N}\lg B.$$

现在我们设想一种封闭在体积 V 内的液体；设在体积 V 的部分体积 V^* 中有 n 个被溶解的分子或者悬浮体，这些分子被一个半渗透的间壁保留在容积 V^* 中；在关于 S 和 F 的表示式中出现的积分 B 的积分极限因而受到影响。被溶解的分子或者悬浮体的总体积同 V^* 相比是小的。如上述理论所定义的，这个体系可由状态变量 $p_1\cdots p_l$ 完备地加以描述。

如果现在分子图像在一切具体细节上也被确定了，那么，积分 B 的计算就会出现困难，使得关于 F 的精确计算简直难以想象。然而，我们在这里只需要知道 F 对于容纳所有被溶解的分子或者悬浮体（在下面简称为“粒子”）的体积 V^* 的大小的依存关系。

我们把第一个粒子的重心的直角坐标称为 x_1,y_1,z_1，第二个粒子的重心的直角坐标为 x_2,y_2,z_2，等等，最后一个粒子的重心的直角坐标为 x_n,y_n,z_n，并且对于粒子的重心配给以平行六面体形式的无限小区域 $dx_1dy_1dz_1$；$dx_2dy_2dz_2$；…；$dx_ndy_ndz_n$；而所有这些区域全部都在 V^* 里面。假定在这些粒子重心都处于刚才所配给它们的区域里的这个限制下，已求得那个出现在 F 的表示式中的积分的值。这个积分总是可以取形式

$$dB=dx_1dy_1\cdots dz_n\times J,$$

此处 J 同 dx_1,dy_1，等等无关，也同 V^* 无关，也就是说，同半渗透间壁的位置无关。但是像立即可以证明的那样，J 同重心区域**位置**的特殊选择无关，也同 V^* 的值无关。因为，如要给出关于粒子重心的无限小区域的第二个系列，并用 $dx'_1dy'_1dz'_1$；$dx'_2dy'_2dz'_2$；…；

$dx'_n dy'_n dz'_n$来表示，这些区域不同于原先所给出的那些区域只在于它们的位置，而不在于它们的大小，而且它们全部也同样地被包含在 V^* 里面，那么类似的表示式也成立：

$$dB' = dx'_1 dy'_1 \cdots dz'_n \cdot J'.$$

由于 $$dx_1 dy_1 \cdots dz_n = dx'_1 dy'_1 \cdots dz'_n.$$

因此得到 $$\frac{dB}{dB'} = \frac{J}{J'}.$$

但是由所引的论文①中提出的热的分子论，不难推导出：dB/B 或者 dB'/B 等于在一个任意选定的时刻粒子重心分别处于区域$(dx_1 \cdots dz_n)$或者区域$(dx'_1 \cdots dz'_n)$里面的几率。现在，如果对于足够的近似程度，各个单个粒子的运动是彼此无关的，如果液体是均匀的，并且没有力作用在这些粒子上，那么，对于同样大小的区域，对应于两个区域系列的几率就必定相等，于是：

$$\frac{dB}{B} = \frac{dB'}{B}.$$

但是由这个方程以及前面求得的方程，得出

$$J = J'.$$

这样就证明了 J 既同 V^* 无关，也同 $x_1, y_1, \cdots, z_n$ 无关。通过积分，我们得到

$$B = \int J\, dx_1 \cdots dz_n = J \cdot V^{*n},$$

而且由此

① A.爱因斯坦，《物理学杂志》，11卷，70页，1903年。——原注〔见本书21—40页。——编译者〕

$$F=-\frac{RT}{N}\{\lg J+n\lg V^{*}\},$$

并且

$$p=-\frac{\partial F}{\partial V^{*}}=\frac{RT}{V^{*}}\frac{n}{N}=\frac{RT}{N}\nu.$$

这个考查表明了：渗透压的存在，是热的分子运动论的一个结果；并且按照这种理论，同等数目的被溶解分子和悬浮体，在很稀淡的情况下，对于渗透压来说，是完全一样的。

§3. 悬浮小球的扩散理论

假设有许多悬浮粒子无规则地分布在一种液体里面。我们要研究它们在下述假定下的动态平衡状态，即假定有一个力 K 作用在单个粒子上，这个力同位置有关而同时间无关。为了简单起见，假定这个力无论在哪里都取 X 轴方向。

设 ν 是每单位体积所含悬浮粒子的数目，那么，在热动态平衡的情况下，ν 是 x 的这样一个函数，它使自由能对于悬浮质的任意虚位移 δx 的变分等于零。因此，我们得到

$$\delta F=\delta E-T\delta S=0.$$

假定液体垂直于 X 轴而具有单位横截面积，并且以 $x=0$ 和 $x=l$ 两个平面作为边界。我们于是得到

$$\delta E=-\int_{0}^{l}K\nu\,\delta x dx$$

和

$$\delta S=\int_{0}^{l}R\frac{\nu}{N}\frac{\partial\delta x}{\partial x}dx=-\frac{R}{N}\int_{0}^{l}\frac{\partial\nu}{\partial x}\delta x\,dx.$$

所寻求的平衡条件因而是

(1) $$-K\nu+\frac{RT}{N}\frac{\partial\nu}{\partial x}=0,$$

或者
$$K\nu-\frac{\partial p}{\partial x}=0.$$

最后一个方程表明，对于 K 力的平衡是靠渗透压力而实现的。

我们利用方程(1)来求悬浮质的扩散系数。我们不妨把这里所考查的动态平衡状态，看作是两个向相反方向进行的过程的叠加，那就是，

1. 在作用于每一单个悬浮粒子上的力 K 的影响下悬浮质的运动。

2. 扩散过程，它被看作是由分子的热运动所引起的粒子不规则运动的结果。

如果这些悬浮粒子具有球形（球的半径 $=P$），又如果液体具有摩擦系数 k，那么力 K 就给予单个粒子以速度①

$$\frac{K}{6\,\pi\,kP},$$

并且每单位时间会有

$$\frac{\nu K}{6\,\pi\,kP}$$

个粒子穿过单位面积的横截面。

进一步，如果 D 表示悬浮质的扩散系数，μ 表示一个粒子的质量，那么由于扩散的结果，每单位时间穿过单位面积横截面的粒子就会有

$$-D\,\frac{\partial(\mu\nu)}{\partial x}\text{克},$$

① 比如参见基尔霍夫(G. Kirchhoff)，《力学讲义》，第 26 讲，§ 4. ——原注

或者
$$-D\frac{\partial\nu}{\partial x}\text{个。}$$

既然动态平衡应当居统治地位，那么就必须是

$$\frac{\nu K}{6\pi kP}-D\frac{\partial\nu}{\partial x}=0. \tag{2}$$

由所求得的关于动态平衡的两个条件(1)和(2)，我们能够计算出扩散系数。我们得到

$$D=\frac{RT}{N}\frac{1}{6\pi kP}.$$

因此，悬浮质的扩散系数，(除了依存于一些普适常数和绝对温度之外)只是依存于液体的摩擦系数和悬浮粒子的大小。

§4. 液体中悬浮粒子的不规则运动及其同扩散的关系

我们现在转到比较严密地研究由分子的热运动所引起的不规则运动，这种运动是上节所研究的扩散发生的原因。

显然必须假定，每一单个粒子所进行的运动，同其他一切粒子的运动都是无关的；同一个粒子在各个不同的时间间隔中的运动，都必须被看作是相互独立的过程，只要我们设想所选取的这些时间间隔都不是太小的就行了。

我们在考查中引进时间间隔$\boldsymbol{\tau}$，它比起可观察到的时间间隔要小得多，但是，尽管如此，它所具有的大小还可以使一个粒子在两个相互衔接的时间间隔$\boldsymbol{\tau}$内所进行的运动被认为是相互独立的现象过程。

假设在一液体中总共有 n 个悬浮粒子。经过时间间隔$\boldsymbol{\tau}$，单个

粒子的 X 坐标将要增加 Δ，此处 Δ 对于每个粒子都有一个不同的（正的或者负的）值，对于 Δ，某种分布定律成立；在时间间隔 $\boldsymbol{\tau}$ 内经历了处于 Δ 和 $\Delta+d\Delta$ 之间的位移的粒子数 dn，可由如下形式的一个方程来表示：

$$dn=n\varphi(\Delta)d\Delta,$$

此处
$$\int_{-\infty}^{+\infty}\varphi(\Delta)d\Delta=1,$$

而 φ 只是对于非常小的 Δ 值才不是零，并且满足条件

$$\varphi(\Delta)=\varphi(-\Delta).$$

我们现在要研究扩散系数是怎样依存于 φ 的，在此我们再一次限于这样的情况：每一单位体积的粒子数 ν 只同 x 和 t 有关。

设每一单位体积的粒子数为 $\nu=f(x,t)$，我们要从粒子在时间 t 时的分布计算出在时间 $t+\boldsymbol{\tau}$ 时的分布。由函数 $\varphi(\Delta)$ 的定义，不难得出时间 $t+\boldsymbol{\tau}$ 时位于两个垂直于 X 轴并具有横坐标 x 和 $x+dx$ 的平面之间的粒子数。我们得到：

$$f(x,t+\boldsymbol{\tau})dx=dx\cdot\int_{\Delta=-\infty}^{\Delta=+\infty}f(x+\Delta)\varphi(\Delta)d\Delta.$$

但是，既然 $\boldsymbol{\tau}$ 很小，那么我们现在就可以置

$$f(x,t+\boldsymbol{\tau})=f(x,t)+\boldsymbol{\tau}\frac{\partial f}{\partial t}.$$

此外，我们还可以按 Δ 的幂来展开 $f(x+\Delta,t)$：

$$f(x+\Delta,t)=f(x,t)+\Delta\frac{\partial f(x,t)}{\partial x}+\frac{\Delta^2}{2!}\frac{\partial^2 f(x,t)}{\partial x^2}\cdots\text{以至无限。}$$

我们可以把这个展开式引入积分之中，因为只有很小的 Δ 值才能对后者有所贡献。我们得到：

$$f+\frac{\partial f}{\partial t}\cdot\tau=f\int_{-\infty}^{+\infty}\varphi(\Delta)d\Delta+\frac{\partial f}{\partial x}\int_{-\infty}^{+\infty}\Delta\varphi(\Delta)d\Delta+$$

$$+\frac{\partial^2 f}{\partial x^2}\int_{-\infty}^{+\infty}\frac{\Delta^2}{2}\varphi(\Delta)d\Delta\cdots$$

在右边，由于 $\varphi(x)=\varphi(-x)$，第二、第四等各项等于零；而在第一、第三、第五等各项中，所有后一项都比前一项小得多。由于我们考虑到

$$\int_{-\infty}^{+\infty}\varphi(\Delta)d\Delta=1,$$

同时我们置 $$\frac{1}{\tau}\int_{-\infty}^{+\infty}\frac{\Delta^2}{2}\varphi(\Delta)d\Delta=D,$$

并且只考虑右边的第一项和第三项，我们就从这方程得到

(1) $$\frac{\partial f}{\partial t}=D\frac{\partial^2 f}{\partial x^2}.$$

这就是著名的关于扩散的微分方程，我们认出 D 就是扩散系数。

还有一个重要的考虑可以同这种展开方法相联系。我们曾经假定，所有单个粒子全都是参照于同一坐标系的。但这是不必要的，因为单个粒子的运动都是相互独立的。我们现在要把每个粒子的运动都参照于这样一个坐标系，它的原点在时间 $t=0$ 时同有关粒子的重心的位置重合在一起，其差别仅在于 $f(x,t)dx$ 现在表示这样一些粒子的数目，这些粒子的 X 坐标从时间 $t=0$ 到时间 $t=t$ **增加**了一个处于 x 和 $x+dx$ 之间的量。因此，在这种情况下，函数 f 也按照方程(1)而变化。再者，对于 $x\gtrless 0$ 和 $t=0$，显然必定得到

$$f(x,t)=0 \quad 和 \quad \int_{-\infty}^{+\infty} f(x,t)dx=n.$$

这个问题相当于从一个点向外扩散的问题(扩散粒子的交互作用忽略不计),它在数学上现在是完全确定了的;它的解是

$$f(x,t)=\frac{n}{\sqrt{4\pi D}}\frac{e^{-\frac{x^2}{4Dt}}}{\sqrt{t}}.$$

因此,在一个任意时间 t 中所产生的位移的相对分布正是同偶然误差的相对分布一样,而这正是所预料的。但是,有意义的是,指数项中的常数同扩散系数的关系如何。我们现在借助这个方程来计算一个粒子在 X 轴方向上平均经历的位移 λ_x,或者——比较准确地说——是在 X 轴方向上这些位移的平方的算术平均的平方根;它就是

$$\lambda_x=\sqrt{\overline{x^2}}=\sqrt{2Dt}.$$

因此,平均位移同时间的平方根成正比。不难证明,粒子的全部位移平方的平均值的平方根具有值 $\lambda_x\sqrt{3}$.

§5. 关于悬浮粒子的平均位移的公式 测定原子实际大小的新方法

在§3中,我们求出一个半径为 P 的小球形的悬浮物质在液体中的扩散系数 D:

$$D=\frac{RT}{N}\cdot\frac{1}{6\pi kP}.$$

而且,在§4中我们还求出在时间 t 内粒子在 X 轴方向上的位移的平均值:

$$\lambda_x=\sqrt{2Dt}.$$

消去 D，我们得到

$$\lambda_x = \sqrt{t} \cdot \sqrt{\frac{RT}{N} \cdot \frac{1}{3\pi kP}}.$$

这个方程表明 λ_x 是怎样依存于 T，k 和 P 的。

我们要计算出，对于一秒钟时间 λ_x 该有多大，要是根据气体分子运动论的结果取 N 等于 $6 \cdot 10^{23}$；并选取 17°C 的水作为液体（$k = 1.35 \cdot 10^{-2}$），而粒子的直径为 0.001 毫米。我们得到

$$\lambda_x = 8 \cdot 10^{-5} \text{厘米} = 0.8 \text{微米}。$$

于是在一分钟时间里的平均位移大约是 6 微米。

反过来，所求得的这个关系能够用来测定 N. 我们得到

$$N = \frac{1}{\lambda_x^2} \cdot \frac{RT}{3\pi kP}.$$

但愿有一位研究者能够立即成功地解决这里所提出的、对热理论关系重大的这个问题！

论动体的电动力学①

大家知道，麦克斯韦电动力学——像现在通常为人们所理解的那样——应用到运动的物体上时，就要引起一些不对称，而这种不对称似乎不是现象所固有的。比如设想一个磁体同一个导体之间的电动力的相互作用。在这里，可观察到的现象只同导体和磁体的相对运动有关，可是按照通常的看法，这两个物体之中，究竟是这个在运动，还是那个在运动，却是截然不同的两回事。如果是磁体在运动，导体静止着，那么在磁体附近就会出现一个具有一定能量的电场，它在导体各部分所在的地方产生一股电流。但是如果磁体是静止的，而导体在运动，那么磁体附近就没有电场，可是在导体中却有一电动势，这种电动势本身虽然并不相当于能量，但是它——假定这里所考虑的两种情况中的相对运动是相等的——

① 这是相对论的第一篇论文，是物理科学中有划时代意义的历史文献，写于1905年6月，发表在1905年9月的德国《物理学杂志》(*Annalen der Physik*)，第4编，17卷，891—921页。这里译自洛伦兹、爱因斯坦、明可夫斯基关于相对论的原始论文集：《相对性原理》(*H. A. Lorentz, A. Einstein, H. Minkowski: Das Relativiátsprinzip, Eine Sammlung von Abhandlungen*)，莱比锡 Teubner，1922年第4版，26—50页。译时参考了W. 帕勒特(Perrett)和G. B. 杰费利(Jeffery)的英译本《*The Principle of Relativity*》，伦敦 Methuer，1923年版，35—65页。——编译者

却会引起电流，这种电流的大小和路线都同前一情况中由电力所产生的一样。

诸如此类的例子，以及企图证实地球相对于“光媒质”运动的实验的失败，引起了这样一种猜想：绝对静止这概念，不仅在力学中，而且在电动力学中也不符合现象的特性，倒是应当认为，凡是对力学方程适用的一切坐标系，对于上述电动力学和光学的定律也一样适用，对于第一级微量来说，这是已经证明了的。我们要把这个猜想（它的内容以后就称之为“相对性原理”①）提升为公设，并且还要引进另一条在表面上看来同它不相容的公设：光在空虚空间里总是以一确定的速度 V 传播着，这速度同发射体的运动状态无关。由这两条公设，根据静体的麦克斯韦理论，就足以得到一个简单而又不自相矛盾的动体电动力学。“光以太”的引用将被证明是多余的，因为按照这里所要阐明的见解，既不需要引进一个具有特殊性质的“绝对静止的空间”，也不需要给发生电磁过程的空虚空间中的每个点规定一个速度矢量。

这里所要阐明的理论——像其他各种电动力学一样——是以刚体的运动学为根据的，因为任何这种理论所讲的，都是关于刚体（坐标系）、时钟和电磁过程之间的关系。对这种情况考虑不足，就是动体电动力学目前所必须克服的那些困难的根源。

---

① 当时作者并不知道洛伦兹和庞加勒在1904—1905年间发表的有关论文，而只读到过洛伦兹1895年的涉及迈克耳孙实验的论文（那里提出了洛伦兹-斐兹杰惹收缩）。——编译者

Ⅰ. 运动学部分

§1. 同时性的定义

设有一个牛顿力学方程在其中有效的坐标系。为了使我们的陈述比较严谨,并且便于将这坐标系同以后要引进来的别的坐标系在字面上加以区别,我们叫它“静系”。

如果一个质点相对于这个坐标系是静止的,那么它相对于后者的位置就能够用刚性的量杆按照欧几里得几何的方法来定出,并且能用笛卡儿坐标来表示。

如果我们要描述一个质点的**运动**,我们就以时间的函数来给出它的坐标值。现在我们必须记住,这样的数学描述,只有在我们十分清楚地懂得“时间”在这里指的是什么之后才有物理意义。我们应当考虑到:凡是时间在里面起作用的我们的一切判断,总是关于**同时的事件**的判断。比如我说,“那列火车 7 点钟到达这里”,这大概是说:“我的表的短针指到 7 同火车的到达是同时的事件。”①

可能有人认为,用“我的表的短针的位置”来代替“时间”,也许就有可能克服由于定义“时间”而带来的一切困难。事实上,如果问题只是在于为这只表所在的地点来定义一种时间,那么这样一种定义就已经足够了;但是,如果问题是要把发生在不同地点的一系列事件在时间上联系起来,或者说——其结果依然一样——要

① 这里,我们不去讨论那种隐伏在(近乎)同一地点发生的两个事件的同时性这一概念里的不精确性,这种不精确性同样必须用一种抽象法把它消除。——原注

定出那些在远离这只表的地点所发生的事件的时间，那么这样的定义就不够了。

当然，我们对于用如下的办法来测定事件的时间也许会感到满意，那就是让观察者同表一起处于坐标的原点上，而当每一个表明事件发生的光信号通过空虚空间到达观察者时，他就把当时的时针位置同光到达的时间对应起来。但是这种对应关系有一个缺点，正如我们从经验中所已知道的那样，它同这个带有表的观察者所在的位置有关。通过下面的考查，我们得到一种比较切合实际得多的测定法。

如果在空间的 A 点放一只钟，那么对于贴近 A 处的事件的时间，A 处的一个观察者能够由找出同这些事件同时出现的时针位置来加以测定。如果又在空间的 B 点放一只钟——我们还要加一句，“这是一只同放在 A 处的那只完全一样的钟。”——那么，通过在 B 处的观察者，也能够求出贴近 B 处的事件的时间。但要是没有进一步的规定，就不可能把 A 处的事件同 B 处的事件在时间上进行比较；到此为止，我们只定义了“A 时间”和“B 时间”，但是并没有定义对于 A 和 B 是公共的“时间”。只有当我们**通过定义**，把光从 A 到 B 所需要的“时间”规定为等于它从 B 到 A 所需要的“时间”，我们才能够定义 A 和 B 的公共“时间”。设在“A 时间”t_A 从 A 发出一道光线射向 B，它在“B 时间”t_B 又从 B 被反射向 A，而在“A 时间”t'_A 回到 A 处。如果

$$t_B - t_A = t'_A - t_B,$$

那么这两只钟按照定义是同步的。

我们假定，这个同步性的定义是可以没有矛盾的，并且对于无论多少个点也都适用，于是下面两个关系是普遍有效的：

1. 如果在 B 处的钟同在 A 处的钟同步，那么在 A 处的钟也就同 B 处的钟同步。

2. 如果在 A 处的钟既同 B 处的钟，又同 C 处的钟同步，那么，B 处同 C 处的两只钟也是相互同步的。

这样，我们借助于某些（假想的）物理经验，对于静止在不同地方的各只钟，规定了什么叫做它们是同步的，从而显然也就获得了“同时”和“时间”的定义。一个事件的“时间”，就是在这事件发生地点静止的一只钟同该事件同时的一种指示，而这只钟是同某一只特定的静止的钟同步的，而且对于一切的时间测定，也都是同这只特定的钟同步的。

根据经验，我们还把下列量值

$$\frac{2\overline{AB}}{t'_A - t_A} = V$$

当作一个普适常数（光在空虚空间中的速度）。

要点是，我们用静止在静止坐标系中的钟来定义时间；由于它从属于静止的坐标系，我们把这样定义的时间叫做“静系时间”。

§2. 关于长度和时间的相对性

下面的考查是以相对性原理和光速不变原理为依据的，这两条原理我们定义如下。

1. 物理体系的状态据以变化的定律，同描述这些状态变化时所参照的坐标系究竟是用两个在互相匀速移动着的坐标系中的哪一个并无关系。

2. 任何光线在“静止的”坐标系中都是以确定的速度 V 运动着，不管这道光线是由静止的还是运动的物体发射出来的。由此，得

$$\text{速度}=\frac{\text{光的路程}}{\text{时间间隔}},$$

这里的“时间间隔”是依照 § 1 中所定义的意义来理解的。

设有一静止的刚性杆；用一根也是静止的量杆量得它的长度是 l. 我们现在设想这杆的轴是放在静止坐标系的 X 轴上，然后使这根杆沿着 X 轴向 x 增加的方向作匀速的平行移动（速度是 v）。我们现在来考查这根**运动着**的杆的长度，并且设想它的长度是由下面两种操作来确定的：

a）观察者同前面所给的量杆以及那根要量度的杆一道运动，并且直接用量杆同杆相叠合来量出杆的长度，正像要量的杆、观察者和量杆都处于静止时一样。

b）观察者借助于一些安置在静系中的，并且根据 § 1 作同步运行的静止的钟，在某一特定时刻 t，求出那根要量的杆的始末两端处于静系中的哪两个点上。用那根已经使用过的在这种情况下是静止的量杆所量得的这两点之间的距离，也是一种长度，我们可以称它为“杆的长度”。

由操作 a）求得的长度，我们可称之为“动系中杆的长度”。根据相对性原理，它必定等于静止杆的长度 l.

由操作 b）求得的长度，我们可称之为“静系中（运动着的）杆的长度”。这种长度我们要根据我们的两条原理来加以确定，并且将会发现，它是不同于 l 的。

通常所用的运动学心照不宣地假定了：用上述这两种操作所测得的长度彼此是完全相等的，或者换句话说，一个运动着的刚体，于时期 t，在几何学关系上完全可以用**静止**在一定位置上的**同**

一物体来代替。

此外，我们设想，在杆的两端（A 和 B），都放着一只同静系的钟同步了的钟，也就是说，这些钟在任何瞬间所报的时刻，都同它们所在地方的“静系时间”相一致；因此，这些钟也是“也静系中同步的”。

我们进一步设想，在每一只钟那里都有一位运动着的观察者同它在一起，而且他们把§1中确立起来的关于两只钟同步运行的判据应用到这两只钟上。设有一道光线在时间[1] t_A 从 A 处发出，在时间 t_B 于 B 处被反射回，并在时间 t'_A 返回到 A 处。考虑到光速不变原理，我们得到：

$$t_{\mathrm{B}}-t_{\mathrm{A}}=\frac{r_{AB}}{V-v} \quad 和 \quad t'_{\mathrm{A}}-t_{\mathrm{B}}=\frac{r_{AB}}{V+v},$$

此处 r_{AB} 表示运动着的杆的长度——在静系中量得的。因此，同动杆一起运动着的观察者会发现这两只钟不是同步运行的，可是处在静系中的观察者却会宣称这两只钟是同步的。

由此可见，我们不能给予同时性这概念以任何**绝对的**意义；两个事件，从一个坐标系看来是同时的，而从另一个相对于这个坐标系运动着的坐标系看来，它们就不能再被认为是同时的事件了。

§3. 从静系到另一个相对于它作匀速移动的坐标系的坐标和时间的变换理论

设在“静止的”空间中有两个坐标系，每一个都是由三条从

① 这里的“时间”表示“静系的时间”，同时也表示“运动着的钟经过所讨论的地点时的指针位置”。——原注

一点发出并且互相垂直的刚性物质直线所组成。设想这两个坐标系的 X 轴是叠合在一起的，而它们的 Y 轴和 Z 轴则各自互相平行着[①]。设每一系都备有一根刚性量杆和若干只钟，而且这两根量杆和两坐标系的所有的钟彼此都是完全相同的。

现在对其中一个坐标系(k)的原点，在朝着另一个静止的坐标系(K)的 x 增加方向上给以一个(恒定)速度 v，设想这个速度也传给了坐标轴、有关的量杆，以及那些钟。因此，对于静系 K 的每一时间 t，都有动系轴的一定位置同它相对应，由于对称的缘故，我们有权假定 k 的运动可以是这样的：在时间 t(这个"t"始终是表示静系的时间)，动系的轴是同静系的轴相平行的。

我们现在设想空间不仅是从静系 K 用静止的量杆来量度，而且也可从动系 k 用一根同它一道运动的量杆来量，由此分别得到坐标 x, y, z 和 ξ, η, ζ. 再借助于放在静系中的静止的钟，用§1中所讲的光信号方法，来测定一切安置有钟的各个点的静系时间 t；同样，对于一切安置有同动系相对静止的钟的点，它们的动系时间 $\boldsymbol{\tau}$也是用§1中所讲的两点间的光信号方法来测定，而在这些点上都放着后一种〔对动系静止〕的钟。

对于完全地确定静系中一个事件的位置和时间的每一组值 x, y, z, t，对应有一组值 $\xi, \eta, \zeta, \boldsymbol{\tau}$，它们确定了那一事件对于坐标系 k 的关系，现在要解决的问题是求出联系这些量的方程组。

首先，这些方程显然应当都是**线性**的，因为我们认为空间和时

---

① 本文中用大写的拉丁字母 XYZ 和希腊字母 ΞHZ 分别表示这两个坐标系(K 系和 k 系)的轴，而用相应的小写拉丁字母 x, y, z 和小写的希腊字母 ξ, η, ζ 分别表示它们的坐标值。——编译者

间是具有均匀性的。

如果我们置 $x'=x-vt$，那么显然，对于一个在 k 系中静止的点，就必定有一组同时间无关的值 x'，y，z. 我们先把$\boldsymbol{\tau}$定义为 x'，y，z 和 t 的函数。为此目的，我们必须用方程来表明$\boldsymbol{\tau}$不是别的，而只不过是 k 系中已经依照§1中所规定的规则同步化了的静止钟的全部数据。

从 k 系的原点在时间$\boldsymbol{\tau}_0$发射一道光线，沿着 X 轴射向 x'，在$\boldsymbol{\tau}_1$时从那里反射回坐标系的原点，而在$\boldsymbol{\tau}_2$时到达；由此必定有下列关系：

$$\frac{1}{2}(\boldsymbol{\tau}_0+\boldsymbol{\tau}_2)=\boldsymbol{\tau}_1,$$

或者，当我们引进函数$\boldsymbol{\tau}$的自变数，并且应用在静系中的光速不变的原理：

$$\frac{1}{2}\left[\boldsymbol{\tau}(0,0,0,t)+\boldsymbol{\tau}\left(0,0,0,t+\frac{x'}{V-v}+\frac{x'}{V+v}\right)\right]=$$
$$=\boldsymbol{\tau}\left(x',0,0,t+\frac{x'}{V-v}\right).$$

如果我们选取 x'为无限小，那么，

$$\frac{1}{2}\left(\frac{1}{V-v}+\frac{1}{V+v}\right)\frac{\partial\boldsymbol{\tau}}{\partial t}=\frac{\partial\boldsymbol{\tau}}{\partial x'}+\frac{1}{V-v}\frac{\partial\boldsymbol{\tau}}{\partial t},$$

或者

$$\frac{\partial\boldsymbol{\tau}}{\partial x'}+\frac{v}{V^2-v^2}\frac{\partial\boldsymbol{\tau}}{\partial t}=0.$$

应当指出，我们可以不选坐标原点，而选任何别的点作为光线的出发点，因此刚才所得到的方程对于 x'，y，z 的一切数值都该是有效的。

作类似的考查——用在 H 轴和 Z 轴上——并且注意到，从静系看来，光沿着这些轴传播的速度始终是 $\sqrt{V^2-v^2}$，这就得到：

$$\frac{\partial \boldsymbol{\tau}}{\partial y}=0,$$

$$\frac{\partial \boldsymbol{\tau}}{\partial z}=0.$$

由于$\boldsymbol{\tau}$是**线性**函数，从这些方程得到：

$$\boldsymbol{\tau}=a\left(t-\frac{v}{V^2-v^2}x'\right),$$

此处 a 暂时还是一个未知函数 $\varphi(v)$，并且为了简便起见，假定在 k 的原点，当$\boldsymbol{\tau}=0$ 时，$t=0$.

借助于这一结果，就不难确定 ξ,η,ζ 这些量，这只要用方程来表明，光（像光速不变原理和相对性原理所共同要求的）在动系中量度起来也是以速度 V 在传播的。对于在时间$\boldsymbol{\tau}=0$ 向 ξ 增加的方向发射出去的一道光线，其方程是：

$$\xi=V\boldsymbol{\tau},\quad \text{或者}\quad \xi=aV\left(t-\frac{v}{V^2-v^2}x'\right).$$

但在静系中量度，这道光线以速度 $V-v$ 相对于 k 的原点运动着，因此得到：

$$\frac{x'}{V-v}=t.$$

如果我们以 t 的这个值代入关于 ξ 的方程中，我们就得到：

$$\xi=a\frac{V^2}{V^2-v^2}x'.$$

用类似的办法，考查沿着另外两根轴走的光线，我们就求得：

$$\eta=V\boldsymbol{\tau}=aV\left(t-\frac{v}{V^2-v^2}x'\right),$$

此处
$$\frac{y}{\sqrt{V^2-v^2}}=t; \qquad x'=0;$$

因此

$$\eta=a\frac{V}{\sqrt{V^2-v^2}}y \quad 和 \quad \zeta=a\frac{V}{\sqrt{V^2-v^2}}z.$$

代入 x' 的值，我们就得到：

$$\boldsymbol{\tau}=\varphi(v)\beta\left(t-\frac{v}{V^2}x\right),$$
$$\xi=\varphi(v)\beta(x-\nu t),$$
$$\eta=\varphi(v)y,$$
$$\zeta=\varphi(v)z,$$

此处
$$\beta=\frac{1}{\sqrt{1-\left(\frac{v}{V}\right)^2}}.$$

而 φ 暂时仍是 v 的一个未知函数。如果对于动系的初始位置和 $\boldsymbol{\tau}$ 的零点不作任何假定，那么这些方程的右边都有一个附加常数。

我们现在应当证明，任何光线在动系量度起来都是以速度 V 传播的，如果像我们所假定的那样，在静系中的情况就是这样的；因为我们还未曾证明光速不变原理同相对性原理是相容的。

在 $t=\boldsymbol{\tau}=0$ 时，这两坐标系共有一个原点，设从这原点发射出一个球面波，在 K 系里以速度 V 传播着。如果 (x,y,z) 是这个波刚到达的一点，那么

$$x^2+y^2+z^2=V^2t^2.$$

借助我们的变换方程来变换这个方程，经过简单的演算后，我们得到：

$$\xi^2+\eta^2+\zeta^2=V^2\tau^2.$$

由此，在动系中看来，所考查的这个波仍然是一个具有传播速度 V 的球面波。这表明我们的两条基本原理是彼此相容的。[①]

在已推演得的变换方程中，还留下一个 v 的未知函数 φ，这是我们现在所要确定的。

为此目的，我们引进第三个坐标系 K'，它相对于 k 系作这样一种平行于 Ξ 轴的移动，使它的坐标原点在 Ξ 轴上以速度 $-v$ 运动着。设在 $t=0$ 时，所有这三个坐标原点都重合在一起，而当 $t=x=y=z=0$ 时，设 K' 系的时间 t' 为零。我们把在 K' 系量得的坐标叫做 x',y',z'，通过两次运用我们的变换方程，我们就得到：

$$\begin{aligned}
t'&=\varphi(-v)\beta(-v)\left\{\tau+\frac{v}{V^2}\xi\right\} &&=\varphi(v)\varphi(-v)t,\\
x'&=\varphi(-v)\beta(-v)\{\xi+v\tau\} &&=\varphi(v)\varphi(-v)x,\\
y'&=\varphi(-v)\eta &&=\varphi(v)\varphi(-v)y,\\
z'&=\varphi(-v)\zeta &&=\varphi(v)\varphi(-v)z.
\end{aligned}$$

由于 x',y',z' 同 x,y,z 之间的关系中不含有时间 t，所以 K 同 K' 这两个坐标系是相对静止的，而且，从 K 到 K' 的变换显然也必定是恒等变换。因此：

① 洛伦兹变换方程可以直接从下面的条件更加简单地导出来：由于那些方程，从

$$x^2+y^2+z^2-V^2t^2=0$$

这一关系，应该推导出第二个关系

$$\xi^2+\eta^2+\zeta^2-V^2\tau^2=0.$$ ——《相对性原理》编者注

$$\varphi(v)\varphi(-v)=1.$$

我们现在来探究 $\varphi(v)$的意义。我们注意 k 系中 H 轴上在$\xi=0$，$\eta=0$，$\zeta=0$ 和 $\xi=0$，$\eta=l$，$\zeta=0$ 之间的这一段。这一段的 H 轴，是一根对于 K 系以速度 v 作垂直于它自己的轴运动着的杆。它的两端在 K 中的坐标是：

$$x_1=vt,\quad y_1=\frac{l}{\varphi(v)},\quad z_1=0;$$

和
$$x_2=vt,\ y_2=0,\ z_2=0.$$

在 K 中所量得的这杆的长度也是 $l/\varphi(v)$；这就给出了函数 φ 的意义。由于对称的缘故，一根相对于自己的轴作垂直运动的杆，在静系中量得的它的长度，显然必定只同运动的速度有关，而同运动的方向和指向无关。因此，如果 v 同 $-v$ 对调，在静系中量得的动杆的长度应当不变。由此推得：

$$\frac{l}{\varphi(v)}=\frac{l}{\varphi(-v)},\quad 或者\quad \varphi(v)=\varphi(-v).$$

从这个关系和前面得出的另一关系，就必然得到 $\varphi(v)=1$，因此，已经得到的变换方程就变为：①

$$\boldsymbol{\tau}=\beta\left(t-\frac{v}{V^2}x\right),$$

① 这一组变换方程以后通称为洛伦兹变换方程，事实上它是同洛伦兹 1904 年提出的变换方程不同的。洛伦兹原来的形式相当于：

$$\boldsymbol{\tau}=\frac{t}{\beta}-\frac{\beta v}{V^2}x,\ \xi=\beta x,\ \eta=y,\ \zeta=z.$$

两者只对于 β 的一次幂才是一致的。值得注意的是，对于爱因斯坦的形式，$x^2+y^2+z^2-V^2t^2$ 是一个不变量；而对于洛伦兹的形式则不是。所以以后大家都采用爱因斯坦的形式。这个变换方程，伏格特(W. Voigt)于 1887 年，拉摩(J. Larmor)于 1900 年已分别发现，但当时并未认识其重要意义，因此也未引起人们的注意。——编译者

$$\xi=\beta(x-vt),$$

$$\eta=y,$$

$$\zeta=z,$$

此处

$$\beta=\frac{1}{\sqrt{1-\left(\frac{v}{V}\right)^2}}.$$

§4. 关于运动刚体和运动时钟所得方程的物理意义

我们观察一个半径为 R 的刚性球[①]，它相对于动系 k 是静止的，它的中心在 k 的坐标原点上。这个球以速度 v 相对于 K 系运动着，它的球面的方程是：

$$\xi^2+\eta^2+\zeta^2=R^2.$$

用 x,y,z 来表示，在 $t=0$ 时，这个球面的方程是：

$$\frac{x^2}{\left(\sqrt{1-\left(\frac{v}{V}\right)^2}\right)^2}+y^2+z^2=R^2.$$

一个在静止状态量起来是球形的刚体，在运动状态——从静系看来——则具有旋转椭球的形状了，这椭球的轴是

$$R\sqrt{1-\left(\frac{v}{V}\right)^2},\ R,R.$$

这样看来，球(因而也可以是无论什么形状的刚体)的 Y 方向和 Z 方向的长度不因运动而改变，而 X 方向的长度则好像以

① 即在静止时看来是球形的物体。——原注

$1:\sqrt{1-(v/V)^2}$的比率缩短了，v 愈大，缩短得就愈厉害。对于 $v=V$，一切运动着的物体——从“静”系看来——都缩成扁平的了。对于大于光速的速度，我们的讨论就变得毫无意义了；此外，在以后的讨论中，我们会发现，光速在我们的物理理论中扮演着无限大速度的角色。

很显然，从匀速运动着的坐标系看来，同样的结果也适用于静止在“静”系中的物体。

进一步，我们设想有若干只钟，当它们同静系相对静止时，它们能够指示时间 t；而当它们同动系相对静止时，就能够指示时间 $\boldsymbol{\tau}$，现在我们把其中一只钟放到 k 的坐标原点上，并且校准它，使它指示时间 $\boldsymbol{\tau}$. 从静系看来，这只钟走得快慢怎样呢？

在同这只钟的位置有关的量 x，t 和 $\boldsymbol{\tau}$ 之间，显然下列方程成立：

$$\boldsymbol{\tau}=\frac{1}{\sqrt{1-\left(\frac{v}{V}\right)^2}}\left(t-\frac{v}{V^2}x\right)\text{和 } x=vt,$$

因此，$$\boldsymbol{\tau}=t\sqrt{1-\left(\frac{v}{V}\right)^2}=t-\left(1-\sqrt{1-\left(\frac{v}{V}\right)^2}\right)t.$$

由此得知，这只钟所指示的时间（在静系中看来）每秒钟要慢 $1-\sqrt{1-\left(\frac{v}{V}\right)^2}$ 秒，或者——略去第四级和更高级的[小]量——要慢$\frac{1}{2}(v/V)^2$ 秒。

从这里产生了如下的奇特后果。如果在 K 的 A 点和 B 点上各有一只在静系看来是同步运行的静止的钟，并且使 A 处的钟以速度 v 沿着 AB 连线向 B 运动，那么当它到达 B 时，这两只钟不再是同步的了，从 A 向 B 运动的钟要比另一只留在 B 处的钟落后 $\frac{1}{2}tv^2/V^2$ 秒（不计第四级和更高级的[小]量），t 是这只钟从 A 到 B 所费的时间。

我们立即可见，当钟从 A 到 B 是沿着一条任意的折线运动时，上面这结果仍然成立，甚至当 A 和 B 这两点重合在一起时，也还是如此。

如果我们假定，对于折线证明的结果，对于连续曲线也是有效的，那么我们就得到这样的命题：如果 A 处有两只同步的钟，其中一只以恒定速度沿一条闭合曲线运动，经历了 t 秒后回到 A，那么，比起那只在 A 处始终未动的钟来，这只钟在它到达 A 时，要慢 $\frac{1}{2}t(v/V)^2$ 秒。由此，我们可以断定：在赤道上的摆轮钟①，比起放在两极的一只在性能上完全一样的钟来，在别的条件都相同的情况下，它要走得慢些，不过所差的量非常之小。

§5. 速度的加法定理

在以速度 v 沿 K 系的 X 轴运动着的 k 系中，设有一个点依照下面的方程在运动：

$$\xi=w_{\xi}\tau,\quad \eta=w_{\eta}\tau,\quad \zeta=0,$$

此处 w_{ξ} 和 w_{η} 都表示常数。

求这个点对于 K 系的运动。借助于 §3 中得出的变换方程，我们把 x,y,z,t 这些量引进这个点的运动方程中来，我们就得到：

① 不是"摆钟"，在物理学上摆钟是同地球同属一个体系的。这种情况必须除外。——《相对性原理》编者注

按：普通的手表就是摆轮钟的一种。——编译者

$$x=\frac{w_\xi+v}{1+\frac{vw_\xi}{V^2}}t,$$

$$y=\frac{\sqrt{1-\left(\frac{v}{V}\right)^2}}{1+\frac{vw_\xi}{V^2}}w_\eta t,$$

$$z=0.$$

这样，依照我们的理论，速度的平行四边形定律只在第一级近似范围内才是有效的。我们置：

$$U^2=\left(\frac{dx}{dt}\right)^2+\left(\frac{dy}{dt}\right)^2,$$

$$w^2=w_\xi^2+w_\eta^2,$$

$$\alpha=\operatorname{arc\,tg}\frac{w_\eta}{w_\xi};①$$

α 因而被看作是 v 和 w 两速度之间的交角。经过简单演算后，我们得到：

$$U=\frac{\sqrt{(v^2+w^2+2vw\cos\alpha)-\left(\frac{vw\sin\alpha}{V}\right)^2}}{1+\frac{vw\cos\alpha}{V^2}}.$$

值得注意的是，v 和 w 是以对称的形式进入合成速度的式子里的。如果 w 也取 X 轴（Ξ 轴）的方向，那么我们就得到：

$$U=\frac{v+w}{1+\frac{vw}{V^2}}.$$

① 原文是：$\alpha=\operatorname{arc\,tg}\frac{w_y}{w_x}$。——编译者

从这个方程得知，由两个小于 V 的速度合成而得的速度总是小于 V. 因为如果我们置 $v=V-\kappa, w=V-\lambda$，此处 κ 和 λ 都是正的并且小于 V，那么：

$$U=V\frac{2V-\kappa-\lambda}{2V-\kappa-\lambda+\frac{\kappa\lambda}{V}}<V.$$

进一步还可看出，光速 V 不会因为同一个"小于光速的速度"合成起来而有所改变。在这场合下，我们得到：

$$U=\frac{V+w}{1+\frac{w}{V}}=V.$$

当 v 和 w 具有同一方向时，我们也可以把两个依照 § 3 中的变换联合起来，而得到 U 的公式。如果除了在 § 3 中所描述的 K 和 k 这两个坐标系之外，我们还引进另一个对 k 作平行运动的坐标系 k'，它的原点以速度 w 在 Ξ 轴上运动着，那么我们就得到 x,y,z,t 这些量同 k' 的对应量之间的方程，它们同那些在 § 3 中所得到的方程的区别，仅仅在于以

$$\frac{v+w}{1+\frac{vw}{V^2}}$$

这个量来代替"v"；由此可知，这样的一些平行变换——必然地——形成一个群。

我们现在已经依照我们的两条原理推导出运动学的必要命题，我们要进而说明它们在电动力学中的应用。

Ⅱ. 电动力学部分

§6. 关于空虚空间麦克斯韦-赫兹方程的变换 关于磁场中由运动所产生的电动力的本性

设关于空虚空间的麦克斯韦-赫兹方程对于静系 K 是有效的，那么我们可以得到：

$$\frac{1}{V}\frac{\partial X}{\partial t}=\frac{\partial N}{\partial y}-\frac{\partial M}{\partial z},\qquad \frac{1}{V}\frac{\partial L}{\partial t}=\frac{\partial Y}{\partial z}-\frac{\partial Z}{\partial y},$$

$$\frac{1}{V}\frac{\partial Y}{\partial t}=\frac{\partial L}{\partial z}-\frac{\partial N}{\partial x},\qquad \frac{1}{V}\frac{\partial M}{\partial t}=\frac{\partial Z}{\partial x}-\frac{\partial X}{\partial z},$$

$$\frac{1}{V}\frac{\partial Z}{\partial t}=\frac{\partial M}{\partial x}-\frac{\partial L}{\partial y},\qquad \frac{1}{V}\frac{\partial N}{\partial t}=\frac{\partial X}{\partial y}-\frac{\partial Y}{\partial x},$$

此处(X,Y,Z)表示电力的矢量，而(L,M,N)表示磁力的矢量。

如果我们把 §3 中所得出的变换用到这些方程上去，把这电磁过程参照于那个在 §3 中所引用的、以速度 v 运动着的坐标系，我们就得到如下方程：

$$\frac{1}{V}\frac{\partial X}{\partial \tau}=\frac{\partial \beta\left(N-\frac{v}{V}Y\right)}{\partial \eta}-\frac{\partial \beta\left(M+\frac{v}{V}Z\right)}{\partial \zeta},$$

$$\frac{1}{V}\frac{\partial \beta\left(Y-\frac{v}{V}N\right)}{\partial \tau}=\frac{\partial L}{\partial \zeta}-\frac{\partial \beta\left(N-\frac{v}{V}Y\right)}{\partial \xi},$$

$$\frac{1}{V}\frac{\partial \beta\left(Z+\frac{v}{V}M\right)}{\partial \tau}=\frac{\partial \beta\left(M+\frac{v}{V}Z\right)}{\partial \xi}-\frac{\partial L}{\partial \eta},$$

$$\frac{1}{V}\frac{\partial L}{\partial \boldsymbol{\tau}}=\frac{\partial \beta\left(Y-\frac{v}{V}N\right)}{\partial \zeta}-\frac{\partial \beta\left(Z+\frac{v}{V}M\right)}{\partial \eta},$$

$$\frac{1}{V}\frac{\partial \beta\left(M+\frac{v}{V}Z\right)}{\partial \boldsymbol{\tau}}=\frac{\partial \beta\left(Z+\frac{v}{V}M\right)}{\partial \xi}-\frac{\partial X}{\partial \zeta},$$

$$\frac{1}{V}\frac{\partial \beta\left(N-\frac{v}{V}Y\right)}{\partial \boldsymbol{\tau}}=\frac{\partial X}{\partial \eta}-\frac{\partial \beta\left(Y-\frac{v}{V}N\right)}{\partial \xi},$$

此处
$$\beta=\frac{1}{\sqrt{1-\left(\frac{v}{V}\right)^{2}}}.$$

相对性原理现在要求，如果关于空虚空间的麦克斯韦-赫兹方程在 K 系中成立，那么它们在 k 系中也该成立，也就是说，对于动系 k 的电力矢量（X'，Y'，Z'）和磁力矢量（L'，M'，N'）——它们是在动系 k 中分别由那些在带电体和磁体上的有重动力作用来定义的——下列方程成立：

$$\frac{1}{V}\frac{\partial X'}{\partial \boldsymbol{\tau}}=\frac{\partial N'}{\partial \eta}-\frac{\partial M'}{\partial \zeta},\qquad \frac{1}{V}\frac{\partial L'}{\partial \boldsymbol{\tau}}=\frac{\partial Y'}{\partial \zeta}-\frac{\partial Z'}{\partial \eta},$$

$$\frac{1}{V}\frac{\partial Y'}{\partial \boldsymbol{\tau}}=\frac{\partial L'}{\partial \zeta}-\frac{\partial N'}{\partial \xi},\qquad \frac{1}{V}\frac{\partial M'}{\partial \boldsymbol{\tau}}=\frac{\partial Z'}{\partial \xi}-\frac{\partial X'}{\partial \zeta},$$

$$\frac{1}{V}\frac{\partial Z'}{\partial \boldsymbol{\tau}}=\frac{\partial M'}{\partial \xi}-\frac{\partial L'}{\partial \eta},\qquad \frac{1}{V}\frac{\partial N'}{\partial \boldsymbol{\tau}}=\frac{\partial X'}{\partial \eta}-\frac{\partial Y'}{\partial \xi}.$$

显然，为 k 系所求得的上面这两个方程组必定表达完全同一回事，因为这两个方程组都相当于 K 系的麦克斯韦-赫兹方程。此外，由于两组里的各个方程，除了代表矢量的符号以外，都是相一致的，因此，在两个方程组里的对应位置上出现的函数，除了一个因子 $\psi(v)$ 之外，都应当相一致，而 $\psi(v)$ 这因子对于一个方程组里的一切函数都是共同的，并且同 ξ，η，ζ 和 $\boldsymbol{\tau}$ 无关，而只同 v 有关。

由此我们得到如下关系：

$$X'=\psi(v)X,\qquad L'=\psi(v)L,$$

$$Y'=\psi(v)\beta\left(Y-\frac{v}{V}N\right),\qquad M'=\psi(v)\beta\left(M+\frac{v}{V}Z\right),$$

$$Z'=\psi(v)\beta\left(Z+\frac{v}{V}M\right),\qquad N'=\psi(v)\beta\left(N-\frac{v}{V}Y\right).$$

我们现在来作这个方程组的逆变换，首先要用到刚才所得到的方程的解，其次，要把这些方程用到那个由速度 $-v$ 来表征的逆变换（从 k 变换到 K）上去，那么，当我们考虑到如此得出的两个方程组必定是恒等的，就得到：

$$\psi(v)\cdot\psi(-v)=1.$$

再者，由于对称的缘故，①

$$\psi(v)=\psi(-v);$$

所以

$$\psi(v)=1,$$

我们的方程也就具有如下形式：

$$X'=X,\qquad L'=L,$$

$$Y'=\beta\left(Y-\frac{v}{V}N\right),\qquad M'=\beta\left(M+\frac{v}{V}Z\right),$$

$$Z'=\beta\left(Z+\frac{v}{V}M\right),\qquad N'=\beta\left(N-\frac{v}{V}Y\right).$$

为了解释这些方程，我们作如下的说明：设有一个点状电荷，当它在静系 K 中量度时，电荷的量值是"1"，那就是说，当它静止在静系中时，它以 1 达因的力作用在距离 1 厘米处的一个相等的电荷上。根据相对性原理，在动系中量度时，这个电荷的量值也该是

① 比如，要是 $X=Y=Z=L=M=0$，而 $N\neq 0$，那么，由于对称的缘故，如果 v 改变正负号而不改变其数值，显然 Y' 也必定改变正负号而不改变其数值。——原注

"1"。如果这个电荷相对于静系是静止的，那么按照定义，矢量(X,Y,Z)就等于作用在它上面的力。如果这个电荷相对于动系是静止的（至少在有关的瞬时），那么作用在它上面的力，在动系中量出来是等于矢量(X',Y',Z')。由此，上面方程中的前面三个，在文字上可以用如下两种方式来表述：

1. 如果一个单位点状电荷在一个电磁场中运动，那么作用在它上面的，除了电力，还有一个"电动力"，要是我们略去v/V的二次以及更高次幂所乘的项，这个电动力就等于单位电荷的速度同磁力的矢积除以光速。（旧的表述方式。）

2. 如果一个单位点状电荷在一个电磁场中运动，那么作用在它上面的力就等于在电荷所在处出现的一种电力，这个电力是我们把这电磁场变换到同这单位电荷相对静止的一个坐标系上去时所得出的。（新的表述方式。）

对于"磁动力"也是相类似的。我们看到，在所阐述的这个理论中，电动力只起着一个辅助概念的作用，它的引用是由于这样的情况：电力和磁力都不是独立于坐标系的运动状态而存在的。

同时也很明显，开头所讲的，那种在考查由磁体同导体的相对运动而产生电流时所出现的不对称性，现在是不存在了。而且，关于电动力学的电动力的"位置"（*Sitz*）问题（单极电机），现在也不成为问题了。

§7. 多普勒原理和光行差的理论

在K系中，离坐标原点很远的地方，设有一电动波源，在包括坐标原点在内的一部分空间里，这些电磁波可以在足够的近似程度上用下面的方程来表示：

$$X=X_0\sin\Phi,\quad L=L_0\sin\Phi,$$
$$Y=Y_0\sin\Phi,\quad M=M_0\sin\Phi,$$
$$Z=Z_0\sin\Phi,\quad N=N_0\sin\Phi,$$

此处

$$\Phi=\omega\left(t-\frac{ax+by+cz}{V}\right).$$

这里的(X_0,Y_0,Z_0)和(L_0,M_0,N_0)是规定波列的振幅的矢量，a，b，c是波面法线的方向余弦。我们要探究由一个静止在动系k中的观察者看起来的这些波的性状。

应用§6所得出的关于电力和磁力的变换方程，以及§3所得出的关于坐标和时间的变换方程，我们立即得到：

$$X'=X_0\sin\Phi',\quad L'=L_0\sin\Phi',$$
$$Y'=\beta\left(Y_0-\frac{v}{V}N_0\right)\sin\Phi',\quad M'=\beta\left(M_0+\frac{v}{V}Z_0\right)\sin\Phi',$$
$$Z'=\beta\left(Z_0+\frac{v}{V}M_0\right)\sin\Phi',\quad N'=\beta\left(N_0-\frac{v}{V}Y_0\right)\sin\Phi',$$
$$\Phi'=\omega'\left(\tau-\frac{a'\xi+b'\eta+c'\zeta}{V}\right),$$

此处

$$\omega'=\omega\beta\left(1-a\frac{v}{V}\right),$$

$$a'=\frac{a-\frac{v}{V}}{1-a\frac{v}{V}},$$

$$b'=\frac{b}{\beta\left(1-a\frac{v}{V}\right)},$$

$$c'=\frac{c}{\beta\left(1-a\frac{v}{V}\right)}.$$

从关于 ω' 的方程即可得知：如果有一观察者以速度 v 相对于一个在无限远处频率为 ν 的光源运动，并且参照于一个同光源相对静止的坐标系，“光源-观察者”连线同观察者的速度相交成 φ 角，那么，观察者所感知的光的频率 ν' 由下面方程定出：

$$\nu'=\nu\frac{1-\cos\varphi\frac{v}{V}}{\sqrt{1-\left(\frac{v}{V}\right)^2}}.$$

这就是对于任何速度的多普勒原理。当 $\varphi=0$ 时，这方程具有如下的明晰形式：

$$\nu'=\nu\sqrt{\frac{1-\frac{v}{V}}{1+\frac{v}{V}}}.$$

我们可看出，当 $v=-V$ 时，$\nu'=\infty$，①这同通常的理解相矛盾。

如果我们把动系中的波面法线（光线的方向）同“光源-观察者”连线之间的交角叫做 φ'，那么关于 a' 的方程就取如下形式：

$$\cos\varphi'=\frac{\cos\varphi-\frac{v}{V}}{1-\frac{v}{V}\cos\varphi}.$$

这个方程以最一般的形式表述了光行差定律。如果 $\varphi=\pi/2$，这个方程就取简单的形式：②

$$\cos\varphi'=-\frac{v}{V}.$$

我们还应当求出这些波在动系中看来的振幅。如果我们把在

---

① 原文为“$v=-\infty$时，$\nu=\infty$”，显然有误。——编译者

② 原文这个方程为 $\cos\varphi'=\frac{v}{V}$，显然漏了一个负号。——编译者

静系中量出的和在动系中量出的电力或磁力的振幅，分别叫做 A 和 A'，那么我们就得到：

$$A'^2=A^2\frac{\left(1-\frac{v}{V}\cos\varphi\right)^2}{1-\left(\frac{v}{V}\right)^2}.$$

如果 $\varphi=0$，这个方程就简化成：

$$A'^2=A^2\frac{1-\frac{v}{V}}{1+\frac{v}{V}}.$$

从这些已求得的方程得知，对于一个以速度 V 向光源接近的观察者，这光源必定显得无限强烈。

§8. 光线能量的变换作用在完全反射镜上的辐射压力理论

因为 $A^2/8\pi$ 等于每单位体积的光能，于是由相对性原理，我们应当把 $A'^2/8\pi$ 看作是动系中的光能。因此，如果一个光集合体的体积，在 K 中量的同在 k 中量的是相等的，那么 A'^2/A^2 就该是这一光集合体"在运动中量得的"能量同"在静止中量得的"能量的比率。但情况并非如此。如果 a,b,c 是静系中光的波面法线的方向余弦，那就没有能量会通过一个以光速在运动着的球面

$$(x-Vat)^2+(y-Vbt)^2+(z-Vct)^2=R^2$$

的各个面元素的。我们因此可以说，这个球面永远包围着这个光集合体。我们要探究在 k 系看来这个球面所包围的能量，也就是要求出这个光集合体相对于 k 系的能量。

这个球面——在动系看来——是一个椭球面，在$\tau=0$时，它的方程是：

$$\left(\beta\xi-a\beta\frac{v}{V}\xi\right)^2+\left(\eta-b\beta\frac{v}{V}\xi\right)^2+\left(\zeta-c\beta\frac{v}{V}\xi\right)^2=R^2.$$

如果S是球的体积，S'是这个椭球的体积，那么，通过简单的计算，就得到：

$$\frac{S'}{S}=\frac{\sqrt{1-\left(\frac{v}{V}\right)^2}}{1-\frac{v}{V}\cos\varphi}.$$

因此，如果我们把在静系中量得的、为这个曲面所包围的光能叫作E，而在动系中量得的叫做E'，我们就得到：

$$\frac{E'}{E}=\frac{\frac{A'^2}{8\pi}S'}{\frac{A^2}{8\pi}S}=\frac{1-\frac{v}{V}\cos\varphi}{\sqrt{1-\left(\frac{v}{V}\right)^2}},$$

当$\varphi=0$时，这个公式就简化成：

$$\frac{E'}{E}=\sqrt{\frac{1-\frac{v}{V}}{1+\frac{v}{V}}}.$$

可注意的是，光集合体的能量和频率都随着观察者的运动状态遵循着同一定律而变化。

现在设坐标平面$\xi=0$是一个完全反射的表面，§7中所考查的平面波在那里受到反射。我们要求出作用在这反射面上的光压，以及经反射后的光的方向、频率和强度。

设入射光由A，$\cos\varphi$，ν（参照于K系）这些量来规定。在k看来，其对应量是：

$$A'=A\frac{1-\frac{v}{V}\cos\varphi}{\sqrt{1-\left(\frac{v}{V}\right)^2}},$$

$$\cos\varphi'=\frac{\cos\varphi-\frac{v}{V}}{1-\frac{v}{V}\cos\varphi},$$

$$\nu'=\nu\frac{1-\frac{v}{V}\cos\varphi}{\sqrt{1-\left(\frac{v}{V}\right)^2}}.$$

对于反射后的光，当我们从 k 系来看这过程，则得：

$$A''=A',$$

$$\cos\varphi''=-\cos\varphi',$$

$$\nu''=\nu'.$$

最后，通过回转到静系 K 的变换，关于反射后的光，我们得到：

$$A'''=A''\frac{1+\frac{v}{V}\cos\varphi''}{\sqrt{1-\left(\frac{v}{V}\right)^2}}=A\frac{1-2\frac{v}{V}\cos\varphi+\left(\frac{v}{V}\right)^2}{1-\left(\frac{v}{V}\right)^2},$$

$$\cos\varphi'''=\frac{\cos\varphi''+\frac{v}{V}}{1+\frac{v}{V}\cos\varphi''}=-\frac{\left(1+\left(\frac{v}{V}\right)^2\right)\cos\varphi-2\frac{v}{V}}{1-2\frac{v}{V}\cos\varphi+\left(\frac{v}{V}\right)^2},$$

$$\nu'''=\nu''\frac{1+\frac{v}{V}\cos\varphi''}{\sqrt{1-\left(\frac{v}{V}\right)^2}}=\nu\frac{1-2\frac{v}{V}\cos\varphi+\left(\frac{v}{V}\right)^2}{1-\left(\frac{v}{V}\right)^2}.$$

每单位时间内射到反射镜上单位面积的(在静系中量得的)能量显然是 $A^2(V\cos\varphi-v)/8\pi$. 单位时间内离开反射镜的单位面积的能量是 $A'''^2(-V\cos\varphi'''+v)/8\pi$. 由能量原理,这两式的差就是单位时间内光压所做的功。如果我们置这功等于乘积 $P\cdot v$,此处 P 是光压,那么我们就得到:

$$P=2\cdot\frac{A^2}{8\pi}\frac{\left(\cos\varphi-\frac{v}{V}\right)^2}{1-\left(\frac{v}{V}\right)^2}.$$

就第一级近似而论,我们得到一个同实验一致,也同别的理论一致的结果,即

$$P=2\,\frac{A^2}{8\pi}\cos^2\varphi.$$

关于动体的一切光学问题,都能用这里所使用的方法来解决。其要点在于,把受到一动体影响的光的电力和磁力,变换到一个同这个物体相对静止的坐标系上去。通过这种办法,动体光学的全部问题将归结为一系列静体光学的问题。

§ 9. 考虑到运流的麦克斯韦-赫兹方程的变换

我们从下列方程出发:

$$\frac{1}{V}\left\{u_x\rho+\frac{\partial X}{\partial t}\right\}=\frac{\partial N}{\partial y}-\frac{\partial M}{\partial z},\qquad \frac{1}{V}\frac{\partial L}{\partial t}=\frac{\partial Y}{\partial z}-\frac{\partial Z}{\partial y},$$

$$\frac{1}{V}\left\{u_y\rho+\frac{\partial Y}{\partial t}\right\}=\frac{\partial L}{\partial z}-\frac{\partial N}{\partial x},\qquad \frac{1}{V}\frac{\partial M}{\partial t}=\frac{\partial Z}{\partial x}-\frac{\partial X}{\partial z},$$

$$\frac{1}{V}\left\{u_z\rho+\frac{\partial Z}{\partial t}\right\}=\frac{\partial M}{\partial x}-\frac{\partial L}{\partial y},\qquad \frac{1}{V}\frac{\partial N}{\partial t}=\frac{\partial X}{\partial y}-\frac{\partial Y}{\partial x},$$

此处：

$$\rho=\frac{\partial X}{\partial x}+\frac{\partial Y}{\partial y}+\frac{\partial Z}{\partial z}$$

表示电的密度的 4π倍，而(u_x, u_y, u_z)表示电的速度矢量。如果我们设想电荷是同小刚体（离子、电子）牢固地结合在一起的，那么这些方程就是洛伦兹的动体电动力学和光学的电磁学基础。

设这些方程在 K 系中成立，借助于§3 和§6 的变换方程，把它们变换到 k 系上去，我们由此得到方程：①

$$\frac{1}{V}\left\{u_\xi\rho'+\frac{\partial X'}{\partial \tau}\right\}=\frac{\partial N'}{\partial \eta}-\frac{\partial M'}{\partial \zeta}, \qquad \frac{1}{V}\frac{\partial L'}{\partial \tau}=\frac{\partial Y'}{\partial \zeta}-\frac{\partial Z'}{\partial \eta},$$

$$\frac{1}{V}\left\{u_\eta\rho'+\frac{\partial Y'}{\partial \tau}\right\}=\frac{\partial L'}{\partial \zeta}-\frac{\partial N'}{\partial \xi}, \qquad \frac{1}{V}\frac{\partial M'}{\partial \tau}=\frac{\partial Z'}{\partial \xi}-\frac{\partial X'}{\partial \zeta},$$

$$\frac{1}{V}\left\{u_\zeta\rho'+\frac{\partial Z'}{\partial \tau}\right\}=\frac{\partial M'}{\partial \xi}-\frac{\partial L'}{\partial \eta}, \qquad \frac{1}{V}\frac{\partial N'}{\partial \tau}=\frac{\partial X'}{\partial \eta}-\frac{\partial Y'}{\partial \xi},$$

此处

$$\frac{u_x-v}{1-\frac{u_x v}{V^2}}=u_\xi,$$

$$\frac{u_y}{\beta\left(1-\frac{u_x v}{V^2}\right)}=u_\eta,$$

$$\frac{u_z}{\beta\left(1-\frac{u_x v}{V^2}\right)}=u_\zeta,$$

$$\rho'=\frac{\partial X'}{\partial \xi}+\frac{\partial Y'}{\partial \eta}+\frac{\partial Z'}{\partial \zeta}=\beta\left(1-\frac{v u_x}{V^2}\right)\rho.$$

因为，——由速度的加法定理（§5）得知——矢量(u_ξ, u_η, u_ζ)只不

① 原文中右面三个方程的左边都少了系数$\frac{1}{V}$。——编译者

过是在 k 系中量得的电荷的速度，所以我们就证明了：根据我们的运动学原理，洛伦兹的动体电动力学理论的电动力学基础是符合于相对性原理的。

此外，我还可以简要地说一下，由已经推演得到的方程可以容易地导出下面一条重要的定律：如果一个带电体在空间中无论怎样运动，并且从一个同它一道运动着的坐标系来看，它的电荷不变，那么从“静”系 K 来看，它的电荷也保持不变。

§10.（缓慢加速的）电子的动力学

设有一点状的具有电荷 ε 的粒子（以后叫“电子”）在电磁场中运动，我们假定它的运动定律如下：

如果这电子在一定时期内是静止的，在随后的时刻，只要电子的运动是缓慢的，它的运动就遵循如下方程

$$\mu\frac{d^2x}{dt^2}=\varepsilon X,$$

$$\mu\frac{d^2y}{dt^2}=\varepsilon Y,$$

$$\mu\frac{d^2z}{dt^2}=\varepsilon Z,$$

此处 x,y,z 表示电子的坐标，μ 表示电子的质量。

现在，第二步，设电子在某一时期的速度是 v. 我们来求电子在随后时刻的运动定律。

我们不妨假定，电子在我们注意观察它的时候是在坐标的原点上，并且沿着 K 系的 X 轴以速度 v 运动着，这样的假定并不影响考查的普遍性。那就很明显，在已定的时刻($t=0$)，电子对于那

个以恒定速度 v 沿着 X 轴作平行运动的坐标系 h 是静止的。

从上面所作的假定，结合相对性原理，很明显的，在随后紧接的时间（对于很小的 t 值）里，由 k 系看来，电子是遵照如下方程而运动的：

$$\mu \frac{d^2\xi}{d\boldsymbol{\tau}^2}=\varepsilon X',$$

$$\mu \frac{d^2\eta}{d\boldsymbol{\tau}^2}=\varepsilon Y',$$

$$\mu \frac{d^2\zeta}{d\boldsymbol{\tau}^2}=\varepsilon Z',$$

在这里，$\xi,\eta,\zeta,\boldsymbol{\tau},X',Y',Z'$ 这些符号是参照于 k 系的。如果我们进一步规定，当 $t=x=y=z=0$ 时，$\boldsymbol{\tau}=\xi=\eta=\zeta=0$，那么 § 3 和 § 6 的变换方程有效，也就是如下关系有效：

$$\boldsymbol{\tau}=\beta\left(t-\frac{v}{V^2}x\right),$$

$$\xi=\beta(x-vt), \qquad X'=X,$$

$$\eta=y, \qquad Y'=\beta\left(Y-\frac{v}{V}N\right),$$

$$\zeta=z, \qquad Z'=\beta\left(Z+\frac{v}{V}M\right).$$

借助于这些方程，我们把前述的运动方程从 k 系变换到 K 系，就得到：

$$(\mathrm{A})\quad \begin{cases} \dfrac{d^2x}{dt^2}=\dfrac{\varepsilon}{\mu}\dfrac{1}{\beta^3}X, \\[2ex] \dfrac{d^2y}{dt^2}=\dfrac{\varepsilon}{\mu}\dfrac{1}{\beta}\left(Y-\dfrac{v}{V}N\right), \\[2ex] \dfrac{d^2z}{dt^2}=\dfrac{\varepsilon}{\mu}\dfrac{1}{\beta}\left(Z+\dfrac{v}{V}M\right). \end{cases}$$

依照通常考虑的方法，我们现在来探究运动电子的“纵”质量和“横”质量。我们把方程(A)写成如下形式

$$\mu\beta^3\frac{d^2x}{dt^2}=\varepsilon X=\varepsilon X',$$

$$\mu\beta^2\frac{d^2y}{dt^2}=\varepsilon\beta\left(Y-\frac{v}{V}N\right)=\varepsilon Y',$$

$$\mu\beta^2\frac{d^2z}{dt^2}=\varepsilon\beta\left(Z+\frac{v}{V}M\right)=\varepsilon Z',$$

首先要注意到，$\varepsilon X'$，$\varepsilon Y'$，$\varepsilon Z'$是作用在电子上的有重动力的分量，而且确是从一个当时同电子一道以同样速度运动着的坐标系中来考查的。(比如，这个力可用一个静止在上述的坐标系中的弹簧秤来量出。)现在如果我们把这个力直截了当地叫做“作用在电子上的力”①，并且保持这样的方程

$$质量\times加速度=力,$$

而且，如果我们再规定加速度必须在静系 K 中进行量度，那么，由上述方程，我们导出：

$$纵质量=\frac{\mu}{\left(\sqrt{1-\left(\frac{v}{V}\right)^2}\right)^3},$$

$$横质量=\frac{\mu}{1-\left(\frac{v}{V}\right)^2}.$$

当然，用另一种力和加速度的定义，我们就会得到另外的质量

① 正如 M. 普朗克〔于 1906 年——编译者〕所首先指出来的，这里对力所下的定义并不好。力的比较中肯的定义，应当使动量定律和能量定律具有最简单的形式。——《相对性原理》编者注

数值。由此可见，在比较电子运动的不同理论时，我们必须非常谨慎。

我们觉得，这些关于质量的结果也适用于有重的质点上，因为一个有重的质点加上一个**任意小**的电荷，就能成为一个（我们所讲的）电子。

我们现在来确定电子的动能。如果一个电子本来静止在 K 系的坐标原点上，在一个静电力 X 的作用下，沿着 X 轴运动，那么很清楚，从这静电场中所取得的能量值为 $\int \varepsilon X\,dx$. 因为这个电子应该是缓慢加速的，所以也就不会以辐射的形式丧失能量，那么从静电场中取得的能量必定都被积贮起来，它等于电子的运动的能量 W. 由于我们注意到，在所考查的整个运动过程中，(A)中的第一个方程是适用的，我们于是得到：①

$$W=\int \varepsilon X\,dx=\mu\int_0^v \beta^3 v\,dv=\mu V^2\left\{\frac{1}{\sqrt{1-\left(\frac{v}{V}\right)^2}}-1\right\}$$

由此，当 $v=V$, W 就变成无限大。超光速的速度——像我们以前的结果一样——没有存在的可能。

根据上述的论据，动能的这个式子也同样适用于有重物体（*Ponderable Massen*）。

我们现在要列举电子运动的一些性质，它们都是从方程组(A)得出的结果，并且是可以用实验来验证的。

① 原文中第三式积分符号左边漏了 μ. ——编译者

1. 从(A)组的第二个方程得知,电力 Y 和磁力 N,对于一个以速度 v 运动着的电子,当 $Y=N\cdot v/V$ 时,它们产生同样强弱的偏转作用。由此可见,用我们的理论,从那个对于任何速度的磁偏转力 A_m 同电偏转力 A_e 的比率,就可测定电子的速度,这只要用到定律:

$$\frac{A_m}{A_e}=\frac{v}{V}.$$

这个关系可由实验来验证,因为电子的速度也是能够直接量出来的,比如可以用迅速振荡的电场和磁场来量出。

2. 从关于电子动能的推导得知,在所通过的势差 P 同电子所得到的速度 v 之间,必定有这样的关系:

$$P=\int X\,dx=\frac{\mu}{\varepsilon}V^2\left\{\frac{1}{\sqrt{1-\left(\frac{v}{V}\right)^2}}-1\right\}.$$

3. 当存在着一个同电子的速度相垂直的磁力 N 时(作为唯一的偏转力),我们来计算在这磁力作用下的电子路径的曲率半径 R. 由(A)中的第二个方程,我们得到:

$$-\frac{d^2y}{dt^2}=\frac{v^2}{R}=\frac{\varepsilon}{\mu}\frac{v}{V}N\sqrt{1-\left(\frac{v}{V}\right)^2},$$

或者

$$R=V^2\,\frac{\mu}{\varepsilon}\cdot\frac{\frac{v}{V}}{\sqrt{1-\left(\frac{v}{V}\right)^2}}\cdot\frac{1}{N}.$$

根据这里所提出的理论,这三项关系完备地表述了电子运动所必须遵循的定律。

最后，我要声明，在研究这里所讨论的问题时，我曾得到我的朋友和同事贝索（M. Besso）[1]的热诚帮助，要感谢他一些有价值的建议。

① 关于 M. 贝索，请参阅本文集第一卷 61—70 页对他的介绍。他当时也是伯尔尼专利局的技术员，是爱因斯坦终生的挚友。——编译者

物体的惯性同它所含的能量有关吗？[1]

前一研究[2]的结果导致一个非常有趣的结论，这里要把它推演出来。

在前一研究中，我所根据的是关于空虚空间的麦克斯韦-赫兹方程和关于空间电磁能的麦克斯韦表示式，另外还加上这样一条原理：

物理体系的状态据以变化的定律，同描述这些状态变化时所参照的坐标系究竟是用两个在互相平行匀速移动着的坐标系中的哪一个并无关系（相对性原理）。

我在这些基础[3]上，除其他一些结果外，还推导出了下面一个结果（参见上述引文§8）：

设有一组平面光波，参照于坐标系，(x, y, z)，它具有能量 l；设光线的方向（波面法线）同坐标系的 x 轴相交成 φ 角。如果我们引进一个对坐标系 (x, y, z) 作匀速平行移动的新坐标系 (ξ, η, ζ)，它的坐标原点以速度 v 沿 x 轴运动，那么这道光线——在 (ξ, η, ζ) 系

---

① 这篇论文写于 1905 年 9 月，发表在 1905 年出版的《物理学杂志》（*Annalen der Physik*），第 4 编，18 卷，639—641 页上。这里译自洛伦兹、爱因斯坦等人的论文集《相对性原理》，Tuebner1922 年第 4 版，51—53 页。译时曾参考 Perrett 和 Jeffery 的英译本。——编译者

② 指前面的那篇论文《论动体的电动力学》，见本书 92—126 页。——编译者

③ 那里所用到的光速不变原理当然包括在麦克斯韦方程里面了。——原注

中量出——具有能量：

$$l^{*}=l\frac{1-\frac{v}{V}\cos\varphi}{\sqrt{1-\left(\frac{v}{V}\right)^{2}}},$$

此处 V 表示光速。以后我们要用到这个结果。

设在坐标系 (x,y,z) 中有一个静止的物体，它的能量——参照于 (x,y,z) 系——是 E_0. 设这个物体的能量相对于一个像上述那样以速度 v 运动着的 (ξ,η,ζ) 系，则是 H_0.

设该物体发出一列平面光波，其方向同 x 轴交成 φ 角，能量为 $L/2$（相对于 (x,y,z) 量出），同时在相反方向也发出等量的光线。在这时间内，该物体对 (x,y,z) 系保持静止。能量原理必定适用于这一过程，而且（根据相对性原理）对于两个坐标系都是适用的。如果我们把这个物体在发光后的能量，对于 (x,y,z) 系和对于 (ξ,η,ζ) 系量出的值，分别叫做 E_1 和 H_1，那么利用上面所给的关系，我们就得到：

$$E_0=E_1+\left[\frac{L}{2}+\frac{L}{2}\right],$$

$$H_0=H_1+\left[\frac{L}{2}\frac{1-\frac{v}{V}\cos\varphi}{\sqrt{1-\left(\frac{v}{V}\right)^{2}}}+\frac{L}{2}\frac{1+\frac{v}{V}\cos\varphi}{\sqrt{1-\left(\frac{v}{V}\right)^{2}}}\right]=$$

$$=H_1+\frac{L}{\sqrt{1-\left(\frac{v}{V}\right)^{2}}}.$$

把这两方程相减，我们得到：

$$(H_0 - E_0) - (H_1 - E_1) = L\left[\frac{1}{\sqrt{1-\left(\frac{v}{V}\right)^2}} - 1\right].$$

在这个表示式中，以 $H-E$ 这样形式出现的两个差，具有简单的物理意义。H 和 E 是这同一物体参照于两个彼此相对运动着的坐标系的能量，而且这物体在其中一个坐标系（(x,y,z) 系）中是静止的。所以很明显，对于另一坐标系（(ξ,η,ζ) 系）来说，$H-E$ 这个差所不同于这物体的动能 K 的，只在于一个附加常数 C，而这个常数取决于对能量 H 和 E 的任意附加常数的选择。由此我们可以置：

$$H_0 - E_0 = K_0 + C,$$

$$H_1 - E_1 = K_1 + C,$$

因为 C 在光发射时是不变的。所以我们得到：

$$K_0 - K_1 = L\left[\frac{1}{\sqrt{1-\left(\frac{v}{V}\right)^2}} - 1\right].$$

对于(ξ,η,ζ)来说，这个物体的动能由于光的发射而减少了，并且所减少的量同物体的性质无关。此外，$K_0 - K_1$ 这个差，像电子的动能（参看上述引文 §10）一样，是同速度有关的。

略去第四级和更高级的[小]量，我们可以置

$$K_0 - K_1 = \frac{L}{V^2}\frac{v^2}{2}.$$

从这个方程可以直接得知：

如果有一物体以辐射形式放出能量 L，那么它的质量就要减少 L/V^2. 至于物体所失去的能量是否恰好变成辐射能，在这里显

然是无关紧要的，于是我们被引到了这样一个更加普遍的结论上来：

物体的质量是它所含能量的量度；如果能量改变了 L，那么质量也就相应地改变 $L/9\times10^{20}$，此处能量是用尔格来计量，质量是用克来计量。

用那些所含能量是高度可变的物体（比如用镭盐）来验证这个理论，不是不可能成功的。

如果这一理论同事实符合，那么在发射体和吸收体之间，辐射在传递着惯性。

关于布朗运动的理论[①]

在我的论文《热的分子[运动]论所要求的[静]液体中悬浮粒子的运动》[②]发表后不久，(耶那的)西登托普夫(Siedentopf)告诉我：他和别的一些物理学家——首先是(里昂的)古伊(Gouy)教授先生——通过直接的观测而得到这样的信念，认为所谓布朗运动是由液体分子的不规则的热运动所引起的。[③]不仅是布朗运动的性质，而且粒子所经历路程的数量级，也都完全符合这个理论的结果。我不想在这里把那些可供我使用的稀少的实验资料去同这个理论的结果进行比较，而把这种比较让给那些从实验方面掌握这个问题的人去做。

下面的论文是要对我的上述论文中某些论点作些补充。对悬浮粒子是球形的这种最简单的特殊情况，我们在这里不仅要推导出悬浮粒子的平移运动，而且还要推导出它们的旋转运动。我们

---

① 本文写于1905年12月，发表在1906年2月出版的德国《物理学杂志》(*Annalen der Physik*)，4编，19卷，2期，371—381页。这里译自该杂志。译时曾参考A. D. 考珀的英译，见R. 菲尔特编的爱因斯坦的文集《关于布朗运动理论的研究》，1926年Methuen出版的英译本，19—35页。——编译者

② A. 爱因斯坦，《物理学杂志》，17卷，549页，1905年。——原注〔见本书80—91页。——编译者〕

③ M. 古伊，法国《物理学期刊》(*Journ. de Phys.*)2编，7卷，561页，1888年。——原注

还要进一步指明，要使那篇论文中所给出的结果保持正确，观测时间最短能短到怎样程度。

要推导这些结果，我们在这里要用一种比较一般的方法，这部分地是为了要说明布朗运动同热的分子[运动]论的基础有怎样的关系，部分地是为了能够通过统一的研究展开平动公式和转动公式。因此，假设 α 是一个处于温度平衡的物理体系的一个可量度的参量，并且假定这个体系对于 α 的每一个(可能的)值都是处在所谓随遇平衡中。按照把热同别种能量**在原则上**区别开的古典热力学，α 不能自动改变；按照热的分子[运动]论，却不然。下面我们要研究，按照后一理论所发生的这种改变必须遵循怎么样的定律。然后我们必须把这些定律用于下列特殊情况：——

1. α 是(不受重力的作用的)均匀液体中一个球形悬浮粒子的重心的 X 坐标。

2. α 是确定一个球形粒子位置的旋转角，这个粒子是悬浮在液体中的，可绕直径转动。

§1. 热力学平衡的一个情况

假设有一物理体系放在绝对温度为 T 的环境里，这个体系同周围环境有热交换，并且处于温度平衡状态中。这个体系因而也具有绝对温度 T，而且依据热的分子[运动]论①，它可由状态变量 $p_1 \cdots p_n$ 完全地确定下来。在所考查的这个特殊情况中，构成这一

① 参见《物理学杂志》，11卷，170页，1903年；17卷，549页，1905年。——原注〔见本书21—40页，80—91页。——编译者〕

特殊体系的所有原子的坐标和速度分量可以被选来作为状态变量 $p_1 \cdots p_n$.

对于状态变量 $p_1 \cdots p_n$ 在偶然选定的一个时刻处于一个 n 重的无限小区域($dp_1 \cdots dp_n$)中的几率,下列方程成立[①]——

$$(1) \qquad dw = Ce^{-\frac{N}{RT}E} dp_1 \cdots dp_n,$$

此处 C 是一个常数,R 是气体方程的普适常数,N 是一个摩尔中实际分子的数目,而 E 是能量。

假设 α 是这个体系的可以量度的参量,并且假设每一组值 $p_1 \cdots p_n$ 都对应一个确定的 α 值,我们要用 $Ad\alpha$ 来表示在偶然选定的一个时刻参量 α 的值处在 α 和 $\alpha + d\alpha$ 之间的几率。于是

$$(2) \qquad Ad\alpha = \int_{d\alpha} Ce^{-\frac{N}{RT}E} dp_1 \cdots dp_n,$$

只要右边的积分是遍及状态变量值的一切组合,而这些状态变量的 α 值是处于 α 和 $\alpha + d\alpha$ 之间的。

我们要限于这样的情况,从问题的性质立即可以明白,在这种情况中,α 的一切(可能的)值都具有同一几率(分布);因此,那里的量 A 同 α 无关。

现在设有第二个物理体系,它所不同于前面所考查的体系的,仅仅在于有一个只是同 α 有关、而具有势 $\Phi(\alpha)$ 的力作用在这体系上。如果 E 是刚才所考查的体系的能量,那么现在所考查的这个体系的能量就是 $E + \Phi$,由此我们得到一个类似于方程(1)的关系

---

① 同上所引〔即《物理学杂志》,11 卷,170 页,1903 年〕,§§3 和 4.——原注〔见本书 26—30 页。——编译者〕

式：

$$dW' = C' e^{-\frac{N}{RT}(E+\Phi)} dp_1 \cdots dp_n.$$

由此推导出，对于在一个偶然选定的时刻 α 的值处于 α 和 $\alpha + d\alpha$ 之间的几率 dW，有一个类似于方程(2)的关系式：

$$(\text{I}) \qquad dW = \int C' e^{-\frac{N}{RT}(E+\Phi)} dp_1 \cdots dp_n = \frac{C'}{C} e^{-\frac{N}{RT}\Phi} A d\alpha =$$

$$= A' e^{-\frac{N}{RT}\Phi} d\alpha,$$

此处 A' 是同 α 无关的。

这个关系式是热的分子[运动]论所特有的，它同玻耳兹曼在他研究气体理论时一再使用的指数定律完全相符。它解释了，当受到恒定的外力作用时，一个体系的参量，由于分子的不规则运动的结果，同那个对应于稳定平衡的值会有多大程度的出入。

§2. 应用§1中所推得方程的实例

我们考查这样一个物体，它的重心能够沿着一条直线(一个坐标系的 X 轴)运动。假设这个物体是被一种气体包围着，并且达到了热平衡和机械平衡。按照分子理论，由于分子碰撞不匀等，这个物体会以一种不规则的方式沿着直线作向后和向前运动，使得在这种运动中，直线上没有一个点是受到特殊看待的——假定在这条直线的方向上，除了分子的碰撞力以外，再没有别的力作用在这个物体上。重心的横坐标 x 因而是这个体系的一个参量，它具有前面对参量 α 所假定的那些性质。

我们现在要引进一个在这条直线方向上作用于该物体的力 $K = -Mx$. 那么，按照分子理论，这个物体的重心又会进行一种并

不远离 $x=0$ 这个点的不规则运动；可是按照古典热力学，它却必须静止在点 $x=0$ 上。按照分子理论（公式（Ⅰ）），

$$dW=A'e^{-\frac{N}{RT}M\frac{x^2}{2}}dx$$

等于在一个偶然选定的时刻横坐标 x 的值处于 x 和 $x+dx$ 之间的几率。由此，我们求出重心同点 $x=0$ 的平均距离①——

$$\sqrt{\overline{x^2}}=\frac{\int_{-\infty}^{+\infty}x^2A'e^{-\frac{N}{RT}\frac{Mx^2}{2}}dx}{\int_{-\infty}^{\infty}A'e^{-\frac{N}{RT}\frac{Mx^2}{2}}dx}=\sqrt{\frac{RT}{NM}}.$$

为了使 $\sqrt{\overline{x^2}}$ 大到足以能够观测到，确立这个物体的平衡位置的力必须非常小。如果我们设观测的下限为 $\sqrt{\overline{x^2}}=10^{-4}$ 厘米；那么，对于 $T=300K°$，我们就得到 $M\approx5.10^{-6}$. 为了使这个物体所进行的振动在显微镜下可以观测，那么当伸长是 1 厘米时，作用在该物体上的力不可超过百万分之五达因。

我们还要把一种理论上的考查同已推导出来的方程联系起来。假设所讨论的物体带有一个分布在很小空间中的电荷，而且包围这个物体的气体是如此稀薄，以致这个物体作出的正弦振动由于周围气体的存在只有轻微的变动。此外这个物体向空间辐射电波，并且从周围空间的辐射中收到能量；因此它促成在辐射同气

① 下面的等式原文如此，但中间两个积分的外面显然丢了一个根号。整个等式应该是：

$$\sqrt{\overline{x^2}}=\left[\frac{\int_{-\infty}^{+\infty}x^2A'e^{-\frac{N}{RT}\frac{Mx^2}{2}}dx}{\int_{-\infty}^{\infty}A'e^{-\frac{N}{RT}\frac{Mx^2}{2}}dx}\right]^{\frac{1}{2}}=\sqrt{\frac{RT}{NM}}.$$ ——编译者

体之间的能量交换。我们能够推导出一个看来是适用于长波和高温的温度辐射的极限定律,只要我们提出这样的条件,使所考查的物体所发射的辐射平均起来正好同它吸收的辐射一样多。这样我们就得到①下列对应于振动数 ν 的辐射密度 ρ_ν 的公式:

$$\rho_\nu = \frac{R}{N}\frac{8\pi\nu^2}{L^3}T,$$

此处 L 表示光速。

对于小的频率和高的温度,普朗克先生提出的辐射公式②就转换成这个公式。N 这个量能够从这极限定律中的系数确定出来,这样我们就得到了普朗克关于基本常数的确定。我们以上述方式得到的并不是真正的辐射定律,而只是一个极限定律,这一事实的缘由,依我看来是在于我们物理概念的根本不完备性。

我们现在还要用公式(Ⅰ)来决定一个悬浮粒子必须小到怎样的程度才能使它不顾重力的作用而持久地悬浮着。对此我们不妨限于粒子的比重比液体大的情况,因为相反的情况是完全类似的。

如果 v 是粒子的体积,ρ 是它的密度,ρ_0 是液体的密度,g 是重力加速度,而 x 是从容器的底到一个点的竖直距离,那么方程(Ⅰ)就给出

$$dW = \text{常数} \cdot e^{-\frac{N}{RT}v(\rho-\rho_0)gx}dx.$$

由此我们可以看出,这些悬浮粒子是能够依然悬浮在液体中的,只要对于不是小到无法观察的 x 值,

① 参见《物理学杂志》,17 卷,132 页,1905 年,§§1 和 2.——原注〔见本书 42—47 页。——编译者〕

② M. 普朗克,《物理学杂志》,1 卷,99 页,1900 年。——原注

$$\frac{RT}{N}v(\rho-\rho_0)gx$$

这个量没有太大的值——假定那些达到容器底的粒子不会因任何什么情况而被抓住在底面上。

§ 3. 由热运动引起的参数 α 的变化

我们再回到 § 1 中所讨论的一般情况，为此我们已经推导出方程（Ⅰ）. 可是为了使表示方式和概念比较简单，我们现在要假定存在着很大数目(n)的全同体系，它们都是那里所表征的那种类型；于是我们在这里要打交道的是数目，而不是几率。这时方程（Ⅰ）表示为：

在 N 个体系中，有

（Ⅰa） $$dn=\phi e^{-\frac{N}{RT}\Phi}d\alpha=F(\alpha)d\alpha$$

个体系的参量 α 的值在一偶然选定的时刻落在 α 和 $\alpha+d\alpha$ 之间。

我们要用这个关系来求由不规则的热过程所引起的参量 α 的不规则变化的量值。为此目的，我们用符号来表示：在时间间隔 t 内，在对应于势 Φ 的力同不规则的热过程的联合作用下，函数 $F(\alpha)$不起变化；这里的 t 表示如此短的时间，以致单个体系的 α 这个量的相应变化可以被看作是函数 $F(\alpha)$的自变量的无限小变化。

如果我们在一条直线上，从一个确定的零点出发，画出一些数值上都等于 α 量的线段，那么每一个体系都在这条直线上对应于一个点(α). $F(\alpha)$是体系点(α)在直线上的配置密度。在时间 t 内，这种体系点在一个方向上通过直线上的一个任意点(α_0)的数目，同相反方向上通过的数目必定完全一样。

对应于势 Φ 的力所引起的 α 的变化的量值是

$$\Delta_1 = -B\frac{\partial \Phi}{\partial \alpha}t,$$

此处 B 是同 α 无关的，也就是说，α 的变化速度同作用力成比例，而同参量的值无关。我们称因子 B 为“体系关于 α 的迁移率”。

因此，如果有外力作用着，而量 α 不为分子的不规则的热过程所改变，那么在时间 t 内，就有

$$n_1 = B\left(\frac{\partial \Phi}{\partial \alpha}\right)_{\alpha=\alpha_0} \cdot tF(\alpha_0)$$

个体系点在负的方向上通过点 (α_0).

进一步假设：一个体系的参量 α 在时间 t 内由于不规则的热过程而经受的变化的值处于 Δ 和 $\Delta+d\Delta$ 之间的几率等于 $\psi(\Delta)$，此外 $\psi(\Delta)=\psi(-\Delta)$，而 ψ 是同 α 无关的。于是由于不规则的热过程，在时间 t 内，在正方向上通过点 (α_0) 的体系点，其数目是

$$n_2 = \int_{\Delta=0}^{\Delta=\infty} F(\alpha_0 - \Delta)\chi(\Delta)d\Delta,$$

如果我们置

$$\int_{\Delta}^{\infty} \psi(\Delta)d\Delta = \chi(\Delta).$$

由于不规则的热过程而向负方向移动的体系点，其数目则是

$$n_3 = \int_{\Delta}^{\infty} F(\alpha_0 + \Delta)\chi(\Delta)d\Delta.$$

关于函数 F 的不变性的数学表示因而是

$$-n_1 + n_2 - n_3 = 0.$$

如果我们引进已经求得的关于 n_1, n_2 和 n_3 的表示式，并且记住 Δ 是无限小的，或者 $\psi(\Delta)$ 只有对于 Δ 的无限小值才不等于零，那么

经过简单的运算后，我们就得到

$$B\left(\frac{\partial\phi}{\partial\alpha}\right)_{\alpha=\alpha_0}F(\alpha_0)t+\frac{1}{2}F'(\alpha_0)\overline{\Delta^2}=0.$$

这里 $$\overline{\Delta^2}=\int_{-\infty}^{+\infty}\Delta^2\psi(\Delta)d\Delta$$

表示在时间 t 内由不规则的热过程所引起的量 α 变化的平方的平均值。从这个关系式，考虑到方程(Ia)，我们得到：

（Ⅱ） $$\sqrt{\overline{\Delta^2}}=\sqrt{\frac{2R}{N}}\cdot\sqrt{BTt}.$$

这里 R 是气体方程的常数($8.31\cdot10^7$)，N 是一个摩尔中实际分子的数目(大约为 $6\cdot10^{23}$)①，B 是“体系关于参量 α 的迁移率”，T 是绝对温度，t 是由于不规则的热过程所引起的 α 的变化所经历的时间。

§4. 把推导出的方程应用于布朗运动

我们现在借助方程(Ⅱ)首先来计算一个悬浮在液体中的球形物体在时间 t 内在一定方向(坐标系的 X 轴方向)上所经历的平均位移。为此目的，我们必须把相应的 B 值代入那个方程。

如果有一个力 K 作用在一个半径为 P 的球上，而这个球是悬浮在摩擦系数为 k 的液体中的，那么它就会以速度 $K/6\pi kP$ 运动着。② 因此，我们可以置

$$B=\frac{1}{6\pi kP},$$

① 原文这个数值是 $4\cdot10^{23}$. ——编译者

② 参见 G. 基尔霍夫，《力学讲义》，第 26 讲。——原注

于是我们就得到——同前面引用的那篇论文相一致——悬浮球在 X 轴方向上的平均位移的值

$$\sqrt{\overline{\Delta_x^2}}=\sqrt{t}\sqrt{\frac{RT}{N}\frac{1}{3\pi kP}}.$$

其次，我们讨论这样的情况，即所考查的球在液体中可以绕它的直径作无向位摩擦的自由转动，并且我们要去求，由于不规则的热过程，这个球在时间 t 内的平均转动$\sqrt{\overline{\Delta^2}}$.

如果有动量矩 D 作用在一个半径为 P 的球上，这个球能够在摩擦系数为 k 的液体中绕轴旋转，那么旋转的角速度是①

$$\psi=\frac{D}{8\pi kP^3}.$$

我们从而必须置

$$B=\frac{1}{8\pi kP^3}.$$

因此，我们得到

$$\sqrt{\overline{\Delta_r^2}}=\sqrt{t}\sqrt{\frac{RT}{N}\frac{1}{4\pi kP^3}}.$$

因此，由分子运动所引起的旋转运动随着 P 的增加而减少的程度要比平移运动快得多。

对于 $P=0.5$ 毫米以及 17℃的水，这公式给出一秒钟内所经历的角平均大约是 11 弧度秒；在一小时内大约 11 弧度分。对于 P＝0.5 微米以及 17℃的水，对于 $t=1$ 秒钟，我们得到大约 100 度角。

---

① 参见 G. 基尔霍夫，《力学讲义》，第 26 讲。——原注

在一个自由浮动的悬浮粒子的情况下，有三个彼此独立的这种类型的旋转运动发生。

所推导出的这个关于$\sqrt{\overline{\Delta^2}}$的公式还可以用于别的情况。比如，要是用闭电路的电阻的倒数来代替 B，那么这公式就表明在时间 t 内平均有多少电通过任何一个导体的横截面，这个关系式又是同那个关于长波长和高温的黑体辐射的极限定律有联系的。可是，既然我未能找到更多的可供实验验证的结果，所以在我看来，去讨论更多的特殊情况，那是无益的。

§ 5. 关于$\sqrt{\overline{\Delta^2}}$公式有效的极限

很清楚，公式(Ⅱ)不能适用于任何任意短的时间。也就是说，由于热过程，α 的平均变化速度

$$\frac{\sqrt{\overline{\Delta^2}}}{t}=\sqrt{\frac{2RTB}{N}}\cdot\frac{1}{\sqrt{t}}$$

对于无限小的时间间隔 t 就变成了无限大，这显然是不可能的，因为要不然每个悬浮粒子都必须以无限大的瞬时速度在运动。这个缘由在于，在我们的展开中，我们无形中假定了：时间 t 内的现象过程，必须被看作是同其紧接着的前面时间内的现象过程无关的事件。但是，所选取的时间 t 愈短，这个假定就愈难站得住脚。如果确实在时间 $z=0$ 时，变化速度的瞬时值是

$$\frac{d\alpha}{dt}=\beta_0,$$

又如果在以后的某个时间间隔内，变化速度 β 不受不规则的热过

程的影响，而β的变化仅仅取决于被动阻力$(1/B)$，那么，对于$d\beta/dz$，这样的关系式会成立：——

$$-\mu\frac{d\beta}{dz}=\frac{\beta}{B}.$$

这里，μ是由$\mu(\beta^2/2)$应该对应于变化速度β的能量这一规定来定义的。因此，比如在悬浮球的平移运动的情况下，$\mu(\beta^2/2)$就是球的动能连同被球带动的液体的动能。由积分得到

$$\beta=\beta_0 e^{-\frac{z}{\mu B}}.$$

由这结果，我们可以断定：公式(Ⅱ)只是对于那些比μB大的时间间隔才能成立。

对于直径为1微米和密度$\rho=1$的小物体，在室温的水中，公式(Ⅱ)的有效性的下限大约是10^{-7}秒；这个时间间隔的下限同小物体半径的平方按比例而增大。无论对于粒子的平移运动还是对于粒子的旋转运动，都同样成立。

论光的产生和吸收①

我在去年发表的论文②中已经指出，在黑体辐射领域中，麦克斯韦电学理论结合电子论得出同经验相矛盾的结论。沿着那里所指明的道路，导致我得到了这样的观点：频率为 ν 的光只能够吸收和发射能量为 $(R/N)\beta\nu$ 的量子，这里 R 是应用于摩尔的气体方程的绝对常数，N 是摩尔中的实际分子数，β 是维恩（以及普朗克）辐射公式中指数系数，ν 是有关的光的频率。对于同维恩辐射公式有效的范围相对应的范围，我们阐明了这个关系。

当时我以为，普朗克辐射理论③在某个方面似乎同我的论文是相对立的。但是，我在本文§1中所介绍的新的推论证明，普朗克先生的辐射理论所依据的理论基础不同于由麦克斯韦理论和电子论所得出的［理论］基础，而这正是由于普朗克理论暗中利用了刚才提到的光量子假说。

在本文的§2中，将利用光量子假说推导出伏打效应和光电散射之间的关系。

---

① 这篇论文系1906年3月写于伯尔尼，发表在德国《物理学杂志》(*Annalen der Physik*)，第4编，20卷，199—206页，1906年。这里译自该杂志。——编译者

② A. 爱因斯坦，《物理学杂志》，1905年，17卷，132页。——原注〔见本书41—59页。——编译者〕

③ M. 普朗克，《物理学杂志》，1901年，4卷，561页。——原注

§1. 普朗克辐射理论和光量子

我在前引我的论文的§1 中曾指出：热的分子理论以及麦克斯韦电学理论和电子论得出同经验相矛盾的黑体辐射公式

$$\rho_\nu = \frac{R}{N} \frac{8\pi\nu^2}{L^3} T. \tag{1}$$

这里，ρ_ν 是温度为 T 时频率在 ν 和 $\nu+1$ 之间的辐射密度。

为什么普朗克先生得到的不是相同的公式，而是表示式

$$\rho_\nu = \frac{\alpha\nu^3}{e^{\frac{\beta\nu}{T}}-1} \tag{2}$$

呢？

普朗克先生已经推导出①，在充满无序辐射的空间中，本征频率为 ν 的振子的平均能量值 $\overline{E}_\nu$ 由方程

$$\overline{E}_\nu = \frac{L^3}{8\pi\nu^2}\rho_\nu \tag{3}$$

给出。从而这个黑体辐射问题归结为如何确定作为温度的函数 $\overline{E}_\nu$ 的问题。但是，如果能够算出大量同样性能的具有本征频率 ν 的振子在相互作用中处于动态平衡时的熵，那么，上面这个问题就解决了。

我们设想这些振子是能够在平衡位置附近作直线正弦振荡的离子。在计算这个熵时，离子具有电荷这一事实不起什么作用；我

① M. 普朗克，《物理学杂志》，1900 年，1 卷，99 页。——原注

们把这些离子简单地看作质点(原子),它们的瞬时状态被它们距平衡位置的瞬时距离 x 和瞬时速度 $dx/dt=\xi$ 完全确定了。

为了单值地确定这些振子在热力学平衡下的状态分布,我们应当假设,除了振子之外,还存在任意少量的自由运动的分子,它们通过同离子的碰撞可以把能量从一个振子传递到另一个振子;在计算熵时我们将不考虑这些分子。

我们可以从麦克斯韦-玻耳兹曼的分布定律求出作为温度的函数 $\overline{E}_\nu$,并且由此得到不正确的辐射公式(1)。我们可以以下列方式引向普朗克先生所选择的道路。

假定适当选定的状态变量 $p_1\cdots p_n$ 完全确定了一个物理体系的状态[①](比如,在我们这个场合中是全部振子的 x 和 ξ 值)。这个体系在绝对温度 T 时的熵用下列方程表示:[②]

$$S=\frac{\overline{H}}{T}+\frac{R}{N}\lg\int e^{-\frac{N}{RT}H}dp_1\cdots dp_n, \tag{4}$$

这里 $\overline{H}$ 是体系在温度 T 时的能量,H 是作为 $p_1\cdots p_n$ 的函数的能量,而积分遍及 $p_1\cdots p_n$ 的全部可能的组合。

如果体系是由非常多个分子粒子所构成——并且只有在这种情况下公式才有意义并且成立,——那么只有这样一些 $p_1\cdots p_n$ 值的组合才对 S 中的积分(它的 H 偏离 $\overline{H}$ 很小)作出显著的贡献。[③]

---

① A.爱因斯坦,《物理学杂志》,1903 年,11 卷,170 页。——原注〔见本书 21—40 页。——编译者〕

② 同上文,§6.——原注〔见本书 31—34 页。——编译者〕

③ 从上述引文的§3 和§4 得出。——原注〔见本书 26—30 页。——编译者〕

如果我们考虑到这一点,那么就容易看出,除了可以省略的项,可以置

$$S=\frac{R}{N}\lg\int_{H}^{H+\Delta H}dp_1\cdots dp_n,$$

虽然这里的 ΔH 很小,但还是要选取如此大的值,使 $R\lg(\Delta H)/N$ 是一个可以忽略的量。于是,S 将同 ΔH 的量无关。

现在我们用振子的参量 x_α 和 ξ_α 来代替方程中的 $dp_1\cdots dp_n$,并且考虑到对于第 α 个振子方程

$$\int_{E_\alpha}^{E_\alpha+dE_\alpha}dx_\alpha d\xi_\alpha=\text{常数}\cdot dE_\alpha$$

成立(因为 E_α 是 x_α 和 ξ_α 的二次齐次函数),那么我们得到关于 S 的表示式:

$$S=\frac{R}{N}\lg W,\tag{5}$$

其中 W 为

$$W=\int_{H}^{H+\Delta H}dE_1\cdots dE_n.\tag{5a}$$

如果我们按这个公式来计算 S,那么我们又得到不正确的辐射公式(1)。但是,只要我们假设振子能量 E_α 不能取任何任意值,而只能是 ε 的整数倍,而且

$$\varepsilon=\frac{R}{N}\beta\nu,$$

我们就得到普朗克公式。

果然,如果我们置 $\Delta H=\varepsilon$,那么从方程(5a)立即看出,W 除了一个无关紧要的因子之外,正好转化为一个普朗克先生曾称之为"配容数"(*Anzahl der Komplexionen*)的量。

因此我们必须认为，普朗克辐射理论是以下面的命题为基础的：

基元振子的能量只能够取$(R/N)\beta\nu$的整数倍这样的值；一个振子通过吸收和发射，其能量跳跃式地改变，并且正好是$(R/N)\beta\nu$的整数倍。

可是这个假设却包含着另一个假设，由于它而同导出方程(3)的理论基础相矛盾。如果一个振子的能量只能够跳跃式地改变，那么就可发现，为了确定一个处于辐射空间中的振子的平均能量，通常的电学理论是不适用的，因为这种理论绝不承认一个振子有**特殊的**能量值。因此，普朗克理论是以这样的假设为基础的：

虽然麦克斯韦理论不能应用于基元振子，可是一个处于辐射空间中的基元振子的**平均**能量却等于我们运用麦克斯韦电学理论计算出来的能量。

如果在为了观察而考查的光谱的所有部分中，$\varepsilon=(R/N)\beta\nu$小于振子平均能量$\overline{E}_\nu$，那么上述命题是容易讲得通的，可是事情却完全不是这样。果然，在维恩辐射公式适用的范围内，$e^{\beta\nu/T}$大于1.这样，我们容易证明，按照普朗克辐射理论，$\overline{E}_\nu/\varepsilon$在维恩公式适用的范围内具有$e^{-\beta\nu/T}$值；因此$\overline{E}_\nu$在这里远小于$\varepsilon$.于是，一般说来，这里只有很少几个振子具有不等于零的能量。

在我看来，上述考虑完全不违反普朗克辐射理论；相反，在我看来，这表明，普朗克先生在他的辐射理论中给物理学引进了一个新的假说性元素——光量子假说。

§2. 光电散射和伏打效应之间可预期的定量关系

把金属按照它们的光电灵敏度排成一个序列，那么我们就得到人所共知的伏打电势序，金属愈靠近伏打电势序正电端的金属，其光电灵敏度就愈大。

只要以下面假设作为唯一的根据，我们就可以在一定程度上解释这个事实，这就是假设这里不作研究的一些产生有效双面层的力，不是在金属同金属的接触面上，而是在金属同气体的接触面上。

假设这些力可以在一个同气体交界的金属块 M 的表面上产生一个电的双面层，它对应于金属和气体之间的电势差 V，如果金属具有更高的电势，就算是正的。

设 V_1 和 V_2 为两种金属 M_1 和 M_2 在这些金属相互绝缘的情况下处于静电平衡时的电压差。如果我们使这两种金属相接触，那么静电平衡就被破坏了，并且发生了两种金属的电压完全拉平的情况。[①] 这样，在上述金属-气体交界表面的双面层上加上了一个单层；这对应于气体空间中的电场，它的线积分等于伏打电势差。

我们用 V_{l1} 和 V_{l2} 分别表示气体空间中两个直接靠近两种相互接触的金属的点的电势，用 V' 表示金属内部的电势，那么

$$V'-V_{l1}=V_1,$$

$$V'-V_{l2}=V_2,$$

① 我们把热电力的作用忽略不计。——原注

于是

$$V_{l2}-V_{l1}=V_1-V_2.$$

因此，可用静电方法量得的伏打电势差，等于在气体中彼此绝缘的两种金属所具有的电势的差。

如果我们使气体电离，那么在气体空间中将发生一种由于存在于其中的那些电力的作用所引起的离子扩散，同这种扩散相对应，在金属中有一电流，其方向从具有效大 V 的金属（较小的正电序）通过两种金属的接触处向具有较小的 V 的金属（较大的正电序）流去。

现在假设在气体中有一绝缘的金属 M. 设它对应于双面层相对于气体的电势差为 V. 要从金属送一个单位负电荷到气体中去，必须消耗其数值等于电势 V 的功。因此，V 愈大，也就是金属具有的正电序愈小，光电散射所需能量也就愈大，因而这种金属的光电灵敏度也就愈小。

到这里为止，我们只考查了事实，对于光电散射的本质没有作出任何假设。但是光量子假说除此以外还给出了伏打效应和光电散射之间的定量关系。这就是说，一个负的基元电量子（电荷 ε）要从金属运动到气体中，必须至少带有能量 $V\varepsilon$. 因此，一种光要把负电从金属中打出来，只有当这种光的“光量子”具有不小于 $V\varepsilon$ 的能量值时才有可能。于是我们得到：

$$V\varepsilon\leqslant\frac{R}{N}\beta\nu,$$

或者

$$V\leqslant\frac{R}{A}\beta\nu,$$

这里 A 是一摩尔单价离子的电荷。

现在我们假设，光量子能量一经超过 $V\varepsilon$，一部分吸收光的电子就会离开金属，[1]——这个假设是很讲得通的——那么我们就得到：

$$V=\frac{R}{A}\beta\nu,$$

这里的 ν 就是能引起光电效应的光的最小频率。

于是，如果 ν_1 和 ν_2 分别表示在金属 M_1 和 M_2 中引起光电效应的光的最小频率，那么对于这两种金属的伏打电压差，下列方程应当成立：

$$-V_{12}=V_1-V_2=\frac{R}{A}\beta(\nu_1-\nu_2),$$

或者，当 V_{12} 用伏特来计量时，

$$V_{12}=4.2\times10^{-15}(\nu_2-\nu_1).$$

在这个公式中，很大程度上包含了下述完全而又普遍有效的命题：一种金属的正电序愈大，在该金属中引起光电效应的最低光频就愈小。是否应当认为这个公式也在定量的方面反映了事实，弄清楚这一点该是有很大意义的吧。

① 这里我们对电子的热能略而不计。——原注

普朗克的辐射理论和比热理论[①]

我在以前发表的两篇论文[②]中曾指出：以第二定律的玻耳兹曼理论的精神来解释黑体辐射的能量分布定律，可以引导我们形成有关光的发射和吸收的新观点，这种观点虽然还远没有具备完善的理论的特性，但已值得引起严重的注意，因为它有助于对一系列规律性的理解。本文现在要证明，辐射理论——特别是普朗克理论——将导致对热的分子运动论的修正，通过这种修正将克服一直阻碍这个理论贯彻始终的一些困难。由此还将得到固体的热学行为和光学行为的某种联系。

首先我们要给出普朗克振子的平均能量公式的推导，这可以清楚地看出它同分子力学的关系。

为此目的，我们利用热的一般分子理论的一些结果。[③] 一个体系的状态在分子理论的意义上是由（很多个）变量 $P_1, P_2, \cdots, P_n$ 来完全确定的。分子过程的发展经过按照下列方程而演变：

---

① 译自德国《物理学杂志》(*Annalen der Physik*)，第 4 编，22 卷，180—190 页，1907 年。此文写于伯尔尼，时间是 1906 年 11 月。——编译者

② A. 爱因斯坦，《物理学杂志》，第 4 编，17 卷，132 页，1905 年；以及 20 卷，199 页，1906 年。——原注〔见本书 41—59 页和 143—150 页。——编译者〕

③ A. 爱因斯坦，《物理学杂志》，第 4 编，11 卷，170 页，1903 年。——原注〔见本书 21—40 页。——编译者〕

$$\frac{dP_\nu}{dt}=\Phi_\nu(P_1,P_2,\cdots,P_n), \qquad (\nu=1,2,\cdots,n)$$

而对于一切 P_ν 值，下列关系成立：

$$\sum\frac{\partial\Phi_\nu}{\partial P_\nu}=0. \tag{1}$$

进一步假定，有一个由变量 $p_1\cdots p_m$，（它们属于 P_ν）来确定的 P_ν 的体系的局部体系，并假设：整个体系的能量可以设想为十分接近于两个部分之和，其中一部分（E）只同 $p_1\cdots p_m$ 有关，而另一部分则同 $p_1\cdots p_m$ 无关。此外，E 对比起体系的总能量来为无限小。

那么，p_ν 在一个偶然选取的瞬间处于一个无限小的区域（$dp_1,dp_2,\cdots,dp_m$）内的几率 dW，由下面的方程给出：①

$$dW=Ce^{-\frac{N}{RT}E}dp_1\cdots dp_m. \tag{2}$$

这里 C 是绝对温度（T）的一个函数，N 是摩尔质量分子的数目，R 是关于摩尔的气体方程的常数。

我们设 $$\int_{dE}dp_1\cdots dp_m=\omega(E)dE,$$

这里积分遍及 p_ν 的全部组合，同它们相应的能量值处于 E 和 $E+dE$ 之间，那么我们得到：

$$dW=Ce^{-\frac{N}{RT}E}\omega(E)dE. \tag{3}$$

我们设变量 P_v 为质点（原子、电子）的重心坐标和速度分量，我们还假设加速度只同坐标有关，而同速度无关，这样我们就得到了热的分子运动论。这里满足关系(1)，从而方程(2)也成立。

① A. 爱因斯坦，《物理学杂志》，第4编，11卷，170页，1903年。——原注〔见本书21—40页。——编译者〕

如果我们设想，特别选择一个基元物质粒子作为 p_v 体系，它可以沿着直线方向作正弦振荡，并且如果我们用 x 和 ξ 相应地表示这个粒子距平衡位置的瞬时距离和它的瞬时速度，那么我们得到：

$$dW = Ce^{-\frac{N}{RT}E}dxd\xi. \tag{2a}$$

又因为 $\int dxd\xi=$常数 · dE，所以必须设 $\omega=$常数①：

$$dW = \text{常数} \cdot e^{-\frac{N}{RT}E}dE.$$

因此物质粒子的能量平均值为：

$$\overline{E} = \frac{\int Ee^{-\frac{N}{RT}E}dE}{\int e^{-\frac{N}{RT}E}dE} = \frac{RT}{N}. \tag{4}$$

公式(4)显然可以应用于沿着直线振荡的离子。我们这样做并考虑到，根据普朗克的研究②，在离子的平均能量 $\overline{E}$ 和黑体辐射对于有关频率的能量密度 ρ_ν 之间，必定存在着下列关系：

$$\overline{E}_\nu = \frac{L^3}{8\pi\nu^2}\rho_\nu. \tag{5}$$

从(4)和(5)中消去 $\overline{E}$，我们就得到瑞利(Rayleigh)公式：

$$\rho_\nu = \frac{R}{N}\frac{8\pi\nu^2}{L^3}T, \tag{6}$$

如所周知，此式只有当 T/ν 值很大时才具有极限定律的意义。

为了得到普朗克的黑体辐射理论，我们可以进行如下。③ 我

---

① 因为必须设 $E=ax^2+b\xi^2$. ——原注

② M. 普朗克，《物理学杂志》，第 4 编，第 1 卷，99 页，1900 年。——原注

③ 参见 M. 普朗克，《关于热辐射理论的演讲》(*Volesungen üder die Theorie der Wärmestrahlung*)，J. Ambr. Barth.，1906 年，§§149，150，154，160，166. ——原注

们保留方程(5)，因而假设，用麦克斯韦的电学理论可以正确地阐明辐射密度和 E 之间的联系。另一方面，我们放弃方程(4)，也就是说，我们假设，应用分子运动论必然导致同经验相矛盾。然而，我们坚持热的一般分子理论中的公式(2)和(3)。在其中我们不是按照分子运动论置

$$\omega = \text{常数},$$

而是对于所有同 $0,\varepsilon,2\varepsilon,3\varepsilon$ 等等相差甚远的 E 值，我们置 $\omega=0$. 只有当 E 值在从 0 到 $0+\alpha$，从 ε 到 $\varepsilon+\alpha$，从 2ε 到 $2\varepsilon+\alpha$ 等等之间（这里 α 比起 ε 来为无限小），ω 才不等于 0，而是这样：

$$\int_0^{\alpha}\omega dE=\int_{\varepsilon}^{\varepsilon+\alpha}\omega dE=\int_{2\varepsilon}^{2\varepsilon+\alpha}\omega dE=\cdots=A.$$

如我们从方程(3)所看到的那样，这个规定也包含了这样的假设，即认为所考查的基元实体的能量只取无限接近于 $0,\varepsilon,2\varepsilon$ 等值的这样一些值。

利用刚才所述关于 ω 的规定，并利用公式(3)，我们得到：

$$\overline{E}=\frac{\int Ee^{-\frac{N}{RT}E}\omega(E)dE}{\int e^{-\frac{N}{RT}E}\omega(E)dE}=$$

$$=\frac{0+A\varepsilon e^{-\frac{N}{RT}E}+A\cdot 2\varepsilon\cdot e^{-\frac{N}{RT}2\varepsilon}+\cdots}{A+Ae^{-\frac{N}{RT}\varepsilon}+Ae^{-\frac{N}{RT}2\varepsilon}+\cdots}=\frac{\varepsilon}{e^{\frac{N}{RT}\varepsilon}-1}.$$

如果我们还假设 $\varepsilon=(R/N)\beta\nu$（根据量子假说），那么我们由此得到：

$$\overline{E}=\frac{\frac{R}{N}\beta\nu}{e^{\frac{\beta\nu}{T}}-1}, \tag{7}$$

又利用公式(5),我们又得到普朗克辐射公式:

$$\rho_\nu=\frac{8\pi}{L^3}\frac{R\beta}{N}\frac{\nu^3}{e^{\frac{\beta\nu}{T}}-1}.$$

方程(7)给出了普朗克振子的平均能量对温度的相依关系。

从上所述,可以很清楚地看出,热的分子运动论必须在哪个方面作修正,才可以同黑体辐射的分布定律相一致。也就是说,虽然我们过去一直设想分子的运动是同样严格遵循着我们的感官[所感觉到的]世界中物体运动所遵循的那种规律(我们基本上只要添补一个完全可逆性假设),可是我们现在需要作这样的假设:能够参与物质和辐射的能量交换的、以确定的频率振荡着的离子,它们能够采取的种种状态,少于我们[日常]经验中物体可能采取的各种状态。我们必须假设,能量交换的机制是这样的:基元实体的能量只能取 0,$(R/N)\beta\nu$,$2(R/N)\beta\nu$ 等值。①

可是我认为,我们不应当满足于这个结果。实际上,我们不得不提出这样的问题:如果在辐射和物质的能量交换的理论中所假设的基元实体不能在现代的分子运动论的意义上来理解,那么,我们是否也应当修正用热的分子理论来探讨的其他周期振荡实体的理论?根据我的意见,答案是没有疑问的。如果普朗克辐射理论接触到了事物的核心,那么我们必须期望在其他热学理论领域中也可以发现现代分子运动论和经验之间的矛盾,这些矛盾可以用

① 此外,很明显,这个假设也可以推广到由任意多个基元实体所组成的振荡物体上。——原注

这里所采取的方法来消除。在我看来,事实正如我试图在下面指明的那样。

关于固体中的热运动,我们可以建立的最简单的图像是:包含于其中的一个个原子在平衡位置附近作正弦振荡。在这个假设之下,应用分子运动论(方程(4)),并考虑到每个原子要用三个运动自由度来描述,我们得到摩尔质量物质的比热为:

$$c=3Rn,$$

或者,用克-卡路里来表示:

$$c=5.94n,$$

而 n 表示分子中的原子数。如所周知,对于取固态聚集状态的大多数元素和许多化合物都是相当接近地满足这一关系式(杜隆-珀替(Doulong-Petit)定律,F. 诺埃曼(Neumann)和柯普(Kopp)定则)。

然而,只要我们稍微更加精确地考察一下事实,我们就会遇到两个困难,它们似乎显示了分子论适用的狭窄界限。

1. 有一些元素(碳、硼和硅),它们在常温时为固态,它们具有的原子比热显著地小于 5.94. 此外,所有其中有氧、氢或者至少有一个上述元素出现的固态化合物,其摩尔比热都小于 $n\cdot 5.94$.

2. 德鲁特(Drude)先生曾经指出:①光学现象(色散),导致必须把化合物中每个原子描述为某种程度上互不相关的运动的基元质点。同时他还得出这样的结论:红外线的本征频率是来源于原子(原子离子)的振荡,紫外线的本征频率是来源于电子的振荡。这

① P. 德鲁特,《物理学杂志》,第 4 编,14 卷,677 页,1904 年。——原注

里热的分子运动论产生了第二个严重的困难:——既然每个分子的运动质点数大于它的原子数,——比热值必须大大超过 $5.94n$.

如上所述,这里应当注意到下面一点。如果我们把固体中热的载体看作是周期振荡的实体,它的频率同它的振动能量无关,那么按照普朗克辐射理论,我们就不应当期望比热总具有值 $5.94n$. 相反,我们必须假设(7):

$$\overline{E}=\frac{3R}{N}\frac{\beta\nu}{e^{\frac{\beta\nu}{T}}-1}.$$

因此,N 个这样的基元实体的能量,用克-卡路里来计量,具有值:

$$5.94\,\frac{\beta\nu}{e^{\frac{\beta\nu}{T}}-1},$$

那么,每一个以这样方式振荡的基元实体对每摩尔质量比热所贡献的值为:

$$5.94\,\frac{e^{\frac{\beta\nu}{T}}\left(\frac{\beta\nu}{T}\right)^2}{\left(e^{\frac{\beta\nu}{T}}-1\right)^2}. \tag{8}$$

因此,当我们对出现在所考察的固态物质中的所有各类振荡的基元实体进行累加时,我们就得到每个摩尔质量比热的表示式:①

$$c=5.94\sum\frac{e^{\frac{\beta\nu}{T}}\left(\frac{\beta\nu}{T}\right)^2}{\left(e^{\frac{\beta\nu}{T}}-1\right)^2}. \tag{8a}$$

① 这种考察很容易推广到各向异性的物体。——原注

图 1 显示了表示式(8)作为 $x=(T/\beta\nu)$ 的函数的值。[①] 当 $(T/\beta\nu)>0.9$,[基元]实体对分子比热的贡献同值 5.94(这也是从迄今一直被接受的分子运动论所得出的)没有显著的差别;如果 ν 愈小,那么在温度更低的时候就已是这种情况了。如果相反,$(T/\beta\nu)<0.1$,那么所说的基元实体对比热没有显著的贡献。在上述两种情况之间发生了表示式(8)的开始急剧而后又较缓慢的增长。

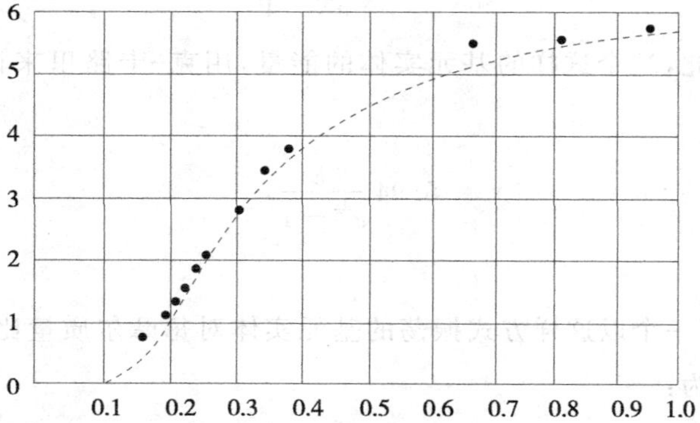

图　1

根据前面所述,首先可以得出:为了解释紫外线本征频率,所设想的振荡电子在常温($T=300^{\circ}K$)下对比热不可能有显著的贡献;因为不等式 $(T/\beta\nu)<0.1$ 在 $T=300^{\circ}K$ 的情况下转化为不等式 $\lambda<4.8\mu$. 与此相反,当基元实体满足 $\lambda>48\mu$ 时,那么按照上面所述,必定得出,在常温时它对每摩尔质量比热的贡献大概是 5.94.

① 见图中的虚线。——原注

因为对于红外线本征频率，一般说来 $\lambda > 4.8\mu$，那么，按照我们的理解，每一本征振荡都必然对比热作出贡献，并且如果 λ 愈大，对比热的贡献也就愈大。根据德鲁特的研究，具有这些本征频率的就是有重原子（原子离子）本身。因此，作为固体（绝缘体）中热的载体，首先应当考虑的只能是原子的正离子。

如果一个固体的红外线本征振荡频率 ν 为已知，那么，根据上面所述，它的比热以及由方程（8a）所表示的比热对温度的相依关系因此都完全确定了。如果有关物质显示光学红外本征频率，即 $\lambda < 48\mu$，那么，在常温时，必可期望比热同关系式 $c = 5.94n$ 有明显的偏离；在足够低的温度下，一切固体的比热随着温度的下降而显著下降。此外，杜隆-珀替定律以及普遍规律 $c = 5.94n$，对于一切固体在足够高的温度下必然成立，只要在这种情况下新的运动自由度（电子离子）丝毫也不显著。

上面所说的两种困难被新的理解消除了，并且我认为，这种理解大概在原则上是正确的。当然，不应当设想它严格地符合于事实。固体在加热过程中经历了分子排列的变化（比如体积的变化），这种变化同内能的变化相联系；一切导电的固体都含有对比热作出贡献的自由运动的基元质点；无序的热振荡的频率或许就是这种基元实体的多少不同于光学过程中的本征振荡的频率。但是，最后，认为所考察的基元实体具有同能量（温度）无关的振荡频率，这一假设无疑是不恰当的。

把我们的结果同经验作比较，始终是很有意思的。既然这里所谈的只是粗略的近似，因此，我们根据 F. 诺埃曼-柯普定则假设，每一个元素，包括那些具有反常的小比热的元素，在所有它们

表　1

元　素	原　子　比　热	$\lambda_{计算}$（微米）
S 和 P	5.4	42
F	5	33
O	4	21
Si	3.8	20
B	2.7	15
H	2.3	13
C	1.8	12

的固态化合物中，对分子比热都作出同样的贡献。表1给出的数据引自罗斯柯埃（Roskoe）的《化学教程》。我们注意到，一切具有反常的小原子热容量的元素也具有较小的原子量；按照我们的理解，这是可以预料到的，因为，*ceteris paribus*（在其他方面都相同的情况下），小的原子量对应于大的振荡频率。在表1的最后一列，λ 值用微米表示，它们是利用前面所描述的 x 和 c 的关系从这些[原子比热的]数据（假设它们在 $T=300°K$ 时成立）算出的。

表　2

固　体	$\lambda_{观测}$	$\lambda_{计算}$
CaF_2	24；31.6	33；>48
NaCl	51.2	>48
KCl	61.2	>48
$CaCO_3$	6.7；11.4；29.4	12；21；>48
SiO_2	8.5；9.0；20.7	20；21

此外，我们还从兰多耳特（Landolt）和伯恩斯坦（Börnstein）的表中引用若干有关某些透明固体的红外本征振荡（金属反射、剩余射线）的数据；观测到的 λ 在下表“$\lambda_{观测}$”列中给出；“$\lambda_{计算}$”列中的数据引自上表，到此为止它们都属于具有反常的小比热的原子；其余

的应为 $\lambda > 48\mu$.

在表 2 中，NaCl 和 KCl 只包含具有正常比热的原子；它们的红外本征振荡的波长确实大于 48μ. 其余的物质包含具有真正反常的小比热的原子（除了 Ca）；实际上这些物质的本征频率在 4.8μ 和 48μ 之间。根据理论从比热算出的波长一般显著地大于观测到的波长。这种偏离也许可以从基元实体的频率能够随能量发生巨大的变化而得到解释。不管怎么样，表 2 中所列的观测到的 λ 同计算出来的 λ 的一致性，不管从相继顺序来说，还是从数量级上来说，都是十分引人注目的。

现在我们还要把这个理论应用于金刚石。它的红外本征频率还不知道，不过，根据这里所讲的理论，如果对应于某一个 T 值知道了分子比热 c，那么就可以算出这些频率；对应于 c 的 x 可以直接从曲线中得出，而我们又可从关系式 $(TL/\beta\nu)=x$ 确定 λ 的值。

表 3

T	c	x
222.4	0.762	0.1679
262.4	1.146	0.1980
283.7	1.354	0.2141
306.4	1.582	0.2312
331.3	1.838	0.2500
358.5	2.118	0.2705
413.0	2.661	0.3117
479.2	3.280	0.3615
520.0	3.631	0.3924
879.7	5.290	0.6638
1079.7	5.387	0.8147
1258.0	5.507	0.9493

我利用了我从兰多耳特和伯恩斯坦的表中引来的 H. F. 韦伯(Weber)的观测结果(见表 3)。对应于 $T=331.3$,$c=1.838$;根据已经阐明的方法可以由此得出:$\lambda=11.0\mu$. 根据这个值,按照公式 $x=TL/\beta\lambda$($\beta=4.86\times10^{-11}$),算出了表 3 的第三列的数据。

横坐标取 x 值,纵坐标取表 3 所给的(从韦伯的观测结果算出)c 值的点,应当处于上面所描绘的 x,c 曲线上。我们已在图 1 中记下了这些点——用圈来表示;它们实际上接近曲线。因此,我们必须假设,金刚石的热的基元载体接近于单色实体。

因此,根据这理论可以预料,金刚石在 $\lambda=11\mu$ 处,将显示最大的吸收。

附：

对我的论文《普朗克的辐射理论和比热理论》的更正[①]

在本刊今年一月号上发表的上述论文中，我写了："根据德鲁特的研究，具有这些本征频率的就是有重原子（原子离子）本身。因此，作为固体（绝缘体）中热的载体，首先应当考虑的只能是原子的正离子。"

这个论点在两个方面不再是正确的了。第一，应当假设，存在的不仅有带正电的原子离子，而且还有带负电的原子离子。第二，而且，——这是主要的——通过德鲁特的研究，"任何作为热的载体出现的振荡基元实体总是带有电荷"这样一个假设也不再是正确的了。因此，我们或许可以从一个吸收区域的存在（在上述限制下）推知有一类基元实体存在，它们对比热作出一种有特性温度相依性的贡献；但是逆命题是不许可的，因为很可能有不带电荷的热载体存在，也就是说，有用光学方法不能觉察的这样一种热载体存在。后一种情况，对于在化学上不相结合的原子，是特别有希望出现的。

在论文的最后一段中，由金刚石的比热的特性作出的结论从而同样也是不许可的。它应当是：

"因此，按照理论，应当期望，金刚石要么在 $\lambda=11\mu$ 时显示最大的吸收，要么它根本不具有光学上可证实的红外本征频率。"

① 这个更正写于1907年2—3月间，发表在德国《物理学杂志》，第4编，2卷，800页，1907年。这里译自该杂志。——编译者

关于相对性原理和由此得出的结论[①]

如果人们按照下列方程

$$x'=x-vt,$$
$$y'=y,$$
$$z'=z,$$

把牛顿运动方程从原来的坐标系变换到一个新的、相对于它作匀速平移运动的坐标系，那么牛顿运动方程保持它原来的形式不变。

只要人们坚持整个物理学可以建筑在牛顿运动方程的基础之上这一见解，那就不能怀疑，自然规律可以参照于相互作匀速（没有加速度）运动的坐标系中的任何一个，其结果都是相同的。但是，自然规律同所用坐标系的运动状态无关这一点（以后简称为“相对性原理”），由于H. A. 洛伦兹在动体电动力学方面所作的卓越证明，第一次发生了问题。[②] 因为那个理论是以有一种静止的、不动的光以太的假设为基础的；它的基本方程在应用上述变换方

---

① 译自德国《放射学和电子学年鉴》(*Jahrbuch der Radioaktivität und Elektronik*)，1907年，第4卷，411—462页。译时曾参考俄文版《爱因斯坦科学著作集》的译文。——编译者

② H. A. 洛伦兹，《关于动体中的电和光现象的理论研究》(*Versuch einer Theorie der elektrischen und optischen Erscheinungen in bewegten Körpern*)，莱顿，1895年；新版，莱比锡，1906年。——原注

程时，不能转换成同样的形式。

自从那个理论被接受以来，人们必定会期待，地球相对于光以太的运动对光学现象的影响的证实将会成功。诚然，如所周知，洛伦兹在那篇论文中指明，按照他的基本假设，如果人们在计算中只限于那些其中仅出现相对速度对真空中光速之比$\frac{v}{c}$的一次幂的项，那么这种相对运动对光学实验中光线传播的影响就不应当被发现。可是，迈克耳孙和莫雷①的实验的否定结果表明：在某种场合下，连二次幂效应$\left(\text{正比于}\frac{v^2}{c^2}\right)$也不存在，尽管按照洛伦兹的理论基础，它是必定可以在实验中观测到的。

如所周知，理论同实验之间的那种矛盾，通过 H. A. 洛伦兹和斐兹杰惹的假设（根据这种假设，运动物体在运动方向发生一定的收缩）可以在形式上消除。但是，在这方面引进的这种假设，看来只是一种拯救理论的人为方法；迈克耳孙和莫雷的试验正好证明，在根据洛伦兹理论看来相对性原理不成立的地方，现象却还是符合这个原理的。从而给人这样一种印象，似乎又必须抛弃洛伦兹理论，而代之以一个其基础同相对性原理相适应的理论，因为这样一个理论允许一下子预见到迈克耳孙和莫雷实验的否定结果。

但是，事情显得出乎人们的意料，为了摆脱上述困难，只需要足够准确地表述时间概念就行了。需要认识的仅仅是，人们可以

① A. A. Michelson 和 E. W. Morley，《美国科学期刊》(*Amer. Journ. of Science*)(3)34 卷，333 页，1887 年。——原注

把 H. A. 洛伦兹引进的他称之为"当地时间"("*Ortzeit*")的这个辅助量直接定义为"时间"。如果我们坚持上述的时间定义，并把前面的变换方程用符合新的时间概念的变换方程来代替，那么洛伦兹理论的基本方程就符合相对性原理了。这样，H. A. 洛伦兹和斐兹杰惹的假说就像是理论的必然结果。只有作为电力和磁力的载体的光以太的观念不再适合于这里提出的理论；因为电磁场在这里不再以某种物质的状态的身份出现，它本身就是存在的物，它和有重物质是同一类东西，而且它也带有惯性的特征。

下面试图对迄今为止通过把 H. A. 洛伦兹的理论和相对性原理相结合而开展的工作作一总结。

在本文的前两部分讨论运动学基础以及它在麦克斯韦-洛伦兹理论的基本方程方面的应用；这里我依据了 H. A. 洛伦兹的论文[①]（《科学院会议报告》(*Kon. Akad. v. Wet.*)，阿姆斯特丹，1904 年）和 A. 爱因斯坦的论文（《物理学杂志》，17 卷，1905 年）。

在第一部分中，除了论述理论的运动学基础，我还探讨了几个光学问题（多普勒原理、光行差、运动物体引起的光的漂移）；关于这种处理方法的可能性我仔细参考了 M. 劳厄(Laue)先生的一次谈话和一篇论文（《物理学杂志》，23 卷，989 页，1907 年）以及 J. 劳布(Laub)先生的一篇（诚然需要修正的）论文（《物理学杂志》，32

① 还应提到科恩(E. Cohn)有关这个问题的一些论文，然而我在这里没有引用它们。——原注

卷,1907 年)。

第三部分发展了质点(电子)动力学。为了导出运动方程,我用了上面提到的我的论文中的方法。力是像普朗克的论文中那样定义的。本文也采用了质点运动方程的这样一种变换,它允许如此明晰地显示运动方程同古典力学运动方程的类似性。

第四部分探讨了从相对论导出的有关物理体系的能量和动量的有普遍意义的结论。这是在下列开创性的论文——

A. 爱因斯坦,《物理学杂志》,18 卷,639 页,1905 年和《物理学杂志》,23 卷,371 页,1907 年,以及 M. 普朗克,《普鲁士科学院会议报告》(*Sitzungsber. d. kgl. preuss. Akad. d. Wissensch.*),XXIX 期,1907 年。——

中建立的,但这里是用新的方法推导出来的;这个方法在我看来,可以使人特别清楚地看出这些推论同理论基础的联系。这里还讨论了熵和温度对运动状态的相依关系;关于熵,我完全遵循刚才提到的普朗克的论文;关于运动体的温度,我所用的定义同穆森伽耳(Kurd von Mosengeil)先生关于运动的空腔辐射的论文①一样。

第四部分最重要的结论是能量的惯性质量。这个结果提出了这样的问题:能量是不是也具有**重力**(引力)质量? 进一步自然还会提出这样的问题:相对性原理是不是只适用于**非加速**坐标系?为了不至于完全不探讨这些问题,我在本文中增加了第五部分,它包含了新的有关加速度和引力的相对论考查。

---

① 穆森伽耳,《物理学杂志》,22 卷,867 页,1907 年。——原注

I. 运动学部分

§1. 光速不变原 理时间的定义 相对性原理

为了能够描述某个物理过程，我们必须能够量度空间中单个质点在位置上和时间上发生的变化。

为了在位置上量度一个空间元中在很短瞬间内发生的过程(点事件)，我们需要一个笛卡儿坐标系，即三根相互垂直、相互固定地联结在一起的刚性杆，以及一根刚性的单位量杆。① 几何学允许用三个量值(坐标 x, y, z)来确定质点的位置或者点事件的地点。② 为了从时间上量度一个点事件，我们要用这样一只钟，它对于坐标系是静止的，并且直接靠近点事件发生的地点。点事件的时间用钟的同时读数来定义。

我们设想在许多点上排列着许多相对于坐标系静止的钟。这些钟全都是等同的，也就是说，如果它们一个挨一个地排列下去，两个这样的钟的读数的差应当保持不变。如果我们假设以某种方式校准了这些钟，那么所有的钟(如果这些钟排列在足够小的距离之内)都可以从时间上来量度出任何一个点事件——比如利用最靠近的一只钟。

但是，这些钟的全部读数并不同样合适地提供出我们为物理

---

① 代替"刚性"物体，这里以及下面同样也可以说不承受变形力的固体。——原注。

② 为此我们还必须用辅助杆(直尺、圆规)。——原注

学的目的所需要的那种"时间"。对此我们还需要作出一个规定，使这些钟按照这个规定来相互校准。

现在我们假设，在坐标系没有加速的前提下，**这些钟可以这样来校准，使得真空中任何光线的传播速度——用这些钟来量度——总是等于一个普适常数** c. 因此，如果 A 和 B 是两个对于坐标系静止的安置钟的点，它们的距离为 r，当沿着 AB 方向在真空中传播的光线到达点 A 时，A 点的钟的读数为 t_A，而当光线到达 B 点时 B 点的钟的读数为 t_B，那么，不管发射光线的光源或者其他物体可能在怎样运动，总是：

$$\frac{r}{t_A - t_B} = c.$$

这里所作的，我们要称之为"光速不变原理"的假设，在自然界中实际上是否得到满足，绝不是自明的，然而，这——至少对于一个具有确定的运动状态的坐标系来说——或许可以通过用这样一些验证来加以实现，它们就是以假设绝对静止的以太为基础的洛伦兹理论①所曾经经受过的那些实验验证②。

所有按照上面所说的方式安排的时钟（我们可以设想它们排列在一个个相对于坐标系静止的空间点上）的读数的全体，我们称之为属于这个所用的坐标系的时间，或者，简单地说，这个坐标系的时间。

---

① H. A. 洛伦兹《关于动体中的电和光现象的理论研究》，莱顿，1895 年。——原注

② 特别是应当考虑到洛伦兹理论所给出的漂移系数符合于实验结果（斐索实验）。——原注

这个所用坐标系以及单位量杆和用来测定坐标系时间的钟，我们统称为“参照系 S”。我们设想参照于对太阳几乎是静止的参照系 S 的自然规律已经发现。然后设想参照系由于某种外部原因，在一定时期内被加速，然后又处于非加速运动的状态。如果人们现在在处于新的运动状态的参照系 S 中观察事件，那么自然规律会怎样表现呢？

关于这个问题，我们现在作出可以设想的最简单的并且显然是以迈克耳孙-莫雷实验为根据的假设：**自然规律同参照系的运动状态无关，至少当参照系在没有加速运动时是这样。**

我们在下面所依据的就是我们称之为“相对性原理”的这个假设以及前面所说的光速不变原理。

§2. 关于空间和时间的一般性评述

1. 我们考查一系列非加速并以相同的速度运动的（即相互相对静止）的刚体。根据相对性原理，我们得出这样的结论：在这些物体的共同运动状态变化过程中，这些物体在空间中相对排列所遵循的定律不变。由此得出，几何定律总是以同样方式规定着刚体的配置可能性，而同这些刚体的共同的运动状态无关。从而关于非加速运动物体形状的陈述具有直接的意义。我们要称一个物体在上述意义下的形状为该物体的“几何形状”。后者显然同参照系的运动状态无关。

2. 一个时间读数按照 §1 中所给出的时间定义，只是参照于具有一定运动状态的参照系才具有一种意义。从而可以推想（并且将在下面证明），两个空间上相隔开的点事件，参照于一个参照

系 S 为同时的，而参照于处于另一种运动状态的参照系，一般就不是同时的了。

3. 设一个由物质点 P 组成的物体以某种方式相对于一个参照系 S 而运动。在参照系 S 的时间 t，每个质点 P 在 S 中具有确定的位置，也就是说，它同一个相对于 S 静止的定点 Π 相重合。点 Π 相对于坐标系 S 的位置的全体我们称为位置，点 Π 相互的位置关系的全体我们称为物体参照于 S 在时间 t 的运动学形状。如果物体相对于 S 是静止的，那么它参照于 S 的运动学形状同它的几何学形状是一样的。

很明显，相对于一个参照系 S 静止的观察者，对于一个相对于 S 运动的物体，只能测定相对于 S 的**运动学**形状，而不能测定它的几何学形状。

下面，我们一般地不去明显地区分几何学形状和运动学形状；至于几何内容的陈述，究竟指的是运动学形状还是几何学形状，按照它是不是参照于参照系 S 而定。

§ 3. 坐标时间变换

设 S 和 S' 为等价的参照系，即这两个参照系具有同样长的单位量杆和同步的时钟，如果这些量杆和时钟是在相对静止的状态下进行比较的。于是，很明显，如果 S 和 S' 是相对静止的，那么任何参照于 S 成立的自然规律，以完全相同的形式参照于 S' 也是成立的。相对性原理也要求，对于 S' 同 S 作相对匀速平移运动的情况，自然规律也完全一致。因此，特别是，真空中光速参照于两个参照系都必须给出同样的数值。

设有一个点事件，相对于 S 用变量 x,y,z,t 来确定，相对于 S' 用变量 x',y',z',t' 来确定，其中 S 和 S' 非加速地相对运动着。我们要问，把第一类变量和第二类变量联系起来的方程是什么。

关于这些方程，我们可以立即指出，它们对于所说的变量必定是线性的，因为这是空间和时间的均匀性所要求的。由此可以推知，具体地说，S' 的坐标平面——参照于参照系 S——是匀速运动的平面；而且这些平面一般说来并不相互垂直。如果我们还这样来选择 x' 轴的位置，使它——参照于 S——的方向同 S' 相对于 S 的平移运动的方向相同，那么，由于对称的理由，可以推知：S' 的坐标平面参照于 S 必定相互垂直。特别是，我们能够并且要这样来选取两个坐标系，使 S 的 x 轴和 S' 的 x' 轴总是相互重合，而 S' 的 y' 轴参照于 S 总是同 S 的 y 轴相平行。还有，我们要选取两个参照系的时间的起始点为两个坐标原点重合的瞬间；于是，所求的线性变换方程就是齐次的了。

从 S' 的坐标平面相对于 S 的现在已知的位置，我们直接推论出：下面的每一对方程都是等价的：

$$x'=0 \text{ 和 } x-vt=0;$$

$$y'=0 \text{ 和 } y=0;$$

$$z'=0 \text{ 和 } z=0.$$

因此所求得的三个变换方程具有下列形式：

$$x'=a(x-vt),$$

$$y'=by,$$

$$z'=cz.$$

因为光在空虚空间中传播的速度参照于两个参照系都等于c，所以下面两个方程

$$x^2+y^2+z^2=c^2t^2$$

和

$$x'^2+y'^2+z'^2=c^2t'^2$$

必定是等价的。由此并从刚才求得的关于x',y',z'的表示式出发，根据最简单的计算，人们可以推论出所求的变换方程必定具有如下的形式：

$$t'=\varphi(v)\cdot\beta\cdot\left(t-\frac{v}{c^2}x\right),$$

$$x'=\varphi(v)\cdot\beta\cdot(x-vt),$$

$$y'=\varphi(v)y,$$

$$z'=\varphi(v)z.$$

此处置

$$\beta=\frac{1}{\sqrt{1-\frac{v^2}{c^2}}}.$$

现在我们还要确定关于v的尚未确定的函数。如果我们引进第三个同S和S'等价的参照系S''，它相对于S'以速度$-v$运动，而它相对于S'的取向就像S'相对于S的取向，那么，通过两次应用上面求得的变换方程，我们就得到：

$$t''=\varphi(v)\cdot\varphi(-v)\cdot t,$$

$$x''=\varphi(v)\cdot\varphi(-v)\cdot x,$$

$$y''=\varphi(v)\cdot\varphi(-v)\cdot y,$$

$$z''=\varphi(v)\cdot\varphi(-v)\cdot z.$$

因为S和S''的坐标原点始终重合，坐标轴的取向也相同，并且坐

标系是“等价的”，所以，这种置换是恒等的置换，[①]所以：

$$\varphi(v)\cdot\varphi(-v)=1.$$

还有，因为 y'和 y'的关系不能取决于 v 的正负号，所以：

$$\varphi(v)=\varphi(-v).$$

因此，[②]$\varphi(v)=1$，变换方程具有下列形式：

$$\left.\begin{aligned} t'&=\beta\left(t-\frac{v}{c^2}x\right),\\ x'&=\beta(x-vt),\\ y'&=y,\\ z'&=z, \end{aligned}\right\}\qquad(1)$$

其中

$$\beta=\frac{1}{\sqrt{1-\frac{v^2}{c^2}}}.$$

如果我们在方程(1)中解 x,y,z,t，那么我们得到同样的方程，只是“加撇的”是用“不加撇的”同名的量来代替，而“不加撇的”量用“加撇的”同名量来代替，而 v 用 $-v$ 来代替。直接从相对性原理出发，并考虑到 S 相对于 S'在轴 X'轴方向以速度 $-v$ 作平行移动，也可以得到这个结论。

一般说来，按照相对性原理，从任何关于“加撇的”(参照于 S' 来定义的)和“不加撇的”(参照于 S 来定义的)量之间的正确关系式，或者仅仅是这类量中的一个量之间的正确关系式，我们又可以

---

① 这个结论所依据的是这样的物理假设：使量杆和时钟开始运动然后又使它们恢复静止，量杆的长度以及时钟的快慢并不因此而引起任何变化。——原注

② 显然没有考虑 $\varphi(v)=-1$ 的情形。——原注

得到新的正确关系式，只要把“不加撇的”量用相应的“加撇的”符号来代替，“加撇的”量用相应的“不加撇的”符号来代替，并用 $-v$ 来代替 v 就行了。

§4. 从变换方程得出的关于刚体和时钟的结论

1. 设有一个物体相对于 S' 是静止的。它的两个质点参照于 S' 的坐标为 x'_1, y'_1, z'_1 和 x'_2, y'_2, z'_2. 按照刚才导出的变换方程，这两个质点在 S 的任何一个瞬间 t，参照于参照系 S 的坐标 x_1, y_1, z_1 和 x_2, y_2, z_2 之间存在下列关系：

$$\left.\begin{aligned} x_2-x_1&=\sqrt{1-\frac{v^2}{c^2}}(x'_2-x'_1),\\ y_2-y_1&=y'_2-y'_1,\\ z_2-z_1&=z'_2-z'_1. \end{aligned}\right\} \tag{2}$$

因此，一个作匀速平移运动的物体的运动学形状取决于它相对于参照系的速度，而且物体的运动学形状和它的几何学形状的区别只是在相对运动的方向上按 $1:\sqrt{1-\frac{v^2}{c^2}}$ 的比例缩短。参照系以超光速作相对运动不符合我们的原理。

2. 在 S' 的坐标原点静止地安置着一只时钟，它比参照系 S 和 S' 中用来量度时间的钟快 ν_0 倍，即这个钟在单位时间内走 ν_0 个周期，而一只**相对于这只钟为静止**的在 S 和 S' 中用来量度时间的那一类钟的读数正指着 1. 最先所说的这只钟从参照系 S 看来，走得快慢怎样？

所考查的钟在每当时间 $t'_n=\frac{n}{\nu_0}$（其中 n 为整数）时走完一个

周期，并且钟总是在 $x'=0$ 的地方。由此出发，利用变换方程(1)的前两个公式，我们求得从 S 看来的这只钟在每走完一个周期的时间 t_n：

$$t_n=\beta t'_n=\frac{\beta}{\nu_0}n.$$

于是，从参照系 S 看来，这只钟在每个单位时间走完 $\nu=\frac{\nu_0}{\beta}=\nu_0\sqrt{1-\frac{v^2}{c^2}}$ 个周期；或者：一个相对于参照系以匀速 v 运动的钟，由该参照系来评判，比这只钟相对于该参照系为静止时要走得慢一些，其变慢的比例为 $1:\sqrt{1-\frac{v^2}{c^2}}$.

公式 $\nu=\nu_0\sqrt{1-\frac{v^2}{c^2}}$ 可以作一个很有意思的应用。J. 斯塔克(Stark)先生在去年证明，①组成极隧射线的离子，发射出线光谱，并且他观察到可以用多普勒效应解释的光谱线的位移。

因为对应于光谱线的振荡过程也许可以看作是原子内部的过程，它的频率仅仅取决于离子，所以我们可以把这样一个离子看作是一只具有确定频率 ν_0 的钟，比如，如果我们研究同样性状的、相对于观测者为静止的离子发出的光，我们就得到这种频率。现在，上面的考查表明，多普勒效应不能完满地解释运动对观测者测得的光频的影响。除了多普勒效应之外，发射离子的(表观)本征频

① J. 斯塔克，《物理学杂志》，21 卷，401 页，1906 年。——原注

率还由于[离子本身的]运动按照上面的关系式①而减小了。

§ 5. 速度的加法定理

相对于参照系 S' 的一个质点按照下列方程

$$x'=u'_x t',$$
$$y'=u'_y t',$$
$$z'=u'_z t',$$

而匀速运动着。

我们利用变换方程(1),把 x',y',z',t' 用它们的 x,y,z,t 的表示式来代替,那么,我们得到作为 t 的函数的 x,y,z,于是也得到质点参照于 S 的速度分量 u_x,u_y,u_z,②所得的结果是:

$$\left.\begin{aligned}u_x&=\frac{u'_x+v}{1+\dfrac{vu'_x}{c^2}},\\ u_y&=\frac{\sqrt{1-\dfrac{v^2}{c^2}}}{1+\dfrac{vu'_x}{c^2}}u'_y,\\ u_z&=\frac{\sqrt{1-\dfrac{v^2}{c^2}}}{1+\dfrac{vu'_x}{c^2}}u'_z.\end{aligned}\right\}\tag{3}$$

因此速度(加法)的平行四边形定律只在第一级近似上成立。我们设:

---

① 还参见 § 6 方程(4a)。——原注

② 原文为 w_x,w_y,w_z 与下面不一致,已改正。——编译者

$$u^2=u_x^2+u_y^2+u_z^2,$$

$$u'^2={u'_x}^2+{u'_y}^2+{u'_z}^2.$$

并且用 α 表示参照于 $S'(u')$①的 x' 轴(v)和质点的运动方向间的夹角,那么:②

$$u=\frac{\sqrt{(v^2+u'^2+2vu'\cos\alpha)-\left(\frac{vu'\sin\alpha}{c}\right)^2}}{1+\frac{vu'\cos\alpha}{c^2}}.$$

如果两个速度(v 和 u')是同一方向,那么我们得到:

$$u=\frac{v+u'}{1+\frac{vu'}{c^2}}.$$

从这个方程得出:两个小于 c 的速度相加,合成的速度总是小于 c. 因为,如果我们设,$v=c-k$,$u'=c-\lambda$,其中 k 和 λ 为正数并小于 c,那么:

$$u=c\,\frac{2c-k-\lambda}{2c-k-\lambda+\frac{k\lambda}{c}}<c.$$

还可以进一步得知,光速 c 同一个小于光速的速度相加,得到的结果仍等于光速 c.

从速度加法定理还可以进一步得出一个有意思的结论,即不可能有这样的相互作用,它可用来作任意的信号传递,而其传递速

① 原文误为 $S'(w')$,此处已改正。——编译者

② 原文下式作为分子的根号里面的最后一项误为 $\left(\frac{vu'\sin\alpha}{c^2}\right)^2$,此处已改正。——编译者

度大于真空中的光速。假如沿着 S[参照系]的 x 轴放一个长条物体，相对于它可以以速度 W 传递某种作用(从长条物体来判断)，并且不仅在 x 轴上的点 $x=0$(点 A)而且在点 $x=\lambda$(点 B)上都有一个对 S 静止的观察者。在 A 点的观察者利用上面所说的作用发出一个信号通过长条物体传给 B 点的观察者，而长条物体不是静止的，而是以速度 $v(<c)$沿**负**的 x 方向运动。于是，如方程组(3)的第一个方程所给出的那样，信号将以速度 $\dfrac{W-v}{1-\dfrac{Wv}{c^2}}$ 从 A 传递到 B. 因此，传递所需时间为 T：

$$T=l\,\frac{1-\dfrac{Wv}{c^2}}{W-v}.$$

速度 v 可以取小于 c 的任何值。因此，如果像我们所假设的那样，$W>c$，那么我们总可以选择 v 使得 $T<0$. 这个结果表明，我们必须承认可能有这样一种传递机制，在利用这种机制时，结果竟比原因先到达。在我看来，虽然这种结局单从逻辑上考虑是可以接受的并且不包含矛盾，然而它同我们全部经验的特性是那么格格不入，所以 $W>c$ 的假设的不可能性看来是足够充分地证实了的。

§6. 把变换方程用到某些光学问题上

设参照于参照系 S，在真空中传播的平面光波的光矢量同下式

$$\sin\omega\left(t-\frac{lx+my+nz}{c}\right)$$

成正比，而这一过程的光矢量参照于 S' 则正比于

$$\sin \omega'\left(t'-\frac{l'x'+m'y'+n'z'}{c}\right).$$

在§3中建立的变换方程要求，在量ω, l, m, n和ω', l', m', n'之间存在下列关系：

$$\left.\begin{aligned}
\omega' &= \omega\beta\left(1-l\frac{v}{c}\right),\\
l' &= \frac{l-\frac{v}{c}}{1-\frac{lv}{c}},\\
m' &= \frac{m}{\beta\left(1-\frac{lv}{c}\right)},\\
n' &= \frac{n}{\beta\left(1-\frac{lv}{c}\right)}.
\end{aligned}\right\} \qquad (4)$$

关于ω'的公式，我们要用两种不同的方法来解释：或者我们把观察者看成是运动的，而把（无限远的）光源看成是静止的；或者反过来，把前者看成是静止的而把后者看成是运动的。

1. 如果一个观察者以速度v相对于一个无限远的频率为ν的光源作这样的运动，使"光源-观察者"连线同参照于对光源静止的坐标系的观察者的速度构成夹角φ，那么观察者实际接收到的光的频率ν'由下面的方程给出：

$$\nu' = \nu\frac{1-\cos\varphi\frac{v}{c}}{\sqrt{1-\frac{v^2}{c^2}}}$$

2. 如果一个光源（参照于一个随着它运动的参照系来说，它

具有频率 ν_0）以这样一种方式运动，使“光源-观察者”连线同参照于对观察者静止的参照系的光源速度构成夹角 φ，那么对于观察者来说，观测到的频率 ν 由下面的方程给出：

$$\nu=\nu_0\frac{\sqrt{1-\frac{v^2}{c^2}}}{1-\cos\varphi\frac{v}{c}} \tag{4a}$$

前面最后两个方程表述了普遍形式下的多普勒原理；从后一方程可以看出，观测到的极隧射线发射的（或吸收的）光频是怎样地取决于组成射线的离子的运动速度和瞄准器的方向。

如果我们进一步用 φ 或 φ' 表示波面法线（光线）同 S' 对 S 的相对运动方向（即 x 轴或 x' 轴）之间的夹角，那么，关于 l' 的方程具有如下的形式：

$$\cos\varphi'=\frac{\cos\varphi-\frac{v}{c}}{1-\cos\varphi\frac{v}{c}}.$$

这个方程表明观察者的相对运动对无限远的光源的表观位置的影响（光行差）。

我们还要研究光以怎样的速率在一个沿光线方向运动的媒质中传播。媒质相对于 S' 参照系是静止的，光矢量正比于

$$\sin\omega'\left(t'-\frac{x'}{V'}\right),$$

或者正比于

$$\sin\omega\left(t-\frac{x}{V}\right),$$

这要看这过程是参照于 S' 还是参照于 S 而定。

变换方程给出：

$$\omega=\beta\omega'\left(1+\frac{v}{V'}\right),$$

$$\frac{\omega}{V}=\beta\frac{\omega'}{V'}\left(1+\frac{V'v}{c^2}\right).$$

这里的V'应当认为是ω'的从静体的光学中已经知道的函数。把这两个方程相除，我们得到：

$$V=\frac{V'+v}{1+\frac{V'v}{c^2}},$$

这个方程我们也可以直接应用速度加法定理而得到。① 如果应当认为V'是已知的，后一方程就完全解决了问题。但是如果应当认为只有参照于"静"系S的频率ω是已知的，比如像著名的斐索实验那样，那么，必须应用上面两个方程，并结合ω'和V'之间的关系式，来确定三个未知量ω'，V'和V.

此外，如果G或G'为参照于S或S'的群速度，那么，按照速度加法定理，

$$G=\frac{G'+v}{1+\frac{G'v}{c^2}}.$$

既然G'和ω'之间的关系应当从静体的光学推导出来，② 而ω'可按照上面的公式从ω推算出来，那么，即使只有参照于S的光频以及物体的性质和它的运动速度是已知的，群速度G仍然可以计算出来。

---

① 参见M.劳厄，《物理学杂志》，23卷，989页，1907年。——原注

② 实际上，这就是$G'=\frac{V'}{1+\frac{1}{V'}\frac{dV'}{d\omega'}}$.——原注

Ⅱ. 电动力学部分

§7. 麦克斯韦–洛伦兹方程的变换

我们从下列方程出发：

$$\left.\begin{aligned}\frac{1}{c}\left\{u_x\rho+\frac{\partial X}{\partial t}\right\}&=\frac{\partial N}{\partial y}-\frac{\partial M}{\partial z},\\\frac{1}{c}\left\{u_y\rho+\frac{\partial Y}{\partial t}\right\}&=\frac{\partial L}{\partial z}-\frac{\partial N}{\partial x},\\\frac{1}{c}\left\{u_z\rho+\frac{\partial Z}{\partial t}\right\}&=\frac{\partial M}{\partial x}-\frac{\partial L}{\partial y};\end{aligned}\right\}\tag{5}$$

$$\left.\begin{aligned}\frac{1}{c}\frac{\partial L}{\partial t}&=\frac{\partial Y}{\partial z}-\frac{\partial Z}{\partial y},\\\frac{1}{c}\frac{\partial M}{\partial t}&=\frac{\partial Z}{\partial x}-\frac{\partial X}{\partial z},\\\frac{1}{c}\frac{\partial N}{\partial t}&=\frac{\partial X}{\partial y}-\frac{\partial Y}{\partial x}.\end{aligned}\right\}\tag{6}$$

在这些方程中，

(X,Y,Z)表示电场强度的矢量，

(L,M,N)表示磁场强度的矢量，

$\rho=\frac{\partial X}{\partial x}+\frac{\partial Y}{\partial y}+\frac{\partial Z}{\partial z}$表示电荷密度的 4π倍，

(u_x,u_y,u_z)表示电荷的速度矢量。

这些方程，和那个结合在很小的固体（离子、电子）上的电荷量是不变的假设一道，构成了洛伦兹的动体的电动力学和光学的基础。

如果我们用变换方程组(1),把这些参照于参照系 S 可以成立的方程,变换到如前面所考察的相对于 S 而运动的参照系 S' 上,那么我们得到方程:

$$\left.\begin{aligned}\frac{1}{c}\left\{u'_x\rho'+\frac{\partial X'}{\partial t'}\right\}&=\frac{\partial N'}{\partial y'}-\frac{\partial M'}{\partial z'},\\ \frac{1}{c}\left\{u'_y\rho'+\frac{\partial Y'}{\partial t'}\right\}&=\frac{\partial L'}{\partial z'}-\frac{\partial N'}{\partial x'},\\ \frac{1}{c}\left\{u'_z\rho'+\frac{\partial Z'}{\partial t'}\right\}&=\frac{\partial M'}{\partial x'}-\frac{\partial L'}{\partial z'};\end{aligned}\right\}\qquad(5')$$

$$\left.\begin{aligned}\frac{1}{c}\frac{\partial L'}{\partial t'}&=\frac{\partial Y'}{\partial z'}-\frac{\partial Z'}{\partial y'},\\ \frac{1}{c}\frac{\partial M'}{\partial t'}&=\frac{\partial Z'}{\partial x'}-\frac{\partial X'}{\partial x'},\\ \frac{1}{c}\frac{\partial N'}{\partial t'}&=\frac{\partial X'}{\partial y'}-\frac{\partial Y'}{\partial x'}.\end{aligned}\right\}\qquad(6')$$

在这里,设

$$\left.\begin{aligned}X'&=X,\\ Y'&=\beta\left(Y-\frac{v}{c}N\right),\\ Z'&=\beta\left(Z+\frac{v}{c}M\right),\end{aligned}\right\}\qquad(7a)$$

$$\left.\begin{aligned}L'&=L,\\ M'&=\beta\left(M+\frac{v}{c}Z\right),\\ N'&=\beta\left(N-\frac{v}{c}Y\right),\end{aligned}\right\}\qquad(7b)$$

$$\rho' = \frac{\partial X'}{\partial x'} + \frac{\partial Y'}{\partial y'} + \frac{\partial Z'}{\partial z'} = \beta\left(1 - \frac{v u_x}{c^2}\right)\rho, \tag{8}$$

$$\left.\begin{aligned} u'_x &= \frac{u_x - v}{1 - \frac{u_x v}{c^2}}, \\ u'_y &= \frac{u_y}{\beta\left(1 - \frac{u_x v}{c^2}\right)}, \\ u'_z &= \frac{u_z}{\beta\left(1 - \frac{u_x v}{c^2}\right)}. \end{aligned}\right\} \tag{9}$$

得到的方程同方程(5)和(6)具有同样的形式。另一方面，从相对性原理推知，参照于参照系 S' 的电动力学过程所遵循的定律同参照于参照系 S 的一样。由此我们首先得出这样的结论：X'，Y'，Z' 和 L'，M'，N' 正是参照于 S' 的电场强度和磁场强度的分量。① 此外，因为按照方程(3)的反演，方程(9)中出现的量 u'_x，u'_y，u'_z 等于参照于 S' 的电荷速度分量，所以 ρ' 是参照于 S' 的电荷密度。因此，麦克斯韦-洛伦兹理论的电动力学基础符合于相对性原理。

为了解释方程(7a)，我们可以评述如下。有一个点状电荷，它对 S 静止，其量参照于 S 为"1"，即它给予一个参照于 S 是静止的、相距 1 厘米的同样的电荷以 1 达因的力。按照相对性原理，如果这个电荷相对于 S' 是静止的，并从 S' 来考查，那么它也等于"1"。② 如果

---

① 所求得的方程组同方程组(5)和(6)的一致性仍然保留这样一种可能性，使量 X' 等等同参照于 S' 的场强度之间可能差一个常数因子。然而完全类似于 § 3 中有关函数 $\varphi(v)$ 所用的方法可以证明，这个因子必定等于 1. ——原注

② 这个结论还根据这样一个假设，即认为一个电荷量同它以前的运动历史无关。——原注

这个电荷相对于 S 是静止的，那么 (X,Y,Z) 同样按照对于电荷的作用力来定义，例如，就像它可以用一个相对于 S 是静止的弹簧秤来量度一样。参照于 S' 的矢量 (X',Y',Z') 具有类似的意义。

按照方程(7a)和(7b)，电场强度或磁场强度本身并不存在，因为在一个地点(更准确地说，在一个点事件的空间-时间附近)是否有电场强度或磁场强度存在，可以取决于坐标系的选择。此外，我们可以看出，如果我们引进一个对于所考查的电荷是静止的参照系，迄今为止所引进的作用于磁场中运动的电荷上的"电动势"，正是电力而不是其他。因此，关于那个"电动势"(比如，在单极电机中)的位置问题就成为无的放矢了；实际上，根据所用参照系的运动状态的不同选择，答案也就不同。

我们对方程(8)的意义可以有如下的认识。设有一个带电体相对于 S' 是静止的。这时，它参照于 S' 的总电荷 ε' 为

$$\int \frac{\rho'}{4\pi} dx'\, dy'\, dz'.$$

在 S 参照系中的一个给定瞬间 t，它的总电荷有多大？

从方程组(1)的后三个方程可以得知，对于不变的时间 t，关系式

$$dx'\, dy'\, dz' = \beta\, dx\, dy\, dz$$

成立。

在我们的例子中，方程(8)具有下列形式：

$$\rho' = \frac{1}{\beta}\rho.$$

从这两个方程必定得出：

$$\varepsilon'=\varepsilon.$$

因此，方程(8)表明，电荷是一个同参照系的运动状态无关的量。因此，如果一个任意运动的物体的点电荷从随之运动的参照系看来是守恒的，那么，它对任何其他参照系也是守恒的。

利用方程(1)，(7)，(8)和(9)，可以把任何动体(在那里只有速度而不是加速度起主要作用)的电动力学和光学问题归结为一系列静体的电动力学和光学问题。

我们还举一个简单的利用这里建立的关系式的例子。一个在真空中传播的光波面，相对于 S 用下列方程描述：

$$X=X_0\sin\Phi,\qquad L=L_0\sin\Phi,$$

$$Y=Y_0\sin\Phi,\qquad M=M_0\sin\Phi,$$

$$Z=Z_0\sin\Phi,\qquad N=N_0\sin\Phi,$$

$$\Phi=\omega\left(t-\frac{lx+my+nz}{c}\right).$$

我们要求出这个波面参照于参照系 S' 的状况。

通过应用变换方程(1)和(7)，我们得到：

$$X'=X_0\sin\Phi',\qquad L'=L_0\sin\Phi',$$

$$Y'=\beta\left(Y_0-\frac{v}{c}N_0\right)\sin\Phi',\qquad M'=\beta\left(M_0+\frac{v}{c}Z_0\right)\sin\Phi',$$

$$Z'=\beta\left(Z_0+\frac{v}{c}M_0\right)\sin\Phi',\qquad N'=\beta\left(N_0-\frac{v}{c}Y_0\right)\sin\Phi',$$

$$\Phi'=\omega'\left(t'-\frac{l'x'+m'y'+n'z'}{c}\right).$$

因为函数 X' 等必定满足方程(5′)和(6′)，由此可见，参照于 S'，波面法线、电力和磁力都互相垂直，并且后两个矢量相等。我们已经在§6中讨论了从恒等式 $\Phi=\Phi'$ 得出的关系式;这里我们还需要确定的只是参照于 S' 的波的振幅及其偏振状态。

我们选取 $X-Y$ 平面平行于波面法线,并且首先探讨电振荡是平行于 Z 轴进行的例子。这样,我们必须设

$$X_0=0,\quad L_0=-A\sin\varphi,$$
$$Y_0=0,\quad M_0=-A\cos\varphi,$$
$$Z_0=A,\quad N_0=0,$$

这里 φ 表示波面法线和 X 轴的夹角。由上式得出:①

$$X'=0,\quad L'=-A\sin\varphi\sin\Phi',$$

$$Y'=0,\quad M'=\beta\left(-\cos\varphi+\frac{v}{c}\right)A\sin\Phi',$$

$$Z'=\beta\left(1-\frac{v}{c}\cos\varphi\right)A\sin\varphi',\quad N'=0.$$

因此,如果 A' 表示参照于 S' 的波幅,那么,

$$A'=A\frac{1-\frac{v}{c}\cos\varphi}{\sqrt{1-\frac{v^2}{c^2}}}\tag{10}$$

对于磁力垂直于相对运动的方向和波面法线这一特殊情况,显然同样的关系也成立。既然我们可以通过把这两种特殊情况叠加而得出一般的情况,那么可以推知,在引进一个新的参照系 S' 时,关系式(10)一般都成立,而偏振面同平行于波面法线和相对运动方向的平面间的夹角,在两个参照系中是相同的。

① 下面关于 Z' 的表示式 $Z'=\beta\left(1-\frac{v}{c}\cos\varphi\right)A\sin\varphi'$ 中,$\sin\varphi'$ 显系 $\sin\Phi'$ 之误。——编译者

Ⅲ. 质点(电子)力学

§8. 质点或电子的(缓慢加速的)运动方程的推导

一个带电荷 ε 的粒子(以下称"电子")在电磁场中运动,关于它的运动定律我们作如下假设:

如果参照于一个(没有加速度的)[坐标]系 S',电子在一定时刻是静止的,那么电子在其后的短时间内,参照于 S'的运动,遵循下列方程:

$$\mu\frac{d^2x_0'}{dt'^2}=\varepsilon X',$$

$$\mu\frac{d^2y_0'}{dt'^2}=\varepsilon Y',$$

$$\mu\frac{d^2z_0'}{dt'^2}=\varepsilon Z',$$

其中 x_0', y_0', z_0' 表示电子参照于 S'的坐标,而 μ 表示一个我们称为电子质量的常数。

我们引进一个[坐标]系 S,它如我们前面所讨论的那样相对于 S'而运动,并且用变换方程(1)和(7a)来变换我们的运动方程。

在我们的例子中,首先下列关系式成立:

$$t'=\beta\left(t-\frac{v}{c^2}x_0\right),$$

$$x'_0=\beta(x_0-vt),$$
$$y'_0=y_0,$$
$$z'_0=z_0.$$

并设$\frac{dx_0}{dt}=\dot{x}_0$等等，从这些方程我们得到：①

$$\frac{dx'_0}{dt'}=\frac{\beta(\dot{x}_0-v)}{\beta\left(1-\frac{v\dot{x}_0}{c^2}\right)},\text{等等},$$

$$\frac{d^2x'_0}{dt'^2}=\frac{\frac{d}{dt}\left\{\frac{dx'_0}{dt'}\right\}}{\beta\left(1-\frac{v\dot{x}_0}{c^2}\right)}=\frac{1}{\beta}\frac{\left(1-\frac{v\dot{x}_0}{c^2}\right)\ddot{x}_0+(\dot{x}_0-v)\frac{v\ddot{x}_0}{c^2}}{\left(1-\frac{v\dot{x}_0}{c^2}\right)^3}\text{等等}$$

我们在这些表示式中置$\dot{x}_0=v$，$\dot{y}_0=0$，$\dot{z}_0=0$，然后将它们代入上面的方程，同时利用方程(7a)代入X'，Y'，Z'，于是我们就得到：

$$\mu\beta^3\ddot{x}_0=\varepsilon X,$$
$$\mu\beta\ddot{y}_0=\varepsilon\left(Y-\frac{v}{c}N\right),$$
$$\mu\beta\ddot{z}_0=\varepsilon\left(Z+\frac{v}{c}M\right).$$

这些方程就是在所考察的瞬间，$\dot{x}_0=v$，$\dot{y}_0=0$，$\dot{z}_0=0$ 的情况下的运动方程。因此在这些方程的左边，我们可以引进由方程

① 在下面关于$\frac{d^2x'_0}{dt'^2}$的方程中，第一个等号后的分母原文误为$\beta\left(1-\frac{vx_0}{c^2}\right)$，第二个等号后的分母原文误为$\left(1-\frac{v\dot{x}_0}{c^2}\right)$，此处都已改正。——编译者

$$q=\sqrt{\dot{x}_0^2+\dot{y}_0^2+\dot{z}_0^2}$$

定义的 q 来代替 v，而在方程的右边，用$\dot{x}_0$来代替 v. 此外，我们在相应的位置添加这种由$\frac{\dot{x}_0}{c}M$ 和$-\frac{\dot{x}_0}{c}N$ 的循环交换而得到的项，而它们在所考查的特殊情形中为 0. 当我们略去 x_0 等的指标，我们就得到对于所考查的特殊情况具有与上述同等意义的方程：

$$\left.\begin{aligned}\frac{d}{dt}\left\{\frac{\mu\dot{x}}{\sqrt{1-\frac{q^2}{c^2}}}\right\}&=K_x,\\ \frac{d}{dt}\left\{\frac{\mu\dot{y}}{\sqrt{1-\frac{q^2}{c^2}}}\right\}&=K_y,\\ \frac{d}{dt}\left\{\frac{\mu\dot{z}}{\sqrt{1-\frac{q^2}{c^2}}}\right\}&=K_z;\end{aligned}\right\}\tag{11}$$

其中置：

$$\left.\begin{aligned}K_x&=\varepsilon\left\{X+\frac{\dot{y}}{c}N-\frac{\dot{z}}{c}M\right\},\\ K_y&=\varepsilon\left\{Y+\frac{\dot{z}}{c}L-\frac{\dot{x}}{c}N\right\},\\ K_z&=\varepsilon\left\{Z+\frac{\dot{x}}{c}M-\frac{\dot{y}}{c}L\right\}.\end{aligned}\right\}\tag{12}$$

如果我们引进相对静止的具有不同方向轴的新坐标系，这些方程不改变它们的形式。因此它们在一般情况下也成立，而不仅仅只

在 $\dot{x}=\dot{z}=0$①的情况下成立。

我们称矢量 (K_x, K_y, K_z) 为作用于质点上的作用力。在 q^2 同 c^2 相比接近于 0 的情况下，K_x, K_y, K_z 根据方程(11)转化为依照牛顿定义的力分量。下一节中将进一步说明，在相对论力学中，这些矢量在其他方面也起到在古典力学中所起的同样作用。

我们要坚持认为，方程(11)对于作用于质点上的力不是电磁性的情况下也成立。在这种情况下，方程(11)没有物理内容，而这时只应当把它们理解为力的定义方程。

§9. 质点的运动和力学原理

如果我们对方程组(5)和(6)依次乘以 $\frac{X}{4\pi}, \frac{Y}{4\pi}, \cdots, \frac{N}{4\pi}$，并在一个空间内(在其边界上场强为 0)进行积分，那么我们得到：

$$\int \frac{\rho}{4\pi}(u_x X + u_y Y + u_z Z)\, d\omega + \frac{dE_e}{dt} = 0, \qquad (13)$$

其中

$$E_e = \int \left[\frac{1}{8\pi}(X^2+Y^2+Z^2) + \frac{1}{8\pi}(L^2+M^2+N^2)\right] d\omega$$

是所考查的空间的电磁能。根据能量原理，方程(13)的第一项等于每单位时间内电磁场给予电荷的载体的能量。如果电荷是同一个质点固定地结合在一起(电子)，那么这一项中归于它的那部分

① 原文如此，似系 $\dot{y}=\dot{z}=0$ 之误。——编译者

能量等于下列表示式：

$$\varepsilon(X\dot{x}+Y\dot{y}+I\dot{z}),$$

只要(X,Y,Z)是表示**外部**电场强度，即除了电子电荷本身所产生的那部分场强之外的电场强度。由于方程(12)，这个表示式可以写成下式：

$$K_x\dot{x}+K_y\dot{y}+K_z\dot{z}.$$

因此，在前节中表示为力的矢量(K_x,K_y,K_z)与所作的功的关系，同牛顿力学中完全一样。

因此，如果我们对方程组(11)依次乘以 x,y,z，然后相加，并对时间进行积分，那么必定得到质点（电子）的动能。我们得到：

$$\int(K_x\dot{x}+K_y\dot{y}+K_z\dot{z})dt=\frac{\mu c^2}{\sqrt{1-\frac{q^2}{c^2}}}+\text{常数}. \tag{14}$$

这样就证明了运动方程(11)同能量原理一致。现在我们要证明，它们也符合动量守恒原理。

如果我们对方程组(5)的第二、第三方程和方程组(6)的第二、第三方程依次乘以$\frac{N}{4\pi},\frac{-M}{4\pi},\frac{-Z}{4\pi},\frac{Y}{4\pi}$，把它们加起来，并且对空间（在其边界上场强为0）进行积分，那么我们就得到：

$$\frac{d}{dt}\left[\int\frac{1}{4\pi c}(YN-ZM)d\omega\right]+$$

$$+\int\frac{\rho}{4\pi}\left(X+\frac{u_y}{c}N-\frac{u_z}{c}M\right)d\omega=0, \tag{15}$$

或者按照方程(12)：

$$\frac{d}{dt}\left[\int\frac{1}{4\pi c}(YN-ZM)d\omega\right]+\sum K_x=0. \tag{15a}$$

如果电荷联结在自由运动的质点（电子）上，那么由于方程(11)，这些方程可以转变为：

$$\frac{d}{dt}\left[\int\frac{1}{4\pi c}(YN-ZM)d\omega\right]+\sum\frac{\mu\dot{x}}{\sqrt{1-\frac{q^2}{c^2}}}=0, \tag{15b}$$

这个方程结合通过循环交换所得的方程，反映了这里所考查的例子中的动量守恒定理。因此量 $\xi=\frac{\mu\dot{x}}{\sqrt{1-\frac{q^2}{c^2}}}$ 扮演着质点动量的角色，而它按照方程(11)，就像古典力学中一样，满足

$$\frac{d\xi}{dt}=K_x.$$

引进质点动量的可能性的根据在于，在运动方程中的力或者方程(15)中的第二项可以写成关于时间的微商。

我们还可以进一步直接看出，我们的质点运动方程可以赋予拉格朗日的运动方程的形式；因为按照方程(11)，

$$\frac{d}{dt}\left[\frac{\partial H}{\partial\dot{x}}\right]=K_x \text{ 等等，}$$

这里置 $$H=-\mu c^2\sqrt{1-\frac{q^2}{c^2}}+\text{常数}.$$

这个运动方程也可以描写成哈密顿原理的形式：

$$\int_{t_0}^{t_1}(dH+A)dt=0,$$

这里时间 t 以及起始位置和终末位置都保持不变，而 A 表示虚功：

$$A=K_x\partial x+K_y\partial y+K_z\partial z.$$

最后我们还建立哈密顿正则运动方程。为此，需要引进“冲量坐标”（动量分量）ξ,η,ζ，这里，像前面一样，置

$$\xi=\frac{\partial H}{\partial \dot{x}}=\frac{\mu x}{\sqrt{1-\frac{q^2}{c^2}}}\text{等等。}$$

如果我们设想动能 L 为 ξ,η,ζ 的函数，并设 $\xi^2+\eta^2+\zeta^2=\rho^2$，那么得出：

$$L=\mu c^2\sqrt{1+\frac{\rho^2}{\mu^2c^2}}+\text{常数}.$$

而哈密顿运动方程取下列形式：

$$\frac{d\xi}{dt}=K_x,\qquad \frac{d\eta}{dt}=K_y,\qquad \frac{d\zeta}{dt}=K_z,$$

$$\frac{dx}{dt}=\frac{\partial L}{\partial\xi},\qquad \frac{dy}{dt}=\frac{\partial L}{\partial\eta},\qquad \frac{dz}{dt}=\frac{\partial L}{\partial\zeta}.$$

§10. 关于质点运动理论的实验证明的可能性　考夫曼的研究

要把上节导出的结果同经验作比较，这一前景只有在带电荷质点运动速度的平方相对于 c^2 不可忽略时才能出现。高速阴极射线和放射性物质发出的电子射线（β 射线）都满足这样的条件。

电子射线有三个量，它们的相互关系可能是更精密的实验研究的对象，这就是发生电势或射线的动能、电场的偏转可能性和磁

场偏转可能性。

发生电势 Π，按照(14)，由下列公式给出：

$$\Pi\varepsilon=\mu\left[\frac{c^2}{\sqrt{1-\frac{q^2}{c^2}}}-1\right].$$

为了计算其他两个量，我们写下关于运动在瞬间平行于 X 轴的这种情况的方程组(11)的最后一个方程（我们用 ε 表示电子电荷的绝对量）：

$$-\frac{d^2 z}{dt^2}=\frac{\varepsilon}{\mu}\sqrt{1-\frac{q^2}{c^2}}\left(Z+\frac{q}{c}M\right).$$

如果 Z 和 M 是仅有的引起偏转的场分量，那么曲线在 XZ 平面之内出现，而轨迹的曲率半径由 $\frac{q^2}{R}=\left[\frac{d^2 z}{dt^2}\right]$ 给出。对于只有一个致偏转的电场或者只有一个致偏转磁场存在的情况，如果我们用量 $A_e=\frac{1}{R}:Z$ 或 $A_m=\frac{1}{R}:M$ 来分别定义电场或磁场偏转可能性，那么我们得到：

$$A_e=\frac{\varepsilon}{\mu}\frac{\sqrt{1-\frac{q^2}{c^2}}}{q^2},$$

$$A_m=\frac{\varepsilon}{\mu}\frac{\sqrt{1-\frac{q^2}{c^2}}}{cq}.$$

在阴极射线中，需要考虑度量出所有三个量：Π，A_e 和 A_m；然而目前还没有关于足够快的阴极射线的试验。在 β 射线方面（实际上)只有量 A_e 和 A_m 是可观测的。W. 考夫曼(Kaufmann)先生以令人钦佩的细心测定了镭-溴化物微粒发出的 β 射线的 A_m 和 A_e 之间的关系。①

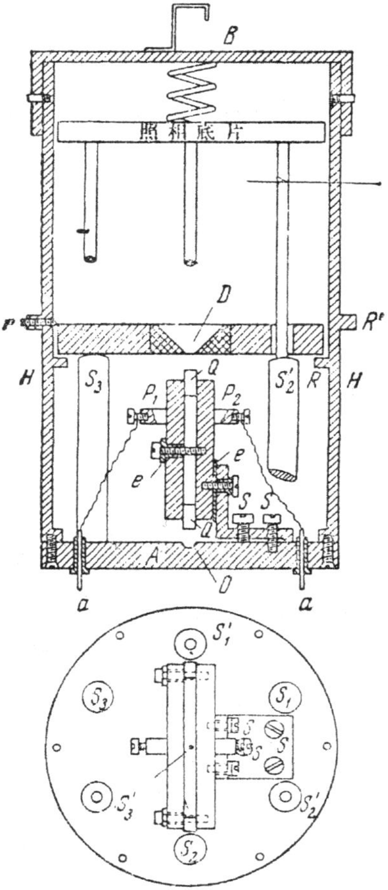

图 1

他的仪器的主要部分在图中是以原来的尺寸描绘的，它基本上处于一个不透光的黄铜的圆筒 H 中，这个圆筒放在抽空了空气的玻璃容器中，在 H 的底部 A 的一个小穴 O 中，放着镭的微粒。由镭发出的 β 射线通过电容器的两块板 P_1 和 P_2 之间的空间，穿过直径 0.2 毫米的薄膜 D，然后落到照相底片上。射线将被电容器两极 P_1 和 P_2 之间形成的电场以及一个大的永磁铁产生的同方向的磁场相互垂直地偏转，那么由于一个具有一定速度的射线的作用就在照相底片上画出一个

① W. 考夫曼,《关于电子的构成》,《物理学杂志》,19 卷,1906 年。两个图引自考夫曼的论文。——原注

点，而所有不同速度的粒子的作用合起来则在底片上画出一条曲线。

图 2 显示了这种曲线[①]，在准确到横坐标和纵坐标的比例尺的程度上，描绘了 A_m（横坐标）和 A_e（纵坐标）的关系。在这曲线之上，用叉号指明按照相对论算出的曲线，并且其中关于$\frac{\varepsilon}{\mu}$的值取 1.878×10^7.

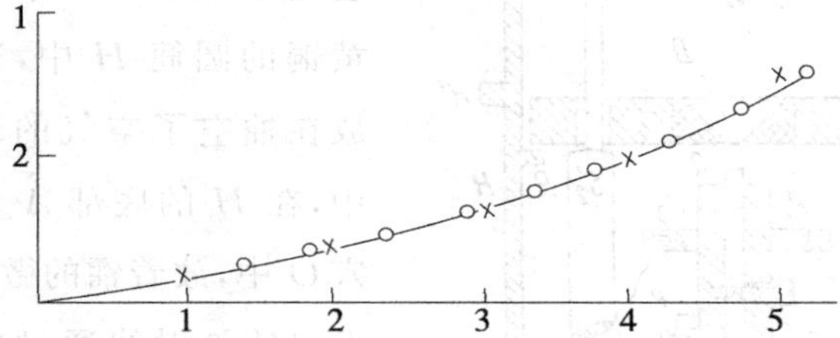

图　2

考虑到试验的困难，我们可以倾向于认为结果是颇为一致的。然而出现的偏离是系统的而且显然超过考夫曼的试验误差的界限。而且考夫曼先生的**计算**是没有错误的，因为普朗克先生利用另一种计算方法所得结果同考夫曼先生的结果完全一致。[②]

至于这种系统的偏离，究竟是由于还没有认识到的误差来源，还是由于相对论的基础不符合事实，这个问题只有在有了多方面

---

① 图中给出的读数是照相底片上的毫米数。标出的曲线不是真正观测到的曲线，而是略去了无限小的偏离后所得到的曲线。——原注

② 参见 M. 普朗克，《德国物理学会会议录》(*Verhandl. d. Deutschen Phys. Ges.*)，Ⅷ年度，20 期，1906 年；Ⅸ年度，14 期，1907 年。——原注

的观测资料以后，才能足够可靠地解决。①

还必须提到的是，阿布拉罕姆(Abraham)②和布雪勒(Bucherer)③的电子运动理论所给出的曲线显然比相对论得出的曲线更符合于观测结果。但是，在我看来，那些理论在颇大程度上是由于偶然碰巧与实验结果相符，因为它们关于运动电子质量的基本假设不是从总结了大量现象的理论体系得出来的。

IV. 关于体系的力学和热力学

§11. 关于质量对能量的相依关系

我们考查一个辐射不能穿过的空腔所包围的物理体系。这个体系自由地飘游在空间之中，除了周围空间内的电磁力的作用之外不受任何其他力的作用。通过电磁力，可以把能量以功和热的形式传递给这个体系，而这种能量在体系内部不会发生任何变化。按照(13)，参照于参照系 S，这个体系接受的能量可由下式给出：

$$\int dE=\int dt \int \frac{\rho}{4\pi}(X_a u_x+Y_a u_y+Z_a u_z)d\omega,$$

这里(X_a,Y_a,Z_a)是不计算在体系之内的外部场的场矢量，而$\frac{\rho}{4\pi}$

---

① W. 考夫曼在1906年的论文中宣称："量度结果同洛伦兹-爱因斯坦的基本假定不相容。"可是到1916年，法国物理学家居耶(Ch. E. Guyee)和拉旺希(Ch. Lavanchy)揭示了考夫曼的实验装置是有毛病的。——编译者

② M. 阿布拉罕姆，《哥丁根通报》(*Gött, Nachr.*)，1902年。——原注

③ A. H. 布雪勒，《电子理论中的数学导论》(*Math. Einführung in die Elektronenentheorie*)，第58页，莱比锡，1904年。——原注

是空腔中的电荷密度。在我们考虑到按照方程(1)函数行列式

$$\frac{D(x',y',z',t')}{D(x,y,z,t)}$$

等于1的同时,我们利用方程(7a),(8)和(9)的反演变换来变换这个表示式。这样我们就得到:

$$\int dE=\beta\int\int\frac{\rho'}{4\pi}(u'_x X'_a+u'_y Y'_a+u'_z Z'_a)d\omega' dt'+$$

$$+\beta v\int\int\frac{\rho'}{4\pi}(X'_a+\frac{u'_y}{c}N'_a-\frac{u'_z}{c}M'_a)d\omega' dt',$$

或者,因为参照于 S',能量原理也必须成立,我们得到非常容易理解的形式:

$$dE=\beta dE'+\beta v\int[\sum K'_x]dt'. \tag{16}$$

我们要把这个方程应用于这样的情况,即所考查的体系作直线匀速运动,它整个相对于参照系 S' 是静止的。然后,如果体系的部分相对于 S' 运动得如此之慢,以致相对于 S' 的速度的平方同 c^2 相比可以忽略不计,那么,参照于 S',我们应当应用牛顿力学定理。因此,按照重心定理,只有对于任何 t',

$$\sum K'_x=0,$$

所考查体系(严格地讲,它的重心)才能持久地保持静止。尽管如此,方程(16)右边的第二项不能消失,因为对时间的积分不是在 t' 的两个定值之间进行,而是在 t 的两个定值之间进行。

但是如果在所考查的时间间隔的起始和终末时刻没有外力作用在物质体系上,那么那个项就消失,我们就简单地得到:

$$dE=\beta dE'.$$

从这个方程，我们首先得出这样的结论：不在外力影响下的一个(匀速的)运动体系的能量是两个变量的函数，这两个变量就是体系相对于一个一起运动的参照系的能量 $E_0$① 和体系的平移速度，并且我们得到：

$$\frac{\partial E}{\partial E_0}=\frac{1}{\sqrt{1-\frac{q^2}{c^2}}}.$$

由此得出：

$$E=\frac{1}{\sqrt{1-\frac{q^2}{c^2}}}E_0+\varphi(q),$$

这里 $\varphi(q)$是一个暂时还不知道的关于 q 的函数。对于 E_0 等于 0 的情况，即运动体系的能量**仅仅是速度** q 的函数，我们已在 § 8 和 § 9 讨论过。从方程(14)我们可以直接得出这样的结论：我们必须置：

$$\varphi(q)=\frac{\mu c^2}{\sqrt{1-\frac{q^2}{c^2}}}+\text{常数}.$$

因此我们得到：

$$E=\left(\mu+\frac{E_0}{c^2}\right)\frac{c^2}{\sqrt{1-\frac{q^2}{c^2}}},\tag{16a}$$

这里略去了积分常数。如果我们把这个 E 的表示式和包含有质

① 这里和下面我们用一个下标"0"这种符号来表示该物理量是相对于同所考查物理体系相对静止的参照系。因为这里所考查体系相对于 S'是静止的，因此我们在这里用 E_0 来代替 E'. ——原注

点动能表示式的方程(14)相比较,那么我们就可看出,这两个表示式具有同样的形式;考虑到能量对平移速度的相依关系,所考查的物理体系的情况就像是一个质量为 M 的质点,其中 M 按照下列公式同体系的内能发生关系:

$$M=\mu+\frac{E_0}{c^2}. \tag{17}$$

这个结果具有特殊的理论重要性,因为在这个结果中,物理体系的惯性质量和能量以同一种东西的状态出现。同惯性有关的质量 μ 相当于其量为 μc^2 的内能。既然我们可以任意规定 E_0 的零点,所以我们无论如何也不可能明确地区分体系的"真实"质量和"表观"质量。把任何惯性质量理解为能量的一种储藏,看来要自然得多。

按照我们的结果来看,对于孤立的物理体系,质量守恒定律只有在其能量保持不变的情况下才是正确的,这时这个质量守恒定律同能量原理具有同样的意义。当然,在已知的物理过程中,物理体系质量的变化总是小到难以测出。比如,当一体系输出 1000 克·卡能量,其质量减少为 4.6×10^{-11} 克。

在一种物质的放射性衰变过程中,释放出巨大的能量;在这样的过程中,质量的变化是否大到足以验证的程度呢?

关于这个问题,普朗克先生写道:"根据 J. 普雷希特(Precht)的意见,①一克原子镭,如果它的周围有足够厚的铅层,每小时发出 $134.4\times225=30240$ 克·卡。按照关系式(17),由此得出每小

① J. 普雷希特,《物理学杂志》,21 卷,599 页,1906 年。——原注

时质量的减小为：

$$\frac{30240 \cdot 419 \cdot 10^{5}}{9 \cdot 10^{20}}\text{克}=1.41\times10^{-6}\text{毫克}.$$

或者在一年内质量减少为 0.012 毫克。当然这个量是如此之小，特别考虑到镭的高原子量，以致它显然还处于实验可能性的界限之外。”自然会发生这样的问题：人们可否利用间接的方法来达到这个目的。设 M 是衰变原子的原子量，m_1，m_2 等等是放射性衰变过程中最终产物的原子量，于是必然有：

$$M-\sum m=\frac{E}{c^{2}},$$

这里 E 是一克原子在衰变过程中放出的能量；如果我们知道在稳定衰变过程中每单位时间发出的能量和原子的平均衰变期，我们就可以计算能量 E. 应用这种方法能否取得成果，首先取决于是否存在$\frac{M-\sum m}{M}$不远小于 1 的放射性反应。对于上面所选的镭的例子——我们假设它的寿命是 2600 年，这个值大约为：

$$\frac{M-\sum m}{M}=\frac{12 \cdot 10^{-6} \cdot 2600}{250}=0.00012.$$

因此，如果相当准确地测定了镭的寿命，为了能够证实我们的关系式，我们必须测知所考查的元素的原子量准确到小数点后第五位。这当然是不可能的。然而，将来有可能发现一些放射性过程，在这些过程中，同镭的衰变过程相比，原来的原子的质量有大得多的一部分转化为散发的辐射能量。至少，可以很自然地设想，对于不同的物质，一个原子的衰变过程中释放能量的差别不会小于衰变速度之间的差别。

迄今为止,我们已无形中假设,这种质量变化可以用平常所用的量度仪器——天平来测出,即关系式

$$M=\mu+\frac{E_0}{c^2}$$

不仅对**惯性**质量有效,而且对于**引力**质量也有效,或者换句话说,一个体系的惯性同重量在一切状况下都严格成正比。因此,我们还必须假设,比如,关在空腔中的辐射不仅具有惯性,而且还具有重量。但是,这种惯性质量和重力质量之间的比例关系,毫无例外地对于一切物体在迄今为止所达到的准确度上都成立,所以在没有证明其不成立之前,我们必须假设它普遍成立。在本文最后一章中我们将找到支持这种假设的新论据。

§12. 一个运动体系的能量和动量

我们再像前节中一样,考察一个在空间中自由飘游的体系,这个体系被一个辐射不能穿过的空腔所包围。我们仍用 X_a, Y_a, Z_a 等表示外部电磁场的场强,它们是这个体系同其他体系能量交换的媒介。关于这种外部场,我们可以应用曾经引导我们得到公式(15)的考查方法,这样我们就得到:

$$\frac{d}{dt}\left[\int\frac{1}{4\pi c}(Y_aN_a-Z_aM_a)d\omega\right]+$$

$$+\int\frac{\rho}{4\pi}\left(X_a+\frac{u_y}{c}N_a-\frac{u_z}{c}M_a\right)d\omega=0.$$

现在我们要假设,动量守恒定律普遍成立。于是,这个方程的第二项中对体系空腔积分的那个部分必定可以描述为一个由体系的瞬时状态完全确定的量 G_x 对时间的微商;我们称 G_x 为体系动量的

X 分量。我们现在要求量 G_x 的变换定律。通过应用变换方程(1),(7),(8)和(9),利用完全类似于前节的方法,我们得到关系式:

$$\int dG_x=\beta\int\int\frac{\rho'}{4\pi}\Big(X'_a+\frac{u'_y}{c}N'_a-\frac{u'_z}{c}M'_a\Big)d\omega'\cdot dt'+$$

$$+\frac{\beta v}{c^2}\int\int\frac{\rho'}{4\pi}(X'_a u'_x+Y'_a u'_y+Z'_a u'_z)d\omega\cdot dt'.$$

或者

$$dG_x=\beta\frac{v}{c^2}dE'+\beta\int\left\{\sum K'_x\right\}dt'. \qquad (18)$$

又假定物体作参照于 S' 始终是静止的非加速运动;于是又得到:

$$\sum K'_x=0.$$

如果物体在所考查的变化之前和之后,不受外力的作用,那么尽管对时间积分的边界值同 x' 有关,方程右边的第二项仍为 0;于是:

$$dG_x=\beta\frac{v}{c^2}dE'.$$

由此可以得知,一个不受外力的体系的动量只是两个变量的函数,这两个变量就是体系参照于一个随之运动的参照系的能量 E_0 和体系的平移速度 q. 显然,

$$\frac{\partial G}{\partial E_0}=\frac{\frac{q}{c^2}}{\sqrt{1-\frac{q^2}{c^2}}}.$$

由此得出:

$$G=\frac{q}{\sqrt{1-\frac{q^2}{c^2}}}\left(\frac{E_0}{c^2}+\psi(q)\right),$$

其中 $\psi(q)$是一个暂时还不知道的关于 q 的函数。因为 $\psi(q)$不是别的，而是动量仅由速度确定的那种情况的动量，我们从公式(15b)得出：

$$\psi(q)=\frac{\mu q}{\sqrt{1-\frac{q^2}{c^2}}}.$$

因此我们得到：

$$G=\frac{q}{\sqrt{1-\frac{q^2}{c^2}}}\left\{\mu+\frac{E_0}{c^2}\right\}. \tag{18a}$$

这个表示式同质点动量的区别仅在于用量$\left(\mu+\frac{E_0}{c^2}\right)$来代替 μ，这同上节所得的结果是一致的。

现在我们要探求参照于 S 是静止的并一直受到外力的物体的能量和动量。虽然在这种情况下，对于每一个 t'，仍然是

$$\sum K'_x=0,$$

但是在方程(16)和(18)中出现的积分

$$\int[\sum K'_x]dt'$$

不为 0，因为它不是在两个确定的 t'值之间积分，而是在两个确定的 t 值之间积分。既然，按照方程组(1)中第一式的变换，

$$t=\beta\left(t'+\frac{v}{c^2}x'\right),$$

那么对于 t'的积分边界[值]由

$$\frac{t_1}{\beta}-\frac{v}{c^2}x' \text{和} \frac{t_2}{\beta}-\frac{v}{c^2}x'$$

给出，这里 t_1 和 t_2 同 x',y',z' 无关。因此参照于 S' 的时间积分的边界值同力的作用点的位置有关。我们把上面的积分分成三个积分：

$$\int\left[\sum K'_x\right]dt'=\int_{\frac{t_1}{\beta}-\frac{v}{c^2}x'}^{\frac{t_1}{\beta}}+\int_{\frac{t_1}{\beta}}^{\frac{t_2}{\beta}}+\int_{\frac{t_2}{\beta}}^{\frac{t_2}{\beta}-\frac{v}{c^2}x'}.$$

第二个积分为 0，因为它有不变的时间边界值。此外，如果力 K'_x 任意快地变化，上式我们就不能计算另外两个积分；在这种情况下，我们根本不能用这里所用的理论基础来谈论体系的能量和动量。① 但是如果在时间间隔的数量级为 $\frac{vx'}{c^2}$ 时，这些力变化得非常之小，那么我们可以置：

$$\int_{\frac{t_1}{\beta}-\frac{vx'}{c^2}}^{\frac{t_1}{\beta}}\left(\sum K'_x\right)dt'=\sum K'_x\int_{\frac{t_1}{\beta}-\frac{vx'}{c^2}}^{\frac{t_1}{\beta}}dt'=\frac{v}{c^2}\sum x'K'_x.$$

在对第三个积分作相应的计算之后，我们得到：

$$\int\sum K'_x dt'=-d\left\{\frac{v}{c^2}\sum x'K'_x\right\}$$

现在可以毫无困难地从方程(16)和(18)出发来进行能量和动量的计算。我们得到：②

$$E=\left(\mu+\frac{E_0}{c^2}\right)\frac{c^2}{\sqrt{1-\frac{q^2}{c^2}}}-\frac{\frac{q^2}{c^2}}{\sqrt{1-\frac{q^2}{c^2}}}\sum(\delta_0 K_{0\delta}) \qquad (16b)$$

---

① 参见 A. 爱因斯坦，《物理学杂志》，23 卷，371 页，§ 2，1907 年。——原注

② (18b)式中的 G，原文误为 q，此处已改正。——编译者

$$G=\frac{q}{\sqrt{1-\frac{q^2}{c^2}}}\left(\mu+\frac{E_0-\sum(\delta_0 K_{0\delta})}{c^2}\right), \tag{18b}$$

这里 $K_{0\delta}$ 是力参照于随之运动的参照系在运动方向的分量，δ_0 是在同一参照系中量度的这个力的作用点同一个与运动方向垂直的平面的距离。

如果外力像我们在下面所假设的那样，是一种同方向无关，并且处处垂直于这个体系的表面的压力 p_0，那么，在这种特殊情况下，

$$(\delta_0 K_{0\delta})=-p_0 V_0, \tag{19}$$

这里 V_0 是体系参照于随之运动的参照系的体积。于是，方程(16b)和(18b)取下列形式：

$$E=\left(\mu+\frac{E_0}{c^2}\right)\frac{c^2}{\sqrt{1-\frac{q^2}{c^2}}}+\frac{\frac{q^2}{c^2}}{\sqrt{1-\frac{q^2}{c^2}}}p_0 V_0 \tag{16c}$$

$$G=\frac{q}{\sqrt{1-\frac{q^2}{c^2}}}\left(\mu+\frac{E_0+p_0 V_0}{c^2}\right). \tag{18c}$$

§13. 一个运动体系的体积和压力运动方程

为了确定所考查的体系的状态，我们已经利用了量 E_0，p_0，V_0，它们是参照于随物理体系一起运动的参照系定义的。但是，我们也可以用参照于同一参照系定义的相应的量，比如动量 G 来代替上述量。为此目的，我们必须研究，当引进一个新的参照系时，体积和压力会怎样变化？

设有一个物体参照于参照系 S' 是静止的。V' 是它参照于 S' 的体积，V 是它参照于 S 的体积。从方程(2)可以直接得出：

$$\int dx \cdot dy \cdot dz = \sqrt{1-\frac{v^2}{c^2}} \int dx' \cdot dy' \cdot dz'$$

$$V = \sqrt{1-\frac{v^2}{c^2}} \cdot V'.$$

按照我们所用的符号，用 V_0 代替 V'，用 q 代替 v，那么，我们得到：

$$V = \sqrt{1-\frac{q^2}{c^2}} \cdot V_0. \tag{20}$$

为了进一步求得压力的变换方程，我们必须从普遍成立的关于力的变换方程出发。此外，既然我们在 § 8 中已经这样定义了运动的力，那就可以用电磁场对电荷的作用力来代替它，所以我们在这里只要寻求电磁力的变换方程就行了。[①]

设电荷 ε 参照于 S' 是静止的。作用于这个电荷的力，按照方程组(12)，由下列方程确定：

$$K_x = \varepsilon X, \qquad K'_x = \varepsilon X',$$

$$K_y = \varepsilon\left(Y - \frac{v}{c}N\right), \qquad K'_y = \varepsilon Y',$$

$$K_z = \varepsilon\left(Z + \frac{v}{c}M\right), \qquad K'_z = \varepsilon Z'.$$

从这些方程和方程(7a)得出：

① 对于这种状况，前面的研究所用的方法也是正确的，这是在于，我们在所考查的体系和它的周围之间只引进一种纯电磁性的相互作用。这个结果是完全普遍有效的。——原注

$$\left.\begin{aligned}K'_x&=K_x,\\K'_y&=\beta\cdot K_y,\\K'_z&=\beta\cdot K_z.\end{aligned}\right\}\tag{21}$$

如果参照于随之运动的参照系的力是已知的，那就可以按照这些方程来算出这些力。

现在我们考虑一个作用于相对 S' 是静止的平面元 s' 的压力：

$$K'_x=p'\cdot s'\cdot\cos l'=p'\cdot s'_x,$$
$$K'_y=p'\cdot s'\cdot\cos m'=p'\cdot s'_y,$$
$$K'_z=p'\cdot s'\cdot\cos n'=p'\cdot s'_z,$$

这里 l',m',n' 是（指向物体内部的）法线的方向余弦，s'_x,s'_y,s'_z 是 s' 的投影。从方程(2)得出：

$$s'_x=s_x,$$
$$s'_y=\beta\cdot s_y,$$
$$s'_z=\beta\cdot s_z,$$

这里 s_x,s_y,s_z 是参照于 S 的平面元的投影。因此，从后三个方程组我们得到关于所考查压力参照于 S 的各个分量 K_x,K_y,K_z：

$$K_x=K'_x=p'\cdot s'_x=p'\cdot s\cdot\cos l,$$
$$K_y=\frac{1}{\beta}K'_y=\frac{1}{\beta}p'\cdot s'_y=p'\cdot s\cdot\cos m,$$
$$K_z=\frac{1}{\beta}K'_z=\frac{1}{\beta}p'\cdot s'_z=p'\cdot s\cdot\cos n,$$

这里 s 是平面元的值，l,m,n 是它的法线参照于 S 的方向余弦。因此我们得到这样的结果：参照于随之运动的参照系的压力 p'，

可以用参照于另一参照系的同样垂直作用于平面元的同样大小的压力来代替。因此,改用我们所用的符号:

$$p=p_0. \tag{22}$$

方程(16c),(20)和(22)使我们既可以用参照于随之运动的参照系定义的量 E_0, V_0, p_0,也可以用 E, V, p 来确定物理体系的状态,而 E, V, p 同体系的动量 G 和速度 q 一样都是参照于同一参照系来定义的。比如,如果所考查的体系对于随之运动的观测者由两个参数(V_0 和 E_0)完全确定,从而,它的状态方程可以理解为 p_0, V_0 和 E_0 的一个关系式,那么,我们可以利用上述的方程,给状态方程以如下的形式:

$$\varphi(q, p, V, E)=0.$$

如果我们以相应的方式变换方程(18c),那么我们得到:

$$G=q\left\{\mu+\frac{E+pV}{c^2}\right\}, \tag{18d}$$

如果除了量 $\sum K_x$ 等等之外,E, p 和 V 作为时间的函数也是已知的,或者,如果有三个可以代替后三个函数并且同它们等价的有关条件(体系的运动必须在这些条件下发生)的读数也是已知的,那么,这个方程同反映动量守恒原理的方程

$$\frac{dG_x}{dt}=\sum K_x \text{ 等等},$$

结合在一起,就可以完全确定这个体系的平移运动。

§ 14. 例　子

所考查的体系处于电磁辐射之中,这些辐射封闭在没有质量

的空腔之中，它的壁同辐射压相平衡。如果没有外力作用于空腔上，那么我们可以对整个体系（包括空腔）应用方程（16a）和（18a）。因此，我们得到：

$$E=\frac{E_0}{\sqrt{1-\frac{q^2}{c^2}}},$$

$$G=\frac{q}{\sqrt{1-\frac{q^2}{c^2}}}\frac{E_0}{c^2}=q\frac{E}{c^2},$$

这里 E_0 是参照于随之运动的参照系的辐射能量。

相反，如果空腔的壁是完全柔软并可以延伸的，因而从内部作用于空腔上的辐射压，必须同来自不属于这个体系的物体的外力相平衡，那么必须应用方程（16c）和（18c），并在其中代入辐射压的已知值，①

那么我们得到：
$$p_0=\frac{1}{3}\frac{E_0}{c^2},$$

$$E=\frac{E_0\left(1+\frac{1}{3}\frac{q^2}{c^2}\right)}{\sqrt{1-\frac{q^2}{c^2}}},$$

$$G=\frac{q}{\sqrt{1-\frac{q^2}{c^2}}}\frac{\frac{4}{3}E_0}{c^2}.$$

我们进一步考查没有重量的带电物体这样一种情况。如果没

① 下式原文如此，似系 $p_0V_0=\frac{1}{3}E_0$ 之误。——编译者

有外力作用在这个物体上，我们又可以应用公式（16a）和（18a）。如果用 E_0 表示参照于一个随之运动的参照系的电能，那么我们得到：

$$E=\frac{E_0}{\sqrt{1-\frac{q^2}{c^2}}},$$

$$G=\frac{q}{\sqrt{1-\frac{q^2}{c^2}}}\frac{E_0}{c^2}.$$

这些值的一部分属于电磁场，其余部分属于由于其电荷而受力的、没有重量的物体。①

§15. 运动体系的熵和温度

到此为止，在确定一个物理体系的状态的变数中，我们只利用了压力、体积、能量、速度和动量，但是还没有提到热学量。这是由于，对于体系的**运动**，不管用哪一种形式的能量来引起它都是同样有效的，所以迄今为止我们没有区分热和机械功的必要。但是现在我们要引进热学量了。

设一个运动体系的状态由量 q,V,E 完全确定。显然，对于这样一个体系，我们应当把输入的热量看作是总能量的增加减去压力所作的功和减去增加动量所消耗的功，所以我们得到：

$$dQ=dE+pdV-qdG. \tag{23}$$

① 参见 A.爱因斯坦，《物理学杂志》，4 编，23 卷，373—379 页，1907 年。——原注

在这样地定义了运动体系的输入热量之后，我们可以通过考查可逆循环过程，以热力学教科书中所写的那种方式引进运动体系的绝对温度 T 和熵 η. 对于可逆过程，方程

$$dQ = T d\eta \tag{24}$$

在这里也成立。

现在我们要推导量 dQ, η, T 同参照于随之运动的参照系的相应量 dQ_0, η_0, T_0 之间存在的关系。关于熵，我在这里重复一下普朗克先生所作的考虑，[①]同时，我注意到，“加撇的”或“不加撇的”参照系应当理解为参照系 S' 或 S.

“我们设想，物体从一种状态（在这种状态中物体对不加撇的参照系是静止的）通过任何可逆、绝热过程转化到第二种状态（在这种状态中物体对加撇的参照系是静止的）。如果我们用 η_1 表示物体对于不加撇的参照系的起始状态的熵，用 η_2 表示终态的熵，那么，由于可逆性和绝热性，$\eta_1 = \eta_2$. 但是，对于加撇的参照系，过程也是可逆和绝热的，因此我们同样得到：$\eta_1' = \eta_2'$.”

“如果现在 η_1' 不等于 η_1，而是比方说，$\eta_1' > \eta_1$，那么这就是说，物体相对于对它正在运动的参照系的熵比相对于对它是静止的参照系的熵为大。于是，按照这个定理，必定 $\eta_2 > \eta_2'$ 也成立；因为物体在第二个状态相对于加撇的参照系是静止的，而对于不加撇的

① M. 普朗克，《关于运动体系的动力学》(*Zur Dynamik bewegter Systeme*)，《普鲁士科学院会议报告》(*Sitzungsber. d. kgl. preuß. Akad. d. Wissensch*)，1907 年。——原注

参照系则是运动的。但是这两个不等式同上面所述的两个方程相矛盾。同样，$\eta_1' > \eta_1$ 也不可能；①由此可以推知：$\eta_1' = \eta_1$，并且一般说来，$\eta' = \eta$，即物体的熵同参照系的选择无关。”

因此，改用我们所用的符号，我们必须置

$$\eta = \eta_0. \tag{25}$$

我们进一步利用方程(16c)，(18c)，(20)和(22)，在方程(23)的右边引进量 E_0，p_0 和 V_0，那么我们得到：

$$dQ = \sqrt{1-\frac{q^2}{c^2}}(dE_0 + p_0 dV_0),$$

或者

$$dQ = dQ_0 \cdot \sqrt{1-\frac{q^2}{c^2}}. \tag{26}$$

此外，因为按照(24)，下列两方程

$$dQ = T d\eta,$$

$$dQ_0 = T_0 d\eta_0$$

成立，那么，考虑到(25)和(26)，我们最终得到：

$$\frac{T}{T_0} = \sqrt{1-\frac{q^2}{c^2}}. \tag{27}$$

因此，一个运动体系参照于相对它运动的参照系的温度总是小于参照于对它是静止的参照系的温度。

§16. 体系动力学和最小作用量原理

普朗克先生在他的论文《关于运动体系的动力学》中，从最小

① 原文如此，似系 $\eta_1 > \eta_1'$ 之误。——编译者

作用量原理出发(并从空腔辐射的压力和温度的变换方程出发[①])得到了同本文所得结果相一致的结果。因此发生了这样的问题:他的工作的基础和本文的研究基础之间有着怎样的联系?

我们是从能量原理和动量守恒原理出发的。如果我们称 F_x, F_y, F_z 为作用于体系上合力的分量,那么我们可以用下列方式表述我们所用的这些有关可逆过程和一个其状态由变量 q, V, T 来确定的体系的原理:

$$dE = F_x dx + F_y dy + F_z dz - p dV + T d\eta, \tag{28}$$

$$F_x = \frac{dG_x}{dx} \text{等等。} \tag{29}$$

从这些方程出发,如果我们考虑到:

$$F_x dx = F_x \dot{x}\, dt = \dot{x}\, dG_x = d(\dot{x} G_x) - G_x d\dot{x} \text{ 等等,}$$

和

$$T d\eta = d(T\eta) - \eta dT,$$

我们得到关系式:

$$d(-E + T\eta + qG) = G_x d\dot{x} + G_y d\dot{y} + G_z d\dot{z} + p dV + \eta dT.$$

因为这个方程的右边部分也必须是全微分,并考虑到(29),于是得到:

$$\frac{d}{dt}\left(\frac{\partial H}{\partial \dot{x}}\right) = F_x, \frac{d}{dt}\left(\frac{\partial H}{\partial \dot{y}}\right) = F_y, \frac{d}{dt}\left(\frac{\partial H}{\partial \dot{z}}\right) = F_z,$$

$$\frac{\partial H}{\partial V} = p, \qquad \frac{\partial H}{\partial T} = \eta.$$

而这些就是普朗克先生由之出发的、用最小作用量原理推导出来

① M.普朗克,《关于运动体系的动力学》,《普鲁士科学院会议报告》,1907年。——原注

的方程。

V. 相对性原理和引力

§ 17. 加速参照系和引力场

迄今为止，我们只把相对性原理，即认为自然规律同参照系的状态无关这一假设应用于**非加速**参照系。是否可以设想，相对性原运动理对于相互相对做加速运动的参照系也仍然成立？

确实，这里还不是详细讨论这个问题的地方。但是，既然每一个一直关注相对性原理的应用的人必定会发生这个问题，我也不能不在这里对这个问题表明态度。

我们考查两个参照系 Σ_1 和 Σ_2. Σ_1 在它的 X 轴方向加速运动；γ 是这个加速度的值（不因时间而变）。Σ_2 是静止的；但是它处在一个均匀的引力场中，这个引力场赋予一切物体在 X 轴方向这样一个加速度——γ.

就我们所知，无法把参照于 Σ_1 的物理定律同参照于 Σ_2 的物理定律区别开来；这是由于一切物体在引力场中都被同样地加速。因此，在我们的经验现代水平的情况下，我们没有理由假设，参照系 Σ_1 和参照系 Σ_2 在某一方面彼此是有差别的，所以我们在下面将假设：引力场同参照系的相当的加速度在物理上完全等价。

这个假设把相对性原理扩展到参照系作均匀加速平移运动的情况。这个假设的启发性意义在于，它允许用一个均匀加速参照系来代替一个均匀引力场，而均匀加速参照系这种情况，从理论研究的观点看来，在一定程度上是可以接受的。

§18. 在一个均匀加速参照系中的空间和时间

我们首先考查这样一个物体，它的各个质点在非加速参照系 S 的给定时间 t 相对于 S 没有速度，却有一定的加速度。这个加速度 γ 对这个物体参照于 S 的形状有什么样的影响呢？

要是有这样一种影响，那么物体的形状要不是在加速方向上按一定比例伸长，就会在两个同它垂直的方向上伸长，因为其他方式的影响，从对称性的理由看来是不可能的。加速度所引起的那种伸长（要是一般是存在这种伸长的话）必定是 γ 的偶函数；因此当我们仅限于这样一种情况：γ 是如此之小，以致 γ 的二次幂和更高次幂的项应当略去，那么这种伸长就可以忽略不计。既然我们在下面仅限于这种情况，因此我们可以不考虑加速度对物体形状的影响。

我们现在考查一个在 X 轴方向上相对于非加速参照系 S 作均匀加速运动的参照系 Σ. 设参照系 Σ 的钟和量杆在静止时同 S 中的钟和量杆是等同的。Σ 的坐标原点在 S 的 X 轴上运动，而 Σ 的轴同 S 的轴始终平行。在每一瞬间有一个非加速的参照系 S'，它的坐标轴在所考查的瞬间（在 S' 的给定时刻 t'）同 Σ 的坐标轴相重叠。如果有一个点事件，它发生在时刻 t'，参照于 Σ 的坐标为 ξ, η, ζ，那么，

$$\left.\begin{aligned} x' &= \xi, \\ y' &= \eta, \\ z' &= \zeta. \end{aligned}\right\}$$

因为按照上面所述，不应当假设加速度对用来量度 ξ,η,ζ 的量具的形状有影响。此外，我们还设想Σ的钟在 S'的时刻为 t'的瞬间所指示的时间读数也是 t'. 在下一个时间间隔$\boldsymbol{\tau}$，钟是怎样走的？

首先我们应当考虑到，**加速度**对Σ的钟的运转的特殊影响可以不加考虑，因为这种影响必定具有 γ^2 的数量级。此外，既然在时间间隔$\boldsymbol{\tau}$内达到的速度对钟的运转的影响可以忽略，同样，既然钟在时间间隔$\boldsymbol{\tau}$内相对于 S'的钟所走的路程为$\boldsymbol{\tau}^2$ 的数量级，因而也可以忽略不计，那么对于时间元$\boldsymbol{\tau}$来说，Σ的钟的读数可以完全由 S'的钟的读数来代替。

如果我们在相对于Σ瞬时静止的参照系 S'中定义同时性，并且用这样的时钟和量杆来量度时间和长度，它们同在非加速参照系中用来测量空间和时间的那些钟和量杆完全一样，那么由前面所述可以推知，光在真空中相对于Σ在时间元$\boldsymbol{\tau}$内以普适速度 c 传播；因此，如果我们仅限于很小的光程，光速不变原理在这里也可以用来定义同时性。

现在我们设想，当Σ相对于 S 瞬时静止时，Σ的钟以前面所说的方式按照 S 的那个时间 $t=0$ 来调准。以这种方式调准的钟的读数的集合我们称为Σ参照系的“当地时间”σ. 像我们可以直接看出的那样，当地时间 σ 的物理意义如下。在不同的空间元中不仅用同样的钟而且也用同样的测量工具的条件下，如果我们用当地时间 σ 来量度在Σ的单个空间元上所发生的过程的时间，那么那个过程所遵循的定律同所考查的空间元的位置无关，即同它的坐标无关。

然而，我们不应当把局部时间（*Lokalzeit*）①σ 直接表示为Σ的

① “局部时间”也就是“当时时间”。——编译者

时间，这就是由于，Σ中两个不同点上发生的点事件，当它们的局部时间σ相等时，在我们前面所定义的意义上并不是同时的。因为Σ中的任何两只钟在$t=0$的瞬间参照于S是同步的，并且进行着上面所述的运动，那么它们参照于S始终保持着同步。但是，由于这个理由，按照§4，它们参照于对Σ为瞬时静止的，而对S为运动的参照系S'并不是同步的，因此按照我们的定义，它们参照于Σ也不是同步的。

我们现在定义Σ体系的“时间”$\boldsymbol{\tau}$为在Σ的坐标原点的钟的那些读数的集合，这些读数，在上述定义的意义上，同要在时间上进行量度的事件是同时的。[①]

我们现在要探求在时间$\boldsymbol{\tau}$和一个点事件的当地时间σ之间的关系。从方程组(1)的第一个方程得出，参照于S'的两个同时的事件，参照于Σ也是同时的，只要

$$t_1-\frac{v}{c^2}x_1=t_2-\frac{v}{c^2}x_2,$$

这里右下角指标表示属于这个或另一个点事件。现在首先我们只限于考查如此短的时间[②]，使得一切包含$\boldsymbol{\tau}$或σ的二次或更高次幂的项都可以略去；于是，考虑到(1)和(29)，[③]我们必须置：

$$x_2-x_1=x_2'-x_1'=\xi_2-\xi_1,$$

$$t_1=\sigma_1,\qquad t_2=\sigma_2,$$

$$v=\gamma t=\gamma\boldsymbol{\tau},$$

① 因此，符号“$\boldsymbol{\tau}$”在这里的意义与上面所用的意义是不同的。——原注

② 由此，按照(1)，关于$\xi=x'$的值也受到某种限制。——原注

③ 原文如此，此处(29)显然有误，可能指的是$x'=\xi, y'=\eta, z'=\zeta$. ——编译者

从而使我们由上面的方程得到：

$$\sigma_2-\sigma_1=\frac{\gamma \boldsymbol{\tau}}{c^2}(\xi_2-\xi_1).$$

如果我们把第一个点事件移到坐标原点，从而使 $\sigma_1=\tau$，和 $\xi_1=0$，略去第二个点事件的右下角指标，我们得到：

$$\sigma=\boldsymbol{\tau}\left(1+\frac{\gamma\xi}{c^2}\right). \tag{30}$$

首先，如果$\boldsymbol{\tau}$和 ξ 小于某个界限，这个方程就能成立。显然，如果加速度 γ 参照于Σ不变，那么，这个方程对于任意大的$\boldsymbol{\tau}$也成立，因为这时 σ 和$\boldsymbol{\tau}$之间的关系必须是线性的。对于任意大的 ξ，方程(30)不成立。由于坐标原点的选择不应当影响这个关系，我们可以得出这样的结论：严格地讲，方程(30)必须用方程

$$\sigma=\boldsymbol{\tau}e^{\frac{\gamma\xi}{c^2}}$$

来代替。然而我们仍要坚持用公式(30)。

方程(30)按照§17，也可以应用到一个有均匀重力场作用的坐标系上。在这种场合，我们必须置 $\Phi=\gamma\xi$，这里 Φ 是重力势能，那么我们得到：

$$\sigma=\boldsymbol{\tau}\left(1+\frac{\Phi}{c^2}\right). \tag{30a}$$

对于参照系Σ我们已定义了两种时间。对于不同的情况，我们必须使用两个定义中的哪一个呢？如果我们假设，在两个具有不同的引力势($\gamma\xi$)的地点，分别存在一个物理体系，我们要比较它们的物理量。显然，为此目的，我们很自然地可以用下列方式进行：我们首先把测量仪器用于第一个物理体系，并在那里进行测量；然后把我们全部测量仪器用到第二个体系，并在此作出同样的

测量。如果这里和那里所作的测量给出同样的结果，那么我们说上面两个物理体系是“等同的”。在上述测量仪器中，有一个我们用来量度局部时间 σ 的时钟。由此可见，我们要在重力场的地点定义一个物理量，很自然地要使用时间 σ.

然而如果要讨论这样一种现象，考查这种现象时必须同时考察处于具有不同引力势的不同地点的一些物体，那么，我们在明显出现时间的项中（即不仅在物理量的定义中），必须使用时间 $\boldsymbol{\tau}$，否则两个事件的同时性就不能用两个事件的等同的时间值反映出来。既然时间 $\boldsymbol{\tau}$ 的定义中不利用任意选取的时间点，而是用一个处于任意选取的地点的钟，那么，在利用时间 $\boldsymbol{\tau}$ 时，自然规律不随时间而变，而是随地点而变。

§ 19. 引力场对时钟的影响

如果在引力势 Φ 的一个点 P 上有一只钟，它指示当地时间，那么按照(30a)，它的读数比时间 $\boldsymbol{\tau}$ 大 $\left(1+\frac{\Phi}{c^2}\right)$ 倍，即它比同样性能的、处于坐标原点的钟走得快 $\left(1+\frac{\Phi}{c^2}\right)$ 倍。设有一个处于空间的任何地点的观测者，用任何方法（比如光学方法）观测这两只钟的读数。既然时间 $\Delta\boldsymbol{\tau}$（在其中一只钟显示读数的瞬间到观测者观测到这个读数的瞬间之间所经历的时间）同 $\boldsymbol{\tau}$ 无关，所以 P 点的钟在一个任意空间点上的观察者看来比坐标原点的钟快 $\left(1+\frac{\Phi}{c^2}\right)$ 倍。在这个意义上我们可以说，在过程发生的地点的引力势愈大，在时钟中所发生的过程——一般说来是任何物理过程——也就进行得愈快。

现在有这样一种时钟，它们处于具有各个不同引力势的地点，走得快慢可以调节得非常准确；这就是光谱线的发射源。根据上面所述，我们可以得出结论：①来自太阳表面的光是从这样一种发射源发出的，这种发射源所具有的波长比地球上同类物质所发出的光的波长大约大两百万分之一。

§ 20. 重力对电磁过程的影响

如果我们有一电磁过程，在一个时间瞬间参照于一个非加速参照系 S'，它相对于上面所说的加速参照系 Σ 在这一瞬间是静止的，那么按照方程(5)和(6)，下列方程成立：

$$\frac{1}{c}\left(\rho' u'_x + \frac{\partial X'}{\partial t'}\right) = \frac{\partial N'}{\partial y'} - \frac{\partial M'}{\partial z'} \quad \text{等等，}$$

和

$$\frac{1}{c}\frac{\partial L'}{\partial t'} = \frac{\partial Y'}{\partial z'} - \frac{\partial Z'}{\partial y'} \quad \text{等等。}$$

按照以上所述，我们立即可以使参照于 S' 的量 ρ'，u'，X'，L'，x' 等等同参照于 Σ 的对应量 ρ，u，X，L，ξ 等等相等同，只要我们限于一个无限短的时间间隔之内，②而这个间隔又无限接近 S' 和 Σ 相对静止的瞬间。此外，我们用 t' 来代替局部时间 σ. 然而，我们不应当简单地置：

$$\frac{\partial}{\partial t'} = \frac{\partial}{\partial \sigma}.$$

① 这里我们假设，方程(30a)对于非均匀引力场也成立。——原注

② 既然导出的自然规律可以实际上同时间无关，这个限制并不影响我们的结果的有效范围。——原注

这是因为，一个参照于Σ的静止点（变换到Σ的方程应该参照于这个点），在很小的时间间隔$dt'=d\sigma$内相对于S'改变了它的速度，这种速度的变化按照方程(7a)和(7b)同参照于Σ的场分量在时间上的变化相对应。由此我们必须置：

$$\frac{\partial X'}{\partial t'}=\frac{\partial X}{\partial \sigma}, \qquad \frac{\partial L'}{\partial t'}=\frac{\partial L}{\partial \sigma},$$

$$\frac{\partial Y'}{\partial t'}=\frac{\partial Y}{\partial \sigma}+\frac{\gamma}{c}N, \qquad \frac{\partial M'}{\partial t'}=\frac{\partial M}{\partial \sigma}-\frac{\gamma}{c}Z,$$

$$\frac{\partial Z'}{\partial t'}=\frac{\partial Z}{\partial \sigma}-\frac{\gamma}{c}M, \qquad \frac{\partial N'}{\partial t'}=\frac{\partial N}{\partial \sigma}+\frac{\gamma}{c}Y.$$

因此，首先电磁方程参照于Σ取下列形式：

$$\frac{1}{c}\left(\rho u_{\xi}+\frac{\partial X}{\partial \sigma}\right)=\frac{\partial N}{\partial \eta}-\frac{\partial M}{\partial \zeta},$$

$$\frac{1}{c}\left(\rho u_{\eta}+\frac{\partial Y}{\partial \sigma}+\frac{\gamma}{c}N\right)=\frac{\partial L}{\partial \zeta}-\frac{\partial N}{\partial \xi},$$

$$\frac{1}{c}\left(\rho u_{\zeta}+\frac{\partial Z}{\partial \sigma}-\frac{\gamma}{c}M\right)=\frac{\partial M}{\partial \xi}-\frac{\partial L}{\partial \eta},$$

$$\frac{1}{c}\frac{\partial L}{\partial \sigma}=\frac{\partial Y}{\partial \zeta}-\frac{\partial Z}{\partial \eta},$$

$$\frac{1}{c}\left(\frac{\partial M}{\partial \sigma}-\frac{\gamma}{c}Z\right)=\frac{\partial Z}{\partial \xi}-\frac{\partial X}{\partial \zeta},$$

$$\frac{1}{c}\left(\frac{\partial N}{\partial \sigma}+\frac{\gamma}{c}Y\right)=\frac{\partial X}{\partial \eta}-\frac{\partial Y}{\partial \xi},$$

我们把这些方程乘以$\left(1+\frac{\gamma\xi}{c^2}\right)$，并采用缩写：

$$X^{*}=X\left(1+\frac{\gamma\xi}{c^2}\right), \quad Y^{*}=Y\left(1+\frac{\gamma\xi}{c^2}\right)\text{等等},$$

$$\rho^{*}=\rho\left(1+\frac{\gamma\xi}{c^{2}}\right).$$

我们略去 γ 的二次幂项，于是我们得到方程：

$$\left.\begin{aligned}\frac{1}{c}\left(\rho^{*}u_{\xi}+\frac{\partial X^{*}}{\partial\sigma}\right)&=\frac{\partial N^{*}}{\partial\eta}-\frac{\partial M^{*}}{\partial\zeta},\\\frac{1}{c}\left(\rho^{*}u_{\eta}+\frac{\partial Y^{*}}{\partial\sigma}\right)&=\frac{\partial L^{*}}{\partial\zeta}-\frac{\partial N^{*}}{\partial\xi},\\\frac{1}{c}\left(\rho^{*}u_{\zeta}+\frac{\partial Z^{*}}{\partial\sigma}\right)&=\frac{\partial M^{*}}{\partial\xi}-\frac{\partial L^{*}}{\partial\eta},\end{aligned}\right\}\tag{31a}$$

$$\left.\begin{aligned}\frac{1}{c}\frac{\partial L^{*}}{\partial\sigma}&=\frac{\partial Y^{*}}{\partial\zeta}-\frac{\partial Z^{*}}{\partial\eta},\\\frac{1}{c}\frac{\partial M^{*}}{\partial\sigma}&=\frac{\partial Z^{*}}{\partial\xi}-\frac{\partial X^{*}}{\partial\zeta},\\\frac{1}{c}\frac{\partial N^{*}}{\partial\sigma}&=\frac{\partial X^{*}}{\partial\eta}-\frac{\partial Y^{*}}{\partial\xi}.\end{aligned}\right\}\tag{32a}$$

从这些方程，我们首先看出，似乎引力场影响了静态和定态的现象。在这种情况下有效的规律性同在没有引力的场中的规律性一样；只是场分量 X 等用 $X\left(1+\frac{\gamma\xi}{c^{2}}\right)$ 等来代替，而 ρ 用 $\rho\left(1+\frac{\gamma\xi}{c^{2}}\right)$ 来代替。

为了进一步考察非定态过程，我们将在对时间微分的项以及关于电的速度的定义中利用时间$\boldsymbol{\tau}$，即我们按照(30)置：

$$\frac{\partial}{\partial\boldsymbol{\tau}}=\left(1+\frac{\gamma\xi}{c^{2}}\right)\frac{\partial}{\partial\sigma}$$

和

$$w_{\xi}=\left(1+\frac{\gamma\xi}{c^{2}}\right)u_{\xi}.$$

这样我们就得到：

$$\frac{1}{c\left(1+\frac{\gamma\xi}{c^{2}}\right)}\left(\rho^{*}w_{\xi}+\frac{\partial X^{*}}{\partial\boldsymbol{\tau}}\right)=\frac{\partial N^{*}}{\partial\eta}-\frac{\partial M^{*}}{\partial\zeta}\text{等等},\tag{31b}$$

以及
$$\frac{1}{c\left(1+\frac{\gamma\xi}{c^2}\right)}\frac{\partial L^*}{\partial \boldsymbol{\tau}}=\frac{\partial Y^*}{\partial \zeta}=\frac{\partial Z^*}{\partial \eta}\text{等等.} \tag{32b}$$

这些方程也同非加速的或无引力的空间中的相应的方程具有同样的形式；但是这里引进了

$$c\left(1+\frac{\gamma\xi}{c^2}\right)=c\left(1+\frac{\Phi}{c^2}\right)$$

来代替 c. 由此可以推知，不沿 ξ 轴传播的光线被引力场所弯曲；很容易看出每厘米光程方向的变化为 $\frac{\gamma}{c^2}\sin\varphi$，这里 φ 表示重力方向和光线方向之间的夹角。

利用这些方程和静止介质光学中已知的在一个地点的场强和电流间的方程，可以求出在静止介质中引力场对光学现象的影响。这里应当考虑到静止介质光学的那些方程对于局部时间 σ 是有效的。可惜，按照我们的理论，地球重力场的影响是如此微不足道（由于 $\frac{\gamma x}{c^2}$ 很小），所以不存在可以把理论结果和实验相比较的前景。

如果我们对方程组(31a)和(32a)依次乘以 $\frac{X^*}{4\pi}\cdots\frac{N^*}{4\pi}$，并对无限的空间进行积分，而且使用我们过去的符号，那么我们得到：

$$\int\left(1+\frac{\gamma\xi}{c^2}\right)^2\frac{\rho}{4\pi}(u_\xi X+u_\eta Y+u_\zeta Z)d\omega+$$
$$+\int\left(1+\frac{\gamma\xi}{c^2}\right)^2\frac{1}{8\pi}\frac{\partial}{\partial\sigma}(X^2+Y^2+\cdots+N^2)d\omega=0.$$

$\frac{\rho}{4\pi}(u_\xi X+u_\eta Y+u_\zeta Z)$ 是单位体积的物质在单位局部时间内

输入的能量 η_σ，只要这种能量是用在所考察地点的测量仪器来量度的。因此按照(30)，$\eta_\sigma=\eta_{\boldsymbol{\tau}}\left(1-\frac{\gamma\xi}{c^2}\right)$是单位体积的物质在单位时间$\boldsymbol{\tau}$输入的(同样也是测量到的)能量。此外，我们考虑到，按照(30)，必须设$\frac{\partial}{\partial\sigma}=\left(1-\frac{\gamma\xi}{c^2}\right)\frac{\partial}{\partial\boldsymbol{\tau}}$，那么我们得到：

$$\int\left(1+\frac{\gamma\xi}{c}\right)\eta_{\boldsymbol{\tau}}d\omega+\frac{d}{d\boldsymbol{\tau}}\left\{\int\left(1+\frac{\gamma\xi}{c^2}\right)\varepsilon d\omega\right\}=0.$$

这个方程表述了能量守恒原理，并且得到了一个很值得注意的结果。能量以及能流——在一个地点和位置上度量出来的——具有值 $E=\varepsilon d\omega$ 以及 $E=\eta\, d\omega\, d\boldsymbol{\tau}$，它们对能量积分的贡献除了相应的 E 值之外，还有一个同它们的位置相对应的值$\frac{E}{c^2}\gamma\xi=\frac{E}{c^2}\Phi$. 因此，每一个能量 E 在引力场中对应于一个位能(*Energie der Lage*)，其大小正好等于质量为$\frac{E}{c^2}$的“有重”物质的位能。

因此，如果§17中所引进的假设不仅适合于**惯性**，而且也适合于**引力**质量，那么§11中导出的定理，即能量 E 对应于质量$\frac{E}{c^2}$这个关系还是成立的。

编译者注：

爱因斯坦在德国《放射学和电子学年鉴》，第5卷，1908年，98—99页上，发表了有关本文的《更正》，改正了文中一些错字。在译文中我们都已据此作了改正。在《更正》之后，爱因斯坦又写了一个补充的评注，全文如下：

普朗克先生的一封信促使我增加一个补充的评注，以避免明显的误解。

在《相对性原理和引力》一章中，把一个处于静止的、在时间上不变的、均匀的引力场中的参照系同一个均匀加速的、没有引力的参照系看作是物理上等价的。“均匀加速”这个概念还应当作一点解释。

如果问题涉及(体系Σ的)一种直线运动——像在我们的例子中那样——那么加速度由表示式$\frac{dv}{dt}$给出，其中v表示速度。按照以往所用的运动学，$\frac{dv}{dt}$是一个同(非加速的)参照系的运动状态无关的量，于是只要知道了在一个确定的时间间隔内的运动，人们立即就能够谈论(瞬时)加速度。而按照我们所用的运动学，$\frac{dv}{dt}$同(非加速的)参照系的运动状态有关。但是，在全部加速度的值中(人们可以对于确定的运动时期得到这些值)选出了那样一个值，它同一个相对于所考查的物体具有速度$v=0$的参照系相对应。正是这个加速度值在我们的“均匀加速的”体系中应当保持不变。于是在第457页〔见本书221页〕中所用的关系式$v=\gamma t$只在一级近似上才成立；但是这已经足够了，因为在考查中只需考虑关于t或τ的一次项。

关于埃伦菲斯特的悖论[①]

对V.瓦里恰克的论文的意见

不久前，V.瓦里恰克在本刊[②]上发表了一些意见，对这些意见是不应当置之不理的，因为它们可能引起混乱。

这位作者不正确地表述了洛伦兹**关于物理事实**的理解和我的理解之间的差别。关于洛伦兹收缩是不是**真实的**问题，会把人引入歧途。只要这种收缩对于一个随之运动的观察者是不存在的，那它就的确是不“真实的”；但是，从它对于一个不随之运动的观察者在原则上可以用物理方法加以证明这一点来说，它是“**真实的**”。这一点，正是埃伦菲斯特(P. Ehrenfest)以非常美妙的方式予以阐明了的。

一个相对于参照系 K 运动的物体，当我们查明在 K 的一个确定时刻 t 同运动物体的质点相重合的 K 中的点时，我们就得到

---

① 1911年2月，V.瓦里恰克(Varičak)在莱比锡《物理学的期刊》(*Physik. Zeitsch.*)上发表了一篇题为《关于埃伦菲斯特的悖论》的论文。他认为，“根据洛伦兹的观点，运动的刚体在运动方向上的收缩是一种客观上发生的变化……同观察者无关”。但是，“如果采取爱因斯坦的观点，则所说的收缩仅仅是一种由我们校准时钟和度量长度的方法所引起的表观的主观的现象”。对此，爱因斯坦于1911年5月在布拉格写了这篇评论，发表在《物理学的期刊》，1911年，12卷，509—510页上。这里译自该刊。——编译者

② V.瓦里恰克(Varičak)，《物理学的期刊》，1911年，12卷，169页。——原注

这个物体相对于 K 的形状。既然这种约定中所用的同时性概念对于 K 是完备的，也就是说，它是这样被定义的，根据这种定义用实验方法来证实同时性在原则上是可能的，那么，洛伦兹收缩在原则上是可知觉到的。

这一点瓦里恰克先生也许会承认，从而会在某种意义上撤回他关于洛伦兹收缩是一种"主观现象"的说法。但是他也许会坚持这样的观点，认为洛伦兹收缩的根源完全在于任意规定"我们校准时钟和度量长度的方法"。下述理想实验表明，这种观点是多么缺乏根据。

设有两个（静止时相比较）等长的量杆 $A'B'$ 和 $A''B''$，它们能够沿着一个非加速的坐标系的 X 轴，同 X 轴平行地、以同样的取向滑动。当 $A'B'$ 向 X 轴的正方向，$A''B''$ 向 X 轴的负方向，以任意大的恒速度运动时，$A'B'$ 和 $A''B''$ 应当相互滑动而过。这时端点 A' 和 A'' 在 X 轴的一个 A^* 点上相遇，端点 B' 和 B'' 在 X 轴的一个 B^* 点上相遇。于是，根据相对论，距离 A^*B^* 小于量杆 $A'B'$ 和 $A''B''$ 中任何一个的长度，这是可以由一个在静止状态中同线段 A^*B^* 相重合的量杆来加以证实的。

关于引力对光传播的影响[①]

在四年以前发表的一篇论文[②]中，我曾经试图回答这样一个问题：引力是不是会影响光的传播？我之所以要再回到这个论题，是因为以前关于这个题目的讲法不能使我满意，并且更是因为我现在进一步看到了我以前的论述中最重要的结果之一可以在实验上加以检验。根据这里要加以推进的理论可以得出这样的结论：经过太阳附近的光线，要经受太阳引力场引起的偏转，使得太阳同出现在太阳附近的恒星之间的角距离表观上要增加将近弧度一秒。

在这些思考的过程中，还产生了一些有关引力的进一步的结果。但是由于对整个考查的说明是相当难以理解的，因此下面就应该只提出几个十分初步的思考，读者由此能够容易地了解这个理论的前提以及它的思路。这里推导得的关系，即使理论基础是正确的，也只是对于第一级近似才有效。

---

① 此文写于 1911 年 6 月，当时爱因斯坦在布拉格大学任教。最初发表在德国《物理学杂志》，1911 年，第 4 编，35 卷，898—908 页。这里译自 H. A. 洛伦兹、A. 爱因斯坦、H. 明可夫斯基论文集《相对性原理》(*Das Relativitätsprinzip*)，莱比锡 Teubner，1922 年第四版，72—80 页，译时参考了该书的英译本(*The Principle cf Relativity*)，W. 帕勒特(Perrett)和 G. B. 杰费利(Jeffery)译，伦敦 Methuen 1923 年版，99—108 页。——编译者

② A. 爱因斯坦，《放射学和电子学年鉴》(*Jahrbuch für Radioakt. und Elekronik*)，1907 年，第 4 卷，411—462 页。——原注〔见本书 164—228 页。——编译者〕

§ 1. 关于引力场的物理本性的假设

在一均匀重力场(重力加速度 γ)中,设有一静坐标系 K,它所取的方向使重力场的力线是向着 z 轴的负方向。在一个没有引力场的空间里,设有第二个坐标系 K',在它的 z 轴的正方向上以均匀加速度(加速度 γ)运动着。为了考虑问题时避免不必要的复杂化,我们暂且在这里不考虑相对论,而从习惯的运动学的观点来考查这两个坐标系,并且从通常的力学的观点来考查出现在这两个坐标系中的运动。

相对于 K,以及相对于 K',不受别的质点作用的质点是按照方程

$$\frac{d^2 x_\nu}{dt^2}=0, \qquad \frac{d^2 y_\nu}{dt^2}=0, \qquad \frac{d^2 z_\nu}{dt^2}=-\gamma$$

运动的。对于加速坐标系 K',这可以从伽利略原理直接得出;但是对于在均匀引力场中静止的坐标系 K,可以从这样的经验中得出,这经验就是,在这种场中的一切物体都受到同等强度并且均匀的加速。重力场中一切物体都同样地降落,这一经验是我们对自然观察所得到的一个最普遍的经验;尽管如此,可是这条定律在我们的物理学世界图像的基础中却不占有任何地位。

但是,对于这条经验定律,我们得到了一种很令人满意的解释,只要我们假定 K 和 K' 两个坐标系在物理学上是完全等效的,那就是说,只要我们假定:我们同样可以认为坐标系 K 是在没有引力场的空间里,但为此我们必须在这时认为 K 是在均匀加速才行。这种想法使得我们不可能说什么参照系的**绝对加速度**,正像

通常的相对论不允许我们谈论一个参照系的**绝对速度**一样。[1] 这种想法使得重力场中一切物体的同样的降落成为自明的。

只要我们限于仅讨论牛顿力学适用范围内的纯力学过程，我们就确信坐标系 K 和 K' 的等效性。但是，除非坐标系 K 和 K' 对于一切物理过程都是等效的，也就是说，除非相对于 K 的自然规律同相对于 K' 的自然规律都是完全一致的，我们的这个想法就没有更深的意义。当我们假定了这一点，我们就得到了这样一条原理，如果它真是真实的，它就具有很大的启发意义。因为从理论上来考查那些相对于一个均匀加速的坐标系而发生的过程，我们就获得了关于均匀引力场中各种过程的全部历程的信息。下面首先要加以指明的是，从通常的相对论的观点来看，我们这个假说具有多大程度值得考虑的盖然性。

§2. 关于能量的重力

相对论得到这样一个结果：物体的惯性质量随着它所含的能量而增加；如果能量增加了 E，那么惯性质量的增加就等于 E/c^2 此处 c 表示光速。现在对应于这个惯性质量的增加会不会也有引力质量的增加呢？要是没有，那么一个物体在同一个引力场中就会按照它所含能量的多少而以不同的加速度降落。相对论的那个把质量守恒定律合并到能量守恒定律的多么令人满意的结果就会保持不住了；因为如果是这样，我们就不得不放弃以**惯性**质量旧形

---

① 自然，我们不可能用没有引力场的坐标系的运动状态来代替一个任意的重力场，同样也不可能用相对性变换把一个任意运动着的媒质上的一切点都变换成静止的点。——原注

式来表示的质量守恒定律，而对于引力质量却还是能保持住。

但是必须认为这是非常靠不住的。另一方面，通常的相对论并没有给我们提供任何论据，可推论出物体的重量对于它所含能量的依存关系。但是我们将证明，我们关于坐标系 K 和 K' 等效的假说给出了能量的重力作为必然的结果。

设有两个备有量度仪器的物质体系 S_1 和 S_2，位于 K 的 z 轴上，彼此相隔距离 h，① 使得 S_2 中的引力势比 S_1 中的引力势大 $\gamma \cdot h$. 有一定的能量 E 以辐射的形式从 S_2 发射到 S_1. 这时用某些装置来量度 S_1 和 S_2 中的能量，这些装置——带到坐标系 z 的一个地方，并在那里进行相互比较——都是完全一样的。关于这个通过辐射来输送能量的过程，我们不能先验地加以论断，因为我们不知道重力场对于辐射以及 S_1 和 S_2 中的量度仪器的影响的。

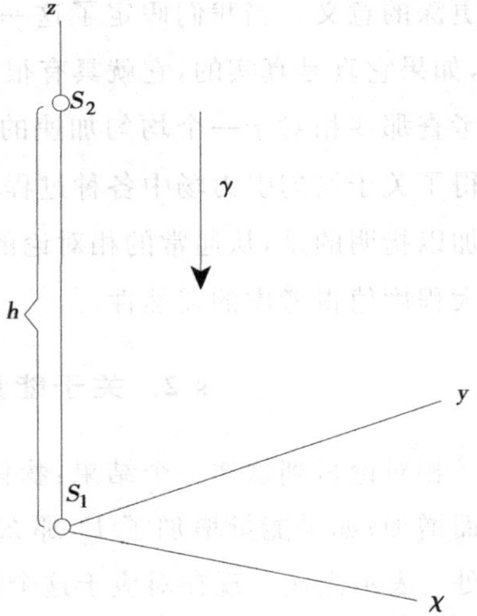

图 1

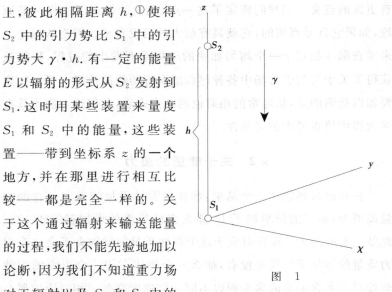

但是，根据我们关于 K 和 K' 等效性的假定，我们能够把均匀重力场中的坐标系 K 代之以一个没有重力的、在正的 z 方向上均

① S_1 和 S_2 的大小同 h 相比较，可以看作是无限小的。——原注

匀加速运动的坐标系 K'，而两个物质体系 S_1 和 S_2 是同它的 z 轴坚固地连接在一起的。

我们从一个没有加速度的坐标系 K_0 出发，来判断由 S_2 辐射到 S_1 的能量转移过程。当辐射能 E_2 从 S_2 射向 S_1 的瞬间，设 K' 相对于 K_0 的速度是零。当时间过去了 h/c（取第一级近似值），这辐射会到达 S_1. 但是在这一瞬间，S_1 相对于 K_0 的速度是 $\gamma \cdot h/c=v$. 因此，按照通常的相对论，到达 S_1 的辐射所具有的能量不是 E_2，而是一个比较大的能量 E_1，它同 E_2 在第一级近似上以如下的方程发生关系：①

$$E_1=E_2\left(1+\frac{v}{c}\right)=E_2\left(1+\frac{\gamma h}{c^2}\right). \tag{1}$$

根据我们的假定，如果同样的过程发生在没有加速度，但具有引力场的坐标系 K 中，那么同样的关系也完全有效。在这种情况下，我们可以用 S_2 中的引力矢量的势 Φ 来代替 γh，只要置 S_1 中的 Φ 的任意常数等于零就行了。我们因而得到方程

$$E_1=E_2+\frac{E_2}{c^2}\Phi, \tag{1a}$$

这个方程表示关于所考查过程的能量定律。到达 S_1 的能量 E_1，大于用同样方法量得的在 S_2 中辐射出去的能量，而这个多出来的能量就是质量 E_2/c^2 在重力场中的势能。这就证明了，为了使能量原理得以成立，我们必须把由一个相当于（重力）质量 E/c^2 的重

① A. 爱因斯坦，《物理学杂志》，1905 年，17 卷，913—914 页。——原注〔见本书 127—130 页。——编译者〕

力[而产生]的势能归属于在 S_2 发射以前的能量 E。我们关于 K 和 K' 等效的假定因而就消除了本节开头所说的那种困难，而这困难是通常的相对论所遗留下来的。

如果我们考查一下如下的循环过程，这个结果的意义就显得特别清楚：

1. 把能量 E(在 S_2 中量出)以辐射形式从 S_2 发射到 S_1，按照刚才得到的结果，S_1 就吸收了能量 $E(1+\gamma h/c^2)$(在 S_1 中量出)。

2. 把一个具有质量 M 的物体 W 从 S_2 下降到 S_1，在这一过程中向外给出了功 $M\gamma h$。

3. 当物体 W 在 S_1 时，把能量 E 从 S_1 输送到 W。因此改变了重力质量 M，使它获得 M' 值。

4. 把 W 再提升到 S_2，在这一过程中应当花费功 $M'\gamma h$。

5. 把 E 从 W 输送回 S_2。

这个循环过程的效果只在于 S_1 经受了能量增加 $E(\gamma h/c^2)$，而能量

$$M'\gamma h - M\gamma h$$

以机械功的形式输送给这个体系。根据能量原理，因此必定是

$$E\frac{\gamma h}{c^2} = M'\gamma h - M\gamma h,$$

或者

$$M' - M = \frac{E}{c^2}. \tag{1b}$$

于是**重力**质量的增加量等于 E/c^2，因而又等于由相对论所给的惯

性质量的增加量。

这个结果还可以更加直接地从坐标系 K 和 K' 的等效性得出来；根据这种等效性，对于 K 的**重力**质量完全等于对于 K' 的**惯性**质量；因此能量必定具有**重力**质量，其数值等于它的**惯性**质量。如果在坐标系 K' 中有一质量 M_0 挂在一个弹簧秤上，由于 M_0 的惯性，弹簧秤会指示出表观重量 $M_0\gamma$。我们把能量 E 输送到 M_0，根据能量的惯性定律，弹簧秤会指示出 $\left(M_0+\frac{E}{c^2}\right)\gamma$。按照我们的基本假定，当这个实验在坐标系 K 中重做，也就是说在引力场中重做时，必定出现完全同样的情况。

§3. 重力场中的时间和光速

如果在均匀加速的坐标系 K' 中从 S_2 射向 S_1 的辐射，就 S_2 中的钟来说，它具有频率 ν_2，那么在它到达 S_1 时，就放在 S_1 中一只性能完全一样的钟来说，它相对于 S_1 所具有的频率就不再是 ν_2，而是一个较大的频率 ν_1，其第一级近似值是

$$\nu_1=\nu_2\left(1+\frac{\gamma h}{c^2}\right). \tag{2}$$

因为如果我们再引进无加速度的参照系 K_0，相对于它，在光发射时，K' 没有速度，那么在辐射到达 S_1 时，S_1 相对于 K_0 具有速度 $\gamma(h/c)$，由此，根据多普勒原理，就直接得出上述关系。

按照我们关于坐标系 K' 和 K 等效的假定，这个方程对于具有均匀重力场的静止坐标系 K 也该有效，只要在这个坐标系中有

上述辐射输送发生。由此可知，一条在 S_2 中在一定的重力势下发射的光线，在它发射时——对照 S_2 中的钟——具有频率 ν_2，而在它到达 S_1 时，如果用一只放在 S_1 中的性能完全相同的钟来度量，就具有不同的频率 ν_1. 我们用 S_2 的重力势 Φ——它以 S_1 作为零点——来代替 γh，并且假定我们对于**均匀**引力场所推导出来的关系也适用于别种形式的场；那么就得到

(2a) $$\nu_1=\nu_2\left(1+\frac{\Phi}{c^2}\right).$$

这个(根据我们的推导在第一级近似有效的)结果首先允许作下面的应用。设 ν_0 是用一只精确的钟在同一地点所量得的一个基元光发生器的振动数。于是这个振动数同光发生器以及钟安放在什么地方都是没有关系的。我们可以设想这两者都是在太阳表面的某一个地方(我们的 S_2 就在那里)。从那里发射出去的光有一部分到达地球(S_1)，在地球上我们用一只同刚才所说的那只钟性能完全一样的钟 U 来量度到达的光线的频率。因此，根据(2a)，

$$\nu=\nu_0\left(1+\frac{\Phi}{c^2}\right),$$

此处 Φ 是太阳表面同地球之间的(负的)引力势差。于是，按照我们的观点，日光谱线同地球上光源的对应谱线相比较，必定稍微向红端移动，而且事实上移动的相对总量是

$$\frac{\nu_0-\nu}{\nu_0}=-\frac{\Phi}{c^2}=2\cdot 10^{-6}.$$

要是产生日光谱线的条件是完全已知的，这个移动也就可以量得出来。但是由于有别的作用(压力、温度)影响这些谱线重心的位

置，那就难以发现这里所推断的引力势的影响实际上究竟是否存在。①

在肤浅的考查下，方程(2)或者(2a)，似乎表述了一种谬误。在从 S_2 到 S_1 有恒定的光传送的情况，除了 S_2 中所发射的以外，怎么可能还有别的每秒周期数到达 S_1 呢？但答案是简单的。我们不能把 ν_2 或 ν_1 简单地看作是频率(作为每秒周期数)，因为我们还没有确定坐标系 K 中的时间。ν_2 所表示的是参照于 S_2 中的钟 U 的时间单位的周期数，而 ν_1 却表示参照于 S_1 中同样性能的钟的单位时间周期数。没有理由可迫使我们假定在不同引力势中的两只钟 U 必须认为是以同一速率运行的。相反，我们倒不得不这样来定义 K 中的时间：处在 S_2 同 S_1 之间波峰和波谷的数目同时间的绝对值无关；因为所观察的这个过程按其本性是一种稳定的过程。要是我们不满足于这个条件，我们所得到的时间定义在应用时，就会使时间明显地进入自然规律之中，这当然是不自然的，也是不适当的。因此，S_1 和 S_2 中两只钟并不是都正确地给出"时间"。如果我们用钟 U 来量 S_1 中的时间，**那么我们就必须用这样的一只钟来量 S_2 中的时间，这只钟如果在同一个地方同钟 U 作比较时，它就要比 U 慢 $1+\Phi/c^2$ 倍**。因为，用一只这样的钟来量，上述光线当它在 S_2 中发射时的频率是

① L. F. 热韦耳(Jewell)(法国《物理学期刊》(*Journ. de Phys.*)，1897 年，第 6 卷，84 页)，尤其是 Ch. 法布里(Fabry)和 H. 布瓦松(Boisson)(法国科学院《报告》(*Compt. Rend.*)，1909 年，148 卷，688—690 页)实际上已经以这里所计算的数量级发现精细谱线向光谱红端的这种位移，但是他们把这些位移归因于吸收层的压力的影响。——原注

$$\nu_2\left(1+\frac{\Phi}{c^2}\right),$$

从而根据(2a),它也就等于这道光线到达 S_1 时的频率 ν_1。

由此得到一个对我们的理论有根本性重要意义的一个结果。因为,如果我们用一些性能完全一样的钟 U,在没有引力的、加速坐标系 K' 中不同地方来量光速,我们就会在处处得到同一数值。根据我们的基本假定,这对于坐标系 K 也该同样有效。但是从刚才所说的,我们在一些具有不同引力势的地方量度时间时,就必须使用性能不同的钟。因为要在一个相对于坐标原点具有引力势 Φ 的地方量时间,我们必须使用的钟——当它移到坐标原点时——要比在坐标原点上量时间所用的那只钟慢 $(1+\Phi/c^2)$ 倍。如果我们把坐标原点上的光速叫做 c_0,那么在一个具有引力势 Φ 的地方的光速 c 就由关系

$$c=c_0\left(1+\frac{\Phi}{c^2}\right) \tag{3}$$

得出。光速不变原理仍然适用于这个理论,但是它已不像平常那样作为通常的相对论的基础来理解了。

§4. 光线在引力场中的弯曲

由刚才证明的“在引力场中的光速是位置的函数”这个命题,可以用惠更斯原理容易地推论出:光线传播经过引力场时必定要受到偏转。设 ε 是一平面光波在时间 t 时的波前,P_1 和 P_2 是那个平面上的两个点,彼此相隔一个单位的距离。P_1 和 P_2 是在这张纸的平面上,并且这样来选择它,使得在这平面的法线方向上所

取的 Φ 的微商等于零，因而 c 的微商也等于零。当我们分别用以

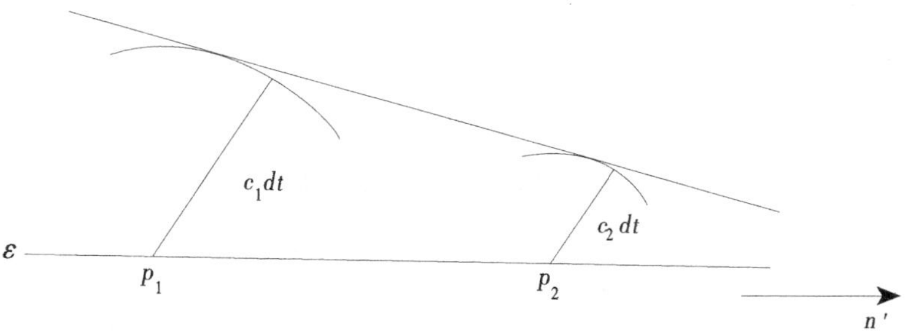

图 2

P_1 和 P_2 两点为中心、c_1dt 和 c_2dt 为半径作出圆（此处 c_1 和 c_2 分别表示 P_1 和 P_2 点上的光速），再作出这些圆的切线，我们就得到在时间 $t+dt$ 的对应的波前，或者波前同这张纸平面的交线。这道光线在路程 cdt 中的偏转角因而是①

$$\frac{(c_1-c_2)dt}{c}=-\frac{1}{c}\frac{\partial c}{\partial n'}dt,$$

如果光线是弯向 n' 增加的那一边，我们就把偏转角算作是正的。每单位光线路程的偏转角因而是

$$-\frac{1}{c}\frac{\partial c}{\partial n'},\text{或者根据(3)，等于}-\frac{1}{c^2}\frac{\partial \Phi}{\partial n'}.$$

最后，我们得到光线在任何路线(s)上所经受的向着 n' 这一边的偏转 α 的表示式

① 原文中这个方程是：$\frac{(C_1-C_2)dt}{C}=-\frac{\partial C}{\partial n'}dt$. ——编译者

$$\alpha=-\frac{1}{c^2}\int\frac{\partial\Phi}{\partial n}ds. \tag{4}$$

通过直接考查光线在均匀加速坐标系 K' 中的传播，并且把这结果转移到坐标系 K 中，由此又转移到任何形式的引力场的情况中，我们也可以得到同样的结果。

根据方程(4)，光线经过天体附近要受到偏转，偏转的方向是向着引力势减小的那一边，因而是向着天体的那一边，偏转的大小是

$$\alpha=\frac{1}{c^2}\int_{\vartheta=-\frac{\pi}{2}}^{\vartheta=+\frac{\pi}{2}}\frac{kM}{r^2}\cos\vartheta\cdot ds=\frac{2kM}{c^2\Delta},$$

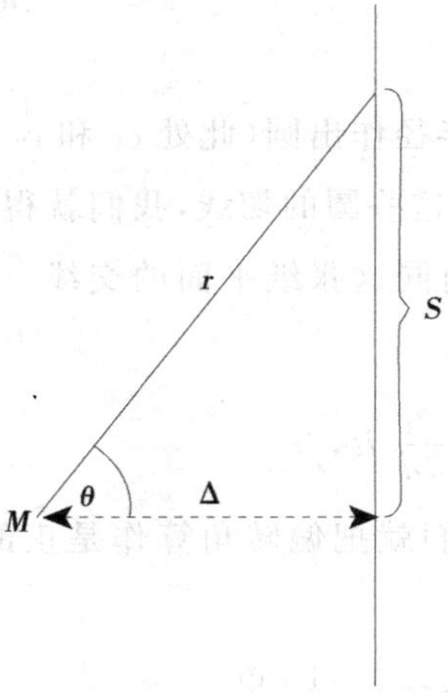

图 3

此处 k 表示引力常数，M 表示天体的质量，Δ 表示光线同天体中心的距离。**光线经过太阳附近因此要受到 $4\cdot10^{-6}=0.83$ 弧度秒的偏转。**① 星球同太阳中心的角距离由于光线的偏转显得增加了这样一个数量。由于在日全食时可以看到太阳附近天空的恒星，理论的这一结果就可以同经验进行比较。对于木星，所期望的位移大约达到上述数值的 1/100. 迫切希望天文学家接受这里

① 不久以后，爱因斯坦建立了完整的广义相对论，由此推算得光线经过太阳附近的偏转角该是这个数值的一倍，即 1.7″(参见本书 319 页和 391 页)。1960 年希夫(L. I. Schiff)曾指出：如果同时考虑到钟的快慢和量杆的长短都会变化，那么从等效原理也可以得出完全的广义相对论所预示的数值(参见《美国物理学期刊》(*American Journal of Physics*)，1960 年，28 卷，340 页)。——编译者

所提出的问题，即使上述考查看起来似乎是根据不足或者完全是冒险从事。除了各种理论[问题]以外，人们还必然会问：究竟有没有可能用目前的装置来检验引力场对光传播的影响。

光化当量定律的热力学论证①

此文主要采用热力学的方法来同时导出维恩(Wien)辐射定律和光化当量定律。根据我对后一个定律的理解,在光化学过程中,每分解一摩尔质量的物质就需要吸收辐射能 $Nh\nu$,N 为一摩尔中的分子数目,h 是熟知的普朗克辐射公式中的常数,ν 表示起作用的辐射频率。② 该定律基本上是一个假设的推论,该假设就是单位时间内分解的分子数目和起作用的辐射的密度成正比;然而应该强调的是,正如这篇论文的结论所简要地指出的那样,热力学关系和辐射定律不容许用任何其他任意的假设来取代这个假设。

从下面可以更加清楚地推知,当量定律和导致该定律的那些假设只有当起作用的辐射是在维恩定律有效的范围内才成立。但是,现在对于这样的辐射,定律的有效性几乎是毋庸置疑的了。

---

① 本文写于1912年1月,布拉格,发表于莱比锡《物理学杂志》,1912年,37卷,832—838页。这里译自《爱因斯坦全集》(*The Collected Papers of Albert Einstein*),第4卷,1995年,普林斯顿大学出版社(Princeton University Press),115—121页。由乐秀成同志译。——编者

② 参见爱因斯坦,*Ann. d. Phys.* 4(17). p. 132。[1]——原注

§1. 从质量作用定律的角度看辐射和部分离解的气体之间的热力学平衡

设在体积 V 中混有三种不同化学组成的气体，其相对分子质量分别为 m_1、m_2、m_3. n_1 为第一种气体的克分子数，n_2 为第二种的，n_3 为第三种的。[①] 设想在这三种分子之间可以发生这样的反应，由一个第一种分子可以分解成一个第二种分子和一个第三种分子。在热力学平衡状态中下面两种反应

$$m_1 \rightarrow m_2 + m_3$$

$$m_2 + m_3 \rightarrow m_1$$

以相同的频率发生。我们现在考察这种情况，分子 m_1 只有在热辐射的作用下才会分解，而且起作用的只是热辐射中的一部分，这种辐射的频率同特定的频率 ν_0 相差很小。令在这样的分解中被吸收的辐射能平均值为 ε. 在这种场合，和这种分解相反的过程是由 m_2 和 m_3 合成 m_1 并且发射出频率为 ν_0 的辐射，而且也只发射出频率为 ν_0 的辐射，并且在重新组合过程中发射出的辐射能的平均值必须也正好等于 ε，因为如果不是这样的话，气体的存在会破坏辐射的平衡；因此，分解过程的数目恰好等于合成过程数目。

假如混合气体的温度为 T，如果在空间过程里有一种频率在 ν_0 附近的（单色的）辐射，对应于辐射温度 T，其辐射密度为 ρ，那么系统在任何情况下都可以处于热力学平衡。我们现在再更精确地分析一下这两种相互抵消的反应，以便给出关于它们的机制的

① 自然用 2 和 3 来标记的气体之一也可以由电子所组成。——原注

某些假设。

假设第一种分子所发生的分解就像其他分子根本不存在一样(假设Ⅰ)。于是就可以得出结论,我们必须假设,在其他条件都相同的情况下,在单位时间内第一种分子分解的数目同这种分子现有的数目(n_1)成正比,而且单位时间内分解的分子数是同三种气体的密度不相关的。此外,我们还假设,在某一时刻第一种分子分解的概率是同这种单色辐射密度 ρ 成正比的(假设Ⅱ)。

关于这些假设,必须强调指出,主要是第二个假设,它的正确性绝不是自明的。其中包括这样的命题,射在物体上的辐射的化学效应仅仅依赖于起作用的辐射总量,而不依赖于辐射的强度,这个假设完全排除了辐射作用低阈值的存在。后面这个结论使我们同瓦尔堡(E. Warburg)的两篇文章相冲突,①而正是这两篇文章激励我从事目前的这项工作。

从这两条假设可以得出结论,第一种分子在单位时间内分解的数目 Z 由下面的表述式给出:

$$Z = A\rho n_1. \tag{1}$$

如上所述,比例因子 A 仅仅与气体的温度 T 有关。按照前面所说,在辐射密度 ρ(在频率为 ν_0 时)不同于对应于气体温度为 T 时的密度的场合,这个方程也是有效的。

至于重新组合的过程,我们认为从质量作用定律的意义上讲是一般的二级反应,第一种分子在单位时间内合成的数目和浓度

① *E. Warburg, Verh. d. Deutsch, Physik. Ges.* 9. p. 24. 1908 *und* 9. p. 21. 1909. ——原注

n_2/V 及 n_3/V 的乘积成正比，这里的比例系数只和气体温度有关而同现有的辐射密度无关(假设Ⅲ)。因此，在单位时间内合成的第一种分子和数目为 Z'

$$Z'=A'\cdot V\cdot\frac{n_2}{V}\cdot\frac{n_3}{V}.\tag{2}$$

我们所考察的体系是由辐射和混合气体所构成，在体系中如果分解的数目 Z 等于重新合成的数目 Z'，该体系就总是处于热力学平衡状态；因为在这种情况下，不但每种气体的数量而且存在的辐射量都保持不变。① 这个条件可以表示成：

$$\frac{\frac{n_2}{V}\frac{n_3}{V}}{\frac{n_1}{V}}=\frac{\eta_2\eta_3}{\eta_1}=\frac{A}{A'}\rho,\tag{3}$$

这里的 A 和 A' 只依赖于混合气体的温度。用这种论证得到的一个特殊的推论就是在一个给定的气体温度下和一个任意给定的辐射密度(也就是辐射温度)下，热力学的平衡应该是可能的。但是，这里并不违背(热力学)第二定律，这一定律是和下列事实相联系的，即一个特定的化学过程必然同从辐射到气体的热传递相联系；人们不能借助于我们考察的这个体系来构造一个第二类永动机。

§2. 在§1中所考察的系统的热力学平衡条件

设 S_s 为体积 V 中所含辐射的熵，S_g 为混合气体的熵，那么对于上一节所给出的每一种平衡状态必须满足如下条件，即当辐射

① 在阅读校样时我注意到，对后面的讨论至关重要的这个结论只有在这样的假设下才能成立，那就是在给定的气体温度下，ε 与 ρ 无关。——原注

和气体的状态发生无限小的虚变化时，熵的总量应保持不变。所考察的虚变化就是在第一种气体的一摩尔气体分解的同时，辐射能量 N_ε（在 ν_0 附近）转换为混合气体的能量。在这样一种虚变化中，混合气体的温度变化将变化到不能忽略不计的程度。为了避免这种情况，我们以一种熟知的方式来设想，混合气体是同一个温度为 T 的无限大热库永远保持热传导的联系。在这种场合，在虚变化过程中，混合气体的温度就不再发生变化；另一方面，人们必须考虑到，如果用 E_s 表示辐射能，E_g 表示气体的能量，那么在虚变化过程中，热库吸收的热能为 $-(\delta E_s+\delta E_g)$。因此，平衡条件就为

$$\delta S_s+\delta S_g-\frac{\delta E_s+\delta E_g}{T}=0. \tag{4}$$

现在我们来计算这个式子中的每一项。在我们考察的虚变化中，前两项为

$$\delta E_s=-N_\varepsilon,$$

$$\delta S_s=-\frac{N_\varepsilon}{T_s},$$

这里的 T_s 表示对应于辐射密度 ρ 的温度。我们用惯用的热力学方法来计算和气体有关的变化，在这里我们把比热处理成——这对于后面的论述无关紧要——与温度无关。首先人们得到

$$E_a=\sum n_1\{c_{\nu_1}T+b_1\},$$

$$S_a=\sum n_1\left\{c_{\nu_1}\lg T+c_1-R\lg\frac{n_1}{V}\right\}.$$

这些符号的意义是：

c_{ν_1} 是体积恒定时每克分子的热容量；

b_1 是 $T=0$ 时，第一种气体每克分子的能量；

c_1 是第一种气体熵的积分常数。

从这些方程立即可以得到：

$$\delta E_g=\sum \delta n_1\{c_{\nu_1}T+b_1\},$$

$$\delta S_g=\sum \delta n_1\left\{c_{\nu_1}\lg T+c_1-R-R\lg\frac{n_1}{V}\right\},$$

在这里人们必须设定

$$\delta n_1=-1,\qquad \delta n_2=+1,\qquad \delta n_3=+1. \tag{4a$'$}$$

利用这些变分方程和方程(3)、方程(4)取如下形式

$$-\frac{N_\varepsilon}{RT_s}+\lg\alpha-\lg\left(\frac{A}{A'}\rho\right)=0, \tag{4a}$$

这里的简写符号表示

$$\lg\alpha=\frac{N_\varepsilon}{RT}+\frac{1}{R}\sum \delta n_1\left\{c_{\nu_1}\lg T+c_1-R-c_{\nu_1}-\frac{b_1}{T}\right\}. \tag{4a$''$}$$

这里的 α 是与温度 T_s 无关的量。

§3. 从平衡条件得出的结论

我们现在把(4a)写成这种形式

$$\rho=\frac{A'\alpha}{A}e^{-\frac{N_\varepsilon}{RT_s}}. \tag{4b}$$

因为 T_s 与 ρ 的关系与 T 无关，所以量 $A'\alpha/A$ 和 ε 也必定同 T 无关。既然这些量与 T_s 无关，我们完全能确定 ρ 和 T_s 的相互关系，它符合维恩的辐射公式，由此我们得出结论：

在§1 给出的有关光化过程的假设，只有当起作用的辐射是

在维恩辐射定律有效的范围之内，才可以同经验上已知的热辐射定律相容，但是在这种情况下维恩定律是我们假设的一个推论。

如果引进普朗克常数，我们可以把维恩辐射公式写成如下形式

$$\rho=\frac{8\pi h\nu^3}{c^3}e^{-\frac{h\nu}{xT_s}},$$

将此式与(4b)相比较，我们看到必须满足下列方程

$$\varepsilon=h\nu_0,\tag{5}$$

$$\frac{A'\alpha}{A}=\frac{8\pi h\nu_0^3}{c^3}.\tag{6}$$

从(5)式还可以得到一个重要的推论，就是由于吸收频率为 ν_0 的辐射而分解一定量的气体时吸收的辐射能（平均）为 $h\nu_0$. 我们假设了最简单的反应方式，但是可用同样的方法对其他气体在光吸收情况下发生的反应导出方程(5)。同样，十分明显，对于稀溶液采用类似的方法也可以证明这种关系。可以说它是普遍有效的。

我们可以借助(6)进一步取代(4a″)式中的量 α，考虑到(3)式，采用缩写记号 $\eta_2\eta_3/\eta_1=x$ 并应用维恩的辐射公式，我们就得到

$$\lg x=\frac{Nh\nu_0}{RT}-\frac{Nh\nu_0}{RT_s}+\frac{1}{R}\sum\delta n_1\left\{c_{\nu_1}\lg T+c_1-(c_{\nu_1}+R)-\frac{b_1}{T}\right\}.$$

当 $T=T_s$ 时，这个方程就变成著名的气体离解平衡方程式，这证明了前面建立的理论和离解的热力学理论并不矛盾。

广义相对论和引力论纲要[①]

同 M. 格罗斯曼合著

Ⅰ. 物理学部分

产生这个理论的基础是这样一种信仰，即相信惯性质量同引力质量成正比是准确的自然规律，它应当在理论物理的原理中找到它自身的反映。我在以往的一些试图把**引力**质量归结为**惯性**质量的论文[②]中，力图表达出这种信仰；这种意图引导我作出这样的假说：在物理学上，(在无限小的体积中均匀的)引力场完全可以代替加速运动的参照系。显然，这个假说也可以表述如下：在一个封闭箱中的观察者，不管用什么方法也不能确定，究竟箱是静止在一

---

① 这篇论文是 1913 年爱因斯坦同他大学时的同学马尔塞耳·格罗斯曼(Marcel Grossmann)合写的，第一部分(物理学部分)由爱因斯坦执笔，第二部分由格罗斯曼执笔，当时他们都在母校苏黎世工业大学任教。1912—1913 年间，爱因斯坦在格罗斯曼的帮助下，克服了数学上的困难，建立了引力的度规场理论，这篇论文就是这一工作的总结。原文发表在德国《数学和物理学期刊》(*Zeits. Math. und Phys.*)，1913 年，62 卷，225—261 页。同时由莱比锡的 Teubner 出版社出了单行本。这里转译自《爱因斯坦科学著作集》俄文版，第一卷，莫斯科，科学出版社，1965 年，227—266 页。——编译者

② A. 爱因斯坦，《物理学杂志》，4 编，35 卷，898 页，1911 年〔见本书 231—243 页。——编译者〕38 卷，355 页，1912 年。——原注

个静止的引力场中呢，还是处在没有引力场但却作加速运动（由加于箱的力所引起）的空间中呢（等效假说）。

由于厄缶（R. Eötvös）的基本研究①，我们知道了引力质量同惯性质量成正比总是在非常高的准确程度上成立这一事实；而厄缶的研究是以下述推论为基础的。处于地球表面的物体既受到引力，又受到由于地球的转动而产生的离心力。第一个力同引力质量成正比，第二个力同惯性质量成正比。因此，假如惯性质量同引力质量不成正比，那么，这两个力的合力方向，即表观引力的方向（竖直方向）应当取决于所考查的物体的物理性质。在这种情况下，作用在非均匀刚性体系的各个部分的表观引力，一般说来，不能合成一个合力；在一般情况下，还留下表观引力的转动力矩，这可以由挂在没有扭转的线上的体系显示出来。在十分仔细地查明了这种转动力矩不存在之后，厄缶指出，对于他所研究的物体，两种质量的比例同物体的性质无关这一点是准确到如此程度，以致对于不同物质这种比例的臆想的相对差别不可能超过两千万分之一。

在放射性物质衰变过程中释放出非常巨大的能量，按照相对论，同这种能量的减少相对应的体系的惯性质量的变化不是远远小于总质量的。② 比如，在镭的衰变过程中这种减少的质量共计为总质量的 1/10000. 假如引力质量的变化不符合惯性质量的这种变化，那么惯性质量同引力质量的偏离就会大大超过厄缶实验

---

① R. 厄缶，《匈牙利数学和自然科学报告》（*Mathematische und naturwissenschaftliche Bericht aus Ungarn*），VIII，65 页，1890 年；Wiedemann 增刊，1891 年，XV，688 页。——原注

② 如所周知，与能量 E 相对应的惯性质量的减少为 E/c^2，其中 c 为光速。——原注

的容许值。因此应当认为，惯性质量同引力质量准确相等是非常可能的。根据这个理由，在我们看来，反映引力质量和惯性质量在物理学上等值的等价假说在很大程度上是可能的。[①]

§1. 在静止引力场中的质点运动方程

根据通常的相对论，[②]自由质点按照下列关系式而运动：

$$\delta\left\{\int ds\right\}=\delta\left\{\sqrt{-dx^2-dy^2-dz^2+c^2dt^2}\right\}=0. \tag{1}$$

这个关系式只是断言，质点是沿直线并匀速地运动的。它是哈密顿形式下的质点运动方程，也可以把它写成如下形式：

$$\delta\left\{\int Hdt\right\}=0, \tag{1a}$$

并且

$$H=-\frac{ds}{dt}m,$$

而 m 是静止质点的质量。

用人所共知的方法，由此得出运动质点的动量(I_x, I_y, I_z)和能量 E：

$$\left.\begin{aligned}I_x&=m\frac{\partial H}{\partial x}=m\frac{\dot{x}}{\sqrt{c^2-q^2}}\text{等等},\\ E&=\frac{\partial H}{\partial \dot{x}}\dot{x}+\frac{\partial H}{\partial \dot{y}}\dot{y}+\frac{\partial H}{\partial \dot{z}}\dot{z}-H=m\frac{c^2}{\sqrt{c^2-q^2}}.\end{aligned}\right\} \tag{2}$$

这些关于能量和动量的表示式同普通的表示式的差别仅仅在

① 参见本文的§7.——原注

② 比如，参见 M. 普朗克，《德国物理学会会议录》(*Verh. deutsch. phys. Ges.*)，1906 年，136 页。——原注

于：I_x，I_y，I_z 和 E 的普通表示式还包含一个因子 c. 可是，既然在通常的相对论中 c 是常数，那么由此所导出的公式该同通常的公式相当。区别仅在于，现在的 I 和 E 具有不同的大小。

在以前的论文中我曾指出，等价假说导致这样的结果：在静止引力场中，速度 c 取决于引力势。由此我得出这样的结论：通常的相对论只是一种近似的理论；在所考的空间-时间区域中没有太大的引力势的变化的极限情况下，这个理论应当是正确的。此外，我发现，在静止引力场中的质点运动方程依然是方程(1)或(1a)；然而这时 c 不应当认为是常数，而应当认为是空间坐标的函数，这个函数代表引力势的度规。由关系式(1a)，用人所共知的方法求得运动方程：

$$\frac{d}{dt}\left\{\frac{m\dot{x}}{\sqrt{c^2-q^2}}\right\}=-\frac{mc\dfrac{\partial c}{\partial x}}{\sqrt{c^2-q^2}}. \tag{3}$$

不难看出，关于运动量的表示式仍如以往一样。对于在静止引力场中运动的质点，公式(2)一般是正确的。方程(3)右边部分是从引力场方面作用于质点的力 $\mathfrak{K}_x$. 在静止的特殊情况下($q=0$)，

$$\mathfrak{K}_x=-m\frac{\partial c}{\partial x}.$$

由此可见，c 起着引力势的作用。对于缓慢运动的质点，从公式(2)应当得出：

$$I_x=\frac{m\dot{x}}{c},$$

$$E-mc=\frac{\frac{1}{2}mq^2}{c}. \tag{4}$$

因此,在给定速度的情况下,动量和动能同 c 值成反比。换句话说,动量和能量的表示式中的惯性质量是 m/c,这里 m 是一个表征质点而同引力势无关的常数。这符合马赫的大胆的思想:惯性的原因是所考查的质点同所有其余质点的相互作用;的确,如果我们使其他物体靠近所考查的质点,那么这就减少了引力势 c,因而也就增加了确定惯性的比例 m/c.

§2. 在任意的引力场中的质点运动方程 后者的特征

引进量 c 在空间上可以变化的假设,我们就突破了现在称为"相对论"的理论框架,因为现在用 c 来表示的量对于线性正交变换已经不是不变的了。因此,如果相对性原理应当仍保留有效——而这是不容置疑的,——那就有必要这样来推广相对论,使它作为一个特例把过去拟定的静止引力场理论包括进去。

借助于任意的变换

$$x'=x'(x,y,z,t),$$

$$y'=y'(x,y,z,t),$$

$$z'=z'(x,y,z,t),$$

$$t'=t'(x,y,z,t),$$

我们引进新的空间-时间坐标系 $K'(x',y',z',t')$.

如果在原来的参照系 K 中引力场是静止的,那么在这种变换的条件下,方程(1)转换为如下的形式:

$$\delta\left\{\int ds'\right\}=0,$$

并且

$$ds'^2 = g_{11}dx'^2 + g_{22}dy'^2 + \cdots + 2g_{12}dx'dy' + \cdots,$$

而量 $g_{\mu\nu}$ 是 x', y', z', t' 的函数。如果以 x, y, z, t 相应地代替 x', y', z', t'，并把 ds' 写成 ds，那么相对于坐标系 K' 的质点运动方程取如下形式：

$$\delta\left\{\int ds\right\} = 0, \tag{1'}$$

并且

$$ds^2 = \sum_{\mu\nu} g_{\mu\nu} dx_\mu dx_\nu.$$

因此，我们得以确信，在一般情况下引力场是由 10 个空间-时间函数

$$\begin{matrix} g_{11} & g_{12} & g_{13} & g_{14} \\ g_{21} & g_{22} & g_{23} & g_{24} \\ g_{31} & g_{32} & g_{33} & g_{34} \\ g_{41} & g_{42} & g_{43} & g_{44} \end{matrix} \qquad (g_{\mu\nu} = g_{\nu\mu})$$

来描述的，它们在通常的相对论中相应地等于：

$$\begin{matrix} -1 & 0 & 0 & 0 \\ 0 & -1 & 0 & 0 \\ 0 & 0 & -1 & 0 \\ 0 & 0 & 0 & +c^2, \end{matrix}$$

这里 c 是常数。

这样一种退化发生在上面所考查的一类静止引力场中，其差别仅在于：在这种情况下，$g_{44} = c^2$ 是 x_1, x_2, x_3 的函数。

因此，哈密顿函数在一般情况下具有如下的形式：

$$H=-m\frac{ds}{dt}=$$

$$=-m\sqrt{g_{11}\dot{x}_1^2+\cdots+2g_{12}\dot{x}_1\dot{x}_2+\cdots+2g_{14}\dot{x}_1+\cdots+g_{44}}. \qquad (5)$$

从相应的拉格朗日方程

$$\frac{d}{dt}\left(\frac{\partial H}{\partial \dot{x}}\right)-\frac{\partial H}{\partial x}=0\text{，等等，} \qquad (6)$$

立即得到关于质点动量 I 和从引力场方面作用于质点的力 $\mathfrak{K}$ 的表示式：

$$I_x=-m\frac{g_{11}\dot{x}_1+g_{12}\dot{x}_2+g_{13}\dot{x}_3+g_{14}}{\frac{ds}{dt}}=$$

$$=-m\frac{g_{11}dx_1+g_{12}dx_2+g_{13}dx_3+g_{14}dx_4}{ds}, \qquad (7)$$

$$\mathfrak{K}_x=-\frac{1}{2}m\frac{\sum_{\mu\nu}\frac{\partial g_{\mu\nu}}{\partial x_1}dx_\mu dx_\nu}{ds\cdot dt}=-\frac{1}{2}m\cdot\sum_{\mu\nu}\frac{\partial g_{\mu\nu}}{\partial x_1}\cdot\frac{dx_\mu}{ds}\frac{dx_\nu}{ds}. \qquad (8)$$

此外，关于质点的能量 E 我们得到：

$$-E=-\left(\dot{x}\frac{\partial H}{\partial \dot{x}}+\cdots\right)+H=$$

$$=-m\left(g_{41}\frac{dx_1}{ds}+g_{42}\frac{dx_2}{ds}+g_{43}\frac{dx_3}{ds}+g_{44}\frac{dx_4}{ds}\right). \qquad (9)$$

在通常的相对论中只容许正交线性变换。我们可指出，为了描述引力场对物质过程的作用，可以组成对于任意变换都是协变的方程。

首先，从 ds 在质点运动定律中所起的作用出发，我们可以下结论说,间隔 ds 应当是绝对不变的(标量)。由此应当得出的结论是:量 $g_{\mu\nu}$ 组成一个二秩协变张量①,我们将称它为基本协变张量。后者确定了引力场。此外,从公式(7)和(9)应当得出:质点的动量和能量一起组成一秩协变张量,也就是协变矢量。②

§3. 基本张量 $g_{\mu\nu}$ 对空间时间量度的意义

根据前面所述可以作出结论:在空间-时间坐标 x_1,x_2,x_3,x_4 同用杆尺和时钟所得到的量度结果之间,并不存在像通常相对论中那样一种简单的联系。在关于时间方面,对于静止引力场,这已经被发现了。③ 因此发生了坐标 x_1,x_2,x_3,x_4 的物理意义(原则上可量度性)的问题。

我们还注意到,ds 应当理解为两个邻近的空间-时间点之间的距离的不变度规。因此间隔 ds 也应当具有同参照系选择无关的物理意义。我们假设,ds 是"自然量度的"两个空间-时间点之间的距离;对此我们理解为,点(x_1,x_2,x_3,x_4)的紧邻的周围由坐标系中无限小的参量 dx_1,dx_2,dx_3,dx_4 来确定。假定通过线性变换引进新的参量 $d\xi_1,d\xi_2,d\xi_3,d\xi_4$ 来代替上述参量,那么等式

$$ds^2=d\xi_1^2+d\xi_2^2+d\xi_3^2-d\xi_4^2$$

成立。在这种变换下,$g_{\mu\nu}$ 应当认为是常数;物质锥 $ds^2=0$ 就是同它自己的轴紧密相连的。这时,在这个基元的 $d\xi$ 系中通常的相对

① 参看本文第二部分,§1.——原注

② 同上。——原注

③ 比如参见:A.爱因斯坦,《物理学杂志》,1911 年,35 卷,898 页。——原注〔见本书 231—243 页。——编译者〕

论成立，而距离和时间间隔在这种坐标系中同在通常的相对论中具有同样的物理意义，即 ds^2 是两个无限接近的点之间的四维距离的平方，这个距离是用 $d\xi$ 系中非加速的刚体和静止在这个坐标系中的一些单位量尺和一些时钟来量度的。

由此可见，在给定 dx_1, dx_2, dx_3, dx_4 的情况下，对应于这些微分的自然距离，只有在那些规定引力场的量 $g_{\mu\nu}$ 都是已知的情况下才是可以量度的。这也可以这样表达：引力场以完全确定的方式给测量工具和时钟以影响。

从基本的等式 $$ds^2=\sum_{\mu\nu}g_{\mu\nu}dx_\mu dx_\nu$$

可以看出，为了确定量 $g_{\mu\nu}$ 和 x_ν 的量纲还需要一个条件。量 ds 具有长度的量纲。我们约定，x_ν（x_4 也在其中）也具有长度量纲；而量 $g_{\mu\nu}$ 将是无量纲的。

§4. 在任意引力场中连续分布的不相干物质的运动

为了推导连续分布的不相干物质的运动定律，我们计算动量和作用于单位体积的有质动力，然后应用动量守恒定律。

为此我们首先计算我们的质点的三维体积 V. 我们考查我们的质点的空间-时间轨迹的无限小的（四维的）截段。这个截段的体积是

$$\iiiint dx_1 dx_2 dx_3 dx_4 = Vdt.$$

如果引进自然微分 $d\xi$ 以代替 dx，并且要求量尺相对于这个质点是静止的，那么我们得到：

$$\iiint d\xi_1 d\xi_2 d\xi_3 = V_0,$$

这就是质点的"静止体积"。此外

$$\int d\xi_4 = ds,$$

这里 ds 具有前面所说的同样的意义。

如果微分 dx 和 $d\xi$ 由下列关系式相联系：

$$dx_\mu = \sum_\sigma \alpha_{\mu\sigma} d\xi_\sigma,$$

那么

$$\iiiint dx_1 dx_2 dx_3 dx_4 = \iiiint \frac{\partial(dx_1, dx_2, dx_3, dx_4)}{\partial(d\xi_1, d\xi_2, d\xi_3, d\xi_4)} d\xi_1 d\xi_2 d\xi_3 d\xi_4,$$

或者
$$Vdt = V_0 ds |\alpha_{\rho\sigma}|.$$

然而，因为

$$ds^2 = \sum_{\mu\nu} g_{\mu\nu} dx_\mu dx_\nu = \sum_{\mu\nu\rho\sigma} g_{\mu\nu} \alpha_{\mu\rho} \alpha_{\nu\sigma} d\xi_\rho d\xi_\sigma =$$
$$= d\xi_1^2 + d\xi_2^2 + d\xi_3^2 - d\xi_4^2,$$

那么在行列式

$$g = |g_{\mu\nu}|$$

（即微分的二次式 ds^2 的判别式）和变换行列式 $|\alpha_{\rho\sigma}|$ 之间存在下列关系：

$$g \cdot |\alpha_{\rho\sigma}|^2 = -1,$$

或者
$$|\alpha_{\rho\sigma}| = \frac{1}{\sqrt{-g}}.$$

因此，我们得到关于 V 的关系式：

$$V\,dt = V_0 ds \cdot \frac{1}{\sqrt{-g}}.$$

由此并利用等式(7),(8)和(9),然后用ρ_0代替$\frac{m}{V_0}$,我们得到:

$$\frac{I_x}{V}=-\rho_0\sqrt{-g}\cdot\sum_\nu g_{1\nu}\frac{dx_\nu}{ds}\cdot\frac{dx_4}{ds},$$

$$\frac{-E}{V}=-\rho_0\sqrt{-g}\cdot\sum_\nu g_{4\nu}\cdot\frac{dx_\nu}{ds}\cdot\frac{dx_4}{ds},$$

$$\mathfrak{R}_x=-\frac{1}{2}\rho_0\sqrt{-g}\cdot\sum_{\mu\nu}\frac{\partial g_{\mu\nu}}{\partial x_1}\cdot\frac{dx_\mu}{ds}\cdot\frac{dx_\nu}{ds}.$$

我们注意到

$$\Theta_{\mu\nu}=\rho_0\frac{dx_\mu}{ds}\cdot\frac{dx_\nu}{ds}$$

是一个相对于任意变换的二秩抗变张量。根据上面所述可以推测动量-能量守恒定律具有下列形式:

$$\sum_{\mu\nu}\frac{\partial}{\partial x_\nu}(\sqrt{-g}\cdot g_{\sigma\mu}\Theta_{\mu\nu})-\frac{1}{2}\sum_{\mu\nu}\sqrt{-g}\frac{\partial g_{\mu\nu}}{\partial x_\sigma}\cdot\Theta_{\mu\nu}=0$$

$$(\sigma=1,2,3,4). \qquad (10)$$

这些关系式中的头三个($\sigma=1,2,3$)反映了动量守恒定律,最后一个($\sigma=4$)反映了能量守恒定律。原来这些关系式实际上对于任意变换就都是协变的。①

此外,从这些关系式的线积分可以重新得到我们原来的质点运动方程。

我们称张量$\Theta_{\mu\nu}$为物体能量-张力(抗变)张量。我们认为关系式(10)的适用范围远远超出不相干物质运动的特殊情况的框子。这一

① 参见第二部分,§4,第1点。——原注

关系式一般反映了引力场同任何物质体系之间的能量平衡；只是必须赋予 $\Theta_{\mu\nu}$ 以符合于我们所考查的体系的能量-张力张量的那种意义。上述关系式的第一个累加包含了张力或能流密度的空间导数和动量或能量密度的时间导数；第二个累加反映了引力场对物质过程的影响。

§5. 引力场的微分方程

在我们得到了关于物质现象(机械的、电的和其他)在它们同引力场的联系中的能量-动量表示式以后，在我们面前还有下面的问题。设关于物质体系的张量 $\Theta_{\mu\nu}$ 已经给定。那么使量 $g_{i\kappa}$ 即引力场得以确定的微分方程将是怎样的呢？换句话说，我们打算推广泊松方程：

$$\Delta\varphi=4\pi\kappa\rho.$$

为了解决这个问题，我们不用前述问题的场合中所用的那种似乎是很自然的方法。我们不得不引进一些远不是显而易见然而还是可能的假设。

我们所求的方程十之八九应当具有下列形式：

$$\kappa\Theta_{\mu\nu}=\Gamma_{\mu\nu}, \tag{11}$$

这里 κ 是常数，$\Gamma_{\mu\nu}$ 是由基本张量 $g_{\mu\nu}$ 的导数构成的二秩抗变张量。

从牛顿-泊松定律看来，要求方程(11)是二阶方程，那是合理的。然而应当提出这样的异议：这个推测不容许求得作为 $\Delta\varphi$ 的推广的微分表示式，它也许是对于**任意**变换的**张量**。① 不应当先验地断言，最终的准确的引力方程不可能包含高于二阶的导数。所以还存在这样

① 参见第二部分，§4，第2点。——原注

一种可能性：最终的准确的引力微分方程对于任意变换都可以是协变的。然而在我们关于引力场的物理性质的知识现状下，这种可能性的讨论也许还为时过早。所以我们不得不仅限于二阶方程，因而不去寻求对于任意变换都是协变的那种引力方程。不过必须强调指出，关于引力方程的广义协变性，我们还没有任何根据。①

标量的拉普拉斯算符 $\Delta\varphi$，是通过对标量 φ 相继地应用梯度和散度运算而得的。这两种运算可以作这样的概括：它们可以应用于无论多少秩的任何张量，同时允许任意更换基本参数。② 然而如果这些运算施加于基本张量 $g_{\mu\nu}$ 之上，那么这些运算就退化了。③ 显然，由此可见，我们所求的方程应当只对于一个确定的，而我们暂时还不知道的变换群才是协变的。

转向以前的相对论，在这些情况下，自然会设想在我们所寻求的变换群中应当引进线性变换。因此，我们要求，量 $\Gamma_{\mu\nu}$ 是相对于任意线性变换的张量。

完成变换之后，很容易证明下列定理。

1. 如果 $\Theta_{\alpha\beta\cdots\lambda}$ 是对于线性变换为抗变的 n 秩张量，那么量

$$\sum_{\mu}\gamma_{\mu\nu}\frac{\partial\Theta_{\alpha\beta\cdots\lambda}}{\partial x_{\mu}}$$

对于线性变换是抗变的 $n+1$ 秩张量（增秩）。④

2. 如果 $\Theta_{\alpha\beta\cdots\lambda}$ 对于线性变换是抗变的 n 秩张量，那么

① 还可参见§6开头所介绍的那个想法。——原注

② 参见第二部分，§2.——原注

③ 参见第二部分，§2中的注释。——原注

④ $\gamma_{\mu\nu}$ 是同 $g_{\mu\nu}$ 相反的抗变张量（参见第二部分，§1）.——原注

$$\sum_{\lambda} \frac{\partial \Theta_{\alpha\beta\cdots\lambda}}{\partial x_{\lambda}}$$

对于线性变换是抗变的 $n-1$ 秩张量(降秩)。

对一些张量交替使用上面两种运算,我们就得到同原来的张量同秩的张量(应用于张量的运算 Δ)。把这些运算应用到基本张量上,我们得到:

$$\sum_{\alpha\beta} \frac{\partial}{\partial x_{\alpha}}\left(\gamma_{\alpha\beta} \frac{\partial \gamma_{\mu\nu}}{\partial x_{\beta}}\right). \tag{a}$$

下列推论表明,这个算符是同拉普拉斯算符相类似的。在通常的相对论中(当引力场不存在时)应当规定:

$$g_{11}=g_{22}=g_{33}=-1,\ g_{44}=c^{2},\ g_{\mu\nu}=0 \text{ 对于 } \mu\neq\nu;$$

因此,

$$\gamma_{11}=\gamma_{22}=\gamma_{33}=-1,\ \gamma_{44}=\frac{1}{c^{2}},\ \gamma_{\mu\nu}=0 \text{ 对于 } \mu\neq\nu.$$

如果有足够弱的引力场,即如果 $g_{\mu\nu}$ 和 $\gamma_{\mu\nu}$ 同这些值只相差无限小量,那么略去二阶项,代替表示式(a)我们得到:

$$-\left(\frac{\partial^{2}\gamma_{\mu\nu}}{\partial x_{1}^{2}}+\frac{\partial^{2}\gamma_{\mu\nu}}{\partial x_{2}^{2}}+\frac{\partial^{2}\gamma_{\mu\nu}}{\partial x_{3}^{2}}-\frac{1}{c^{2}}\frac{\partial^{2}\gamma_{\mu\nu}}{\partial x_{4}^{2}}\right).$$

如果场是静止的而只有量 g_{44} 是变化的,那么我们就遇到牛顿引力理论的情况,只要我们假设,所得表示式(准确到常数因子)就是 $\Gamma_{\mu\nu}$ 这个量。

因此可以认为,表示式(a)(准确到常数因子)也就是所求的 $\Delta\varphi$ 的推广。然而这也许是错误的,因为在作这种推广时,在这种表示式中可能含有这样的项,它本身是张量,但由于所作的假设而转化为 0. 当两个 $g_{\mu\nu}$ 或 $\gamma_{\mu\nu}$ 的一阶导数相乘时,这就属于这种情况。因为,比如:

$$\sum_{\alpha\beta}\frac{\partial g_{\alpha\beta}}{\partial x_\mu}\cdot\frac{\partial\gamma_{\alpha\beta}}{\partial x_\nu}$$

是二秩协变张量(对于线性变换);当它 $g_{\alpha\beta}$ 和 $\gamma_{\alpha\beta}$ 同常数的差别仅仅是一阶无限小量时,成为二阶无限小量。因此必须假设,在 $\Gamma_{\mu\nu}$ 中,同(a)一样还包含别的项,对于这些项目前应当满足的仅仅是这样一个条件:它们的全体对于线性变换应当具有张量特性。

为了求得这些项,我们转向能量-动量守恒定律。为了阐明所用的方法,我们首先用一个众所周知的例子来作例证。

在静电学中,$-\frac{\partial\varphi}{\partial x_\nu}\rho$ 是给予单位体积物质的动量的第 ν 个分量,如果 φ 表示静电势,而 ρ 表示电荷密度。关于 φ 找到了总是满足动量守恒定律的微分方程。大家都知道,问题的解是下列方程:

$$\sum_\nu\frac{\partial^2\varphi}{\partial x_\nu^2}=-\rho$$

动量守恒定律的满足是由下列恒等式证明的:

$$\sum_\mu\frac{\partial}{\partial x_\mu}\left(\frac{\partial\varphi}{\partial x_\nu}\frac{\partial\varphi}{\partial x_\mu}\right)-\frac{\partial}{\partial x_\nu}\left[\frac{1}{2}\sum_\mu\left(\frac{\partial\varphi}{\partial x_\mu}\right)^2\right]=$$

$$=\frac{\partial\varphi}{\partial x_\nu}\sum_\mu\frac{\partial^2\varphi}{\partial x_\mu^2}\left(=-\frac{\partial\varphi}{\partial x_\nu}\cdot\rho\right).$$

这样,如果动量守恒,那么对于每一个 ν 存在如下结构的等式:右边部分是 $-\frac{\partial\varphi}{\partial x_\nu}$ 乘以微分方程的左边部分,左边部分是导数的和。

假如关于 φ 的微分方程还不知道,那么求它的任务似乎归结为求这个等式。对我们来说,重要之点仅在于,知道了等式中的一项,就可以导出这个等式。只要重复应用乘积的微分规则,

$$\frac{\partial}{\partial x_\nu}(uv)=\frac{\partial u}{\partial x_\nu}v+v\frac{\partial u}{\partial x_\nu}$$

和
$$u\frac{\partial v}{\partial x_\nu}=\frac{\partial}{\partial x_\nu}(uv)-\frac{\partial u}{\partial x_\nu}v,$$

然后把导数移到左边部分，把其余的项搬到右边部分。例如，如果从上面所述的等式的第一项出发，那么我们依次得到：

$$\sum_\mu\frac{\partial}{\partial x_\mu}\left(\frac{\partial\varphi}{\partial x_\nu}\frac{\partial\varphi}{\partial x_\mu}\right)=\sum_\mu\frac{\partial\varphi}{\partial x_\nu}\cdot\frac{\partial^2\varphi}{\partial x_\mu^2}+\sum_\mu\frac{\partial\varphi}{\partial x_\mu}\cdot\frac{\partial^2\varphi}{\partial x_\nu\partial x_\mu}$$
$$=\frac{\partial\varphi}{\partial x_\nu}\sum_\mu\frac{\partial^2\varphi}{\partial x_\mu^2}+\frac{\partial}{\partial x_\nu}\left\{\frac{1}{2}\sum_\mu\left(\frac{\partial\varphi}{\partial x_\mu}\right)^2\right\},$$

从这里作重新配置之后就得到上面的等式。

现在回到我们的问题。从关系式(10)得出，

$$\frac{1}{2}\sum_{\mu\nu}\sqrt{-g}\cdot\frac{\partial g_{\mu\nu}}{\partial x_\sigma}\Theta_{\mu\nu}\quad(\sigma=1,2,3,4)$$

是引力场给予单位体积物质的动量(或能量)。为了满足能量-动量守恒定律，必须这样来选择包含在引力方程中的微分表示式 $\Gamma_{\mu\nu}$：

$$\kappa\Theta_{\mu\nu}=\Gamma_{\mu\nu},$$

使得累加

$$\frac{1}{2\kappa}\sum_{\mu\nu}\sqrt{-g}\cdot\frac{\partial g_{\mu\nu}}{\partial x_\sigma}\Gamma_{\mu\nu}$$

可以变换为导数的和。就在这时候，如所周知，所求的有关 $\Gamma_{\mu\nu}$ 的方程式包含了项(a)。

因此，所求恒等式具有下列形式：

$$\text{导数和}=\frac{1}{2}\sum_{\mu\nu}\sqrt{-g}\cdot\frac{\partial g_{\mu\nu}}{\partial x_\sigma}\left\{\sum_{\alpha\beta}\frac{\partial}{\partial x_\alpha}\left(\gamma_{\alpha\beta}\frac{\partial\gamma_{\mu\nu}}{\partial x_\beta}\right)+\right.$$

$$+\text{在一级近似中转化为 0 的其余各项}\Big\}.$$

从而所求的恒等式就被无歧义地确定了;把它用前述方法加以组合,我们得到:

$$\sum_{\alpha\beta\tau\alpha}\frac{\partial}{\partial x_\rho}\left(\sqrt{-g}\cdot\gamma_{\alpha\beta}\frac{\partial\gamma_{\tau\rho}}{\partial x_\beta}\cdot\frac{\partial g_{\tau\rho}}{\partial x_\sigma}\right)-$$

$$-\frac{1}{2}\sum_{\alpha\beta\tau\rho}\frac{\partial}{\partial x_\sigma}\left(\sqrt{-g}\cdot\gamma_{\alpha\beta}\frac{\partial\gamma_{\tau\rho}}{\partial x_\alpha}\frac{\partial g_{\tau\rho}}{\partial x_\beta}\right)=$$

$$=\sum_{\mu\nu}\sqrt{-g}\cdot\frac{\partial g_{\mu\nu}}{\partial x_\sigma}\left\{\sum_{\alpha\beta}\frac{1}{\sqrt{-g}}\cdot\frac{\partial}{\partial x_\sigma}\left(\gamma_{\alpha\beta}\sqrt{-g}\cdot\frac{\partial\gamma_{\mu\nu}}{\partial x_\beta}\right)-\right.$$

$$-\sum_{\alpha\beta\tau\rho}\gamma_{\alpha\beta}g_{\tau\rho}\frac{\partial\gamma_{\mu\tau}}{\partial x_\alpha}\frac{\partial\gamma_{\nu\rho}}{\partial x_\beta}+\frac{1}{2}\sum_{\alpha\beta\tau\rho}\gamma_{\alpha\mu}\gamma_{\beta\nu}\frac{\partial g_{\tau\rho}}{\partial x_\alpha}\frac{\partial\gamma_{\tau\rho}}{\partial x_\beta}-$$

$$\left.-\frac{1}{4}\sum_{\alpha\beta\tau\rho}\gamma_{\mu\nu}\gamma_{\alpha\beta}\frac{\partial g_{\tau\rho}}{\partial x_\alpha}\frac{\partial\gamma_{\tau\rho}}{\partial x_\beta}\right\}. \tag{12}$$

右边括弧中的表示式就是所求的包含在引力方程中的张量

$$\kappa\Theta_{\mu\nu}=\Gamma_{\mu\nu}.$$

为了更好地表示这些方程,我们引进下列缩写符号:

$$-2\kappa\vartheta_{\mu\nu}=\sum_{\alpha\beta\tau\rho}\left(\gamma_{\alpha\mu}\gamma_{\beta\nu}\frac{\partial g_{\tau\rho}}{\partial x_\alpha}\cdot\frac{\partial\gamma_{\tau\rho}}{\partial x_\beta}-\frac{1}{2}\gamma_{\mu\nu}\gamma_{\alpha\beta}\frac{\partial g_{\tau\rho}}{\partial x_\alpha}\frac{\partial\gamma_{\tau\rho}}{\partial x_\beta}\right). \tag{13}$$

我们称 $\vartheta_{\mu\nu}$ 为**“引力场能量张力抗变张量”**。我们用 $t_{\mu\nu}$ 表示同它相互协变的张量:

$$-2\kappa t_{\mu\nu}=\sum_{\alpha\beta\tau\rho}\left(\frac{\partial g_{\tau\rho}}{\partial x_\mu}\cdot\frac{\partial\gamma_{\tau\rho}}{\partial x_\nu}-\frac{1}{2}g_{\mu\nu}\gamma_{\alpha\beta}\frac{\partial g_{\tau\rho}}{\partial x_\alpha}\frac{\partial\gamma_{\tau\rho}}{\partial x_\beta}\right). \tag{14}$$

为了进行施行于基本张量 $\gamma_{\mu\nu}$ 或 $g_{\mu\nu}$ 上的微分运算,我们引进下列符号:

$$\Delta_{\mu\nu}(\gamma)=\sum_{\alpha\beta}\frac{1}{\sqrt{-g}}\cdot\frac{\partial}{\partial x_\alpha}\left(\gamma_{\alpha\beta}\sqrt{-g}\cdot\frac{\partial\gamma_{\mu\nu}}{\partial x_\beta}\right)-$$
$$-\sum_{\alpha\beta\tau\rho}\gamma_{\alpha\beta}g_{\tau\rho}\frac{\partial\gamma_{\mu\nu}}{\partial x_\alpha}\frac{\partial\gamma_{\nu\rho}}{\partial x_\beta}\tag{15}$$

和

$$D_{\mu\nu}(g)=\sum_{\alpha\beta}\frac{1}{\sqrt{-g}}\cdot\frac{\partial}{\partial x_\alpha}\left(\gamma_{\alpha\beta}\sqrt{-g}\cdot\frac{\partial g_{\mu\nu}}{\partial x_\beta}\right)-$$
$$-\sum_{\alpha\beta\tau\rho}\gamma_{\alpha\beta}\gamma_{\tau\rho}\frac{\partial g_{\mu\nu}}{\partial x_\alpha}\frac{\partial g_{\nu\rho}}{\partial x_\beta}.\tag{16}$$

这些算符中的每一个产生(相对于线性变换的)同秩的张量。

用这些缩写符号,恒等式(12)就采取下列形式:

$$\sum_{\mu\nu}\frac{\partial}{\partial x_\nu}\{\sqrt{-g}\cdot g_{\sigma\mu}\cdot\kappa\vartheta_{\mu\nu}\}=$$
$$=\frac{1}{2}\sum_{\mu\nu}\sqrt{-g}\cdot\frac{\partial g_{\mu\nu}}{\partial x_\sigma}\{-\Delta_{\mu\nu}(\gamma)+\kappa\vartheta_{\mu\nu}\}\tag{12a}$$

或者也取下列形式:

$$\sum_{\mu\nu}\frac{\partial}{\partial x_\nu}\{\sqrt{-g}\cdot\gamma_{\mu\nu}\cdot\kappa t_{\mu\sigma}\}=$$
$$=\frac{1}{2}\sum_{\mu\nu}\sqrt{-g}\cdot\frac{\partial\gamma_{\mu\nu}}{\partial x_\sigma}\{-D_{\mu\nu}(g)-\kappa t_{\mu\nu}\}.\tag{12b}$$

关于物质和关于引力场相应地以下列形式写下关系式(10)和(12a):

$$\sum_{\mu\nu}\frac{\partial}{\partial x_\nu}(\sqrt{-g}\cdot g_{\sigma\mu}\cdot\Theta_{\mu\nu})-\frac{1}{2}\sum_{\mu\nu}\sqrt{-g}\cdot\frac{\partial g_{\mu\nu}}{\partial x_\sigma}\Theta_{\mu\nu}=0,\tag{10}$$

$$\sum_{\mu\nu}\frac{\partial}{\partial x_\nu}(\sqrt{-g}\cdot g_{\sigma\mu}\cdot\vartheta_{\mu\nu})-\frac{1}{2}\sum_{\mu\nu}\sqrt{-g}\cdot\frac{\partial g_{\mu\nu}}{\partial x_\mu}\cdot\vartheta_{\mu\nu}=$$

$$=-\frac{1}{2\kappa}\cdot\sum\sqrt{-g}\cdot\frac{\partial g_{\mu\nu}}{\partial x_{\sigma}}\cdot\Delta_{\mu\nu}(\gamma), \qquad (12c)$$

随后，我们看到，引力场的能量-张力张量 $\vartheta_{\mu\nu}$ 包含在反映引力场的守恒定律的关系式中，完全像物质过程的张量 $\Theta_{\mu\nu}$ 包含在物质过程守恒定律的关系式中一样。如果考虑到这些方程的不同的推导，这个状况是非常值得注意的。

从关系式(12a)得出包含在引力方程中的微分张量的表示式：

$$\Gamma_{\mu\nu}=\Delta_{\mu\nu}(\gamma)-\kappa\vartheta_{\mu\nu}. \qquad (17)$$

因此，引力方程(11)取下列形式：

$$\Delta_{\mu\nu}(\gamma)=\kappa(\Theta_{\mu\nu}+\vartheta_{\mu\nu}). \qquad (18)$$

在我们看来，这些方程满足相对论的引力理论必须遵循的要求；这就是说，它们表明，引力场张量 $\vartheta_{\mu\nu}$ 是同物质体系张量 $\Theta_{\mu\nu}$ 一样的场源。同所有其他形式的能量相比较，引力场能量的独特状况也许会得出不能容许的后果。

把关系式(10)和(12a)相加，并注意到方程(18)，我们得到：

$$\sum_{\mu\nu}\frac{\partial}{\partial x_{\nu}}\left\{\sqrt{-g}\cdot g_{\sigma\mu}(\Theta_{\mu\nu}+\vartheta_{\mu\nu})\right\}=0 \quad (\sigma=1,2,3,4). \qquad (19)$$

由此可见，守恒定律的关系式对于物质和引力场的总和也是正确的。

上面我们偏重于抗变张量，因为表示不相干物质运动的能量-张力抗变张量显得特别简单。然而已得到的方程也可以用协变张量十分简单地表示出来。在这种情况下，我们应当取作为关于物质过程的能量-张力张量的 $T_{\mu\nu}=\sum_{\alpha\beta}g_{\mu\alpha}g_{\nu\beta}\Theta_{\alpha\beta}$ 来代替 $\Theta_{\mu\nu}$.

为了代替关系式(10)，通过逐项替换，我们得到：

$$\sum_{\mu\nu}\frac{\partial}{\partial x_\nu}(\sqrt{-g}\cdot\gamma_{\mu\nu}T_{\mu\sigma})+\frac{1}{2}\sum_{\mu\nu}\sqrt{-g}\cdot\frac{\partial\gamma_{\mu\nu}}{\partial x_\sigma}\cdot T_{\mu\nu}=0. \quad (20)$$

从这个关系式和等式(16)得知，引力场方程也可以写成为下列形式：

$$-D_{\mu\nu}(g)=\kappa(t_{\mu\nu}+T_{\mu\nu}); \quad (21)$$

这也可以直接从方程(18)得到。等式(19)的类比是下列关系式：

$$\sum_{\nu}\frac{\partial}{\partial x_\nu}\{\sqrt{-g}\cdot\gamma_{\mu\nu}(T_{\sigma\nu}+t_{\sigma\nu})\}=0. \quad (22)$$

§6. 引力场对物理过程，特别是电磁过程的影响

既然动量和能量在一切物理过程中起着巨大的作用，它们确定了引力场，而这个场反过来又对它们起作用，所以确定引力场的量 $g_{\mu\nu}$ 应当在一切物理方程中出现。我们已经看到，质点运动由下列方程来描述：

$$\delta\left\{\int ds\right\}=0.$$

并且

$$ds^2=\sum_{\mu\nu}g_{\mu\nu}dx_\mu dx_\nu.$$

间隔 ds 是对于任意变换的不变量。所求的确定这个或那个物理过程的方程应当这样来构成，使得从 ds 的不变性可以得到相应的方程组的协变性。

然而在试图解决这个普遍问题时，我们遇到了原则性的困难。我们不知道，所求的方程应当对于怎样的变换群是协变的。开始看来最自然的是要求方程组对**任意**变换的协变性。可是这种要求与这样一个事实相矛盾，即我们所构造的引力场方程不具有这种性质。我们可以指出，引力场方程只对任何**线性**变换是协变的；然而我们不知道，是否存在这种对于它这些方程是协变的普遍的变换群。对于方程组(18)或(21)存在这种变换群的问题，对于这里所考查的问题具有最重要的意义。在现代理论状况下，无论如何我们不可以要求方程对于任意变换都具有协变性。

但同时我们看到，对于物质过程可以组成能量-动量平衡方程(§4，关系式(10))，它允许任意的变换。因此当然还可以设想，除了引力场方程，一切物理方程都可以这样来表述，使它相对于任意变换都是协变的。引力场方程的这种独特情况，在我们看来，可能同它们只能包含组成基本张量的开头两个导数有关。

为了组成所说的方程组需要辅助工具——把矢量分析推广到本文第二部分所叙述的那种形式。

我们暂时仅限于表明，怎样用这种方法得到空虚空间中的电磁场方程。① 我们从应当把电荷看作是某种不变的东西这样一个

① 参见也与此有关的柯特勒(Kottler)的论文§3，23页。(柯特勒：《关于明可夫斯基世界的空间时间线》(*Uber die Raumzeitlinien der minkowskischen Welt*)，《维也纳科学院会议报告》(*Sitz. Ber. Akad. Wiss. Wien*)，1912年，121卷)。——原注

观点出发。设具有无限小质量的任意运动的物体，在同物体一起运动的坐标系中具有电荷 e 和体积 dV_0（静止体积）。我们定义真正的电荷密度为 $e/dV_0=\rho_0$；按照定义它是标量。因此

$$\rho_0 \frac{dx_\nu}{ds} \qquad (\nu=1,2,3,4)$$

是协变的 4 元矢量，在用等式

$$\rho_0 dV_0=\rho dV$$

定义了既定坐标系中的电荷密度以后，我们现在马上对上面所说的矢量进行变换。利用 §4 中的关系式，

$$dV_0 ds=\sqrt{-g}\cdot dV\cdot dt,$$

我们得到：

$$\rho_0 \frac{dx_\nu}{ds}=\frac{1}{\sqrt{-g}}\rho \frac{dx_\nu}{dt},$$

这也就是电流密度的抗变矢量。

我们把电磁场归结为特殊形式的（6 元矢量）的二秩抗变张量 $\varphi_{\mu\nu}$，并按照第二部分 §3（公式(42)）中所述方法构成"二重"二秩抗变张量 $\varphi_{\mu\nu}$. 按照第二部分 §3 公式(40)，这个二秩抗变张量的散度是：

$$\frac{1}{\sqrt{-g}}\sum_\nu \frac{\partial}{\partial x_\nu}(\sqrt{-g}\cdot\varphi^*_{\mu\nu}).$$

麦克斯韦-洛伦兹方程的推广将是下列方程：

$$\sum_\nu \frac{\partial}{\partial x_\nu}(\sqrt{-g}\cdot\varphi_{\mu\nu})=\rho\frac{\partial x_\mu}{\partial t}, \qquad (23)$$

$$\sum_\nu \frac{\partial}{\partial x_\nu}(\sqrt{-g}\cdot\varphi^*_{\mu\nu})=0, \qquad (24)$$

$(dt = dx_4)$，它们的协变性是明显的。如果引进符号：

$$\sqrt{-g}\cdot\varphi_{23}=\mathfrak{H}_x,\qquad \sqrt{-g}\cdot\varphi_{31}=\mathfrak{H}_y,\qquad \sqrt{-g}\cdot\varphi_{12}=\mathfrak{H}_z,$$

$$\sqrt{-g}\cdot\varphi_{14}=-\mathfrak{E}_x,\quad \sqrt{-g}\cdot\varphi_{24}=-\mathfrak{E}_y,\quad \sqrt{-g}\cdot\varphi_{34}=-\mathfrak{E}_z,$$

和
$$\rho\frac{dx_\mu}{dt}=u_\mu,$$

那么方程组(23)在更详细的描述中聚集如下列形式：

$$\frac{\partial\mathfrak{H}_z}{\partial y}-\frac{\partial\mathfrak{H}_y}{\partial z}-\frac{\partial\mathfrak{E}_x}{\partial t}=u_x,$$

....

....

$$\frac{\partial\mathfrak{E}_x}{\partial x}+\frac{\partial\mathfrak{E}_y}{\partial y}+\frac{\partial\mathfrak{E}_z}{\partial z}=\rho.$$

这些方程在准确到选定的单位的程度上符合于第一个麦克斯韦方程组。为了得到第二个麦克斯韦方程组，必须首先注意，附加部分的分量 $f_{\mu\nu}$(第二部分，§ 3，公式(41a))

$$-\mathfrak{E}_x,\quad -\mathfrak{E}_y,\quad -\mathfrak{E}_z,\quad \mathfrak{H}_x,\quad \mathfrak{H}_y,\quad \mathfrak{H}_z,$$

属于张量 $\sqrt{-g}.\ \varphi_{\mu\nu}$ 的组成部分：

$$\mathfrak{H}_x,\quad \mathfrak{H}_y,\quad \mathfrak{H}_z,\quad -\mathfrak{E}_x,\quad -\mathfrak{E}_y,\quad -\mathfrak{E}_z.$$

在不存在引力场的情况下，由此得到第二组方程，就是方程(24)可以写成如下形式：

$$-\frac{\partial\mathfrak{E}_z}{\partial x}+\frac{\partial\mathfrak{E}_x}{\partial z}-\frac{1}{c^2}\frac{\partial\mathfrak{H}_y}{\partial t}=0,$$

....

……………………………………

$$-\frac{1}{c^2}\frac{\partial \mathfrak{H}_x}{\partial x}-\frac{1}{c^2}\frac{\partial \mathfrak{H}_y}{\partial y}-\frac{1}{c^2}\frac{\partial \mathfrak{H}_z}{\partial z}=0.$$

这就证明了，上面所得方程推广了通常相对论的方程。

§7. 可否把引力场归结为标量？

鉴于上述引力理论的无可争辩的复杂性，必须十分严肃地提出一个问题：迄今为止只提出这样一种观点，按照这种观点引力场被归结为标量，这究竟是否明智和正确？我们要简要地说明一下为什么对这个问题的回答显然应当是否定的原因。①

为了把引力场归结为标量，必须遵循那种完全类似于我们上面所用的方法。作为哈密顿形式下的质点运动方程应当取

$$\delta\left\{\int \Phi ds\right\}=0,$$

这里 ds 是通常的相对论中的四维线元，Φ 是标量，然后应当进一步转向同上面所述的作全面的类比，然而不要超出通常相对论的界限。

任何物质过程在这种场合也用能量-张力张量 $T_{\mu\nu}$ 来表征。然而在这里引力场和物质体系间的相互作用由标量来确定。这个标量，正如劳厄所指出，只能取如下形式：

$$\sum_{\mu} T_{\mu\nu}=P,$$

① 然而，在本文末的附注和爱因斯坦的《引力问题现状》(1913 年)一文的 §3 中，爱因斯坦得出了相反的结论。——俄文版《爱因斯坦科学著作集》编者注

我们称这为“劳厄标量”。① 在这种场合可以在一定程度上证明惯性质量和引力质量等价性定律是正确的。劳厄注意到，对于封闭体系满足下列等式：

$$\int P dV = \int T_{44} d\boldsymbol{\tau}.$$

由此看出，按照这个观点，封闭体系中的引力是由它的总能量来确定的。

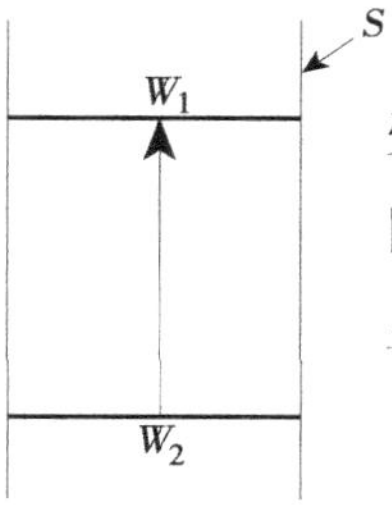

图 1

然而非封闭体系的引力却取决于体系所受到的张力 T_{11} 等等。由此产生了我们所不能同意的结果，它将在空腔中的辐射这个例子中显示出来。

对于真空中的辐射，标量 P 如大家所知道的等于零。如果辐射封闭在没有重量的有反射壁的箱子中，那么箱壁受到延伸的张力；全部体系整个具有引力质量 $\int P\, d\boldsymbol{\tau}$ 和相应的能量 E.

现在我们假设，辐射不处在空箱中，而是受到如下的限制：1)固定的竖井 S 的不动的反射壁，2)可以在竖直方向移动的两个反射壁 W_1 和 W_2. 在这种场合下，运动体系的引力质量 $\int P\, d\boldsymbol{\tau}$ 只有整个箱可以运动的体系的引力质量值的三分之一。这时，如果逆着引力场把装有辐射的箱子升高，那么在这个场合所消耗的功一定只有辐射关在箱中那种场合所消耗的功的三分之一。这是我

① 参见第Ⅱ部分§1中的最后的公式。——原注

们所不能同意的。

然而,从我的观点看来,反对这种理论的最有效的意见是基于这样一种信仰,即认为相对性不仅对正交线性变换成立,而且对于远为广泛得多的变换群也成立。然而纵然如此,我们不可以认为这种意见是有决定意义的,因为我们还没有找到同我们的引力方程有关的(最普遍的)变换群。

Ⅱ. 数学部分[①]

为了建立以不变的线元

$$ds^2=\sum_{\mu\nu} g_{\mu\nu}dx_\mu dx_\nu$$

为特征的引力场矢量分析所需的数学工具,实际上已在克里斯托菲[②]关于二次微分形式的变换的重要论文中打下了基础。从克里斯托菲的结果出发,里奇和勒维-契维塔[③]发展了他们的绝对的(就是同坐标系无关的)微分运算方法,它可以赋予数学物理的微分方程以不变的形式。既然对于欧几里得空间中任意曲线坐标的矢量分析,等同于其线元为既定的任意流形中的矢量分析,那么,在谈到爱因斯坦的广义〔相对性〕理论时,就可以毫不费力地推广矢量分析的概念,这些概念是明可夫斯基、索末菲、劳厄等人近年来为狭义相对论而研究制定的。

① 这个部分是 M. 格罗斯曼写的。——编译者

② 克里斯托菲,《关于二次齐次微分表示式的变换》,《数学期刊》(*J. Math.*),1869 年,70 卷,46 页。——原注

③ 里奇,勒维-契维塔,《绝对微分运算法及其应用》,《数学杂志》(*Math. Ann.*),1901 年,54 卷,125 页。——原注

用这种方法得到的广义矢量分析，在某些技巧方面原来竟同三维或四维欧几里得空间的特殊情况一样简单；问题在于，巨大的普遍性赋予它以有时特殊情况所没有的明确性。

在本文完成时发表的并以积分形式理论为基础的柯特勒的论文①详细考查了特殊张量理论（§3）。

既然爱因斯坦的引力理论，特别是引力场微分方程问题，不可避免地同广泛的数学研究相联系，那么，系统地阐述广义矢量分析看来完全是恰当的。在这里我故意不用几何的例证，因为，在我看来，它们对于明了矢量分析的逻辑结构没有多大关系。

§1. 广义张量

设

$$ds^2 = \sum_{\mu\nu} g_{\mu\nu} dx_\mu dx_\nu \tag{1}$$

是二次线元，它被看作是两个无限接近的空间-时间点间的距离的不变的度规。以下的结论（如果不特别说明的话）同参量的数目无关；后者我们用 n 表示。

在参量变换时，

$$x_i = x_i(x_1', x_2', \cdots x_n') \qquad (i=1,2,\cdots n), \tag{2}$$

或者在它们的微分变换时，

$$dx_i = \sum_k \frac{\partial x_i}{\partial x_k'} dx_k' = \sum_k p_{ik} dx_k', \tag{3}$$

① 柯特勒，《关于明可夫斯基世界的空间时间线》，《维也纳科学院会议报告》，1912 年，121 卷。——原注

$$dx'_i = \sum_k \frac{\partial x'_i}{\partial x_k} dx_k = \sum_k \pi_{ik} dx_k,$$

线元的系数按公式

$$g'_{rs} = \sum_{\mu\nu} p_{\mu\gamma} p_{\nu\delta} g_{\mu\nu} \tag{4}$$

变换。

设 g 是微分形式(1)的判别式,也就是行列式

$$g = |g_{\mu\nu}|.$$

如果用 $\gamma_{\mu\nu}$ 表示同元 $g_{\mu\nu}$ 共轭的 g 的子行列式除以判别式("归一化了的"),那么这些量 $\gamma_{\mu\nu}$ 按公式

$$\gamma'_{\gamma s} = \sum_{\mu\nu} \pi_{\mu r} \pi_{\nu s} \gamma_{\mu\nu} \tag{5}$$

交换。

现在我们引进下列定义。

Ⅰ. 如果参量 x 的这些函数 $T_{i_1 i_2 \cdots i_\lambda}$ 按照公式

$$T'_{r_1 r_2 \cdots r_\lambda} = \sum_{i_1 i_2 \cdots i_\lambda} p_{i_1 r_1} p_{i_2 r_2} \ldots p_{i_\lambda r_\lambda} \Theta_{i_1 i_2 \cdots i_\lambda} \tag{6}$$

变换,那么函数 $T_{i_1 i_2 \cdots i_\lambda}$ 的集称为 λ 秩的协变张量。

Ⅱ. 如果参量 x 的这些函数 $\Theta_{i_1 i_2 \cdots i_\lambda}$ 按照公式①

$$\Theta'_{r_1 r_2 \cdots r_\lambda} = \sum_{i_1 i_2 \cdots i_\lambda} \pi_{i_1 r_1} \pi_{i_2 r_2} \cdots \pi_{i_\lambda r_\lambda} \Theta_{i_1 i_2 \cdots i_\lambda}. \tag{7}$$

交换,那么函数 $\Theta_{i_1 i_2 \cdots i_\lambda}$ 的集称为 λ 秩的抗变张量。

---

① 因此,我们的 λ 秩协变(抗变)张量等同于里奇和勒维-契维塔的"λ 秩协变(抗变)系统",这些作者把它们记作 $x_{r_1 r_2 \cdots r_\lambda}$ 或 $x_{r_1 r_2 \cdots r_\lambda}$. 虽然这些记号法有巨大的优越性,可是鉴于组成的方程的复杂性,我们仍不得不选择自己的符号,也就是:用拉丁字母表示协变张量,用希腊字母表示抗变张量,用德文花体字母表示混合张量。协变张量和抗变张量都是混合张量的特殊情况。——原注

Ⅲ.如果参量 x 的函数 $\mathfrak{T}_{i_1i_2\cdots i_\mu|k_1k_2\cdots k_\mu}$ 按照公式

$$\mathfrak{T}'_{r_1r_2\cdots r_\mu|s_1s_2\cdots s_\nu} = \sum_{\substack{i_1i_2\cdots i_\mu \\ k_1k_2\cdots k_\nu}} p_{i_1r_1}\, p_{i_2r_2}\cdots p_{i_\mu r_\mu} \cdot \pi_{k_1s_1}\,\pi_{k_2s_2}\cdots\pi_{k_\nu s_\nu} \cdot \mathfrak{T}_{i_1i_2\cdots i_\mu|k_1k_2\cdots k_\nu} \tag{8}$$

变换,那么函数 $\mathfrak{T}_{i_1i_2\cdots i_\mu|k_1k_2\cdots k_\mu}$ 的集称为 μ 秩协变、k 秩抗变的混合张量。

由定义和变换公式(4)和(5)得出:

量 $g_{\mu\nu}$ 构成二秩协变张量,而量 $\gamma_{\mu\nu}$ 构成二秩抗变张量;当 $n=4$时,它们构成引力场基本张量。

量 dx_i 按照公式(3)变换,构成一秩抗变张量。一秩张量也可以称为一种矢量或者四元矢量(当 $n=4$ 时)。

从张量的定义直接得到张量的下列代数运算:

1. 两个 λ 秩的同类张量的和也是 λ 秩的同类张量,它的分量可以从把前两个张量的对应分量相加而得到。

2. 两个 λ 秩或 μ 秩的协变(抗变)张量的外积是 $\lambda+\mu$ 秩的协变(抗变)张量,其分量为

$$T_{i_1i_2\cdots i_\lambda|k_1k_2\cdots k_\mu} = A_{i_1i_2\cdots i_\lambda} \cdot B_{k_1k_2\cdots k_\mu}, \tag{9}$$

或者

$$\Theta_{i_1i_2\cdots i_\lambda|k_1k_2\cdots k_\mu} = \Phi_{i_1i_2\cdots i_\lambda} \cdot \psi_{k_1k_2\cdots k_\mu}. \tag{9'}$$

3. 两个张量的内积我们称为

(a)协变张量

$$T_{i_1i_2\cdots i_\lambda} = \sum_{k_1k_2\cdots k_\nu} \Phi_{k_1k_2\cdots k_\nu} \cdot A_{i_1i_2\cdots i_\lambda\, k_1k_2\cdots k_\nu}, \tag{10}$$

(b)抗变张量

$$\Theta_{i_1i_2\cdots i_\lambda} = \sum_{k_1k_2\cdots k_\nu} A_{k_1k_2\cdots k_\nu} \cdot \Phi_{i_1i_2\cdots i_\lambda\, k_1k_2\cdots k_\nu}, \tag{11}$$

(c)混合张量

$$\mathfrak{T}_{r_1r_2\cdots r_\mu|s_1s_2\cdots s_\nu}=\sum_{k_1k_2\cdots k_\lambda}A_{k_1k_2\cdots k_\lambda\ r_1r_2\cdots r_u}\ \Phi_{k_1k_2\cdots k_\lambda\ s_1s_2\cdots s_\nu}, \tag{12}$$

或者

(d)更普遍的张量情况,包括(a)到(c)的所有情况

$$\mathfrak{T}_{r_1r_2\cdots r_\mu u_1u_2\cdots u_\alpha\ |\ s_1s_2\cdots s_\nu v_1v_2\cdots v_\beta}=$$
$$=\sum_{kk_2\cdots k_\lambda}\mathfrak{U}_{r_1r_2\cdots r_\mu\ |\ k_1k_2\cdots k_\lambda\ v_1v_2\cdots v_\beta}\cdot\mathfrak{B}_{k_1k_2\cdots k_\lambda\ u_1u_2\cdots u_\alpha\ |\ s_1s_2\cdots s_\nu}.$$

术语“外积”和“内积”援引自通常的矢量分析,这证实了矢量分析运算是上面所考查的运算的一种特殊情况。

如果在情况(a)或(b)中,秩 λ 等于零,那么内积将是标量。

4. 协变张量和抗变张量的相互关系。我们可以从 λ 秩协变张量出发,经过同抗变基本张量的 λ 次内积,构成 λ 秩逆抗变张量

$$\Theta_{i_1i_2\cdots i_\lambda}=\sum_{k_1k_2\cdots k_\lambda}\gamma_{i_1k_1}\gamma_{i_2k_2}\cdots\gamma_{i_\lambda k_\lambda}T_{k_1k_2\cdots k_\lambda}. \tag{13}$$

由此可见

$$T_{i_1i_2\cdots i_\lambda}=\sum_{k_1k_2\cdots k_\lambda}g_{i_1k_1}g_{i_2k_2}\cdots g_{i_\lambda k_\lambda}\Theta_{k_1k_2\cdots k_\lambda}. \tag{14}$$

因此,把张量按照公式

$$\sum_{i_1i_2\cdots i_\lambda}T_{i_1i_2\cdots i_\lambda}\cdot\Theta_{i_1i_2\cdots i_\lambda} \tag{15}$$

乘以逆张量,可以构成标量。

一秩协变(抗变)张量(当 $n=4$ 时为四元矢量)具有不变式

$$\sum_{ik}\gamma_{ik}T_iT_k$$

或

$$\sum_{ik}g_{ik}\Theta_i\Theta_k.$$

在通常相对论中,抗变性和协变性是恒等的,而这种不变式是四元矢量长度的平方

$$T_x^2+T_y^2+T_z^2+T_t^2.$$

二秩协变(抗变)张量具有不变式

$$\sum_{ik}\gamma_{ik}T_{ik}$$

或者

$$\sum_{ik}g_{ik}\Theta_{ik},$$

它们在通常相对论的场合具有形式①

$$T_{xx}+T_{yy}+T_{zz}+T_{tt}.$$

§2. 张量的微分运算

我们引进下列普遍的定义。

Ⅰ.对 λ 秩的协变(抗变)张量进行"协变(抗变)微分"而得到的 $\lambda+1$ 秩的协变(抗变)张量叫做 λ 秩的协变(抗变)张量的扩张。

按照克里斯托菲,

$$T_{r_1r_2\cdots r_\lambda s}=\frac{\partial T_{r_1r_2\cdots r_\lambda}}{\partial x_s}-\sum_k\left(\begin{Bmatrix}r\ s\\k\end{Bmatrix}T_{kr_2\cdots r_\lambda}+\right.$$

$$\left.+\begin{Bmatrix}r_2\,s\\k\end{Bmatrix}T_{r_1k\cdots r_2}+\cdots+\begin{Bmatrix}r_\lambda s\\k\end{Bmatrix}T_{r_1\ r_2\cdots k}\right) \tag{16}$$

是由 λ 秩张量导出的 $\lambda+1$ 秩协变张量。里奇和勒维-契维塔称右边部分的微分运算为张量 $T_{r_1r_2\cdots r_\lambda}$ 的"协变微分"。这里引进了符号

$$\begin{Bmatrix}r\ s\\u\end{Bmatrix}=\sum_t\gamma_{ut}\begin{bmatrix}r\ s\\t\end{bmatrix}, \tag{17}$$

① 下面我们将不再指明我们的公式在通常相对论的场合采取怎样的形式,而只援引有关论文。——原注

$$\begin{bmatrix} r\,s \\ t \end{bmatrix}=\frac{1}{2}\left(\frac{\partial g_{rt}}{\partial x_s}+\frac{\partial g_{st}}{\partial x_r}-\frac{\partial g_{rs}}{\partial x_t}\right). \tag{18}$$

这里$\begin{bmatrix} rs \\ t \end{bmatrix}$和$\begin{Bmatrix} rs \\ t \end{Bmatrix}$相应地是第一种和第二种克里斯托菲三指标符号；变换(17)式，我们得到①

在(16)式中引进抗变张量来代替协变张量，我们得到“抗变扩张”。

$$\Theta_{r_1r_2\cdots r_\lambda s}=\sum_{ik}\gamma_{si}\left(\frac{\partial\Theta_{r_1r_2\cdots r_\lambda}}{\partial x_i}\right)+\begin{Bmatrix} i\,k \\ r_\lambda \end{Bmatrix}\Theta_{kr_2\cdots r_\lambda}+$$

$$+\begin{Bmatrix} i\,k \\ r_2 \end{Bmatrix}\Theta_{r_1k\cdots r_\lambda}+\cdots+\begin{Bmatrix} i\,k \\ r_\lambda \end{Bmatrix}\Theta_{r_1\,r_2\cdots k}. \tag{20}$$

Ⅱ. 把λ秩协变(抗变)张量的扩张同抗变(协变)基本张量相内积而得的$\lambda-1$秩协变(抗变)张量称为λ秩协变(抗变)张量的散度。因此，协变张量$T_{r_1r_2\cdots r_\lambda}$的散度是张量

$$T_{r_2r_3\cdots r_\lambda}=\sum_{sr_1}\gamma_{sr_1}\,T_{r_1\cdots r_\lambda s}\,, \tag{21}$$

而抗变张量$\Theta_{r_1r_2\cdots r_\lambda}$的散度是张量

$$\Theta_{r_2r_3\cdots r_\lambda}=\sum_{sr_1}g_{sr_1}\,\Theta_{r_1\cdots r_\lambda s}\,. \tag{22}$$

张量的散度不是单值的，如果在(21)和(22)式中指标r_1代以指标$r_2, r_3, \cdots, r_\lambda$，一般情况下结果就改变了。

Ⅲ. 扩张和散度运算的序列称为施加于张量的广义拉普拉斯算符。因此广义拉普拉斯算符可以从张量得到同类同秩张量。

---

① 根据这些公式容易证明，基本张量的扩展恒等于零。——原注

$\lambda=0,1,2$ 的例子具有特殊的意义。

(a) $\lambda=0$.

原始张量是标量 T,它可以看作是零秩协变或抗变张量。

张量

$$T_r=\frac{\partial T}{\partial x_r} \tag{23}$$

是标量 T 的协变扩张,也就是一秩协变张量(对于 $n=4$ 为协变四元矢量),是标量的梯度。不变式

$$\sum_{rs}\gamma_{rs}\frac{\partial T}{\partial x_r}\frac{\partial T}{\partial x_s} \tag{24}$$

是标量 T 的贝耳特拉米(Beltrami)的一次微分参量。

为了构成梯度的散度,必须从它的扩张

$$T_{rs}=\frac{\partial^2 T}{\partial x_r\partial x_s}-\sum_k\begin{Bmatrix}rs\\k\end{Bmatrix}\frac{\partial T}{\partial x_k}$$

构成标量

$$\sum_{rs}\gamma_{rs}T_{rs},$$

它可以取如下形式①

$$\frac{1}{\sqrt{g}}\sum_{rs}\frac{\partial}{\partial x_s}\left(\sqrt{g}\gamma_{rs}\frac{\partial T}{\partial x_r}\right). \tag{25}$$

梯度的散度是施加于标量 T 的广义拉普拉斯算符应用的结果,并且完全符合于标量 T 的贝耳特拉米的二次微分参量。

(b) $\lambda=1$.

① 参见:比如上面所引柯特勒的论文,以及例子(b)中的四元矢量的散度运算。——原注

设原始张量是协变四元矢量，虽然对于抗变张量也可以得到同样的结果。

按照(16)式，协变扩张是

$$T_{rs}=\frac{\partial T_r}{\partial x_s}-\sum_k \begin{Bmatrix} rs \\ k \end{Bmatrix} T_k. \tag{26}$$

散度由表示式

$$\sum_{rs}\gamma_{rs}T_{rs}=\sum_{rsk}\gamma_{rs}\left(\frac{\partial T_r}{\partial x_s}-\begin{Bmatrix} r\ s \\ k \end{Bmatrix}T_k\right) \tag{27}$$

来定义，按照(17)式我们给它以如下形式：

$$\sum_{rs}\gamma_{rs}T_{rs}=\sum_{rskl}\Big[\frac{\partial}{\partial x_s}(\gamma_{rs}T_r)-\frac{\partial\gamma_{rs}}{\partial x_s}\cdot T_r- -\frac{1}{2}\gamma_{rs}\gamma_{kl}\left(\frac{\partial g_{rl}}{\partial x_s}+\frac{\partial g_{sl}}{\partial x_r}-\frac{\partial g_{rs}}{\partial x_l}\right)T_k\Big]. \tag{28}$$

如果用公式①

$$\frac{\partial\gamma_{rs}}{\partial x_t}=-\sum_{\rho\sigma}\gamma_{r\rho}\gamma_{s\sigma}\frac{\partial g_{\rho\sigma}}{\partial x_t}, \tag{29}$$

---

① 在§4中，在建立引力场微分方程时我们也采用了这个公式，它可以如下方式加以证明。

我们有

$$\sum_l g_{il}\gamma_{kl}=\delta_i k(0\text{ 或 }1).$$

因此，

$$\sum_l g_{il}\frac{\partial\gamma_{kl}}{\partial x_t}=-\sum_l\gamma_{kl}\cdot\frac{\partial g_{il}}{\partial x_t},$$

这里 t 是数 1 或 2.

因此，对于确定的 k 得到 n 个方程($i=1,2,\cdots,n$)和 n 个未知的 $\frac{\partial\gamma_{kl}}{\partial x_t}$($l=1,2,\cdots,n$)，它们的解给出正文中的公式(29)．——原注

消去$\frac{\partial \gamma_{rs}}{\partial x_s}$，那么在等式(28)中累加号里面的三个项约掉了，除了第一项，还留下

$$\sum_{rskl}\frac{1}{2}\gamma_{rs}\frac{\partial g_{rs}}{\partial x_l}\cdot\gamma_{kl}T_k=\sum_{kl}\gamma_{kl}T_k\frac{\partial \lg\sqrt{g}}{\partial x_l},$$

因此关于协变的四元矢量的散度，[①]我们得到

$$\sum_{rs}\gamma_{rs}T_{rs}=\frac{1}{\sqrt{g}}\sum_{rs}\frac{\partial}{\partial x_s}(\sqrt{g}\gamma_{rs}T_r). \tag{30}$$

(c) $\lambda=2$.

设原始张量是二秩抗变张量Θ_{rs}，按照公式(20)它的扩张具有形式

$$\Theta_{rst}=\sum_{ik}\gamma_{ti}\left(\frac{\partial \Theta_{rs}}{\partial x_i}+\begin{Bmatrix}i\,k\\r\end{Bmatrix}\Theta_{ks}+\begin{Bmatrix}i\,k\\s\end{Bmatrix}\Theta_{rk}\right). \tag{31}$$

由此，作为抗变张量Θ_{rs}的散度，要么按列得到散度

$$\Theta_r=\sum_{st}g_{st}\Theta_{rst}=\sum_{sk}\left(\frac{\partial \Theta_{rs}}{\partial x_s}+\begin{Bmatrix}sk\\r\end{Bmatrix}\Theta_{ks}+\begin{Bmatrix}sk\\s\end{Bmatrix}\Theta_{rk}\right), \tag{32}$$

要么按行得到散度

$$\Theta_s=\sum_{rt}g_{rt}\Theta_{rst}=\sum_{rk}\left(\frac{\partial \Theta_{rs}}{\partial x_r}+\begin{Bmatrix}r\,k\\r\end{Bmatrix}\Theta_{ks}+\begin{Bmatrix}r\,k\\s\end{Bmatrix}\Theta_{rk}\right). \tag{33}$$

这两个微分运算对于对称张量是相同的。既然

$$\sum_{r}\begin{Bmatrix}rk\\r\end{Bmatrix}=\sum_{rs}\gamma_{rs}\begin{bmatrix}rk\\s\end{bmatrix}=\sum_{rs}\frac{1}{2}\gamma_{rs}\frac{\partial g_{rs}}{\partial x_k}=\frac{\partial \lg\sqrt{g}}{\partial x_k}, \tag{34}$$

---

① 柯特勒得到了同样的结果(参见上面所引论文)，他从三秩特殊张量出发(参见下面§4)，并应用了积分形式理论。——原注

那么公式(33)也可以改写成如下形式

$$\Theta_s = \frac{1}{\sqrt{g}} \sum_r \frac{\partial}{\partial x_r} (\sqrt{g} \cdot \Theta_{rs}) + \sum_{rk} \begin{Bmatrix} rk \\ s \end{Bmatrix} \Theta_{rk}. \tag{35}$$

§3. 特殊张量(矢量)

如果协变(抗变)张量的分量构成基本参量的交错函数体系,它就称为特殊张量。①

据此,特殊张量的分量服从条件:

1. 如果其中某两个指标相等,$T_{r_1 r_2 \cdots r_\lambda} = 0$.

2. 如果指标 $r_1, r_2, \cdots, r_\lambda$ 和 $s_1, s_2, \cdots, s_\lambda$ 只是在顺序上有区别,那么 $T_{r_1 r_2 \cdots r_\lambda} = \pm T_{\delta_1 \delta_2 \cdots \delta_\lambda}$ 取决于 $r_1, r_2, \cdots, r_\lambda$ 和 $s_1, s_2, \cdots, s_\lambda$ 属不属于同一类排列。众所周知,如果两种排列都从基本排列 $1, 2, \cdots, n$ 通过两个指标的偶数次或奇数次置换而得,它们就属于同一类。

因此,λ 秩特殊张量线性无关分量的数目等于 $\binom{n}{\lambda}$.

由于这种性质,特殊张量理论显得比一般张量理论更为简单,而且同时也更有内容;它对数学物理具有特殊的意义,因为 λ 秩矢量理论(当 $n=4$ 时的四元、六元矢量)可以归结为 λ 秩特殊张量的理论。从一般理论观点看来,更适当地是从张量出发,而把矢量只看作是特殊张量。

对于 n 维流形

$$ds^2 = \sum_{\mu\nu} g_{\mu\nu} dx_\mu dx_\nu$$

① 按照现代的术语,称为完全反对称张量。——俄译本编者注

的矢量分析，同线元判别式相联系的 n 秩张量起着重要作用。[①]
这个判别式按照方程

$$g'=p^2 g \tag{36}$$

交换，其中

$$p=|p_{ik}|=\left|\frac{\partial x_i}{\partial x_k'}\right|$$

是代换的函数行列式。

如果量 $\sqrt{g}$ 在初始的参照系中具有确定的正负号，并约定由于变换这个正负号应当或者不应当改变取决于变换行列式是正的或是负的，那么，考虑到正负号，关系式

$$\sqrt{g'}=p\sqrt{g} \tag{37}$$

会有精确的意义。

现在设 $\delta_{r_1r_2\cdots r_n}$ 等于零，如果某两个指标彼此相等；或者等于 ± 1，如果全部指标都是不同的并且排列 $r_1, r_2, \cdots r_n$ 可以从基本排列 $1, 2, \cdots n$ 通过两个指标的偶数次或奇数次置换得到。当量

$$e_{r_1r_2\cdots r_n}\sqrt{g} \tag{38}$$

是 n 秩协变张量的分量时，我们称它为**协变判别式**张量。既然变换最初给出

$$e'_{r_1r_2\cdots r_n}=\delta_{r_1r_2\cdots r_n}\cdot\sqrt{g'}=\delta_{r_1r_2\cdots r_n}\cdot p\sqrt{g},$$

这里

① 里奇和勒维-契维塔的"体系 ε"（参见这些作者上引的论文）。——原注

$$p=\sum_{i_1 i_2\cdots i_n}\delta_{i_1 i_2\cdots i_n}\cdot p_{i_1 1/}p_{i_2 2}\cdots p_{i_n n}=$$

$$=\delta_{r_1 r_2\cdots r_n}\sum_{i_1 i_2\cdots i_n}\delta_{i_1 i_2\cdots i_n}p_{i_1 i_1}\,p_{i_2 i_2}\cdots p_{i_n r_n},$$

那么由此得出

$$e'_{r_1 r_2\cdots r_n}=\sqrt{g}\sum_{i_1 i_2\cdots i_n}\delta_{i_1 i_2\cdots i_n}p_{i_1 r_1}\,p_{i_2 r_2}\cdots p_{i_n r_n},$$

或者，由于定义(38)，

$$e'_{r_1 r_2\cdots r_n}=\sum_{i_1 i_2\cdots i_n}e_{i_1 i_2\cdots i_n}p_{i_1 r_1}\,p_{i_2 r_2}\cdots p_{i_n r_n}.$$

对于逆抗变张量，按照(13)，我们得到

$$\varepsilon_{i_1 i_2\cdots i_n}=\sum_{r_1 r_2\cdots r_n}\gamma_{i_1 r_1}\gamma_{i_2 r_2}\cdots\gamma_{i_n r_n}\cdot e_{r_1 r_2\cdots r_n},$$

$$\varepsilon_{i_1 i_2\cdots i_n}=\sqrt{g}\cdot\sum_{r_1 r_2\cdots r_n}\delta_{r_1 r_2\cdots r_n}\cdot\gamma_{i_1 r_1}\gamma_{i_2 r_2}\cdots\gamma_{i_n r_n},$$

$$\varepsilon_{i_1 i_2\cdots i_n}=\delta_{i_1 i_2\cdots i_n}\cdot\sqrt{g}\cdot\sum_{r_1 r_2\cdots r_n}\delta_{r_1 r_2\cdots r_n}\gamma_{1 r_1}\gamma_{2 r_2}\cdots\gamma_{n r_n}.$$

既然行列式的归一化了的子行列式 γ_{in} 等于

$$|\gamma_{ik}|=\frac{1}{\sqrt{g}},$$

那么

$$\varepsilon_{i_1 i_2\cdots i_n}=\frac{\delta_{i_1 i_2\cdots i_n}}{\sqrt{g}}.\tag{39}$$

协变(抗变)判别式张量的意义在于它同 λ 秩抗变(协变)张量的内积给出 $\lambda-n$ 秩的同类张量，并且如果差 $\lambda-n$ 是负的，就改变了张量类型(张量的补集)。

如果

$$n=4,$$

那么存在着直到四秩为止的特殊张量,因为所有高秩特殊张量都同样转化为零。

四秩特殊张量的不等于零的分量要么彼此相等,要么彼此符号相反。补集(对抗变判别式张量的内乘)给出标量,因为施加于四秩特殊张量的微分运算归结为对标量的微分运算。

三秩特殊协变张量的补集是一秩抗变矢量。二秩特殊协变张量的补集是二秩抗变特殊张量。最后,第一类特殊协变矢量的补集变成三秩抗变张量。

研究引力场对物理过程的影响(第一部分,§6)要求更详尽地考察二秩特殊张量(6 元矢量)。

如果 $\Theta_{\mu\nu}$ 是二秩特殊张量,那么它的散度(公式(35))

$$\Theta_{\mu}=\sum_{\nu}\frac{1}{\sqrt{g}}\frac{\partial}{\partial x_{\nu}}(\sqrt{g}\cdot\Theta_{\mu\nu})+\sum_{\nu\kappa}\begin{Bmatrix}\nu\kappa\\ \mu\end{Bmatrix}\Theta_{\nu\kappa},$$

由于等式 $\Theta_{\nu\kappa}=-\Theta_{\kappa\nu},\quad \Theta_{\nu\nu}=0,$

而归结为

$$\Theta_{\mu}=\sum_{\nu}\frac{1}{\sqrt{g}}\frac{\partial}{\partial x_{\nu}}(\sqrt{g}\cdot\Theta_{\mu\nu}).\tag{40}$$

我们进一步从二秩抗变张量 $\Theta_{\mu\nu}$ 以下列方式引出二秩对偶抗变张量 Θ_{rs}. 开始时我们先构成补集①

$$T_{ik}=\frac{1}{2}\sum_{\mu\nu}e_{ik\mu\nu}\cdot\Theta_{\mu\nu}\tag{41}$$

---

① 因子$\frac{1}{2}$只是为了使结果简单化,而从不变式理论观点看来是无关紧要的。——原注

或者

$$T_{12}=\sqrt{g}\cdot\Theta_{34},\quad T_{13}=\sqrt{g}\cdot\Theta_{42},\quad T_{14}=\sqrt{g}\cdot\Theta_{23},$$
$$T_{23}=\sqrt{g}\cdot\Theta_{14},\quad T_{24}=\sqrt{g}\cdot\Theta_{31},\quad T_{34}=\sqrt{g}\cdot\Theta_{12}. \tag{41a}$$

所求的对偶张量是这个补集的逆,也就是具有如下形式

$$\Theta_{rs}=\sum_{ik}\gamma_{ir}\gamma_{ks}T_{ik}=\frac{1}{2}\sum_{ik\mu\nu}\gamma_{ir}\gamma_{ks}e_{ik\mu\nu}\cdot\Theta_{\mu\nu}. \tag{42}$$

两个运算——补集和构成逆张量——的序列由于两个判别式张量的互反性,是可逆的。

§4. 对物理部分的数学补充

1. 能量-动量方程的协变性的证明

应当证明,第一部分(10)式,它在不计因子 $\sqrt{-1}$时具有形式

$$\sum_{\mu\nu}\frac{\partial}{\partial x_\nu}(\sqrt{g}\cdot g_{\sigma\mu}\cdot\Theta_{\mu\nu})-\frac{1}{2}\sqrt{g}\sum_{\mu\nu}\frac{\partial g_{\mu\nu}}{\partial x_\sigma}\cdot\Theta_{\mu\nu}=0,$$
$$(\sigma=1,2,3,4),$$

对于任意变换是协变的。

按照公式(35)抗变张量 $\Theta_{\mu\nu}$ 的散度等于

$$\Theta_\mu=\sum_\nu\frac{1}{\sqrt{g}}\frac{\partial}{\partial x_\nu}(\sqrt{g}\cdot\Theta_{\mu\nu})+\sum_{\nu k}\begin{Bmatrix}\nu k\\ \mu\end{Bmatrix}\Theta_{\nu k}.$$

因此,这个抗变矢量 Θ_μ 的逆,协变矢量 T_σ 是

$$T_\sigma=\sum_\mu g_{\sigma\mu}\Theta_\mu=$$
$$=\sum_{\mu\nu k}\left[\frac{1}{\sqrt{g}}\frac{\partial}{\partial x_\nu}(\sqrt{g}\cdot g_{\sigma\mu}\cdot\Theta_{\mu\nu})-\frac{\partial g_{\sigma\mu}}{\partial x_\nu}\cdot\Theta_{\mu\nu}+g_{\sigma\mu}\begin{Bmatrix}\nu k\\ \mu\end{Bmatrix}\Theta_{\nu k}\right]$$

可是这个累加的最后一项等于

$$\sum_{\nu k}\left\{\begin{matrix}\nu k\\ \sigma\end{matrix}\right\}\Theta_{\nu k}=\sum_{\mu\nu}\frac{1}{2}\left(\frac{\partial g_{\mu\sigma}}{\partial x_{\nu}}+\frac{\partial g_{\nu\sigma}}{\partial x_{\mu}}-\frac{\partial g_{\mu\nu}}{\partial x_{\sigma}}\right)\cdot\Theta_{\mu\nu}.$$

这样，我们就得到

$$T_{\sigma}=\sum_{\mu\nu}\frac{1}{\sqrt{g}}\frac{\partial}{\partial x_{\nu}}(\sqrt{g}\cdot g_{\sigma\mu}\cdot\Theta_{\mu\nu})-\frac{1}{2}\sum_{\mu\nu}\frac{\partial g_{\mu\nu}}{\partial x_{\sigma}}\cdot\Theta_{\mu\nu}.$$

也就是，在不计因子 $1/\sqrt{g}$时所求关系式的左边部分。如果这个关系式除以$\sqrt{g}$，那么它的左边部分将是协变矢量的 σ 分量，也就是说，实际上是协变的。因此这四个关系式的内容可以表述如下。

物质流或物理体系的(抗变)能量-动量张量的散度转化为零。

2. 其线元为既定的流形的微分张量

寻求引力场微分方程问题(部分 I，§5)是同对**微分不变式**和二次形式的**微分协变式**

$$ds^2=\sum_{\mu\nu}g_{\mu\nu}dx_{\mu}dx_{\nu}$$

的考查相关联的。

这些微分协变式理论在我们的广义矢量分析的意义上导致规定引力场的微分张量。这些微分张量(相对于任意变换)的完整体系归结为所求的四秩黎曼[①]和独立的克里斯托菲[②]协变微分张量，我们称它为**黎曼微分张量**，它具有如下形式

---

① B. 黎曼，《关于作为几何基础的假说》(*Über die Hypotesen, welche dei Geometrie Zugrunde liegen*)，1854 年。——原注

② 参见前面所引的论文。——原注

$$R_{iklm}=(ik,lm)=\frac{1}{2}\left(\frac{\partial^2 g_{im}}{\partial x_k\partial x_l}+\frac{\partial^2 g_{kl}}{\partial x_i\partial x_m}-\frac{\partial^2 g_{il}}{\partial x_k\partial x_m}-\frac{\partial^2 g_{mk}}{\partial x_l\partial x_i}\right)+$$

$$+\sum_{\rho\sigma}\gamma_{\rho\sigma}\left(\begin{bmatrix}im\\ \rho\end{bmatrix}\begin{bmatrix}kl\\ \sigma\end{bmatrix}-\begin{bmatrix}il\\ \rho\end{bmatrix}\begin{bmatrix}km\\ \sigma\end{bmatrix}\right). \tag{43}$$

施行协变代数和微分运算，我们从黎曼微分张量和判别式张量（§3，公式(38)）得到流形的微分张量（因此，还有微分不变式）的完整体系。

量(ik,lm)也称为第一种克里斯托菲四指标符号。同这些符号相并列，还采用了第二种四指标符号

$$\{ik,lm\}=\frac{\partial\begin{Bmatrix}il\\ k\end{Bmatrix}}{\partial x_m}-\frac{\partial\begin{Bmatrix}im\\ k\end{Bmatrix}}{\partial x_l}+\sum_\rho\left(\begin{Bmatrix}il\\ \rho\end{Bmatrix}\begin{Bmatrix}\rho m\\ k\end{Bmatrix}-\begin{Bmatrix}im\\ \rho\end{Bmatrix}\begin{Bmatrix}\rho l\\ k\end{Bmatrix}\right), \tag{44}$$

它们同第二种克里斯托菲符号通过下列关系式

$$\{i\rho,lm\}=\sum_\kappa\gamma_{\rho k}(ik,lm) \tag{45}$$

或

$$(ik,lm)=\sum_\rho g_{k\rho}\{i\rho,lm\}.$$

相联系。

在广义矢量分析中，第二种克里斯托菲四指标符号具有混合张量分量的意义，对于三个指标是抗变的，对于一个指标是协变的。①

这些关于既定线元②流形的**微分几何**概念的最重要意义在于

① 这可以从(45)的第一个关系式看出。——原注

② 张量R_{iklm}恒等于零是微分形式可以转化为$\sum_t dx_t^2$的形式的必要和充分的条件。——原注

允许先验地假设：这些广义微分张量对于建立引力场方程可能是有用的。实际上可以立即指出，二秩和二阶协变张量 G_{im} 可以引进这些方程，也就是：

$$G_{im}=\sum_{kl}\gamma_{kl}(ik,lm)=\sum_{k}\{ik,lm\}. \tag{46}$$

可是在无限弱的静止引力场的特殊情况中，这个张量**不归结为** $\Delta\varphi$. 因此，关于引力场方程问题同与引力场有关的微分张量的一般理论的联系究竟伸展到多远的问题仍然没有解决。如果引力场方程允许任意变换，这样一种相关性应当是存在的；可是在这种情况下，显然不可能完全限于二阶微分方程。相反，如果引力场方程只允许一种确定的变换群，那么，回避一般理论中求得的微分张量的可能性就变得很明显了。正如本文物理学部分中所证明的，我们暂时还不可能给这个问题以毫不含糊的解答。

3. 引力场方程的推导

下面尽量详尽地阐明爱因斯坦作出的关于引力场方程的推导。

我们从取如下比较明显形式的能量平衡出发

$$U=\sum_{\alpha\beta\mu\nu}\frac{\partial g_{\mu\nu}}{\partial x_{\sigma}}\frac{\partial}{\partial x_{\alpha}}\left(\sqrt{g}\gamma_{\alpha\beta}\frac{\partial\gamma_{\mu\nu}}{\partial x_{\beta}}\right), \tag{47}$$

并进行分部积分。[①] 因此，我们得到：

$$U=\sum_{\alpha\beta\mu\nu}\frac{\partial}{\partial x_{\alpha}}\left(\sqrt{g}\gamma_{\alpha\beta}\frac{\partial\gamma_{\mu\nu}}{\partial x_{\beta}}\frac{\partial g_{\mu\nu}}{\partial x_{\sigma}}\right)-\sum_{\alpha\beta\mu\nu}\sqrt{g}\gamma_{\alpha\beta}\frac{\partial\gamma_{\mu\nu}}{\partial x_{\beta}}\frac{\partial^{2}g_{\mu\nu}}{\partial x_{\sigma}\partial x_{\alpha}}.$$

这一等式右边的第一个累加具有我们所需的导数的累加的形式，

① 如果我们在微分符号下引进因子$\sqrt{g}$，毫不影响结果，所求恒等式的推导就简化了。——原注

我们将用 A 来表示它：

$$A=\sum_{\alpha\beta\mu\nu}\frac{\partial}{\partial x_{\alpha}}\left(\sqrt{g}\gamma_{\alpha\beta}\frac{\partial\gamma_{\mu\nu}}{\partial x_{\beta}}\frac{\partial g_{\mu\nu}}{\partial x_{\sigma}}\right). \tag{48}$$

右边的第二个累加，我们又进行分部积分。这时等式取如下形式：

$$U=A-\sum_{\alpha\beta\mu\nu}\frac{\partial}{\partial x_{\sigma}}\left(\sqrt{g}\gamma_{\alpha\beta}\frac{\partial\gamma_{\mu\nu}}{\partial x_{\beta}}\frac{\partial g_{\mu\nu}}{\partial x_{\alpha}}\right)+$$

$$+\sum_{\alpha\beta\mu\nu}\frac{\partial g_{\mu\nu}}{\partial x_{\alpha}}\frac{\partial}{\partial x_{\sigma}}\left(\sqrt{g}\gamma_{\alpha\beta}\frac{\partial\gamma_{\mu\nu}}{\partial x_{\beta}}\right).$$

把右边部分得到的第一个累加，写成微分累加的形式，并且 B 来表示它：

$$B=\sum_{\alpha\beta\mu\nu}\frac{\partial}{\partial x_{\sigma}}\left(\sqrt{g}\gamma_{\alpha\beta}\frac{\partial\gamma_{\mu\nu}}{\partial x_{\beta}}\frac{\partial g_{\mu\nu}}{\partial x_{\alpha}}\right). \tag{49}$$

在第二个累加中，我们完成微分。这时我们得到：

$$U=A-B+\sum_{\alpha\beta\mu\nu}\frac{\partial g_{\mu\nu}}{\partial x_{\alpha}}\left(\gamma_{\alpha\beta}\frac{\partial\gamma_{\mu\nu}}{\partial x_{\beta}}\frac{\partial\sqrt{g}}{\partial x_{\sigma}}+\right.$$

$$\left.+\sqrt{g}\cdot\frac{\partial\gamma_{\mu\nu}}{\partial x_{\beta}}\cdot\frac{\partial\gamma_{\alpha\beta}}{\partial x_{\sigma}}+\sqrt{g}\gamma_{\alpha\beta}\frac{\partial^{2}\gamma_{\mu\nu}}{\partial x_{\beta}\partial x_{\sigma}}\right)$$

或者，在第二个加号采用 § 2 中公式(29)之后，并对第三个加号进行分部积分，

$$U=A-B+\sum_{\alpha\beta\mu\nu ik}\gamma_{\alpha\beta}\frac{\partial g_{\mu\nu}}{\partial x_{\alpha}}\frac{\partial\gamma_{\mu\nu}}{\partial x_{\beta}}\cdot\frac{\sqrt{g}}{2}\frac{\partial g_{ik}}{\partial x_{\sigma}}-$$

$$-\sum_{\alpha\beta\mu\nu ik}\sqrt{g}\frac{\partial g_{\mu\nu}}{\partial x_{\alpha}}\cdot\frac{\partial\gamma_{\mu\nu}}{\partial x_{\beta}}\gamma_{\alpha i}\gamma_{\beta k}\frac{\partial g_{ik}}{\partial x_{\sigma}}+$$

$$+\sum_{\alpha\beta\mu\nu}\frac{\partial}{\partial x_{\beta}}\left(\sqrt{g}\gamma_{\alpha\beta}\frac{\partial g_{\mu\nu}}{\partial x_{\alpha}}\frac{\partial\gamma_{\mu\nu}}{\partial x_{\sigma}}\right)-$$

$$-\sum_{\alpha\beta\mu\nu}\frac{\partial\gamma_{\mu\nu}}{\partial x_\sigma}\frac{\partial}{\partial x_\beta}\left(\sqrt{g}\gamma_{\alpha\beta}\frac{\partial g_{\mu\nu}}{\partial x_\alpha}\right).$$

头两个累加具有我们在我们的恒等式左边的那些项的形式。我们把它们表示为

$$V=\frac{1}{2}\sum_{\alpha\beta\mu\nu ik}\frac{\partial g_{ik}}{\partial x_\sigma}\sqrt{g}\gamma_{\alpha\beta}\gamma_{ik}\frac{\partial g_{\mu\nu}}{\partial x_\alpha}\cdot\frac{\partial\gamma_{\mu\nu}}{\partial x_\beta},\tag{50}$$

$$W=\sum_{\alpha\beta\mu\nu ik}\frac{\partial g_{ik}}{\partial x_\sigma}\sqrt{g}\gamma_{\alpha i}\gamma_{\beta k}\frac{\partial g_{\mu\nu}}{\partial x_\alpha}\frac{\partial\gamma_{\mu\nu}}{\partial x_\beta}.\tag{51}$$

右边部分第三个累加具有导数和的形式；利用公式(29)消去其中的$\frac{\partial\gamma_{\mu\nu}}{\partial x_\sigma}$，我们又得到我们引进的量 A. 最后，在最末一个累加中我们用量$\frac{\partial\gamma_{\mu\nu}}{\partial x_\sigma}$在公式(29)中的表示式来代替它。因此，我们得到：

$$U-V+W=2A-B+\sum_{\alpha\beta\mu\nu ik}\gamma_{\mu i}\gamma_{\nu k}\frac{\partial g_{ik}}{\partial x_\sigma}\frac{\partial}{\partial x_\beta}\left(\sqrt{g}\gamma_{\alpha\beta}\frac{\partial g_{\mu\nu}}{\partial x_\alpha}\right)$$

或者

$$U-V+W=2A-B+\sum_{\alpha\beta\mu\nu ik}\frac{\partial g_{ik}}{\partial x_\sigma}\cdot\frac{\partial}{\partial x_\beta}\left(\sqrt{g}\cdot\gamma_{\alpha\beta}\gamma_{\mu i}\gamma_{\nu k}\frac{\partial g_{\mu\nu}}{\partial x_\alpha}\right)-$$
$$-\sum_{\alpha\beta\mu\nu ik}\frac{\partial g_{ik}}{\partial x_\sigma}\frac{\partial g_{\mu\nu}}{\partial x_\alpha}\sqrt{g}\cdot\gamma_{\alpha\beta}\frac{\partial}{\partial x_\beta}(\gamma_{\mu i}\gamma_{\nu k}).$$

由于恒等式

$$\sum_{\mu\nu}\gamma_{i\mu}\gamma_{\nu k}\frac{\partial g_{\mu\nu}}{\partial x_\alpha}=-\frac{\partial\gamma_{ik}}{\partial x_\alpha},$$

头一个累加可简化为

$$-\sum_{\alpha\beta ik}\frac{\partial g_{ik}}{\partial x_\sigma}\frac{\partial}{\partial x_\beta}\left(\sqrt{g}\gamma_{\alpha\beta}\frac{\partial\gamma_{ik}}{\partial x_\alpha}\right)=-U.$$

由于指标 i 和 k，μ 和 ν 的可互换性，第二个累加可以写为如下形式

$$2X=2\sum_{\alpha\beta\mu\nu ik}\frac{\partial g_{ik}}{\partial x_{\sigma}}\sqrt{g}\gamma_{\alpha\beta}\gamma_{\mu i}\frac{\partial g_{\mu\nu}}{\partial x_{\alpha}}\cdot\frac{\partial g_{\nu k}}{\partial x_{\beta}}=$$

$$=-2\sum_{\alpha\beta\mu\nu ik}\frac{\partial g_{ik}}{\partial x_{\sigma}}\cdot\sqrt{g}\gamma_{\alpha\beta}g_{\mu\nu}\frac{\partial\gamma_{i\mu}}{\partial x_{\alpha}}\cdot\frac{\partial\gamma_{\mu\nu}}{\partial x_{\beta}}.$$

因此，我们所求的恒等式写成

$$2U-V+W+2X=2A-B,$$

并且因此符合于第Ⅰ部分§5中所指出的恒等式。

（对物理部分的）附注①

对§5和§6的附注 在写出这篇论文时，我们认为理论的不足之处在于，关于引力场我们未能找到普遍协变方程，也就是对于任意变换协变的方程。以后我又发现，单值地确定 $\gamma_{\mu\nu}$ 和 $\Theta_{\mu\nu}$ 而同时又是**普遍协变的**方程，一般不可能存在；这方面的证明可在下面得出。

设在四维流形中具有其中不存在“物质过程”的区域 L，也就是 $\Theta_{\mu\nu}$ 等于零。按照我们的假设，L 外 $\Theta_{\mu\nu}$ 的值完全确定了所有地方的 $\gamma_{\mu\nu}$ 的值，从而也确定 L 内部的 $\gamma_{\mu\nu}$ 值。现在假设，代替原来的坐标 x_ν，以如下方式引进新坐标 x'_ν. 在 L 外面处处 $x_\nu=x'_\nu$；可是在 L 内部，至少在区域 L 的一部分中，即使只对一个指标 ν，$x_\nu\neq x'_\nu$. 显然，这样一种变换可以做到，尽管在 L 的一部分中，

① 这个附注是爱因斯坦写的。——编译者

$\gamma'_{\mu\nu} \neq \gamma_{\mu\nu}$. 另一方面，$\Theta'_{\mu\nu} = \Theta_{\mu\nu}$处处成立，既在 L 外部成立，因为那里 $x'_\nu = x_\nu$；也在 L 内部成立，因为那里 $\Theta_{\mu\nu} = 0 = \Theta'_{\mu\nu}$. 由此可见，如果在所考查的情况中，所有变换都认为是许可的，那么，这适合于一组 $\Theta_{\mu\nu}$，远胜过适合于一组 $\gamma_{\mu\nu}$.

因此，如果——就像我们这篇论文所做的——坚持认为 $\Theta_{\mu\nu}$ 完全确定 $\gamma_{\mu\nu}$ 的值，那么必须限制坐标系的选择。在我们的论文中所以实现了这个限制，是由于预先规定了对守恒定律的遵守，这就是预先规定了对于物质过程和引力场的总和，(19)式一类的关系式是可以满足的。正是由这个公设出发，在 §5 中导出了引力场的方程(18)。

关系式(19)只对于**线性**变换是协变的，因为在上面发展的理论中只有**线性**变换应当认为是许可的。因此这种体系的坐标轴可以称为是“直的”，坐标面可以称为“平面”。非常引人注意的是，守恒定律许可给出“直”的物理定义，即使在我们的理论中并不存在像通常相对论中的光线那样的可以作为直的模型的客体和过程。

对 §4 和 §5 的附注 在引进混合张量后，理论的基本方程就变得特别明显了。置

$$\mathfrak{T}_{\sigma\nu} = \sum_\mu \sqrt{-g}\, g_{\sigma\mu} \Theta_{\mu\nu}, \quad t_{\sigma\nu} = \sum_\mu \sqrt{-g}\, g_{\sigma\mu} \vartheta_{\mu\nu},$$

代替(10)，我们得到关系式

$$\sum_\nu \frac{\partial \mathfrak{T}_{\sigma\nu}}{\partial x_\nu} = \frac{1}{2} \sum_{\mu\nu\tau} \frac{\partial g_{\mu\nu}}{\partial x_\sigma} \gamma_{\mu\tau} \mathfrak{T}_{\tau\nu}.$$

代替关系式(19),有

$$\sum_{\nu}\frac{\partial}{\partial x_{\nu}}(\mathfrak{T}_{\sigma\nu}+t_{\sigma\nu})=0;$$

代替引力场方程(18),有

$$\sum_{\alpha\beta\mu}\frac{\partial}{\partial x_{\alpha}}\left(\sqrt{-g}\,\gamma_{\alpha\beta}g_{\sigma\mu}\frac{\partial\gamma_{\mu\nu}}{\partial x_{\beta}}\right)=\kappa(\mathfrak{T}_{\sigma\nu}+t_{\sigma\nu}).$$

对§7的附注 对§7中提出的标量引力理论(诺德施特勒姆(Nordström)理论)的反对意见原来是缺乏根据的。如果假设物体的大小以确定的方式同引力势有关,就可以回避这个反对意见。作者(在维也纳自然科学家会议上)的一个报告中更精确地阐明了这个问题,它将于1913年底发表在《物理学的期刊》上。①

① 爱因斯坦,《引力问题现状》,莱比锡《物理学的期刊》(*Phys. Z*),1913年,14卷,1249—1262页。——编译者

关于广义相对论[①]

近年来我致力于在相对性和非匀速运动的基础上建立广义相对论。我认为，唯一符合合理表述的广义相对性公设的引力定律实际上已经找到；而且我在去年发表在本《会议报告》中的论文中严格地探讨了这个解的必然性。[②]

重新向我提出的批评意见认为，用该文所采用的方法绝对不能证明那个必然性；认为似乎是如此的看法的依据是错误的。相对性公设，**只要我要求它在那儿**，总是能满足的，只要人们以哈密顿原理为基础；但是它实际上并不为获得引力场的哈密顿函数 H 提供任何工具。确实，限制对 H 的选择的方程(77)*a. a. O.* 不是别的，只是表示 H 必须是对于线性变换的不变量，这一要求与加速度的相对性毫无关系。而且由方程(78)*a. a. O.* 决定的选择绝对不能决定方程(77)。

---

① 这篇论文最初发表在《普鲁士科学院会议报告》(*Sitzungsberichte der Preussischen Akademie der Wissenschaften*)，1915 年，778—786 页。1915 年 11 月 4 日收到，11 月 11 日发表。这里译自《爱因斯坦全集》(*The Collected Papers of Albert Einstein*)，第 6 卷，1996 年，普林斯顿大学出版社(Princeton University Press)，215—224 页。——编译者

② "广义相对论的形式基础"。《会议报告》(*Sitzungsberichte*) 41 期，1914 年，1066—1077 页。在下面，本文的方程将与标有后缀"*a. a. O.*"的前文的方程区分开来。——原注

基于这些理由，我对我自己推导出来的场方程失去了信心，并转而寻求一种以自然的方式限制可能性的方法。这样我又回过头来重视场方程的广义协变的要求，而这正是三年前我和我的朋友格罗斯曼(Grossmann)合作时忍痛放弃过的要求。事实上我们那时离下面给出的问题的解已十分接近。

正如狭义相对论基于它的方程必须对于线性正交变换协变的公设那样，这里提出的理论基于如下的公设，**所有方程组都相对于代换行列式为1的变换协变。**

真正理解这一理论的人，无一不被它的魅力所折服，因为它意味着由高斯(Gauss)、黎曼、克里斯托菲(Christoffel)、里奇(Ricci)和列维-契维塔(Levi-Civita)奠定的广义微分学方法的真正胜利。

§1. 构成协变式的法则

我在我去年的一篇文章中详细介绍过绝对微分学方法，在这里我只能扼要地介绍构成协变式的法则，我们只需要研究，在只允许代换行列式为1的情况下，协变式理论会发生什么变化。

对任何变换都成立的方程

$$d\tau'=\frac{\partial(x_1'\cdots x_4')}{\partial(x_1\cdots x_4)}d\tau,$$

按照我们理论的前提，

$$\frac{\partial(x_1'\cdots x_4')}{\partial(x_1\cdots x_4)}=1 \tag{1}$$

得出

$$d\tau'=d\tau \tag{2}$$

因此，四维体元 $d\tau$ 为一不变量。又由于(方程(17)$a.\ a.\ O$) $\sqrt{-g}d\tau$ 对于任意代换为不变量，因此对于我们感兴趣的群也可以得到

$$\sqrt{-g'}=\sqrt{-g} \tag{3}$$

因此 $g_{\mu\nu}$ 的行列式是一个不变量。由于 $\sqrt{-g}$ 的标量特性，与构成广义协变式的基本公式相比，我们可以简化构成协变式的基本公式；简言之，这意味着 $\sqrt{-g}$ 和 $1/\sqrt{-g}$ 不再出现在基本公式之中，而且张量和 V-张量的区别也消失了。具体讲，可以得到以下结果：

1. (在(19)和(21a)$a.\ a.\ O$ 中的)张量 $G_{iklm}=\sqrt{-g}\delta_{iklm}$ 和 $G^{iklm}=\frac{1}{\sqrt{-g}}\delta_{iklm}$ 现在变成张量

$$G_{iklm}=G^{iklm}=\delta_{iklm} \tag{4}$$

它们的结构比较简单。

2. 根据我们的前提条件，张量扩张的基本公式(29)$a.\ a.\ O.$ 和(30)$a.\ a.\ O.$ 不能以简化的公式来取代，但定义散度的方程(由方程(30)$a.\ a.\ O.$ 和(31)$a.\ a.\ O.$ 的组合表示)可以被简化。它可以写为

$$\mathrm{A}^{\alpha_1\cdots\alpha_l}=\sum_s\frac{\partial A^{\alpha_1\cdots\alpha ls}}{\partial x_s}+\sum_{s\tau}\left[\begin{Bmatrix}s\tau\\ \alpha_l\end{Bmatrix}A^{\tau\alpha_2\cdots\alpha es}+\cdots\begin{Bmatrix}s\tau\\ \alpha_\iota\end{Bmatrix}A^{\alpha_1\cdots\alpha_{e-1}\tau s}\right]$$

$$+\sum_{s\tau}\begin{Bmatrix}s\tau\\ s\end{Bmatrix}A^{\alpha_1\cdots\alpha_l\tau}. \tag{5}$$

然而根据(24)$a.\ a.\ O.$ 和(24a)$a.\ a.\ O.$，

$$\sum_\tau\begin{Bmatrix}s\tau\\ s\end{Bmatrix}=\frac{1}{2}\sum_{\alpha s}g^{s\alpha}\left(\frac{\partial g_{s\alpha}}{\partial x_\tau}+\frac{\partial g_{\tau x\alpha}}{\partial x_s}-\frac{\partial g_{s\tau}}{\partial x_\alpha}\right)=\frac{1}{2}\sum g^{s\alpha}\frac{\partial g_{s\alpha}}{\partial x_\tau}$$

$$=\frac{\partial(\lg\sqrt{-g})}{\partial x_\tau}. \tag{6}$$

根据(3)这个量有矢量特性。因此公式(5)右边最后一项本身是秩为 l 的逆变张量。因此我们就能合理地用散度的简单定义来取代公式(5),即

$$A^{\alpha_1\cdots\alpha_l}=\sum_s\frac{\partial A^{\alpha_1\cdots\alpha_l s}}{\partial x_s}+\sum_{s\tau}\left[\begin{Bmatrix}s\tau\\ \alpha_l\end{Bmatrix}A^{\tau\alpha_2\cdots\alpha_l}+\cdots\begin{Bmatrix}s\tau\\ \alpha_1\end{Bmatrix}A^{\alpha_1\cdots\alpha_{l-1}\tau s}\right], \tag{5a}$$

我们将在下面一直这么做。

例如定义(37)a. a. O.

$$\Phi=\frac{1}{\sqrt{-g}}\sum_\mu\frac{\partial}{\partial x_\mu}(\sqrt{-g}A^\mu)$$

就用更简单的定义

$$\Phi=\sum_\mu\frac{\partial A^\mu}{\partial x_\mu} \tag{7}$$

来取代,而关于逆变 6 矢量的散度的方程(40)*a. a. O.* 就用更简单的下式取代

$$A^\mu=\sum_\nu\frac{\partial A^{\mu\nu}}{\partial x_\nu}. \tag{8}$$

按照我们的假设,(41a)*a. a. O.* 可以用下式取代

$$A_\sigma=\sum_\nu\frac{\partial A_\sigma^\nu}{\partial x_\nu}-\frac{1}{2}\sum_{\mu\nu\tau}g^{\tau\mu}\frac{\partial g_{\mu\nu}}{\partial x_\sigma}A_\tau^\nu. \tag{9}$$

与(41b)比较后发现,按照我们的假设,散度法则与广义微分学中 V-张量的散度法则相同。这个意见适用于任何张量的散度,从(5)和(5a)容易推导出这一结果。

3. 我们关于变换行列式为 1 的限制能够为仅仅由 $g_{\mu\nu}$ 及其导

数构成的协变式带来意义深远的简化。数学教导我们，这些协变式都可以从 4 阶的黎曼-克里斯托菲张量推导出来，该张量（以其协变形式）可表达为：

$$\left.\begin{aligned}(ik,lm)=\frac{1}{2}\left(\frac{\partial^2 g_{im}}{\partial x_k\partial x_l}+\frac{\partial^2 g_{kl}}{\partial x_i\partial x_m}-\frac{\partial^2 g_{il}}{\partial x_k\partial x_m}-\frac{\partial^2 g_{mk}}{\partial x_l\partial x_i}\right)\\ +\sum_{\rho\sigma}g^{\rho\sigma}\left(\begin{bmatrix}im\\ \rho\end{bmatrix}\begin{bmatrix}kl\\ \sigma\end{bmatrix}-\begin{bmatrix}il\\ \rho\end{bmatrix}\begin{bmatrix}km\\ \sigma\end{bmatrix}\right)\end{aligned}\right\}. \tag{10}$$

引力问题使我们对 2 阶张量最感兴趣，它们可以通过 4 阶张量与 $g_{\mu\nu}$ 内乘而构成。由于从公式(10)显示出的黎曼张量的对称性

$$\left.\begin{aligned}(i\kappa,lm)&=(lm,i\kappa)\\ (i\kappa,lm)&=-(ki,lm)\end{aligned}\right\} \tag{11}$$

这种乘法只能用**一种**方式进行；由此得到张量

$$G_{im}=\sum_{k\rho}g^{kl}(i\kappa,lm). \tag{12}$$

就我们的目的而言，从公式(10)的第二种形式推导这个张量更为有利，这第二种形式是克里斯托菲给出的①，即

$$\{i\kappa,lm\}=\sum_{\rho}g^{\kappa\rho}(i\rho,lm)=\frac{\partial\begin{Bmatrix}il\\ \kappa\end{Bmatrix}}{\partial x_m}-\frac{\partial\begin{Bmatrix}im\\ \kappa\end{Bmatrix}}{\partial x_l}+\sum_{\rho}\left(\begin{Bmatrix}il\\ \rho\end{Bmatrix}\begin{Bmatrix}\rho m\\ \kappa\end{Bmatrix}-\begin{Bmatrix}im\\ \rho\end{Bmatrix}\begin{Bmatrix}\rho l\\ \kappa\end{Bmatrix}\right).$$

将此张量与下面的张量

$$\delta_k^l=\sum_{\alpha}g_{k\alpha}g^{\alpha l}$$

相乘（内乘），就可以得到张量 G_{im}，

① 关于这个表达式的张量特性的简单证明，可参见我多次引用的论文的第 1053 页。

$$G_{im}=\{il,lm\}=R_{im}+S_{im} \tag{13}$$

$$R_{im}=-\frac{\partial \begin{Bmatrix} im \\ \rho \end{Bmatrix}}{\partial x_{\rho}}+\sum_{\rho}\begin{Bmatrix} il \\ \rho \end{Bmatrix}\begin{Bmatrix} \rho m \\ l \end{Bmatrix} \tag{13a}$$

$$S_{im}=\frac{\partial \begin{Bmatrix} il \\ l \end{Bmatrix}}{\partial x_{m}}-\begin{Bmatrix} im \\ \rho \end{Bmatrix}\cdot\begin{Bmatrix} \rho l \\ l \end{Bmatrix}. \tag{13b}$$

在变换行列式为 1 的限制下，不仅(G_{im})是一个张量，而且(R_{im})和(S_{im})也具有张量性质。根据$\sqrt{-g}$是一个标量这一事实，又因为(6)，确实可以得出$\begin{Bmatrix} il \\ l \end{Bmatrix}$是一个协变 4 -矢量。然而由于(29)*a. a. O.*，(S_{im})不过是这个 4 -矢量的扩张，这意味着它也是一个张量。由(G_{im})和(S_{im})的张量特性，从(13)可以得出(R_{im})同样具有张量特性。这个张量(R_{im})对于引力理论至关重要。

§2. 对于"物质"过程的微分定律的说明

1. 物质(包括真空中的电磁过程)的能量-动量定理。

按照上一节的一般考虑，方程(42)*a. a. O.* 可以被下式所取代

$$\sum_{\nu}\frac{\partial T_{\sigma}^{\nu}}{\partial x_{\nu}}=\frac{1}{2}\sum_{\mu\tau\nu}g^{\tau\mu}\frac{\partial g_{\mu\nu}}{\partial x_{\sigma}}T_{\tau}^{\nu}+K_{\sigma}, \tag{14}$$

式中 T_σ^ν 为一普通张量，K_σ① 为一普通协变 4 -矢量（各自不为 V -张量，V -矢量）。对于这个方程，我们必须附加一个对下文很重要的说明。守恒方程使我在过去曾将量

$$\frac{1}{2}\sum_\mu g^{\tau\mu}\frac{\partial g_{\mu\nu}}{\partial x_\tau}$$

看成是引力场分量的自然表达式，虽然从绝对微分学的公式看来，克里斯托菲记号

$$\begin{Bmatrix}\nu\sigma\\ \tau\end{Bmatrix}$$

可能是更自然的量。前面的观点是一个致命的偏见。倾向于克里斯托菲记号有正当的理由，特别是因为它们的协变指标（这里是 ν 和 σ）的对称性，还因为它们出现在极其重要的短程线方程（23b）$a.a.O.$ 中；而这些方程从物理学观点看来是引力场中的质点运动方程。方程（14）不能作为反自变数，因为它右边的第一项可写成下面的形式

$$\sum_{\nu\tau}\begin{Bmatrix}\sigma\nu\\ \tau\end{Bmatrix}T_\tau^\nu.$$

因此从现在开始我们将称下面的量

$$\Gamma_{\mu\nu}^\sigma=-\begin{Bmatrix}\mu\nu\\ \sigma\end{Bmatrix}=-\sum_\alpha g^{\sigma\alpha}\begin{Bmatrix}\mu\nu\\ \alpha\end{Bmatrix}=-\frac{1}{2}\sum_\alpha g^{\sigma\alpha}\left(\frac{\partial g_{\mu\alpha}}{\partial x_\nu}+\frac{\partial g_{\nu\alpha}}{\partial x_\mu}-\frac{\partial g_{\mu\nu}}{\partial x_\alpha}\right)$$

为引力场的分量。当 T_σ^ν 表示所有“物质”过程的能量张量时，K_ν 为零；而守恒定理取下面的形式

① （14）中的 K_σ 和这里的 K_σ 原文都误为 K_ν，此处已改正。——译者注

$$\sum_{\alpha}\frac{\partial T_{\sigma}^{\alpha}}{\partial x_{\alpha}}=-\sum_{\alpha\beta}\Gamma_{\sigma\beta}^{\alpha}\Gamma_{\alpha}^{\beta}. \tag{14a}$$

我们注意到质点在引力场中的运动方程(23b)*a. a. O.* 取如下的形式

$$\frac{d^{2}x_{\tau}}{ds^{2}}=\sum_{\mu\nu}\Gamma_{\mu\nu}^{\tau}\frac{dx_{\mu}}{ds}\frac{dx_{\nu}}{ds}. \tag{15}$$

2. 所引论文的节 10 和节 11 中的考虑没有改变，只不过该文称为 V-标量和 V-张量的结构现在分别称为普通标量和普通张量了。

§3. 引力场方程

从前面的论述看来，将引力场方程写成如下的形式是合适的

$$R_{\mu\nu}=-\kappa T_{\mu\nu} \tag{16}$$

因为我们已经知道，这些方程在变换行列式为 1 的任何变换下是协变的。确实，这些方程满足我们向它们提出的一切条件。根据方程(13a)和(15)，它们可更详细地写为

$$\sum_{\alpha}\frac{\partial\Gamma_{\mu\nu}^{\alpha}}{\partial x_{\alpha}}+\sum_{\alpha\beta}\Gamma_{\mu\beta}^{\alpha}\Gamma_{\nu\alpha}^{\beta}=-\kappa T_{\mu\nu} \tag{16a}$$

我们现在要指出，这些场方程可以取哈密顿形式

$$\left.\begin{array}{l}\delta\left\{\int\left(\mathfrak{L}-\kappa\sum_{\mu\nu}g^{\mu\nu}T_{\mu\nu}\right)d\tau\right\}\\ \mathfrak{L}=\sum_{\sigma\tau\alpha\beta}g^{\sigma\tau}\Gamma_{\sigma\beta}^{\alpha}\Gamma_{\tau\alpha}^{\beta}\end{array}\right\} \tag{17}$$

式中，将 $T_{\mu\nu}$ 看作是恒量时，$g^{\mu\nu}$ 必定是变量。这就是说，(17)和下面的方程等效

$$\sum_{\alpha}\frac{\partial}{\partial x_{\alpha}}\left(\frac{\partial \mathfrak{L}}{\partial g_{\alpha}^{\mu\nu}}\right)-\frac{\partial \mathfrak{L}}{\partial g^{\mu\nu}}=-\kappa T_{\mu\nu} \tag{18}$$

其中须将$\mathfrak{L}$看作是 $g^{\mu\nu}$ 和$\frac{\partial g^{\mu\alpha}}{\partial x_{\sigma}}(=g_{\sigma}^{\mu\alpha})$的函数。另一方面，通过冗长但并不困难的演算可以得到下面的关系式

$$\frac{\partial \mathfrak{L}}{\partial g^{\mu\nu}}=-\sum_{\alpha\beta}\Gamma_{\mu\beta}^{\alpha}\Gamma_{\nu\alpha}^{\beta} \tag{19}$$

$$\frac{\partial \mathfrak{L}}{\partial g_{\alpha}^{\mu\nu}}=\Gamma_{\mu\nu}^{\alpha} \tag{19a}$$

这些方程和(18)一道构成了场方程(16a)。

现在也容易证明，能量和动量守恒原理得到满足。用 $g_{\sigma}^{\mu\alpha}$ 乘以(18)并对指标 μ 和 ν 求和，通过熟悉的整理就可得到

$$\sum_{\alpha\mu\nu}\frac{\partial}{\partial x_{\alpha}}\left(g_{\sigma}^{\mu\nu}\frac{\partial \mathfrak{L}}{\partial g_{\alpha}^{\mu\nu}}\right)-\frac{\partial \mathfrak{L}}{\partial x_{\sigma}}=-\kappa\sum_{\mu\nu}T_{\mu\nu}g_{\sigma}^{\mu\nu}$$

另一方面，根据(14)，关于物质的总能量张量为

$$\sum_{\lambda}\frac{\partial T_{\sigma}^{\lambda}}{\partial x_{\lambda}}=-\frac{1}{2}\sum_{\mu\nu}\frac{\partial g^{\mu\nu}}{\partial x_{\sigma}}T_{\mu\nu},$$

从后两个方程得到

$$\sum_{\lambda}\frac{\partial}{\partial x_{\lambda}}(T_{\sigma}^{\lambda}+t_{\sigma}^{\lambda})=0 \tag{20}$$

其中

$$t_{\sigma}^{\lambda}=\frac{1}{2\kappa}\left(\mathfrak{L}\,\delta_{\sigma}^{\lambda}-\sum_{\mu\nu}g_{\sigma}^{\mu\nu}\frac{\partial \mathfrak{L}}{\partial g_{\lambda}^{\mu\nu}}\right) \tag{20a}$$

表示引力场的“能量张量”，附带指出，它只有在线性变换下才具有张量特性。从(20a)和(19a)，经过简单的整理就可得到

$$t_{\sigma}^{\lambda}=\frac{1}{2}\delta_{\sigma}^{\lambda}\sum_{\mu\nu\alpha\beta}g^{\mu\nu}\Gamma_{\nu\beta}^{\alpha}\Gamma_{\nu\alpha}^{\beta}-\sum_{\mu\nu\alpha}g^{\mu\nu}\Gamma_{\mu\sigma}^{\alpha}\Gamma_{\nu\alpha}^{\lambda} \tag{20b}$$

最后，可以很有趣味地从场方程推导出两个标量方程。将(16a)乘以 $g^{\mu\nu}$ 并对 μ 和 ν 求和，经过简单的整理就可得到

$$\sum_{\alpha\beta}\frac{\partial^2 g^{\alpha\beta}}{\partial x_\alpha \partial x_\beta}-\sum_{\sigma\tau\alpha\beta}g^{\sigma\tau}\Gamma_{\sigma\beta}^{\alpha}\Gamma_{\tau\alpha}^{\beta}+\sum_{\alpha\beta}\frac{\partial}{\partial x_\alpha}\left(g^{\alpha\beta}\frac{\partial \lg\sqrt{-g}}{\partial x_\beta}\right)=-\kappa\sum_{\beta}T_{\sigma}^{\sigma}. \tag{21}$$

另一方面，我们用 $g^{\nu\lambda}$ 乘(16a)并对 ν 求和，便可得到

$$\sum_{\alpha\nu}\frac{\partial}{\partial x_\alpha}(g^{\nu\lambda}\Gamma_{\mu\nu}^{\alpha})-\sum_{\alpha\beta\nu}g^{\nu\beta}\Gamma_{\nu\mu}^{\alpha}\Gamma_{\beta\alpha}^{\lambda}=-\kappa T_{\mu}^{\lambda},$$

或者，也考虑到(20b)，

$$\sum_{\alpha\nu}\frac{\partial}{\partial x_\alpha}(g^{\nu\lambda}\Gamma_{\mu\nu}^{\alpha})-\frac{1}{2}\delta_{\mu}^{\lambda}\sum_{\mu\nu\alpha\beta}g^{\mu\nu}\Gamma_{\mu\beta}^{\alpha}\Gamma_{\nu\alpha}^{\beta}=-\kappa(T_{\mu}^{\lambda}+t_{\mu}^{\lambda}).$$

由此进一步考虑到(20)并经过简单整理就得到方程

$$\frac{\partial}{\partial x_\mu}\left[\sum_{\alpha\beta}\frac{\partial^2 g^{\alpha\beta}}{\partial x_\alpha \partial x_\beta}-\sum_{\sigma\tau\alpha\beta}g^{\sigma\tau}\Gamma_{\sigma\beta}^{\alpha}\Gamma_{\tau\alpha}^{\beta}\right]=0 \tag{22}$$

可是我们还进一步要求

$$\sum_{\alpha\beta}\frac{\partial^2 g^{\alpha\beta}}{\partial x_\alpha \partial x_\beta}-\sum_{\sigma\tau\alpha\beta}g^{\sigma\tau}\Gamma_{\sigma\beta}^{\alpha}\Gamma_{\tau\alpha}^{\beta}=0 \tag{22a}$$

这样一来，(21)就可变为

$$\sum_{\alpha\beta}\frac{\partial}{\partial x_\alpha}\left(g^{\alpha\beta}\frac{\partial \lg\sqrt{-g}}{\partial x_\beta}\right)=-\kappa\sum_{\sigma}T_{\sigma}^{\sigma} \tag{21a}$$

从方程(21a)可以看出，因为能量张量的标量不可能为零，所以不可能选择 $\sqrt{-g}$ 为 1 的坐标系。

方程(22a)是只有 $g_{\mu\nu}$ 服从的关系式，在由原来的坐标系通过禁止的变换所产生的新坐标系中，该关系不再成立。因此该方程

指出，必须选择适合于流形的坐标系。

§4. 关于理论中的物理量的若干说明

方程(22a)的一阶近似为

$$\sum_{\alpha\beta}\frac{\partial^2 g^{\alpha\beta}}{\partial x_\alpha \partial x_\beta}=0.$$

这还没有把坐标系确定，因为确定坐标系需要4个方程。因此我们可以在一阶近似下随意加上条件

$$\sum_{\beta}\frac{\partial g^{\alpha\beta}}{\partial x_\beta}=0. \tag{22}$$

为了进一步简化，我们需要把虚时间当作第4个变量引入。这样，场方程在一阶近似下取如下形式

$$\frac{1}{2}\sum_{\alpha}\frac{\partial^2 g_{\mu\nu}}{\partial {x_\alpha}^2}=\kappa T_{\mu\nu}, \tag{16b}$$

从这一方程立即可以看出，它将牛顿定律作为一个近似而包含在内。——

按照新理论，运动的相对性实际上成立，这是基于这样的理由，即新坐标系相对于旧坐标系以任意的变加速度转动，而新坐标系的原点在旧坐标系中作任意指定的运动，这些都是允许的变换。

实际上，下列替代

$$x'=x\cos\tau+y\sin\tau$$
$$y'=-x\sin\tau+y\cos\tau$$
$$z'=z$$
$$t'=t$$

和

$$x' = x - \tau_1$$

$$y' = y - \tau_2$$

$$z' = z - \tau_3$$

$$t' = t,$$

的替代行列式为 1，其中 τ 以及 τ_1, τ_2, τ_3 是 t 的任意函数。

关于广义相对论(补遗)①

在新近发表的一篇研究报告②中,我已指出,如何能够将黎曼的多维流形中的协变理论作为引力场理论的基础。现在在这里我想指出,通过引入一个显然十分大胆的关于物质结构的附加假说,可以得到更简洁更合乎逻辑的理论结构。

我们将要考查其正当性的这个假说与下一论题有关。“物质”的能量张量 T_{μ}^{λ} 具有一个标量 $\sum_{\mu} T_{\mu}^{\mu}$,这一标量对于电磁场为零是众所周知的。与此相对照,对于物质**本身**它似乎不为零。因为,如果我们考查最简单的特例,一种“非黏滞”的连续流体(压力忽略不计),那么我们通常写作

$$T^{\mu\nu}=\sqrt{-g}\,\rho_{0}\,\frac{dx_{\mu}}{ds}\cdot\frac{dx_{\nu}}{ds},$$

这样我们就有

$$\sum_{\mu} T_{\mu}^{\mu}=\sum_{\mu\nu} g_{\mu\nu} T^{\mu\nu}=\rho_{0}\sqrt{-g}.$$

在这里,能量张量的标量不为零。

现在应该记住,按照我们的知识,“物质”不要理解为原始的、

① 这篇“补遗”最初发表在《普鲁士科学院会议报告》,1915 年,799—801 页。1915 年 11 月 11 日收到,1915 年 11 月 18 日发表。这里译自《爱因斯坦全集》,第 6 卷,1996 年,普林斯顿大学出版社,215—224 页。

② 《会议报告》(*Sitzungsberichte*),778 页。

物理上简单的东西。甚至还有不少人希望将物质简化为纯粹的电磁过程，这当然需要一种比麦克斯韦电动力学更完备的理论来完成。现在让我们来假定，在如此完备的电动力学中能量张量的标量也为零！上述结果证明了不能用这个理论来建构物质吗？我认为，对这个问题可以作出否定的回答。因为很有可能，在与前面的表达式相关的那种“物质”中，引力场构成了重要的组成部分。在这种情况下，对整个结构，$\sum T_\mu^\mu$ 可以似乎是正的，而实际上，只有 $\sum\limits_\mu (T_\mu^\mu + t_\mu^\mu)$ 是正的，而 $\sum\limits_M T_\mu^\mu$ 到处为零。**在下面，我们假定条件 $\sum T_\mu^\mu = 0$ 确实普遍成立。**

凡是从一开始就支持这个假说的人，即认为引力场是构成物质的基本组成部分的人，将在下面看到对这一理解的有力支持。①

场方程的推导

我们的假说允许我们迈出使广义相对论思想有希望成功的最后一步。也就是说，它也允许引力场方程取**广义**协变的形式。在前面的文章中我已指出[方程(13)]，

$$G_{im} = \sum_l \{il, lm\} = R_{im} + S_{im} \tag{13}$$

是一个对于任何替代都协变的张量。而且

$$R_{im} = -\sum_l \frac{\partial \begin{Bmatrix} im \\ l \end{Bmatrix}}{\partial x_l} + \sum_{\rho l} \begin{Bmatrix} il \\ \rho \end{Bmatrix} \begin{Bmatrix} \rho m \\ l \end{Bmatrix} \tag{13a}$$

---

① 在写前面的那篇文章时，我还不知道假说 $\sum T_\mu^\mu = 0$ 在原则上是允许的。

$$S_{im}=\sum_{l}\frac{\partial\begin{Bmatrix}il\\l\end{Bmatrix}}{\partial x_m}-\sum_{\rho l}\begin{Bmatrix}im\\\rho\end{Bmatrix}\begin{Bmatrix}\rho l\\l\end{Bmatrix}\tag{13b}$$

这个张量 G_{im} 是对建立广义协变的引力方程起决定性作用的唯一张量。

现在,如果我们同意引力场方程应该写为

$$G_{\mu\nu}=-\kappa T_{\mu\nu}\tag{16b}$$

这样,我们就得到广义协变的场方程。这些方程和绝对微分学给出的广义协变定律一道,表达了自然界中“物质”过程的因果关系;对于坐标系的任何特殊选择与所表达的自然规律在逻辑上没有任何关系,对这些规律的形式化也不起什么作用。

从这个场方程系出发,通过随后的坐标系选择,容易回到我在前文中建立的规律系列,而且实际上对这些规律没有什么变动。这就很清楚,我们可以引入一个新的坐标系,使得对于这个坐标系,

$$\sqrt{-g}=1$$

处处成立。那么 S_{im} 为零,于是人们又回到前文中的方程系

$$R_{\mu\nu}=-\kappa T_{\mu\nu}\tag{16}$$

用绝对微分学得出的公式严格地按照前文指明的方式简并。而我们坐标系的选择仍然只允许变换行列式为 1。

我们从广义协变式得到的场方程与前文中的场方程在内容上的区别仅在于,在前文中 $\sqrt{-g}$ 的值不能规定。该值是由下面的方程

$$\sum_{\alpha\beta}\frac{\partial}{\partial x}\left(g^{\alpha\beta}\frac{\partial \lg\sqrt{-g}}{\partial x_{\beta}}\right)=-\kappa\sum_{\sigma}T_{\sigma}^{\sigma} \tag{21a}$$①

来确定。从这个方程可以看出，只有当能量张量的标量为零时，$\sqrt{-g}$才能够是常数。

在我们现在的推导中，由于我们对坐标系的选择，$\sqrt{-g}=1$。“物质”的能量张量的标量为零，不是来自方程(21a)，而是来自我们的场方程。**只要我们在导言中说明的假说成立，构成我们的出发点的广义协变场方程就不导致矛盾。**可是，我们给以前的场方程加上一个限制条件

$$\sqrt{-g}=1 \tag{21b}$$

我们也是有理由的。

① 式中括号内的∂x_{β}原文误为∂x_{α}，此处已改正。——译者注

用广义相对论解释水星近日点运动[①]

我在不久前发表在本《报告》的论文[②]中，提出了对于行列式为1的任何变换都是协变的引力场方程。在一篇补充[③]中，我指出了，如果"物质"的能量张量的标量[④]化为零，那些场方程同普遍协变[方程]相符合；并且我还证明了，引入这个假说同任何原则性的考虑并不对立，由于这个假说，时间和空间被剥夺了客观实在性的最后痕迹。[⑤]

在本文中我找到了这种最彻底和最完全的相对论的一个重要证明；因为它显示了，这个理论用不着根据任何特殊的假说，就既定性又定量地解释了勒未里埃(Leverrier)所发现的水星轨道在轨

---

① 译自《普鲁士科学院会议报告》(*Sitzungsber. preuss.. Akad. Wiss.*)，1915年，47期，831—839页。——编译者

② 即爱因斯坦的《论广义相对论》，《普鲁士科学院会议报告》，1915年，44期，778—786页。——编译者

③ 即爱因斯坦的《论广义相对论(补充)》，《普鲁士科学院会议报告》，1915年，46期，799—801页。——编译者

④ 即这个张量的"迹"。——编译者

⑤ 在一篇很快就要发表的报告中将指出，那个假说是多余的。主要之点仅在于，有可能这样来选择参照系，使行列式$|g_{\mu\nu}|$的值取-1. 以下的研究与此无关。——原注〔参见《广义相对论的基础》，《物理学期刊》，1916年，49卷，769—822页。见本书331—391页。——编译者〕

道运动的意义上的久期旋转，它在100年内大约转45″.①

此外还得出，这个理论所得出的关于光辐射经过引力场[所产生的]弯曲度的结果比我过去的研究结果要更大些(大一倍)。

§1. 引力场

从我前述的两篇报告中得出，在适当选定的参照系中，真空中的引力场必须满足下列方程

$$\sum_{\alpha}\frac{\partial \Gamma^{\alpha}_{\mu\nu}}{\partial x_{\alpha}}+\sum_{\alpha\beta}\Gamma^{\alpha}_{\mu\beta}\Gamma^{\beta}_{\nu\alpha}=0, \tag{1}$$

这里，$\Gamma^{\alpha}_{\mu\nu}$是由下列等式定义的：

$$\Gamma^{\alpha}_{\mu\nu}=-\begin{Bmatrix}\mu\nu\\ \alpha\end{Bmatrix}=-\sum_{\beta}g^{\alpha\beta}\begin{Bmatrix}\mu\nu\\ \beta\end{Bmatrix}=$$

$$=-\frac{1}{2}\sum_{\beta}g^{\alpha\beta}\left(\frac{\partial g_{\mu\beta}}{\partial x_{\nu}}+\frac{\partial g_{\nu\beta}}{\partial x_{\mu}}-\frac{\partial g_{\mu\nu}}{\partial x_{\alpha}}\right). \tag{2}$$

此外，如果我们作出前一报告中所述的假说，即“物质”的能量张量的标量总是零，那么至此还有行列式方程

$$|g_{\mu\nu}|=-1. \tag{3}$$

假定在坐标系的原点有一质点(太阳)。这个质点产生的引力场可以由这个方程通过相继地取近似值而计算出来。

同时还可以设想，在给定太阳质量的情况下，在数学上还不能由方程(1)和(3)完全确定$g_{\mu\nu}$. 这是由于，这些方程对于行列式为

① E. 弗劳恩特利希(E. Freundlich)不久前在一篇值得注意的文章中论述了在牛顿理论的基础上不可能令人满意地解释水星运动的反常现象(Freundlich E.:《天文学通报》(*Astr. Nachr.*)，201卷，4803页，1915年7月)。——原注

1 的任何变换都是协变的。可是我们应当有权假设,所有这些解通过这些变换可以相互转换,因此它们(在给定的边界条件下)只是在形式上而不是在物理上互不相同。根据这个信念,我首先满足于在这里推导出**一个**解,而并不问它是否是唯一可能的[解]。

现在我们以这样的方式进行。假定 $g_{\mu\nu}$ 是在"零级近似"上由下列符合原始相对论的方案给出

$$\left.\begin{matrix} -1 & 0 & 0 & 0 \\ 0 & -1 & 0 & 0 \\ 0 & 0 & -1 & 0 \\ 0 & 0 & 0 & +1 \end{matrix}\right\}, \tag{4}$$

或者可缩写为①

$$\left.\begin{aligned} g_{\rho\sigma} &= \delta_{\rho\sigma} \\ g_{\rho 4} &= g_{4\rho} = 0 \\ g_{44} &= 1 \end{aligned}\right\}. \tag{4a}$$

这里 ρ 和 σ 表示下标 1,2,3;$\delta_{\rho\sigma}$ 等于 1 或 0,当 $\rho=\sigma$ 或 $\rho\neq\sigma$.

现在我们作如下的假定:$g_{\mu\nu}$ 同(4a)中给所出的值相差比 1 要小。我们把这些偏离作为"一阶"小量来对待,把这些偏离的 n 次幂的函数作为"n 阶[小]量"来对待。方程(1)和(3)使我们能够从(4a)出发,通过相继的近似运算把引力场算准到 n 阶[小]量。我们在这个意义上说"n 级近似";方程(4a)构成"零级近似"。

下面给出的解具有下列确定坐标系的特性:

1. 所有分量同 x_4 无关。

① 下面第一个方程右边 $\delta_{\rho\sigma}$ 显系 $-\delta_{\rho\sigma}$ 之误。——编译者

2. 如果我们使这个解经受一次线性正交(空间)变换,而又重新得到同一个的解,从这个意义上来说,这个解对于坐标系的原点是(空间上)对称的。

3. 等式 $g_{\rho 4}=g_{4\rho}=0$ 严格成立(对于 $\rho=1$ 到 3)。

4. $g_{\mu\nu}$ 在无限远处具有(4a)中给出的值。

一 级 近 似

不难证明,表示式

$$\left.\begin{aligned}g_{\rho\sigma}&=-\delta_{\rho\sigma}+\alpha\left(\frac{\partial^2 r}{\partial x_\rho \partial x_\sigma}-\frac{\delta_{\rho\sigma}}{r}\right)=-\delta_{\rho\sigma}-\alpha\frac{x_\rho x_\sigma}{r^3}\\ g_{44}&=1-\frac{\alpha}{r}\end{aligned}\right\}\tag{4b}$$

以一阶[小]量满足方程(1)和(3)以及上面所说的 4 个条件。这里 $g_{4\rho}$ 以及 $g_{\rho 4}$ 都是由条件 3 来确定的。r① 表示量 $+\sqrt{x_1^2+x_2^2+x_3^2}$,$\alpha$ 是一个由太阳质量所确定的常数。

我们立即可以看出,方程(3)在一阶项中是得到满足的。为了以简单的方式看出场方程在一级近似中也是得到满足的,我们只需要注意到,在略去二阶和更高阶[小]量的情况下,方程(1)的左边可以相继地用

$$\sum_\alpha \frac{\partial \Gamma^\alpha_{\mu\nu}}{\partial x_\alpha},$$

$$\sum_\alpha \frac{\partial}{\partial x_\alpha}\begin{bmatrix}\mu\nu\\ \alpha\end{bmatrix}$$

① 原文误为 ν,此处已改正。——编译者

来置换，这里 α 只从 1 到 3.

如我们从(4b)所看到的，我们的理论要求，在一个静止质量的情况下，分量 g_{11} 到 g_{33} 在一阶量中已不等于零。后面我们将看到，由于这个缘故同牛顿定律相矛盾的情况（在一级近似上）绝不会出现。但是或许可以由此得出，引力场对光束的影响同我以前的论文中的结果有些不同；因为光速是由方程

$$\sum g_{\mu\nu} dx_\mu dx_\nu = 0 \tag{5}$$

来确定的。在应用惠更斯原理之后，我们从(5)和(4b)通过简单的计算求得，一条离太阳距离 Δ 穿过的光束发生的偏折角为 $\frac{2\alpha}{\Delta}$，而过去的计算得到的值为 $\frac{\alpha}{\Delta}$，当时是不以 $\sum T_\mu^\mu = 0$ 这个假说为根据的。一条在太阳表面穿过的光束应当发生 1.7″（而不是 0.85″）的偏折。① 相反，已由弗劳恩特利希(Freundlich)先生对于恒星在数量级上证实的关于光谱线在引力势中移动的结果，仍然没有变化，因为这只取决于 g_{44}.

我们在一级近似上求得 $g_{\mu\nu}$ 之后，我们也可以在一级近似上计算引力场的分量 $T_{\mu\nu}^\alpha$. 从(2)和(4b)得到

$$\Gamma_{\rho\sigma}^{\tau} = -\alpha\left(\delta_{\rho\sigma}\frac{x_\tau}{r^2} - \frac{3}{2}\frac{x_\rho x_\sigma x_\tau}{r^5}\right), \tag{6a}$$

这里 ρ, σ, τ[分别]是下标 1,2,3 中的任何一个，

$$\Gamma_{44}^{\sigma} = \Gamma_{4\sigma}^{4} = -\frac{\alpha}{2}\frac{x_\sigma}{r^3}, \tag{6b}$$

① 参见本书 242 页。——编译者

这里σ是指标1,2或3.指标4在其中出现一次或三次的那些分量都为零。

二级近似

以后将会得到,为了能够以适当的准确度求得行星的轨道,我们只需要准确到二阶量的程度上求得三个分量Γ_{44}^{σ}.为此,我们只需要最后的一个场方程,以及我们对我们的解所提出的那些一般条件就足够了。最后一个场方程

$$\sum_{\sigma}\frac{\partial\Gamma_{44}^{\sigma}}{\partial x_{\sigma}}+\sum_{\sigma\tau}\Gamma_{4\tau}^{\sigma}\Gamma_{4\sigma}^{\tau}=0,$$

在考虑到(6b)并忽略三阶和更高阶[小]量的情况下,转化为①

$$\sum_{\sigma}\frac{\partial\Gamma_{44}^{\sigma}}{\partial x_{\sigma}}=\frac{\alpha^{2}}{2r^{4}}.$$

考虑到(6b)和我们的解的对称性,我们由此得出

$$\Gamma_{44}^{\sigma}=-\frac{\alpha}{2}\frac{x_{\sigma}}{r^{3}}\left(1-\frac{\alpha}{r}\right).\tag{6c}$$

§2. 行星运动

从广义相对论得出的重力场中质点的运动方程为

$$\frac{d^{2}x_{\nu}}{ds^{2}}=-\sum_{\sigma\tau}\Gamma_{\sigma\tau}^{\nu}\frac{dx_{\sigma}}{ds}\frac{dx_{\tau}}{ds}.\tag{7}$$

从这些方程我们首先得出,它们包含牛顿运动方程作为一级近似。

① 原文中下列方程左边误为$\sum_{\sigma}\frac{\Gamma_{44}^{\sigma}}{\partial x_{\sigma}}$,已改正。——编译者

如果实际上发生的质点运动具有远小于光速的速度，那么 dx_1，dx_2，dx_3 较 dx_4 为小。因此我们得到一级近似，由于我们在[方程]的右边暂时只考虑 $\sigma=\tau=4$ 的项。这时，考虑到(6b)，我们得到

$$\left.\begin{aligned} &\frac{d^2x_\nu}{ds^2}=\Gamma_{44}^\nu=-\frac{\alpha}{2}\frac{x_\nu}{r^3} \quad (\nu=1,2,3) \\ &\frac{d^2x_4}{ds^2}=0 \end{aligned}\right\}. \tag{7a}$$

这些方程表明，对于一级近似我们可以置 $s=x_4$. 于是头三个方程正好是牛顿的[方程]。如果我们在轨道平面中引进极坐标方程 r,ϕ，那么，如所周知，能量定律和面积定律给出方程

$$\left.\begin{aligned} &\frac{1}{2}u^2+\Phi=A \\ &r^2\frac{d\phi}{ds}=B \end{aligned}\right\}, \tag{8}$$

这里 A 和 B[分别]是能量定律和面积定律的常数，这里为了缩写，还置

$$\left.\begin{aligned} &\Phi=-\frac{\alpha}{2r} \\ &u^2=\frac{dr^2+r^2d\phi^2}{ds^2} \end{aligned}\right\}. \tag{8a}$$

我们现在必须解方程(7)准确到更高的数量级。这时方程组(7)的最后一个方程连同(6b)一道给出

$$\frac{d^2x_4}{ds^2}=2\sum_\sigma\Gamma_{\sigma4}^4\frac{dx_\sigma}{ds}\frac{dx_4}{ds}=-\frac{dg_{44}}{ds}\frac{dx_4}{ds},$$

或者准确到一阶量，

$$\frac{dx_4}{ds}=1+\frac{\alpha}{r}. \tag{9}$$

我们现在转向(7)的头三个方程。右边给出：

a)对于下标的组合 $\sigma=\tau=4$，

$$\Gamma_{44}^{\nu}\left(\frac{dx_4}{ds}\right)^2,$$

或者考虑到(6c)和(9)，准确到二阶量

$$-\frac{\alpha}{2}\frac{x_\nu}{r^3}\left(1+\frac{\alpha}{r}\right);$$

b)对于下标组合 $\sigma\neq4,\tau\neq4$(它们仍然单独予以考虑)，考虑到积 $\frac{dx_\sigma}{ds}\frac{dx_\tau}{ds}$ 根据(8)应当看作是一阶量，①同样也考虑到准确到二阶量

$$-\frac{\alpha x_\nu}{r^3}\sum_{\sigma\tau}\left(\delta_{\sigma\tau}-\frac{3}{2}\frac{x_\sigma x_\tau}{r^2}\right)\frac{dx_\sigma}{ds}\frac{dx_\tau}{ds}.$$

累加后得出

$$-\frac{\alpha x_\nu}{r^3}\left(u^2-\frac{3}{2}\left(\frac{dr}{ds}\right)^2\right).$$

考虑到这一点，我们得到运动方程准确到二阶量的形式

$$\frac{d^2x_\nu}{ds^2}=-\frac{\alpha}{2}\frac{x_\nu}{r^3}\left(1+\frac{\alpha}{r}+2u^2-3\left(\frac{dr}{ds}\right)^2\right), \tag{7b}$$

它和(9)一道决定了质点的运动。顺便指出，(7b)和(9)对于圆周运动的情况得出的结果同开普勒的第三定律毫无差异。

---

① 对应于这种状况，对于场分量 $\Gamma_{\sigma\tau}^{\nu}$ 我们可以满足于方程(6a)中给出的一级近似值。——原注

从(7b)，首先得出，方程

$$r^2\frac{d\phi}{ds}=B \tag{10}$$

严格成立，其中 B 是一个常数。因此，如果我们应用行星的“原时”(*Eigenzeit*)来量度时间，面积定律在准确到二阶量时成立。现在为了从(7b)来求得椭圆轨道的久期旋转，最好是利用(10)和方程(8)的第一个方程来代替(7b)括弧中的一阶项，经过这种处理，右边的二阶项不发生变化。因此括弧取下列形式

$$\left(1-2A+\frac{3B^2}{r^2}\right).$$

最后，如果我们选 $s\sqrt{1-2A}$ 为时间变量，并且我们又称后者为 s，那么在多少改变了常数 B 的意义的情况下，我们得到：

$$\left.\begin{aligned}\frac{d^2x_\nu}{ds^2}&=-\frac{\partial\Phi}{\partial x_\nu}\\ \Phi&=-\frac{\alpha}{2}\left[1+\frac{B}{r^2}\right]\end{aligned}\right\}. \tag{7c}$$

在确定轨道形式时，我们现在像在牛顿[理论]的情况中一样准确地进行。从(7c)我们首先得到

$$\frac{dr^2+r^2d\phi^2}{ds^2}=2A-2\Phi.$$

如果我们借助(10)，从这个方程消去 ds，那么，当我们用 x 来表示量 $\frac{1}{r}$ 时，就得到：

$$\left(\frac{dx}{d\phi}\right)^2=\frac{2A}{B}+\frac{\alpha}{B^2}x-x^2+\alpha x^3, \tag{11}$$

这个方程同相应的牛顿理论的差别仅在于右边的最后一项。

所以，近日点和远日点之间以矢径描述的夹角就由椭圆积分

$$\phi=\int_{\alpha_1}^{\alpha_2}\frac{dx}{\sqrt{\frac{2A}{B^2}+\frac{\alpha}{B^2}x-x^2+\alpha x^3}}$$

来表示，这里 α_1 和 α_2 是方程

$$\frac{2A}{B^2}+\frac{\alpha}{B^2}x-x^2+\alpha x^3=0$$

的[两个]根，它们很接近于由这个方程略去最后一项而形成的那个方程的根。

上式以我们所要求的准确度可以置换为

$$\phi=[1+\alpha(\alpha_1+\alpha_2)]\cdot\int_{\alpha_1}^{\alpha_2}\frac{dx}{\sqrt{-(x-\alpha_1)(x-\alpha_2)(1-\alpha x)}},$$

或者在展开 $(1-\alpha x)^{-\frac{1}{2}}$ 之后，

$$\phi=[1+\alpha(\alpha_1+\alpha_2)]\int_{\alpha_1}^{\alpha_2}\frac{\left(1+\frac{\alpha}{2}x\right)dx}{\sqrt{-(x-\alpha_1)(x-\alpha_2)}}.$$

这个积分给出

$$\phi=\pi\left[1+\frac{3}{4}\alpha(\alpha_1+\alpha_2)\right],$$

或者，如果我们注意到，α_1 和 α_2 是同太阳的距离的极大值和极小值的倒数。

$$\phi=\pi\left(1+\frac{3}{2}\frac{\alpha}{a(1-e^2)}\right). \tag{12}$$

因此，在转完一圈时，近日点在轨道运动的意义上进动

$$\epsilon=3\pi\frac{\alpha}{a(1-e^2)}, \tag{13}$$

如果用 a 米来表示半长轴，e 表示偏心率。如果我们引进转一圈的周期 T（以秒计），那么，如果光速 c 用厘米/秒来表示，我们就得到：

$$\varepsilon=24\pi^3\frac{a^2}{T^2c^2(1-e^2)}. \tag{14}$$

计算得出，对于水星，近日点每一百年前进 43″，而天文学把 45″±5″说成是观测结果和牛顿理论之间的无法解释的差额。而这里的结果是[同观测结果]完全一致的。

对于地球和火星，天文学指明每一百年分别前进运动 11″和 9″，而我们的公式只给出 4″和 1″. 可是由于那两个行星的轨道偏心率太小，这些观测数据本身看起来只具有很小的价值。断定近日点运动的可靠性的量度是它同偏心率的积 $\left(e\frac{d\pi}{dt}\right)$. 如果我们注意到纽科姆（Newcomb）对于这个量所给出的这些值

	$e\frac{d\pi}{dt}$
水星	8.48″±0.43
金星	−0.05±0.25
地球	0.10±0.13
火星	0.75±0.35

（为此我很感谢弗劳恩特利希先生），那么我们得到这样的印象：近日点的进动一般只对于水星才是实际证明了的。然而我乐意听任天文学的专业工作者对此作出最终的判决。

引力场方程[①]

我在不久前发表的两篇文章[②]中指出，怎样才能得到与广义相对性公设相符合的引力场方程，也就是说，在任意的时空变量的替换下，该方程的一般表述是协变的。

该方程的发展过程如下。首先我发现了把**牛顿**理论作为近似包容在内的方程，而且这些方程对于替换行列式为 1 的任意替换是协变的。在这之后我又发现，只要“物质”的能量张量的标量为零，这些方程就具有广义协变性。于是坐标系按照简单的法则来确定，即令 $\sqrt{-g}$ 等于 1，这就导致理论方程非常简化。然而，必须提及，这要求引入一个假说，即物质的能量张量的标量为零。

我新近发现，人们可以不要关于物质能量张量的假说，只要人们以稍微不同于我先前两篇论文中所用的方式把物质的能量张量引入场方程就行了。我在真空的场方程的基础上，作出水星近日点进动的解释，而真空场方程并不因这一修正而受到触动。为了让读者不需要经常翻阅早先的论文，我在这里再次作全面的考查。

---

① 这篇论文最初发表在《普鲁士科学院会议报告》(1915 年)844—847 页上，1915 年 11 月 25 日收到，12 月 2 日发表。这里译自《爱因斯坦全集》，第 6 卷，1996 年，普林斯顿大学出版社，245—248 页。

② 1915 年《会议报告》(*Sitzungsber.*)，44 期，778 页；46 期，799 页。

人们可以从熟知的4秩黎曼协变式推导出下面的2秩协变式：

$$G_{im}=R_{im}+S_{im} \tag{1}$$

$$R_{im}=-\sum_{\rho}\frac{\partial\left\{\begin{matrix} im \\ l \end{matrix}\right\}}{\partial x_e}+\sum_{e\rho}\left\{\begin{matrix} il \\ \rho \end{matrix}\right\}\left\{\begin{matrix} m\rho \\ l \end{matrix}\right\} \tag{1a}$$

$$S_{im}=\sum_{\rho}\frac{\partial\left\{\begin{matrix} ie \\ l \end{matrix}\right\}}{\partial x_m}-\sum_{le}\left\{\begin{matrix} im \\ \rho \end{matrix}\right\}\left\{\begin{matrix} \rho e \\ e \end{matrix}\right\} \tag{1b}$$

我们得到没有物质的空间中引力场的10个广义协变方程，其中我们设

$$G_{im}=0 \tag{2}$$

如果人们这样选择参照系，使$\sqrt{-g}=1$，就可以使这些方程简化。于是由于(1b)，S_{im}等于零，我们得到如下方程来取代(2)

$$R_{im}=\sum_{\rho l}\frac{\partial\Gamma^{l}_{im}}{\partial x_e}+\sum_{\rho l}\Gamma^{l}_{i\rho}\Gamma^{\rho}_{ml}=0 \tag{3}$$

$$\sqrt{-g}=1. \tag{3a}$$

在此处令

$$\Gamma^{l}_{im}=-\left\{\begin{matrix} im \\ \rho \end{matrix}\right\} \tag{4}$$

我们称这些量为引力场的“分量”。

当在所考查的空间中存在“物质”时，它的能量张量分别出现在(2)和(3)式的右边。我们令

$$G_{im}=-\kappa\left(T_{im}-\frac{1}{2}g_{im}T\right), \tag{2a}$$

其中

$$\sum_{\rho\sigma} g^{\rho\sigma} T_{\rho\sigma} = \sum_{\sigma} T_{\sigma}^{\sigma} = T; \tag{5}$$

T 是“物质”的能量张量的标量，(2a)的右边是一个张量。如果我们再以熟悉的方式选定坐标系，那么我们就得到取代(2a)的等效的方程

$$R_{im} = \sum_{l} \frac{\partial \Gamma_{im}^{l}}{\partial x_{l}} + \sum_{\rho l} \Gamma_{i\rho}^{l} \Gamma_{ml}^{\rho} = -\kappa\left(T_{im} - \frac{1}{2} g_{im} T\right) \tag{6}$$

$$\sqrt{-g} = 1. \tag{3a}$$

正如通常那样，我们假设在广义微分学意义上，物质的能量张量的散度为零(能量-动量定律)。按照(3a)那样选定坐标系，由此得出 T_{im} 应该满足的条件

$$\sum_{\lambda} \frac{\partial T_{\sigma}^{\lambda}}{\partial x_{\lambda}} = -\frac{1}{2} \sum_{\mu\nu} \frac{\partial g^{\mu\nu}}{\partial x_{\sigma}} T_{\mu\nu} \tag{7}$$

或

$$\sum_{\lambda} \frac{\partial T_{\sigma}^{\lambda}}{\partial x_{\lambda}} = -\sum_{\mu\nu} \Gamma_{\sigma\nu}^{\mu} T_{\mu}^{\nu} \tag{7a}$$

用 $\frac{\partial g^{im}}{\partial x_{\sigma}}$ 乘以(6)并对 i 和 m 求和，那么考虑到(7)和由(3a)导出的关系式

$$\frac{1}{2} \sum_{im} g_{im} \frac{\partial g^{im}}{\partial x_{\sigma}} = -\frac{\partial \lg \sqrt{-g}}{\partial x_{\sigma}} = 0$$

人们就得到了①取如下形式的物质和引力场合并在一起的守恒定

① 关于推导参见《会议报告》第 44 期，1915 年，784—785 页。我建议读者在下面也参阅 785 页，以便对发展过程作比较。

律

$$\sum_{\lambda}\frac{\partial}{\partial x_{\lambda}}(T_{\sigma}^{\lambda}+t_{\sigma}^{\lambda})=0, \tag{8}$$

此处 t_{σ}^{λ}(引力场的能量张量)由下式给出

$$\kappa t_{\sigma}^{\lambda}=\frac{1}{2}\delta_{\sigma}^{\lambda}\sum_{\mu\nu\alpha\beta}g^{\mu\nu}\Gamma_{\mu\beta}^{\alpha}\Gamma_{\nu\alpha}^{\beta}-\sum g^{\mu\nu}\Gamma_{\mu\sigma}^{\alpha}\Gamma_{\nu\alpha}^{\lambda} \tag{8a}$$

使我在公式(2a)和(6)的右边引进第二项的动机要在下面的考虑中才会明晰,但是这动机和刚刚引证的(785页)完全相似。

我们利用 g^{im} 乘以(6)并对 i 和 m 求和,在简单的计算后即可得到

$$\sum_{\alpha\beta}\frac{\partial^{2}g^{\alpha\beta}}{\partial x_{\alpha}\partial x_{\beta}}-\kappa(T+t)=0, \tag{9}$$

此处,和(5)相对应,作如下的简缩

$$\sum_{\rho\sigma}g^{\rho\sigma}t_{\rho\sigma}=\sum_{\sigma}t_{\sigma}^{\sigma}=t. \tag{8b}$$

我们注意到,在我们公式(9)的相加项中,引力场的能量张量和物质的能量张量以同样的方式出现,在方程(21)$a.$ $a.$ $O.$ 中,情况并非如此。

此外,为了取代方程(22)$a.$ $a.$ $O.$,人们可以用与那里相同的方式,借助于能量方程,推导出关系式:

$$\frac{\partial}{\partial x_{\alpha}}\left[\sum_{\alpha\beta}\frac{\partial^{2}g^{\alpha\beta}}{\partial x_{\alpha}\partial x_{\beta}}-\kappa(T+t)\right]=0 \tag{10}$$

我们的附加项要求这些方程在与(9)相比较时不需要新的附加条件就能成立;这样,关于物质的能量张量,除了它必须和能量动量定律相一致外,不需要任何其他假设。

至此,作为逻辑构造,我终于完成了广义相对论。在其最一般

表述中的相对性公设(它使时空坐标成为没有物理意义的参量)必然导致一种完全确定的引力理论,它能解释水星近日点的进动。然而,按照广义相对性公设,关于任何自然过程的本质,并未揭示出比狭义相对论所已教导我们的有任何新的东西。我不久前在这方面发表的意见是错误的。任何与狭义相对论相一致的物理理论都可以用绝对微分学方法把它纳入广义相对论的体系之中,而广义相对论并不为这些理论的合法性提供任何判据。

广义相对论的基础[①]

下面所要论述的理论，是对今天一般称之为“相对论”的理论所作的可能想象得到的最为广泛的推广；为便于区别起见，以后我把上述“相对论”称为“狭义相对论”，并且假定它已为大家所熟悉。用了明可夫斯基所给予狭义相对论的形式，相对论的这种推广就变得很容易；这位数学家首先清楚地认识到空间坐标和时间坐标形式上的等价性，并把它应用在建立这一理论方面。广义相对论所需要的数学工具已经在“绝对微分学”中完全具备，这种“绝对微分学”以高斯、黎曼和克里斯托菲关于非欧几里得流形的研究为基础，并由里奇和勒维-契维塔建成一个体系，并且已应用于理论物理学的一些问题上。我在本文的 B 部分中，对于凡是为我们所必需而预期又不为物理学家所熟悉的一切数学工具，都以尽可能简单和明晰的方式进行推导，以便在理解本文时不再需要翻阅数学文献。最后，我在这里要感谢我的朋友数学家格罗斯曼，他不仅代

---

① 这是关于广义相对论的第一篇完整的论文，最初发表在 1916 年的《物理学杂志》(*Annalen der Physik*)，第 4 编，49 卷，769—822 页。当年还出版了一个单行本(*Die Grundlage der allgemeinen Relativitätstheorie*，莱比锡，Barth 公司出版)。这里译自洛伦兹、爱因斯坦、明可夫斯基等人的论文集《相对性原理》，莱比锡 Teubner，1922 年，第 4 版，81—124 页。译时增补了《物理学杂志》上原有的前言，并参考了英译本(W. Perrett 和 G. B. Jeffery 译，伦敦，Methuen，1923 年，111—164 页)的译文。——编译者

替我研究了有关的数学文献，而且在探索引力场方程方面也给我以大力支持。

A. 对相对性公设的原则性考查

§1. 对狭义相对论的评述

狭义相对论是以下面的公设为基础的(而伽利略-牛顿的力学也满足这个公设)：如果这样来选取一个坐标系 K，使物理定律参照于这个坐标系得以最简单的形式成立，那么对于任何另一个相对于 K 作匀速平移运动的坐标系 K'，**这些**定律也同样成立。这条公设我们叫它"狭义相对性原理"。"狭义"(*speziell*)[①]这个词表示这条原理限制在 K'对 K 作**匀速平移运动**的情况，但 K'同 K 的等效性并没有扩充到 K'对 K 作**非匀速**运动的情况。

因此，狭义相对论同古典力学的分歧，不是由于相对性原理，而只是由于真空中光速不变的公设，由这公设，结合狭义相对性原理，以大家都知道的方法，得出了同时性的相对性，洛伦兹变换，以及同它们有关的关于运动的刚体和时钟性状的定律。

狭义相对论使空间和时间的理论所受的修改确实是深刻的，但在一个重要之点却保持原封未动。即使依照狭义相对论，几何定律也都被直接解释为关于(静止)固体可能的相对位置的定律；

---

① "*speziell*"，正确的意义是"特殊"。这里根据通常的译法，把"*spezielle Relativiätstheorie*"译为"狭义相对论"。——编译者

而且，更一般地把运动学定律解释成为描述量具和时钟之间关系的定律。对于一个静止(刚)体上两个选定的质点，总对应着一个长度完全确定的距离，这距离同刚体所在的地点和它的取向都无关，而且也同时间无关。对于一只同(特许的)参照系相对静止的时钟上两个选定的指针位置，总对应着一个具有一定长度的时间间隔，这个间隔同地点和时间无关。我们马上就要指出，广义相对论就不能再固执坚持这种关于空间和时间的简单的物理解释了。

§2. 所以要扩充相对性公设的缘由

在古典力学里，同样也在狭义相对论里，有一个固有的认识论上的缺点，这个缺点恐怕是由 E. 马赫最先清楚地指出来的。我们用下面的例子来阐明它。两个同样大小和同样性质的流质物体在空间自由地飘荡着，它们相互之间(以及同一切别的物体)的距离都是如此之大，以致只要考虑**各个**物体自身各部分相互作用的那些引力就行了。设这两物体之间的距离不变。各个物体自身的各部分彼此不发生相对运动。但当这两物体中的任何一个——从对另一物体相对静止的观察者来判断——以恒定的角速度绕着两者的连线在转动(这是一种可以验证的两个物体的相对运动)。现在让我们设想，借助于一些(相对静止的)量杆来测定这两个物体(S_1和 S_2)的表面；结果是 S_1 的表面是球面，而 S_2 的表面是回转椭球面。

现在我们要问：为什么这两物体 S_1 和 S_2 的性状有这样的差别呢？对于这个问题的答案所根据的事实只有它是**可观察的经验**

事实时，才能在认识论上被认为是令人满意的答案；[1]因为，只有当**可观察到的事实**最终表现为原因和结果时，因果律才具有一个关于经验世界的陈述的意义。

牛顿力学在这问题上没有作出令人满意的答案。它的说法如下。对于物体 S_1 对之是静止的那个空间 R_1，力学定律是适用的；但对于物体 S_2 是静止的空间 R_2，则不适用。但这样引进（对它作相对运动的）特许的伽利略空间 R_1，不过是一种**纯虚构**的原因，而不是可被观察的事实。因此显然，在所考查的情况下，牛顿力学实际上并不满足因果性的要求，而只是表面上满足而已，因为它用纯虚构的原因 R_1 来说明 S_1 和 S_2 两物体的可观察到的不同性状。

对上述问题的一个令人满意的答案只能这样说：由 S_1 和 S_2 所组成的物理体系，仅仅由它本身显示不出任何可想象的原因，能说明 S_1 和 S_2 的这种不同性状。所以这原因必定是在这个体系的**外面**。我们得到这样一种理解，即认为那个特别决定着 S_1 和 S_2 形状的普遍的运动定律必定是这样的：S_1 和 S_2 的力学性状在主要的方面必定是由远处的物体共同决定的，而我们没有把这些物体估计在所考查的这个体系里。这些远处的物体（以及它们对所考查物体的相对运动），就被看成是我们所考查的这两个物体 S_1 和 S_2 有不同性状的原因所在，并且原则上是可被观察的；它们承担着那个虚构的原因 R_1 的作用。如果要不使上述认识论的指摘再复活起来，一切可想象的、彼此相对作任何一类运动的空间 R_1，

① 这种在认识论上令人满意的答案，如果它同别的经验有矛盾，当然在**物理上**还是靠不住的。——原注

R_2 等之中，就没有一个可以先验地被看成是特许的。**物理学的定律必须具有这样的性质，它们对于以无论哪种方式运动着的参照系都是成立的**。循着这条道路，我们就到达了相对性公设的扩充。

除了这个有分量的认识论的论证外，还有一个为扩充相对论辩护的著名的物理事实。设 K 是一个伽利略参照系，那是这样的一种参照系，相对于它（至少在所考查的四维区域内），有一个同别的物体离得足够远的物体在作直线的匀速运动。设 K' 是第二个坐标系，它相对于 K 作**均匀加速**的平移运动。因此，一个离开别的物体足够远的物体，相对于 K' 该有一加速运动，而其加速度及其加速度的方向都同这一物体的物质组成和物理状态无关。

一位对 K' 相对静止的观察者能否由此得出结论，说他是在一个"真正的"加速参照系之中呢？回答是否定的；因为相对于 K' 自由运动的物体的上述性状可以用下面的方式作同样恰当的解释。参照系 K' 不是加速的；可是在所讨论的时间-空间领域里有一个引力场在支配着，它使物体得到了相对于 K' 的加速运动。

这种观点所以成为可能，是因为经验告诉我们，存在一种力场（即引力场），它具有给一切物体以同样的加速度那样一种值得注意的性质。① 物体相对于 K' 的力学性状，同在那些被我们习惯上当作"静止的"或者当作"特许的"参照系中所经验到的物体的力学性状，都是一样的；因此，从物理学的立场看来，就很容易承认，K 和 K' 这两参照系都有同样的权利可被看作是"静止的"，也就是

① 厄缶（Eötvös）实验证明，引力场非常精确地具有这一性质。——原注

说，作为对现象的物理描述的参照系，它们都有同等的权利。

根据这些考虑，就会看到，广义相对论的建立，同时必定会导致一种引力论；因为我们只要仅仅改变坐标系就能"产生"一种引力场。我们也就立即可知，真空中光速不变原理必须加以修改。因为我们不难看出，如果参照 K，光是以一定的不变速度沿着直线传播，那么参照于 K'，光线的路程一般必定是曲线。

§3. 空间-时间连续区　表示自然界普遍规律的方程所要求的广义协变性

在古典力学里，同样在狭义相对论里，空间和时间的坐标都有直接的物理意义。一个点事件的 X_1 坐标为 x_1，它的意思是说：当我们在（正的）X_1 轴上把一根选定的杆（单位量杆）从坐标原点起挪动 x_1 次，就得到用刚性杆按欧几里得几何规则所定的这一点事件在 X_1 轴上的投影。一个点事件[①]的 X_4 坐标为 $x_4=t$，它的意思是说：用一只按一定规则校准过的单位钟，它对于坐标系是相对静止地放着的，并且在空间中（实际上）同这点事件相重合的，[②]当这事件发生时，单位钟经历了 $x_4=t$ 个周期。

空间和时间的这种理解总是浮现在物理学家的心里，尽管他们大多数并不意识到这一点，这可以从这两个概念在量度的物理学中所起的作用清楚地看到；读者必须以这种理解作为前一节的

① 原文是"一个点"。——编译者

② 我们假定对于空间里贴近的，或者——比较严格地说——对于空间-时间里贴近的或者相重合的事件，可能验证"同时性"，而用不着给这个基本概念下定义。——原注

第二种考虑的基础，他才能把那里得出的东西给以一种意义。但是我们现在要指出：如果狭义相对论切合于那种不存在引力场的极限情况，那么，为了使广义相对性公设能够贯彻到底，我们就必须把这种观念丢在一旁，而代之以一种更加广泛的观念。

在一个没有引力场的空间里，我们引进一个伽利略参照系 $K(x,y,z,t)$，此外又引进一个对 K 作相对均匀转动的坐标系 $K'(x',y',z',t')$。设这两个[参照]系的原点以及它们的 Z 轴都永远重合在一起。我们将要证明，对于 K' 系中的空间-时间量度，关于长度和时间的物理意义的上述定义不能维持。由于对称的缘故，在 K 的 $X-Y$ 平面上一个绕着原点的圆，显然也可以同时被认为是 K' 的 $X'-Y'$ 平面上的圆。现在我们设想，这个圆的周长和直径，用一个（比起半径来是无限小的）单位量杆来量度，并且作这两个量度结果的商。倘若我们是用一根相对静止于伽利略坐标系 K 的量杆来做这个实验的，那么我们得到的这个商的值该是 π. 如用一根同 K' 相对静止的量杆来量，这商就要大于 π. 这是不难理解的，只要我们是由"静"系 K 来判断整个量度过程，并且考虑到量度圆周时，量杆要受到洛伦兹收缩，而量度半径时则不会。因此，欧几里得几何不适用于 K'；前面所定义的坐标观念，它以欧几里得几何的有效性作为前提，所以对于 K' 系说来，它就失效了。我们同样很少可能在 K' 中引进一种用一些同 K' 相对静止的而性能一样的钟来表示的合乎物理要求的时间。为了理解这一点，我们设想在坐标原点和圆周上各放一只性能一样的钟，并且从"静"系 K 来观察。根据狭义相对论的一个已知的结果，在圆周上的钟——从 K 来判断——要比原点上的钟走得慢些，因为前一只钟在运动，而后一只钟则不动。一个处在公共坐标原点上的观测者，如果他又能够用光来观察圆周上的钟，他就会看出那只在圆周上的钟比他身边的钟要走得慢。由于他不会下决心让沿着所考查的这条路线上的光速明显地同时间有关，于是他将把他所观察到的结果解释成为在圆周上的钟“真是”比原点上的钟走得慢些。因此他不得不这样来定义时间：钟走的快慢取决于它所在的地点。

我们因此得到这样的结果：在广义相对论里，空间和时间的量不能这样来定义，即以为空间的坐标差能用单位量杆直接量出，时间的坐标差能用标准钟量出。

迄今所用的，以确定的方式把坐标安置在时间空间连续区里的方法，由此失效了，而且似乎没有别的办法可让我们把坐标来这样适应于四维世界，使得我们可以通过它们的应用而期望得到一个关于自然规律的特别简明的表述。所以，对于自然界的描述，除了把一切可想象的[1]坐标系都看作在原则上是具有同样资格的，此外就别无出路了。这就要求：

普遍的自然规律是由那些对一切坐标系都有效的方程来表示的，也就是说，它们对于无论哪种代换[2]都是协变的（广义协变）。

显然，凡是满足这条公设的物理学，也会适合于广义相对性公设的。因为在全部代换中总也包括了那样一些代换，这些代换同（三维）坐标系的一切相对运动相对应。从下面的考查可以看出，去掉空间和时间最后一点物理客观性残余的这个广义协变性的要

---

① 这里我们不说那些合乎一一对应及其连续性的要求的限制。——原注

② 指坐标的代换（变换）。——编译者

求，是一种自然的要求。我们对于时间空间的一切确定，总是归结到对时间空间上的重合所作的测定。比如，要是只存在由质点运动组成的事件，那么，除了两个或者更多个这些质点的会合外，就根本没有什么东西可观察的了。而且，我们的量度结果无非是确定我们量杆上的质点同别的质点的这种会合，确定时钟的指针、钟面标度盘上的点，以及所观察到的在同一地点和同一时间发生的点事件三者的重合。

参照系的引进，只不过是用来便于描述这种重合的全体。我们以这样的方式给世界配上四个时间空间变量 x_1, x_2, x_3, x_4，使得每一个点事件都有一组变量 $x_1 \cdots x_4$ 的值同它对应。两个相重合的事件则对应同一组变量 $x_1 \cdots x_4$ 的值；也就是说，重合是由坐标的一致来表征的。如果我们引进变量 $x_1 \cdots x_4$ 的函数 x_1', x_2', x_3', x_4' 作为新的坐标系来代替这些变量，使这两组数值一一对应起来，那么，在新坐标系中所有四个坐标的相等也都表示两个点事件在空间时间上的重合。由于我们的一切物理经验最后都可归结为这种重合，首先就没有什么理由要去偏爱某些坐标系，而不喜欢别的坐标系，这就是说，我们达到了广义协变性的要求。

§4. 四个坐标同空间和时间量度结果的关系　引力场的分析表示

在这个讨论中，我的目的不在于把广义相对论表述为一个用到公理最少的尽可能简单的、合乎逻辑的体系。我的主要目的却在于要这样来发展这一理论，使读者对所选的这条道路在心理上有自然的感觉，而且作为基础的那些假定看来是由经验尽量地保证的。在这种意义下，现在不妨引进这样的假定：

对于无限小的四维区域，如果坐标选择得适当，狭义相对论是适合的。

为此，必须这样来选取无限小的（“局部的”）坐标系的加速状态，使引力场不会出现；这对于无限小区域是可能的。设 X_1，X_2，X_3 是空间坐标；X_4 是用适当的标度量得的所属时间坐标。① 如果设想有一根刚性小杆作为单位量杆，那么在给定这坐标系的取向时，这些坐标在狭义相对论的意义下就有直接的物理意义。按照狭义相对论，表示式

(1) $$ds^2 = -dX_1^2 - dX_2^2 - dX_3^2 + dX_4^2$$

就有一个同局部坐标系的取向无关而可由空间-时间量度来确定的值。我们称 ds 为属于这个四维空间的一些无限邻近点之间的线元的值。如果属于微元（$dX_1 \cdots dX_4$）的 ds^2 是正的，那么我们照明可夫斯基的先例，叫它是类时间的（*zeitartig*）；如果是负的，我们就叫它是类空间的（*raumartig*）。

属于上述“线元”或者两个无限邻近点事件的，还有所选定参照系的四维坐标的确定的微分 $dx_1 \cdots dx_4$. 如果这个坐标系以及具有上述性质的一个“局部”坐标系，对于所考查的区域都是给定了的，那么 dX_ν 在这里就可用 dx_σ 的一定的线性齐次式来表示：

(2) $$dX_\nu = \sum_\sigma \alpha_{\nu\sigma} dx_\sigma.$$

把这些式子代入(1)，我们就得到

① 时间单位是这样选定的，使得——在这“局部”坐标系中所量得的——真空中的光速等于 1.——原注

$$ds^2=\sum_{\sigma\tau}g_{\sigma\tau}dx_\sigma dx_\tau, \tag{3}$$

此处 $g_{\sigma\tau}$将是 x_σ 的函数。这些函数可以不再取决于“局部”坐标系的取向和它的运动状态；因为 ds^2 是一个可由量杆-时钟量度而得出的量，是一个从属于所考查的时间空间上无限邻近的点事件，而且它的定义同任何特殊的坐标选取无关的量。这里 $g_{\sigma\tau}$要这样选取，使得 $g_{\sigma\tau}=g_{\tau\sigma}$；累加遍及 σ 和τ的一切数值，所以总和是由 4×4 个项构成，其中有 12 个项是成对地相等的。

由于 $g_{\sigma\tau}$在非无限小①区域里具有特殊的性状，如果在这个区域里有可能这样来选取坐标系，使得 $g_{\sigma\tau}$具有如下的常数值：

$$\left.\begin{matrix}-1 & 0 & 0 & 0\\ 0 & -1 & 0 & 0\\ 0 & 0 & -1 & 0\\ 0 & 0 & 0 & +1,\end{matrix}\right\} \tag{4}$$

那么从这里所考查的特例就得出通常的相对性理论的情况。我们以后会发现，这样的坐标选择，对于非无限小的区域一般是不可能的。

从§2 和§3 的考查得知，$g_{\sigma\tau}$这些量，从物理学的立场来看，应该看作是参照于所选参照系描述引力场的量。因为如果我们现在假定，在适当选取坐标的情况下，狭义相对论对于某一个被考查的四维区域是适合的；那么 $g_{\sigma\tau}$就具有(4)中所规定的值。因此，

---

① 原文是“有限”，但通常理解的“有限”只是同“无限大”相对立的，似乎包括了零和“无限小”。而这里的“有限”恰是同接近于零的“无限小”相对立的，为了避免误解，所以译成“非无限小”。——编译者

对于这个坐标系来说，自由质点是在作直线匀速运动。如果我们现在通过一种任意的代换，引进新的空间-时间坐标 x_1, x_2, x_3, x_4，那么，$g_{\sigma\tau}$在新坐标系中将不再是常数，而是空间-时间的函数。同时，自由质点的运动在新坐标中将表现为曲线的非匀速运动，而这种运动规律同运动质点的本性无关。我们因此把这种运动解释为在引力场影响下的运动。我们从而发现，引力场的出现是同 $g_{\sigma\tau}$的空间时间变异性联系在一起的。而且，在一般情况下，当我们不再能通过坐标的适当选取而把狭义相对论应用到非无限小区域上去的时候，我们将坚持这样的观点，即认为 $g_{\sigma\tau}$是描述引力场的。

因而，根据广义相对论，引力同别的各种力，尤其是同电磁力相比，它扮演一个特殊的角色，因为表示引力场的 10 个函数 $g_{\sigma\tau}$，同时也规定了四维量度空间（*Messraum*）的度规（*Metrik*）性质。

B. 建立广义协变方程的数学工具

在前面我们看到了，广义相对性公设导致这样的要求：物理方程组对于坐标 $x_1 \cdots x_4$ 的任何代换都必须是协变的，现在我们就必须考虑怎样才能得到这种广义协变方程。我们现在要转到这种纯粹的数学问题上来；我们会发现，在解决这问题时，方程(3)所给的不变量 ds 扮演着主要的角色，仿照高斯的曲面论，我们叫它“线元”。

这个广义协变理论的基本思想如下。设对于任一坐标系，有某些东西（“张量”）是用一些叫做张量“分量”的空间函数来定义的。如果这些分量对于原来的坐标系是已知的，而且联系原来的和新的坐标系之间的变换也是已知的，那么就存在一些确定的规则，根据这些规则可算出关于新坐标系的分量。这些以后叫做张量的东西，由于它们的分量的变换方程都是线性的和齐次的，而进一步显示出其特征。由此可知，如果全部分量在原来的坐标系中都等于零，那么它们在新坐标系中也都全部等于零。所以，如果有一自然规律，它是由一个张量的一切分量都等于零来表述的，那么它就是广义协变的；通过对张量形成规则的考查，我们就得到了建立广义协变定律的方法。

§5. 抗变的和协变的四元矢量

抗变四元矢量 线元是由四个"分量"dx_ν 来定义的，这些分量的变换规则由下列方程来表示

(5) $$dx'_\sigma = \sum_\nu \frac{\partial x'_\sigma}{\partial x_\nu} dx_\nu.$$

这些 dx'_σ 表示为 dx_ν 的线性齐次函数；因此我们可以把这些坐标微分看成是一种"张量"的分量，这种张量我们特别叫它抗变四元矢量。凡是对于坐标系用四个量 A^ν 来定义的，并且以同样的规则

(5a) $$A^{\sigma'} = \sum_\nu \frac{\partial x'_\sigma}{\partial x_\nu} A^\nu$$

来变换的东西，我们也叫它抗变四元矢量。从(5a)立即得知，如果 A^σ 和 B^σ 都是一个四元矢量的分量，那么它们的和($A^\sigma \pm B^\sigma$)也该是四元矢量的分量。对于一切以后引进作为"张量"的体系，相应的关系都成立(张量的加法和减法规则)。

协变四元矢量 如果对于每个任意选取的抗变四元矢量 B^{ν}，有四个量 A_{ν}，使

$$\sum_{\nu} A_{\nu} B^{\nu} = \text{不变量}, \tag{6}$$

那么我们叫 A_{ν} 是一个协变四元矢量的分量。由这个定义得出协变四元矢量的变换规则。因为，如果我们把方程

$$\sum_{\sigma} A'_{\sigma} B^{\sigma'} = \sum_{\nu} A_{\nu} B^{\nu}$$

右边的 B^{ν} 代之以由方程(5a)的反演变换后所得出的下式

$$\sum_{\sigma} \frac{\partial x_{\nu}}{\partial x'_{\sigma}} B^{\sigma'},$$

我们就得到

$$\sum_{\sigma} B^{\sigma'} \sum_{\nu} \frac{\partial x_{\nu}}{\partial x'_{\sigma}} A_{\nu} = \sum_{\sigma} B^{\sigma'} A'_{\sigma}.$$

但是因为在这方程中 $B^{\sigma'}$ 都是可以互不相依地自由选定的，由此就得出变换规则

$$A'_{\sigma} = \sum_{\nu} \frac{\partial x_{\nu}}{\partial x'_{\sigma}} A_{\nu}. \tag{7}$$

关于表示式书写方法的简化的注释

看一下这一节的方程就会明白，对于那个在累加符号后出现两次的指标(比如(5)中的指标 ν)，总是被累加起来的，而且确实也只对于出现两次的指标进行累加。因此就能够略去累加符号，而不丧失其明确性。为此我们引进这样的规定：除非作了相反的声明，否则，凡在式子的一个项里出现两次的指标，总是要对这指标进行累加的。

协变四元矢量同抗变四元矢量之间的区别在于变换规则(分

别是(7)或者是(5))。在上述一般性讨论的意义上,这两种形式都是张量;它们的重要性就在于此。仿照里奇和勒维-契维塔,我们把指标放在上面以表示抗变性,放在下面则表示协变性。

§6. 二秩和更高秩的张量

抗变张量 如果我们对两个抗变四元矢量的分量 A^{μ} 和 B^{ν} 来构造所有 16 个乘积 $A^{\mu\nu}$

$$A^{\mu\nu}=A^{\mu}B^{\nu}, \tag{8}$$

那么,按照(8)和(5a),$A^{\mu\nu}$ 满足变换规则

$$A^{\sigma\tau'}=\frac{\partial x'_{\sigma}}{\partial x_{\mu}}\frac{\partial x'_{\tau}}{\partial x_{\nu}}A^{\mu\nu}. \tag{9}$$

凡是相对于任何参照系,用 16 个量(函数)来描述的,并且满足变换规则(9)的东西,我们都叫它二秩抗变张量。不是每一个这种张量都是可以由两个四元矢量依照(8)来形成的。但不难证明,任何已知的 16 个 $A^{\mu\nu}$ 都能表示为四对经过适当选取的四元矢量的 $A^{\mu}B^{\nu}$ 的和。因此,我们能够最简单地证明几乎所有适用于(9)所定义的二秩张量的命题,只要我们能够证明这些命题是适用于类型(8)的特殊张量就行了。

任意秩的抗变张量 很明显,相应于(8)和(9),三秩和更高秩的张量分别可用 4^3 个分量或更多个分量来定义。同样,从(8)和(9)可以明显看出,抗变四元矢量在这个意义上可看成是一秩的抗变张量。

协变张量 另一方面,如果我们构造两个**协变**四元矢量 A_{μ} 和 B_{ν} 的 16 个乘积 $A_{\mu\nu}$,

(10) $$A_{\mu\nu}=A_{\mu}B_{\nu},$$

那么，对于这些乘积的变换规则是

(11) $$A'_{\sigma\tau}=\frac{\partial x_{\mu}}{\partial x'_{\sigma}}\frac{\partial x_{\nu}}{\partial x'_{\tau}}A_{\mu\nu}.$$

这个变换规则定义了二秩的协变张量。我们前面关于抗变张量所说的，也全部适用于协变张量。

附注 把标量(不变量)当作零秩的抗变张量或零秩的协变张量来处理是适当的。

混合张量 我们也可以定义一种这样类型的二秩张量

(12) $$A_{\mu}{}^{\nu}=A_{\mu}B^{\nu},$$

它对于指标 μ 是协变的，而对于指标 ν 则是抗变的。它的变换规则是

(13) $$A_{\sigma}{}^{\tau'}=\frac{\partial x'_{\tau}}{\partial x_{\beta}}\frac{\partial x_{\alpha}}{\partial x'_{\sigma}}A_{\alpha}^{\beta}.$$

自然存在着具有任意多个协变性指标和任意多个抗变性指标的混合张量。协变张量和抗变张量可以看成是混合张量的特殊情况。

对称张量 一个二秩的或者更高秩的抗变张量或者协变张量，如果由任何两个指标相互对调而产生的两个分量都是相等的，那么就说它是**对称**的。如果对于指标 μ,ν 的每一组合都有：

(14) $$A^{\mu\nu}=A^{\nu\mu},$$

或者

(14a) $$A_{\mu\nu}=A_{\nu\mu},$$

那么张量 $A^{\mu\nu}$ 或者张量 $A_{\mu\nu}$ 就是对称的。

必须证明：由此定义的对称性，是一种同参照系无关的性质。其实，只要考虑到(14)，就可从(9)得到

$$A^{\sigma\tau'}=\frac{\partial x'_\sigma}{\partial x_\mu}\frac{\partial x'_\tau}{\partial x_\nu}A^{\mu\nu}=\frac{\partial x'_\sigma}{\partial x_\mu}\frac{\partial x'_\tau}{\partial x_\nu}A^{\nu\mu}=\frac{\partial x'_\sigma}{\partial x_\nu}\frac{\partial x'_\tau}{\partial x_\mu}A^{\mu\nu}=A^{\tau\sigma'}$$

倒数第二个等式是以累加指标 μ 和 ν 的对调为根据的(就是说，它仅仅以记号的变更为根据)。

反对称张量 一个二秩、三秩，或者四秩的抗变张量或者协变张量，如果由任何两个指标相互对调而产生的两个分量是**反号等值**的，那么就说它是反对称的。对于张量 $A^{\mu\nu}$ 或者张量 $A_{\mu\nu}$，如果总是

(15) $$A^{\mu\nu}=-A^{\nu\mu},$$

或者

(15a) $$A_{\mu\nu}=-A_{\nu\mu},$$

那么它就是反对称的。

在 16 个分量 $A^{\mu\nu}$ 当中有四个分量 $A^{\mu\mu}$ 是等于零；其余的都是一对对反号等值的，这样就只存在 6 个数值上不同的分量(六元矢量)。同样，我们看得出，(三秩的)反对称张量 $A^{\mu\nu\sigma}$ 只有四个数值上不同的分量，而反对称张量 $A^{\mu\nu\sigma\tau}$ 只有一个分量。在四维连续区内，不存在高于四秩的反对称张量。

§ 7. 张量的乘法

张量的外乘法 设有一个 z 秩的张量和一个 z' 秩的张量，我们把第一个张量的每一分量同第二个张量的每一分量成对地相乘，就得到一个 $z+z'$ 秩张量的分量。比如，由两个不同种类的张

量 A 和 B，可得出张量 T

$$T_{\mu\nu\sigma}=A_{\mu\nu}B_{\sigma},$$

$$T^{\alpha\beta\gamma\delta}=A^{\alpha\beta}B^{\gamma\delta},$$

$$T_{\alpha\beta}^{\gamma\delta}=A_{\alpha\beta}B^{\gamma\delta}.$$

从(8)，(10)，(12)这些表示式，或者从变换规则(9)，(11)，(13)，可直接证明 T 的张量特征。方程(8)，(10)，(12)本身就是(一秩张量的)外乘法的例子。

混合张量的"降秩"　任何一个混合张量，当我们把它的一个协变性的指标同一个抗变性的指标相等，并对这个指标累加起来，这样就构成一个比原来的张量低二秩的张量("降秩")。比如，由四秩的混合张量 $A_{\alpha\beta}^{\gamma\delta}$，我们可得二秩的混合张量，

$$A_{\beta}^{\delta}=A_{\alpha\beta}^{\alpha\delta}\left(=\sum_{\alpha}A_{\alpha\beta}^{\alpha\delta}\right),$$

通过再一次降秩，由此得到零秩的张量，

$$A=A_{\beta}^{\beta}=A_{\alpha\beta}^{\alpha\beta}.$$

或者按照(12)的普遍形式连用(6)所示的张量表示式，或者按照(13)的普遍形式，可以证明降秩的结果确实具有张量特征。

张量的内乘法和混合乘法　这两种乘法都在于把外乘法和降秩结合起来。

例子　由二秩的协变张量 $A_{\mu\nu}$ 和一秩的抗变张量 B^{σ}，我们可用外乘法构成混合张量

$$D_{\mu\nu}^{\sigma}=A_{\mu\nu}B^{\sigma}.$$

通过对指标 ν 和 σ 的降秩，就得出协变四元矢量

$$D_{\mu}=D_{\mu\nu}^{\nu}=A_{\mu\nu}B^{\nu}.$$

我们也称它为张量 $A_{\mu\nu}$ 同 B^{σ} 的内积。相类似地，由张量 $A_{\mu\nu}$ 和 $B^{\sigma\tau}$，通过外乘法和二次降秩，我们可构成内积 $A_{\mu\nu}B^{\mu\nu}$. 通过外乘法和一次降秩，我们由 $A_{\mu\nu}$ 和 $B^{\sigma\tau}$ 得到二秩混合张量 $D_{\mu}^{\tau}=A_{\mu\nu}B^{\nu\tau}$. 我们可以恰当地称这种运算为混合运算；因为它对于指标 μ 和 τ 是"外"乘的，对于指标 ν 和 σ 则是"内"乘的。

我们现在要证明一个时常用来作为证实张量特征的命题。依照刚才所解释的，如果 $A_{\mu\nu}$ 和 $B^{\sigma\tau}$ 都是张量，那么 $A_{\mu\nu}B^{\mu\nu}$ 则是一个标量。但是我们也可断定：**对于任意选取的张量** $B^{\mu\nu}$，如果 $A_{\mu\nu}B^{\mu\nu}$ 是一个不变量，那么 $A_{\mu\nu}$ 具有张量特征。

证明——对于任何代换，由假设，得到

$$A_{\sigma\tau}'B^{\sigma\tau'}=A_{\mu\nu}B^{\mu\nu}.$$

但是根据(9)的反演

$$B^{\mu\nu}=\frac{\partial x_{\mu}}{\partial x'_{\sigma}}\frac{\partial x_{\nu}}{\partial x'_{\tau}}B^{\sigma\tau'}.$$

把它代入上面的方程，就得到：

$$\left(A_{\sigma\tau}'-\frac{\partial x_{\mu}}{\partial x'_{\sigma}}\frac{\partial x_{\nu}}{\partial x'_{\tau}}A_{\mu\nu}\right)B^{\sigma\tau'}=0.$$

要使这关系对于任意选取的 $B^{\sigma\tau'}$ 都成立，那只有使括号等于零。由此，考虑到(11)，就得出那个论断。

这个命题对于任何秩和任何特征的张量都相应地成立；其证明总可类似地推得。

这命题同样可以用这样的形式来证明：设 B^{μ} 和 C^{ν} 是任意的矢量，而且对于这两个矢量的任意选取，其内积

$$A_{\mu\nu}B^{\mu}C^{\nu}$$

是一个标量,那么 $A_{\mu\nu}$ 是一个协变张量。只要对于这样一个比较特殊的论断,即对于任意选取的四元矢量 B^{μ},内积

$$A_{\mu\nu}B^{\mu}B^{\nu}$$

是一个标量,并且如果还知道 $A_{\mu\nu}$ 满足对称性条件 $A_{\mu\nu}=A_{\nu\mu}$,那么上述这个命题也还是成立的。因为由上述方法,我们可证明 $(A_{\mu\nu}+A_{\nu\mu})$ 的张量特征,而从这里,由于对称性,就得知 $A_{\mu\nu}$ 的张量特征。这命题也不难推广到任何秩的协变张量和抗变张量的情况。

最后,由这证明得出一个同样可推广到任何张量上去的命题:如果对于任意选取的四元矢量 B^{ν},$A_{\mu\nu}B^{\nu}$ 这些量构成一个一秩的张量,那么 $A_{\mu\nu}$ 是一个二秩的张量。因为,如果 C^{μ} 是一个任意的四元矢量,那么,由于 $A_{\mu\nu}B^{\nu}$ 的张量特征,对于无论怎样选定的两个四元矢量 B^{ν} 和 C^{μ},内积 $A_{\mu\nu}B^{\nu}C^{\mu}$ 总是一个标量。由此就得到了这个断言。

§8. 基本张量 $g_{\mu\nu}$ 的一些特性

协变基本张量 在线元平方的不变式

$$ds^2=g_{\mu\nu}dx_{\mu}dx_{\nu}$$

中,dx_{μ} 起着一个可任意选取的抗变矢量的作用。又由于 $g_{\mu\nu}=g_{\nu\mu}$,从上一节的考查由此得出,$g_{\mu\nu}$ 是一个二秩的协变张量。我们叫它“基本张量”。下面我们导出这张量的一些性质,而这些性质确是任何二秩张量所固有的;但是,在我们的以万有引力作用的特殊性为其物理基础的理论中,基本张量扮演着特殊的角色,这就必然地导致这样的情况,即所要发展的关系只有在基本张量的

场合下对我们才是重要的。

抗变基本张量 在由元素 $g_{\mu\nu}$ 构成的行列式中，如果我们取出每个 $g_{\mu\nu}$ 的余因子，并且对它除以行列式 $g=|g_{\mu\nu}|$，这样我们就得到某些量 $g^{\mu\nu}(=g^{\nu\mu})$，我们将要证明，这些量构成一个反变张量。

由行列式的一个著名性质

$$g_{\mu\sigma}g^{\mu\sigma}=\delta_{\mu}^{\nu}, \tag{16}$$

此处符号 δ_{μ}^{ν} 根据 $\mu=\nu$ 或者 $\mu\neq\nu$，而表示 1 或者 0. 我们于是也可以把前面关于 ds^2 的式子改写成

$$g_{\mu\sigma}\delta_{\nu}^{\sigma}dx_{\mu}dx_{\nu},$$

或者，由(16)，也可写成

$$g_{\mu\sigma}g_{\nu\tau}g^{\sigma\tau}dx_{\mu}dx_{\nu}.$$

但由前几节的乘法规则，

$$d\xi_{\sigma}=g_{\mu\sigma}dx_{\mu}$$

这些量构成一个协变四元矢量，而且(由于 dx_{μ} 的任意选取性)它确是一个任意选取的四元矢量。把它引进我们的式子里，我们就得到

$$ds^2=g^{\sigma\tau}d\xi_{\sigma}\,d\xi_{\tau}.$$

由于对于任意选取的矢量 $d\xi_{\sigma}$ 这是一个标量，而且 $g^{\sigma\tau}$ 根据定义对于指标 σ 和 τ 是对称的，所以从上一节的结果就可得知 $g^{\sigma\tau}$ 是一个抗变张量。由(16)，还可得知 δ_{μ}^{ν} 也是一个张量，我们可以叫它混合基本张量。

基本张量的行列式 由行列式的乘法规则

$$|g_{\mu\alpha}g^{\alpha\nu}|=|g_{\mu\alpha}|\,|g^{\alpha\nu}|.$$

另一方面，

$$|g_{\mu\alpha}g^{\alpha\nu}|=|\delta_{\mu}^{\nu}|=1.$$

因此得到

(17) $$\left|g_{\mu\nu}\right|\left|g^{\mu\nu}\right|=1.$$

体积不变量 我们先探求行列式 $g=\left|g_{\mu\nu}\right|$ 的变换规则。根据(11),

$$g'=\left|\frac{\partial x_\mu}{\partial x'_\sigma}\frac{\partial x_\nu}{\partial x'_\tau}g_{\mu\nu}\right|.$$

由此,通过两次应用乘法规则,就得出

$$g'=\left|\frac{\partial x_\mu}{\partial x'_\sigma}\right|\left|\frac{\partial x_\nu}{\partial x'_\tau}\right|\left|g_{\mu\nu}\right|=\left|\frac{\partial x_\mu}{\partial x'_\sigma}\right|^2 g,$$

或者

$$\sqrt{g'}=\left|\frac{\partial x_\mu}{\partial x'_\sigma}\right|\sqrt{g}.$$

另一方面,体积元①

$$d\tau=dx_1\,dx_2\,dx_3\,dx_4$$

的变换规则,根据著名的雅科毕定理,是

$$d\tau'=\left|\frac{\partial x'_\sigma}{\partial x_\mu}\right|d\tau.$$

将这最后两个方程相乘,我们得到

(18) $$\sqrt{g'}\,d\tau'=\sqrt{g}\,d\tau.$$

以后我们采用的不是 $\sqrt{g}$,而是 $\sqrt{-g}$ 这个量,由于时空连续区的双曲特征,这个量总有一个实数值。不变量 $\sqrt{-g}\,d\tau$,等于在"局部参照系"中用狭义相对论意义上的刚性量杆和时钟所量出的四维体积元的量。

---

① 德文本中下式左边为 $d\tau'$,英译本则在右边误加了一个积分号。——编译者

关于空间-时间连续区特征的注释 我们的假定，说在无限小的区域里，狭义相对论总是成立的，这意味着 ds^2 总能够遵照(1)用实数量 $dX_1,\cdots,dX_4$ 来表示。如果我们用$d\tau_0$ 来代表“自然的”体积元 $dX_1dX_2dX_3dX_4$，那么

$$d\tau_0=\sqrt{-g}d\tau. \tag{18a}$$

假如$\sqrt{-g}$在四维连续区中的某点处会等于零，这就意味着，在这一点上，一个无限小的“自然的”体积对应于一个非无限小的坐标体积。这种情况是绝不会出现的，因此 g 不能改变其正负号。我们要在狭义相对论的意义上假定，g 总有一非无限小的负值；这是一个关于所考查的连续区的物理本性的假设，同时也是一个关于坐标选择的约定。

但如果$-g$ 总是正的并且是非无限小的，那就自然会后验地(*a posteriori*)作这样的坐标选取，使得这个量等于 1. 我们以后会看到，通过对坐标的这种限制，就能使自然规律大大简化。于是代替(18)的，是简单的

$$d\tau'=d\tau,$$

由此，考虑到雅科毕定理，就得到

$$\left|\frac{\partial x'_\sigma}{\partial x_\mu}\right|=1. \tag{19}$$

因此，对于这样的坐标选取，只有那些使这行列式等于 1 的坐标代换才是允许的。

但要是相信这一步骤意味着要部分放弃广义相对性公设，那就错了。我们不是问：“对于行列式等于 1 的一切变换都是协变的那些自然规律是怎样的？”而我们要问的是：“**广义**协变的自然规律

是怎样的?"等到我们建立起了这些规律以后,我们才通过参照系的特别选取来简化它们的表示式。

用基本张量来构成新的张量 通过基本张量同一个张量的内乘、外乘和混合乘法得出不同特征和不同秩的张量。

例子:
$$A^{\mu}=g^{\mu\sigma}A_{\sigma},$$
$$A=g_{\mu\nu}A^{\mu\nu}.$$
特别应当指出的是下列形式:
$$A^{\mu\nu}=g^{\mu\alpha}g^{\nu\beta}A_{\alpha\beta},$$
$$A_{\mu\nu}=g_{\mu\alpha}g_{\nu\beta}A^{\alpha\beta}.$$
(它们分别是协变和抗变张量的"余"张量),以及
$$B_{\mu\nu}=g_{\mu\nu}g^{\alpha\beta}A_{\alpha\beta}.$$
我们叫 $B_{\mu\nu}$ 是"有关 $A_{\mu\nu}$ 的约化张量"。同样得到
$$B^{\mu\nu}=g^{\mu\nu}g_{\alpha\beta}A^{\alpha\beta}.$$
要注意的是,$g^{\mu\nu}$ 不过是 $g_{\mu\nu}$ 的余张量,因为
$$g^{\mu\alpha}g^{\nu\beta}g_{\alpha\beta}=g^{\mu\alpha}\delta_{\alpha}^{\nu}=g^{\mu\nu}.$$

§9. 短程线方程(关于质点的运动)

因为"线元" ds 这个量的定义同坐标系无关,所以四维连续区中两个点 P 和 P' 之间,使 $\int ds$ 是一极值的连线(短程线(*geodätische Linie*))所具有的意义,也是同坐标的选取无关的。它的方程是

$$\delta\left\{\int_{P_1}^{P_2}ds\right\}=0. \tag{20}$$

用通常的办法进行变分,我们就从这个方程得到决定这条短程线的四个全微分方程;为了完备起见,这里要插进这样的运算。设 λ

是坐标 x_ν 的一个函数；它定义这样一族曲面，这个曲面族同所探求的短程线相交，也同一切无限靠近这条短程线并且通过 P_1 和 P_2 两点的连线相交。因此，每一条这样的曲线都可设想为由它的表示为 λ 的函数的坐标 x_ν 来确定。设符号 δ 表示从所要求的短程线上一个点到邻近一条曲线上属于同一 λ 的一个点的过渡。这样，(20)可由

$$(20a)\qquad \begin{cases} \int_{\lambda_1}^{\lambda_2} \delta w d\lambda = 0, \\ w^2 = g_{\mu\nu} \frac{dx_\mu}{d\lambda} \frac{dx_\nu}{d\lambda} \end{cases}$$

来代替。但由于

$$\delta w = \frac{1}{w} \left\{ \frac{1}{2} \frac{\partial g_{\mu\nu}}{\partial x_\sigma} \frac{dx_\mu}{d\lambda} \frac{dx_\nu}{d\lambda} \delta x_\sigma + g_{\mu\nu} \frac{dx_\mu}{d\lambda} \delta \left(\frac{dx_\nu}{d\lambda} \right) \right\},$$

那么，考虑到

$$\delta \left(\frac{dx_\nu}{d\lambda} \right) = \frac{d\delta x_\nu}{d\lambda}$$

在(20a)中代入 δw，并进行分部积分，我们就得到①

$$(20b)\qquad \begin{cases} \int_{\lambda_1}^{\lambda_2} \kappa_\sigma \delta x_\sigma d\lambda = 0, \\ \kappa_\sigma = \frac{d}{d\lambda} \left\{ \frac{g_{\mu\sigma}}{w} \frac{dx_\mu}{d\lambda} \right\} - \frac{1}{2w} \frac{\partial g_{\mu\nu}}{\partial x_\sigma} \frac{dx_\mu}{d\lambda} \frac{dx_\nu}{d\lambda}. \end{cases}$$

由于 δx_σ 的值是可以任意选取的，因此得出 κ_σ 等于 0，

$$(20c)\qquad \kappa_\sigma = 0$$

---

① 原文中第一个方程是：$\int_{\lambda_2}^{\lambda_1} d\lambda \kappa_\sigma \delta x_\sigma = 0$. ——编译者

这就是短程线的方程。如果沿着所考查的短程线不是 $ds=0$,那么我们就能够选取沿着短程线所量度的“弧长”s 作为参数 λ. 于是 $w=1$,而(20c)就成为①

$$g_{\mu\sigma}\frac{d^2x_\mu}{ds^2}+\frac{\partial g_{\mu\sigma}}{\partial x_\nu}\frac{dx_\mu}{ds}\frac{dx_\nu}{ds}-\frac{1}{2}\frac{\partial g_{\mu\nu}}{\partial x_\sigma}\frac{dx_\mu}{ds}\frac{dx_\nu}{ds}=0,$$

或者只改变一下记号,它就成为

(20d) $$g_{\alpha\sigma}\frac{d^2x_\alpha}{ds^2}+\begin{bmatrix}\mu\nu\\ \sigma\end{bmatrix}\frac{dx_\mu}{ds}\frac{dx_\nu}{ds}=0,$$

依照克里斯托菲,此处我们记②

(21) $$\begin{bmatrix}\mu\nu\\ \sigma\end{bmatrix}=\frac{1}{2}\left(\frac{\partial g_{\mu\sigma}}{\partial x_\nu}+\frac{\partial g_{\nu\sigma}}{\partial x_\mu}-\frac{\partial g_{\mu\nu}}{\partial x_\sigma}\right).$$

最后,如果我们把(20d)乘以 $g^{\sigma\tau}$(对于τ作外乘,对于 σ 作内乘),这样我们终于得到短程线方程的最后形式

(22) $$\frac{d^2x_\tau}{ds^2}+\left\{\begin{matrix}\mu\nu\\ \tau\end{matrix}\right\}\frac{dx_\mu}{ds}\frac{dx_\nu}{ds}=0,$$

此处我们依照克里斯托菲,记③

(23) $$\left\{\begin{matrix}\mu\nu\\ \tau\end{matrix}\right\}=g^{\tau\alpha}\begin{bmatrix}\mu\nu\\ \alpha\end{bmatrix}.$$

---

① 下式第一项中 $g_{\mu\sigma}$ 原文误为 $g_{\mu\nu}$,第二项中 $\frac{\partial g_{\mu\sigma}}{\partial x_\nu}\frac{dx_\mu}{ds}$ 原文误为 $\frac{\partial g_{\mu\nu}}{\partial x_\sigma}\frac{dx_\sigma}{ds}$,此处已改正。——编译者

② $\begin{bmatrix}\mu\nu\\ \sigma\end{bmatrix}$ 通常叫做“第一种克里斯托菲三指标符号”,也可记作 $[\mu\nu,\sigma]$,或者 $\Gamma_{\sigma,\mu\nu}$. 参见本书 252 页。——编译者

③ $\left\{\begin{matrix}\mu\nu\\ \tau\end{matrix}\right\}$ 通常叫做“第二种克里斯托菲三指标符号”,也可记作 $\{\mu\nu,\tau\}$,或者 $\left\{\begin{matrix}\tau\\ \mu\nu\end{matrix}\right\}$,或者 $\Gamma^\tau_{\mu\nu}$,或者 $\Gamma^\tau{}_{\mu\nu}$.(这里的 $\Gamma^\tau_{\mu\nu}$ 同本文后面所用的 $\Gamma^\tau_{\mu\nu}$ 差一个负号,见(45).)——编译者

§10. 用微分构成张量

借助于短程线的方程，我们现在就不难推导出这样一些定律，根据这些定律，通过微分，就可从原来的张量构成新的张量。靠着这种办法，我们才能够列出广义协变的微分方程。我们通过重复应用下面这个简单的命题来达到这个目的。

如果我们的连续区中有一条曲线，它的点由离这条曲线上某一定点的弧距 s 来表征，此外，如果 φ 是一个不变的空间函数，那么 $d\varphi/ds$ 也是一个不变量。证明就在于，$d\varphi$ 和 ds 都是不变量。

既然
$$\frac{d\varphi}{ds}=\frac{\partial\varphi}{\partial x_\mu}\frac{dx_\mu}{ds},$$

所以
$$\psi=\frac{\partial\varphi}{\partial x_\mu}\frac{dx_\mu}{ds}$$

也是一个不变量，而且是对于从这连续区中的一个点出发的一切曲线的一个不变量，这就是说，是对于任意选取的矢量 dx_μ 的一个不变量。由此直接得到

$$A_\mu=\frac{\partial\varphi}{\partial x_\mu} \tag{24}$$

是一个协变四元矢量（φ 的**陡度**）。

根据我们的命题，在曲线上所作的微商

$$\chi=\frac{d\psi}{ds}$$

同样也是一个不变量。把 ψ 的值代入，我们首先得到

$$\chi=\frac{\partial^2\varphi}{\partial x_\mu\partial x_\nu}\frac{dx_\mu}{ds}\frac{dx_\nu}{ds}+\frac{\partial\varphi}{\partial x_\mu}\frac{d^2x_\mu}{ds^2}.$$

从这里不能立刻推知有一个张量存在。但如果我们现在规定，那

条我们在它上面进行微分的曲线是短程线，那么由（22），通过 d^2x_ν/ds^2 的代换，我们就得到

$$\chi=\left(\frac{\partial^2\varphi}{\partial x_\mu\partial x_\nu}-\left\{\begin{matrix}\mu\nu\\ \tau\end{matrix}\right\}\frac{\partial\varphi}{\partial x_\tau}\right)\frac{dx_\mu}{ds}\frac{dx_\nu}{ds}.$$

由于按 μ 和按 ν 的微分可以对调次序，又由（23）和（21），$\left\{\begin{matrix}\mu\ \nu\\ \tau\end{matrix}\right\}$ 关于 μ 和 ν 是对称的，所以括号里的式子关于 μ 和 ν 是对称的，因为我们从连续区的一个点出发，在任何方向上都能引出一条短程线，所以 dx_μ/ds 是这样的一个四元矢量，它的分量之间的比率是可以任意选取的，因此，从§7的结果，推得

(25) $$A_{\mu\nu}=\frac{\partial^2\varphi}{\partial x_\mu\partial x_\nu}-\left\{\begin{matrix}\mu\nu\\ \tau\end{matrix}\right\}\frac{\partial\varphi}{\partial x_\tau}$$

是一个二秩的协变张量。我们于是得到这样的结果：由一秩的协变张量

$$A_\mu=\frac{\partial\varphi}{\partial x_\mu},$$

我们能够用微分构成一个二秩的协变张量

(26) $$A_{\mu\nu}=\frac{\partial A_\mu}{\partial x_\nu}-\left\{\begin{matrix}\mu\nu\\ \tau\end{matrix}\right\}A_\tau.$$

我们叫张量 $A_{\mu\nu}$ 是张量 A_μ 的“**扩张**”。首先我们不难证明，即使矢量 A_μ 不能表示为陡度，这种构成方法也会导致一个张量。要明白这一点，我们先要注意到，如果 ψ 和 φ 都是标量，那么

$$\psi\frac{\partial\varphi}{\partial x_\mu}$$

则是一个协变四元矢量。如果 $\psi^{(1)},\varphi^{(1)},\cdots,\psi^{(4)},\varphi^{(4)}$ 都是标量，那么由这样四个项所组成的和

$$S_{\mu}=\psi^{(1)}\frac{\partial\varphi^{(1)}}{\partial x_{\mu}}+\cdots+\psi^{(4)}\frac{\partial\varphi^{(4)}}{\partial x_{\mu}}$$

也是一个协变四元矢量。但是显而易见，任何协变四元矢量都能表示为 S_{μ} 的形式。因为，如果 A_{μ} 是一个四元矢量，它的分量是 x_{ν} 的任意给定的函数，那么，为了使 S_{μ} 等于 A_{μ}，我们只要（对所选定的坐标系）置

$$\begin{aligned}\psi^{(1)}&=A_1, & \varphi^{(1)}&=x_1,\\ \psi^{(2)}&=A_2, & \varphi^{(2)}&=x_2,\\ \psi^{(3)}&=A_3, & \varphi^{(3)}&=x_3,\\ \psi^{(4)}&=A_4, & \varphi^{(4)}&=x_4.\end{aligned}$$

因此，为了证明，当(26)右边的 A_{μ} 被任何的协变四元矢量代入时，$A_{\mu\nu}$ 仍是一个张量，我们只要证明这对于四元矢量 S_{μ} 也是正确的就行了。但是看一下(26)的右边，就能使我们知道，只要在

$$A_{\mu}=\psi\frac{\partial\varphi}{\partial x_{\mu}}$$

的情况下给以证明就足以完成上述任务。现在把(25)的右边乘以 ψ，

$$\psi\frac{\partial^2\varphi}{\partial x_{\mu}\partial x_{\nu}}-\left\{{\mu\nu \atop \tau}\right\}\psi\frac{\partial\varphi}{\partial x_{\tau}}$$

具有张量特征。同样，

$$\frac{\partial\psi}{\partial x_{\mu}}\frac{\partial\varphi}{\partial x_{\nu}}$$

也是一个张量（两个四元矢量的外积）。通过加法，得知

$$\frac{\partial}{\partial x_{\nu}}\left(\psi\frac{\partial\varphi}{\partial x_{\mu}}\right)-\left\{{\mu\nu \atop \tau}\right\}\left(\psi\frac{\partial\varphi}{\partial x_{\tau}}\right)$$

具有张量特征。看一下(26)就会明白，这对于四元矢量

$$\psi \frac{\partial \varphi}{\partial x_{\mu}}$$

就完成了所要求的证明,因此,正如刚才所证明的,这也完成了对于任何四元矢量 A_{μ} 的证明。

借助于四元矢量的扩张,我们也不难定义一个任意秩的协变张量的"扩张";这种构成方法是四元矢量扩张的一种推广。我们只限于建立二秩张量的扩张,因为这已可以使构成规则一目了然。

已经说过,任何二秩的协变张量都可表示为 $A_{\mu}B_{\nu}$ 型张量的和①。因此只要导出这种特殊张量的扩张的表示式就足够了。由(26),表示式

$$\frac{\partial A_{\mu}}{\partial x_{\sigma}} - \left\{ \begin{matrix} \sigma\mu \\ \tau \end{matrix} \right\} A_{\tau},$$

$$\frac{\partial B_{\nu}}{\partial x_{\sigma}} - \left\{ \begin{matrix} \sigma\nu \\ \tau \end{matrix} \right\} B_{\tau}$$

都具有张量特征。第一式,外乘以 B_{ν},第二式,外乘以 A_{μ},我们分别得到一个三秩的张量;把它们相加,就得出这样的三秩张量:

$$A_{\mu\nu\sigma} = \frac{\partial A_{\mu\nu}}{\partial x_{\sigma}} - \left\{ \begin{matrix} \sigma\mu \\ \tau \end{matrix} \right\} A_{\tau\nu} - \left\{ \begin{matrix} \sigma\nu \\ \tau \end{matrix} \right\} A_{\mu\tau}, \tag{27}$$

此处我们已置 $A_{\mu\nu} = A_{\mu}B_{\nu}$. 因为(27)的右边对于 $A_{\mu\nu}$ 及其一阶导数是线性齐次的,所以这个构成规则不仅对于 $A_{\mu}B_{\nu}$ 类型的张量,而

---

① 通过一个具有任意分量 $A_{11}, A_{12}, A_{13}, A_{14}$ 的矢量同一个具有分量 1,0,0,0 的矢量的外乘法,就产生一个张量,它的分量是

$$\begin{matrix} A_{11} & A_{12} & A_{13} & A_{14} \\ 0 & 0 & 0 & 0 \\ 0 & 0 & 0 & 0 \\ 0 & 0 & 0 & 0. \end{matrix}$$

把四个这种类型的张量相加,就得到一个具有任意规定的分量的张量 $A_{\mu\nu}$. ——原注

且也对于这种张量的和，即对于任意二秩的协变张量，都导出一个张量。我们把 $A_{\sigma\nu\sigma}$ 叫做张量 $A_{\mu\nu}$ 的扩张。

显然，(26)和(24)只讲到扩张的特例（分别是一秩的和零秩的张量的扩张）。一般说来，张量的一切特殊构成规则都可以理解为(27)同张量乘法的结合。

§11. 几个具有特殊意义的特例

同基本张量有关的几个辅助定理 我们首先推出一些以后经常要用到的辅助方程。根据行列式的微分规则，

(28) $$dg=g^{\mu\nu}gdg_{\mu\nu}=-g_{\mu\nu}gdg^{\mu\nu}.$$

最后一个形式是从倒数第二个形式得出的，只要我们考虑到 $g_{\mu\nu}g^{\mu'\nu}=\delta_{\mu}^{\mu'}$，由此 $g_{\mu\nu}g^{\mu\nu}=4$，所以

$$g_{\mu\nu}dg^{\mu\nu}+g^{\mu\nu}dg_{\mu\nu}=0.$$

由(28)，得出

(29) $$\frac{1}{\sqrt{-g}}\frac{\partial\sqrt{-g}}{\partial x_{\sigma}}=\frac{1}{2}\frac{\partial\ \lg(-g)}{\partial x_{\sigma}}=$$
$$=\frac{1}{2}g^{\mu\nu}\frac{\partial g_{\mu\nu}}{\partial x_{\sigma}}=-\frac{1}{2}g_{\mu\nu}\frac{\partial g^{\mu\nu}}{\partial x_{\sigma}}.$$

又由于对

$$g_{\mu\sigma}g^{\nu\sigma}=\delta_{\mu}^{\nu}$$

进行微分后，得到

(30) $$\begin{cases} g_{\mu\sigma}dg^{\nu\sigma}=-g^{\nu\sigma}dg_{\mu\sigma}, \\ \text{或}\quad g_{\mu\sigma}\dfrac{\partial g^{\nu\sigma}}{\partial x_{\lambda}}=-g^{\nu\sigma}\dfrac{\partial g_{\mu\sigma}}{\partial x_{\lambda}}. \end{cases}$$

用 $g^{\sigma\tau}$ 和 $g_{\nu\lambda}$ 分别对这两个方程作混合乘法（并且改变指标的记

号),我们就得到

$$(31)\quad \begin{cases} dg^{\mu\nu}=-g^{\mu\alpha}g^{\nu\beta}dg_{\alpha\beta}, \\ \dfrac{\partial g^{\mu\nu}}{\partial x_\sigma}=-g^{\mu\alpha}g^{\nu\beta}\dfrac{\partial g_{\alpha\beta}}{\partial x_\sigma}; \end{cases}$$

和

$$(32)\quad \begin{cases} dg_{\mu\nu}=-g_{\mu\alpha}g_{\nu\beta}dg^{\alpha\beta}, \\ \dfrac{\partial g^{\mu\nu}}{\partial x_\sigma}=-g_{\mu\alpha}g_{\nu\beta}\dfrac{\partial g_{\alpha\beta}}{\partial x_\sigma}. \end{cases}$$

关系式(31)可以改写成另一个我们也常用的形式。根据(21),

$$(33)\quad \frac{\partial g_{\alpha\beta}}{\partial x_\sigma}=\begin{bmatrix}\alpha\sigma\\ \beta\end{bmatrix}+\begin{bmatrix}\beta\sigma\\ \alpha\end{bmatrix}.$$

把它代入(31)的第二个公式,又鉴于(23),我们就得到

$$(34)\quad \frac{\partial g^{\mu\nu}}{\partial x_\sigma}=-\left(g^{\mu\tau}\begin{Bmatrix}\tau\sigma\\ \nu\end{Bmatrix}+g^{\nu\tau}\begin{Bmatrix}\tau\sigma\\ \mu\end{Bmatrix}\right).$$

把(34)的右边代入(29),就给出

$$(29a)\quad \frac{1}{\sqrt{-g}}\frac{\partial\sqrt{-g}}{\partial x_\sigma}=\begin{Bmatrix}\mu\sigma\\ \mu\end{Bmatrix}.$$

抗变四元矢量的"散度" 如果我们把(26)乘以抗变基本张量 $g^{\mu\nu}$(内乘),那么此式右边在其第一项经过改写后就取这样的形式

$$\frac{\partial}{\partial x_\nu}(g^{\mu\nu}A_\mu)-A_\mu\frac{\partial g^{\mu\nu}}{\partial x_\nu}-\frac{1}{2}g^{\tau\alpha}\left(\frac{\partial g_{\mu\alpha}}{\partial x_\nu}+\frac{\partial g_{\nu\alpha}}{\partial x_\mu}-\frac{\partial g_{\mu\nu}}{\partial x_\alpha}\right)g^{\mu\nu}A_\tau.$$

根据(31)和(29),上式的最后一项可写成

$$\frac{1}{2}\frac{\partial g^{\tau\nu}}{\partial x_\nu}A_\tau+\frac{1}{2}\frac{\partial g^{\tau\mu}}{\partial x_\mu}A_\tau+\frac{1}{\sqrt{-g}}\frac{\partial\sqrt{-g}}{\partial x_\alpha}g^{\tau\alpha}A_\tau.$$

因为累加指标的符号是无关紧要的,所以此式中的开头两项同上

式中的第二项抵消了;此式中最后一项可以同上式的第一项结合起来。如果我们仍然置

$$g^{\mu\nu}A_{\mu}=A^{\nu},$$

此处 A^{ν} 也像 A_{μ} 一样是一个可以任意选取的矢量,那么我们最后就得到

(35) $$\Phi=\frac{1}{\sqrt{-g}}\frac{\partial}{\partial x_{\nu}}(\sqrt{-g}A^{\nu}).$$

这个标量就是抗变四元矢量 A^{ν} 的**散度**。

(协变)四元矢量的"旋度" (26)中的第二项对于指标 μ 和 ν 是对称的。因此 $A_{\mu\nu}-A_{\nu\mu}$ 是一个构造特别简单的(反对称)张量。我们得到

(36) $$B_{\mu\nu}=\frac{\partial A_{\mu}}{\partial x_{\nu}}-\frac{\partial A_{\nu}}{\partial x_{\mu}}.$$

六元矢量的反对称扩张 如果我们把(27)应用到一个二秩的反对称张量 $A_{\mu\nu}$ 上去,并构成通过指标 μ,ν,σ 的循环调换而产生的另外两个方程,把这三个方程加起来,那么我们就得到三秩的张量

(37) $$B_{\mu\nu\sigma}=A_{\mu\nu\sigma}+A_{\nu\sigma\mu}+A_{\sigma\mu\nu}=\frac{\partial A_{\mu\nu}}{\partial x_{\sigma}}+\frac{\partial A_{\nu\sigma}}{\partial x_{\mu}}+\frac{\partial A_{\sigma\mu}}{\partial x_{\nu}},$$

不难证明,它是反对称的。

六元矢量的散度 我们把(27)乘以 $g^{\mu\alpha}g^{\nu\beta}$(混合乘积),那么我们也同样得到一个张量。我们可以把(27)右边的第一项写成如下形式

$$\frac{\partial}{\partial x_{\sigma}}(g^{\mu\alpha}g^{\nu\beta}A_{\mu\nu})-g^{\mu\alpha}\frac{\partial g^{\nu\beta}}{\partial x_{\sigma}}A_{\mu\nu}-g^{\nu\beta}\frac{\partial g^{\mu\alpha}}{\partial x_{\sigma}}A_{\mu\nu}.$$

如果我们以 $A_{\sigma}^{\alpha\beta}$ 代替 $g^{\mu\alpha}g^{\nu\beta}A_{\mu\nu\sigma}$,以 $A^{\alpha\beta}$ 代替 $g^{\mu\alpha}g^{\nu\beta}A_{\mu\nu}$,并且我们

在经过改写后的第一项中,以(34)代替

$$\frac{\partial g^{\nu\beta}}{\partial x_\sigma}\text{和}\frac{\partial g^{\mu\alpha}}{\partial x_\sigma},$$

那么,从(27)的右边得出一个含有七个项的表示式,其中四个项互相抵消了。剩下的是

$$A^{\alpha\beta}_{\sigma}=\frac{\partial A^{\alpha\beta}}{\partial x_\sigma}+\begin{Bmatrix}\sigma\kappa\\ \alpha\end{Bmatrix}A^{\kappa\beta}+\begin{Bmatrix}\sigma\kappa\\ \beta\end{Bmatrix}A^{\alpha\kappa}. \tag{38}$$

这是一个关于二秩抗变张量的扩张式,关于更高秩和更低秩的抗变张量的扩张式也可以相应地作出。

我们注意到,用类似的办法也可构成混合张量 A^{α}_{μ} 的扩张

$$A^{\alpha}_{\mu\sigma}=\frac{\partial A^{\alpha}_{\mu}}{\partial x_\sigma}-\begin{Bmatrix}\sigma\mu\\ \tau\end{Bmatrix}A^{\alpha}_{\tau}+\begin{Bmatrix}\sigma\tau\\ \beta\end{Bmatrix}A^{\tau}_{\mu}. \tag{39}$$

把(38)作关于指标 β 和 σ 的降秩(内乘以 δ^{σ}_{β}),我们得到抗变四元矢量

$$A^{\alpha}=\frac{\partial A^{\alpha\beta}}{\partial x_\beta}+\begin{Bmatrix}\beta\kappa\\ \beta\end{Bmatrix}A^{\alpha\kappa}+\begin{Bmatrix}\beta\kappa\\ \alpha\end{Bmatrix}A^{\kappa\beta}.$$

如果 $A^{\alpha\beta}$ 像我们所要假定的那样是一个反对称张量,那么由于 $\begin{Bmatrix}\beta\kappa\\ \alpha\end{Bmatrix}$ 对指标 β 和 κ 的对称性,这方程右边的第三项就等于零;而第二项可利用(29a)进行改写。由此我们得到

$$A^{\alpha}=\frac{1}{\sqrt{-g}}\frac{\partial(\sqrt{-g}A^{\alpha\beta})}{\partial x_\beta}. \tag{40}$$

这是抗变六元矢量的散度的表示式。

二秩混合张量的散度 如果我们作出(39)关于指标 α 和 σ 的降秩,并且考虑到(29a),那么我们就得到

(41) $$\sqrt{-g}A_\mu=\frac{\partial(\sqrt{-g}A_\mu^\sigma)}{\partial x_\sigma}-\left\{\begin{matrix}\sigma\mu\\ \tau\end{matrix}\right\}\sqrt{-g}A_\tau^\sigma.$$

如果在最后一项中我们引进抗变张量 $A^{\rho\tau}=g^{\rho\tau}A_\tau^\sigma$，那么它就取形式

$$-\begin{bmatrix}\sigma\mu\\ \rho\end{bmatrix}\sqrt{-g}A^{\rho\sigma}.$$

如果张量 $A^{\rho\sigma}$ 又是对称的，那么这就简化成

$$-\frac{1}{2}\sqrt{-g}\frac{\partial g_{\rho\sigma}}{\partial x_\mu}A^{\rho\sigma}.$$

如果我们引进一个也是对称的协变张量 $A_{\rho\sigma}=g_{\rho\alpha}g_{\sigma\beta}A^{\alpha\beta}$ 来代替 $A^{\rho\sigma}$，那么，由(31)，这最后一项就会取形式

$$\frac{1}{2}\sqrt{-g}\frac{\partial g^{\rho\sigma}}{\partial x_\mu}A_{\rho\sigma}.$$

于是，在所讲的对称的情况下，(41)也可用下面两种形式来代替：

(41a) $$\sqrt{-g}A_\mu=\frac{\partial(\sqrt{-g}A_\mu^\sigma)}{\partial x_\sigma}-\frac{1}{2}\frac{\partial g_{\rho\sigma}}{\partial x_\mu}\sqrt{-g}A^{\rho\sigma},$$

(41b) $$\sqrt{-g}A_\mu=\frac{\partial(\sqrt{-g}A_\mu^\sigma)}{\partial x_\sigma}+\frac{1}{2}\frac{\partial g^{\rho\sigma}}{\partial x_\mu}\sqrt{-g}A_{\rho\sigma},$$

它们是我们以后要用到的。

§12. 黎曼-克里斯托菲张量

我们现在来求这样一种张量，它们能够**单独**由基本张量 $g_{\mu\nu}$ 经过微分而得到。初看一下，答案似乎就在手边。我们在(27)中用基本张量 $g_{\mu\nu}$ 来代替任何已定的张量 $A_{\mu\nu}$，由此得到一个新张量，即基本张量的扩张。但人们很容易相信，这个扩张是恒等于零的。

然而我们还是要从下面的途径来达到我们的目标。我们在(27)中置

$$A_{\mu\nu}=\frac{\partial A_{\mu}}{\partial x_{\nu}}-\begin{Bmatrix}\mu\nu\\ \rho\end{Bmatrix}A_{\rho},$$

此即四元矢量 A_{μ} 的扩张。于是我们就得到(指标的名称稍有变动)三秩的张量

$$A_{\mu\sigma\tau}=\frac{\partial^{2}A_{\mu}}{\partial x_{\sigma}\partial x_{\tau}}-\begin{Bmatrix}\mu\sigma\\ \rho\end{Bmatrix}\frac{\partial A_{\rho}}{\partial x_{\tau}}-\begin{Bmatrix}\mu\tau\\ \rho\end{Bmatrix}\frac{\partial A_{\rho}}{\partial x_{\sigma}}-\begin{Bmatrix}\sigma\tau\\ \rho\end{Bmatrix}\frac{\partial A_{\mu}}{\partial x_{\rho}}+$$

$$+\left[-\frac{\partial}{\partial x_{\tau}}\begin{Bmatrix}\mu\sigma\\ \rho\end{Bmatrix}+\begin{Bmatrix}\mu\tau\\ \alpha\end{Bmatrix}\begin{Bmatrix}\alpha\sigma\\ \rho\end{Bmatrix}+\begin{Bmatrix}\sigma\tau\\ \alpha\end{Bmatrix}\begin{Bmatrix}\alpha\mu\\ \rho\end{Bmatrix}\right]A_{\rho}.$$

这个式子提示我们去构成张量 $A_{\mu\sigma\tau}-A_{\mu\tau\sigma}$.因为如果我们这样做了,$A_{\mu\sigma\tau}$式中的第一项、第四项以及相当于方括号中的最后一项的那个部分,都分别同 $A_{\mu\tau\sigma}$式中的对应项互相抵消了;因为所有这些项对于 σ 和τ都是对称的。这对于第二项同第三项的和也是同样成立的。所以我们得到

(42) $$A_{\mu\sigma\tau}-A_{\mu\tau\sigma}=B^{\rho}_{\mu\sigma\tau}A_{\rho},$$

(43) $$\left\{\begin{aligned}B^{\rho}_{\mu\sigma\tau}=&-\frac{\partial}{\partial x_{\tau}}\begin{Bmatrix}\mu\sigma\\ \rho\end{Bmatrix}+\frac{\partial}{\partial x_{\sigma}}\begin{Bmatrix}\mu\tau\\ \rho\end{Bmatrix}\\ &-\begin{Bmatrix}\mu\sigma\\ \alpha\end{Bmatrix}\begin{Bmatrix}\alpha\tau\\ \rho\end{Bmatrix}+\begin{Bmatrix}\mu\tau\\ \alpha\end{Bmatrix}\begin{Bmatrix}\alpha\sigma\\ \rho\end{Bmatrix}.\end{aligned}\right.$$

这个结果的主要特点是:在(42)的右边只出现 A_{ρ},而不出现它们的导数。由 $A_{\mu\sigma\tau}-A_{\mu\tau\sigma}$ 的张量特征,结合 A_{ρ} 是可以任意选定的四元矢量这一事实,根据§7 的结果,就得知 $B^{\rho}_{\mu\sigma\tau}$是一个张量(黎曼-克里斯托菲张量)。

这种张量的数学重要性如下:如果连续区具有这样的性质,即

存在一个坐标系，参照于它，各个 $g_{\mu\nu}$ 都是常数，那么所有的 $B^{\rho}_{\mu\sigma\tau}$ 都等于零。如果我们选取任何一个新的坐标系来代替原来的坐标系，那么参照于新坐标系的 $g_{\mu\nu}$ 将不是常数了。但 $B^{\rho}_{\mu\sigma\tau}$ 的张量性质必然使得这些分量在这任意选取的参照系中全部等于零。因此，要通过参照系的适当选取而使 $g_{\mu\nu}$ 能够成为常数，黎曼张量等于零则是其必要条件。① 在我们的问题中，这相当于这样的情况：通过参照系的适当选择，狭义相对论在非无限小区域里是有效的。

对(43)作关于指标τ和 ρ 降秩，我们得到二秩的协变张量

$$
(44)\quad \begin{cases} B_{\mu\nu}=R_{\mu\nu}+S_{\mu\nu}, \\ R_{\mu\nu}=-\dfrac{\partial}{\partial x_{\alpha}}\begin{Bmatrix}\mu\nu\\ \alpha\end{Bmatrix}+\begin{Bmatrix}\mu\alpha\\ \beta\end{Bmatrix}\begin{Bmatrix}\nu\beta\\ \alpha\end{Bmatrix}, \\ S_{\mu\nu}=\dfrac{\partial^{2}\lg\sqrt{-g}}{\partial x_{\mu}\partial x_{\nu}}-\begin{Bmatrix}\mu\nu\\ \alpha\end{Bmatrix}\dfrac{\partial\ \lg\sqrt{-g}}{\partial x_{\alpha}}. \end{cases}
$$

关于坐标选取的注释 在§8里联系到方程(18a)曾经指出过，如果所选取的坐标能使 $\sqrt{-g}=1$，那是有好处的。看一下前面最后两节中所得出的方程，就可知道，通过这样选取，张量的构成规则能大大地加以简化。这特别适用于刚才求出的张量 $B_{\mu\nu}$，这种张量在所要说明的理论中起着基本的作用。由于坐标的这种特殊选取必然使得 $S_{\mu\nu}$ 等于零，于是张量 $B_{\mu\nu}$ 就简化为 $R_{\mu\nu}$.

所以以后我要对一切关系都给以由于坐标的这种特殊选取而必然产生的简化形式。如果在一种特殊情况中似乎需要改回到一般的协变方程，那也是一件轻而易举的事。

① 数学家已证明，这也是充分条件。——原注

C. 引力场理论

§13. 引力场中质点的运动方程 关于引力的场分量的表示式

依照狭义相对论,一个不受外力作用的自由运动的物体是作直线匀速运动的,依照广义相对论,这情况也适用于四维空间中的这样的部分,在这一部分空间中,坐标系 K_0 可以而且已经选取来使 $g_{\mu\nu}$ 具有(4)中所规定的特殊常数值。

如果我们从一个任意选定的坐标系 K_1 来考查这种运动,那么根据§2的考查,从 K_1 来判断,这个物体是在引力场中运动的。参照于 K_1 的运动定律可以毫无困难地从下面的考查得出。参照于 K_0,这个运动定律是一条四维的直线,因此是一条短程线。现在既然短程线的定义是同参照系无关的,它的方程也就是参照于 K_1 的质点的运动方程。如果我们置

$$\Gamma^{\tau}_{\mu\nu} = -\begin{Bmatrix} \mu\nu \\ \tau \end{Bmatrix}, \tag{45}$$

参照于 K_1 的这个质点运动方程就成为

$$\frac{d^2 x_\tau}{ds^2} = \Gamma^{\tau}_{\mu\nu} \frac{dx_\mu}{ds} \frac{dx_\nu}{ds}. \tag{46}$$

我们现在作一显而易见的假定:即使不存在那种可使狭义相对论适用于非无限小空间的参照系 K_0,这一个一般的协变方程组也还规定着质点在引力场中的运动。由于(46)只含有 $g_{\mu\nu}$ 的第

一阶导数，在它们之间，在有 K_0 存在的特殊情况下，也不存在什么关系，[①]所以我们就更加有理由作这个假定了。

如果 $\Gamma_{\mu\nu}^{\tau}$ 等于零，那么这质点就作直线匀速运动。因此这些量就规定了运动对均匀性的偏离。它们是引力场的分量。

§14. 不存在物质时的引力的场方程

我们今后在这样的意义上把“引力场”同“物质”加以区别：除了引力场之外的任何东西都叫做“物质”，因此，它不仅包括通常意义上的“物质”，而且也包括电磁场。

我们下一步的任务是要寻求不存在物质时的引力的场方程。这里我们再一次用到上一节中在列出质点的运动方程时所使用的同一种方法。有一种特殊情况，是所要探求的场方程无论如何都必须满足的，这就是原始的相对论[②]的情况，在这种情况下，$g_{\mu}{}^{\nu}$ 有确定的常数值。假设在某一非无限小的区域中对于一定的参照系 K_0 是这种情况。对于这个坐标系，黎曼张量的一切分量 $B_{\mu\sigma\tau}^{\rho}$（方程(43)）都等于零。因此，就所考查的区域来说，它们对于任何别的坐标系也都等于零。

因此，如果所有的 $B_{\mu\sigma\tau}^{\rho}$ 都等于零，那么所要求的无物质的引力场的方程在任何情况下都必须得到满足。但这个条件无论如何也太过分了。因为很明显的，比如由质点在它的周围所产生的引力场，肯定不能通过坐标系的选择而被“变换掉”，也就是说，它不

① 由§12，只有在第二阶（和第一阶）导数之间，$B_{\mu\sigma\tau}^{\rho}=0$ 这些关系才存在。——原注

② 英译本把“原始的相对论”译为“狭义相对论”，意义较明确。——编译者

能变换成常数 $g_{\mu\nu}$ 的情况。

由此容易想到，对于无物质的引力场，应当要求从张量 $B^{\rho}_{\mu\nu\tau}$ 导出的对称张量 $B_{\mu\nu}$ 等于零。这样，我们得到了关于 10 个 $g_{\mu\nu}$ 量的 10 个方程，它们在那种 $B^{\rho}_{\mu\nu\tau}$ 全都等于零的特殊情况下是满足的。通过我们对坐标系的选取，又考虑到(44)，无物质场的方程是

$$(47)\quad \begin{cases} \dfrac{\partial \Gamma^{\alpha}_{\mu\nu}}{\partial x_{\alpha}} + \Gamma^{\alpha}_{\mu\beta}\Gamma^{\beta}_{\nu\alpha} = 0, \\ \sqrt{-g} = 1. \end{cases}$$

必须指出，这些方程的选择，只有极少的任意性。因为除了 $B_{\mu\nu}$ 以外，就没有这样的二秩张量，它是由 $g_{\mu\nu}$ 及其导数构成而又不含有高于二阶的导数，并且是这些导数的线性式。①

从广义相对论的要求出发，通过纯粹数学的方法得到的这些方程，它们同运动方程(46)结合起来，在第一级近似上给出了牛顿的引力定律，在第二级近似上给出了一个关于勒未里埃(Leverrier)所发现的(在作了关于摄动的校正以后还保留下来的)水星近日点的运动的解释，在我看来，这些事实必须被看作是这理论的物理正确性的令人信服的证明。

§15. 关于引力场的哈密顿函数　动量能量定律

要证明场方程适应于动量能量定律，最方便的是把它们写成

① 确切地说来，这只对于张量

$$B_{\mu\nu} + \lambda g_{\mu\nu}\,(g^{\alpha\beta}B_{\alpha\beta})$$

才能这样断言(此处 λ 是一常数)。但如果我们置这个量 $=0$，我们就又回到方程 $B_{\mu\nu}=0$ 了。——原注

如下的哈密顿形式：

$$(47\mathrm{a})\qquad \begin{cases} \delta\left\{\int H\,d\tau\right\}=0, \\ H=g^{\mu\nu}\Gamma^{\alpha}_{\mu\beta}\Gamma^{\beta}_{\nu\alpha}, \\ \sqrt{-g}=1. \end{cases}$$

这里，这些变分在所考查的有限的四维积分空间的边界上都等于零。

首先必须证明，形式(47a)同方程(47)是等效的。为了这个目的，我们把 H 看作是 $g^{\mu\nu}$ 和

$$g^{\mu\nu}_{\sigma}\left(=\frac{\partial g^{\mu\nu}}{\partial x_{\sigma}}\right)$$

的函数。由此，首先得出

$$\delta H=\Gamma^{\alpha}_{\mu\beta}\Gamma^{\beta}_{\nu\alpha}\delta g^{\mu\nu}+2g^{\mu\nu}\Gamma^{\alpha}_{\mu\beta}\delta\Gamma^{\beta}_{\nu\alpha}=$$
$$=-\Gamma^{\alpha}_{\mu\beta}\Gamma^{\beta}_{\nu\alpha}\delta g^{\mu\nu}+2\Gamma^{\alpha}_{\mu\beta}\delta(g^{\mu\nu}\Gamma^{\beta}_{\nu\alpha}).$$

但现在

$$\delta(g^{\mu\nu}\Gamma^{\beta}_{\nu\alpha})=-\frac{1}{2}\delta\left[g^{\mu\nu}g^{\beta\lambda}\left(\frac{\partial g_{\nu\lambda}}{\partial x_{\alpha}}+\frac{\partial g_{\alpha\lambda}}{\partial x_{\nu}}-\frac{\partial g_{\alpha\nu}}{\partial x_{\lambda}}\right)\right].$$

由圆括号中最后两项所产生的项是带有不同的正负号的，并且可以通过互相对调指标 μ 和 β（因为累加指标的记号是无关紧要的）而得到。它们在 δH 的式中互相抵消了，因为它们都是同一个对于指标 μ 和 β 是对称的量 $\Gamma^{\alpha}_{\mu\beta}$ 相乘的缘故。这样，圆括号里只剩下第一项是要考虑的，因此，我们考虑到(31)，就得到①

$$\delta H=-\Gamma^{\alpha}_{\mu\beta}\Gamma^{\beta}_{\nu\alpha}\delta g^{\mu\nu}+\Gamma^{\alpha}_{\mu\beta}\delta g^{\mu\beta}_{\alpha}.$$

① 原文中下面方程右边第二项前面误为减号。——编译者

所以

$$(48)\quad \begin{cases}\dfrac{\partial H}{\partial g^{\mu\nu}}=-\Gamma^{\alpha}_{\mu\beta}\Gamma^{\beta}_{\nu\alpha},\\[2ex] \dfrac{\partial H}{\partial g^{\mu\nu}_{\sigma}}=\Gamma^{\sigma}_{\mu\nu}.\end{cases}$$

在(47a)中进行变分,我们首先得出下列方程组

$$(47b)\quad \frac{\partial}{\partial x_{\alpha}}\left(\frac{\partial H}{\partial g^{\mu\nu}_{\alpha}}\right)-\frac{\partial H}{\partial g^{\mu\nu}}=0,$$

由于(48),这方程组是同(47)一致的,而这是要加以证明的。——如果我们把(47b)乘以 $g^{\mu\nu}_{\sigma}$,又因为

$$\frac{\partial g^{\mu\nu}_{\sigma}}{\partial x_{\alpha}}=\frac{\partial g^{\mu\nu}_{\alpha}}{\partial x_{\sigma}},$$

并且由此推出

$$g^{\mu\nu}_{\sigma}\frac{\partial}{\partial x_{\alpha}}\left(\frac{\partial H}{\partial g^{\mu\nu}_{\alpha}}\right)=\frac{\partial}{\partial x_{\alpha}}\left(g^{\mu\nu}_{\sigma}\frac{\partial H}{\partial g^{\mu\nu}_{\alpha}}\right)-\frac{\partial H}{\partial g^{\mu\nu}_{\alpha}}\frac{\partial g^{\mu\nu}_{\alpha}}{\partial x_{\sigma}},$$

那么我们就得到下列方程

$$\frac{\partial}{\partial x_{\alpha}}\left(g^{\mu\nu}_{\sigma}\frac{\partial H}{\partial g^{\mu\nu}_{\alpha}}\right)-\frac{\partial H}{\partial x_{\sigma}}=0,$$

或者①

$$(49)\quad \begin{cases}\dfrac{\partial t^{\alpha}_{\sigma}}{\partial x_{\alpha}}=0,\\[2ex] -2\kappa t^{\alpha}_{\sigma}=g^{\mu\nu}_{\sigma}\dfrac{\partial H}{\partial g^{\mu\nu}_{\alpha}}-\delta^{\alpha}_{\sigma}H,\end{cases}$$

此处,由于(48),(47)的第二个方程以及(34),得到

① 所以要引进因子 -2κ 的理由以后会明白。——原注

(50) $$\kappa t_{\sigma}^{\alpha}=\frac{1}{2}\delta_{\sigma}^{\alpha}g^{\mu\nu}\Gamma_{\mu\beta}^{\lambda}\Gamma_{\nu\lambda}^{\beta}-g^{\mu\nu}\Gamma_{\mu\beta}^{\alpha}\Gamma_{\nu\sigma}^{\beta}.$$

要注意，t_{σ}^{α} 不是一个张量；另一方面，对于一切使 $\sqrt{-g}=1$ 的坐标系，(49)都是成立的。这方程表示关于引力场的动量和能量守恒定律。实际上，这个方程关于**三维**体积 **V** 的积分给出了四个方程

(49a) $$\frac{d}{dx_4}\int t_{\sigma}^{4}\,dV=\int(t_{\sigma}^{1}a_1+t_{\sigma}^{2}a_2+t_{\sigma}^{3}a_3)dS,$$

此处 a_1,a_2,a_3 表示在边界曲面的元素 dS 上(在欧几里得几何的意义上)向内所引的法线的方向余弦。在这里我们认出了通常形式的守恒定律的表示式。t_{σ}^{α} 这些量我们称之为引力场的“能量分量”。

我们现在还要给方程(47)以第三种形式，这种形式对于生动地理解我们的课题是特别有用的。把场方程(47)乘以 $g^{\nu\sigma}$ 得出这些以“混合”形式出现的方程。我们注意到

$$g^{\nu\sigma}\frac{\partial\Gamma_{\mu\nu}^{\alpha}}{\partial x_{\alpha}}=\frac{\partial}{\partial x_{\alpha}}(g^{\nu\sigma}\Gamma_{\mu\nu}^{\alpha})-\frac{\partial g^{\nu\sigma}}{\partial x_{\alpha}}\Gamma_{\mu\nu}^{\alpha},$$

由于(34)，这个量等于

$$\frac{\partial}{\partial x_{\alpha}}(g^{\nu\sigma}\Gamma_{\mu\nu}^{\alpha})-g^{\nu\beta}\Gamma_{\alpha\beta}^{\sigma}\Gamma_{\mu\nu}^{\alpha}-g^{\alpha\beta}\Gamma_{\beta\alpha}^{\nu}\Gamma_{\mu\nu}^{\alpha},$$

或者(按照改变了的累加指标的符号)等于

$$\frac{\partial}{\partial x_{\alpha}}(g^{\sigma\beta}\Gamma_{\mu\beta}^{\alpha})-g^{mn}\Gamma_{m\beta}^{\sigma}\Gamma_{n\mu}^{\beta}-g^{\nu\sigma}\Gamma_{\mu\beta}^{\alpha}\Gamma_{\nu\alpha}^{\beta}.$$

这个式的第三项同那个由场方程(47)的第二项所产生的项相消；根据关系(50)，这个式的第二项可代之以

$$\kappa\left(t_{\mu}^{\sigma}-\frac{1}{2}\delta_{\mu}^{\sigma}\, t\right),$$

此处 $t=t_{\alpha}^{\alpha}$. 由此,代替方程(47),我们得到

$$(51)\quad \begin{cases}\dfrac{\partial}{\partial x_{\alpha}}(g^{\sigma\beta}\Gamma_{\mu\beta}^{\alpha})=-\kappa\left(t_{\mu}^{\sigma}-\dfrac{1}{2}\delta_{\mu}^{\sigma}\, t\right),\\ \sqrt{-g}=1.\end{cases}$$

§16. 引力场方程的一般形式

在上节中所建立的无物质的空间的场方程可同牛顿理论的场方程

$$\Delta\varphi=0$$

相比较。我们现在要寻求一个对应于泊松方程

$$\Delta\varphi=4\pi\kappa\rho$$

的方程,此处 ρ 表示物质的密度。

狭义相对论已得到了这样的结论:惯性质量不是别的,而是能量,它在一个二秩的对称张量(即能量张量)中找到了它的完备的数学表示。由此,在广义相对论中,我们也必须引进一个物质的能量张量 T_{σ}^{α},它像引力场的能量分量 t_{σ}^{α}(方程(49)和(50))那样具有混合的特征,但是属于一个对称的协变张量。①

方程组(51)表明,这个能量张量(对应于泊松方程中的密度 ρ)是怎样被引进引力场方程中的。因为,如果我们考查一个完整的体系(比如太阳系),那么,这个体系的总质量,从而还有它的总

① $g_{\alpha\tau}T_{\sigma}^{\alpha}=T_{\sigma\tau}$ 和 $g^{\sigma\beta}T_{\sigma}^{\alpha}=T^{\alpha\beta}$ 都应是对称张量。——原注

引力作用，将同这体系的总能量，因而也同有重(*ponderable*)能量和引力能量有关。这可表示为：在(51)中引进物质能量分量与引力场的能量分量的和 $t_\mu^\sigma + T_\mu^\sigma$，来代替单独的引力场的能量分量 t_μ^σ. 由此，我们得到下列张量方程来代替(51)：

$$(52)\qquad \begin{cases} \dfrac{\partial}{\partial x_\alpha}(g^{\alpha\beta}\Gamma_{\mu\beta}^\alpha) = -\kappa\left[(t_\mu^\sigma + T_\mu^\sigma) - \dfrac{1}{2}\delta_\mu^\sigma(t+T)\right], \\ \sqrt{-g} = 1, \end{cases}$$

此处我们置 $T = T_\mu^\mu$(劳厄标量)。这就是所探求的关于引力的一般场方程的混合形式。由此倒推回去，我们得到代替(47)的下列方程：

$$(53)\qquad \begin{cases} \dfrac{\partial \Gamma_{\mu\nu}^\alpha}{\partial x_\alpha} + \Gamma_{\mu\beta}^\alpha \Gamma_{\nu\alpha}^\beta = -\kappa\left(T_{\mu\nu} - \dfrac{1}{2}g_{\mu\nu}T\right), \\ \sqrt{-g} = 1. \end{cases}$$

必须承认，这样来引进物质的能量张量，并不能单靠相对性公设来证明是正确的；因此，在前面我们是从这样的要求来导出它的，即引力场的能量应当像任何别种能量一样，以同样方式起着引力的作用。但是选择上述这些方程的最有力的根据还在于它们有这样的结果：对于总能量的分量，(动量和能量的)守恒方程是成立的，这些方程准确对应于方程(49)和(49a)。这将要在下一节中加以证明。

§17. 一般情况下的守恒定律

不难把方程(52)改变形式，使其右边的第二项等于零。对(52)进行关于指标 μ 和 σ 的降秩，并且把这样得到的方程乘以

$\frac{1}{2}\delta_\mu^\sigma$，然后在方程(52)中减去它。于是得出

(52a) $$\frac{\partial}{\partial x_\alpha}\left(g^{\sigma\beta}\Gamma_{\mu\beta}^\alpha-\frac{1}{2}\delta_\mu^\sigma g^{\lambda\beta}\Gamma_{\lambda\beta}^\alpha\right)=-\kappa(t_\mu^\sigma+T_\mu^\sigma).$$

对这个方程施以运算 $\partial/\partial x_\sigma$. 我们得到

$$\frac{\partial^2}{\partial x_\alpha\partial x_\sigma}(g^{\sigma\beta}\Gamma_{\mu\beta}^\sigma)=$$

$$=-\frac{1}{2}\frac{\partial^2}{\partial x_\alpha\partial x_\sigma}\left[g^{\sigma\beta}g^{\alpha\lambda}\left(\frac{\partial g_{\mu\lambda}}{\partial x_\beta}+\frac{\partial g_{\beta\lambda}}{\partial x_\mu}-\frac{\partial g_{\mu\beta}}{\partial x_\lambda}\right)\right].$$

圆括号中的第一项和第三项所贡献的部分互相抵消了，我们只要在第三项的贡献中，把累加指标 α 和 σ 作为一方，β 和 λ 作为另一方来对调，就可看出。第二项可按照(31)进行改写，由此我们得到

(54) $$\frac{\partial^2}{\partial x_\alpha\partial x_\sigma}(g^{\sigma\beta}\Gamma_{\mu\beta}^\alpha)=\frac{1}{2}\frac{\partial^3 g^{\alpha\beta}}{\partial x_\alpha\partial x_\beta\partial x_\mu}.$$

(52a)在左边第二项首先给出

$$-\frac{1}{2}\frac{\partial^2}{\partial x_\alpha\partial x_\mu}(g^{\lambda\beta}\Gamma_{\lambda\beta}^\alpha),$$

或者

$$\frac{1}{4}\frac{\partial^2}{\partial x_\alpha\partial x_\mu}\left[g^{\lambda\beta}g^{\alpha\delta}\left(\frac{\partial g_{\delta\lambda}}{\partial x_\beta}+\frac{\partial g_{\delta\beta}}{\partial x_\lambda}-\frac{\partial g_{\lambda\beta}}{\partial x_\delta}\right)\right].$$

对于我们所选定的坐标，圆括号里最后一项所产生的由于(29)而消失了。另外两项可以结合在一起，并且由(31)，它们共同给出

$$-\frac{1}{2}\frac{\partial^3 g^{\alpha\beta}}{\partial x_\alpha\partial x_\beta\partial x_\mu},$$

因此，考虑到(54)，我们得到恒等式①

① 德文本和英译本中 $g^{\sigma\beta}\Gamma_{\mu\beta}^\alpha$ 都误为 $g^{\rho\beta}\Gamma_{\mu\beta}$.——编译者

$$\frac{\partial^2}{\partial x_\alpha \partial x_\sigma}\left(g^{\sigma\beta}\Gamma^\alpha_{\mu\beta}-\frac{1}{2}\delta^\sigma_\mu g^{\lambda\beta}\Gamma^\alpha_{\lambda\beta}\right)\equiv 0. \tag{55}$$

从(55)和(52a),得出

$$\frac{\partial(t^\sigma_\mu+T^\sigma_\mu)}{\partial x_\sigma}=0. \tag{56}$$

因此,从我们的引力的场方程得知,动量和能量的守恒定律是得到满足的。人们从导致方程(49a)的考虑中最容易看出这一点;所不同的是,这里我们必须引进物质的和引力场的总能量分量,以代替引力场的能量分量 t^σ_μ.

§18. 作为场方程结果的物质的动量能量定律

我们把(53)乘以 $\partial g^{\mu\nu}/\partial x_\sigma$,那么,由 §15 中所采用的方法,并鉴于

$$g_{\mu\nu}\frac{\partial g^{\mu\nu}}{\partial x_\sigma}$$

等于零,我们就得到方程

$$\frac{\partial t^\alpha_\sigma}{\partial x_\alpha}-\frac{1}{2}\frac{\partial g^{\mu\nu}}{\partial x_\sigma}T_{\mu\nu}=0,$$

或者鉴于(56),得到

$$\frac{\partial T^\alpha_\sigma}{\partial x_\alpha}+\frac{1}{2}\frac{\partial g^{\mu\nu}}{\partial x_\sigma}T_{\mu\nu}=0. \tag{57}$$

同(41b)相比较,表明对于我们所选定的坐标系,这个方程正好断定了物质的能量分量的张量的散度等于零。在物理上,左边第二项的出现表明,在严格意义上动量和能量守恒定律单单对于物质是不成立的,而只有当 $g^{\mu\nu}$ 都是常数时,即引力场强度等于零

时，它们才成立。这个第二项表示每单位体积和单位时间从引力场输送到物质上去的动量和能量。如果我们在(41)的意义下把(57)改写成①

$$\frac{\partial T_{\sigma}^{\alpha}}{\partial x_{\alpha}}=-\Gamma_{\alpha\sigma}^{\beta}T_{\beta}^{\alpha}, \tag{57a}$$

那么这就更加明显了。这方程的右边表示引力场对物质的能量方面的影响。

因此这些引力场方程同时包含着物质现象过程所必须满足的四个条件。它们完备地给出了物质现象过程的方程，只要物质现象过程是能够用四个彼此独立的微分方程来表征。②

D. "物质"现象过程

在 B 部分所发展的数学工具，使我们能够立刻对于像狭义相对论所表述的那些关于物质的物理定律(流体动力学，麦克斯韦的电动力学)进行推广，使它们适合于广义相对论。在那里，广义相对性原理固然没有对可能性加以更多的限制；但它却使我们不必引进任何新假设，就能准确地认识到引力场对一切过程的影响。

这种事态带来的结果是，没有必要对(狭义上的)物质的物理

① (57a)的右式德文本误写为$-\Gamma_{\sigma\beta}T_{\beta}^{\alpha}$. ——编译者

② 关于这问题，参看 D. 希耳伯特，《哥丁根科学会通报》，数学物理学部分(D. Hilbert, *Nachr. d. K. Gesellsch. d. Wiss. zu Göttingen, Math. —phys. Klasse*)1915 年，第 3 页。——原注

本性引进确定的假设。特别是电磁场理论同引力场理论一起是否能为物质理论提供一个充分的基础，这仍然可以是个悬而未决的问题。广义相对性公设在原则上不能就这方面告诉我们任何东西。这必须等到建成了这理论才可看出，电磁学同引力理论合起来究竟能否完成前者单独所不能完成的任务。

§ 19. 关于无摩擦绝热流体的欧勒方程

设 p 和 ρ 是两个标量，其中前者我们叫流体的“压强”，后者叫流体的“密度”；并设它们之间有一个方程存在。设抗变对称张量

$$T^{\alpha\beta}=-g^{\alpha\beta}p+\rho\frac{dx_\alpha}{ds}\frac{dx_\beta}{ds} \tag{58}$$

是流体的抗变能量张量。附属于它有协变张量

$$T_{\mu\nu}=-g_{\mu\nu}p+g_{\mu\alpha}\frac{dx_\alpha}{ds}g_{\nu\beta}\frac{dx_\beta}{ds}\rho, \tag{58a}$$

以及混合张量[①]

$$T_\sigma^\alpha=-\delta_\sigma^\alpha p+g_{\sigma\beta}\frac{dx_\beta}{ds}\frac{dx_\alpha}{ds}\rho. \tag{58b}$$

如果我们把(58b)的右边代入(57a)，那么我们就得到广义相对论的欧勒流体动力学方程。它们在原则上完全解决了运动问题；因为(57a)的四个方程加上 p 和 ρ 之间的已知方程，以及下列方程

---

① 如果一位观察者对于无限小区域使用一个狭义相对论意义上的参照系，并且同它一起运动，那么在他看来，能量密度 T_4^4 等于 $\rho-p$. 这就给出了 ρ 的定义。因此，对不可压缩的流体，ρ 不是常数。——原注

$$g_{\alpha\beta}\frac{dx_\alpha}{ds}\frac{dx_\beta}{ds}=1,$$

在 $g_{\alpha\beta}$是已知时，就足以确定 6 个未知数

$$p,\rho,\frac{dx_1}{ds},\frac{dx_2}{ds},\frac{dx_3}{ds},\frac{dx_4}{ds}.$$

如果 $g_{\mu\nu}$ 也是未知的，那么还得引用方程(53)。这是确定 10 个函数 $g_{\mu\nu}$ 的 11 个方程，所以这些函数好像是被过分确定了。然而应当注意到，方程(57a)已经包含在方程(53)里面了，所以后者只代表 7 个独立的方程。这种不确定性的充分理由就在于对坐标选取有着广泛的自由，而这就必然使得这问题在数学上保持了这样的不确定程度，以致使空间函数中有三个是可以任意选取的。①

§20. 麦克斯韦的真空电磁场方程

设 φ_γ 是一个协变四元矢量——电磁势四元矢量——的各个分量。根据(36)，我们可由它们按照下列方程组

(59) $$F_{\rho\sigma}=\frac{\partial\varphi_\rho}{\partial x_\sigma}-\frac{\partial\varphi_\sigma}{\partial x_\rho}$$

构成电磁场协变六元矢量的分量 $F_{\rho\sigma}$. 由(59)得知，方程组

(60) $$\frac{\partial F_{\rho\sigma}}{\partial x_\tau}+\frac{\partial F_{\sigma\tau}}{\partial x_\rho}+\frac{\partial F_{\tau\rho}}{\partial x_\sigma}=0.$$

是满足的，根据(37)，知其左边是一个三秩的反对称张量。因而方程组(60)实质上包含 4 个方程，其形式如下：

---

① 在放弃按照 $g=-1$ 的条件来选取坐标时，就留下四个可自由选择的空间函数，它们相当于我们在选取坐标时可以自由处理的四个任意函数。——原注

(60a)
$$\begin{cases}\dfrac{\partial F_{23}}{\partial x_4}+\dfrac{\partial F_{34}}{\partial x_2}+\dfrac{\partial F_{42}}{\partial x_3}=0,\\ \dfrac{\partial F_{34}}{\partial x_1}+\dfrac{\partial F_{41}}{\partial x_3}+\dfrac{\partial F_{13}}{\partial x_4}=0,\\ \dfrac{\partial F_{41}}{\partial x_2}+\dfrac{\partial F_{12}}{\partial x_4}+\dfrac{\partial F_{24}}{\partial x_1}=0,\\ \dfrac{\partial F_{12}}{\partial x_3}+\dfrac{\partial F_{23}}{\partial x_1}+\dfrac{\partial F_{31}}{\partial x_2}=0.\end{cases}$$

这个方程组对应于麦克斯韦的第二方程组。我们只要置

(61)
$$\begin{cases}F_{23}=\mathfrak{h}_x, & F_{14}=\mathfrak{e}_x,\\ F_{31}=\mathfrak{h}_y, & F_{24}=\mathfrak{e}_y,\\ F_{12}=\mathfrak{h}_z, & F_{34}=\mathfrak{e}_z,\end{cases}$$

就可立即认出这一点。因此我们可用通常的三维矢量分析的写法来代替(60a),写成

(60b)
$$\begin{cases}\dfrac{\partial \mathfrak{h}}{\partial t}+\operatorname{rot}\,\mathfrak{e}=0,\\ \operatorname{div}\,\mathfrak{h}=0.\end{cases}$$

通过推广明可夫斯基所提出的形式,我们得到麦克斯韦的第一方程组。我们引进从属于 $F^{\alpha\beta}$ 的抗变六元矢量

(62)
$$F^{\mu\nu}=g^{\mu\alpha}g^{\nu\beta}F_{\alpha\beta},$$

以及真空电流密度的抗变四元矢量 J^{μ}. 然后,考虑到(40),我们可以列出对于行列式是1(依照我们所选取的坐标)的任意代换都不变的方程组:

(63)
$$\frac{\partial}{\partial x_{\nu}}F^{\mu\nu}=J^{\mu}.$$

因为我们设

$$(64)\qquad \begin{cases} F^{23}=\mathfrak{h}'_x, & F^{14}=-\mathfrak{e}'_x,\\ F^{31}=\mathfrak{h}'_y, & F^{24}=-\mathfrak{e}'_y,\\ F^{12}=\mathfrak{h}'_z, & F^{34}=-\mathfrak{e}'_z, \end{cases}$$

这些量在狭义相对论的特殊情况下等于 $\mathfrak{h}_x,\cdots,\mathfrak{e}_z$ 这些量；此外，又置

$$J^1=\mathfrak{i}_x, J^2=\mathfrak{i}_y, J^3=\mathfrak{i}_z, J^4=\rho,$$

那么代替(63)，我们得到

$$(63a)\qquad \begin{cases} \mathrm{rot}\ \mathfrak{h}'-\dfrac{\partial \mathfrak{e}'}{\partial t}=\mathfrak{i},\\ \mathrm{div}\ \mathfrak{e}'=\rho. \end{cases}$$

根据我们对于坐标选择所作的约定，方程(60)、(62)和(63)因而构成了麦克斯韦的真空场方程的推广。

电磁场的能量分量 我们作内积

$$(65)\qquad \kappa_\sigma=F_{\sigma\mu}J^\mu.$$

依照(61)，它的分量写成如下三维的形式

$$(65a)\qquad \begin{cases} \kappa_1=\rho\mathfrak{e}_x+[\mathfrak{i},\mathfrak{h}]_x,\\ \cdots\\ \cdots\\ \kappa_4=-(\mathfrak{i},\mathfrak{e}). \end{cases}$$

κ_σ 是一个协变四元矢量，它的分量分别等于带电物体每单位时间和单位体积输送给电磁场的负动量或者能量。如果这些带电物体是自由的，也就是说，它们只受到电磁场的影响，那么协变四元矢量 κ_σ 就会等于零。

为要得到电磁场的能量分量 T_σ^ν，我们只要给方程 $\kappa_\sigma=0$ 以方

程(57)的形式。由(63)和(65),就首先得出①

$$\kappa_\sigma = F_{\sigma\mu}\frac{\partial F^{\mu\nu}}{\partial x_\nu} = \frac{\partial}{\partial x_\nu}(F_{\sigma\mu}F^{\mu\nu}) - F^{\mu\nu}\frac{\partial F_{\sigma\mu}}{\partial x_\nu}.$$

右边第二项,按照(60),允许改写成:

$$F^{\mu\nu}\frac{\partial F_{\sigma\mu}}{\partial x_\nu} = -\frac{1}{2}F^{\mu\nu}\frac{\partial F_{\mu\nu}}{\partial x_\sigma} = -\frac{1}{2}g^{\mu\alpha}g^{\nu\beta}F_{\alpha\beta}\frac{\partial F_{\mu\nu}}{\partial x_\sigma},$$

由于对称的缘故,这后一表示式也可写成如下形式,

$$-\frac{1}{4}\left[g^{\mu\alpha}g^{\nu\beta}F_{\alpha\beta}\frac{\partial F_{\mu\nu}}{\partial x_\sigma} + g^{\mu\alpha}g^{\nu\beta}\frac{\partial F_{\alpha\beta}}{\partial x_\sigma}F_{\mu\nu}\right].$$

但这可以写成

$$-\frac{1}{4}\frac{\partial}{\partial x_\sigma}(g^{\mu\alpha}g^{\nu\beta}F_{\alpha\beta}F_{\mu\nu}) + \frac{1}{4}F_{\alpha\beta}F_{\mu\nu}\frac{\partial}{\partial x_\sigma}(g^{\mu\alpha}g^{\nu\beta}).$$

其中第一项可写成如下较简短的形式

$$-\frac{1}{4}\frac{\partial}{\partial x_\sigma}(F^{\mu\nu}F_{\mu\nu}),$$

第二项经过微分,并作一些改写以后,得出②

$$-\frac{1}{2}F^{\mu\tau}F_{\mu\nu}g^{\nu\rho}\frac{\partial g_{\sigma\tau}}{\partial x_\sigma}.$$

如果我们把所有算出的三项合起来,那么我们就得到如下关系

(66) $$\kappa_\sigma = \frac{\partial T_\sigma^\nu}{\partial x_\nu} - \frac{1}{2}g^{\tau\mu}\frac{\partial g_{\mu\nu}}{\partial x_\sigma}T_\tau^\nu,$$

此处

(66a) $$T_\sigma^\nu = -F_{\sigma\alpha}F^{\nu\alpha} + \frac{1}{4}\delta_\sigma^\nu F_{\alpha\beta}F^{\alpha\beta}.$$

① 下式中最后一项中的 $F^{\mu\nu}$ 原文误为 $F^{\mu\rho}$。——编译者

② 下式原文如此,其中 $\frac{\partial g_{\sigma\tau}}{\partial x_\sigma}$ 似系 $\frac{\partial g_{\rho\tau}}{\partial x_\sigma}$ 之误。——编译者

由于(30)，对于$\kappa_\sigma=0$，方程(66)相当于(57)或者(57a)。因此T_σ^ν是电磁场的能量分量。借助于(61)和(64)，我们不难证明，在狭义相对论的情况下，电磁场的这些能量分量就给出了著名的麦克斯韦-坡印廷表示式。

由于我们始终使用那种使$\sqrt{-g}=1$的坐标系，我们现在导出了引力场和物质所遵循的最普遍规律。我们由此可以使公式和计算大大简化，而我们用不着放弃广义协变的要求；因为我们是从广义协变方程中通过坐标的特殊规定而得出我们的方程的。

在引力场和物质的能量分量的相应推广了的定义下，而又不要对坐标系作特殊规定，是不是具有方程(56)这样形式的守恒定律，以及方程(52)或者(52a)那样的关于引力的场方程(其左边是一个散度(在通常的意义上)，右边是物质和引力的各个能量分量之和)都成立，这个问题也还不是没有形式上的兴趣的。我发觉这两者实际上正是这样情况。可是我认为不值得把我对这个问题的颇为广泛的考虑讲出来，因为从中毕竟没有得到什么实质性的新东西。

E

§21. 牛顿理论作为第一级近似

曾经不只一次地提到过，狭义相对论作为广义理论的一个特例，是由$g_{\mu\nu}$具有常数值(4)来表征的。按照前面所已讲过的，这意味着完全略去引力作用。当我们考虑到$g_{\mu\nu}$同(4)的值相差只是些微量(同1相比)的情况，并且略去第二级和更高级的微量，我们就得到一个比较接近于实在的近似。(第一种近似观点。)

另外要假定,在所考查的时空领域里,对于适当选取的坐标,$g_{\mu\nu}$在空间无限远处趋近于(4)的值;那就是说,我们所考查的引力场,可以认为是单单由有限区域里的物质所产生的。

我们可以设想,这些微量的略去,必定引导到牛顿的理论。但要达到这个目的,我们还需要按照第二种观点来近似地处理基本方程。我们考查一个遵照方程(46)的质点运动。在狭义相对论的情况下,这些分量

$$\frac{dx_1}{ds},\frac{dx_2}{ds},\frac{dx_3}{ds}$$

可以取任何值;这就表明任何小于真空中光速的速度($v<1$)

$$v=\sqrt{\left(\frac{dx_1}{dx_4}\right)^2+\left(\frac{dx_2}{dx_4}\right)^2+\left(\frac{dx_3}{dx_4}\right)^2}$$

都可出现。如果我们限于那种几乎唯一能为经验所提供的情况,即 v 要比光速小得多的情况,那么这就表示,这些分量

$$\frac{dx_1}{ds},\frac{dx_2}{ds},\frac{dx_3}{ds}$$

是当作微量来处理的,而 dx_4/ds 在准确到第二级微量时都等于1.(第二种近似观点。)

现在我们注意到,根据第一种近似观点,所有 $\Gamma_{\mu\nu}^{\tau}$ 这些量至少都是第一级的微量。所以看一下(46)就可明白,根据第二种近似观点,在这方程中,我们只要考虑那些 $\mu=\nu=4$ 的项就行了。在限于那些最低阶的项时,我们首先得到代替(46)的方程是

$$\frac{d^2x_\tau}{dt^2}=\Gamma_{44}^{\tau},$$

此处我们已使 $ds=dx_4=dt$，或者在限于那些按照第一种近似观点看来是第一阶的项：

$$\frac{d^2x_\tau}{dt^2}=\begin{bmatrix}44\\ \tau\end{bmatrix}\qquad(\tau=1,2,3),$$

$$\frac{d^2x_4}{dt^2}=-\begin{bmatrix}44\\ 4\end{bmatrix}.$$

如果我们还假设引力场是准静态的（*quasi-statisch*）场，也就是使我们只限于产生引力场的物质只是缓慢地（同光的传播速度相比）运动着的那种情况，那么，在同那些关于位置坐标的导数作比较时，我们就可以在右边略去关于时间的导数，由此我们得到

$$\text{(67)}\qquad \frac{d^2x_\tau}{dt^2}=-\frac{1}{2}\frac{\partial g_{44}}{\partial x_\tau}\qquad(\tau=1,2,3).$$

这就是遵照牛顿理论的质点运动方程，在这里，$g_{44}/2$ 起着引力势的作用。在这结果里值得注意的是，在第一级近似中，只有基本张量的分量 g_{44} 单独决定着质点的运动。

我们现在转到场方程(53)。这里我们必须考虑到，“物质”的能量张量几乎完全是由狭义的物质的密度 ρ 来决定的，也就是说是由(58)（或者分别由(58a)或(58b)）右边的第二项来决定的。如果我们作了我们感兴趣的近似，那么除了一个分量 $T_{44}=\rho=T$ 之外，其余一切分量都等于零。(53)左边的第二项是第二级的微量；在我们所感兴趣的近似中，第一项给出了

$$+\frac{\partial}{\partial x_1}\begin{bmatrix}\mu\nu\\ 1\end{bmatrix}+\frac{\partial}{\partial x_2}\begin{bmatrix}\mu\nu\\ 2\end{bmatrix}+\frac{\partial}{\partial x_3}\begin{bmatrix}\mu\nu\\ 3\end{bmatrix}-\frac{\partial}{\partial x_4}\begin{bmatrix}\mu\nu\\ 4\end{bmatrix}.$$

对于 $\mu=\nu=4$，略去关于时间微分的那些项，就得出

$$-\frac{1}{2}\left(\frac{\partial^2 g_{44}}{\partial x_1^2}+\frac{\partial^2 g_{44}}{\partial x_2^2}+\frac{\partial^2 g_{44}}{\partial x_3^2}\right)=-\frac{1}{2}\Delta g_{44}.$$

(53)的最后一个方程因而给出

(68) $$\Delta g_{44}=\kappa\rho.$$

(67)和(68)这些方程合起来,相就当于牛顿的引力定律。

由(67)和(68),引力势的表示式就成为

(68a) $$-\frac{\kappa}{8\pi}\int\frac{\rho d\tau}{r},$$

而对我们所选取的时间单位,由牛顿理论得出

$$-\frac{K}{c^2}\int\frac{\rho d\tau}{r},$$

这里的 K 代表常数 $6,7\cdot10^{-8}$,通常叫做引力常数。通过比较,得出

(69) $$\kappa=\frac{8\pi K}{c^2}=1,87\cdot10^{-27}.$$

§22. 静引力场中量杆和时钟的性状　光线的弯曲 行星轨道近日点的运动

为要得到作为第一级近似的牛顿理论,我们只需要算出引力势 10 个分量 $g_{\mu\nu}$ 中的一个分量 g_{44},因为唯有这个分量才进入引力场中质点运动方程(67)的第一级近似。同时由此我们已可看出,$g_{\mu\nu}$ 的其他分量还必须同(4)所给出的值在第一级近似下有所偏离,而后者是条件 $g=-1$ 所要求的。

对于一个位于坐标系原点上产生着场的质点,就第一级近似来说,我们得到径向对称解:

(70) $$\begin{cases} g_{\rho\sigma}=-\delta_{\rho\sigma}-\alpha\frac{x_\rho x_\sigma}{r^3} & (\rho\text{ 和 }\sigma\text{ 在 1 和 3 之间});\\ g_{\rho4}=g_{4\rho}=0 & (\rho\text{ 在 1 和 3 之间});\\ g_{44}=1-\frac{\alpha}{r}; \end{cases}$$

此处的 $\delta_{\rho\sigma}$ 是 1 或者 0，分别取决于 $\rho=\sigma$ 还是 $\rho\neq\sigma$；r 是下面的量

$$+\sqrt{x_1^2+x_2^2+x_3^2}.$$

这里由于(68a)，而得到

$$\alpha=\frac{\kappa M}{4\pi}, \tag{70a}$$

只要 M 是表示产生场的质量。不难证明，就第一级近似而论，这个解满足了(在这质点外面的)场方程。

我们现在来考查质量 M 的场对于空间的度规性质所产生的影响。在以"局部"坐标系(§4)所量得的长度和时间 ds 作为一方，以坐标差 dx_ν 作为另一方，两者之间总是存在着如下的关系

$$ds^2=g_{\mu\nu}dx_\mu dx_\nu.$$

比如，对于一根同 x 轴"平行"放着的单位量杆，我们必须使

$$ds^2=-1;\quad dx_2=dx_3=dx_4=0,$$

由此，

$$-1=g_{11}dx_1^2.$$

如果加上单位量杆是在 x 轴上的，那么(70)的第一个方程就得出

$$g_{11}=-\left(1+\frac{\alpha}{r}\right).$$

由这两关系在准确到第一级近似中得出

$$dx_1=1-\frac{\alpha}{2r}. \tag{71}$$

如果这根单位量杆是沿半径放着，由于引力场的存在，这根单位量杆对于坐标系来说，就好像要缩短前面所求得的一定数值。

以类似的方式，比如，如果我们置

$$ds^2=-1;\quad dx_1=dx_3=dx_4=0;\quad x_1=r,x_2=x_3=0,$$

我们就得到切线方向上它的坐标长度。其结果是

(71a) $$-1=g_{22}dx_2^2=-dx_2^2.$$

因此，在切线位置上，这质点的引力场对杆的长度没有影响。

如果我们不管杆的位置和取向，都要认为同一根杆总是体现为同一间距，那么在引力场中，即使就第一级近似来说，欧几里得几何也就不再成立。尽管如此，但看一下(70a)和(69)就可明白，所期望的这种偏差实在是太小了，以致不是地面上的量度所能觉察得到的。

进一步，让我们来考查一只静止地放在静引力场中的单位钟走得快慢。这里，对于一个钟周期来说，

$$ds=1;\quad dx_1=dx_2=dx_3=0.$$

因此 $$1=g_{44}dx_4^2;$$

$$dx_4=\frac{1}{\sqrt{g_{44}}}=\frac{1}{\sqrt{1+(g_{44}-1)}}=1-\frac{g_{44}-1}{2},$$

或者

(72) $$dx_4=1+\frac{\kappa}{8\pi}\int\rho\frac{d\tau}{r}.$$

所以，如果钟是放在有重物体的近旁，它就要走得慢些。由此可知：从巨大星球表面射到我们这里的光的谱线，必定显得要向光谱的红端移动。①

我们进一步来考查光线在静引力场中的路程。根据狭义相对论，光速是由方程

① 根据弗罗因德里希(E. Freundlich)，对于某些类型恒星的光谱观察，表明这种效应是存在的，但还没有对这结论做过有决定性的核验。——原注

$$-dx_1^2-dx_2^2-dx_3^2+dx_4^2=0$$

得出的，所以根据广义相对论，它也该由方程

(73) $$ds^2=g_{\mu\nu}dx_\mu dx_\nu=0$$

得出。如果方向已知，即 $dx_1:dx_2:dx_3$ 这比率是已知的，那么方程(73)就给出

$$\frac{dx_1}{dx_4},\frac{dx_2}{dx_4},\frac{dx_3}{dx_4}$$

这些量，从而也给出了欧几里得几何的意义上所定义的速度

$$\sqrt{\left(\frac{dx_1}{dx_4}\right)^2+\left(\frac{dx_2}{dx_4}\right)^2+\left(\frac{dx_3}{dx_4}\right)^2}=\gamma.$$

我们不难看出，如果 $g_{\mu\nu}$ 不是常数，光线的路程从这坐标系看来必定是弯曲的。如果 n 是垂直于光传播的方向，那么惠更斯原理表明，光线(在(γ,n)平面中看来)具有曲率$-\partial\gamma/\partial n$.

我们考查这样一道光线所经历的曲率，它射过质量 M 近旁，相隔距离为 Δ. 如果我们照着附图来选定坐标系，那么光线的总弯

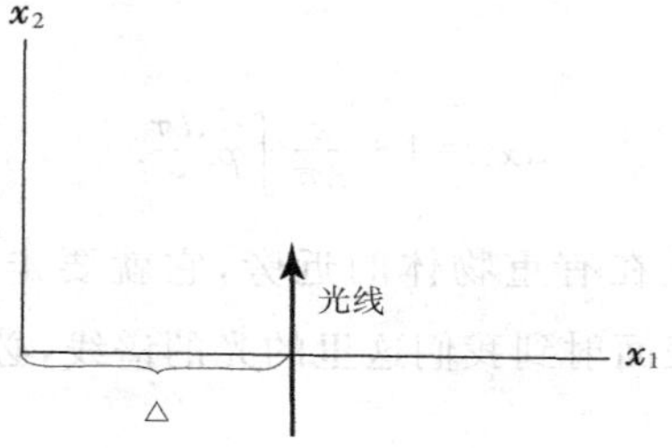

曲 B(如果凹向原点，算出来是正的)在足够的近似程度内，可由

$$B=\int_{-\infty}^{+\infty}\frac{\partial\gamma}{\partial x_1}dx_2$$

得出，而(73)和(70)给出

$$\gamma=\sqrt{-\frac{g_{44}}{g_{22}}}=1-\frac{\alpha}{2r}\left(1+\frac{x_2^2}{r^2}\right).$$

计算给出

(74) $$B=\frac{2\alpha}{\Delta}=\frac{\kappa M}{2\pi\Delta}.$$

据此，光线经过太阳，要受到 1,7″的弯曲；光线经过木星大约要受到 0,02″的弯曲。

如果我们把引力场计算到更高级的近似，并且也同样以相应的准确度来计算一个具有相对无限小质量的质点的轨道运动，那么我们就可得到下面形式的一种对开普勒-牛顿行星运动定律的偏差。行星的轨道椭圆在轨道运动的方向上经受一种缓慢的转动，这种转动的量值是，每一公转

(75) $$\varepsilon=24\pi^3\frac{a^2}{T^2c^2(1-e^2)}.$$

在这公式中，a 表示长半轴，c 表示通常量度中得到的光速，e 表示偏心率，T 是以秒来计量的公转时间。①

关于水星，计算得出每一百年轨道转动 43″，这完全符合天文学家的观测（勒未里埃）；他们已经发现，由其他行星的摄动所无法说明的这个行星的近日点运动的剩余部分，正是上述这个量。

---

① 在计算方面，我参考下列原始论文：A. 爱因斯坦，《普鲁士科学院会议报告》(*Sitzungsber. d. preuss. Akad. d. Wiss.*)1915 年，831 页〔见本书 315—325 页。——编译者〕；施瓦兹希耳德(K. Schwarzschild)，同上刊物，1916 年，189 页。——原注

关于辐射的量子理论①

热辐射的波长分布曲线同麦克斯韦的速度分布定律之间的形式上的类似是非常明显的，所以它不可能长期不被发现。事实上，W. 维恩（Wien）早在他推导出他的位移定律

$$\rho = \nu^3 f\left(\frac{\nu}{T}\right) \tag{1}$$

的重要理论著作中，根据这种类似性，就已得出了有深远意义的关于辐射公式的定义。如所周知，他在这方面发现了下列公式：

$$\rho = \alpha \nu^3 e^{-\frac{h\nu}{\kappa T}}, \tag{2}$$

这个公式对于大的 $\frac{\nu}{T}$ 值，作为极限定律，至今仍被认为是正确的（维恩辐射公式）。今天，我们知道，没有一种以古典力学和电动力学为根据的研究能够得到适用的辐射公式，而古典理论必然得出瑞利（Rayleigh）公式

---

① 这篇论文最初发表在1916年出版的《苏黎世物理学会会报》（*Mitteilung der physikalischen Gesellschaft Zürich*），18卷，47—62页；后又发表在莱比锡《物理学的期刊》（*Physikalishe Zeitschrift*），18卷（1917年），121—128页。这里译自1917年的《物理学的期刊》。

此文总结了量子论的成就，并指出其基本弱点，对以后量子力学的建立有启发作用。文中第一次提出了受激辐射理论，这是六十年代蓬勃成长起来的激光技术的理论基础。——编译者

$$\rho=\frac{\kappa\alpha}{h}\nu^2 T. \quad (3)$$

只有当普朗克根据不连续的能量元素的假设，才在他的奠基性的研究中建立了他的辐射公式

$$\rho=\alpha\nu^3\frac{1}{e^{\frac{h\nu}{\kappa T}}-1}, \quad (4)$$

由此出发，量子论很快地发展起来了，而那个导出等式(2)的维恩的考虑，很自然地又被人们遗忘了。

不久以前，我应用维恩的最初的研究，①根据量子论的基本假设，推导出普朗克的辐射公式，在那里，利用了麦克斯韦曲线和波长分布曲线的关系。这个推导引起了人们的注意，这不仅是由于它的简单性，而特别是在于它对于我们还是如此模糊不清的物质发射和吸收辐射的过程似乎作了一些阐明。在我作出了从量子论观点看来是容易理解的关于分子发射和吸收辐射的若干假说的同时，我指出，在温度平衡的情况下，具有按照量子论分布的状态的分子同普朗克辐射处于动态平衡；这样，利用普朗克公式(4)就得到了一种异常简单和一般的方法。它是从这样一个条件出发求得的，这个条件就是：量子论所要求的分子内能的状态分布，应当仅仅由辐射的发射和吸收来决定。

然而，如果关于辐射同物质的相互作用所作的假说是正确的，那么它们应当比分子内能的正确统计分布提供更多的东西。这就

① A. 爱因斯坦，《德国物理学会会议录》(*Verh. d. deutschen physikal. Gesellschaft*)，第 13/14 期，1916 年，318 页。在这里的研究中，重复了该论文所作的考虑。——原注

是说，在辐射的吸收和发射过程中还发生了对分子的冲量传递；这导致如下的结果：通过单纯的辐射同分子的相互作用，分子形成了确定的速度分布。显然，它必然同分子之间只有相互碰撞这种相互作用时的那种分子速度分布完全一样；也就是说，它必定同麦克斯韦分布相符合。必须要求，在温度为 T 的普朗克辐射场中的一个分子(每一个自由度)所具有的平均动能等于$\frac{\kappa T}{2}$；这个要求必须得到满足，而不管所考查的分子的性质以及这些分子所吸收和发射的辐射频率是怎样的。在这篇论文中，我们要指出，这个广泛的要求实际上十分普遍地得到满足；从而我们关于发射和吸收的基元过程的简单假说获得了新的支持。

为了得到上述结果，应当对前面作为基础的仅仅同能量交换有关的假说作某些补充。发生了这样一个问题：当分子吸收或发射能量 ε 时，它是否受到冲击？作为例子，让我们用古典电动力学的观点来考查自发辐射。当一个物体辐射出能量 ε，如果整个辐射能量 ε 是朝着同一个方向发射的，那么这个物体就受到一个反冲(冲量)ε/c. 可是，如果自发辐射是一个空间上对称的过程，比如是一个球面波，那么，根本不可能有什么反冲。这种二中择一的情况，在辐射的量子论中也起着作用。如果一个分子，从一个在量子论看来是可能的状态转变到另一个状态，吸收了一个取辐射形态的能量 ε，或者放出了一个取辐射形态的能量 ε，那么，这种基元过程就会要么是部分地或者完全地空间上有方向的，要么也可能是空间上对称的(没有方向的)。**看来，只有当我们把那些基元过程看作是完全有方向的过程，我们才能够得到一个贯彻一致的理论；**

在这里包含了下面的讨论的基本结论。

§1. 量子论的基本假说　正则状态分布

根据量子论的观点，确定的一类分子，如果不考虑它的转动和平移运动，可以仅仅处于这样一系列互不连续的状态 $Z_1, Z_2, \cdots, Z_n, \cdots$，这些状态的分子(内)能是 $\varepsilon_1, \varepsilon_2, \cdots, \varepsilon_n, \cdots$ 如果这类分子是属于温度为 T 的气体，那么，单位时间内出现状态 Z_n 的相应次数 W_n. 可由统计力学关于正则的状态分布的公式

$$W_n = p_n e^{-\frac{\varepsilon_n}{\kappa T}} \tag{5}$$

得出。在这公式中，$\kappa=\frac{R}{N}$，即著名的玻耳兹曼常数，P_n 是同 T 无关的关于分子和第 n 个量子态的特性常数，它可以表示为这个状态的统计“权重”。这个公式可以从玻耳兹曼原理或单用热力学方法推导出来。公式(5)是麦克斯韦速度分布定律的最广泛的概括性的表示。

量子论的最近的有原则意义的进展，是关于量子论的可能状态 Z_n 及其权重 p_n 的理论发现。至于这里的原则性研究，并不需要更详尽地确定量子状态。

§2. 关于通过辐射而发生的能量交换的假说

Z_n 和 Z_m 是气体分子的两个在量子论意义上可能的状态，它们的能量 ε_n 和 ε_m 满足不等式

$$\varepsilon_m > \varepsilon_n.$$

分子可以从状态 Z_n 跃迁到状态 Z_m，同时吸收能量 $\varepsilon_m-\varepsilon_n$；分子同样可以从状态 Z_m 跃迁到状态 Z_n，同时放出辐射能量。分子在这种情况下吸收或放出的辐射具有同所考查的组合指数(m,n)有关的特性频率。

在支配这些跃迁的规律之外，我们又引进一些假说，只要把关于普朗克谐振子的古典理论的已知关系式变换为未知的量子论公式，就能够得到这些假说。

a)自发辐射。众所周知，根据赫兹的理论，一个振荡着的普朗克谐振子辐射的能量，同它是否受外面场的激发无关。这对应于一个分子能够从状态 Z_m 跃迁到 Z_n，发射出频率为 μ 的辐射能量 $\varepsilon_m-\varepsilon_n$，而不用受到外界因素的激发。这种跃迁在时间间隔 dt 内发生的几率是

$$dW=A_m^n dt, \tag{A}$$

这里 A_m^n 表示关于所考察的组合指数的特性常数。

上述统计定律适合于这样一种放射性反应，假设在这种反应的基元过程中仅仅发射 γ 射线。没有必要假设这种过程不需要时间；只是这个时间比起分子处于 Z_1 等等状态的时间来，必须小到可以忽略不计。

b)受激辐射。如果在辐射场中有一普朗克谐振子，由于辐射的电磁场对谐振子作了功，从而改变了谐振子的能量；这个功根据谐振子的相和振荡场的相之间的关系而表现为正或为负。与此相对应，我们可以引进下列量子论假说。在具有频率 ν 的辐射密度 ρ 的作用下，一个分子可以从状态 Z_n 跃迁到 Z_m，在这过程中分子吸收能量 $\varepsilon_m-\varepsilon_n$，根据几率定律，

$$dW = B_n^m \rho dt. \tag{B}$$

在辐射作用下，分子从状态 Z_m 跃迁到 Z_n 同样也是可能的，在这过程中，辐射能量 $\varepsilon_m - \varepsilon_n$ 被释放出来，根据几率定律，

$$dW = B_m^n \rho dt. \tag{B'}$$

B_n^m 和 B_m^n 都是常数。这两种过程称为“激发辐射作用下的状态变化”。

现在要问，在所考查的状态变化过程中给予分子的是怎样一个冲量。我们从受激辐射过程开始。让一辐射束从一确定方向作功于一个普朗克谐振子，从而这个辐射束丧失了相应的能量。根据冲量公式，对应于能量转移，冲量也从辐射束转移到谐振子上去。于是，后者在辐射束的辐射方向上受到一个作用力。如果转移的能量是负的，那么，给予谐振子的作用力也是沿着相反方向。显然，在量子假说的情况下，其意义如下。如果由于辐射束照射的结果，由于激发辐射，发生了 $Z_n \to Z_m$ 的跃迁过程，那么在辐射束传播的方向上，传递给分子的冲量为 $\frac{\varepsilon_m - \varepsilon_n}{c}$. 在受激辐射过程 $Z_m \to Z_n$ 的跃迁过程中，传递给分子的冲量的大小是一样的，但是方向相反。对于分子同时受到较多辐射束作用的情况，我们假设，整个能量 $\varepsilon_m - \varepsilon_n$ 是从这些辐射束中的**一束**中减去或者增加，因此，在这种情况下，传递给分子的冲量仍然是 $\frac{\varepsilon_m - \varepsilon_n}{c}$.

在由于自发辐射而产生的能量损失过程中，在普朗克谐振子的情况下，整个说来，没有冲量传递给谐振子，因为按照古典理论，自发辐射产生的是球面波。可是，前面已经指出，只有当我们假

设，自发辐射过程也是一个有方向的过程，我们才能够得到一个贯彻一致的量子理论。在自发辐射($Z_m \rightarrow Z_n$)的每一个基元过程中，分子都得到一个大小为$\frac{\varepsilon_m - \varepsilon_n}{c}$的冲量。如果分子是各向同性的，那么我们应当认为所有自发辐射的方向都有同样的几率。如果分子不是各向同性的，我们也可以得到同样的结论，只要在时间过程中分子是按照机遇律转换着方向的。其实，关于受激辐射的统计定律(B)和(B')也必须作同样的假设，要不然常数 B_n^m 和 B_m^n 就必然同方向有关，可是我们却可以通过这种各向同性或者准各向同性(通过取时间平均值的方法)的假设来避免这一点。

§3. 普朗克辐射定律的推导

现在我们要推算那个有效能量密度 ρ，它必须使辐射同分子之间的能量交换按照统计律(A)，(B)和(B')那样来进行，而又不破坏满足等式(5)的分子状态分布。为此，必要和充分的条件是：在每一个单位时间内，(B)类基元过程的平均发生次数，应用等于(A)和(B')两类的次数之和。根据(5)，(A)，(B)，(B')，这个条件给出了对应于组合指数(m，n)的基元过程的等式：

$$p_n e^{-\frac{\varepsilon_n}{kT}} B_n^m \rho = p_m e^{-\frac{\varepsilon_m}{kT}} (B_m^n \rho + A_m^n).$$

此外，如果我们允许 ρ 必须随着 T 的无限增大而无限增大，那么，在常数 B_n^m 和 B_m^n 之间必定有下列关系成立：

$$p_n B_n^m = p_m B_m^n. \tag{6}$$

但是，作为动态平衡的条件，我们从上述等式得出：

$$\rho=-\frac{\frac{A_m^n}{B_m^n}}{e^{\frac{\varepsilon_m-\varepsilon_n}{KT}}-1}. \tag{7}$$

这就是以普朗克定律为根据的辐射对温度的相依关系。从维恩位移定律(1),立即得到:

$$\frac{A_m^n}{B_m^n}=\alpha\nu^3 \tag{8}$$

和

$$\varepsilon_m-\varepsilon_n=h\nu, \tag{9}$$

这里 α 和 h 都是普适常数。为了求得常数 α 的值,必须有一个电动力学过程和力学过程的精确理论;这里我们暂时只需要考虑高温时瑞利的极限情形,对于这种情况,古典理论在极限范围内是有效的。

如所周知,方程(9)构成了玻尔(Bohr)光谱理论的第二个基本规则,这个规则在索末菲(Sommerfeld)和埃普斯坦(Epstein)把它完善化之后,已经可以认为,它是我们科学的稳固的基础。如同我曾经指出过的,它也隐含了光化学当量定律。

§4. 辐射场中分子运动的计算方法

现在我们转过来研究分子在辐射的影响下的运动。在这里我们使用这样一种方法,这种方法通过布朗运动的理论已为人们所熟知,并且我已多次用来作关于辐射空间中运动的计算研究。为了简化计算,我们仅仅计算运动只在一个方向(即坐标系的 X 轴方向)上进行的情况。此外,我们还满足于只计算进行着的运动的动能的平均值，而不去证明速度 v 是按照麦克斯韦定律分布的。设分子的质量 M 足够大，那么 $\frac{v}{c}$ 的较高幂相对于较低的幂可以忽略不计；这样，对于这种分子，我们可以应用普通的力学。还有，我们在计算中不需要对问题的普遍性作实际的限制，似乎带有指数 m 和 n 的状态是分子能够采取的唯一状态。

一个分子的冲量 Mv 在很短的时间τ内经历了两种变化。尽管辐射均匀地向一切方向发出，但是，分子由于它自身的运动而受到一个由辐射所引起的同运动方向相反的作用力。这个作用力等于 Rv，其中 R 是将在以后求出的常数。这个力将迫使分子趋向静止，要不是辐射作用的不规则性，在时间τ内给予分子以不断改变着正负号和大小的冲量 Δ；这种不对称的影响同前面所说的作用力相反，它保持一定的分子运动。在所考查的短时间τ的终了，分子的冲量取如下的值：

$$Mv - Rv\tau + \Delta.$$

因为速度分布不应当随时间而变化，因此，上面的量的平均绝对值应当正好等于 Mv〔的平均绝对值〕；在很长的时间间隔内或者对于大量分子数所取两个值的平方的平均值也应当相等：

$$\overline{(Mv - Rv\tau + \Delta)^2} = \overline{(Mv)^2}.$$

因为我们在计算中特别考虑了 v 对分子冲量的系统影响，我们将忽略平均值$\overline{v\Delta}$. 因此，通过展开等式的左边部分，我们得到：

$$\overline{\Delta^2} = 2RM\,\overline{v^2}\,\tau. \tag{10}$$

温度为 T 的辐射同我们这些分子的相互作用，使分子具有的速度平方的平均值$\overline{v^2}$，必须正好等于按照气体分子运动论中的气

体定律温度为 T 时气体分子速度平方的平均值 $\overline{v^2}$. 要不然我们这些分子的存在就会扰乱了温度辐射同任何同样温度的气体之间的热平衡。因此,必然是

$$\frac{\overline{Mv^2}}{2}=\frac{kT}{2}. \tag{11}$$

因此,等式(10)可以写成:

$$\frac{\overline{\Delta^2}}{\tau}=2RkT. \tag{12}$$

今后的研究可以进行如下。利用关于辐射同分子之间相互作用的假设,对于既定的辐射($\rho(\nu)$),可以算出 $\overline{\Delta^2}$ 和 R. 假如 ρ 可按照普朗克公式(4)写成 ν 和 T 的函数,并把所得结果代入(12),这个等式必定同样成立。

§5. 关于 R 的计算

设所考查的一类分子以速度 v 沿着坐标系 K 的 X 轴方向均匀向前运动。让我们求辐射在单位时间内传递给分子的冲量的平均值。为了进行这一计算,我们必须采用一个相对于所考查的分子是静止的坐标系 K' 来描述辐射。这样,我们关于发射和吸收的假说就只用于表述静止的分子了。转移到坐标系 K' 的变换在一些文献中已作了多种推算,特别是在摩森加耳(Mosengeil)的柏林论文中。然而,为了完整起见,我将在这里重述一下简单的考查。

在坐标系 K 中,辐射是各向同性的,这就是说,在辐射方向的一个确定的无限小的立体角 $d\kappa$ 内,在 $d\nu$ 频率范围内的单位体积的辐射是

$$\rho\, d\nu\, \frac{d\kappa}{4\pi},$$

这里 ρ 只同频率 ν 有关，而同方向无关。这里所计算的辐射对应于坐标系 K' 中换算的辐射，它同样是表示在频率范围 $d\nu'$ 和一定的立体角 $d\kappa'$ 内。这个所要计算的辐射的体积密度是

$$\rho'(\nu',\varphi')d\nu'\frac{d\kappa'}{4\pi}. \tag{13'}$$

这样就定义了 ρ'. 它同方向无关，方向是以普通的方式由它同 X' 轴的夹角 φ' 和它在 Y'—Z' 平面上的投影同 Y' 轴的夹角 ψ' 来定义的。这两个角对应于角 φ 和 ψ，它以类似的方式确定了 $d\kappa$ 相对于 K 的方向。

首先，很明显，对于(13)和(13′)之间的变换关系，应当同相应方向的一个平面波的振幅平方 A^2 和 A'^2 有同样的变换规则。因此，取我们所要求的近似值，我们就得到：

$$\frac{\rho'(\nu',\varphi')d\nu' d\kappa'}{\rho(\nu)d\nu\, d\kappa}=1-2\frac{v}{c}\cos\varphi, \tag{14}$$

或者

$$\rho'(\nu',\varphi')=\rho(\nu)\frac{d\nu}{d\nu'}\frac{d\kappa}{d\kappa'}\left(1-2\frac{v}{c}\cos\varphi\right). \tag{14'}$$

还有，在取我们所要求的近似值时，相对论给出有效的公式：

$$\nu'=\nu\left(1-\frac{v}{c}\cos\varphi\right), \tag{15}$$

$$\cos\varphi'=\cos\varphi-\frac{v}{c}+\frac{v}{c}\cos^2\varphi, \tag{16}$$

$$\psi'=\psi. \tag{17}$$

从(15)出发我们得到相应的近似公式

$$\nu=\nu'\left(1+\frac{v}{c}\cos\varphi'\right).$$

因此，在所要求的同样近似程度上，

$$\rho(\nu)=\rho\left(\nu'+\frac{v}{c}\nu'\cos\varphi'\right),$$

或者

$$\rho(\nu)=\rho(\nu')+\frac{\partial\rho}{\partial\nu}(\nu')\frac{v}{c}\nu'\cos\varphi'. \tag{18}$$

进一步，根据(15)，(16)和(17)，

$$\frac{d\nu}{d\nu'}=1+\frac{v}{c}\cos\varphi',$$

$$\frac{d\kappa}{d\kappa'}=\frac{\sin\varphi}{\sin\varphi'}\frac{d\varphi}{d\varphi'}\frac{d\psi}{d\psi'}=\frac{d(\cos\varphi)}{d(\cos\varphi')}=1-2\frac{v}{c}\cos\varphi'.$$

由于这两个关系式和(18)式，(14′)可转换为：

$$\rho'(\nu',\varphi')=\left[(\rho)\nu'+\frac{v}{c}\nu'\cos\varphi'\left(\frac{\partial\rho}{\partial\nu}\right)_{\nu'}\right]\left(1-3\frac{v}{c}\cos\varphi'\right). \tag{19}$$

利用(19)式和我们关于分子的自发辐射和受激辐射的假说，我们能够很容易计算出单位时间内传递给分子的冲量的平均值。然而，在我们作这个计算之前，我们还必须约略谈一下所用的研究方法的正确性。人们可能反对，因为等式(14)，(15)，(16)是以那个同量子论不相一致的麦克斯韦的电磁场理论为根据的。可是，这种反对主要是从形式上看问题，并没有看到事物的本质。确实，不管电磁过程理论还可能采取什么形式，多普勒原理和光行差定律在任何情况下都保持不变，因此等式(15)，(16)也将保持不变。还有，能量关系(14)的适用范围超过波动理论的适用范围；比如，按照相对论，这个变换规则对于一个以(准)光速相对于无限小的

静止能量密度运动的物体的能量密度也是适用的。因此，等式(19)对于任何一种辐射理论都可以认为是正确的。

根据(B)，在立体角 $d\kappa$ 内的辐射，应当每秒发生

$$B_n^m\rho'(\nu',\varphi')\frac{d\kappa'}{4\pi}$$

次 $Z_n\rightarrow Z_m$ 类型的受激辐射的基元过程，只要分子是在每一次这样的基元过程之后立即又回到状态 Z_n. 可是，实际上每秒钟停留在 Z_n 的时间，按照(5)式，应等于

$$\frac{1}{S}p_n e^{-\frac{\varepsilon_n}{kT}},$$

这里，为了简便起见，我们设

$$S=p_n e^{-\frac{\varepsilon_n}{kT}}+p_m e^{-\frac{\varepsilon_n}{kT}}, \tag{20}$$

因此，实际上这种过程每秒发生的总次数为

$$\frac{1}{S}p_n e^{-\frac{\varepsilon_n}{kT}}B_n^m\rho'(\nu',\varphi')\frac{dk'}{4\pi}.$$

在每一次这样的基元过程中，会在正 X 轴方向上传递给原子①以冲量

$$\frac{\varepsilon_m-\varepsilon_n}{c}\cos\varphi'.$$

用类似的方法，根据(B)，我们求得，受激辐射每秒钟从 $Z_m\rightarrow Z_n$ 类型的基元过程的相应次数为

① 原文如此，但从上下文看来，此处“原子”该是“分子”。——编译者

$$\frac{1}{S}p_m e^{-\frac{\varepsilon_m}{kT}} B_m^n \rho'(\nu',\varphi')\frac{d\kappa'}{4\pi},$$

而在每一次这样的基元过程中传给分子以冲量

$$-\frac{\varepsilon_m-\varepsilon_n}{c}\cos\varphi'.$$

因此，考虑到(6)和(9)，在每个单位时间内通过受激辐射给予分子的总冲量等于：①

$$\frac{h\nu'}{cS}p_n B_n^m\left(e^{-\frac{\varepsilon_n}{kT}}-e^{-\frac{\varepsilon_m}{kT}}\right)\int\rho'(\nu',\varphi')\cos\varphi\frac{d\kappa'}{4\pi},$$

这里积分是对于整个立体角进行的。根据(19)，通过积分，上式给出如下的值：

$$-\frac{h\nu}{c^2S}\left(\rho-\frac{1}{3}\nu\frac{\partial\rho}{\partial\nu}\right)p_n B_n^m\left(e^{-\frac{\varepsilon_n}{kT}}-e^{-\frac{\varepsilon_m}{kT}}\right)v.$$

这里，有效频率又是用 ν 来表示(代替 ν')的。

但是，这个表示式描述每个单位时间内传递给一个以速度 v 运动的分子的整个冲量的平均值。确实，很明显，不是由激发辐射引起的自发辐射的基元过程，从坐标系 K' 来考查，没有哪一个方向是处于优势地位的，因此，当取平均值时，不可能传递给分子以冲量。因此，作为我们考查的最终结果，我们得到：

$$R=\frac{h\nu}{c^2S}\left(\rho-\frac{1}{3}\nu\frac{\partial\rho}{\partial\nu}\right)p_n B_n^m e^{-\frac{\varepsilon_n}{kT}}\left(1-e^{-\frac{h\nu}{kT}}\right). \tag{21}$$

§6. 关于$\overline{\Delta^2}$的计算

计算基元过程的不规则性对分子的力学行为的影响，那就简

① 下式积分内的 $\cos\varphi$ 似系 $\cos\varphi'$ 之误。——编译者

单得多了。因为，在我们一向所要求的近似程度上，可以假设分子是静止的，并以此作为计算的基础。

假设，某种事件产生了这样一种作用，它传递给分子一个 X 轴方向的冲量 λ. 这个冲量在不同的情况下具有不同的方向和不同的值。然而，对于 λ，λ 的平均值为 0 这样的统计律是有效的。现在，设 λ_1，λ_2，…是许多互不相关的作用因子给予分子在 X 轴方向的冲量值，那么，传递给分子的总冲量 Δ 是

$$\Delta=\sum\lambda_\nu.$$

这时，如果对于单个 λ_ν，平均值 $\overline{\lambda_\nu}$ 为 0，那么

$$\overline{\Delta^2}=\sum\overline{\lambda_\nu^2}. \tag{22}$$

如果单个冲量的平均值都个个相等（$=\overline{\lambda^2}$），而 l 是单个冲量的总数，那么，得到如下的关系式：

$$\overline{\Delta^2}=l\,\overline{\lambda^2}. \tag{22a}$$

按照我们的假说，在自发辐射和受激辐射的每一基元过程中，传递给分子的冲量为

$$\lambda=\frac{h\nu}{c}\cos\varphi.$$

这里，φ 表示 X 轴同按照机遇律选择的一个方向之间的夹角。由此得出：

$$\overline{\lambda^2}=\frac{1}{3}\left(\frac{h\nu}{c}\right)^2. \tag{23}$$

因为，我们同意，所有发生的基元过程都应当理解为互不相关的结果，所以我们应当应用（22a）。而 l 是在时间 τ 内发生的基元过程的总数。这是时间 τ 内 $Z_n\rightarrow Z_m$ 的受激辐射过程的数目的两

倍。因此

$$l=\frac{2}{S}p_nB_n^me^{-\frac{\varepsilon_n}{kT}}\rho\tau. \tag{24}$$

从(23),(24)和(22)得到

$$\frac{\overline{\Delta^2}}{\tau}=\frac{2}{3S}\left(\frac{h\nu}{c}\right)^2p_nB_n^me^{-\frac{\varepsilon_n}{kT}}\rho. \tag{25}$$

§7. 结　论

现在为了证明,根据我们关于辐射给予分子冲量的基本假说绝不破坏热力学平衡,我们只需要在(25)和(21)式代入已求得的$\frac{\overline{\Delta^2}}{\tau}$和 R 的值,然后把(21)式中的量

$$\left(\rho-\frac{1}{3}\nu\frac{\partial\rho}{\partial\nu}\right)\left(1-e^{-\frac{h\nu}{kT}}\right)$$

根据(4)式,用$\frac{\rho h\nu}{3kT}$来代替。那么,立刻可以证明,我们的基本等式(12)同样成立。——

刚刚结束的讨论,强有力地支持了§2中所作的关于物质同辐射之间在吸收过程和发射过程以及受激辐射和自发辐射中相互作用的假说。在作这些假说时,我竭力想用尽可能简单的方法来假设分子的量子论行为,设想它类似于古典理论中的普朗克谐振子。从关于物质的一般量子论假设,很容易得出玻尔的第二规则(等式(9)),以及普朗克的辐射公式。

可是,在我看来,最重要的是关于在受激辐射和自发辐射过程中给予分子冲量的结论。倘若我们关于冲量的假设要改变,那么,

它的后果就是等式(12)的破坏;要不以我们的假设为基础而仍可以同热学理论所要求的关系式相协调,看来那是很少有可能的。因此,我们可以认为以下的讨论是相当可靠地证明了。

如果有一辐射束作用于一个它所碰到的分子,分子通过基元过程吸收或释放(受激辐射)取辐射形态的能量 $h\nu$,那么总有冲量 $\frac{h\nu}{c}$ 传递给分子,并且,在能量吸收过程中取辐射束的传播方向,而在能量释放过程中则取相反的方向。如果分子受到一些不同方向的辐射束的作用,那么总是只有一个辐射束参与受激辐射的基元过程;因此,这个辐射束单独确定了传给分子的冲量的方向。

如果分子在没有外界激发的情况下,损失了一个能量 $h\nu$,因为分子以辐射的形式释放能量(自发辐射),所以这个过程还是一个**有方向的**过程。取球面波形式的自发辐射是不存在的。在自发辐射的基元过程中,分子得到一个反冲,其量为 $\frac{h\nu}{c}$,而其方向,按照现代的理论观点,又是"偶然地"确定的。

等式(12)所要求的基元过程的这些特性,似乎不可避免地会导致辐射的真正的量子理论的建立。这个理论的弱点,一方面在于它并不使我们同波动理论有更紧密的联系,而另一方面则在于它容许基元过程的时间和方向都是"偶然的事件";虽然我倾向于完全相信所用方法的可靠性。

然而有必要在这里作一个一般性的评述。几乎所有热辐射理论都有赖于对辐射同分子之间相互作用的考查。不过,一般说来,只要考虑**能量**交换而不必考虑**冲量**交换。很容易理解这是正确的,因为辐射所给予的冲量很小,实际上后者在引起运动的其他因素面前几乎总是退让的。可是，对于**理论**研究来说，应当把那个小的作用和辐射所引起的明显的能量转移完全同等看待，因为能量和冲量总是最紧密地联系在一起的；因此，只有当证明了根据这个理论所得到的辐射传递给物质的冲量所引起的运动，正好是热学理论所要求的那样，这个理论才可以认为是正确的。

根据广义相对论对宇宙学所作的考查①

大家知道，泊松微分方程

(1) $$\Delta\varphi = 4\pi K\rho$$

同质点运动方程结合起来，并不能完全代替牛顿的超距作用理论。还必须加上这样的条件：在空间的无限远处，势 φ 趋向一固定的极限值。在广义相对论的引力论中，存在着类似的情况；在这里，如果我们真的要认为宇宙在空间上是无限扩延的，我们也就必须给微分方程在空间无限远处加上边界条件。

在处理行星问题时，对这些边界条件，我选取了如下假定的形式：可能选取这样一个参照系，使引力势 $g_{\mu\nu}$ 在空间无限远处全都变成常数。但是当我们要考查物理宇宙(*Körperwelt*)的更大部分时，我们是否可以规定这样的边界条件，这绝不是先验地明白的。下面要讲的是我到目前为止对这个原则性的重要问题所作的考虑。

---

① 这篇论文最初发表在《普鲁士科学院会议报告》(*Sitzungsberichte der preussischen Akademie der Wissenschaften*)1917 年，第 1 部，142－152 页。这里译自洛伦兹、爱因斯坦、明可夫斯基论文集《相对性原理》，*Teubner*，1922 年第 4 版，130—139 页。译时曾参考英译本(W. Perrett 和 G. B. Jeffery 译，*Methuen*，1923 年，177—188 页)。——编译者

§1. 牛顿的理论

大家知道，牛顿的边界条件，即 φ 在空间无限远处有一恒定极限，导致了这样的观念：物质密度在无限远处变为零。我们设想，在宇宙空间里可能有这样一个地点（中心），包围着它的物质的引力场在大范围看来是球对称的。于是由泊松方程得知，为了使 φ 在无限处趋于一个极限，平均密度 ρ 当离中心的距离 r 增加时，必须比 $1/r^2$ 更快地趋近于零。[①] 因此，在这个意义上，依照牛顿的理论，宇宙是有限的，尽管它也可以有无限大的总质量。

由此首先得知，天体所发射的辐射，一部分将离开牛顿的宇宙体系向外面辐射出去，消失在无限远处而不起作用。所有天体难道不会有这样的遭遇吗？对这个问题很难有可能给以否定的回答。因此，从 φ 在空间无限远处有一有限的极限这一假定可知，一个具有有限动能的天体是能够克服牛顿的引力而到达空间无限远处的。根据统计力学，这情况必定随时发生，只要星系的总能量足够大，使它传给某一星体的能量大到足以把这颗星送上向无限的旅程，而且从此它就一去不复返了。

我们不妨尝试假定那个极限势在无限远处有一非常高的值，以免除这一特殊的困难。要是引力势的变化过程不必由天体本身来决定，那或许是一条可行的途径。实际上我们却不得不承认，引力场的巨大势差的出现是同事实相矛盾的。实际上这些势差的数

---

① ρ 是物质的平均密度，其所计算的空间，比相邻恒星间的距离要大，但比起整个星系的大小来则要小。——原注

量级必须是如此之低，才能使它们所产生的星体速度不会超过实际观察到的速度。

如果我们把玻耳兹曼的气体分子分布定律用到星体上去，以稳定的热运动中的气体来同星系相对照，我们就会发现牛顿的星系根本不能存在。因为中心和空间无限远处之间的有限势差是同有限的密度比率相对应的。因此，从无限远处密度等于零，就得出中心密度也等于零的结论。

这些困难，在牛顿理论的基础上几乎是无法克服的。我们可以提出这样的问题：是否可以把牛顿理论加以修改从而消除这些困难呢？为了回答这问题，我们首先指出一个本身并不要求严格对待的方法；它只是为了使下面所讲的内容更好地表达出来。我们把泊松方程改写成

(2) $$\Delta\varphi-\lambda\varphi=4\pi K\rho,$$

此处 λ 表示一个普适常数。如果 ρ_0 是质量分布的(均匀)密度，那么

(3) $$\varphi=-\frac{4\pi K}{\lambda}\rho_0$$

是方程(2)的一个解。如果这个密度 ρ_0 等于宇宙空间物质的实际平均密度，这个解就该相当于恒星的物质在空间均匀分布的情况。这个解对应于一个平均地说是均匀地充满物质的空间的无限广延。如果对平均分布密度不作任何改变，而我们设想物质的局部分布是不均匀的，那么在方程(3)的常数的 φ 值之外，还要加上一个附加的 φ，当 $\lambda\varphi$ 比起 $4\pi K\rho$ 来愈小，这个 φ 在较密集的质量邻近就愈像一个牛顿场。

这样构成的一个宇宙，就其引力场来说，该是没有中心的。所以用不着假定在空间无限远处密度应该减少，而只要假定平均势和平均密度一直到无限远处都是不变的就行了。在牛顿理论中所碰到的同统计力学的冲突在这里也就不存在了。具有一个确定的(极小的)密度的物质是平衡的，用不着物质的内力(压力)来维持这种平衡。

§2. 符合广义相对论的边界条件

下面我要引导读者走上我自己曾经走过的一条有点崎岖和曲折的道路，因为只有这样我才能希望他对最后的结果会感兴趣。我所得到的见解是，为了在广义相对论基础上避免在上节中对牛顿理论所阐述过的那些原则性困难，至今一直为我所维护的引力的场方程还要稍加修改。这个修改完全对应于前一节中从泊松方程(1)到方程(2)的过渡。于是最后得出，在空间无限远处的边界条件完全消失了，因为宇宙连续区，就它的空间的广延来说，可以理解为一个具有有限空间(三维的)体积的自身闭合的连续区。

关于在空间无限远处设置边界条件，我直到最近所持的意见是以下面的考虑为根据的。在一个贯彻一致的相对论中，不可能有**相对于"空间"的**惯性，而只有物体**相互的**惯性。因此，如果我使一个物体距离宇宙中别的一切物体在空间上都足够远，那么它的惯性必定减到零。我们试图用数学来表示这个条件。

根据广义相对论，(负)动量①由乘以$\sqrt{-g}$的协变张量的前三

① 这里的"动量"在德文原文中都是"冲量"。——编译者

个分量来定出，能量则由乘以$\sqrt{-g}$的协变张量的最后一个分量来定出：

$$m\sqrt{-g}\,g_{\mu\alpha}\frac{dx_\alpha}{ds}, \tag{4}$$

像通常一样，此处我们置

$$ds^2=g_{\mu\nu}dx_\mu dx_\nu. \tag{5}$$

如果能够这样来选择坐标系，使在每一点的引力场在空间上都是各向同性的，在这样特别明显的情况下，我们就比较简单地得到

$$ds^2=-A(dx_1^2+dx_2^2+dx_3^2)+B\,dx_4^2.$$

如果同时又有

$$\sqrt{-g}=1=\sqrt{A^3B},$$

就微小速度的第一级近似来说，我们由(4)就得到动量的分量：

$$m\frac{A}{\sqrt{B}}\frac{dx_1}{dx_4},\quad m\frac{A}{\sqrt{B}}\frac{dx_2}{dx_4},\quad m\frac{A}{\sqrt{B}}\frac{dx_3}{dx_4},$$

和能量(在静止的情况下)：

$$m\sqrt{B}.$$

从动量的表示式，得知$m\frac{A}{\sqrt{B}}$起着惯性质量的作用。由于m是质点所特有的常数，同它的位置无关，那么，在空间无限远处保持着行列式条件的情况下，只有当A减小到零，而B增到无限大时，这个表示式才能等于零。因此，系数$g_{\mu\nu}$的这样一种退化，似乎是那个关于一切惯性的相对性公设所要求的。这个要求也意味着在无限远处的各个点的势能$m\sqrt{B}$变成无限大。这样，质点永不能离开这个体系；而且比较深入的研究表明，这对于光线也应该同

样成立。一个宇宙体系,如果它的引力势在无限远处有这样的性状,那么就不会像以前对牛顿理论所讨论过的那样,有濒于消散的危险。

我要指出,关于引力势的这个简化了的假定(我们把它作为这个考虑的依据),只是为了使问题明朗起来而引进来的。我们能够找出关于 $g_{\mu\nu}$ 在无限远处性状的一般公式,而且不需要对这些公式作进一步限制性假定,就能把事物的本质方面表达出来。

在数学家格罗梅尔(J. Grommer)的诚挚的帮助下,我研究了有心的对称的静引力场,这种场以所述的方式在无限远处退化。引力势 $g_{\mu\nu}$ 被定出来了,并且由此根据引力的场方程算出了物质的能量张量 $T_{\mu\nu}$. 但同时也表明,对于恒星系,这种边界条件是根本不能加以考虑的,正如不久前天文学家德·席特(de Sitter)也正确地指明的那样。

有重物质的抗变的能量张量 $T^{\mu\nu}$ 同样是由

$$T^{\mu\nu}=\rho\frac{dx_\mu}{ds}\frac{dx_\nu}{ds}$$

给出的,此处 ρ 表示自然量度到的物质密度。通过坐标系的适当的选取,可使星的速度比起光速来是非常小的。因此我们可用 $\sqrt{g_{44}}dx_4$ 来代替 ds. 由此可知,$T^{\mu\nu}$ 的一切分量比起最后一个分量 T^{44} 来,必定都是非常小的。但是,这个条件同所选的边界条件无论如何不能结合在一起。后来看到,这个结果并没有什么可奇怪的。星的速度很小这件事,允许下这样的结论:凡是有恒星的地方,没有一处其引力势(在我们的情况下是 $\sqrt{B}$)能比我们所在地方的大得很多;这同牛顿理论的情况一样,也是由统计的考虑得到的结果。无论如何,我们的计算已使我确信,对于在空间无限远处的 $g_{\mu\nu}$,不可作这样退化条件的假设。

在这个尝试失败以后,首先出现了两种可能性。

a) 像在行星问题中那样,我们要求,对于适当选取的参照系来说,$g_{\mu\nu}$ 在空间无限远处接近如下的值:

$$\begin{matrix} -1 & 0 & 0 & 0 \\ 0 & -1 & 0 & 0 \\ 0 & 0 & -1 & 0 \\ 0 & 0 & 0 & 1. \end{matrix}$$

b) 对于空间无限处所需要的边界条件,我们根本不去建立普遍的有效性;但在所考查区域的空间边界,对于每一个别情况,我们都必须分别定出 $g_{\mu\nu}$,正像我们一向所习惯的要分别给出时间的初始条件一样。

可能性 b)不是相当于问题的解决,而是放弃了问题的解决这是目前德·席特[①]所提出的一个无可争辩的观点。但是我必须承认,要我在这个原则性任务上放弃那么多,我是感到沉重的。除非一切为求满意的理解所作的努力都被证明是徒劳无益时,我才会下那种决心。

可能性 a)在好多方面是不能令人满意的。首先,这些边界条件要以参照系的一种确定的选取为先决条件,那是违背相对性原理的精神的。其次,如果我们采用了这种观点,我们就放弃了惯性

① 德·席特,《阿姆斯特丹科学院报告》(*Akad. van Wetensch. te Amsterdam*),1916 年 11 月 8 日。——原注

的相对性是正确的这个要求。因为一个具有自然量度的质量 m 的质点的惯性是取决于 $g_{\mu\nu}$ 的；但这些 $g_{\mu\nu}$ 同上面所假定的在空间无限远处的值相差很小。所以惯性固然会受（在有限空间里存在的）物质的**影响**，但不会由它来**决定**。如果只存在一个唯一的质点，那么从这种理解方式来看，它就该具有惯性，这惯性甚至同这个质点受我们实际宇宙的其他物体所包围时的惯性差不多一样大小。最后，前面对牛顿理论所讲的那些统计学上的考虑，就会有效地反对这种观点。

从迄今所说的可看出，对空间无限远处建立边界条件这件事并没有成功。虽然如此，要不作 b）情况下所说的那种放弃，还是存在着一种可能性。因为如果有可能把宇宙看作是一个**就其空间广延来说是闭合的**连续区，那么我们就根本不需要任何这样的边界条件。下面将表明，不仅广义相对性要求，而且很小的星速度这一事实，都是同整个宇宙空间的闭合性这假说是相容的；当然，为了贯彻这个思想，需要把引力场方程加以修改，使之变得更有普遍性。

§3. 空间上闭合并具有均匀分布的物质的宇宙

根据广义相对论，在每一点上，四维空间-时间连续区的度规特征（曲率），都是由在那个点上的物质及其状态来决定的。因此，由于物质分布的不均匀性，这个连续区的度规结构必然极为复杂。但如果我们只从大范围来研究它的结构，我们可以把物质看作是均匀地散布在庞大的空间里的，由此，它的分布密度是一个变化极慢的函数。这样，我们的做法很有点像大地测量学者那样，他们拿椭球面来当作在小范围内具有极其复杂形状的地球表面的近似。

我们从经验中知道的关于物质分布的最重要事实是，星的相对速度比起光的速度来是非常小的。因此我相信我们可以暂时把我们的考查建筑在如下的近似假定上：存在这样一个坐标系，相对于它，物质可以看作是保持静止的。于是，对于这个参照系来说，特质的抗变的能量张量 $T^{\mu\nu}$ 按照(5)具有下面简单形式：

$$(6)\qquad \begin{Bmatrix} 0 & 0 & 0 & 0 \\ 0 & 0 & 0 & 0 \\ 0 & 0 & 0 & 0 \\ 0 & 0 & 0 & \rho. \end{Bmatrix}$$

(平均的)分布密度标量 ρ 可以先验地是空间坐标的函数。但是如果我们假定宇宙是空间上闭合的，那么很容易作出这样的假说：ρ 是同位置无关的。下面的考查就是以这一假说为根据的。

就引力场来说，由质点的运动方程

$$\frac{d^2 x_\nu}{ds^2}+\left\{\begin{matrix}\alpha\beta\\ \nu\end{matrix}\right\}\frac{dx_\alpha}{ds}\frac{dx_\beta}{ds}=0$$

得知：只有在 g_{44} 是同位置无关时，静态引力场中的质点才能保持静止。既然我们又预先假定一切的量都同时间坐标 x_4 无关，那么关于所求的解，我们能够要求：对于一切 x_ν，

$$(7)\qquad g_{44}=1.$$

再者，像通常处理静态问题那样，我们应当再置

$$(8)\qquad g_{14}=g_{24}=g_{34}=0.$$

现在剩下来的是要确定那些规定我们的连续区的纯粹空间几何性状的引力势的分量($g_{11}, g_{12}, \cdots, g_{33}$)。由于我们假定产生场的物

质是均匀分布的，所以所探求的量度空间的曲率就必定是个常数。因此，对于这样的物质分布，所求的 x_1, x_2, x_3 的闭合连续区，当 x_4 是常数时，将是一个球面空间。

比如说，用下面的方法，我们可得到这样的一种空间。我们从 $\xi_1, \xi_2, \xi_3, \xi_4$ 的四维欧几里得空间以及线元 $d\sigma$ 入手；也就是

(9) $$d\sigma^2 = d\xi_1^2 + d\xi_2^2 + d\xi_3^2 + d\xi_4^2.$$

在这空间里，我们来研究超曲面

(10) $$R^2 = \xi_1^2 + \xi_2^2 + \xi_3^2 + \xi_4^2,$$

此处 R 表示一个常数。这个超曲面上的点形成一个三维连续区，即一个曲率半径为 R 的球面空间。

我们所以要从四维欧几里得空间出发，仅仅是为便于定义我们的超曲面。我们所关心的只是超曲面上那样点，它们的度规性质应该是同特质均匀分布的物理空间的度规性质相一致的。为了描绘这种三维连续区，我们可以使用坐标 ξ_1, ξ_2, ξ_3（在超平面 $\xi_4 = 0$ 上的投影），因为根据(10)，ξ_4 可由 ξ_1, ξ_2, ξ_3 来表示。从(9)中消去 ξ_4，我们就得到球面空间的线元的表示式

(11) $$\begin{cases} d\sigma^2 = \gamma_{\mu\nu} d\xi_\mu \, d\xi_\nu, \\ \gamma_{\mu\nu} = \delta_{\mu\nu} + \dfrac{\xi_\mu \xi_\nu}{R^2 - \rho^2}, \end{cases}$$

此处 $\delta_{\mu\nu} = 1$，倘若 $\mu = \nu$；$\delta_{\mu\nu} = 0$，倘若 $\mu \neq \nu$；并且 $\rho^2 = \xi_1^2 + \xi_2^2 + \xi_3^2$. 如果考查 $\xi_1 = \xi_2 = \xi_3 = 0$ 这样两个点中的一个点的周围，所选取的这种坐标是方便的。

现在我们也得到了所探求的空间-时间四维宇宙的线元。显然，对于势 $g_{\mu\nu}$（它的两个指标都不同于 4），我们必须置

$$(12)\qquad g_{\mu\nu}=-\left(\delta_{\mu\nu}+\frac{x_\mu x_\nu}{R^2-(x_1^2+x_2^2+x_3^2)}\right).$$

这个方程同(7)和(8)联合在一起,就完全规定了所考查的四维宇宙中量杆、时钟和光线的性状。

§4. 关于引力场方程的附加项

对于一个任意选取的坐标系,我所提出的引力场方程表述如下:

$$(13)\qquad \begin{cases} G_{\mu\nu}=-\kappa\left(T_{\mu\nu}-\frac{1}{2}g_{\mu\nu}T\right), \\ G_{\mu\nu}=-\frac{\partial}{\partial x_\alpha}\begin{Bmatrix}\mu\nu\\ \alpha\end{Bmatrix}+\begin{Bmatrix}\mu\alpha\\ \beta\end{Bmatrix}\begin{Bmatrix}\nu\beta\\ \alpha\end{Bmatrix}+ \\ \qquad +\frac{\partial^2 \lg\sqrt{-g}}{\partial x_\mu\partial x_\nu}-\begin{Bmatrix}\mu\nu\\ \alpha\end{Bmatrix}\frac{\partial \lg\sqrt{-g}}{\partial x_\alpha}. \end{cases}$$

当我们把(7),(8)和(12)所给出的值代入 $g_{\mu\nu}$,并且把(6)所示的值代入物质的(抗变)能量张量,方程组(13)就不可能满足。在下一节里将表明,这种计算可以怎样方便地进行。如果我至今一直在使用的场方程(13)确实是相容于广义相对性公设的唯一的方程,那么我们也许必须下结论说,相对论不允许作宇宙在空间上是闭合的这一假说。

可是方程组(13)①允许作一个轻而易举并且同相对性公设相容的扩充,它完全类似于由方程(2)所给的泊松方程的扩充。因为在场方程(13)的左边,我们可以加上一个乘以暂时还是未知的普

① 原文本和英译本都误为(14)。——编译者

适常数$-\lambda$的基本张量$g_{\mu\nu}$，而不破坏广义协变性；代替场方程(13)，我们置

$$(13a)\qquad G_{\mu\nu}-\lambda g_{\mu\nu}=-\kappa\left(T_{\mu\nu}-\frac{1}{2}g_{\mu\nu}T\right).$$

当λ足够小时，这个场方程无论如何也是相容于由太阳系中所得到的经验事实的。它也满足动量和能量守恒定律，因为，只要我们在哈密顿原理中引进这个增加了一个普适常数的标量，以代替黎曼张量的标量，我们就得到了代替(13)的(13a)；而哈密顿原理当然保证了守恒定律的有效性。下一节里会表明，场方程(13a)是同我们关于场和物质所作的设想相协调的。

§5. 计算的完成　结果

既然我们的连续区中的一切点都是等价的，那么只要对于一个点进行计算，比如，只要对具有坐标$x_1=x_2=x_3=x_4=0$的一个点进行计算就足够了。于是，对于(13a)中的$g_{\mu\nu}$，只要它们出现一次微分，或者根本不出现微分，都得以如下的值代入：

$$\begin{matrix}-1 & 0 & 0 & 0\\ 0 & -1 & 0 & 0\\ 0 & 0 & -1 & 0\\ 0 & 0 & 0 & 1.\end{matrix}$$

因此，我们首先得到

$$G_{\mu\nu}=\frac{\partial}{\partial x_1}\begin{bmatrix}\mu\nu\\1\end{bmatrix}+\frac{\partial}{\partial x_2}\begin{bmatrix}\mu\nu\\2\end{bmatrix}+\frac{\partial}{\partial x_3}\begin{bmatrix}\mu\nu\\3\end{bmatrix}+\frac{\partial^2\lg\sqrt{-g}}{\partial x_\mu\partial x_\nu}.$$

考虑到(7)，(8)和(13)，如果下面两个关系

$$-\frac{2}{R^2}+\lambda=-\frac{\kappa\rho}{2}, \qquad -\lambda=-\frac{\kappa\rho}{2},$$

或者

$$\lambda=\frac{\kappa\rho}{2}=\frac{1}{R^2} \tag{14}$$

得到满足，那么我们就不难发现所有的方程(13a)保证都能满足。

由此，这个新引进来的普适常数 λ，既确定了那个在平衡中能够保存的平均分布密度 ρ，而且也确定了球面空间的半径 R 和体积 $2\pi^2R^3$. 根据我们的观点，宇宙的总质量 M 是有限的，而且等于①

$$M=\rho\cdot 2\pi^2R^3=4\pi^2\frac{R}{\kappa}=\pi^2\sqrt{\frac{32}{\kappa^3\rho}}. \tag{15}$$

因此，如果对实际宇宙的理论上的理解符合我们的考查，那么它该是下面这样的。空间的曲率特征是按照物质的分布情况，在时间上和位置上是可变的，但是，在大范围来看，还是可以近似于球面空间。无论如何，这种理解在逻辑上是没有矛盾的，而且从广义相对论的立场看来也是最近便的；从目前天文知识的立场看来，它是否能站得住脚，这里不去讨论这个问题。为要得到这个不自相矛盾的理解，我们的确必须引进引力场方程的一个新的扩充，这种扩充并没有为我们关于引力的实际知识所证明。但应当着重指出，即使不引进那个补充项，由于空间有物质存在也就得出一个正的空间曲率；我们所以需要这个补充项，只是为了使物质的准静态分布成为可能，而这种物质分布是同星的速度很小这一事实相符合的。

---

① 德文本下式最后的结果误为 $\frac{\sqrt{32\pi^2}}{\sqrt{\kappa^3\rho}}$. ——编译者

关于广义相对论的原理[①]

最近发表的一系列论文，特别是不久前本刊53卷16期发表的克累奇曼(Kretschmann)的尖锐的论文，促使我重新回到广义相对论基础这个问题上来。在这里，我的目的只是想指出作为这个理论前提的一些人所共知的思想。

这个理论，今天在我看来，依据于三个绝非互不相关的基本观点。下面就对这三个基本观点作一简要的论述，然后在某些方面作进一步的阐明。

a)相对性原理：自然规律仅仅是关于时空重合的陈述；因此，它们在广义协变方程中得到了它们唯一的自然表示。

b)等效原理：惯性和重量是本质上相同的。由此出发，并根据狭义相对论的结论，必然得出：对称的"基本张量"($g_{\mu\nu}$)确定了空间的度规性、物体在空间中的惯性行为和引力作用。我们用"G场"来表示那些用基本张量描述的空间状态。

c)马赫原理：[②]G场由物体的质量**完全地**确定。根据狭义相对

---

① 这篇论文写于1918年3月，发表在德国《物理学杂志》，第4编，55卷，1918年，241—244页。这里译自该杂志。——编译者

② 迄今为止，我没有把原理a)同c)区别开来，而是把它们混淆在一起。我之所以选用"马赫原理"这个名称，是因为这个原理概括了马赫的要求，认为惯性必须归结为物体的相互作用。——原注

对论的结论，质量和能量是同一种东西，而能量在形式上由对称能量张量($T_{\mu\nu}$)来描述，这就是说，G 场是由物质的能量张量来制约和确定的。

关于 a)，克累奇曼先生认为，如此表述的相对性原理绝不是关于物理实在(即关于自然规律的**内容**)的表示，而只是关于数学**形式化**的一个要求。既然全部物理经验实际上只同重合有关，那么，关于这种重合的规律性联系的经验总可以用广义协变方程来描述。因此，他认为，必须赋予相对论要求以另一种意义。我认为克累奇曼先生的论证是正确的，然而他建议的改革却不值得赞同。也就是说，如果认为人们必定可以把每一条经验规律都用广义协变形式来表示这种说法也是正确的，那么原理 a)确实具有一种显著的启发力量，这在解决引力问题的过程中已经光耀夺目地显示了出来，并且是以下述理由为依据的。在两个都同经验相符的理论体系中间，应当偏爱那个从绝对微分学观点看来是比较简单和明了的体系。如果人们有朝一日赋予牛顿引力力学以(四维的)绝对协变方程的形式，那么人们必然会相信，原理 a)虽然不是在理论上但必定在实际上排斥这个理论。

原理 b)构成了整个理论的出发点，并且首先导致原理 a)的成立；无疑，只要人们坚持理论体系的基本思想，就不能抛弃它。

另一个问题是关于"马赫原理"c)的；坚持这个原理的必要性，绝不是一切专业工作者都赞同的，然而我本人感到，要使这条原理得到满足，那是绝对必要的。根据 c)，按照引力场方程，没有一个 G 场是可以没有物质的。显然，公设 c)紧密地和整个宇宙的时空结构相联系；因为宇宙的全部质量都要参与 G 场的产生。

作为广义协变的引力场方程，我首先建议：

$$G_{\mu\nu}=-\kappa\left(T_{\mu\nu}-\frac{1}{2}g_{\mu\nu}T\right), \tag{1}$$

这里，为了缩写，设

$$G_{\mu\nu}=\sum_{\sigma\tau}g^{\sigma\tau}(\mu\sigma,\tau\nu).$$

然而这个场方程不能满足公设 c)；因为它们允许这样的解：

$$g_{\mu\nu}=\text{常数}(\text{对于一切 }\mu\text{ 和 }\nu),$$

$$T_{\mu\nu}=0\qquad(\text{对于一切 }\mu\text{ 和 }\nu).$$

于是，按照方程(1)，同马赫公设相矛盾，即可以设想一个 G 场而没有任何产生它的物质。

然而，如果在方程(1)中引进"λ 项"构成场方程，①

$$G_{\mu\nu}-\lambda g_{\mu\nu}=-\kappa\left(T_{\mu\nu}-\frac{1}{2}g_{\mu\nu}T\right), \tag{2}$$

那么，公设 c)——如我一向所认为的那样——就会得到满足。

看来，根据(2)，不可能得到一个物质的能量张量处处为零而没有奇点的空间时间连续区。根据(2)，最简单的可设想的解，是一个静态的、在空间坐标中为球面或椭球面的、具有均匀分布的静止物质的宇宙。然而，人们不需要这样一个只是在**想象中构造的**符合于马赫公设的宇宙；而宁可设想我们实在的宇宙可以近似于刚才所说的球面宇宙。在我们的宇宙中，固然物质不是均匀分布的，而是集中于各个天体之中；固然物质不是静止的而是处于(比光速慢得多的)相对运动之中。可是，十分可能，在包含许许多多

---

① 参见《根据广义相对论对宇宙学所作的考查》。——原注〔见本书 421 页。——编译者〕

恒星的空间中得到的物质的平均（“自然量度的”）空间密度，在宇宙中接近一个常数。在这种情况下，在方程(1)中必须补充一个具有 λ 项性质的附加项；这样，宇宙必须是闭合的，而它的几何学同球面或椭球面只有很小的或局部的偏离，就好像地球表面的外形同椭球面的偏离一样。

论 引 力 波[①]

关于引力场的传播是怎样产生的这个重要问题，我已在一年半以前的科学院论文中作了探讨。[②] 但是因为我当时关于这个问题的论述不够明晰，此外还由于一个令人遗憾的计算错误而遭到歪曲，所以我必须在这里再一次回头来讨论这个问题。

同过去一样，我在这里也仅限于讨论这样一种情况：所考查的时空连续区同一个“伽利略型的”[时空连续区]只有很小的差别。为了对于一切下标可以设

$$g_{\mu\nu} = -\delta_{\mu\nu} + \gamma_{\mu\nu}, \tag{1}$$

我们像通常在狭义相对论中那样，取时间变量 x_4 为纯虚数，这时我们置

$$x_4 = it,$$

其中 t 表示“光时”。在(1)中，$\delta_{\mu\nu}=1$ 或 $\delta_{\mu\nu}=0$，按照 $\mu=\nu$ 或 $\mu\neq\nu$ 而定。$\gamma_{\mu\nu}$ 都是较 1 为小的量，它们描述这个连续区对于没有场的连续区的偏差；它们对于洛伦兹变换构成一个二秩张量。

---

① 本文发表于 1918 年 1 月 31 日。这里译自《普鲁士科学院会议报告》(*Sitzungsberichte der königlich preussischen Akademie der Wissenschaften*)，1918 年，第一部，154—167 页。——编译者

② 见《普鲁士科学院会议报告》，1916 年，688 页。——原注

§1. 用推迟势解引力场的近似方程

我们从对于一个任意坐标系有效的场方程①

$$-\sum_{\alpha}\frac{\partial}{\partial x_{\alpha}}\begin{Bmatrix}\mu\nu\\ \alpha\end{Bmatrix}+\sum_{\alpha}\frac{\partial}{\partial x_{\nu}}\begin{Bmatrix}\mu\alpha\\ \alpha\end{Bmatrix}+\sum_{\alpha\beta}\begin{Bmatrix}\mu\alpha\\ \beta\end{Bmatrix}\begin{Bmatrix}\nu\beta\\ \alpha\end{Bmatrix}-$$

$$-\sum_{\alpha\beta}\begin{Bmatrix}\mu\nu\\ \alpha\end{Bmatrix}\begin{Bmatrix}\alpha\beta\\ \beta\end{Bmatrix}=-\kappa\left(T_{\mu\nu}-\frac{1}{2}g_{\mu\nu}T\right) \tag{2}$$

出发,其中 $T_{\mu\nu}$ 是物质的能量张量,T 是相应的标量 $\sum_{\alpha\beta}g^{\alpha\beta}T_{\alpha\beta}$. 如果我们称 $\gamma_{\mu\nu}$ 的 n 次幂的那种量为 n 阶小量,并且在计算方程(2)的两边时仅限于最低的阶,那么我们就得到近似方程组

$$\sum_{\alpha}\left(\frac{\partial^2\gamma_{\mu\nu}}{\partial x_{\alpha}^2}+\frac{\partial^2\gamma_{\alpha\alpha}}{\partial x_{\mu}\partial x_{\nu}}-\frac{\partial^2\gamma_{\mu\alpha}}{\partial x_{\nu}\partial x_{\alpha}}-\frac{\partial^2\gamma_{\nu\alpha}}{\partial x_{\mu}\partial x_{\alpha}}\right)=$$

$$=2\kappa\left(T_{\mu\nu}-\frac{1}{2}\delta_{\mu\nu}\sum_{\alpha}T_{\alpha\alpha}\right). \tag{2a}$$

用 $-\frac{1}{2}\delta_{\mu\nu}$ 乘这个方程并对 μ 和 ν 累加,我们首先得到标量方程(改变了下标的记号)

$$\sum_{\alpha\beta}\left(-\frac{\partial^2\gamma_{\alpha\alpha}}{\partial x_{\beta}^2}+\frac{\partial^2\gamma_{\alpha\beta}}{\partial x_{\alpha}\partial x_{\beta}}\right)=\kappa\sum_{\alpha}T_{\alpha\alpha}.$$

我们把这个方程乘以 $\delta_{\mu\nu}$,并且同方程(2a)相加,那么首先消去了方程(2a)右边的第二项。如果我们引进函数

$$\gamma'_{\mu\nu}=\gamma_{\mu\nu}-\frac{1}{2}\delta_{\mu\nu}\sum_{\alpha}\gamma_{\alpha\alpha} \tag{3}$$

① 这里并没有引进"λ项"(参见《普鲁士科学院会议报告》,1917 年,142 页〔见本书 421 页。——编译者〕)。——原注

来代替 $\gamma_{\mu\nu}$，左边就可以明显地写出。于是方程取下列形式：

$$\sum_{\alpha}\frac{\partial^{2}\gamma'_{\mu\nu}}{\partial x_{\alpha}^{2}}-\sum_{\alpha}\frac{\partial^{2}\gamma'_{\mu\alpha}}{\partial x_{\nu}\partial x_{\alpha}}-\sum_{\alpha}\frac{\partial^{2}\gamma'_{\nu\alpha}}{\partial x_{\mu}\partial x_{\alpha}}+$$

$$+\delta_{\mu\nu}\sum_{\alpha\beta}\frac{\partial^{2}\gamma'_{\alpha\beta}}{\partial x_{\alpha}\partial x_{\beta}}=2\kappa T_{\mu\nu}. \qquad (4)$$

但是，只要要求 $\gamma'_{\mu\nu}$ 除了满足方程组(4)还必须满足关系式

$$\sum_{\alpha}\frac{\partial\gamma'_{\mu\nu}}{\partial x_{\alpha}}=0, \qquad (5)$$

我们就可以使方程组(4)显著地简化。

乍看起来似乎很稀奇，人们可以把方程组(4)中关于 10 个函数 $\gamma'_{\mu\nu}$ 的 10 个方程任意地再加上 4 个方程，而不发生过分确定。可是由于下述理由，这种步骤的正确性就很明显了。方程组(2)对于任意的置换都是协变的，即对于任意选择的坐标系它们都是成立的。如果我引进一个新的坐标系，那么新坐标系的 $g_{\mu\nu}$ 就取决于 4 个任意的函数，它们规定坐标的变换。现在这 4 个函数可以这样选择，使新坐标系的 $g_{\mu\nu}$ 满足四个任意规定的关系式。我们设想这些关系式是这样选择的：它们在我们感兴趣的近似情况下转换为方程组(5)。因此后一方程组意味着一个我们所选定的据以选择坐标系的规定。按照方程(5)我们得到代替(4)的简单方程组

$$\sum_{\alpha}\frac{\partial^{2}\gamma'_{\mu\nu}}{\partial x_{\alpha}^{2}}=2\kappa T_{\mu\nu}. \qquad (6)$$

从(6)我们看到，引力场是以光速传播的。在给定了 $T_{\mu\nu}$ 之后，$\gamma_{\mu\nu}$ 可以按照推迟势的方法由前者算出。如果 x, y, z, t 是观察点(*Aufpunkt*) $x_1, x_2, x_3, \frac{x_4}{i}$ 的实坐标，$\gamma'_{\mu\nu}$ 应当对于它进行计算，

x_0, y_0, z_0 是空间元 dV_0 的空间坐标，r 是空间元同观察点的空间距离，那么我们就得到

$$\gamma'_{\mu\nu} = -\frac{\kappa}{2\pi}\int \frac{T_{\mu\nu}(x_0, y_0, z_0, t-r)}{r} dV_0. \tag{7}$$

§2. 引力场的能量分量

以前，①对于坐标选择满足条件

$$g = |g_{\mu\nu}| = 1$$

的情况，我曾明显地给出引力场的能量分量，这个条件在我们这里所探讨的近似情况中成为

$$\gamma = \sum_{\alpha} \gamma_{\alpha\alpha} = 0.$$

但是在我们现在的坐标选择中这个条件一般不能满足。因此，这里最简单的求能量分量的方法是分开考虑[每一个分量]。

可是，这里应当注意到下列困难。我们的场方程(6)只在第一个数量级上才是对的，而能量方程——容易推断出来——却小到第二个数量级。可是我们可以通过下列考虑而方便地达到目的。按照广义[相对]论(物质的)能量分量 $\mathfrak{T}_{\mu}^{\sigma}$ 和(引力场的)能量分量 t_{μ}^{σ} 满足关系式

$$\sum_{\sigma} \frac{\partial \mathfrak{T}_{\mu}^{\sigma}}{\partial x_{\sigma}} + \frac{1}{2}\sum_{\rho\sigma} \frac{\partial g_{\rho\sigma}}{\partial x_{\mu}} \mathfrak{T}_{\rho\sigma} = 0,$$

$$\sum_{\sigma} \frac{\partial(\mathfrak{T}_{\mu}^{\sigma} + t_{\mu}^{\sigma})}{\partial x_{\sigma}} = 0.$$

---

① 《物理学杂志》(*Ann. d. Phys.*)第 49 卷，1916 年，[769 页]，方程(50)。——原注〔见本书 373 页。——编译者〕

从这些方程得出：

$$\sum_{\sigma}\frac{\partial t_{\mu}^{\sigma}}{\partial x_{\sigma}}=\frac{1}{2}\sum_{\rho\sigma}\frac{\partial g^{\rho\sigma}}{\partial x_{\mu}}\mathfrak{T}_{\rho\sigma}.$$

如果我们从场方程推知 $\mathfrak{T}_{\rho\sigma}$ 从而把右边变成左边的形式，那么我们就求得 t_{μ}^{σ}. 这个方程的右边在我们所考虑的近似情况下两个因子都是一阶的小量。因此，为了求得准确到二阶小量的 t_{μ}^{σ}，我们只需要代入准确到一阶小量的右边两个因子就行了。因此，我们应当

用 $-\frac{\partial \gamma_{\rho\sigma}}{\partial x_{\mu}}$ 来代替 $\frac{\partial g^{\rho\sigma}}{\partial x_{\mu}}$，

并且用 $T_{\rho\sigma}$ 来代替 $\mathfrak{T}_{\rho\sigma}$.

此外，我们引进同 $T_{\rho\sigma}$ 的下标性质相类似的量 $t_{\rho\sigma}$ 来代替 t_{μ}^{σ}，$t_{\rho\sigma}$ 的值在我们这里所要求的近似程度上同 t_{ρ}^{σ} 只有正负号的差别。这样我们必须根据方程

$$\sum_{\sigma}\frac{\partial t_{\mu\sigma}}{\partial x_{\sigma}}=\frac{1}{2}\sum_{\rho\sigma}\frac{\partial \gamma_{\rho\sigma}}{\partial x_{\mu}}T_{\rho\sigma} \tag{8}$$

来确定 $t_{\mu\sigma}$. 当我们注意到由于(3)必须置

$$\gamma_{\mu\nu}=\gamma'_{\mu\nu}-\frac{1}{2}\delta_{\mu\nu}\sum_{\alpha}\gamma'_{\alpha\alpha}=\gamma'_{\mu\nu}-\frac{1}{2}\delta_{\mu\nu}\gamma' \tag{3a}$$

并且当我们按照(6)用 $\gamma'_{\rho\sigma}$ 来表示 $T_{\rho\sigma}$ 时，我们就转换了(8)式的右边部分。在简单的转换①之后得到：

$$\sum_{\sigma}\frac{\partial t_{\mu\sigma}}{\partial x_{\sigma}}=\sum_{\sigma}\frac{\partial}{\partial x_{\sigma}}\Big[\frac{1}{4\kappa}\Big(\sum_{\alpha\beta}\Big(\frac{\partial \gamma'_{\alpha\beta}}{\partial x_{\mu}}\frac{\partial \gamma'_{\alpha\beta}}{\partial x_{\sigma}}\Big)-\frac{1}{2}\frac{\partial \gamma'}{\partial x_{\mu}}\frac{\partial \gamma'}{\partial x_{\sigma}}\Big)-$$

① 本文开始时提到的我过去的论文的错误在于我在(8)式的右边曾以 $\frac{\partial \gamma'_{\rho\sigma}}{\partial x_{\mu}}$ 代替 $\frac{\partial \gamma_{\rho\sigma}}{\partial x_{\mu}}$. 这个错误也使得那篇论文的 § 2 和 § 3 必须重新改写。——原注

$$-\frac{1}{8\kappa}\delta_{\mu\sigma}\left(\sum_{\alpha\beta\lambda}\left(\frac{\partial\gamma'_{\alpha\beta}}{\partial x_\lambda}\right)^2-\frac{1}{2}\left(\frac{\partial\gamma'}{\partial x_\lambda}\right)^2\right)\Bigg].$$

由此可见，当我们令

$$4\kappa t_{\mu\sigma}=\left(\sum_{\alpha\beta}\left(\frac{\partial\gamma'_{\alpha\beta}}{\partial x_\mu}\frac{\partial\gamma'_{\alpha\beta}}{\partial x_\sigma}\right)-\frac{1}{2}\frac{\partial\gamma'}{\partial x_\mu}\frac{\partial\gamma'}{\partial x_\sigma}\right)-$$
$$-\frac{1}{2}\delta_{\mu\sigma}\left(\sum_{\alpha\beta\lambda}\left(\frac{\partial\gamma'_{\alpha\beta}}{\partial x_\lambda}\right)^2-\frac{1}{2}\sum_\lambda\left(\frac{\partial\gamma'}{\partial x_\lambda}\right)^2\right) \tag{9}$$

时，能量[守恒]定律就可以满足。我们通过下列考查最容易把 $t_{\mu\sigma}$ 的物理意义弄明白。$t_{\mu\sigma}$ 对于引力场就像 $T_{\mu\sigma}$ 对于物质一样。可是对于不相干的(*inkohärent*)有重物质，如果只限于一阶小量，那么就得到：

$$T_{\mu\sigma}=T^{\mu\sigma}=\rho\frac{dx_\mu}{ds}\frac{dx_\sigma}{ds}\qquad\left(ds^2=-\sum_\nu dx_\nu^2\right). \tag{10}$$

这里 ρ 是物质的密度标量。因此 $T_{11}, T_{12}, \cdots, T_{33}$ 对应于压力分量；T_{14}, T_{24}, T_{34} 以及 T_{41}, T_{42}, T_{43} 是 $\sqrt{-1}$ 乘以冲量密度矢量或能流密度，T_{44} 是负的接收到的能量密度。$t_{\mu\sigma}$ 对于引力场具有类似的意义。

首先以静止的、点状的物体 M 的场作为例子来讨论。从(7)和(10)立即得出

$$\gamma'_{44}=\frac{\kappa}{2\pi}\frac{M}{r}, \tag{11}$$

而所有其他的 $\gamma'_{\mu\nu}$ 都为零。对于 $g_{\mu\nu}$，按照(11)，(3a)和(1)，我们得到德·席特(de Sitter)最先求出的值：

$$\left.\begin{matrix} -1-\frac{\kappa}{4\pi}\frac{M}{r} & 0 & 0 & 0 \\ 0 & -1-\frac{\kappa}{4\pi}\frac{M}{r} & 0 & 0 \\ 0 & 0 & -1-\frac{\kappa}{4\pi}\frac{M}{r} & 0 \\ 0 & 0 & 0 & -1+\frac{\kappa}{4\pi}\frac{M}{r} \end{matrix}\right\}. \tag{11a}$$

一般由方程

$$0=ds^2=\sum_{\mu\nu}g_{\mu\nu}dx_\mu dx_\nu$$

给出的光速 c，这里由关系式

$$\left(1+\frac{\kappa}{4\pi}\frac{M}{r}\right)(dx^2+dy^2+dz^2)-\left(1-\frac{\kappa}{4\pi}\frac{M}{r}\right)dt^2=0$$

得出。因此，在我们所偏爱的坐标选择下，光速

$$c=\sqrt{\frac{dx^2+dy^2+dz^2}{dt^2}}=1-\frac{\kappa M}{4\pi r} \tag{12}$$

虽然同位置有关却同方向无关。由(11a)还得出，小的刚体在位置变化时保持**相似**，从而它在坐标中量度的线性尺寸像$\left(1-\frac{\kappa M}{8\pi r}\right)$那样变化。

在我们的例子中，方程(9)给出 $t_{\mu\sigma}$：

$$\left.\begin{aligned} & t_{\mu\sigma}=\frac{\kappa M}{32\pi^2}\left(\frac{x_\mu x_\sigma}{r^6}-\frac{1}{2}\delta_{\mu\sigma}\frac{1}{r^4}\right)\quad(\text{对于下标 }1-3), \\ & t_{14}=t_{24}=t_{34}=0, \\ & t_{44}=-\frac{\kappa M^2}{64\pi^2}\cdot\frac{1}{r^4}. \end{aligned}\right\} \tag{13}$$

$t_{\mu\sigma}$的值完全取决于坐标系的选择；关于这一点 G. 诺德施特勒姆(Nordström)先生在很久以前已经在他的信上提醒我注意。①依据条件$|g|=1$来选择坐标系时，在这种条件下对于质点的情况我早就给出了$g_{\mu\sigma}$的表示式②

$$g_{\mu\sigma}=-\delta_{\rho\sigma}-\frac{\kappa M}{4\pi}\frac{x_{\mu}x_{\sigma}}{r^{3}}\quad(\text{下标 }1-3),$$

$$g_{14}=g_{24}=g_{34}=0,$$

$$g_{44}=1-\frac{\kappa M}{4\pi}\cdot\frac{1}{r}.$$

引力场的所有能量分量都为零，如果我们用公式

$$\kappa t_{\sigma}^{\alpha}=\frac{1}{2}\delta_{\sigma}^{\alpha}\sum_{\mu\nu\lambda\beta}g^{\mu\nu}\begin{Bmatrix}\mu\lambda\\ \beta\end{Bmatrix}\begin{Bmatrix}\nu\beta\\ \lambda\end{Bmatrix}-\sum_{\mu\nu\lambda}g^{\mu\nu}\begin{Bmatrix}\mu\lambda\\ \alpha\end{Bmatrix}\begin{Bmatrix}\nu\sigma\\ \lambda\end{Bmatrix}$$

计算它们准确到二阶小量的话。

我们可以揣测，通过适当选择参照系，也许总可以做到使引力场的能量分量全都为零，这是最值得注意的。但是，不难证明，一般说来，事情并非这样。

§3. 平面引力波

为了求出平面引力波，我们提出满足场方程(6)的表示式

$$\gamma'_{\mu\nu}=\alpha_{\mu\nu}f(x_{1}+ix_{4}).\qquad(14)$$

这里$\alpha_{\mu\nu}$表示实常数，f是$(x_{1}+ix_{4})$的实函数。方程(5)给出关系

① 同时参见 E. 薛定谔(E. Schrödinger),《物理学的期刊》(*Phys. Zeitschr.*)，1918 年，第 1 卷，第 4 页。——原注

② 下面第一个表示式右边第一项$-\delta_{\rho\sigma}$显系$-\delta_{\mu\sigma}$之误。——编译者

式

$$\left.\begin{aligned}\alpha_{11}+i\alpha_{14}=0,\\ \alpha_{21}+i\alpha_{24}=0,\\ \alpha_{31}+i\alpha_{34}=0,\\ \alpha_{41}+i\alpha_{44}=0.\end{aligned}\right\}\tag{15}$$

如果条件(15)得到满足,那么(14)就描述一个可能的引力波。为了更准确地看清它的物理性质,我们计算它的能流密度$\frac{t_{41}}{i}$. 通过把(15)给出的 $\gamma'_{\mu\nu}$ 代入方程(9),我们得到

$$\frac{t_{41}}{i}=\frac{1}{4\kappa}f'^2\left[\left(\frac{\alpha_{22}-\alpha_{33}}{2}\right)^2+\alpha_{23}{}^2\right].\tag{16}$$

这个结果的值得注意之点就在于,在(14)中出现的 6 个任意的常数(考虑到(15))在(16)中只出现**两个**。$\alpha_{22}-\alpha_{33}$ 和 α_{23} 为零的波不传递能量。这种状况可以归结为,这样一种波在一定意义上实际上完全不存在。这可以由下述考虑最简单地得出。

首先我们注意到,考虑到(15),没有能量的波的系数 $\alpha_{\mu\nu}$ 的表如下:

$$(\alpha_{\mu\nu}=)\quad\left.\begin{matrix}\alpha & \beta & \gamma & i\alpha\\ \beta & \delta & 0 & i\beta\\ \gamma & 0 & \delta & i\gamma\\ i\alpha & i\beta & i\gamma & -\alpha\end{matrix}\right\}.\tag{17}$$

这里 $\alpha,\beta,\gamma,\delta$ 是四个可以选取的互不相关的数。

现在考虑一个没有场的空间,它的线元 ds 对于适当选择的坐标(x_1',x_2',x_3',x_4')可以用下式表示

$$-ds^2=dx_1'^2+dx_2'^2+dx_3'^2+dx_4'^2. \tag{18}$$

我们现在根据置换

$$x_\nu'=x_\nu-\lambda_\nu\phi(x_1+ix_4) \tag{19}$$

引进新的坐标。λ 表示四个无限小的实常数，ϕ 是自变量(x_1+ix_4)的一个实函数。如果我们略去关于λ 的二阶量，从(18)和(19)得出

$$ds^2=-\sum dx_\nu'^2=-\sum_\nu dx_\nu^2+2\phi'(dx_1+idx_4)\sum_\nu\lambda_\nu dx_\nu.$$

由此对于有关的 $\gamma_{\mu\nu}$ 得到下列值

$$\left(\frac{1}{\phi'}\gamma_{\mu\nu}=\right)\begin{matrix} 2\lambda_1 & \lambda_2 & \lambda_3 & i\lambda_1+\lambda_4 \\ \lambda_2 & 0 & 0 & i\lambda_2 \\ \lambda_3 & 0 & 0 & i\lambda_3 \\ i\lambda_1+\lambda_4 & i\lambda_2 & i\lambda_3 & 2i\lambda_4 \end{matrix}$$

并且由此，关于 $\gamma_{\mu\nu}'$ 得到

$$\left.\left(\frac{1}{\phi'}\gamma_{\mu\nu}'=\right)\begin{matrix} \lambda_1-i\lambda_4 & \lambda_2 & \lambda_3 & i\lambda_1+\lambda_4 \\ \lambda_2 & -\lambda_1-i\lambda_4 & 0 & i\lambda_2 \\ \lambda_3 & 0 & -\lambda_1-i\lambda_4 & i\lambda_3 \\ i\lambda_2+\lambda_4 & i\lambda_2 & i\lambda_3 & -\lambda_1+i\lambda_4 \end{matrix}\right\}. \tag{20}$$

如果我们还把(19)中的函数 ϕ 和(14)中的函数 f 用关系式

$$\phi'=f \tag{21}$$

联结起来，那就表明，不考虑常数的正负号，(20)式给出的 $\gamma_{\mu\nu}'$ 同(14)和(17)式给出的 $\gamma_{\mu\nu}'$ 完全相符。

因此，那个不传递能量的引力波可以通过单纯的坐标变换从一个没有场的体系产生；它的存在(在这个意义上)只是一种**表观的**。因此，从精确的意义来说，只有对应于 $\frac{\gamma_{22}'-\gamma_{33}'}{2}$ 和 γ_{23}'

$\left(\text{或者}\frac{\gamma_{22}-\gamma_{33}}{2}\text{和}\ \gamma_{23}\right)$这两个量沿着 x 轴传播的这样一类波才是实在的。这两种类型的差别不是本质的，而只是[它们的]取向不同。波场在垂直于传播方向的平面内改变角度。能量流的、冲量的和能量的密度都由(16)式给出了。

§4. 由力学体系发射的引力波

我们考查一个孤立的力学体系，它的重心保持同坐标原点相重合。设在这个体系中发生的变化是如此缓慢，它的空间尺寸是如此之小，以致同这个体系的任何两个质点间的距离相对应的光时可以看作是无限短。我们求由这个体系发出的在正 x 轴方向上的引力波。

上面所说的一条限制必然使得我们对于一个与坐标原点有足够大距离 R 的观察点可以用等式

$$\gamma'_{\mu\nu}=-\frac{\kappa}{2\pi R}\int T_{\mu\nu}(x_0,y_0,z_0,t-R)dV_0 \tag{7a}$$

来代替(7)。我们可以只限于考虑传播能量的波；这样，按照 §3 的结果，我们应当只构成分量 γ'_{23} 和$\frac{1}{2}(\gamma'_{22}-\gamma'_{33})$. 在(7a)右边出现的空间积分可以按照 M. 劳厄所想出的方法进行转换。这里我们只对积分

$$\int T_{23}dV_0$$

作出详尽的计算。如果我们用$\frac{1}{2}x_3$ 以及$\frac{1}{2}x_2$ 分别乘以两个冲量方程

$$\frac{\partial T_{21}}{\partial x_1}+\frac{\partial T_{22}}{\partial x_2}+\frac{\partial T_{23}}{\partial x_3}+\frac{\partial T_{24}}{\partial x_4}=\sigma,$$

$$\frac{\partial T_{31}}{\partial x_1}+\frac{\partial T_{32}}{\partial x_2}+\frac{\partial T_{33}}{\partial x_3}+\frac{\partial T_{34}}{\partial x_4}=\sigma,$$

并把它们二者对整个物质体系进行积分然后相加，那么，利用分部积分法，在简单的转换之后，我们得到

$$-\int T_{23}\,dV_0+\frac{1}{2}\frac{d}{dx_4}\left\{\int(x_3T_{24}+x_2T_{34})\,dV_0\right\}=0.$$

我们又用能量方程

$$\frac{\partial T_{41}}{\partial x_1}+\frac{\partial T_{42}}{\partial x_2}+\frac{\partial T_{43}}{\partial x_3}+\frac{\partial T_{44}}{\partial x_4}=0$$

变换前面的积分，办法是我们用$\frac{1}{2}x_2x_3$乘这个方程，再一次把它进行积分，并且用分部积分变换它。我们得到

$$-\frac{1}{2}\int(x_3T_{42}+x_2T_{43})\,dV_0+\frac{1}{2}\frac{d}{dx_4}\left\{\int x_2x_3T_{44}\,dV_0\right\}=0.$$

如果我们把这个方程代入上面的方程，那么我们得到

$$\int T_{23}\,dV_0=\frac{1}{2}\frac{d^2}{dx_4{}^2}\left\{\int x_2x_3T_{44}\,dV_0\right\},$$

或者，这里用$-\frac{d^2}{dt^2}$代替$\frac{d^2}{dx_4^2}$，用物质的负密度$(-\rho)$代替 T_{44}：

$$\int T_{23}\,dV_0=\frac{1}{2}\ddot{\mathfrak{J}}_{23}. \tag{22}$$

这里引进缩写

$$\mathfrak{J}_{\mu\nu}=\int x_\mu x_\nu\rho\,dV_0. \tag{23}$$

$\mathfrak{J}_{\mu\nu}$是物质体系的（在时间上变化的）转动惯量的分量。

用类似的方法我们得到

$$\int (T_{22}-T_{33})dV_0=\frac{1}{2}(\ddot{\mathfrak{J}}_{22}-\ddot{\mathfrak{J}}_{33}). \tag{24}$$

根据(22)和(24),从(7a)得出

$$\gamma'_{23}=-\frac{\kappa}{4\pi R}\ddot{\mathfrak{J}}_{23}. \tag{25}$$

$$\frac{\gamma'_{22}-\gamma'_{33}}{2}=-\frac{\kappa}{4\pi R}\left(\frac{\ddot{\mathfrak{J}}_{22}-\ddot{\mathfrak{J}}_{33}}{2}\right). \tag{26}$$

根据(7a),(22),(24),$\mathfrak{J}_{\mu\nu}$应当取时间$t-R$时的值,因此是$t-R$的函数,或者当大的R接近x轴时也是$t-x$的函数。因此,(25),(26)描述引力波,按照(16),它的沿x轴的能流具有密度

$$\frac{t_{41}}{i}=\frac{\kappa}{64\pi^2R^2}\left[\left(\frac{\dddot{\mathfrak{J}}_{22}-\dddot{\mathfrak{J}}_{33}}{2}\right)^2+\dddot{\mathfrak{J}}_{23}{}^2\right]. \tag{27}$$

我们还要向自己提出计算体系通过引力波[发射出来]的总辐射这一任务。为了解决这个问题,我们首先求所考查的力学体系沿着方向余弦α_ν所定义的方向的能量辐射。这个问题我们可以通过[坐标]变换或者更简单地通过把它归结为下列形式的问题而加以解决。

设$A_{\mu\nu}$为一个对称张量(在三维中的),α_ν是一个矢量。我们求这样一个标量S,它是$A_{\mu\nu}$和α_ν的函数并且在这标量中$A_{\mu\nu}$全是二阶齐次的,这个标量在$\alpha_1=1,\alpha_2=\alpha_3=0$时转化为标量

$$\left(\frac{A_{22}-A_{33}}{2}\right)^2+A_{23}{}^2.$$

所求的标量将是下列几个标量

$$\sum_\mu A_{\mu\mu},\quad \sum_{\mu\nu}A^2_{\mu\nu},\quad \sum_{\mu\nu}A_{\mu\nu}\alpha_\mu\alpha_\nu,\quad \sum_{\mu\sigma\tau}A_{\mu\sigma}A_{\mu\tau}\alpha_\sigma\alpha_\tau$$

的函数。考虑到后两个标量对于 $\alpha_\nu=(1,0,0)$ 转化为 A_{11} 和 $\sum_\mu A_{1\mu}^2$，我们经过考虑之后，求得所求的标量为：

$$S=-\frac{1}{4}\left(\sum A_{\mu\mu}\right)^2+\frac{1}{2}\sum_\mu A_{\mu\mu}\sum_{\rho\sigma}A_{\rho\sigma}\alpha_\rho\alpha_\sigma+$$
$$+\frac{1}{4}\left(\sum_{\rho\sigma}A_{\rho\sigma}\alpha_\rho\alpha_\sigma\right)^2+\frac{1}{2}\sum_{\mu\nu}A_{\mu\nu}^2-\sum_{\mu\sigma\tau}A_{\mu\sigma}A_{\mu\tau}\alpha_\sigma\alpha_\tau. \qquad (28)$$

很清楚，如果设

$$A_{\mu\nu}=\frac{\sqrt{\kappa}}{8\pi R}\dddot{\mathfrak{J}}_{\mu\nu}, \qquad (29)$$

那么 S 就是这个力学体系在 $(\alpha_1, \alpha_2, \alpha_3)$ 方向径向外流的引力辐射的密度。

如果我们固定 $A_{\mu\nu}$，求 S 对空间的一切方向的平均值，那么我们就得到辐射的平均密度 $\bar{S}$. 最后，以 $4\pi R^2$ 乘 $\bar{S}$ 就是力学体系在单位时间内由于[发射]引力波的能量损耗。计算给出

$$4\pi R^2\bar{S}=\frac{\kappa}{80\pi}\left[\sum_{\mu\nu}\dddot{\mathfrak{J}}_{\mu\nu}^2-\frac{1}{3}\left(\sum_\mu\dddot{\mathfrak{J}}_{\mu\mu}\right)^2\right]. \qquad (30)$$

我们从这个结果看到，同过去的论文中由于一个计算错误而弄错了的结论相反，一个经常保持球对称的力学体系不可能辐射。

从(27)可以明显看出，辐射在任何方向都不可能是负的，因此总辐射也肯定不会是负的。在过去的论文中已经强调指出，这种考查的最终结果（它要求物体因热骚动而有能量损耗）必定引起对理论的普遍有效性的怀疑。看来，一个完备的量子理论也将一定会修改引力理论。

§5. 引力波对力学体系的作用

为完整起见,我们还要简略地考查一下引力波的能量可以在怎样的程度上传递给力学体系。重新假设有一个§4中所考查的那种力学体系。设它受到波长比体系的尺寸更长的引力波的作用。为了求得体系所接收的能量,我们从物质的冲量-能量方程

$$\sum_{\sigma}\frac{\partial \mathfrak{T}_{\mu}^{\sigma}}{\partial x_{\sigma}}+\frac{1}{2}\sum_{\rho\sigma}\frac{\partial g^{\rho\sigma}}{\partial x_{\mu}}\mathfrak{T}_{\rho\sigma}=0$$

着手。在 x_4 不变的情况下我们将这个方程对整个体系进行积分,我们得到对于 $\mu=4$(能量[守恒]定律),

$$\frac{d}{dx_4}\left\{\int \mathfrak{T}_4^4 dV\right\}=-\frac{1}{2}\int dV\sum_{\rho\sigma}\frac{\partial g^{\rho\sigma}}{\partial x_{\mu}}\mathfrak{T}_{\rho\sigma}.$$

左边的积分是整个物质体系的能量 E. 因此上式的左边部分是这个能量在时间上的增量。如果我们进行对真实时间的微分,并在右边仅保留二阶小量的项,那么我们就得到

$$\frac{dE}{dt}=\frac{1}{2}\int dV\sum_{\rho\sigma}\left(\frac{\partial \gamma_{\rho\sigma}}{\partial t}T_{\rho\sigma}\right). \tag{31}$$

现在,我们可以按照等式

$$\gamma_{\rho\sigma}=(\gamma_{\rho\sigma})_w+(\gamma_{\rho\sigma})_v, \tag{32}$$

把描述引力场的 $\gamma_{\rho\sigma}$ 分解为一个对应于入射波的部分 $(\gamma_{\rho\sigma})_w$ 和一个组成部分 $(\gamma_{\rho\sigma})_v$. 据此,(31)右边的积分分解为两个积分之和,第一个表示来自波的能量增量。这里我们感兴趣的仅仅是这个量;因此,为了不使叙述复杂化,我们要这样来解释(31):$\frac{dE}{dt}$ 应当表示仅仅是来自波的能量增量,而 $\gamma_{\rho\sigma}$ 应当表示上面用 $(\gamma_{\beta\sigma})_w$ 表示

的那个部分。这时 $\gamma_{\rho\sigma}$ 是一个随位置而缓慢变化的函数，那么我们可以置

$$\frac{dE}{dt}=\frac{1}{2}\sum_{\rho\sigma}\frac{\partial\gamma_{\rho\sigma}}{\partial t}\cdot\int T_{\rho\sigma}\,dV. \tag{33}$$

设起作用的波是一个传递能量的波，其中只有引力场的分量 $\gamma_{23}(=\gamma'_{23})$ 不等于零。这时，由于(22)，

$$\frac{dE}{dt}=\frac{1}{2}\frac{\partial\gamma_{23}}{\partial t}\frac{d^2\mathfrak{J}_{23}}{\partial t^2}. \tag{34}$$

此后，对于既定的波和既定的力学过程，从[引力]波取得的能量就可以通过积分而求得。

§6. 对勒维-契维塔先生提出的反对意见的答复

近来，勒维-契维塔先生在一系列令人感兴趣的研究中对广义相对论问题的澄清作出了贡献。其中一篇论文①中，他就守恒定律提出了与我不同的观点，并且从他的见解出发，对我的由引力波辐射能量的结论的理由提出了异议。虽然从那时以来我们经过通信以我们二人都感满意的方式澄清了问题，但我仍然认为在这里就守恒定律补充若干一般性的评述对事情是会有好处的。

普遍承认的是，按照广义相对论基础，存在着一个对于任意选择的参照系有效的下列形式的四元方程

① 勒维-契维塔(Levi-Civita)，《林狓科学院院刊》(*Accademia dei Lincei*)，26卷，1917年4月1日会议。——原注

$$\sum_{\nu}\frac{\partial(\mathfrak{T}_{\sigma}^{\nu}+t_{\sigma}^{\nu})}{\partial x_{\nu}}=0 \qquad (\sigma=1,2,3,4), \qquad (35)$$

这里 $\mathfrak{T}_{\sigma}^{\nu}$ 是物质的能量分量，t_{σ}^{ν} 是 $g_{\mu\nu}$ 和它们的**一阶**导数的函数。但是分歧的意见在于，我们是否应当把 t_{σ}^{ν} 看作是引力场的能量分量。我认为意见分歧并不是实质性的，而纯粹是一个用词的问题。可是我断言，上述没有争论的方程，使得对守恒定律的价值作出评论变得容易些。我们拿第四个方程（$\sigma=4$）来解释这一点，我习惯于称这个方程为能量方程。

设有一个在空间上有界的物质体系，在它的外面物质密度和电磁场强度等于零。我们设想一个静止的表面，它把整个物质体系包在里面。于是，通过对第四个方程对 S 所包的空间进行积分，我们就得到：①

$$-\frac{d}{dx_4}\left\{\int(\mathfrak{T}_4^4+t_4^4)dV\right\}=\int_S(t_4^1\cos(nx_1)+$$

$$+t_4^2\cos(nx_2)+t_{43}^3\cos(nx_3))d\sigma \qquad (36)$$

没有任何理由可以迫使人把 t_4^4 说成是引力场的能量密度，把（t_4^1，t_4^2，t_4^3）说成是引力-能量流的分量。但是我们可以这样主张：如果 t_4^4 的空间积分比“物质的”能量密度 $\mathfrak{T}_4^4$ 的那个积分要小，那么[上式]右边部分就必定描述体系的物质能量的损耗。在本文和我过去的关于引力波的论文中所利用的，仅仅就是这一点。

勒维-契维塔先生（而在他之前 H. A. 洛伦兹曾经没有那么坚决地也）建议一个和（35）不同的守恒定律的公式。他（和他一道的

① （36）式右边积分中的 t_{43}^3 似为 t_4^3 之误。——编译者

还有其他同行)反对强调方程(35)[的作用]并反对上面的解释,因为 t_σ^ν 不构成**张量**。后面一点是可以同意的;可是我不明白,为什么只有这样一些具有张量分量的变换特性的量才可以赋予物理意义。必要的只是这样一点:方程组对于参照系的任何选择都成立。而这对于方程组(35)是切合的。勒维-契维塔建议把能量-动量定律作如下的表述。他把引力场方程写成下列形式

$$T_{im}+A_{im}=0, \tag{37}$$

这里 T_{im} 是物质的能量张量,A_{im} 是一个协变张量,它同 $g_{\mu\nu}$ 以及它们对坐标的一阶导数有关。A_{im} 被称为引力场的能量分量。

当然,对这种命名不可能提出**逻辑上**的反对意见。可是,我发现,从方程(37)不能得出我们通常从守恒定理得出的那样的结论。这是同按照(37)**总能量**分量处处为零相关联的。方程(37)(同方程(35)相反),并不排除,例如,一个物质体系完全消散为虚无,而不留下一点痕迹。因为它的总能量按照(37)(而不是按照(35))从一开始就等于零;这种能量值的守恒并不要求体系以任何形式继续存在。

引力场在物质的基元粒子的结构中起着主要作用吗?[①]

到目前为止,无论是牛顿的引力论还是相对论性的引力论,对物质组成的理论都未能有所推进。鉴于这一事实,下面要说明,已经有线索可以设想,那些构成原子的基石的电基元实体是由引力结合起来的。

§1. 目前的理解的缺点

为了推敲出一个可以说明那种组成电子的电平衡的理论,理论家们已经煞费苦心了。尤其是 G. 米(Mie)专心致志地深入研究了这个问题。他的理论在理论物理学家中间已经得到了相当的支持,这理论主要根据的是,在能量张量中,除了麦克斯韦-洛伦兹电磁场理论的能量项,还引进了那些依存于电动势分量的补充项,这些项在真空里并不显得重要,可是在电基元粒子里面反抗电斥力维持平衡时却是起作用的。尽管由米、希耳伯特(Hilbert)和魏

① 这篇论文最初发表在《普鲁士科学院会议报告》(*Sitzungsberichte der Preussischen Akademie der Wissenschaften*),1919 年,第一编,349—356 页。这里译自洛伦兹、爱因斯坦、明可夫斯基论文集《相对性原理》(H. A. Lorentz, A. Einstein, H. Minkowski: *Das Relativitätsprinzip*),莱比锡 Teubner,1922 年,第 4 版,140—146 页。译时参考了帕勒特(W. Perrett)和杰费利(G. B. Jeffery)的英译本,伦敦 Methuen,1923 年版,191—198 页。——编译者

耳(Weyl)所建立起来的这个理论在形式结构上多么美，可是它的物理结果至今仍很不能令人满意。一方面，它的各种可能性多得令人沮丧；另一方面，那些附加项还未能以这样一种简单的形式建立起来，使它的解可以令人满意。

到目前为止，广义相对论对问题的这种状态未能有所改变。如果我们暂且不管宇宙学的附加项，那么场方程就取形式

$$R_{ik}-\frac{1}{2}g_{ik}R=-\kappa T_{ik}, \tag{1}$$

此处(R_{ik})表示降秩的黎曼曲率张量，(R)表示由重复降秩而形成的曲率标量，(T_{ik})表示“物质”的能量张量。这里假定T_{ik}并不依赖于$g_{\mu\nu}$的导数，是同历史发展一致的。因为这些量在狭义相对论的意义上当然就是能量分量，在那里可变的$g_{\mu\nu}$是不出现的。这个方程的左边第二项是这样选取的，使(1)的左边的散度恒等于零；于是通过取(1)的散度，我们就得到方程

$$\frac{\partial \mathfrak{T}_i^{\sigma}}{\partial x_\sigma}+\frac{1}{2}g_i^{\sigma\tau}\mathfrak{T}_{\sigma\tau}=0, \tag{2}$$

在狭义相对论的极限情况下，它就转化成完备的守恒方程

$$\frac{\partial T_{ik}}{\partial x_k}=0.$$

这里存在着(1)的左边第二项的物理基础。绝不是先验地规定了这种向不变的$g_{\mu\nu}$过渡的极限情况都具有任何可能的意义。因为，如果引力场在物质粒子的构造中起着主要作用，那么过渡到不变的$g_{\mu\nu}$的极限情况对于它们就会失去根据；因为当在$g_{\mu\nu}$不变的情况下，实在不可能有任何物质粒子。因此，如果我们要设想引力在那些组成微粒子的场的结构中起作用的这种可能性，我们就不能

认为方程(1)是得到保证了的。

我们在(1)中安排进麦克斯韦-洛伦兹电磁场能量分量 $\varphi_{\mu\nu}$，

$$T_{ik}=\frac{1}{4}g_{ik}\varphi_{\alpha\beta}\varphi^{\alpha\beta}-\varphi_{i\alpha}\varphi_{k\beta}g^{\alpha\beta}, \tag{3}$$

那么，取(2)的散度，并经过运算①以后，我们就得到

$$\varphi_{i\alpha}\mathfrak{J}^{\alpha}=0, \tag{4}$$

此处为了简捷起见，我们置

$$\frac{\partial\sqrt{-g}\varphi_{\sigma\tau}g^{\sigma\alpha}g^{\tau\beta}}{\partial x_{\beta}}=\frac{\partial\mathfrak{f}^{\alpha\beta}}{\partial x_{\beta}}=\mathfrak{J}^{\alpha}. \tag{5}$$

在计算中，我们使用了麦克斯韦方程组的第二个方程

$$\frac{\partial\varphi_{\mu\nu}}{\partial x_{\rho}}+\frac{\partial\varphi_{\nu\rho}}{\partial x_{\mu}}+\frac{\partial\varphi_{\rho\mu}}{\partial x_{\nu}}=0. \tag{6}$$

我们从(4)可看出电流密度($\mathfrak{J}^{\alpha}$)必定到处等于零。因此，由方程(1)，我们就得不到长期以来所熟知的那样一个局限于麦克斯韦-洛伦兹理论的电磁分量的电子理论。于是，如果我们坚持(1)，我们就要被迫走上米理论的道路。②

但不仅是物质问题，而且宇宙学问题也导致了对方程(1)的怀疑。正如我在前一篇论文中已经指出过，广义相对论要求宇宙在空间上是封闭的。但是这种观点使得方程(1)有必要加以扩充，在其中必须引进一个新的宇宙常数 λ，它同宇宙总质量(或者同物质的平衡密度)处于固定关系中。这个理论的特别严重的[形式]美

---

① 比如参见 A. 爱因斯坦，《普鲁士科学院会议报告》，1916 年，187 页，188 页。——原注

② 参见 D. 希耳伯特，《哥丁根通报》(*Göttinger Nachr*)，1915 年 11 月 20 日。——原注

的缺陷就在于此。

§2. 无标量的场方程

我们用下列方程来代替场方程(1)：

$$R_{ik}-\frac{1}{4}g_{ik}R=-\kappa T_{ik}, \tag{1a}$$

上述困难就可以除去，此处(T_{ik})表示由(3)所给的电磁场的能量张量。

这个方程的第二项中的因子$\left(-\frac{1}{4}\right)$的形式根据，在于它使左边的标量

$$g^{ik}\left(R_{ik}-\frac{1}{4}g_{ik}R\right)$$

恒等于零，就像右边的标量

$$g^{ik}T_{ik}$$

由于(3)而恒等于零一样。要是我们根据方程(1)而不是根据(1a)来推论，那么相反的，我们该得到条件 $R=0$，这个条件无论在哪里对于 $g_{\mu\nu}$ 都必定成立，而同电场无关。显然，方程组[(1a)，(3)]是方程组[(1)，(3)]的推论，而不是反过来。

初看一下我们会怀疑，(1a)连同(6)一起究竟是不是足以确定整个场。在广义相对论性的理论中，要确定 n 个相依变量，需要有 $n-4$ 个彼此独立的微分方程，正因为在这解中，由于坐标选择的自由，4 个关于所有坐标的完全任意的函数必定会出现。因此，要确定 16 个相依变量 $g_{\mu\nu}$ 和 $\varphi_{\mu\nu}$，我们需要 12 个彼此独立的方程。但是恰好方程组(1a)中的 9 个方程和方程组(6)中的 3 个方程是

彼此独立的。

如果我们构成(1a)的散度，考虑到 $R_{ik}-\frac{1}{2}g_{ik}R$ 的散度等于零，那么我们就得到

$$(4a)\qquad \varphi_{\sigma\alpha}J^{\alpha}+\frac{1}{4\kappa}\frac{\partial R}{\partial x_{\sigma}}=0.$$

从这里，我们首先认出，在电密度等于零的四维区域里，曲率标量 R 是常数。如果我们假定空间的所有这些部分都是相连的，从而电密度只有在分隔开的世界线束(*Weltfäden*)中才不等于零，那么，曲率标量在这些世界线束外面的任何地方都具有一个常数值 R_0. 但是，关于 R 在电密度不等于零的区域里的性状，方程(4a)也允许作出一个重要的结论。如果我们像通常那样把电看作是运动着的电荷密度①，当我们置

$$(7)\qquad J^{\sigma}=\frac{\mathfrak{J}^{\sigma}}{\sqrt{-g}}=\rho\frac{dx_{\sigma}}{ds},$$

从(4a)通过用 J^{α} 内乘，并考虑到 $\varphi_{\mu\nu}$ 的反对称性，我们就得到关系

$$(8)\qquad \frac{\partial R}{\partial x_{\sigma}}\frac{dx_{\sigma}}{ds}=0.$$

因此，曲率标量在每一条电运动的世界线(*Weltlinie*)上都是常数。方程(4a)可以直观地以下列陈述来解释：曲率标量 R 起一种负压力的作用，在电粒子的外面它具有常数值 R_0. 在每一个粒子里面都存在着一个负压力(正的 $R-R_0$)，这个压力的下降就实现了电动力的平衡。这个压力的极小值，或者曲率标量的极大值，在粒子

① 原文为质量密度(*Massendichte*)，此处参照英译本作了改正。——编译者

里面并不随时间而改变。

我们现在把场方程(1a)写成形式

$$(9)\quad \left(R_{ik}-\frac{1}{2}g_{ik}R\right)+\frac{1}{4}g_{ik}R_0=-\kappa\left(T_{ik}+\frac{1}{4\kappa}g_{ik}[R-R_0]\right).$$

另一方面,我们变换先前的场方程,补充以宇宙学项,

$$R_{ik}-\lambda g_{ik}=-\kappa\left(T_{ik}-\frac{1}{2}g_{ik}T\right).$$

减去乘以$\frac{1}{2}$的标量方程,我们立即得到

$$\left(R_{ik}-\frac{1}{2}g_{ik}R\right)+g_{ik}\lambda=-\kappa T_{ik}.$$

现在,在只有电场和引力场存在的区域内,这个方程的右边等于零。对于这样的区域,通过标量构成,我们得到$-R+4\lambda=0$.于是在这样的区域内,曲率标量是常数,因而可以用$\frac{R_0}{4}$来代替λ.因此我们可以把先前的场方程(1)写成形式

$$(10)\quad \left(R_{ik}-\frac{1}{2}g_{ik}R\right)+\frac{1}{4}g_{ik}R_0=-\kappa T_{ik}.$$

比较(9)和(10),我们看得出,新的场方程同先前的场方程之间的区别只在于现在出现了同曲率标量无关的$T_{ik}+\frac{1}{4\kappa}g_{ik}[R-R_0]$以代替作为"引力质量"的张量$T_{ik}$.但是这个新表述形式比先前的[表述形式]有这样一大优点:量λ作为一个积分常数出现在理论的基本方程中,而不再作为基本定律所特有的普适常数了。

§3. 关于宇宙学问题

最后这个结果已经允许作这样的揣测:根据我们的新的表述

法，宇宙可以被看作是空间上封闭的，而完全用不着附加的假说。像以前那篇论文那样，我们再一次指明，在均匀的物质分布条件下，球面的宇宙是同这些方程相容的。

首先我们置

$$ds^2 = -\sum \gamma_{ik} dx_i dx_k + dx_4^2 \qquad (i,k=1,2,3), \tag{11}$$

于是，如果 P_{ik} 和 P 分别是三维空间中的二秩曲率张量和曲率标量，那么就得到

$$R_{ik} = P_{ik} \qquad (i,k=1,2,3),$$

$$R_{i4} = R_{4i} = R_{44} = 0,$$

$$R = -P,$$

$$-g = \gamma.$$

因此，对于我们的情况，得到：

$$R_{ik} - \frac{1}{2} g_{ik} R = P_{ik} - \frac{1}{2} \gamma_{ik} P \qquad (i,k=1,2,3),$$

$$R_{44} - \frac{1}{2} g_{44} R = \frac{1}{2} P.$$

对于进一步的思考，我们以两种方式来进行。首先，我们凭借方程(1a)。在这个方程组中，T_{ik} 表示由组成物质的电粒子所产生的电磁场的能量张量。对于这种场，

$$\mathfrak{T}_1^1 + \mathfrak{T}_2^2 + \mathfrak{T}_3^3 + \mathfrak{T}_4^4 = 0$$

在到处都成立。各个 $\mathfrak{T}_i^k$ 都是随着位置迅速变化的量；但是对于我们的任务来说，我们无疑可以用它们的平均值来代替它们。因而我们必须选取

$$(12)\quad \begin{cases} \mathfrak{T}_1^1=\mathfrak{T}_2^2=\mathfrak{T}_3^3=-\frac{1}{3}\mathfrak{T}_4^4=\text{常数} \\ \mathfrak{T}_i^k=0 \qquad (\text{对于 } i\neq k), \end{cases}$$

因此 $$T_{ik}=+\frac{1}{3}\frac{\mathfrak{T}_4^4}{\sqrt{\gamma}}\gamma_{ik}; \qquad T_{44}=\frac{\mathfrak{T}_4^4}{\sqrt{\gamma}}.$$

考虑到迄今已经表明的，我们得到下列方程以代替(1a)：

$$(13)\quad P_{ik}-\frac{1}{4}\gamma_{ik}P=-\frac{1}{3}\gamma_{ik}\frac{\kappa\mathfrak{T}_4^4}{\sqrt{\gamma}},$$

$$(14)\quad \frac{1}{4}P=-\frac{\kappa\mathfrak{T}_4^4}{\sqrt{\gamma}}.$$

(13)的标量方程同(14)相符。正因为如此，我们的基本方程容许一种球面的宇宙。因为从(13)和(14)，得知

$$(15)\quad P_{ik}+\frac{4}{3}\frac{\kappa\mathfrak{T}_4^4}{\sqrt{\gamma}}\gamma_{ik}=0,$$

并且已经知道，①一个(三维)球面宇宙是满足这个方程组的。

但是我们也可以根据方程(9)来思考。在(9)的右边是那样一些项，从现象学的观点看来，它们应该代之以物质的能量张量；因此，它们应该代之以

$$\begin{matrix} 0 & 0 & 0 & 0 \\ 0 & 0 & 0 & 0 \\ 0 & 0 & 0 & 0 \\ 0 & 0 & 0 & \rho, \end{matrix}$$

此处 ρ 表示被假定是静止的物质的平均密度。我们于是得到方程

① 参见 H. 魏耳，《空间，时间，物质》(*Raum. Zeit. Materie*)，§ 33. ——原注

(16) $$P_{ik}-\frac{1}{2}\gamma_{ik}P-\frac{1}{4}\gamma_{ik}R_0=0,$$

(17) $$\frac{1}{2}P+\frac{1}{4}R_0=-\kappa\rho.$$

由(16)的标量方程，并且由(17)，我们得到

(18) $$R_0=-\frac{2}{3}P=2\kappa\rho,$$

从而由(16)，得到：①

(19) $$P_{ik}-\kappa\rho\gamma_{ik}=0,$$

这个方程，直到关于系数的表示式，是同(15)相符的。通过比较，我们得到

(20) $$\mathfrak{T}_4^4=\frac{3}{4}\rho\sqrt{\gamma}.$$

这个方程意味着，构成物质的能量的四分之三归属于电磁场，四分之一归属于引力场。

§4. 结束语

上述思考显示了仅仅由引力场和电磁场作出物质的理论构成的可能性，而用不着按照米的理论路线去引进一些假设的附加项。由于在解宇宙学问题时，它使我们免除了引进一个特殊常数 λ 的必要性，所看到的这种可能性就显得特别可取。但是另一方面，也有一种特殊的困难。因为，如果我们把(1)限定为球对称的静止的情况，那么我们就得到一个方程，这对于确定 $g_{\mu\nu}$ 和 $\varphi_{\mu\nu}$ 来说是太少

① (19)式原文如此，似系 $P_{ik}+\kappa\rho\gamma_{ik}=0$ 之误。——编译者

了，其结果是，电的**任何球对称分布**看来似乎能够在平衡中得到维持。因此，根据已有的场方程，还是远远不能解决基元量子的构成问题。

仿射场论[①]

下面概述的这个把引力和电磁联系起来的理论，是以近几年来所发表的爱丁顿的想法为依据的，这个想法就是在数学上把“场物理学”建立在仿射关系(*affine relation*)的理论上。我们首先来扼要地考查一下同勒维-契维塔、魏耳和爱丁顿这些名字连在一起的那些想法的整个发展。

广义相对论在形式上是建立在黎曼几何之上的，这种几何的全部概念所根据的基础是：两个无限接近的点的间隔 ds 遵循公式[②]

$$ds^2 = g_{\mu\nu} dx_\mu dx_\nu. \tag{1}$$

这些 $g_{\mu\nu}$ 量决定着有关坐标系的量杆和时钟的行为，也决定着引力场。到此为止，我们能够说，广义相对论从根本上解释了引力场。对比之下，这个理论的概念基础却同电磁场毫无关系。

这些事实提示了如下问题。难道不可能把这个理论的数学基础作这样一种方式的推广，使我们从这些基础中不仅能够推导出引力场的性质，而且还能够推导出电磁场的性质？

---

① 本文发表在1923年9月22日出版的英国《自然》(*Nature*)周刊112卷448—449页上，由劳森(R. W. Lawson)英译。同年出版的《普鲁士科学院会议报告》中有爱因斯坦的一篇题目相同的论文，但内容并不相同。这里译自《自然》周刊。——编译者

② 按照习惯，累加号省略掉。——原注

推广数学基础的可能性，来源于这样的事实：勒维-契维塔指出，黎曼几何中的元素能够不依赖这种几何来作出，也就是用“仿射关系”来作出；因为按照黎曼几何，流形(*manifold*)的每一个无限小部分都能够用欧几里得几何中的无素来近似地表示。因此，在这个基元区域里存在着平行性观念。如果我们使一个在点 x_ν 上的抗变矢量 A^σ 平行位移到无限邻近点 $x_\nu+\delta x_\nu$ 上去，那么，所得到的矢量 $A^\sigma+\delta A^\sigma$ 就由一个具有形式

$$\delta A^\sigma=-\Gamma^\sigma_{\mu\nu}A^\mu\,\delta x_\nu \tag{2}$$

的表示式来确定。Γ 这些量就下标来说是对称的，并且是按照黎曼几何用 $g_{\mu\nu}$ 及其一阶导数来表示的(第二种克里斯托菲符号)。我们所以能够得到这些表示式，是通过表述这样的条件：按照(1)形成的抗变矢量，在平行位移之后，其长度并不改变。

勒维-契维塔指出过，仅仅根据上述(2)所给的仿射关系定律而进行的几何学的考查，就能得到对引力场理论有根本意义的黎曼曲率张量。至于究竟能以怎样的方式用 $g_{\mu\nu}$ 来表示 $\Gamma^\sigma_{\mu\nu}$，在这个考查中是无关紧要的。绝对微分学中微分运算的情况就类似这样。

这些结果就自然地导致黎曼几何的推广。我们不从度规关系(1)开始，也不由此推导出用(2)来表征的仿射关系的系数 Γ，而是从一种用不着假设(1)的属于类型(2)的一般仿射关系着手。对于那些应该同自然规律相对应的数学规律的探索，就成为解决这样的问题：能够加给仿射关系的形式上最自然的条件是什么？

在这个方向上的第一步是 H. 魏耳迈出的。他的理论关系到这样的事实：从物理学观点看来，光线在结构上比量杆和时钟都要

简单；而且只有 $g_{\mu\nu}$ 的比值是由光的传播定律来确定的。因此，他不给(1)中的量 ds(即矢量的长度)以客观的意义，而只给两个矢量长度的比值(因而也给角度)以客观的意义。凡是平行位移在角度上是准确的那些仿射关系都是许可的。循着这条道路达到了这样一种理论，在这个理论中同行列式(除了一个因子以外)$g_{\mu\nu}$ 同时出现的还有四个量 ϕ_{ν}，魏耳认为这四个量就是电磁势。

爱丁顿以一种更为根本的方式来处理这个问题。他从类型(2)的仿射关系着手，并且试图在表征这种关系时，不把任何从(1)，即从度规推导出来的东西引进这个理论的基础。度规应该作为理论的演绎结果而出现。张量

$$R_{\mu\nu}=-\frac{\partial\Gamma_{\mu\nu}^{\alpha}}{\partial x_{\alpha}}+\Gamma_{\mu\beta}^{\alpha}\Gamma_{\nu\alpha}^{\beta}+\frac{\partial\Gamma_{\mu\alpha}^{\alpha}}{\partial x_{\nu}}-\Gamma_{\mu\nu}^{\alpha}\Gamma_{\alpha\beta}^{\beta} \tag{3}$$

在黎曼几何这一特殊情况中是对称的。在一般情况下，$R_{\mu\nu}$ 分裂成一个对称部分和一个“反对称”部分：

$$R_{\mu\nu}=\gamma_{\mu\nu}+\phi_{\mu\nu}. \tag{4}$$

人们面临着这样的可能性，即有可能认为 $\gamma_{\mu\nu}$ 就是度规场或引力场的对称张量，而 $\phi_{\mu\nu}$ 就是电磁场的反对称张量。这就是爱丁顿所采取的路线。但是他的理论还不完善，因为，首先看不出有一个具有简单和自然的优点的方法来确定 40 个未知函数 $\Gamma_{\mu\nu}^{\alpha}$. 下面的扼要陈述将用以说明我在填补这个空缺上所作过的努力。①

如果德文花体大写的 $\mathfrak{H}$ 是一个只同函数 $\Gamma_{\mu\nu}^{\alpha}$ 有关的标量密度，那么哈密顿原理

---

① 莱顿的德罗斯特(Droste)先生独立地发现了本文作者同样的想法。——原注

$$\delta\left\{\int \mathfrak{H}\, d\tau\right\}=0 \tag{5}$$

就给我们提供了关于函数 Γ 的 40 个微分方程，只要我们规定，在变分时，各个函数 Γ 都必须作为彼此无关的量来处理。此外我们又假定，$\mathfrak{H}$ 只同 $\gamma_{\mu\nu}$ 和 $\phi_{\mu\nu}$ 这些量有关，因而可以写成

$$\delta\mathfrak{H}=\mathfrak{g}^{\mu\nu}\delta\gamma_{\mu\nu}+\mathfrak{f}^{\mu\nu}\delta\phi_{\mu\nu}, \tag{6}$$

此处我们取

$$\left.\begin{aligned}\frac{\partial\mathfrak{H}}{\partial\gamma_{\mu\nu}}&=\mathfrak{g}^{\mu\nu},\\ \frac{\partial\mathfrak{H}}{\partial\phi_{\mu\nu}}&=\mathfrak{f}^{\mu\nu}.\end{aligned}\right\} \tag{7}$$

此处应当注意的是，这里所阐述的理论中，两个小写的德文花体字母分别表示度规张量的抗变密度（$\mathfrak{g}^{\mu\nu}$）和电磁场的抗变张量密度（$\mathfrak{f}^{\mu\nu}$）。这样，就以一种人所共知的方式给出了从张量密度（用德文花体字母来表示）到抗变张量和协变张量（用对应的斜体字母来表示）的转变，并且引进了一种以仿射关系为唯一根据的度规。

进行了变分，并经过一些计算以后，我们得到

$$\Gamma^{\alpha}_{\mu\nu}=\frac{1}{2}g^{\alpha\beta}\left(\frac{\partial g_{\mu\beta}}{\partial x_{\nu}}+\frac{\partial g_{\nu\beta}}{\partial x_{\mu}}-\frac{\partial g_{\mu\nu}}{\partial x_{\beta}}\right)-\frac{1}{2}g_{\mu\nu}i^{\alpha}+\frac{1}{6}\delta^{\alpha}_{\mu}i_{\nu}+\frac{1}{6}\delta^{\alpha}_{\nu}i_{\mu}, \tag{8}$$

此处

$$\frac{\partial\mathfrak{f}^{\mu\nu}}{\partial x_{\nu}}=i^{\mu}. \tag{9}$$

方程(8)表明：我们这个理论的扩充看来是多么一般，它导致了这样一种具有仿射关系的结构，这种结构同黎曼几何结构的偏差，并不比物理场的实际结构所要求的更厉害。

我们现在以下列方式得到场方程。由(3)和(4),我们首先推导出关系

$$\gamma_{\mu\nu}=-\frac{\partial\Gamma_{\mu\nu}^{\alpha}}{\partial x_{\alpha}}+\Gamma_{\mu\beta}^{\alpha}\Gamma_{\nu\alpha}^{\beta}+\frac{1}{2}\left(\frac{\partial\Gamma_{\mu\alpha}^{\alpha}}{\partial x_{\nu}}+\frac{\partial\Gamma_{\nu\alpha}^{\alpha}}{\partial x_{\mu}}\right)-\Gamma_{\mu\nu}^{\alpha}\Gamma_{\alpha\beta}^{\beta},\tag{10}$$

$$\phi_{\mu\nu}=\frac{1}{2}\left(\frac{\partial\Gamma_{\mu\alpha}^{\alpha}}{\partial x_{\nu}}-\frac{\partial\Gamma_{\nu\alpha}^{\alpha}}{\partial x_{\mu}}\right).\tag{11}$$

在这些方程中,右边的那些 $\Gamma_{\mu\nu}^{\alpha}$ 都是通过(8)用 $\mathfrak{g}^{\mu\nu}$ 和 $\mathfrak{f}^{\mu\nu}$ 来表示的。而且,如果 $\mathfrak{H}$ 是已知的,那么,根据(7),$\gamma_{\mu\nu}$ 和 $\phi_{\mu\nu}$,即(10)和(11)的左边也能够用 $\mathfrak{g}^{\mu\nu}$ 和 $\mathfrak{f}^{\mu\nu}$ 来表示。后面这个计算可以用如下的巧法加以简化。方程(6)就等于说

$$\delta\mathfrak{H}^{*}=\gamma_{\mu\nu}\delta\mathfrak{g}^{\mu\nu}+\phi_{\mu\nu}\delta\mathfrak{f}^{\mu\nu}\tag{6a}$$

也是一个全微分,于是,如果 $\mathfrak{H}^{*}$ 是 $\mathfrak{g}^{\mu\nu}$ 和 $\mathfrak{f}^{\mu\nu}$ 的一个未知函数,下列关系就会成立:

$$\left.\begin{aligned}\gamma_{\mu\nu}&=\frac{\partial\mathfrak{H}^{*}}{\partial\mathfrak{g}^{\mu\nu}},\\ \phi_{\mu\nu}&=\frac{\partial\mathfrak{H}^{*}}{\partial\mathfrak{f}^{\mu\nu}}.\end{aligned}\right\}\tag{7a}$$

我们现在只要假定 $\mathfrak{H}^{*}$ 就行了。最简单的可能性显然是

$$\mathfrak{H}^{*}=-\frac{\beta}{2}f_{\mu\nu}\mathfrak{f}^{\mu\nu}.\tag{12}$$

在这里有兴趣的是,这个函数不像迄今所提出来的各种理论所具有的情况那样,是由几个逻辑上彼此无关的累加项所组成的。

在这条道路上我们到达了场方程

$$R_{\mu\nu}=-\kappa\left[\left(\frac{1}{4}g_{\mu\nu}f_{\sigma\tau}f^{\sigma\tau}-f_{\mu\nu}f_{\nu}^{\sigma}\right)+\gamma f_{\mu}f_{\nu}\right],\tag{13}$$

此处 $R_{\mu\nu}$ 是黎曼曲率张量。κ 和 γ 都是常数,f_{μ} 是电磁势,它同场

强度的关系是

$$f_{\mu\nu}=\frac{\partial f_{\mu}}{\partial x_{\nu}}-\frac{\partial f_{\nu}}{\partial x_{\mu}}, \tag{14}$$

而同电流密度的关系则是

$$i^{\mu}=-\gamma g^{\mu\sigma} f_{\sigma}. \tag{15}$$

为了使这些方程可以符合于经验，常数 γ 实际上必须是无限小的，否则，要是没有显著的电流密度，就不可能有场了。

这个理论以一种自然的方式向我们提供了迄今已知的引力场定律和电磁场定律，也提供了关于这两种场的本性的关系；但是关于电子的结构，它并没有带给我们一点启示。

对 S. N. 玻色的论文《普朗克定律和光量子假说》的评注[①]

译者按： 在我看来，玻色对普朗克公式的推导意味着一个重要的进展。这里所用的方法也得出我要在别处[②]阐述的关于理想气体的量子理论。

---

① 沙提恩德拉·纳思·玻色(Satyendra Nath Bose，1894—1974)是印度物理学家，他于 1924 年把这篇论文从孟加拉的达卡大学寄给爱因斯坦。爱因斯坦当时看出它的深远意义，就亲自把它从英文译成德文，并以译者的名义在论文后面加了这样一个评注，于 1924 年 7 月 2 日寄到柏林《物理学期刊》(*Zeitschrift für Physik*)发表。这里译自该刊 1924 年，26 卷，181 页。标题是我们加的。——编译者

② 即随后发表的爱因斯坦的论文《单原子理想气体的量子理论》，见本书 467—476 页。由于这个推广，以后人们就把这种量子统计法称为“玻色-爱因斯坦统计法”。——编译者

附：

普朗克定律和光量子假说[①]

S. N. 玻色

把一个容积既定的光量子的相空间分为大小为 h^3 的"相格"。由一个在宏观意义上定义的辐射中的光量子在这种"相格"中的可能分配的数目就得出了熵，从而也得出了辐射的一切热力学特性。

普朗克关于黑体辐射中能量分配的公式是量子论的出发点，量子论是近二十年内发展起来的，它给物理学的一切领域带来了丰硕的成果。自从 1901 年发表[普朗克定律]以来，已经提出了这个定律的许多种推导方法。人们都承认，量子论的基本前提是同古典电动力学定律不相容的。迄今为止的一切推导都利用了关系式

$$\rho_\nu \, d\nu = \frac{8\pi\nu^3 \, d\nu}{c^3} E,$$

即辐射密度同振子的平均能量之间的关系式，而且它们都作出了像上述等式中所引进的关于以太的自由度数的假设(右边的第一个因子)。可是这个因子只能从古典理论得出。这就是所有推导中的不能令人满意之点，因此总是一再有人企图作出没有这种逻

① 译自《物理学期刊》，1924 年，26 卷，178—181 页。——编译者

辑缺陷的推导，也就不足为怪了。

一个令人注意的优美的推导是爱因斯坦作出的。他看到了以往一切推导中的逻辑缺陷，并试图不依赖古典理论而推演出这个公式。从非常简单的关于分子同辐射场之间的能量交换的假设出发，他求得了关系式

$$\rho_\nu=\frac{\alpha_{mn}}{e^{\frac{\varepsilon_m-\varepsilon_n}{kT}}-1}.$$

可是，为了使这个公式同普朗克的公式相一致，他必须利用维恩的位移定律和玻尔的对应原理。维恩定律是以古典理论为基础的，而对应原理认为，量子论同古典理论在一定的极限情况下是一致的。

在我看来，在任何情况下，这个推导不是在逻辑上毫无缺陷的。相反，在我看来，把光量子假说和统计力学结合起来(就像普朗克把它们调整得适合于量子论的需要一样)，就足以推导出普朗克定律，而不必用到古典理论。下面我想简略地描述一下这个方法。

设辐射封闭在容积 V 中，它的总能量 E 已给定。设存在有不同种类的量子，其数目各为 N_s，其能量为 $h\nu_s$(s 从 0 到∞)。那么，总能量 E 为

$$E=\sum_s N_s h\nu_s=V\int\rho_\nu d\nu. \qquad (1)$$

这时要解决这个问题，就是要求明确规定各个 ρ_ν 的 N_s. 如果我们可以指明每一个用任何 N_s 来表征的分配的几率，那么这个解就取决于下述条件：在满足补充条件(1)时，这个几率应当为极大。我们现在就来求这个几率。

这个量子具有动量，其大小为$\frac{h\nu_s}{c}$，其方向为量子运动的方向。量子的瞬时状态可以由它的坐标 x,y,z 和它所具有的动量 p_x，p_y，p_z 来表示；这六个量可以采用为一个六维空间中的点坐标，而且我们还有关系式

$$p_x^2+p_y^2+p_z^2=\frac{h^2\nu^2}{c^2},$$

由于这个关系式，我们所说的点必须留在由量子频率所决定的圆柱面上。在这个意义上，属于频率间隔 $d\nu_s$ 的相空间为

$$\int dx\,dy\,dz\,dp_x dp_y dp_z=V\cdot 4\pi\left(\frac{h\nu}{c}\right)^2\frac{hd\nu}{c}=4\pi\frac{h^3\nu^2}{c^3}V\,d\nu.$$

如果我们把总的相容积分成大小为 h^3 的许多相格，那么，属于频率间隔 $d\nu$ 的就有 $4\pi V\frac{\nu^2}{c^3}d\nu$ 个相格。关于这种分配方式不能说出什么确定的东西。可是相格的总数必须看作是一个量子在给定容积中可能排列的数目。为了把偏振考虑在内，也许还必须把这个数目乘以 2，这样，我们就得到属于 $d\nu$ 的相格数为 $8\pi V\frac{\nu^2 d\nu}{c^3}$.

现在要计算一个（在宏观意义上定义的）状态的热力学几率就简单了。置 N^s 为属于频率间隔 $d\nu^s$ 的量子数。这些量子能够以多少种方式分配在属于 $d\nu^s$ 的相格内？置 p_0^s 为真空的相格数，p_1^s 为包含一个量子的相格数，p_2^s 为包含两个量子的相格数，如此等等。那么，可能的分配数为

$$\frac{A^s!}{p_0^s!\,p_1^s!\cdots},\ 这里\ A^s=\frac{8\pi\nu^2}{c^3}d\nu^s,$$

而且这里属于 $d\nu^s$ 的量子数是

$$N^s = 0 \cdot p_0^s + 1 \cdot p_1^s + 2p_2^s \cdots.$$

由全部 p_r^s 来定义的状态的几率显然是

$$\prod_s \frac{A^s!}{p_0^s!p_1^s!\cdots}.$$

考虑到我们可以把 p_r^s 看作是很大的数目，我们得到

$$\lg W = \sum_s A^s \lg A^s - \sum_s \sum_r p_r^s \lg p_r^s$$

并且

$$A^s = \sum_r p_r^s.$$

在补充条件

$$E = \sum_s N^s h\nu^s; \qquad N^s = \sum_r r p_r^s,$$

下，上述表示式应当是极大。通过变分，得到条件

$$\sum_s \sum_r \delta p_r^s (1 + \lg p_r^s) = 0, \quad \sum_s \delta N^s h\nu^s = 0,$$

$$\sum_r \delta p_r^s = 0, \qquad \delta N^s = \sum_r r\, \delta p_r^s.$$

由此得出

$$\sum_s \sum_r \delta p_r^s (1 + \lg p_r^s + \lambda^s) + \frac{1}{\beta} \sum_s h\nu^s \sum_r r\, \delta p_r^s = 0.$$

由此首先得到：

$$p_r^s = B^s e^{-\frac{rh\nu^s}{\beta}}.$$

可是，因为

$$A^s = \sum_r B^s e^{-\frac{rh\nu^s}{\beta}} = B^s (1 - e^{-\frac{h\nu^s}{\beta}})^{-1},$$

所以

$$B_s = A^s(1-e^{-\frac{h\nu^s}{\beta}}).$$

此外，我们得到

$$N^s = \sum_r r p_r^s = \sum_r r A^s (1-e^{-\frac{h\nu^s}{\beta}}) e^{-\frac{rh\nu^s}{\beta}} = \frac{A^s e^{-\frac{h\nu^s}{\beta}}}{1-e^{-\frac{h\nu^s}{\beta}}}.$$

考虑到上面所求得的 A^s 值，就得到

$$E = \sum_s \frac{8\pi h {\nu^s}^3 d\nu^s}{c^3} V \frac{e^{-\frac{h\nu^s}{\beta}}}{1-e^{-\frac{h\nu^s}{\beta}}}.$$

利用前面所得到的结果，我们还求得

$$S = k\left[\frac{E}{\beta} - \sum_s A^s \lg(1-e^{\frac{h\nu^s}{kT}})\right],$$

考虑到$\frac{\partial S}{\partial E} = \frac{1}{T}$，从而得出 $\beta = kT$. 把这代入上面的等式，我们就得到

$$E = \sum_s \frac{8\pi h v^s}{c^3} V \frac{1}{e^{\frac{h\nu^s}{kT}}-1} d\nu^s,$$

这个等式就是普朗克公式。

（A. 爱因斯坦译）

单原子理想气体的量子理论(一)[①]

迄今为止,还没有一个摆脱了随意假设的单原子理想气体的量子论。这个空白点可以像下面那样根据玻色先生所想出的一种新的考查方法填补起来,这位作者曾经根据这种方法对普朗克辐射公式作了最值得注意的推导。[②]

下面所追随的玻色采用的这个方法,可以作这样的表征:一个基元实体(这里为单原子的分子)的具有给定的(三维的)容积的相空间被分成大小为 h^3 的"相格"。如果有许多个的基元实体,那么,从热力学来考查,它们的(微观)分布就可以表征为好像这些基元实体是分布在这些相格中一样。一个宏观定义的状态(在普朗克的意义上)的"几率",等于那些可以设想为用以实现该宏观状态的各种不同的微观状态的数目。这时,宏观状态的熵,从而体系的统计行为和热力学行为,都由玻耳兹曼公式来确定。

§1. 相　格

一个单原子分子在坐标为 x, y, z 以及相应的动量为 p_x, p_y, p_z

---

① 译自1924年9月20日出版的《普鲁士科学院会议报告——物理数学部分》(*Sitzungsber. preuss. Akad. Wiss., Phy.-math. Kl.*),1924年,XXⅡ期,261—267页。——编译者

② 最近发表在《物理学期刊》(*Zeitschr. für Physik*)上。——原注〔即该刊1924年26卷,178—181页上玻色的论文,见本书461—466页。——编译者〕

的一定范围内所具有的相容积，可用积分

$$\Phi = \int dx\, dy\, dz\, dp_x dp_y dp_z \tag{1}$$

来表示。如果 V 是这些分子所支配的容积，那么能量

$$E = \frac{1}{2m}(p_x^2 + p_y^2 + p_z^2)$$

小于一个给定值 E 的一切状态的相容积就是

$$\Phi = V \cdot \frac{4}{3}\pi(2mE)^{\frac{3}{2}}. \tag{1a}$$

因此，能量属于一个确定的基元区间 ΔE 的相格数 Δs 为

$$\Delta s = 2\pi \frac{V}{h^3}(2m)^{\frac{3}{2}} E^{\frac{1}{2}} \Delta E. \tag{2}$$

不管给定的$\frac{\Delta E}{E}$是多么小，人们总能够选取这样大的 V 值，使得 Δs 为很大的数目。

§2. 状态几率和熵

现在我们来定义气体的宏观状态。

设在容积 V 中有 n 个质量为 m 的分子。其中 Δn 个这样的分子可以具有的能量值在 E 和 $E+\Delta E$ 之间。在这 Δs 个相格中，

$p_0\Delta s$ 个相格应该不包含分子，

$p_1\Delta s$ 个相格应该包含 1 个分子，

$p_2\Delta s$ 个相格应该包含 2 个分子，

如此等等。

这样，属于第 s 个相格的几率 p_r 显然都是相格数 s 和整数指数 r 的函数，因此下面可以用 p_r^s 来更加周到地表示它们。显然，对于所有 s，

$$\sum_{r} p_r^s = 1. \tag{3}$$

在给定 p_r^s 值和给定 Δn 数的情况下，Δn 个分子在所考查的能量区间内可能分布的数目等于

$$\frac{\Delta s!}{\prod_{r=0}^{r=\infty} (p_r^s \Delta s)!},$$

根据斯忒林(Stirling)① 定理和等式(3)，上式可以用

$$\frac{1}{\prod_{r} (p_r^s)^{\Delta s p_r^s}}$$

来代替，我们也可以把这个式子写成对于所有 r 和 s 连乘的形式

$$\frac{1}{\prod_{r\ s} p_r^{s\, p_r^s}}. \tag{4}$$

如果我们把这个连乘对于所有从 1 到∞的 s 值展开，那么显然公式(4)是描述一个由 p_r^s 所决定的气体的(宏观)状态的总**配容数**，亦即普朗克意义上的几率。玻耳兹曼定理给出有关这种状态的熵 S 的表示式②

$$S = -\kappa \lg \sum_{s\ r} (p_r^s \lg p_r^s). \tag{5}$$

§3. 热力学平衡

在热力学的平衡状态中，熵 S 为极大，而且除了等式(3)之

① 原文误为 Stierling.——编译者

② 下式原文如此，疑为 $S = -\kappa \sum_{sr} (p_r^s \lg p_r^s)$ 之误。——编译者

外，还满足辅助条件：原子总数 n 以及其总能量 $\overline{E}$ 都具有给定的值。显然，这些条件可由下列两个等式表示出来①：

$$n=\sum_{s\,r} rp_r^s, \tag{6}$$

$$\overline{E}=\sum_{s\,r} E^s rp_r^s, \tag{7}$$

这里 E^s 是属于第 s 个相格的一个分子能量。从(1a)我们容易得出

$$\left.\begin{aligned} &E^s=cs^{\frac{2}{3}},\\ &c=(2m)^{-1}h^2\left(\frac{4}{3}\pi V\right)^{-\frac{2}{3}}. \end{aligned}\right\} \tag{8}$$

通过把 p_r^s 作为变量来进行变化，我们发现，对于适当选择的常数 β^s，A 和 B，必定得出

$$\left.\begin{aligned} &p_r^s=\beta^s e^{-\alpha^s r},\\ &\alpha^s=A+Bs^{\frac{2}{3}}. \end{aligned}\right\} \tag{9}$$

这里根据(3)必定得出

$$\beta^s=1-e^{-\alpha^s}. \tag{10}$$

由此首先得到每个相格的平均分子数②

$$\begin{aligned} n^s=\sum_r rp_r^s=\beta^s\sum_r re^{-\alpha^s\gamma}&=-\beta^s\frac{d}{d\alpha^s}\left(\sum e^{-\alpha^s}\right)\\ &=-\beta^s\frac{d}{d\alpha^s}\left(\frac{1}{1-e^{-\alpha^s}}\right)=\frac{1}{e^{\alpha^s}-1}. \end{aligned} \tag{11}$$

---

① 实际上，$n^s=\sum_r rp_r^s$ 是处于第 s 个相格中的平均分子数。——原注

② 下列等式中的 $\frac{d}{d\alpha^s}\left(\sum e^{-\alpha^s}\right)$ 似为 $\frac{d}{d\alpha^s}\left(\sum_r e^{-\alpha^s}\cdot\gamma\right)$ 之误。——编译者

因此,等式(6)和(7)取下列形式:

$$n=\sum_s \frac{1}{e^{\alpha^s}-1} \tag{6a}$$

$$\overline{E}=c\sum \frac{s^{\frac{2}{3}}}{e^{\alpha^s}-1}, \tag{7a}$$

这两个等式同

$$\alpha^s=A+Bs^{\frac{2}{3}}$$

一起确定了常数 A 和 B. 从而完全确定了热力学平衡[条件]下的宏观状态分布律。

把本节所得的结果代入(5),我们得到关于平衡状态的熵的表示式

$$S=-\kappa\left\{\sum_s[\lg(1-e^{-\alpha^s})]-An-\frac{B}{c}\overline{E}\right\}. \tag{12}$$

现在我们必须计算体系温度。为此目的,我们把熵的定义方程应用到无限小的等容(*isopyknisch*)加热过程,并得到①

$$d\overline{E}=TdS=-\kappa T\left\{\sum_s \frac{d\alpha^s}{1-e^{\alpha^s}}-ndA-\frac{\overline{E}}{c}dB-Bd\left(\frac{\overline{E}}{c}\right)\right\},$$

考虑到(9),(6)和(7),这就给出

$$d\overline{E}=\kappa TBd\left(\frac{\overline{E}}{c}\right)=\kappa T\frac{B}{c}d\overline{E},$$

或者

$$\frac{1}{\kappa T}=\frac{B}{c}. \tag{13}$$

从而温度也就间接地由能量和其他给定的量表示出来了。从(12)

① 下列等式右边括弧中的 $\sum_s \frac{d\alpha^s}{1-e^{\alpha^s}}$ 似为 $\sum_s \frac{-d\alpha^s}{1-e^{\alpha^s}}$ 之误。——编译者

和(13)还得知,体系的自由能由下式给出①:

$$F=\overline{E}-TS=\kappa T\left\{\lg\sum_{s}(1-e^{-\alpha^{s}})-An\right\}. \tag{14}$$

由此得出气体的压力 p 是

$$p=-\frac{\partial F}{\partial V}=-\kappa T\ \frac{\overline{E}}{c}\frac{\partial B}{\partial V}=-\overline{E}\ \frac{\partial\lg c}{\partial V}=\frac{2}{3}\frac{\overline{E}}{V}. \tag{15}$$

由此产生了值得注意的结果:这个动能和压力之间的关系式同古典理论中利用维里(Virial)定理导出的关系式完全一样。

§4. 作为极限情形的古典理论

如果我们相对于 $e^{\alpha^{s}}$ 略去 1,我们就得到古典理论的结果;下面将立即求出在怎样的条件下这种忽略是允许的。这时,根据(11),(9)和(13),给出在每个相格中平均的分子数 n^{s} 为

$$n^{s}=e^{-\alpha^{s}}=e^{-A}\cdot c^{-\frac{E_s}{\kappa T}}. \tag{11a}$$

因此根据(8)得出其能量在基元区间 dE^{s} 内的分子数为

$$\frac{3}{2}c^{-\frac{3}{2}}e^{-A}e^{-\frac{E}{\kappa T}}E^{\frac{1}{2}}dE. \tag{11b}$$

这同古典理论相符。因此等式(6)在应用同样的忽略条件下给出

$$e^{A}=\pi^{\frac{3}{2}}h^{-3}\frac{V}{h}(2m\kappa T)^{\frac{3}{2}}. \tag{16}$$

对处于大气压下的氢气,这个值约为 $6\cdot10^{4}$,因此远大于 1. 所以在这里古典理论还是提供了很好的近似。但是,随着密度的增长

① 下列等式右边括弧中的 $\lg\sum\limits_{s}(1-e^{-\alpha^{s}})$ 似为 $\sum\limits_{s}\lg(1-e^{-\alpha^{s}})$ 之误。——编译者

和温度的降低,误差就显著地增长了,而对于接近临界状态的氦,误差就相当显著;当然在这种情况下完全谈不上什么理想气体了。

现在我们从(12)出发计算我们的极限情形下的熵。将(12)中的 $\lg(1-e^{-\alpha^s})$ 用 $-e^{-\alpha^s}$ 代替,然后又用 $-\frac{1}{e^{\alpha^s}-1}$ 代替它,并考虑到(6a),我们得到

$$S=\nu R\lg\left[e^{\frac{5}{2}}\frac{V}{h^3 n}(2\pi m\kappa T)^{\frac{3}{2}}\right], \tag{17}$$

这里,ν 是摩尔数,R 是理想气体状态方程的常数。关于熵的绝对值的这个结果同量子统计学的熟识的结果相符合。

根据这里所述的理论,关于理想气体的能斯特(Nernst)定理得到了满足。诚然,对于极低的温度,我们的公式不能直接应用,因为我们在推导这个公式时假设了:当 s 在 1 的附近变化时,p_r^s 相对地只有无限小的变化。同时我们可以直接看出,在绝对零度时熵必须变为零。那么这时所有分子都将处于第一个相格;但是对于这种状态,从我们的计算的意义来说,只存在一种唯一的分子分布。由此直接得出了[我们的]主张的正确性。

§5. 对古典理论的气体状态方程的偏离

我们关于状态方程的结果包含在下列方程之中①:

$$n=\sum_\sigma\frac{1}{e^{\alpha^s}-1}, \qquad (18)[参见(6a)]$$

① 方程(18)和(19)中两个累加号 $\sum\limits_\sigma$ 似为 $\sum\limits_s$ 之误。——编译者

$$\overline{E}=\frac{3}{2}pV=c\sum_{\sigma}\frac{s^{\frac{2}{3}}}{e^{\alpha^{s}}-1},\qquad (19)[参见(7a)和(15)]$$

$$\alpha^{\delta}=A+\frac{cs^{\frac{2}{3}}}{\kappa T}\qquad (20)[参见(9)和(13)]$$

$$c=\frac{E^{s}}{s^{\frac{2}{3}}}=\frac{h^{2}}{2m}\left(\frac{4}{3}\pi V\right)^{-\frac{2}{3}}.\qquad (21)[参见(8)]$$

我们现在要变换并讨论这些结果。从§4的推论得出，量e^{-A}(我们拟用λ表示它)小于1.它是气体“简并性”的一种量度。现在我们可以这样地把(18)和(19)写成为二重累加的形式：

$$n=\sum_{s\ \tau}\lambda^{\tau}e^{-\frac{cs^{\frac{2}{3}}\tau}{\kappa T}},\qquad (18a)$$

$$\overline{E}=c\sum_{s\ \tau}s^{\frac{2}{3}}\lambda^{\tau}e^{-\frac{cs^{\frac{2}{3}}\tau}{\kappa T}},\qquad (19a)$$

其中，对于所有的σ①，关于τ都应当从1到∞累加。

当我们用从0到∞的积分代替对s的累加时，我们就可以算出它。由于指数函数缓慢地随σ②而变化，这是允许的。这样我们就得到：

$$n=\frac{3\sqrt{\pi}}{4}\left(\frac{\kappa T}{c}\right)^{\frac{3}{2}}\sum_{\tau}\tau^{-\frac{3}{2}}\lambda^{\tau},\qquad (18b)$$

$$\overline{E}=c\,\frac{9\sqrt{\pi}}{8}\left(\frac{\kappa T}{c}\right)^{\frac{5}{2}}\sum_{\tau}\tau^{-\frac{5}{2}}\lambda^{\tau}.\qquad (19b)$$

(18b)确定了作为V，T和n的函数的简并参数λ，由此(19b)确定

① 这里的σ似均系s之误。——编译者

② 这里的σ似均系s之误。——编译者

了能量,从而也确定了气体压力。

关于这些等式的一般性讨论可以这样来开始:我们寻求用(18b)中的累加来表示(19b)中的累加的函数。通过相除,我们一般得到

$$\frac{\overline{E}}{n}=\frac{3}{2}\kappa T\frac{\sum_{\tau}\tau^{-\frac{5}{2}}\lambda^{\tau}}{\sum_{\tau}\tau^{-\frac{3}{2}}\lambda^{\tau}}.\tag{22}$$

因此气体分子的平均能量在[给定的]温度(以及[给定的]压力)的情况下总是比古典值小得多,并且简并参量 λ 愈大,这个表示简化的因子就愈小。根据(18b)和(21),这个简并参量本身就是 $\left(\frac{V}{n}\right)^{\frac{2}{3}}mT$ 的一个确定的函数。

如果参量 λ 很小,以致 λ^2 同 1 相比可以忽略不计,那么我们就得到①

$$\frac{E}{n}=\frac{3}{2}\kappa T\left[1-0.0318h^3\frac{n}{V}(2\pi m\kappa T)^{-\frac{3}{2}}\right].\tag{22a}$$

现在我们还要考查一下,这些量子以什么样的方式影响麦克斯韦的状态分布。如果我们考虑到(20)而将(11)按 λ 的幂展开,那么,我们就得到

$$n^s=\text{常数}\cdot e^{-\frac{E_s}{\kappa T}}\left(1+\lambda e^{-\frac{E_s}{\kappa T}}+\cdots\right).\tag{23}$$

括弧[中的式子]表示对麦克斯韦分布的量子影响。我们看到,慢分子与快分子相比,慢分子是比根据麦克斯韦定律的情况更多一些。

最后,我想提醒[读者]注意一个我还不能解释的悖论。利用

---

① 下列方程左边的 $\frac{E}{n}$ 似系 $\frac{\overline{E}}{n}$ 之误。——编译者

这里所讲的方法考查两种不同气体混合的情况也不会有什么困难。在这种情况下每一种分子都有它特殊的“相格”。由此可以得出混合物各种成分的熵的可加性。因此,就分子的能量、压力和统计分布来说,每一种成分就好像[在混合物的容积中]只有它单独存在似的。由分子数为 n_1, n_2 的两种分子组成的一种混合物,它的第一种分子同第二种分子的差别不管怎么小(特别是关于分子的质量 m_1, m_2),[这种混合气体]在给定的温度下,同实际上具有同样的分子质量和同样的容积的分子数为 n_1+n_2 的一种单纯的气体相比较,给出一种不同的压力和一种不同的状态分布。但是看来这几乎是不可能的。

单原子理想气体的量子理论(二)[①]

不久前,在本刊(XXⅡ期,1924年,261页)上发表的一篇论文中[②],曾应用玻色先生为了推导普朗克辐射公式所想出的方法,阐述了理想气体"简并"理论。这个理论的趣味就在于,它是以这个认为辐射同气体之间有着广泛的形式上的类似关系的假说为根据的。根据这个理论,简并的气体同统计力学的气体之间的差异,正好类似于以普朗克定律为依据的辐射同以维恩定律为依据的辐射之间的差异。如果玻色对普朗克辐射公式的推导被认真地对待,那么人们也就不应该绕过这个理想气体理论;因为,如果把辐射理解为量子气体已经证明是正确的,那么量子气体同分子气体的类似性就必定是完全的了。下面可以对以前的考查作若干新的补充,在我看来,这些补充考查可以提高对这个题目的兴趣。为方便起见,我在形式上把下文写成是前一篇论文的续篇。

§6. 饱和理想气体

一定量气体的体积和温度可以随意地给定,这在理想气体理论中似乎是一个自明的要求。这时,这个理论确定了能量以及气

---

① 本文写于1924年12月,发表在1925年2月9日出版的《普鲁士科学院会议报告——物理数学部分》,1925年,I,3—14页。这里译自该刊。——编译者

② 见本书467—476页。——编译者

体的压力。但是，包含在方程(18)，(19)，(20)，(21)中的状态方程的研究表明，在给定分子数 n 和给定温度 T 的情况下不可能使体积随意减小。方程(18)所要求的也就是，对于所有 s，$\alpha^s \geqslant 0$ 成立，根据(20)，这意味着 $A \geqslant 0$ 必定成立。这意味着，在这种情况下成立的方程(18b)中，$\lambda(=e^{-A})$必定在 0 和 1 之间。据此，从(18b)得知，在给定体积 V 的情况下，这样一种气体中的分子数不能大于

$$n=\frac{(2\pi m\kappa T)^{\frac{3}{2}}}{h^3}\sum_{s}^{\infty}\tau^{-\frac{3}{2}}. \tag{24}$$

但是，如果在这个温度下我使物质的密度 $\frac{n}{V}$(例如通过等温压缩)继续增加，那将发生什么呢？

我断言，在这种情况下，一个始终随着总密度继续增长的分子数转变到第一个量子态(没有动能的状态)，而其余的分子则按照参数值 $\lambda=1$ 来分布。因此，这个主张就是意味着，出现了某种类似于水蒸气在等温压缩时越过饱和容积时的情况。它出现了一种分离；一部分"凝结"起来，其余的保持为一种"饱和的理想气体"($A=0$，$\lambda=1$)。

我们看到这两部分实际上构成一种热力学的平衡，由于我们已证明，每个摩尔的"凝聚"物质和饱和理想气体都具有同一个普朗克函数 $\Phi=S-\frac{E+pV}{T}$. 对于"凝聚"物质，Φ 消失了，因为 S，E 和 V 各自都转化为零①。关于"饱和气体"，我们根据(12)和(13)，对于 $A=0$，首先得到

① 物质的"凝聚"部分不需要特别的体积，因为它对压力毫无贡献。——原注

$$S=-\kappa\sum_s \lg(1-e^{-a^s})+\frac{\bar{E}}{T}. \tag{25}$$

我们可以把累加写成积分,并通过分部积分来改变形式。这样我们首先得到

$$\sum_s=-\int_0^\infty s\cdot\frac{e^{-\frac{cs^{\frac{2}{3}}}{\kappa T}}}{1-e^{-\frac{cs^{\frac{2}{3}}}{\kappa T}}}\cdot\frac{2}{3}\frac{cs^{-\frac{1}{3}}}{\kappa T}ds,$$

或者根据(8),(11)和(15),

$$\sum_s=-\frac{2}{3}\int_0^\infty n_s E^s ds=-\frac{2}{3}\frac{\overline{E}}{\kappa T}=-\frac{pV}{\kappa T}. \tag{26}$$

因此,从(25)和(26)得出:对于"饱和理想气体",

$$S=\frac{\overline{E}+pV}{T},$$

或者——就像对于饱和理想气体同凝聚物质共存所要求的那样——

$$\Phi=0. \tag{27}$$

因此我们得到定理:

根据已经建立的理想气体状态方程,对每一个温度,在现有的分子的骚动中都有一个极大的密度,在超越这个密度时多余的分子就变成不动的(没有吸引力地"凝聚"起来)。值得注意的是:"饱和理想气体"既代表运动的气体分子在最大可能密度时的状态,也代表气体同"凝聚物"处于热力学平衡时的那个密度[的状态]。因此,在饱和理想气体的情况下不存在类似于"过饱和蒸气"的那种东西。

§7. 已建立的气体理论同那个从气体分子在统计上互不相依的假说得出的理论相比较

玻色的辐射理论和我的类似的理想气体的理论受到了埃伦菲

斯特(Ehrenfest)先生和其他同事们的指摘，说在这些理论中没有把量子或分子当作统计上互不相依的实体来对待，并且在我们的论文中对于这种状况没有特别加以指明。这是完全正确的。如果人们在量子的定域化过程中把它们看作是统计上互不相依的，那么人们就得到维恩辐射定律；如果人们类似地处理气体分子，那么人们就得到古典的理想气体状态方程，只要他们在其他方面严格地像玻色和我所做的那样。我想在这里把对气体的这两种考查相互对比，以便正确地阐明它们的区别，并能够将我们的结果同互不相依的分子理论的结果作适当的比较。

根据这两种理论，属于分子能量的无限小的区间 ΔE（下面称为“基元区间”）的“相格”数 z_ν 由下式给出：

$$z_\nu = 2\pi \frac{V}{h^3}(2m)^{\frac{3}{2}} E^{\frac{1}{2}} \Delta E. \qquad (2a)$$

气体的状态在宏观[的意义]上是这样来定义的，它指明在每一个这样的无限小的区域内有多少个分子 n_ν. 我们要计算这样定义的状态的实现可能性（普朗克几率）的数目 W，

a) 按照玻色：

一个状态在微观[的意义]上是这样来定义的，它指明在每一个相格中有多少个分子（配容）。那么第 ν 个无限小区间的配容数为

$$\frac{(n_\nu + z_\nu - 1)!}{n_\nu !\,(z_\nu - 1)!}. \qquad (28)$$

通过对所有无限小区间的连乘，我们得到一个状态的总配容数，并由此根据玻耳兹曼定律得到熵

$$S=\kappa\sum_{\nu}\{(n_{\nu}+z_{\nu})\lg(n_{\nu}+z_{\nu})-n_{\nu}\lg n_{\nu}-z_{\nu}\lg z_{\nu}\}.\quad(29a)$$

在这种计算方法中,分子在相格中的分配不是看作统计上不相依的,这是容易看出的。同这一点有联系的是,这里称为"配容"的情况,根据各个分子在相格中互不相依的分布的假说,不能认为是同等几率的情况。这样,计算不同几率的这种"配容"数当分子确实在统计上互不相依的情况下不会正确地给出熵。因此,这个公式间接地表达了一个确定的假说,即认为分子以暂时还完全难以捉摸的方式相互影响着,这种影响正好决定了这里定义为"配容"的情况的相同的统计几率。

b) 根据分子在统计上互不相依的假说:

一个状态在微观[意义]上是这样定义的,它对每一个分子指明是在哪个相格内(配容)。有多少个配容属于一个在宏观[意义]上定义的状态呢?我能够把 n_{ν} 个确定的分子以

$$z_{\nu}^{n_{\nu}}$$

种不同的方式分配到第 ν 个基元区间的 z_{ν} 个相格中。如果分子在基元区间中的分配已经以确定的方式实现了,那么分子在所有相格中的不同分配就总共有

$$\prod(z_{\nu}^{n_{\nu}})$$

种。为了求得在规定的意义上的配容数,这个总数还必须乘以这样一个数

$$\frac{n!}{\prod n_{\nu}!},$$

这是在给定 n_{ν} 时所有分子在这些基元区间中可能配置的数目。

这时玻耳兹曼原理给出关于熵的表示式

$$S=\kappa\left\{n\lg n+\sum_{\nu}(n_{\nu}\lg z_{\nu}-n_{\nu}\lg n_{\nu})\right\}. \tag{29b}$$

这个表示式的第一项同宏观分布的选择无关，而只同分子的总数有关。在比较同一种气体的不同宏观状态的熵时，这一项扮演一个无关紧要的常数的角色，我们可以略去它。如果我们——像通常在热力学中那样——想在给定气体内部状态的情况下使熵同分子数成正比，我们就**必须**略去它。因此我们必须设

$$S=\kappa\sum_{\nu}n_{\nu}(\lg z_{\nu}-\lg n_{\nu}). \tag{29c}$$

人们习惯于在气体的情况下把 W 中的因子 $n!$ 略去，这通常是根据下述理由，即人们不认为由通过互相单纯交换同类分子所产生的配容是不同的，因此只能算作是**一回事**。

现在我们必须在下列辅助条件

$$\overline{E}=\sum E_{\nu}n_{\nu}=\text{常数},$$

$$n=\sum n_{\nu}=\text{常数}$$

之下求出上述两种情况的 S 的极大值。

在情况 a)中得到：

$$n_{\nu}=\frac{z_{\nu}}{e^{\alpha+\beta E}-1}, \tag{30a}$$

这除了符号表示方法之外同(13)是一致的。在情况 b)中得到

$$n_{\nu}=z_{\nu}e^{-\alpha-\beta E}. \tag{30b}$$

在两种情况下这里都得到 $\beta\kappa T=1$。

我们进一步看到，在情况 b)中得到了麦克斯韦分布定律。量

子结构在这里没有表现出来(至少在气体的总体积为无限大时不表现出来)。现在我们容易看出,情况 b)同能斯特定理是相矛盾的。为了确实计算这种情况在绝对温度为零度时的熵值,我们必须根据(29c)计算绝对零度时的熵。在这种情况下所有分子都处于第一量子态。因此我们必须设

$$n_\nu = 0 \qquad 当\ \nu \neq 1,$$

$$n_1 = n,$$

$$z_1 = 1.$$

因此,从(29c)得出:对于 $T=0$,

$$S = -n \lg n. \tag{31}$$

因此,在[应用]b)的计算方法时同能斯特定理的陈述有矛盾。相反,a)的计算方法却同能斯特定理一致,正如人们立即可以看出的,只要想到,在绝对零度时,在 a)的计算方法的意义上只有一个唯一的配容($W=1$)。如上所述,b)的考查方式要么导致对能斯特定理的违反,要么导致对在给定内部状态下熵必须同分子数成正比的这个要求的违反。根据这些理由,我相信必须给予计算方法 a)(即玻色的统计方法)以优先地位,即使这种计算方法对别的方法的优越性还不能先验地证明。这一结果从它的这一方面构成了一个支柱,来支持那种认为辐射同气体之间存在深刻的本质的相似关系的观点,因为导出普朗克公式的同一种统计考查方法,在它应用到理想气体时,就实现了气体理论同能斯特定理的一致性。

§8. 理想气体的起伏特性

〔设有〕体积为 V 的一种气体和体积为无限大的同一性质的

气体相连通。把两个容器用一块隔板隔开，这块隔板只容许无限小的能量区间 ΔE 中的分子通过，而其他动能的分子都被反射回去。虚构这样一种隔板，它类似于辐射理论领域中虚构准单色透明隔板。现在求属于能量区间 ΔE 的分子数 n_ν 的起伏 Δ_ν. 这时假设，在 V 内的不同能量区间的分子间不发生能量交换，那么属于能量在 ΔE 之外的分子数的起伏就不可能发生。

假如 n_ν 是属于 ΔE 的分子[数]的平均值，$n_\nu+\Delta_\nu$ 是瞬时值这时(29a)给出以 Δ_ν 的函数来表示的熵值，因为在这个方程中，我们让 $n_\nu+\Delta_\nu$ 代替 n_ν. 如果我们展开到二次项，那么我们就得到

$$S=\overline{S}+\frac{\overline{\partial S}}{\partial\Delta_\nu}\Delta_\nu+\frac{1}{2}\frac{\overline{\partial^2 S}}{\partial\Delta_\nu^2}\Delta_\nu^2.$$

对于无限大的剩余体系，类似的关系也成立，这就是①

$$S^0=\overline{S^0}-\frac{\overline{\partial S^x}}{\partial\Delta_\nu}\Delta_\nu.$$

由于剩余体系的量为相对无限大，二次项在这里是相对无限小。如果我们用 $\Sigma(=S+S^0)$ 表示总熵，那么 $\frac{\overline{\partial\Sigma}}{\partial\Delta_\nu}=0$，因为取平均值时存在着平衡。因此我们把这些方程相加，就得到关于总熵的关系式

$$\Sigma=\overline{\Sigma}+\frac{1}{2}\frac{\overline{\partial^2 S}}{\partial\Delta_\nu^2}\Delta_\nu^2. \tag{32}$$

由此，根据玻耳兹曼原理，我们得到关于 Δ_ν 的几率的定律

$$dW=\text{常数}\cdot e^{\frac{S}{\kappa}}d\Delta_\nu=\text{常数}\cdot e^{\frac{1}{2\kappa}\frac{\overline{\partial^2 S}}{\partial\Delta_\nu^2}\Delta_\nu^2}d\Delta_\nu.$$

---

① 下式中的 $\frac{\overline{\partial s^x}}{\partial\Delta_\nu}\Delta_\nu$ 似可改为 $\frac{\overline{\partial s^0}}{\partial\Delta_\nu}\Delta_\nu$. ——编译者

由此得到起伏的均方值

$$\overline{\Delta_\nu^2}=\frac{\kappa}{\left(-\overline{\frac{\partial^2 S}{\partial \Delta_\nu^2}}\right)}. \tag{33}$$

考虑到(29a),由此得到

$$\overline{\Delta_\nu^2}=n_\nu+\frac{n_\nu^2}{z_\nu}. \tag{34}$$

这个起伏定律同准单色的普朗克定律完全相类似。我们把它写成下列形式

$$\overline{\left(\frac{\Delta_\nu}{n_\nu}\right)^2}=\frac{1}{n_\nu}+\frac{1}{z_\nu}, \tag{34a}$$

用上述方式表示的分子相对起伏的均方值由两个累加项组成。如果分子是互不相依的,就只有第一项存在。对此还加上起伏的均方值一个部分,它同分子密度平均值完全无关,而只是由基元区间 ΔE 和体积来确定。在辐射的情况下,这部分对应于干涉起伏。当我们以适当方式把气体同辐射过程对应起来,并计算后者的干涉起伏,那么,在气体的情况下我们也就能够以相应的方式来说明它。我倾向于同意这种解释,因为我相信,这里所讲的不止是单纯的类比。

一个物质粒子或物质粒子系可以怎样同一个(标量)波场相对应,德·布罗意先生已在一篇很值得注意的论文①中指出了。一个质量为 m 的物质粒子首先按照等式

① 路易·德·布罗德(Louis de Broglie)博士论文(*Thèses*),巴黎。(Edit. Musson & Co.),1924 年。在这篇学位论文中也对玻尔-索末菲量子规则作了很值得注意的几何解释。——原注

$$mc^2 = h\nu_0 \tag{35}$$

同一个频率 ν_0 相对应。现在假设这个粒子对于一个伽利略坐标系 K'是静止的，那么在这个坐标系中，我们就设想一个到处是同步的、频率为 ν_0 的振荡。对于坐标系 K，[坐标系]K'同质量 m 以速度 v 沿着(正)X 轴运动，这时相对于坐标系 K 就存在这样一种形式

$$\sin\left(2\pi\nu_0 \frac{t-\frac{v}{c^2}x}{\sqrt{1-\frac{v^2}{c^2}}}\right)$$

的波动过程。因此，这个过程的频率 ν 和相速度 V 由下式给出：

$$\nu = \frac{\nu_0}{\sqrt{1-\frac{v^2}{c^2}}}, \tag{36}$$

$$V = \frac{c^2}{v}. \tag{37}$$

这时 v——如德·布罗意先生所指出——等于这个波的群速度。更有趣的是，粒子的能量$\frac{mc^2}{\sqrt{1-\frac{v^2}{c^2}}}$根据(35)和(36)正好等于 $h\nu$，同量子论的基本关系式相一致。

我们现在看到，气体可以这样地同一个标量波场相对应，并且我通过计算使自己相信，$\frac{1}{z_\nu}$就是这个波场的起伏的均方值，只要它符合我们在上面所研究的能量范围 ΔE.

这些考查给我在第一篇论文的结尾中所指出的悖论带来了光明。为了使两个波列能够明显地相干涉，它们必须具有几乎相同

的 V 和 ν. 为此，根据(35)，(36)，(37)，对于两种气体，〔它们的〕v 和 m 都必须接近一致。因此，同两种分子质量有明显差别的气体相对应的波场不可能明显地相互干涉。我们由此可以得出结论：按照这里提出的理论，气体混合物的熵，正好是混合物各个组成部分的熵的总和，就像按照古典理论一样，至少当组成部分的分子量在一定程度上相互有区别时是这样。

§9. 对低温时气体的黏滞性的评述

根据上一节的考查看来，每一个运动过程都同一个波场相联系，就像光量子的运动同光学波动场相联系一样。这种波动场——它的物理本性暂时还模糊不清，在原则上必定可以通过同它相对应的运动现象显示出来。这样，穿过孔的气体分子射线必定发生衍射，这种衍射同光线的衍射相似。为了使这种现象能被观测到，波长 λ 必须在一定程度上能同孔的大小相比较。现在从(35)，(36)和(37)得出，对于比 c 小得多的速度，

$$\lambda=\frac{V}{v}=\frac{h}{m\nu}. \tag{38}$$

这个 λ，对于以热速度运动的气体分子来说，总是非常小，在大多数情况下甚至显著地小于分子直径 σ. 由此首先可知，在可能制造的孔以及屏上观察这种衍射是完全不能设想的。

但是事实表明，在低温时，对于氢气和氦气来说，λ 具有 σ 的数量级，并且看起来实际上会在黏滞系数中产生我们根据理论一定可以预期的影响。

如果由于有一束以速度 v 在运动的分子打到另一个分子上

(为方便起见我们把它设想成不动的),那么这可以类比于一个具有一定波长 λ 的波列打到直径为 2σ 的小孔上的情况。这里出现了(吸收的)衍射现象,它同由同样大小的孔引起的衍射一样。如果 λ 具有 σ 的数量级或者大于 σ,这时就出现大的衍射角。因此这时除了根据力学出现的碰撞偏斜,而且还会有力学上不能解释的分子偏斜,同第一种偏斜几乎同样地频繁出现,它们使得自由程缩短。因此,在那个温度附近,随着温度的下降,相当突然地开始发生黏滞性的加速下降。根据关系 $\lambda=\sigma$ 来估算那个温度,得到对于氢气为 56°,对于氦气为 40°。当然这些都是十分粗略的估计;但是也可以用精确的计算代替这些估算。这里涉及 P. 京特尔(Günther)在能斯特的倡议基础上做出的关于氢的黏滞系数对温度的相依关系的实验结果的一种新解释,为了解释这些实验结果,能斯特曾想出一种量子论的考查。①

§10. 饱和理想气体的状态方程对气体状态方程理论和金属电子论的评述

§6 中已经指出,对于一种同“凝聚物质”处于平衡状态的理想气体,简并参数 λ 等于 1. 这时,分子的运动部分的浓度、能量和压力根据(18b),(22)和(15)仅仅由 T 决定。因此下列等式成立:

$$\eta=\frac{n}{NV}=\frac{2.615}{Nh^3}(2\pi m\kappa T)^{\frac{3}{2}}=1.12\cdot 10^{-15}(MRT)^{\frac{3}{2}}, \quad (39)$$

① 参见 W. 能斯特,《普鲁士科学院会议报告》,1919 年,Ⅷ期,118 页。——P. 京特尔《普鲁士科学院会议报告》,1920 年,XXXVI 期,720 页。——原注

$$\frac{\overline{E}}{n}=\frac{1.348}{2.615}\cdot\kappa T,\tag{40}$$

$$p=\frac{1.348}{2.615}\cdot RT\eta.\tag{41}$$

这里 η 是用摩尔来表示的浓度,

N 表示一个摩尔中的分子数,

M 表示一个摩尔的质量(分子量)。

我们借助(39),发现真实的气体绝不能达到对应的理想气体饱和时的密度值。然而氦的临界密度只是同样温度和同样分子量的理想气体的饱和密度 η 的 1/5 左右。对于氢,相应的比例关系约为 26。既然真实的气体因此在密度的数量级接近于饱和密度的情况下存在,并且根据(41),简并严重地影响压力,那么,如果上述理论是正确的,在状态方程中就会表现出并非不严重的量子影响;特别是我们必须研究,是否这样就可以解释这些对符合范·德·瓦耳斯定律的一些状态的偏离。①

此外我们还必须期待,上一节所说的衍射现象会影响状态方程,这种衍射现象在低温时的确引起真实的分子体积表观上的增大。

有一种自然界基本上有可能实现的饱和理想气体的情况,这就是在金属内部的传导电子的情况。大家都知道,根据金属内部存在着既导电又导热的自由电子的假说,金属的电子理论已经以令人注意的近似定量地解释了导电性和导热性之间的关系(德鲁特-洛伦兹公式)。但是,尽管那个理论有这样大的成就,但在当时

① 这不是像我后来通过同实验相比较而求得的那种情况。所探求的这种影响被另一种分子相互作用掩盖起来了。——原注

并不认为是恰当的，其原因之一是它不能解释自由电子对金属的比热没有显著贡献这个事实。但是，如果我们根据上述气体理论，这种困难就消失了。由于从(39)得出在常温下(运动)电子的饱和浓度约等于 $5.5\cdot10^{-5}$，所以只有无限小的一部分电子能够对热能作出贡献。这时每一个参加热运动的电子的平均热能大约是根据古典分子理论[得到的平均热能]的一半。如果只有一些很小的力存在，它们使不动的电子保持在它们的静止位置上，那么这些电子不参加电传导也就可以理解了。也许可能在十分低的温度时这些弱的键合力的消失是产生超导性的决定性因素。只要人们把电子气体当作理想气体来看待，这些热力①根据这个理论就根本不能理解。当然这样的金属电子理论不是以麦克斯韦速度分布为基础的，而是根据上述理论以像饱和理想气体的那种速度分布为基础的；关于这个特殊情况，根据(8)，(9)，(11)得到

$$dW=\text{常数}\frac{E^{\frac{1}{2}}dE}{e^{\frac{E}{\kappa T}}-1}. \tag{42}$$

在彻底思考这种理论可能性时，我们遇到这样一种困难：我们为了解释测量到的金属的导热能力和导电能力是由于电子的很小的容积密度，而根据我们的结果这些电子参加热骚动，必须假设有很大的自由程(数量级为 10^{-3} 厘米)。根据这个理论要理解释金属对于红外辐射的反应(反射，发射)，看来也是不可能的。

§11. 不饱和气体的状态方程

我们现在要详尽地考查理想气体状态方程同古典状态方程在

① 俄译本译为热电动势。——编译者

不饱和区域的偏离。为此我们又涉及了等式(15),(18b)和(19b)。

为简略起见,我们置

$$\sum_{\tau=1}^{\tau=\infty}\tau^{-\frac{3}{2}}\lambda^{\tau}=y(\lambda),$$

$$\sum_{\tau=1}^{\tau=\infty}\tau^{-\frac{5}{2}}\lambda^{\tau}=z(\lambda),$$

并向我们自己提出一个任务,即要用 y 的函数来表示 z($z=\Phi(y)$). 这个问题的解决,我要感谢 J. 格罗梅尔(Grommer)先生,这是以下述普遍命题(拉格朗日)为基础的。

在我们的情况中得到满足的条件是:当 $\lambda=0$ 时,y 和 z 都等于零,并且 y 和 z 在零点周围一定范围内都是 λ 的正则函数,在此条件下,对于足够小的 y,存在着泰勒展开式

$$z=\sum_{\nu=1}^{\nu=\infty}\left(\frac{d^{\nu}z}{dy^{\nu}}\right)_{\lambda=0}\frac{y^{\nu}}{\nu!},\tag{43}$$

这里,这些系数可以按照递推公式从函数 $y(\lambda)$ 和 $z(\lambda)$ 表示出来。

$$\frac{d^{\nu}(z)}{dy^{\nu}}=\frac{\frac{d}{d\lambda}\left(\frac{d^{\nu-1}z}{dy^{\nu-1}}\right)}{\frac{dy}{d\lambda}}.\tag{44}$$

这样,在我们的例子中我们得到一个收敛到 $\lambda=1$ 并且便于计算的展开式:

$$z=y-0.1768y^{2}-0.0034y^{3}-0.0005y^{4}.$$

我们现在引进关系式

$$\frac{z}{y}=F(y).$$

这时对于不饱和理想气体，即在 $y=0$ 和 $y=2.615$ 之间，下列关系式

$$\frac{\overline{E}}{n}=\frac{3}{2}\kappa TF(y), \tag{19c}$$

$$p=RT\eta F(y) \tag{22c}$$

成立；这里置

$$y=\frac{h^3}{(2\pi m\kappa T)^{\frac{3}{2}}}\frac{n}{V}=\frac{h^3N\eta}{(2\pi MRT)^{\frac{3}{2}}}. \tag{18c}$$

从(19b)，我们得到摩尔的定容比热 c_v：

$$c_v=\frac{3}{2}R\left(F(y)-\frac{3}{2}yF'(y)\right)=\frac{3}{2}RG(y).$$

为了容易有一个概括的了解，我们作出函数 $F(y)$ 和 $G(y)$ 的图示。

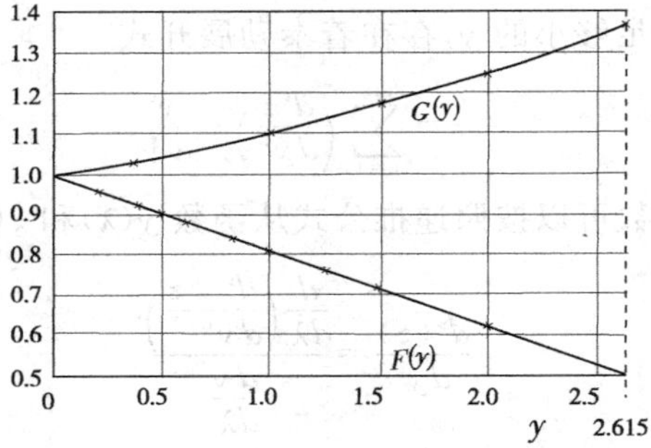

如果我们考虑到 $F(y)$ 接近直线的径迹，那么就得出关于 p 的很好的近似方程

$$p=RT\eta\left[1-0.186\frac{h^3N^4\eta}{(2\pi MRT)^{\frac{3}{2}}}\right]. \tag{22d}$$

关于统一场论①

在不久前发表的两篇论文②中，我曾试图证明，如果我们认为四维连续区除了具有黎曼度规以外，还具有“远平行性”(*Fern-parallelismus*)，那么我们就可以得到引力和电的统一理论。

赋予引力场和电磁场以统一的意义，这在实际上也是可以做到的。与此相反，从哈密顿原理导出场方程却提供不出简单的和完全无歧义的方法。在更加严密的思考过程中，这种困难就更集中了。可是，从那时起，我成功地找到了一个令人满意的推导场方程的方法，下面我将报告这个方法。

§1. 形式上的准备

我所利用的符号，是魏岑伯克(Weitzenböck)先生新近在他关于这个题目的论文中提出的③。因此，n 个轴(*Bein*)中的第 s 轴的 ν 分量用 $_sh^\nu$ 来表示，而对应的标准的子行列式则用 $^sh_\nu$ 来表示。局

---

① 译自1929年1月出版的《普鲁士科学院会议报告，物理学数学部分》(*Sitzungsber. preuss. Akad. Wiss.*, *Phys.-math. Kl.*)，1929年，Ⅰ、Ⅱ期合刊，2—7页。——编译者

② 《普鲁士科学院会议报告，物理学数学部分》，1928年，VⅢ期，217—221页；XVⅡ期，224—227页。——原注

③ 《普鲁士科学院会议报告，物理学数学部分》，1928年，XXVI期，426页。——原注

部的 n 个轴全都是"平行地"安置着。平行的而且相等的矢量就是它们——对于它们的局部的 n 个轴来说——具有同样的坐标。一个矢量的平行位移由公式

$$\delta A^{\mu}=-\Delta_{\alpha\beta}^{\mu}A^{\alpha}sx^{\beta}={}_{s}h^{\mu}\ {}^{s}h_{\alpha,\beta}A^{\alpha}\delta x^{\beta}$$

给出，其中${}^{s}h_{\alpha,\beta}$中的逗点应当表示在通常意义下的关于 x^{β} 微分。由（对 α 和 β 不对称的）$\Delta_{\alpha\beta}^{\mu}$构成的"黎曼曲率张量"恒等于零。

我们只把那种由 Δ 构成的[量]作为"协变微分"来使用。如果按照意大利数学家的习惯，它是用一个分号来表示，于是

$$A_{\mu;\sigma}\equiv A_{\mu,\sigma}-A_{\alpha}\Delta_{\mu\sigma}^{\alpha},$$

$$A^{\mu}{}_{;\sigma}=A^{\mu}{}_{,\sigma}+A^{\alpha}\Delta_{\alpha\sigma}^{\mu}.$$

既然${}^{s}h_{\nu}$ 以及 $g_{\mu\nu}(\equiv{}^{s}h_{\mu}\ {}^{s}h_{\nu})$和 $g^{\mu\nu}$具有等于零的协变导数，那么这些量就可以作为一个同协变微分算符可以随意互换的因子。

同以往的标号法不同，我用下面的等式

$$\Lambda_{\mu\nu}^{\alpha}\equiv\Delta_{\mu\nu}^{\alpha}-\Delta_{\nu\mu}^{\alpha}$$

来定义张量 $\Lambda\left(\text{略去因子}\frac{1}{2}\right)$。

[新的公式]同引进一种不对称的位移规则所必然要求的绝对微分运算中流行的公式的主要区别，就在于散度构成。令 $T{::}^{\sigma}$ 是任何一个带有上标 σ 的张量。如果我们只写下同上标 σ 有关的增项，那么上述张量的协变导数就是

$$T{::}^{\sigma}{}_{;\tau}\equiv\frac{\partial\mathfrak{T}{::}^{\sigma}}{\partial x_{\tau}}+\cdots+T{::}^{\alpha}\Delta_{\alpha\tau}^{\sigma}.$$

如果我们在对这个等式进行关于 σ 和τ的降秩之后，用行列式 h 来乘它，那么在右边引进张量密度 $\mathfrak{T}$ 之后，我们就得到

$$hT::^{\sigma}{}_{;\sigma}\equiv\frac{\partial T::^{\sigma}}{\partial x^{\sigma}}+\cdots+\mathfrak{T}::^{\alpha}\Lambda^{\sigma}_{\alpha\sigma}.$$

如果位移规则是对称的，右边最后一项就不存在。它本身是一个张量密度，从而右边所有其他项也是如此。按照通常的记号法，我们把它们记为张量密度 $\mathfrak{T}$ 的散度，并写成

$$\mathfrak{T}::^{\sigma}{}_{/\sigma}.$$

于是我们得到

$$hT::^{\sigma}{}_{;\sigma}\equiv\mathfrak{T}::^{\sigma}{}_{/\sigma}+\mathfrak{T}::^{\alpha}\Lambda^{\sigma}_{\alpha\sigma}. \tag{1}$$

最后，我们还要引进一个符号，它——在我看来——增加了[公式的]直观性。我有时用在一个指标下划线的办法来表示有关指标的升降。因此，举例说吧，我用($\Lambda^{\sigma}_{\underline{\mu}\,\underline{\nu}}$)来表示对应于($\Lambda^{\sigma}_{\mu\nu}$)的纯抗变张量，用($\Lambda_{\mu\nu}^{\underline{\sigma}}$)表示对应于($\Lambda^{\sigma}_{\mu\nu}$)的纯协变张量。

§2. 几个恒等式的推导

恒等式

$$0\equiv-\Delta^{i}_{kl,m}+\Delta^{i}_{km,l}+\Delta^{i}_{\sigma l}\Delta^{\sigma}_{km}-\Delta^{i}_{\sigma m}\Delta^{\sigma}_{kl} \tag{2}$$

表示“曲率”转变为 0. 我们利用这个恒等式来推导张量 Λ 所满足的一个恒等式。如果我们从(2)循环移置指标 klm 来构成两个等式，并且把这三个等式相加。于是，我们通过适当的归并，就直接得到恒等式

$$0\equiv(\Lambda^{i}_{kl,m}+\Lambda^{i}_{lm,k}+\Lambda^{i}_{mk,l})+(\Delta^{i}_{\sigma k}\Lambda^{\sigma}_{lm}+\Delta^{i}_{\sigma l}\Lambda^{\sigma}_{mk}+\Delta^{i}_{\sigma m}\Lambda^{\sigma}_{kl}).$$

我们引进协变导数来代替 Λ 的通常导数，这样来改变这个等式的形式。那么在把这些项适当加以归并之后，就很容易得出恒等式

$$0\equiv(\Lambda^{i}_{kl;m}+\Lambda^{i}_{lm;k}+\Lambda^{i}_{mk;l})+(\Lambda^{i}_{ka}\Lambda^{a}_{lm}+\Lambda^{i}_{la}\Lambda^{a}_{mk}+\Lambda^{i}_{ma}\Lambda^{a}_{kl}). \tag{3}$$

这正是 Λ 可以由 h 用上述方式来表示的条件。

通过对(3)进行一次降秩，并且为了简便起见，用 ϕ_μ 代替 $\Lambda^a_{\mu a}$，我们得到一个对于以后很重要的恒等式：

$$0 \equiv \Lambda^a_{kl\,;a} + \phi_{l;k} - \phi_{k;l} - \phi_a \Lambda^a_{kl}. \tag{3a}$$

当我们引进对于 k 和 l 为反对称的张量密度

$$\mathfrak{B}^a_{k\,l} = h(\Lambda^\sigma_{kl} + \phi_l \delta^a_k - \phi_k \delta^a_l), \tag{4}$$

并且改变这个恒等式的形式，那么(3a)就化为简单的形式

$$(\mathfrak{B}^a_{k\,l})_{/a} \equiv 0. \tag{3b}$$

这个张量密度还满足第二个恒等式，它对于以后是有意义的。为了推导这个恒等式，我们在构成任何秩的张量密度的散度时，将按照下列位移法则：

$$\mathfrak{A}^{\cdot ik}_{\cdot\ /i/k} - \mathfrak{A}^{\cdot ik}_{\cdot\ /k/i} \equiv -(\mathfrak{A}^{\cdot ik}_{\cdot} \Lambda^\sigma_{ik})_{/\sigma}. \tag{5}$$

$\mathfrak{A}$ 旁边的点表示任意的指标，它们在等式的所有三项中都是相同的，也就是说，这些指标同构成散度无关。

(5)的证明除了依靠定义公式

$$\mathfrak{A}^{\sigma}_{\tau}{\vdots\vdots}^{i}_{/i} = \mathfrak{A}^{\sigma}_{\tau}{\vdots\vdots}^{i}_{,i} + \mathfrak{A}^{\alpha}_{\tau}{\vdots\vdots}^{i} \Delta^\sigma_{\alpha i} \cdots - \mathfrak{A}^{\sigma}_{\alpha}{\vdots\vdots}^{i} \Delta^\alpha_{\tau i} \cdots, \tag{6}$$

还特别依靠恒等式(2)。等式(5)同协变微分的位移规则紧密地联系在一起。为了完整起见，我也要说明它。如果 T 是任意的一个张量，为了简便起见，我略去它的指标，那么等式

$$T_{;i;k} - T_{;k;i} \equiv -T_{;\sigma} \Lambda^\sigma_{ik} \tag{7}$$

就该成立。

现在我们把恒等式(5)应用到张量密度 $\mathfrak{B}^{\ a}_{\underline{k}\,\underline{l}}$ 上，它的下标我们认为是升高的。我们就这样求得唯一的不平凡的恒等式

$$\mathfrak{B}^{\alpha}_{\underline{k}\ \underline{l}/l/\alpha}-\mathfrak{B}^{\sigma}_{\underline{k}\ \underline{l}/\alpha/l}\equiv-\left(\mathfrak{B}^{\alpha}_{\underline{k}\ \underline{l}}\Lambda^{\sigma}_{l\alpha}\right)_{/\sigma},$$

考虑到(3b),我们可以把它转化为下列形式

$$\left(\mathfrak{B}^{\alpha}_{\underline{k}\ \underline{l}/l}-\mathfrak{B}^{\sigma}_{\underline{k}\ \underline{\tau}}\Lambda^{\alpha}_{\sigma\tau}\right)_{/\alpha}\equiv 0. \tag{8}$$

§3. 场方程

在我发现了恒等式(3b)之后,我就很清楚,在我们所考查的那一种流形的自然限制的表征中,张量密度 $\mathfrak{B}^{\alpha}_{kl}$ 必定起着重要的作用。既然它的散度 $\mathfrak{B}^{\alpha}_{kl/\alpha}$ 恒等于 0,首先自然会想到提出这样的要求(场方程):另一个散度 $\mathfrak{B}^{\alpha}_{\underline{k}\ \underline{l}/l}$ 也应当等于 0,于是我们实际上得到这样一些方程,它们的**一级近似**给出熟知的真空中的引力场定律,就像从已有的广义相对论中所知道的那样。

相反,这样就得不到可以使所有具有散度为零的 ϕ_α 都满足那些场方程的关于 ϕ_α 的矢量条件。这一点的根据是,在一级近似时,(由于通常的微分的交换可能性)恒等式

$$\mathfrak{B}^{\alpha}_{\underline{k}\ \underline{l}/l/\alpha}\equiv\mathfrak{B}^{\alpha}_{\underline{k}\ \underline{l}/\alpha/l}$$

成立,但是右边的量由于(3b)而恒等于 0. 因此,也就是说这个方程组的四个方程 $\mathfrak{B}^{\alpha}_{kl/l}=0$ 不再适用了。

但是我已发现,这个缺陷能够很容易地加以补救,只要我们假定不是 $\mathfrak{B}^{\alpha}_{kl/l}$ 等于 0,而是方程

$$\overline{\mathfrak{B}}^{\alpha}_{kl/l}=0,$$

其中 $\overline{\mathfrak{B}}^{\alpha}_{kl}$ 表示一个同 $\mathfrak{B}^{\alpha}_{kl}$ 有任意小的偏差的张量①

① 为了消除在有奇点存在的情况下出现的退化(*Degeneration*),这正是经常使用的方法。——原注

$$\overline{\mathfrak{B}}^{a}_{kl}=\mathfrak{B}^{a}_{kl}-\delta h(\phi_{l}\delta^{a}_{k}-\phi_{k}\delta^{a}_{l}). \tag{9}$$

如果我们(按照指标 α)构成场方程的散度,那么,我们就正好得到麦克斯韦方程(全部在一级近似中)。此外,——由于我们趋近极限 $\epsilon=0$——我们仍旧得到方程 $\mathfrak{B}^{\alpha}_{kl/l}=0$,它们在一级近似时正好给出真正的引力定律。

因此,电和引力的场方程在一级近似上由表示式

$$\overline{\mathfrak{B}}^{\alpha}_{kl/l}=0$$

和必须趋近极限 $\epsilon=0$ 这个附加条件来正确地给出。于此,(以一级近似有效的)恒等式

$$\mathfrak{B}^{\alpha}_{kl/l/\alpha}\equiv 0 \tag{8a}$$

的存在必然要求在一级近似的场方程中出现这样一种分解,它一方面分解为引力定律;另一方面分解为电[磁]定律,而这种分解正好描述了自然界的一种如此独特的特征。

现在,必须使在一级近似上所获得的知识对于严密的考察有用。很清楚,我们在这里也必须从一个对应于(8a)的恒等式出发。显然这就是恒等式(8),特别因为两个恒等式所依据的,除了(3b)之外,就是微分算符的一个对换规则。

因此,我们必须把

$$\overline{\mathfrak{B}}^{\alpha}_{\underline{k}\,\underline{l}/l}-\overline{\mathfrak{B}}^{\sigma}_{\underline{k}\,\tau}\Lambda^{\alpha}_{\sigma\tau}=0 \tag{10}$$

规定为场方程,并附加规定(即在运算"$/\alpha$"进行之后)趋近[极限] $\epsilon=0$. 如果我们把(10)的左边用 $\mathfrak{G}^{k\alpha}$ 来表示,那么我们就得到场方程

$$\mathfrak{G}^{k\alpha}=0, \tag{10a}$$

$$\frac{1}{\varepsilon}\overline{\mathfrak{G}}^{kl}{}_{/l}=0. \tag{10b}$$

考虑到(8)和(9),(10b)立即给出

$$\{[h(\phi_k\delta^\alpha_l-\phi_{\underline{l}}\delta^\alpha_k)]_{/l}-h(\phi_{\underline{k}}\delta^\sigma_{\underline{\tau}}-\phi_\tau\delta^\sigma_k)\Lambda^\alpha_{\sigma\tau}\}_{/\alpha}=0.$$

现在我们为简便起见,暂时引进张量密度

$$\mathfrak{W}^{\alpha}_{kl}=h(\phi_k\delta^\alpha_l-\phi_l\delta^\alpha_k).$$

根据(5),得到

$$\mathfrak{W}^{\alpha}_{\underline{kl}/l/\alpha}=\mathfrak{W}^{\alpha}_{\underline{kl}/\alpha/l}-(\mathfrak{W}^{\alpha}_{\underline{kl}}\Lambda^\sigma_{l\alpha})_{/\sigma},$$

那么这样算出的方程也可以写成形式

$$(\mathfrak{W}^{l}_{\underline{k\alpha}/l}-\mathfrak{W}^{\sigma}_{\underline{kl}}\Lambda^\alpha_{l\sigma}-\mathfrak{W}^{\sigma}_{\underline{k\tau}}\Lambda^\alpha_{\sigma\tau})_{/\alpha}=0,$$

在这个方程中,最后两项相消。通过直接的计算得到

$$\mathfrak{W}^{l}_{\underline{k\alpha}/l}\equiv h(\phi_{\underline{k};\underline{\alpha}}-\phi_{\underline{\alpha};\underline{k}}).$$

因此,改变了形式的方程(10b)为

$$[h(\phi_{\underline{k};\underline{\alpha}}-\phi_{\underline{\alpha};k})]_{/\alpha}=0, \tag{11}$$

这个方程组同

$$\mathfrak{V}^{\alpha}_{\underline{\kappa}\,\underline{l}/l}-\mathfrak{V}^{\sigma}_{\underline{\kappa}\,\underline{\tau}}\Lambda^\alpha_{\sigma\tau}=0 \tag{11a}$$

一道构成一个完整的场方程组。

假如我们不从(10)而直接从(10a)出发,那么我们就得不到“电磁”[场]方程(11)。而且我们也就失去方程组(11)和(11a)相互一致的任何基础。但是,既然原来的方程组(10)是关于16个量${}^{s}h_{\mu}$的16个条件,所以看来这必能保证这些方程相互一致。在(10)的16个方程中,由这些方程的普遍协变性,必定有4个恒等式存在。因此,在(11),(10a)的20个场方程中,一共有8个恒等的关系式,当然,在本文中我们只明显

地给出其中的 4 个。

已经指出，方程组(10a)在一级近似上包含引力[场]方程，方程组(11)(结合一个矢势的存在)[给出]真空中的麦克斯韦方程。我也能够证明，反过来，对于这些方程的每一个解，都存在一个满足方程(10a)的 h 场①。通过对方程(10a)的降秩，我们得到关于电势的散度条件

$$\left.\begin{array}{l} f^{l}{}_{/l}-\frac{1}{2}\mathfrak{B}^{\sigma}{}_{\underline{k\ \tau}}\Lambda^{k}_{\sigma\ \tau}=0 \\ (2f^{l}=\mathfrak{B}^{\alpha}_{\alpha\underline{l}}=2h\phi^{l}) \end{array}\right\}. \qquad (12)$$

对场方程(11)，(10a)的结果的更深入研究必定会表明，黎曼度规结合远平行性是否确实给出对于空间的物理性质的合适理解。根据我们这里的研究，这未必是不可能的。

向 H. 明兹(Müntz)博士先生致谢，这对我是一项愉快的任务，他根据哈密顿原理对中心对称问题作了艰辛的严格的计算。他的这项研究成果使我接近发现这里所走的道路。我在这里也要感谢“物理基金会”，它使我在去年有可能聘请一位像格罗梅尔(Grommer)博士先生那样的研究助手。

在校样上的补充 本文中所提出的这些场方程，同其他可设想的方程在形式上相对比，其特征可以表明如下。依靠恒等式(8)可以做到，这 16 个量 ${}^{s}h_{\nu}$ 不仅可以服从 16 个，而且服从 20 个独立的微分方程。“独立”一词在这里是这样理解的：即使这些方程之

① 只有在讲到一级近似的线性方程时，这一切才是正确的。——原注

间存在着 8 个恒等的(微分)关系式,也没有一个方程可以从其余方程得出。

论引力波①

同 N. 罗森合著

【提要】 给出柱面引力波的严格解。为了方便读者，这篇论文的第一部分就讲引力波及其产生的理论，这在原则上是已经知道了的。在碰到一些使人怀疑波动引力场的严格解是否存在的有关实例之后，我们严格考查了柱面引力波这一情况。结果表明，严格解是存在的，而问题就归结为欧几里得空间中通常的柱面波。

I. 平面波问题的近似解和引力波的产生

大家都知道，广义相对论引力方程积分的近似方法导致引力波的存在。所用的方法如下：我们从方程

$$R_{\mu\nu}-\frac{1}{2}g_{\mu\nu}R=-T_{\mu\nu} \tag{1}$$

开始。我们考查一下：把这 $g_{\mu\nu}$ 代之以表示式

$$g_{\mu\nu}=\delta_{\mu\nu}+\gamma_{\mu\nu}, \tag{2}$$

此处

① 这是爱因斯坦同美国物理学家罗森（N. Rosen）合写的论文，发表在 1937 年 1 月出版的美国《富兰克林研究所学报》（*Journal of the Franklin Institute*），223 卷，第 1 期，43—54 页。这里译自该刊。——编译者

$$\delta_{\mu\nu}=1,\quad \text{当}\quad \mu=\nu;$$

$$\delta_{\mu\nu}=0,\quad \text{当}\quad \mu\neq\nu,$$

只要我们像明可夫斯基那样取时间坐标是虚的。假定 $\gamma_{\mu\nu}$ 都是很小的，也就是说，假定这个引力场是很弱的。在这些方程中，$\gamma_{\mu\nu}$ 及其导数会以各种幂的形式出现。如果 $\gamma_{\mu\nu}$ 同 1 比起来到处都是充分地小，那么，同(1)中 $\gamma_{\mu\nu}$ 的较低次幂相比，略去其较高次的幂(及其导数)，就得到这些方程的第一级近似解。如果通过关系式

$$\bar{\gamma}_{\mu\nu}=\gamma_{\mu\nu}-\frac{1}{2}\delta_{\mu\nu}\gamma_{aa},$$

再引进 $\bar{\gamma}_{\mu\nu}$ 来代替 $\gamma_{\mu\nu}$，那么(1)就取形式①

$$\bar{\gamma}_{\mu\nu,aa}-\bar{\gamma}_{\mu\nu,a\nu}-\bar{\gamma}_{\nu a,a\mu}+\bar{\gamma}_{aa,\mu\nu}=-2T_{\mu\nu}. \tag{3}$$

如果对坐标进行一个无限小变换：

$$x'_{\mu}=x_{\mu}+\xi^{\mu}, \tag{4}$$

此处 ξ^{μ} 都是无限小的但在其他方面则是任意的函数，那么，包含在(2)中的规定就保住了。因此，可以定出四个 $\bar{\gamma}_{\mu\nu}$，或者定出 $\bar{\gamma}_{\mu\nu}$ 除了方程(3)以外必须满足的四个条件；这就等于对选用来描述这个场的坐标系加以规定。我们通常是根据②

$$\bar{\gamma}_{\mu\nu,a}=0 \tag{5}$$

这样的要求来选取坐标系的。不难证明，这四个条件同近似的引力方程是相容的，只要 $T_{\mu\nu}$ 的散度 $T_{\mu a,a}$ 等于零就行了，而根据狭义相对论，这是必须假定的。

可是结果却表明这些条件并不足以完全确定这个坐标系。如

① 方程(3)左边第二项似系 $\bar{\gamma}_{\mu a,a\nu}$ 之误。——编译者

② 下式中的 $\bar{\gamma}_{\mu\nu,a}$ 似系 $\bar{\gamma}_{\mu a,a}$ 之误。——编译者

果 $\gamma_{\mu\nu}$ 是(2)和(5)的解，那么经过类型(4)的变换

$$\gamma'_{\mu\nu}=\gamma_{\mu\nu}+\xi^{\mu}{}_{,\nu}+\xi^{\nu}{}_{,\mu} \tag{6}$$

之后，这些 $\gamma'_{\mu\nu}$ 也都是它们的解，只要 ξ^{μ} 满足条件

$$\left[\xi^{\mu}_{,\nu}+\xi^{\nu}{}_{,\mu}-\frac{1}{2}\delta_{\mu\nu}(\xi^{a}{}_{,a}+\xi^{a}{}_{,a})\right]_{,\nu}=0,$$

或者

$$\xi^{\mu}{}_{,aa}=0 \tag{7}$$

就行了。如果把像(6)中的那些项相加起来，也就是通过一个无限小变换，而能够使 γ 场消失，那么所描述的这个引力场不过是一个表观的场。

参照(2)，空虚空间的引力方程可以写成形式

$$\left.\begin{aligned}\bar{\gamma}_{\mu\nu,aa}&=0,\\ \gamma_{\mu a,a}&=0.\end{aligned}\right\} \tag{8}$$

使 $\bar{\gamma}_{\mu\nu}$ 取形式 $\varphi(x_1+ix_4)(=\varphi(x_1-t))$，而这些 $\bar{\gamma}_{\mu\nu}$ 又必须满足条件

$$\left.\begin{aligned}\bar{\gamma}_{11}+i\bar{\gamma}_{14}&=0,\\ \bar{\gamma}_{41}+i\bar{\gamma}_{44}&=0,\\ \bar{\gamma}_{21}+i\bar{\gamma}_{24}&=0,\\ \bar{\gamma}_{31}+i\bar{\gamma}_{34}&=0,\end{aligned}\right\} \tag{9}$$

我们就得到在正 x 轴方向上运动的平面引力波。因而我们可以把最一般的(前进的)平面引力波再分成三个类型：

(a) 纯纵波，

只有 $\bar{\gamma}_{11}$，$\bar{\gamma}_{14}$，$\bar{\gamma}_{44}$ 不等于零；

(b) 半纵波，半横波，

只有 $\bar{\gamma}_{21}$ 和 $\bar{\gamma}_{24}$，或者只有 $\bar{\gamma}_{31}$ 和 $\bar{\gamma}_{34}$ 不等于零；

(c) 纯横波，

只有 $\bar{\gamma}_{22}$，$\bar{\gamma}_{23}$，$\bar{\gamma}_{33}$不等于零。

根据前面的论述，接下去就可以证明，凡属于类型(a)或者类型(b)的波，都是一种表观场，也就是说，都能够通过无限小变换由欧几里得场($\bar{\gamma}_{\mu\nu}=\gamma_{\mu\nu}=0$)来得到。

以(a)型的波为例，我们来进行证明。如果 φ 是自变数x_1+ix_4的一个适当函数，根据(9)，就必须置

$$\bar{\gamma}_{11}=\varphi,\quad \bar{\gamma}_{14}=i\varphi,\quad \bar{\gamma}_{44}=-\varphi,$$

因而也得置

$$\gamma_{11}=\varphi,\quad \gamma_{14}=i\varphi,\quad \gamma_{44}=-\varphi.$$

如果现在选取 $\xi^1$① 和 ξ^4(连同 $\xi^2=\xi^3=0$)，使得

$$\xi^1=\chi(x_1+ix_4),\quad \xi^4=i\chi(x_1+ix_4),$$

于是就得到②

$$\xi^1{}_{,1}+\xi^1{}_{,1}=2\chi',\quad \xi^1{}_{,4}+\xi^4{}_{,1}=2i\chi',\quad \xi^4{}_{,4}+\xi^4{}_{,4}=-2\chi'.$$

如果选取 $\chi'=\frac{1}{2}\varphi$，这些关系就同上面所给出的 γ_{11}，γ_{14}，γ_{44}的值一致。因此就证明了这些波都是表观的。对于(b)型的波也可以进行类似的证明。

而且，我们还要证明(c)型也含有表观场，即含有这样的一些场，在那里 $\bar{\gamma}_{22}=\bar{\gamma}_{33}\neq 0$，$\bar{\gamma}_{23}=0$. 对应的 $\gamma_{\mu\nu}$ 是 $\gamma_{11}=\gamma_{44}\neq 0$，而其余全等于零。这样一种波可以由取 $\xi^1=\chi$，$\xi^4=-i\chi$ 而得到，也就是说，通过一个无限小变换从欧几里得空间得到。因此，这些波仍然

① 原文为 ξ'，显系误排。——编译者

② 原文第一方程为 $\xi^1{}_{,1}+\xi'{}_{,1}=2\chi'$，显然有误。——编译者

是实波，只有两个类型的横波，其不等于零的分量是

$$\gamma_{22}=-\gamma_{33}, \tag{C_1}$$

或者

$$\gamma_{23}. \tag{C_2}$$

可是，从张量的变换定律就可得知：这两种波通过坐标系绕 x 轴作 $\pi/4$ 角的空间转动，可以互相变换。它们不过是表示分解为纯横波（唯一的一种具有实在意义的波）的分量。同 C_2 型对比起来，C_1 型的特征是：在变换

$$x'_2=-x_2,\quad x'_1=x_1,\quad x'_3=x_3,\quad x'_4=x_4,$$

或者

$$x'_3=-x_3,\quad x'_1=x_1,\quad x'_2=x_2,\quad x'_4=x_4$$

之下，它的各个分量都不变，也就是说，C_1 对于 x_1-x_2 平面和 x_1-x_3 平面都是对称的。

我们现在来考查波的产生，就像它是近似的（线性化了的）引力方程所推论出的那样。要积分的方程组是

$$\left.\begin{aligned}\bar{\gamma}_{\mu\nu,\alpha\alpha}&=-2T_{\mu\nu},\\ \bar{\gamma}_{\mu\alpha,\alpha}&=0.\end{aligned}\right\} \tag{10}$$

让我们假设在坐标原点附近找到一个用 $T_{\mu\nu}$ 来描述的物理体系。于是用一个类似于通过电流体系确定电磁场的办法，在数学上确定这个 γ 场。通常的解是由推迟势①

$$\bar{\gamma}_{\mu\nu}=\frac{1}{2\pi}\int\frac{[T_{\mu\nu}]_{(t-r)}}{r}dv \tag{11}$$

所得出的解。这里 r 表示从体积元到所考查的那个点的空间距离，$t=x_4/i$，就是所考查的时间。

① 下面所有方程中的体积元 dv 原文都排成 $d\nu$. ——编译者

如果考虑到这个物质体系是在这样的一个容积内，这个容积的尺寸要小于从原点到我们这个点的距离 r_0，也要小于所产生的辐射的波长，那么 r 就可以用 r_0 来代替，并且得到

$$\bar{\gamma}_{\mu\nu}=\frac{1}{2\pi r_0}\int[T_{\mu\nu}]_{(t-r_0)}dv,$$

或者

$$\bar{\gamma}_{\mu\nu}=\frac{1}{2\pi r_0}\left[\int T_{\mu\nu}dv\right]_{(t-r_0)}. \tag{12}$$

所取的 r_0 愈大，$\bar{\gamma}_{\mu\nu}$ 就愈接近于一个平面波。如果所考查的这个点选取在 x_1 轴附近，那么波面法线就平行于 x_1 方向，而且根据前面所讲的，只有分量 $\bar{\gamma}_{22}$，$\bar{\gamma}_{23}$，$\bar{\gamma}_{33}$ 才对应于实际的引力波。对于一个产生这种波并且由彼此相对运动着的物体所组成的体系来说，这些对应的积分(12)并无直接的简单意义。可是我们注意到，T_4 表示(取负值的)能量密度，在低速运动情况下，它实际上等于通常力学所说的质量密度。将会证明，上述这些积分就可以通过这个量来表示。所以能够做到这一点，是因为存在着物理体系的能量-动量方程：

$$T_{\mu a,a}=0. \tag{13}$$

如果这些方程中的第二个乘以 x_2，第四个乘以 $\frac{1}{2}x_2^2$，并且把整个方程组积分起来，那么就得到两个积分关系，把它们合并起来，就产生

$$\int T_{22}dv=\frac{1}{2}\frac{\partial^2}{\partial x_4^2}\int x_2^2T_{44}dv. \tag{13a}$$

同样可得到

$$\int T_{33}dv=\frac{1}{2}\frac{\partial^2}{\partial x_4^2}\int x_3^2T_{44}dv,$$

$$\int T_{23}dv=\frac{1}{2}\frac{\partial^2}{\partial x_4^2}\int x_2x_3T_{44}dv,$$

只要近似方程的整个方法确是应用得当的就行了。由此可以看出，转动惯量的时间导数决定着引力波的发射。特别是还可以看出，对称于 x_1-x_2 和 x_1-x_3 两个平面的波能够用一个具有同样对称性的物质体系的弹性振动来实现。比如，可以有两个相等的质量，用一根弹簧连接起来，在平行于 x_3 轴的方向上彼此相向地振动着。

从能量关系的考查，已经得出这样的结论：这样一个发出引力波的体系必定发出能量，这能量起着阻抑运动的作用。然而，我们能够想出无阻尼的振动的情况，只要我们设想除了这个体系所发射的波以外，还有第二个同心的波场存在，这个波场是向里面传播的，并且给这个体系以一定的能量，其大小同向外传播的波所带走的能量一样。这导致了在驻波体系中嵌进一个无阻尼的力学过程。

在数学上，这同前几年由里茨(Ritz)和台特罗德(Tetrode)清楚指出过的下述考查有关。要对波动方程

$$\Box\varphi=-4\pi\rho$$

进行积分，用**推迟势**

$$\varphi=\int\frac{[\rho]_{(t-r)}}{r}dv$$

在数学上并不是唯一可能的办法。也可以用

$$\varphi = \int \frac{[\rho]_{(t+r)}}{r} dv$$

来进行积分，那就是说，也可以用“推进”势，或者用二者的混合，比如

$$\varphi = \frac{1}{2} \int \frac{[\rho]_{(t+r)} + [\rho]_{(t-r)}}{r} dv$$

来进行积分。最后这种可能性相当于那种存在驻波的无阻尼的情况。

要注意，人们可以设想像上述那样产生出来的、能够任意接近平面波的引力波。比如，可以通过这样的一种极限过程来得到它们，这个过程就是，考虑波源离开所考查的点愈来愈远，同时，波源振动的转动惯量也随着成比例地增加。

Ⅱ. 柱面波的严格解

我们在子午圈平面上这样来选取坐标 x_1，x_2，使得 $x_1=0$ 是转动轴，而 x_2 从 0 伸展到无穷远。设 x_3 是规定子午圈平面位置的角坐标。又假定这个场对于每一个 $x_2=$常数的平面和每一个子午圈平面都是对称的。所要求的这种对称性，导致一切含有一个而且只有一个指数 2 的分量 $g_{\mu\nu}$ 都等于零；对于指数 3 也一样。在这样的一种引力场中，只有

$$g_{11}, \quad g_{22}, \quad g_{33}, \quad g_{44}, \quad g_{44}$$

可以不是零。为了方便起见，我们现在取所有坐标都是实坐标。人们还可以这样来变换坐标 x_1，x_4，使这两个条件都得到满足。由此，我们取

$$\left.\begin{aligned} g_{14}&=0,\\ g_{11}&=-g_{44}.\end{aligned}\right\}\tag{14}$$

不难证明，这样做时并不引进任何奇点。

我们现在记
$$\left.\begin{aligned} -g_{11}&=g_{44}=A,\\ -g_{22}&=B,\\ -g_{33}&=C,\end{aligned}\right\}\tag{15}$$

此处 $A,B,C>0$. 用这些量来计算

$$\left.\begin{aligned}
2\left(R_{11}-\frac{1}{2}g_{11}R\right)&=\frac{B_{44}}{B}+\frac{C_{44}}{C}-\frac{1}{2}\left[\frac{B_4^2}{B^2}+\frac{C_4^2}{C^2}-\frac{B_4C_4}{BC}+\right.\\
&\quad\left.+\frac{A_4}{A}\left(\frac{B_4}{B}+\frac{C_4}{C}\right)+\frac{B_1C_1}{BC}+\frac{A_1}{A}\left(\frac{B_1}{B}+\frac{C_1}{C}\right)\right],\\
\frac{2A}{B}\left(R_{22}-\frac{1}{2}g_{22}R\right)&=\frac{A_{44}}{A}+\frac{C_{44}}{C}-\frac{A_{11}}{A}-\frac{C_{11}}{C}+\\
&\quad+\frac{1}{2}\left[\frac{C_1^2}{C^2}-\frac{C_4^2}{C^2}+\frac{2A_1^2}{A^2}-\frac{2A_4^2}{A^2}\right],\\
\frac{2A}{C}\left(R_{33}-\frac{1}{2}g_{33}R\right)&=\frac{A_{44}}{A}+\frac{B_{44}}{B}-\frac{A_{11}}{A}-\frac{B_{11}}{B}+\\
&\quad+\frac{1}{2}\left[\frac{2A_1^2}{A^2}-\frac{2A_4^2}{A^2}+\frac{B_1^2}{B^2}-\frac{B_4^2}{B^2}\right],\\
2\left(R_{44}-\frac{1}{2}g_{44}R\right)&=\frac{B_{11}}{B}+\frac{C_{11}}{C}-\frac{1}{2}\left[\frac{B_1^2}{B^2}+\frac{C_1^2}{C^2}-\frac{B_1C_1}{BC}+\right.\\
&\quad\left.+\frac{A_1}{A}\left(\frac{B_1}{B}+\frac{C_1}{C}\right)+\frac{B_4C_4}{BC}+\frac{A_4}{A}\left(\frac{B_4}{B}+\frac{C_4}{C}\right)\right],\\
2R_{14}&=\frac{B_{14}}{B}+\frac{C_{14}}{C}-\frac{1}{2}\left[\frac{B_1B_4}{B^2}+\frac{C_1C_4}{C^2}+\right.\\
&\quad\left.+\frac{A_4}{A}\left(\frac{B_1}{B}+\frac{C_1}{C}\right)+\frac{A_1}{A}\left(\frac{B_4}{B}+\frac{C_4}{C}\right)\right],
\end{aligned}\right\}\tag{16}$$

此处等号右侧各个量的下标都表示微分。如果我们使这些表示式等于零，取来作为场方程，把第二式和第三式用它们的和与差来代替，并且引进新的变数

$$\left.\begin{aligned} \alpha &= \log A, \\ \beta &= \frac{1}{2}\log(B/C), \\ \gamma &= \frac{1}{2}\log(BC), \end{aligned}\right\} \tag{15a}$$

那么我们就得到

$$2\gamma_{44}+\frac{1}{2}[\beta_4^2+3\gamma_4^2+\beta_1^2-\gamma_1^2-2\alpha_1\gamma_1-2\alpha_4\gamma_4]=0, \tag{17}$$

$$2(\alpha_{11}-\alpha_{44})+2\gamma_{11}-2\gamma_{44}+[\beta_1^2+\gamma_1^2-\beta_4^2-\gamma_4^2]=0, \tag{18}$$

$$\beta_{11}-\beta_{44}+[\beta_1\gamma_1-\beta_4\gamma_4]=0, \tag{19}$$

$$2\gamma_{11}+\frac{1}{2}[\beta_1^2+3\gamma_1^2+\beta_4^2-\gamma_4^2-2\alpha_1\gamma_1-2\alpha_4\gamma_4]=0, \tag{20}$$

$$2\gamma_{14}+[\beta_1\beta_4+\gamma_1\gamma_4-2\alpha_1\gamma_4-2\alpha_4\gamma_1]=0. \tag{21}$$

在这群方程中，第一和第四方程给出

$$\gamma_{11}-\gamma_{44}+(\gamma_1^2-\gamma_4^2)=0. \tag{22}$$

代之以

$$\gamma=\log\sigma, \qquad \sigma=(BC)^{\frac{1}{2}}, \tag{23}$$

得到波动方程

$$\sigma_{11}-\sigma_{44}=0, \tag{24}$$

它的解是

$$\sigma=f(x_1+x_4)+g(x_1-x_4), \tag{25}$$

此处 f 和 g 都是任意函数。方程(18)变成

$$\alpha_{11}-\alpha_{44}+\frac{1}{2}(\beta_1^2-\beta_4^2+\gamma_4^2-\gamma_1^2)=0. \tag{18a}$$

方程(17)因而表明，γ 不能处处等于零。

我们现在必须来看一看，对于 γ 不等于零的情况来说，是否存在波动过程。我们看到，这样一种波动过程，在第一级近似上是用一个波动的 β 来表示的，那就是用一个 β 函数来表示，这个函数就它对于 x_1 以及对于 x_4 的依存关系来说，具有极大值和极小值；我们必须指望对于严格解也是如此。关于 γ，我们知道，$e^\gamma=\sigma$ 满足波动方程(24)，因而也取形式(25)。可是，由此未必就能推论出这个量的波动性质。事实上我们将证明，γ 可以没有极小值。

这样一个极限值就意味着，(25)中的函数 f 和 g 都具有极限值。要是在一个(x_1,x_4)点上是这样的情况，那么我们一定会得到 $\gamma_1=\gamma_4=0$，$\gamma_{11}\geqslant 0$. 但是根据(17)和(20)，这是不可能的。因此，γ 没有极小值，也就是说，它不是波动的，而表现为单调的，至少在沿着一个方向随意延伸的空间领域中是单调的。我们现在就来考查这样一种空间领域。

看一看究竟 x_1 和 x_4 的哪一种变换会使我们的方程组(14)保持不变，那该是有益的。对于这种不变性来说，必要和充分的条件是：这种变换要满足方程

$$\left.\begin{aligned}\frac{\partial\bar{x}_1}{\partial x_1}&=\frac{\partial\bar{x}_4}{\partial x_4},\\ \frac{\partial\bar{x}_1}{\partial x_4}&=\frac{\partial\bar{x}_4}{\partial x_1}.\end{aligned}\right\} \tag{26}$$

这样，我们可以任意选取$\bar{x}_1(x_1,x_4)$来满足方程

$$\frac{\partial^2 \bar{x}_1}{\partial x_1^2}-\frac{\partial^2 \bar{x}_1}{\partial x_4^2}=0, \tag{26a}$$

于是(26)就会确定对应的 $\bar{x}_4$. 既然 e^γ 在这种变换下是不变的，并且又满足波动方程，那么就存在这样一种变换，在这变换中，$\bar{x}_1$ 等于 e^γ，或者同 e^γ 成比例。在这个新坐标系中，我们得到

$$e^\gamma=ax_1,$$

或者

$$\gamma=\log a+\log x_1. \tag{27}$$

如果我们把 γ 的这个表示式代入(17)—(27)，这些方程就变成了等价的方程组

$$\beta_{11}-\beta_{44}+\frac{1}{x_1}\beta_1=0, \tag{28}$$

$$\alpha_1=\frac{1}{2}x_1(\beta_1^2+\beta_4^2)-\frac{1}{2x_1}, \tag{29}$$

以及

$$\alpha_4=x_1\beta_1\beta_4. \tag{30}$$

如果 x_1 表示到转动轴的距离，那么方程(28)就是三维空间中的柱面波。对于既定的 β，方程(29)和(30)确定了函数 α，直至一个(任意的)附加常数；同时，由于(27)，γ 是已经确定了的。

为了使这些波可以被认为是欧几里得空间中的波，当这个场同 x_4 无关时，这些方程就必须为欧几里得空间所满足。如果我们用 x_3 来表示绕转动轴的角，那么这个场就表示为：

$$A=1;\quad B=1;\quad C=x_1^2.$$

这些关系相当于

$$\alpha=0,\quad \beta=-\log x_1,\quad \gamma=\log x_1,$$

由此可知，方程(27)—(30)事实上是得到满足的。

我们还必须考查一下究竟是不是存在驻波，即是不是存在时间上是纯周期性的波。

对于β来说，立即可以明白，这样的解是存在的。我们现在来考查一下β以正弦形式随时间变化的情况，尽管这并不是必然的情况。在这里，β具有形式

$$\beta = X_0 + X_1 \sin \omega x_4 + X_2 \cos \omega x_4,$$

此处X_0, X_1, X_2都单独是x_1的函数。于是由(30)可知，当只当积分

$$\int \beta_1 \beta_4 d x_4$$

经历了整数的周期而等于零时，α才是周期性的。

由

$$\beta = X_0 + X_1 \sin \omega x_4$$

来表示的驻定振动的情况，这个条件实际上是得到满足的，因为

$$\int \beta_1 \beta_4 d x_4 = \int (X'_0 + X'_1 \sin \omega x_4) \omega X_1 \cos \omega x_4 \, d x_4 = 0.$$

另一方面，在包括前进波情况在内的一般情况下，我们得到这个积分的值是

$$\frac{1}{2}(X_1 X'_2 - X_2 X'_1)\omega T,$$

此处T是积分所取的时间间隔。这个值一般地不等于零。在离$x_1 = 0$的距离x_1大于波长的地方，在一个含有很多波的区域中，前进波可以很好地用

$$\beta = X_0 + a \sin \omega (x_4 - x_1)$$

来近似地表示，此处 a 是一个常数（它当然是用来代替一个微弱地依赖于 x_1 的函数的）。在这种情况下，$X_1 = a\cos\omega x_1$，$X_2 = -a\sin\omega x_1$，所以这个积分能够（近似地）用 $-\frac{1}{2}a\omega^2 T$ 来表示，因而不可能等于零，而且总是具有同一正负号。因此，前进波使度规产生了一种长期的变化。

这同波运输能量这一事实有关，而这件事关系着一个定位于轴 $x=0$ 上的引力质量在时间中的系统变化。

注： 这篇论文的第二部分，在罗森先生去俄国①以后，我作了重大的修改，因为我们原先曾错误地解释了我们公式的结果。我要感谢我的同事罗伯孙（Robertson）教授友好地帮助我澄清原先的错误。我也感谢霍夫曼（Hoffmann）先生在翻译上的亲切协助。

A. 爱因斯坦

① 这篇论文的合作者那坦·罗森（Nathan Rosen），1909 年生于美国布鲁克林，1933—34 年在普林斯顿进修，1936 年去基辅任理论物理学教授，1938 年回美国。——编译者

引力方程和运动问题(一)[①]

同 L. 英费耳德和 B. 霍夫曼合著

导　言

在这篇论文中,我们考查相对论性引力方程对于有重物体的运动确定到什么程度这样一个基本的简单问题。

以前对这个问题的处理[②],所根据的引力方程,都是假定了某种特殊的物质的能量-动量张量。可是,这样一些能量-动量张量,必须认为是表示物质结构的纯粹暂时的,并且或多或少是现象学的方案;它们的进入方程,就使得不可能确定所得的结果究竟有多大程度独立于那种关于物质组成所作的特殊假定。

---

① 这是爱因斯坦同波兰物理学家英费耳德(L. Infeld)和美国物理学家霍夫曼(B. Hoffmann)合写的论文,完成于 1937 年 6 月,发表在 1938 年 1 月出版的季刊美国《数学杂志》(*Annals of Mathematics*),第二编,39 卷,第 1 期,65—100 页。这里译自该刊。原标题没有"(一)",但是 1939 年写的续篇有"(二)"字样,为了统一,我们给补加上。续篇见本书 567 页。——编译者

② 德罗斯特(Droste),《阿姆斯特丹科学院报告》(*Ac. van Wet. Amsterdam*),19 卷,447 页,1916 年。德·席特(De Sitter),《皇家天文学会月报》(*Monthly Notices of the R. A. S.*),67 卷,155 页,1916 年。马蒂孙(Mathisson),《物理学期刊》(*Zeits. f. Physik*),67 卷,270 页,826 页,1931 年;69 卷,389 页,1931 年。勒维-契维塔(Levi-Civita),《美国数学期刊》(*Am. Jour. of Math.*),3 卷,225 页,1937 年。——原注

实际上,由广义相对论的基本假定无歧义地推导出的仅有的引力方程,是关于空虚空间的方程;了解它们究竟能不能**单独地**确定物体的运动,那该是重要的。这个问题的答案并不完全是显而易见的。在古典物理学中能够找到一些会得出肯定或否定答案的例子。比如,在通常的关于空虚空间的麦克斯韦方程中,电粒子被看作是场的奇(性)点(*point singularities*),这些奇点的运动不是由线性场方程所确定的。另一方面,亥姆霍兹的关于无黏滞性流体的旋涡运动的著名理论却提供了这样一个例子,在那里,奇性线(*line singularities*)的运动实际上是由非线性的偏微分方程单独确定的。

在这篇论文中,我们将证明,空虚空间引力方程事实上足以确定以场的奇点来表示的物质的运动。引力方程是非线性的,而且由于选取坐标系所必需的自由,以致在它们之间存在四个微分关系,使得它们形成一个过度确定的方程组。这种过度确定是运动方程组之所以存在的依据,而非线性特征则是那些表示动体相互作用的项之所以存在的依据。

有两个必不可少的步骤导致运动的确定。

(1) 用一种特别适宜于处理准稳定场的新的近似法,来确定由运动质点所产生的引力场。

(2) 对于包着奇点的二维空间曲面来说,某些曲面积分条件表明是成立的,这些条件确定着运动。

在这篇论文的第二部分,我们实际计算了这种近似法的并非无关紧要的开头两级。在第一级中,运动方程取牛顿的形式。在第二级中,运动方程(我们只计算两个质点的情况)取比较复杂的形式,但并不包含三阶或更高阶的时间导数。

这个在原则上可适用于任何级近似的方法，就是在每一级上都化为特殊积分的问题，但是我们并没有证明高于二阶的时间导数终于不会在运动方程中出现。

在确定场和运动方程时，为了使解成为唯一的，必须把无限远处的非伽利略型的值(*non-Galilean value*)，以及两极、四极和更多极类型的奇点都排除在场之外。

我们的运动方程对这些奇点运动的限制并不比牛顿方程更严厉，这是有重大意义的；但这也许是由于我们所作的“物质是由奇点来表示的”这一简单化的假定，如果我们能够用一种排除奇点的场论来表示物质，那么很可能情况就不是这样了。用奇点来表示物质，并不能使场方程定下质量的正负号，所以就目前的理论来说，两个物体间的相互作用总是相吸而不是相斥，那仅仅是约定而已。至于为什么质量必须是正的，一个可能的线索只能有待于这样一种理论，这种理论会提供一种无奇点的表示物质的方法。①

我们的方法能够用于场方程中含有麦克斯韦能量-动量张量的情况，并且如第二部分(即Ⅱ)所证明的，由此可以推导出洛伦兹力。

在麦克斯韦-洛伦兹电动力学中，也像在早期求引力方程解的近似方法中那样，要确定由动体所产生的场这一问题，是通过用推迟势来积分波动方程而得到解决的。在那里，时间流向的正符号

---

① 爱因斯坦和罗森(Einstein and Rosen)，美国《物理学评论》(*Phys. Rev.*)，48卷，73页，1935年。——原注

起着决定性作用,因为,在某种意义上来说,场是靠着那些向无限远处推进的波来扩展的。可是,在我们的理论中,在各个近似级上要求解的方程,都不是波动方程,而不过是空间势方程。既然像引力场方程和电磁场方程这样的方程在颠倒时间正负号时实际上是不变的,那么这里所介绍的方法,似乎是求这些方程解的一种自然的方法。对时间方向不加区别的我们这个方法,相当于把驻波引进了波动方程,而且不可能得到这样的结论,说在两个质点作圆周运动时,能量要以波动的形式辐射到无限远处。

I. 一般理论

1. 场方程和坐标条件

把空间和时间分开来,既然是这项工作的一个必不可少的部分,所以我们在这篇论文中自始至终采用这样的约定:拉丁字指标只用来承担空间值 1,2,3;而希腊字指标则是既指空间也指时间,涉及数值 0,1,2,3.

正如导言中交代过的,我们只讨论空虚空间的引力方程,把场源当作奇点来处理。如果我们用一条跟着相应下标的线来表示一个量的通常导数,比如

$$(1,1)\qquad \frac{\partial g_{\mu\nu}}{\partial x^{\sigma}}\rightarrow g_{\mu\nu|\sigma};\quad \frac{\partial^{2} g_{\mu\nu}}{\partial x^{\sigma}\partial x^{\rho}}\rightarrow g_{\mu\nu|\sigma\rho},$$

我们就可以把场方程写成这样的形式:

$$(1,2)\ R_{\mu\nu}=-\begin{Bmatrix}\lambda\\ \mu\nu\end{Bmatrix}_{|\lambda}+\begin{Bmatrix}\lambda\\ \mu\lambda\end{Bmatrix}_{|\nu}+\begin{Bmatrix}\lambda\\ \mu\sigma\end{Bmatrix}\begin{Bmatrix}\sigma\\ \lambda\nu\end{Bmatrix}-\begin{Bmatrix}\lambda\\ \mu\nu\end{Bmatrix}\begin{Bmatrix}\sigma\\ \lambda\sigma\end{Bmatrix}=0.$$

设符号 $\eta_{\mu\nu}$，$\eta^{\mu\nu}$ 是由

$$(1,3)\qquad \eta_{\mu\nu}=\eta^{\mu\nu}=\begin{bmatrix}+1 & 0 & 0 & 0\\ 0 & -1 & 0 & 0\\ 0 & 0 & -1 & 0\\ 0 & 0 & 0 & -1\end{bmatrix}$$

来定义的，那么它们就表示空虚空间-时间的度规。然后，如果我们通过下列关系引进量 $h_{\mu\nu}$，$h^{\mu\nu}$：

$$(1,4)\qquad g_{\mu\nu}=\eta_{\mu\nu}+h_{\mu\nu},\quad g^{\mu\nu}=\eta^{\mu\nu}+h^{\mu\nu},$$

那么 $h_{\mu\nu}$ 和 $h^{\mu\nu}$ 就表示偏离平直空时的空间-时间偏差。这个 $h^{\mu\nu}$ 可以作为 $h_{\mu\nu}$ 的函数由关系

$$(1,5)\qquad g_{\mu\nu}g^{\nu\sigma}=\delta_{\mu}^{\sigma}$$

计算出来。一般说来，$h_{\mu\nu}$ 比起 1 来是很小的，但是关于它们的数量级，我们在这里不作什么假定。

我们能够把 $R_{\mu\nu}$ 的各个分量用(1,4)和(1,5)来表示为 $h_{\mu\nu}$ 的函数，又由于我们在得到目前这项工作所用的近似方法时就会明白的道理，我们把如此得到的各种各样的项按照下述方式分成两组。首先我们把这些 h 中线性的项同那些二次或更高次项分开来。在区分的这个阶段上，场方程的形式是

$$(1,6)\qquad R_{00}=\frac{1}{2}\{-h_{00|ss}+2h_{0s|0s}-h_{ss|00}\}+L'_{00}=0,$$

$$(1,7)\qquad R_{0n}=\frac{1}{2}\{-h_{0n|ss}+h_{0s|ns}+h_{ns|0s}-h_{ss|n0}\}+L'_{0n}=0,$$

$$(1,8)\qquad R_{mn}=\frac{1}{2}\{-h_{mn|ss}+h_{ms|ns}+h_{ns|ms}-h_{ss|mn}+h_{mn|00}-$$
$$-h_{m0|n0}-h_{n0|m0}+h_{00|mn}\}+L'_{mn}=0,$$

此处 $L'_{\mu\nu}$ 表示非线性项。我们现在

(1,9)　从 R_{00} 中取出 $h_{0s|0s}-\frac{1}{2}h_{ss|00}$ 各项，

(1,10)　从 R_{0n} 中无项可取，

(1,11)　从 R_{mn} 中取出 $-\frac{1}{2}h_{0m|0n}-\frac{1}{2}h_{0n|0m}+\frac{1}{2}h_{mn|00}$，

并且把它们加进非线性组中。引进符号 $L_{\mu\nu}$ 来表示非线性组 $L'_{\mu\nu}$ 以及这些加进去的线性部分，我们可以把场方程写成分开的形式①

(1,12)　$$R_{00}=-\frac{1}{2}h_{00|ss}+L_{00}=0,$$

(1,13)　$$R_{0n}=-\frac{1}{2}h_{0n|ss}+\frac{1}{2}\left(h_{ns}-\frac{1}{2}\delta_{ns}h_{ll}+\frac{1}{2}\delta_{ns}h_{00}\right)_{|0s}-$$
$$-\frac{1}{4}(h_{00}+h_{ss})_{|0n}+\frac{1}{2}h_{0s|ns}+L_{0n}=0,$$

(1,14)　$$R_{mn}=-\frac{1}{2}h_{mn|ss}+\frac{1}{2}\left(h_{ms}-\frac{1}{2}\delta_{ms}h_{ll}+\frac{1}{2}\delta_{ms}h_{00}\right)_{|ns}+$$
$$+\frac{1}{2}\left(h_{ns}-\frac{1}{2}\delta_{ns}h_{ll}+\frac{1}{2}\delta_{ns}h_{00}\right)_{|ms}+L_{mn}=0,$$

此处各个 L 是由下列公式明显地给定的：

(1, 15)　$$L_{00}=h_{0s|0s}-\frac{1}{2}h_{ss|00}-(h^{\lambda\sigma}[00,\sigma])_{|\lambda}+(h^{\lambda\sigma}[0\lambda,\sigma])_{|0}+$$
$$+\begin{Bmatrix}\lambda\\0\sigma\end{Bmatrix}\begin{Bmatrix}\sigma\\\lambda0\end{Bmatrix}-\begin{Bmatrix}\lambda\\00\end{Bmatrix}\begin{Bmatrix}\sigma\\\lambda\sigma\end{Bmatrix},$$

(1, 16)　$$L_{0n}=-(h^{\lambda\sigma}[0n,\sigma])_{|\lambda}+(h^{\lambda\sigma}[n\lambda,\sigma])_{|0}+$$

① 此处原文为"*in the separated from*"，其中"*from*"显然系"*form*"之误。——编译者

$$+\left\{\begin{matrix}\lambda\\ n\sigma\end{matrix}\right\}\left\{\begin{matrix}\sigma\\ \lambda 0\end{matrix}\right\}-\left\{\begin{matrix}\lambda\\ n0\end{matrix}\right\}\left\{\begin{matrix}\sigma\\ \lambda\sigma\end{matrix}\right\},$$

(1, 17) $$L_{mn}=-\frac{1}{2}h_{0m|0n}-\frac{1}{2}h_{0n|0m}+\frac{1}{2}h_{mn|00}-(h^{\lambda\sigma}[mn,\sigma])_{|\lambda}+$$

$$+(h^{\lambda\sigma}[m\lambda,\sigma])_{|n}+\left\{\begin{matrix}\lambda\\ m\sigma\end{matrix}\right\}\left\{\begin{matrix}\sigma\\ \lambda n\end{matrix}\right\}-\left\{\begin{matrix}\lambda\\ mn\end{matrix}\right\}\left\{\begin{matrix}\sigma\\ \lambda\sigma\end{matrix}\right\}.$$

如果我们引进量 $\gamma_{\mu\nu}$，它们由

(1,18) $$\gamma_{\mu\nu}=h_{\mu\nu}-\frac{1}{2}\eta_{\mu\nu}\eta^{\sigma\rho}h_{\sigma\rho}$$

来定义，或者以展开形式来表示：

(1,19) $$\gamma_{00}=\frac{1}{2}h_{00}+\frac{1}{2}h_{ll},$$

(1,20) $$\gamma_{0n}=h_{0n},$$

(1,21) $$\gamma_{mn}=h_{mn}-\frac{1}{2}\delta_{mn}h_{ll}+\frac{1}{2}\delta_{mn}h_{00},$$

那么我们就可以把场方程(1,12)，(1,13)，(1,14)写成形式

(1,22) $$R_{00}=-\frac{1}{2}h_{00|ss}+L_{00}=0,$$

(1,23) $$R_{0n}=-\frac{1}{2}h_{0n|ss}+\frac{1}{2}\gamma_{ns|0s}+$$

$$+\frac{1}{2}(\gamma_{0s|s}-\gamma_{00|0})_{|n}+L_{0n}=0,$$

(1,24) $$R_{mn}=-\frac{1}{2}h_{mn|ss}+\frac{1}{2}\gamma_{ms|sn}+\frac{1}{2}\gamma_{ns|sm}+L_{mn}=0.$$

既然在这些场方程中间有四个恒等式，我们就可以加进以含有引力势的四个非张量方程形式的四个坐标条件，用以通过限制

坐标系的选取自由的办法来限制解的任意性。结果表明,最简单的是用这样的坐标条件,它们只涉及在场方程(1,23),(1,24)的明显写出的部分中出现的那些量。这些方程事实上就向我们提示,可取

(1,25) $$\gamma_{0s|s}-\gamma_{00|0}=0,$$

(1,26) $$\gamma_{ms|s}=0$$

作为我们的坐标条件。① 对于这些坐标条件来说,场方程不过是变成

(1,27) $$h_{00|ss}=2L_{00},$$

(1,28) $$h_{0n|ss}=2L_{0n},$$

(1,29) $$h_{mn|ss}=2L_{mn}.$$

为了作进一步论证,有必要把这些方程中的关于 γ 的拉普拉斯算符改写成 h 的拉普拉斯算符。我们因而就把上述这些方程代替以等价的方程

(1,30) $$\gamma_{00,ss}=2\Lambda_{00},$$

(1,31) $$\gamma_{0n,ss}=2\Lambda_{0n},$$

(1,32) $$\gamma_{mn,ss}=2\Lambda_{mn},$$

此处 Λ 同 L 的关系正像 γ 同 h 的关系一样:

(1,33) $$\Lambda_{00}=\frac{1}{2}L_{00}+\frac{1}{2}L_{ll},$$

---

① 坐标条件的选择是有很大的任意性的,用这样一些在洛伦兹变换下不变的条件

$$\eta^{\nu\mu}\gamma_{\alpha\nu|\mu}=0,$$

也许倒更为自然。可是,结果表明,当我们用本文所提供的坐标条件来进行场的实际计算却比较简单,正由于这个缘故,我们在一般理论中就使用了它。——原注

(1,34) $\Lambda_{0n}=L_{0n}$,

(1,35) $\Lambda_{mn}=L_{mn}-\frac{1}{2}\delta_{mn}L_{ll}+\frac{1}{2}\delta_{mn}L_{00}$.

(1,33),(1,34),(1,35)这些场方程同坐标条件(1,25),(1,26)一起,形成了我们进一步考查的基础。

2. 场的基本的积分性质

让我们来考查三个函数 $A_n(n=1,2,3)$;它们不一定是张量。我们可以由这些函数构成另外三个函数

(2,1) $(A_{n|s}-A_{s|n})_{|s}$,

它们可以明显地写成

(2,2)
$$\begin{cases}\{(A_{1|2}-A_{2|1})_{|2}-(A_{3|1}-A_{1|3})_{|3}\},\\ \{(A_{2|3}-A_{3|2})_{|3}-(A_{1|2}-A_{2|1})_{|1}\},\\ \{(A_{3|1}-A_{1|3})_{|1}-(A_{2|3}-A_{3|2})_{|2}\}.\end{cases}$$

这三个函数于是构成了三个函数

(2,3) $(A_{2|3}-A_{3|2})$, $(A_{3|1}-A_{1|3})$, $(A_{1|2}-A_{2|1})$

的旋度。

考查任何一个不经过场的奇点的曲面 S. 既然(2,1)是(2,3)的旋度,那么由斯托克斯定理就可以看出,遍及 S 面上的(2,1)的"法线"①分量的积分,等于沿 S 边缘上的(2,3)的切线分量的线积

① 像法线、角、球等这类词,在这里是以纯粹约定的意义来标志这些名词在欧几里得几何中所意味的坐标 x^m 的对应函数和方程。这一节的论证,同任何特殊的度规无关,我们所以使用欧几里得的术语,仅仅因为它适当而且方便。——原注

分。如果 S 是一个闭曲面,它的边缘长度是零,那么后一个积分就等于零。于是我们得到这样一个定理:如果 S 是不经过场的奇点的任何闭曲面,那么

$$\int (A_{n|s}-A_{s|n})_{|s}\cos(\boldsymbol{n}\cdot\boldsymbol{N})\,dS=0, \tag{2,4}$$

此处$(n\cdot N)$表示 x^n 的方向同 S 的"法线"之间的"角",累加的约定用于 n 上。不管 S 是不是包着奇点,这个定理都是成立的,所以我们现在就把它用于当前的问题上。

由坐标条件(1,25),(1,26)和场方程(1,31),(1,32),我们得到

$$(\gamma_{0n|s}-\gamma_{0s|n})_{|s}=2\Lambda_{0n}-\gamma_{00|0n}, \tag{2,5}$$

$$(\gamma_{mn|s}-\gamma_{ms|n})_{|s}=2\Lambda_{mn}. \tag{2,6}$$

可以看出,(2,5),(2,6)的左边给出了具有形式(2,1)的四个量,一个来自(2,5),三个来自(2,6),因为 $m=1,2,3$. 如果 S 是一个不经过场的奇点的曲面,由(2,4)就得到

$$\int (\gamma_{00|0n}-2\Lambda_{0n})\cos(\boldsymbol{n}\cdot\boldsymbol{N})\,dS=0, \tag{2,7}$$

$$\int 2\Lambda_{mn}\cos(\boldsymbol{n}\cdot\boldsymbol{N})\,dS=0. \tag{2,8}$$

由(2,5),(2,6)可以看出,在那些没有奇点的区域中,

$$(\gamma_{00|0n}-2\Lambda_{0n})_{|n}=0, \tag{2,9}$$

$$(2\Lambda_{mn})_{|n}=0. \tag{2,10}$$

因此,高斯定理表明:如果我们取这样两个闭曲面 S,S',在 S 和 S' 之上或之间都没有奇点,那么遍及 S 和遍及 S' 的两个积分就得出同样的结果。但是,对于包着奇点的曲面来说,或者更一般地,对

于包着为空虚空间场方程所不能满足的区域的那种曲面来说，这些积分条件究竟是否成立，只有用斯托克斯定理才能证明。

我们是把物质当作场中的奇点来处理的。让我们假定有 p 个物体，每一个物体都用一个奇点来表示。每一个这种奇点的坐标都会单独是时间的函数。既然(2,7)，(2,8)对于任何 S 都是成立的，只要它不经过奇点就行了，那么我们就可以选取 p 个这样的曲面，使每个曲面只包着 p 个奇点中的一个，由此得到了 $4p$ 个不同的积分条件。每一个这些条件现在都同它的 S 的形状无关，它将提供出奇点的坐标同它们的时间导数之间的关系，而且以后我们还会看到，积分条件事实上提供了奇点的**运动方程**。这些方程在这里仅仅是从场方程和坐标条件推导出来的，而用不着任何外加的假定。

如果我们不去逐个围绕着一个奇点进行积分，而是对一个包含所有这些奇点的曲面进行积分，那么我们就得到关于整个体系的能量和线动量的守恒定律。这些定律当然仅仅是各个质点的运动定律的必然结果，但是由于多次的相消，它们就取得了一个比较简单的形式。

3. 近似法

在相对论中至今所用的近似法如下。我们考虑到，在方程

(3,1) $$g_{\mu\nu}=\eta_{\mu\nu}+h_{\mu\nu}$$

中，这些 $h_{\mu\nu}$ 对于正参数 λ 有这样的连续依存关系：当 $\lambda=0$，它们都等于零。因此，当 $\lambda=0$ 时，空间-时间就变成了伽利略型的了。于

是我们假定,$h_{\mu\nu}$可以展开成λ的幂级数①:

(3,2) $$h_{\mu\nu}=\sum_{l=1}^{\infty}\lambda^{l}\underset{l}{h}_{\mu\nu}.$$

把这种展开式引进场方程,然后把这些场方程按照λ的不同次幂加以分类,它们就取形式

(3,3) $$0=R_{\mu\nu}=\sum_{l=1}^{\infty}\lambda^{l}\underset{l}{R}_{\mu\nu}.$$

为了要使同参数λ有关的一组$h_{\mu\nu}$作为场方程的解,那就必须使方程

(3,4) $$\underset{l}{R}_{\mu\nu}=0$$

中的每一个都得到满足。这种方法的最熟知的例子是它对第一级近似的应用。

我们现在来证明为什么这种近似法不适于处理准静态场。如果我们引进一个产生场的物质的能量张量,在第一级近似上我们就得到(用虚时间)大家已知的方程

(3,5) $$\gamma_{\mu\nu|\sigma\sigma}=-2T_{\mu\nu},$$

此处坐标系取决于方程

(3,6) $$\gamma_{\mu\sigma|\sigma}=0.$$

在不相涉的物质(尘埃)所产生的场这种最简单的情况中,我们得到

(3,7) $$T_{\mu\nu}=\rho\frac{d\xi^{\mu}}{ds}\frac{d\xi^{\nu}}{ds},$$

① 在λ^{l}中的l,总是一个指数,而不是抗变指标。——原注

此处 $d\xi^{\mu}/ds$ 是用原时 s 来量度的速度分量。如果我们研究的是准静态状况，那么 $d\xi^{0}/ds$ 是 1 的数量级，而 $d\xi^{m}/ds$ 则都是比较小的。因此，在这种情况下，我们会得到

(3,8) $$|T_{00}|\gg|T_{0n}|\gg|T_{mn}|,$$

而由方程(3,5)，相应地我们必定得到

(3,9) $$|\gamma_{00}|\gg|\gamma_{0n}|\gg|\gamma_{mn}|.$$

通常的近似法对此并不加以考虑，因为它把所有的 γ 都当作同样的数量级来处理，尽管在准静态的情况下，γ_{00} 要远大于 $\gamma_{\mu\nu}$ 的其他分量。对于准静态情况的真正完善的近似法，应该必不可少地用到关系(3,9)。

考虑一下建立一种适合于解准静态情况的近似场方程(3,5)的近似方法这个问题，就能够最简便地得到我们目前这个近似法。结果是，我们这样所得到的近似法，也适合于解严格的引力方程，即使我们处理的不是准静态情况也如此。

第一步是要提供一个明显的表示式来表示如下事实：场量的时间导数比起这个量的本身以及它的空间导数来都要小。这样做时，我们引进一个辅助的时间坐标

(3,10) $$\tau=\lambda x^{0},$$

并且假定每一个场量都是(τ,x^{1},x^{2},x^{3})的函数，而不是$(x^{0},x^{1},x^{2},x^{3})$的函数。如果 φ 是这样的一个量，我们现在就假定 φ，$\varphi_{|m}$ 同 $\partial\varphi/\partial\tau$ 是具有同一数量级的，因而 $\varphi_{|0}$ 具有 $\lambda\varphi$ 的数量级。

由此我们可下结论：如果(3,7)中的 T_{00} 具有 λ^{q} 的数量级，那么 T_{0n} 就会具有 λ^{q+1} 的数量级，而 T_{mn} 会具有 λ^{q+2} 的数量级。

进一步,由大家已知的关于第一级近似的考查(一个质点运动的能量守恒)得知,γ_{00}(它是单位质量的势能)同速度的平方具有同样的数量级,于是用我们现在的记号来表示,它具有 λ^2 的数量级。因此,对于各个 γ,我们得到如下的数量级:

(3,11)
$$\gamma_{00}\sim\lambda^2;\quad \gamma_{0n}\sim\lambda^3;\quad \gamma_{mn}\sim\lambda^4.$$

如果我们把这些 γ 展开成 λ 的幂级数,那么我们就必须认为展开式的最低次幂具有(3,11)中所给出的数量级。只有 γ 的二阶时间导数才出现于方程(3,5),这件事表明,在这些 γ 的展开式的各个相继项中,λ 的幂可以相差 2.①由此我们被引导到简单的假定:

(3,12)
$$\begin{aligned}\gamma_{00}&=\lambda^2\underset{2}{\gamma_{00}}+\lambda^4\underset{4}{\gamma_{00}}+\lambda^6\underset{6}{\gamma_{00}}+\cdots,\\ \gamma_{0n}&=\lambda^3\underset{3}{\gamma_{0n}}+\lambda^5\underset{5}{\gamma_{0n}}+\cdots,\\ \gamma_{mn}&=\lambda^4\underset{4}{\gamma_{mn}}+\lambda^6\underset{6}{\gamma_{mn}}+\cdots.\end{aligned}$$

我们不能讨论一般的收敛问题,但是要证明,新的近似法能够得出收敛的结果,即使在那些本来不敢作这种期望的地方也如此,那还是有意思的。我们考查最简单形式的一维波动方程的情况:

(3,13)
$$f_{xx}-f_{tt}=0.$$

---

① 要在 γ_{00},γ_{mn} 中略去带 λ^{2l+1} 的项,在 γ_{0m} 中略去带 λ^{2l} 的项,那是可能的,也是自然的,但在逻辑上却不是严格必要的。(3,12)中省略去的那些项的累加,可以由相当于引进推迟势(外出波)的这样一种办法来进行。可是,这样的做法是不自然的,尽管它并不影响Ⅱ中推导出来的运动方程,正如在别处将要得到证明的那样。——原注

根据新近似法的主要思想，如果我们记

$$f=\underset{0}{f}+\lambda^2\underset{2}{f}+\lambda^4\underset{4}{f}+\cdots,$$

$$(3,14)\qquad f_{xx}=\underset{0}{f}_{xx}+\lambda^2\underset{2}{f}_{xx}+\lambda^4\underset{4}{f}_{xx}+\cdots,$$

$$f_{tt}=\lambda^2 f_{\tau\tau}=\lambda^2\underset{0}{f}_{\tau\tau}+\lambda^4\underset{2}{f}_{\tau\tau}+\lambda^6\underset{4}{f}_{\tau\tau}+\cdots,$$

那么我们就由(3,13)得到一些相继的方程

$$(3,15\text{a})\qquad \underset{0}{f}_{xx}=0,$$

$$(3,15\text{b})\qquad \underset{2}{f}_{xx}-\underset{0}{f}_{\tau\tau}=0,$$

$$(3,15\text{c})\qquad \underset{4}{f}_{xx}-\underset{2}{f}_{\tau\tau}=0.$$

由这些方程，我们就能够求出以 λ 的幂级数来表示的波动方程(3,13)的一般解。为了简单起见，我们只考查正弦波的情况，于是，从(3,15a)的全部解

$$(3,16)\qquad \underset{0}{f}=A(\tau)+xB(\tau)$$

中，我们选出特殊的解①

$$(3,17\text{a})\qquad \underset{0}{f}=\sin\tau,$$

并且在这个程序的以后每一阶段上，我们也不管一切可能出现的任意函数。于是，由(3,15b)，(3,15c)，…，我们得到

$$(3,17\text{b})\qquad \underset{2}{f}=-\frac{x^2}{2!}\sin\tau,$$

$$(3,17\text{c})\qquad \underset{4}{f}=\frac{x^4}{4!}\sin\tau,$$

因此解就取形式

① 不难看出，包括 $f=x\sin\tau$ 这个解在内也导致了正弦波。——原注

$$f=\sin\tau\left\{1-\frac{(x\lambda)^2}{2!}+\frac{(x\lambda)^4}{4!}-\cdots\right\}=\cos(\lambda x)\sin\tau.$$

用 λt 代替 τ,我们就得到

(3,18) $$f=\cos(\lambda x)\sin(\lambda t),$$

这就是(3,13)的严格解。

4. 场量的展开性质

在这一节中,我们将证明,关于那些在我们用现在这种近似法来处理引力方程时会出现的展开类型,有一条简单的普遍规则。这条规则是:

具有奇数个零下标的任何分量,在它的展开式中只会有 λ 的奇次幂;而具有偶数个这种下标的任何分量,在它的展开式中则只含 λ 的偶次幂。

基本方程(3,12)表明这些 $\gamma_{\mu\nu}$ 遵守这条规则。$\gamma_{\mu\nu}$ 同 $h_{\mu\nu}$ 之间的关系(1,19),(1,20),(1,21)有着反演的关系,即把 γ 和 h 相互对调,这些关系仍具有完全相同的形式,如

(4,1) $$h_{00}=\frac{1}{2}\gamma_{00}+\frac{1}{2}\gamma_{ll},$$

(4,2) $$h_{0n}=\gamma_{0n},$$

(4,3) $$h_{mn}=\gamma_{mn}-\frac{1}{2}\delta_{mn}\gamma_{ll}+\frac{1}{2}\delta_{mn}\gamma_{00},$$

而且由(3,12)可知,用 λ 的幂来表示的 h 的展开式具有形式

(4,4)
$$\begin{aligned}
h_{00}&=\lambda^2\underset{2}{h_{00}}+\lambda^4\underset{4}{h_{00}}+\lambda^6\underset{6}{h_{00}}+\cdots,\\
h_{0n}&=\lambda^3\underset{3}{h_{0n}}+\lambda^5\underset{5}{h_{0n}}+\cdots,\\
h_{mn}&=\lambda^2\underset{2}{h_{mn}}+\lambda^4\underset{4}{h_{mn}}+\lambda^6\underset{6}{h_{mn}}+\cdots,
\end{aligned}$$

这表明这些 h 也遵守这条普遍规则。

再者，既然 $\eta_{\mu\nu}$ 因 η_{0n} 等于零而显然遵守这条规则，那么由(1,4)就得知 $g_{\mu\nu}$ 也是遵守的。

我们可以把关系

(4,5) $$g_{\mu\nu}g^{\nu\sigma}=\delta_{\mu}^{\sigma}$$

写成形式

(4,6) $$g_{\mu n}g^{n\sigma}+g_{\mu 0}g^{0\sigma}=\delta_{\mu}^{\sigma}.$$

左边两组项的差别在于偶数个零指标，既然 δ_{μ}^{σ} 显然遵守这条普遍规则，那么，我们在求出 $g^{\mu\nu}$ 的展开式的每一级近似上都会得到足够多的方程，只要我们假定这条普遍规则对于这些分量也是成立的就行了。可是，$g^{\mu\nu}$ 是由 $g_{\mu\nu}$ 按照(4,5)唯一地决定的，所以，根据这条普遍规则，这些展开式会给出唯一的解，而 λ 的另外的那些幂必然会具有零的系数。因此，这条规则适用于 $g^{\mu\nu}$，因而也适用于 $h^{\mu\nu}$.

其次，让我们考查一下两种克里斯托菲符号。我们有

(4,7) $$[\mu\nu,\sigma]=\frac{1}{2}(g_{\mu\sigma|\mu}+g_{\sigma\mu|\nu}-g_{\mu\nu|\sigma}),$$

既然运算“$_{|0}$”引进了一个因子 λ，而运算“$_{|m}$”并不改变数量级，那就显而易见，$g_{\mu\nu}$ 服从普遍规则，就是意味着$[\mu\sigma,\sigma]$也服从普遍规则。

第二种克里斯托菲符号是由

(4,8) $$\left\{\begin{matrix}\lambda\\ \mu\nu\end{matrix}\right\}=g^{\lambda\sigma}[\mu\nu,\sigma]$$

来定义的；既然在所说的累加中所出现的任何一项中，每当有一个

傀标(*dummy suffix*)时,要么就没有一个额外的零下标,要么就会有两个这样的下标,那么,$g^{\lambda\sigma}$和$[\mu\nu,\sigma]$分别遵守普遍规则这一事实就表明,$\left\{ \begin{matrix} \lambda \\ \mu\nu \end{matrix} \right\}$也是遵守这条普遍规则的。

在上述考查的过程中,我们证明了:傀标的出现和运算"$_{|m}$","$_{0}$"都没有干扰普遍规则的作用。由此可见,如果我们只运用这些运算,用那些遵守这条规则的量来形成新的量,那么这些新的量必定也服从这条普遍规则。这一点已经由我们关于克里斯托菲符号的讨论作出了例证,既然我们必须加以考查的一切量,如

$$R(=g^{\mu\nu}R_{\mu\nu}) \ , \quad A_{\mu\nu}\text{,等等,}$$

都是属于这种类型的新量,那么我们就可看出,一切我们必须处理的量都会具有λ的幂的展开式,这些展开式的一般特征在本节开头的陈述中已经概括过了。

5. 当奇点不存在时方程的另一形式

本节和下一节中,我们将讨论场中没有奇点出现的情况。这种情况从物理学观点看来当然是乏味的,因为它相当于完全没有物质存在,而且按照我们的近似法,它确实导致了伽利略型的解。尽管如此,讨论这种情况却不是毫无价值的,因为这种讨论足以显示出这个理论的一般机制,并且对以后在奇点存在时必然更加困难的讨论会形成一种方便的引导。

让我们把迄今已经得到的一些结果总结一下。场受到了两个限制:

Ⅰ 引力场方程,以及

Ⅱ坐标条件，

由此，我们求得了

Ⅲ曲面积分条件。

也就是说，如果我们取坐标条件

(1,25) $$\gamma_{00|0}-\gamma_{0n|n}=0,$$

(1,26) $$\gamma_{nm|m}=0,$$

那么场方程就取形式

(1,30) $$\gamma_{00|ss}=2\Lambda_{00},$$

(1,31) $$\gamma_{0n|ss}=2\Lambda_{0n},$$

(1,32) $$\gamma_{mn|ss}=2\Lambda_{mn},$$

而且从这两组方程，我们得到曲面积分条件

(2,7) $$\int(\gamma_{00|0n}-2\Lambda_{0n})\cos(\boldsymbol{n}\cdot\boldsymbol{N})\,dS=0,$$

(2,8) $$\int 2\Lambda_{mn}\cos(\boldsymbol{n}\cdot\boldsymbol{N})\,dS=0,$$

也就得到这样一些结果：

(2,9) $$(\gamma_{00|0n}-2\Lambda_{0n})_{|n}=2\Lambda_{00|0}-2\Lambda_{0n|n}=0,$$

(2,10) $$2\Lambda_{mn|n}=0,$$

就曲面积分条件对于任意曲面是否成立来说，这些都是必不可少的。

我们现在来证明下面两组方程(5,1)和(5,2)在奇点不存在时是等价的。

(5,1)	(5,2)
(a) $\gamma_{00|ss}=2\Lambda_{00}$,	(a) $\gamma_{00|ss}=2\Lambda_{00}$,

(b) $\gamma_{0n\mid ss}=2\Lambda_{0n}$,	(b) $\gamma_{0n\mid ss}=2\Lambda_{0n}$,
(c) $\gamma_{00\mid 0}-\gamma_{0n\mid n}=0$;	(c′) $\Lambda_{00\mid 0}-\Lambda_{0n\mid n}=0$,
	(c″) $\int(\gamma_{00\mid 0n}-2\Lambda_{0n})\cos(n\cdot N)dS=0$;
(d) $\gamma_{mn\mid ss}=2\Lambda_{mn}$,	(d) $\gamma_{mn\mid ss}=2\Lambda_{mn}$,
(e) $\gamma_{mn\mid n}=0$,	(e′) $\Lambda_{mn\mid n}=0$,
	(e″) $\int 2\Lambda_{mn}\cos(n\cdot N)\,dS=0$.

在(5,1)中,我们只有场方式和坐标条件,而且我们主要表明坐标条件可以用曲面积分条件①和条件(2,9),(2,10)来代替。对于目前的情况来说,这种证明是平淡无奇的。由于我们已经证明(5,1)蕴涵(5,2),逆命题立即可以从如下的理由推出。

由(5,2a),(5,2b)和(5,2c′),我们得到

$$(\gamma_{00\mid 0}-\gamma_{0n\mid n})_{\mid ss}=2\Lambda_{00\mid 0}-2\Lambda_{0n\mid n}=0,$$

既然没有奇点存在,而这些 γ 在无限远处必定都是零,这就给出

$$\gamma_{00\mid 0}-\gamma_{0n\mid n}=0,$$

这就是(5,1c)。关于 γ_{mn} 的证明也类似。

6. 当奇点不存在时方程的分裂

在第一节中我们作出一个规定,把每个场方程的各个项都分成明确定义了的两个组。在这一节中,我们将讨论按照 λ 的幂来分裂引力方程,并将证明,为什么我们的近似法所意味的正是这种分裂的方法。

首先必须引进某些记号。考查

---

① 当奇点不存在时,(5,2c′),(5,2c″)以及(5,2e′),(5,2e″)都是等价方程,但是,为了便于同有奇点存在所产生的情况相比较,我们把它们全都包括在这里。——原注

(6,1) $$h_{mn|0s}$$

这个量。当 h_{mn} 被展开为 λ 的幂时,我们写成

(6,2) $$h_{mn}=\lambda^2 \underset{2}{h}_{mn}+\lambda^4 \underset{4}{h}_{mn}+\cdots+\lambda^{2l} \underset{2l}{h}_{mn}+\cdots,$$

此处右边各个 h 底下的数字用于两个目的:对右边各个不同的函数 h 之间作出区分;表明展开式中同每个函数连在一起的 λ 的幂是什么。

既然我们的近似法的基本假定要求 h_{mn} 是$(\lambda x^0,x^1,x^2,x^3)$的函数,那么

$$h_{mn|s}=\frac{\partial h_{mn}}{\partial x^s},$$

而 $$h_{mn|0}=\frac{\partial h_{mn}}{\partial x^0}=\lambda\frac{h_{mn}}{\partial\tau}.$$

为了把关于(x^0,x^1,x^2,x^3)的通常微分同关于(τ,x^1,x^2,x^3)的通常微分区别开来,我们将用一个跟有相应下标的逗号来表示后者:

(6,3) $$h_{mn|s}=\frac{\partial h_{mn}}{\partial x^s}=h_{mn,s},$$

(6,4) $$h_{mn|0}=\frac{\partial h_{mn}}{\partial x^0}=\lambda\frac{\partial h_{mn}}{\partial\tau}=\lambda h_{mn,0}.$$

因此,h_{mn},$h_{mn,s}$ 和 $h_{mn,0}$ 全都是具有同样的阶的,而 $h_{mn|0}$ 则属于较高一次的 λ 的幂。

按照这一约定,我们可以把(6,1)的展开式写成形式

(6,5) $$h_{mn|0s}=\lambda h_{mn,0s}=\lambda^3 \underset{2}{h}_{mn,0s}+\lambda^5 \underset{4}{h}_{mn,0s}+\cdots+\\+\lambda^{2l+1} \underset{2l}{h}_{mn,0s}+\cdots.$$

可是,现在右边每个 h 底下的数字不再直接表示同它连在一起的 λ 的幂了。于是,对于底下有一个数字的每个 h,我们在每个跟在

逗号之后的零下标底下写上一个 1,那么(6,5)就变成

$$(6,6)\qquad h_{m0,0s}=\lambda h_{mn,0s}=\lambda^3\underset{2}{h}_{mn,\underset{1}{0}s}+\lambda^5\underset{4}{h}_{mn,\underset{1}{0}s}+\cdots+ +\lambda^{2l+1}\underset{2l}{h}_{mn,\underset{1}{0}s}+\cdots.$$

这样,现在每个 h 底下的两个数的和就指示了同这个 h 连在一起的 λ 的幂,而其中第一个数是表示我们所考查的特定函数 h 的。这种记号因而是同 h 的乘积的自然记号一致的。

现在我们来考查一下,当我们在方程(1,27),(1,28),(1,29)中引进这些 h 的幂级数展开式时,究竟会出现什么情况。把 λ 的各次幂的系数等于零,我们就得到

$$(6,7)\qquad \underset{2l}{h}_{00,ss}=2\underset{2l}{L}_{00},$$

$$(6,8)\qquad \underset{2l+1}{h}_{0n,ss}=2\underset{2l+1}{L}_{0n},$$

$$(6,9)\qquad \underset{2l}{h}_{mn,ss}=2\underset{2l}{L}_{mn}.$$

最低次的 h 是 $\underset{2}{h}_{00}$,$\underset{2}{h}_{0n}$和 $\underset{2}{h}_{mn}$,这些 h 因而就是第一级近似中所确定的那些量。它们相当于(6,7)(6,8)(6,9)这个方程组中的$l=1$. 因此,在任何级上,比如说在 l 级上,要确定的量是 $\underset{2l}{h}_{00}$,$\underset{2l+1}{h}_{0n}$,$\underset{2l}{h}_{mn}$,由以前各级近似的解,已经知道这些量都是底下有较小数字的 h.

但是,如果我们看一下如(1,15),(1,16),(1,17)所给的各个 L 的形式,我们就会看出,在 l 级上,我们要么得到含有关于 x^0 微分的二次项,要么得到这样的一次项。二次项只能含有阶低于 l 的 h,而一次项,

(6,10)　在 $\underset{2l}{L}_{00}$ 中可以写成 $\underset{2l-1}{h}_{0s,\underset{1}{0}s}-\dfrac{1}{2}\underset{2l-2}{h}_{ss,\underset{11}{00}}$;

(6,11)　在 $\underset{2l+1}{L}_{0n}$ 中不存在;

(6,12) 在 $\underset{2l}{L}_{mn}$ 中可以写成 $\frac{1}{2}\underset{2l-1}{h}_{mn,\underset{11}{00}}-\frac{1}{2}\underset{2l-1}{h}_{0m,\underset{1}{0}n}-\frac{1}{2}\underset{2l-1}{h}_{0n,\underset{1}{0}m}$.

所有这些，由以前各级的近似，都是已知的函数。因此，由以前各级近似的解，对于既定的 l，全部 $\underset{2l}{L}_{00}$， $\underset{2l+1}{L}_{0n}$， $\underset{2l}{L}_{mn}$ 都是已知的。这就是第一节中所说的所以要把场方程分成两个部分这一特殊方法的理由。在作了这样的区分，并且把(1,27)，(1,28)，(1,29)中的 h 用幂级数展开式代入时，对于 λ 的每次幂来说，对应的系数都自动地分为两类，一类是随着所说的这一级近似第一次出现的那些量；另一类是由以前各级近似至少在原则上是已知的那些量。这两类量正好对应于(1,27)，(1,28)，(1,29)的左边和右边。

在我们能够解近似方程之前，我们还必须按照 λ 的幂，把坐标条件(1,25)，(1,26)以及各个 h 和 γ 之间的关系式分裂开来。结果是，在每一近似级上，我们都可以取

(6,13) $\underset{2l}{\gamma}_{00,ss}=2\underset{2l}{\Lambda}_{00}$， $\underset{2l+1}{\gamma}_{0n,ss}=2\underset{2l+1}{\Lambda}_{0n}$， $\underset{2l}{\gamma}_{00,\underset{1}{0}}-\underset{2l+1}{\gamma}_{0n,n}=0$；

(6,14) $\underset{2l}{\gamma}_{mn,ss}=2\underset{2l}{\Lambda}_{mn}$， $\underset{2l}{\gamma}_{mn,n}=0$，

由于以前各级近似的解，此处这些 Λ 都是已知的。

我们也可以把另一组方程(5,2)分裂开来，并且在每一级上都改用[①]

$$\underset{2l}{\gamma}_{00,ss}=2\underset{2l}{\Lambda}_{00},\quad \underset{2l+1}{\gamma}_{0n,ss}=2\underset{2l+1}{\Lambda}_{0n},\quad \underset{2l}{\Lambda}_{00,\underset{1}{0}}-\underset{2l+1}{\Lambda}_{0n,n}=0,$$

(6,15)
$$\int(\underset{2l}{\gamma}_{00,\underset{1}{0}n}-2\underset{2l+1}{\Lambda}_{0n})\cos(\boldsymbol{n}\cdot\boldsymbol{N})\,dS=0.$$

① 原文中，(6,15)最后一个方程漏写了“=0”. ——编译者

$$(6,16)\quad \gamma_{\underset{2l}{mn},ss}=2\underset{2l}{\Lambda}_{mn},\quad \underset{2l}{\Lambda}_{mn,n}=0,\quad \int 2\underset{2l}{\Lambda}_{mn}\cos(\boldsymbol{n}\cdot\boldsymbol{N})\,dS=0.$$

像在方程未分裂时的那种情况一样,由于不存在奇点,曲面积分条件是另外一些条件的后果;而且对于这种情况来说,全部分裂实际上并无根本性的困难。

7. 有奇点存在时的一般理论

场中有奇点存在,带来了某些因素,使那个为正则的情况发展起来的理论不适用了。因为,虽然场的方程在奇点上并未加以定义,可是它们在正则区域中的有效性却足以确定这些奇点的运动。一个奇点位置的稍微改变,对于十分靠近这个奇点的一个点来说,就等于任意大的改变,因此,在发展我们的近似法时,就不允许使用运动方程的近似表示。这一事实在这个近似法中引起了新的困难,对此必须加以比较充分的讨论。

设有 p 个产生场的质点。我们可以用它们的空间坐标$\overset{k}{\xi}{}^{m}(\tau)$,$k=1,2,\cdots,p$ 来表示它们在任何时间的位置。在这些点上场是奇性的,但是我们可以把每个奇点包在一个小曲面之内,[①]于是在这些 p 个曲面之外的区域就会是正则的了。

虽然方程(5,1),(5,2)在奇点上都是未加定义的,可是它们在正则区域中却都是有意义的,而我们将证明,它们在某种意义上仍然可以认为是等价的。讨论可分两个部分来进行,一部分处理涉及下标零的(a),(b)和(c)三个方程,而另一部分则处理其余只有

① 在全部论证中,我们始终假定,我们所处理的情况都是在某一确定时间τ上的,只是在论证结束之后才允许时间再流逝。——原注

空间下标的方程。我们考查后一部分。(d)和(e)两个方程的实质性的结构保持不变，只要我们略去下标 m，并且把总场写成

(7,1)	(7,2)
(d) $\gamma_{n\mid ss}=2\Lambda_n$,	(d) $\gamma_{n\mid ss}=2\Lambda_n$,
(e) $\gamma_{n\mid n}=0$,	$\begin{cases}(\mathrm{e}') & \Lambda_{n\mid n}=0,\\ (\mathrm{e}'') & \int 2\Lambda_n\cos(\boldsymbol{n}\cdot\boldsymbol{N})\,dS=0.\end{cases}$

(7,1)蕴涵(7,2)，对此的证明在第 2 节中实质上已经给出了。为要证明(7,2)蕴涵(7,1)，我们首先从(7,2d)得出

$$\gamma_{n\mid nss}=2\Lambda_{n\mid n}, \tag{7,3}$$

这在那些包着奇点的曲面的外面都是成立的。为要解这个方程，我们使函数 Λ_n 向这些曲面的里面作这样的解析的延伸，它使 $\Lambda_{n\mid n}$ 到处为零。这一定是可能的，因为(7,2e″)成立。于是(7,3)现在就成为

$$\gamma_{n\mid nss}=0,$$

这是到处都成立的，它有唯一的解

$$\gamma_{n\mid n}=0,$$

这就是(7,1e)。

这样，我们就证明了：如果作出 Λ_n 的解析延伸，使(7,2e′)到处都成立，那么(7,1)和(7,2)在包着奇点的曲面的外面是等价的。

从这个证明可以清楚地看到，这个结果对于任何包着奇点的曲面都会成立。

对于(a)，(b)和(c)这些方程，也能够给以类似的证明。在这个情况下，必须对 Λ_{00} 和 Λ_{0n} 这两个量作这样的解析延伸，使

(5,2c′)到处是成立的;由于(5,2c″),这是可能的。即使有奇点存在的地方,(5,1)和(5,2)还是可以看作是等价的,关于这一部分证明的细节我们略去了,而我们认为整个证明是完备的。

为要表明由于使用我们的近似法所引起的困难,让我们现在只考虑方程(7,2d)和(7,2e′),略去曲面积分(7,2e″)。这些方程在每一级近似上都决定着场,只要奇点的运动是被规定了的。质点的运动因而是任意的,有如在电动力学问题中的那样,而且在每一级近似上,场都取决于方程

$$\underset{2l}{\gamma}_{n,ss}=2\underset{2l}{\Lambda}_{n},$$
$$\underset{2l}{\Lambda}_{n,n}=0.$$

如果我们试图把那个按照我们的近似法分裂开的曲面条件加到这些方程上去,矛盾就显而易见了。我们于是得到附加方程①

(7,4)
$$\int^{k}2\underset{2l}{\Lambda}_{n}\cos(\boldsymbol{n}\cdot\boldsymbol{N})\,dS=0,$$

此处积分符号上端的 k 意思是指积分曲面所包的只是 k 奇点。我们在(7,4)中得到一个包含函数 $\overset{k}{\xi}$ 及其时间导数的方程的无限集合。这些方程不能为那些任意给定的用以表征运动的 $\overset{k}{\xi}$ 函数所满足。

这也表明怎样才能够避免困难。我们必须考虑,用一组更加普遍的支配着这样一种场的条件来代替(5,1)或(5,2),这种场把那些方程作为特例包括在内。既然造成麻烦的就是这些曲面积分条件,我们就从(5,2)这一方程组中去了(5,2c″)和(5,2e″),并且

① 原文中,下面的积分中漏了“dS”.——编译者

考查一下留下来的那些方程的意义。

在这个推广中，我们当然已经超出了引力方程，而走向那些把它们作为特例包括在内的别种方程；现在我们必须讨论，这种推广在(5,1)中引起了怎样的变化。

既然曲面积分同曲面无关，它们的值，通过 ξ 及其导数，仅仅是时间的函数。那么，如果我们用 $4\pi \overset{k}{C}_0(\tau)$，$4\pi \overset{k}{C}_m(\tau)$ 来表示对包着各个奇点的曲面所进行的这样的一些积分：

(7,5)
$$\frac{1}{4\pi}\int^{k}(\gamma_{00|0}-2\Lambda_{0n})\cos(\boldsymbol{n}\cdot\boldsymbol{N})\ dS=\overset{k}{C}_0(\tau),$$
$$\frac{1}{4\pi}\int^{k}2\Lambda_{mn}\cos(\boldsymbol{n}\cdot\boldsymbol{N})\ dS=\overset{k}{C}_m(\tau),$$

也不会失去其普遍性。我们现在就用这种记号来证明下面两组方程(7,6)，(7,7)在某种意义（这将在证明过程中加以说明）上是等价的：

(7,6)	(7,7)
(a) $\gamma_{00\mid ss}=2\Lambda_{00}$，	(a) $\gamma_{00\mid ss}=2\Lambda_{00}$，
(b) $\gamma_{0n\mid ss}=2\Lambda_{0n}$，	(b) $\gamma_{0n\mid ss}=2\Lambda_{0n}$，
(c) $\gamma_{00\mid 0}-\gamma_{0n\mid n}=-\sum\limits_{k=1}^{p}\left\{\overset{k}{C}_0/\overset{k}{r}\right\}$；	(c′) $\Lambda_{00\mid 0}-\Lambda_{0n\mid n}=0$；
(d) $\gamma_{mn\mid ss}=2\Lambda_{mn}$，	(d) $\gamma_{mn\mid ss}=2\Lambda_{mn}$，
(e) $\gamma_{mn\mid n}=-\sum\limits_{k=1}^{p}\left\{\overset{k}{C}_m/\overset{k}{r}\right\}$，	(e′) $\Lambda_{mn\mid n}=0.$

这里的 $\overset{k}{r}$ 是从 x^n 到 k 奇点的“距离”：

(7,8)
$$\overset{k}{r}=\left[(x^s-\overset{k}{\xi}{}^s)(x^s-\overset{k}{\xi}{}^s)\right]^{\frac{1}{2}}.$$

我们可以像以前那样引进那些包着奇点的曲面，这些方程在那些曲面的外面一定会有意义的。对它们的等价性的证明在这里也可分为两个部分来进行，而我们只来证明(d)和(e)部分的等价性。像以前一样略去下标 m，我们得到

(7,9)		(7,10)	
(d)	$\gamma_{n\mid ss}=2\Lambda_n$,	(d)	$\gamma_{n\mid ss}=2\Lambda_n$,
(e)	$\gamma_{n\mid n}=-\sum_{k=1}^{p}\{\overset{k}{C}/\overset{k}{r}\}$,	(e′)	$\Lambda_{n\mid n}=0$,

以及记号

$$(7,11)\qquad \frac{1}{4\pi}\int^{k} 2\Lambda_n \cos(\boldsymbol{n}\cdot\mathbf{N})\, dS=\overset{k}{C}(\tau).$$

我们首先来证明，在一定的延伸条件下，(7,10)蕴涵(7,9)。要以(e′)到处都得到满足的办法来作出 Λ_n 的解析的延伸，就不再可能了，因为这意味着曲面积分必然是零。事实上，根据高斯定理，由(7,11)我们可看出，这种延伸必须使

$$(7,12)\qquad \frac{1}{4\pi}\int^{k} 2\Lambda_{n\mid n}dv=\frac{1}{4\pi}\int^{k} 2\Lambda_n \cos(\boldsymbol{n}\cdot\mathbf{N})\, dS=\overset{k}{C}(\tau).$$

为我们的目的作出这种延伸的最简单的办法是使 Λ_n 和 $\Lambda_{n\mid n}$ 在曲面上都是连续的，而且 $\Lambda_{n\mid n}$ 在每个曲面内部都有一不变的正负号，并且满足(7,12)。

这样一种延伸对于任何包着奇点的曲面来说都是可能的，并且能够用这样的办法来作出，即在这些曲面的大小收缩到零时，函数 $\Lambda_{n\mid n}$ 就转变成狄拉克 δ 函数的和：

$$(7,13)\qquad \Lambda_{n\mid n}\to 4\pi\sum_{k=1}^{p}\overset{k}{C}(\tau)\cdot\delta(x^1-\overset{k}{\xi}{}^1)\delta(x^2-\overset{k}{\xi}{}^2)\delta(x^3-\overset{k}{\xi}{}^3).$$

由(7,10d),我们现在得到

$$\gamma_{n|nss}=2\Lambda_{n|n},$$

于是

$$\gamma_{n|n}(x)=-\frac{1}{4\pi}\int\frac{2\Lambda_{n|n}(x')}{r(x,x')}dv', \tag{7,14}$$

此处积分是在遍及 x^n 的整个领域上进行的,而 $r(x,x')$ 则是从 x^n 到 x'^n 的"距离":

$$r(x,x')=[(x^s-x'^s)(x^s-x'^s)]^{\frac{1}{2}}. \tag{7,15}$$

因为(7,10e′)在这些曲面的外面是成立的,我们可以把(7,14)写成

$$\gamma_{n|n}(x)=-\frac{1}{4\pi}\sum_{k=1}^{p}\int^{k}\frac{2\Lambda_{n|n}(x')}{r(x,x')}dv', \tag{7,16}$$

这些积分只在这些曲面的里面进行。在收缩这些曲面时,我们可以认为 $r(x,x')$ 在不同的积分领域中是不变的,并且写成

$$\gamma_{n|n}(x)=-\frac{1}{4\pi}\sum_{k=1}^{p}1\Big/\big(\overset{k}{r}(x)\big)\int^{k}2\Lambda_{n|n}dv,$$

而根据(7,12),这是

$$\gamma_{n|n}=-\sum_{k=1}^{p}\{\overset{k}{C}(\tau)/\overset{k}{r}\},$$

这就是(7,9e)。

因此,我们就已证明了:带着上面所用的解析延伸,方程(7,10)蕴涵方程(7,9)。

为要证明方程(7,9)蕴涵(7,10),我们由(7,9)形成关系

$$(\gamma_{n|s}-\gamma_{n|n})_{|s}=2\Lambda_n+\sum_{k=1}^{p}\{\overset{k}{C}(\tau)/\overset{k}{r}\}_{|n}. \tag{7,17}$$

如果我们现在把这个方程两边的“法线”分量对于每个包着奇点的曲面逐个进行曲面积分,那么,如第2节中所说明的,左边会得出零,而我们会留下

$$\int^k 2\Lambda_n \cos(\boldsymbol{n}\cdot\boldsymbol{N})\,dS = -\int^k \{\overset{k}{C}/\overset{k}{r}\}_{|n}\cos(\boldsymbol{n}\cdot\boldsymbol{N})dS$$

$$= -\overset{k}{C}\int^k \{1/\overset{k}{r}\}_{|n}\cos(\boldsymbol{n}\cdot\boldsymbol{N})dS = 4\pi\overset{k}{C}(\tau),$$

这就是(7,11)。

(7,10e′)对于正则区域的有效性是包含在(7,9)之中,这是显而易见的,因此,(7,6d,e)和(7,7d,e′)的等效性就得到了证明。

关于(7,6),(7,7)其余那些含有下标零的方程的等效性的证明,没有出现实质上新的问题,于是从略。

我们以两种等效形式写出所有场方程的反复推敲过程的整个要点,现在是清楚了,因为,要是不借助于(5,2)和(7,7)的类似性,目前这个从(5,1)到(7,6)的推广就不能以一种令人信服的方式取得。

由于(7,7)不存在曲面积分条件,就没有任何理由可以反对用我们的近似法来解这一组方程。正像以前一样,这些 λ 会引起方程的分裂,除非曲面积分条件不存在。可是,在每一近似级上我们都可以写

$$(7,18)\qquad \begin{aligned} &\frac{1}{4\pi}\int^k (\underset{2l}{\gamma}_{00,0n|} - 2\underset{2l+1}{\Lambda}_{0n})\cos(\boldsymbol{n}\cdot\boldsymbol{N})\,dS = \underset{2l+1}{\overset{k}{C}}{}_0(r),\\ &\frac{1}{4\pi}\int^k 2\underset{2l}{\Lambda}_{mn}\cos(\boldsymbol{n}\cdot\boldsymbol{N})\,dS = \underset{2l}{\overset{k}{C}}{}_m(r),\end{aligned}$$

用这种记号,我们就以完全同(7,6),(7,7)一样的方式得到如下的

结果：对于每一级近似来说，下面两组方程(7,19)，(7,20)都是等价的。

(7,19)	(7,20)
(a) $\underset{2l}{\gamma}_{00,ss}=2\underset{2l}{\Lambda}_{00}$,	(a) $\underset{2l}{\gamma}_{00,ss}=2\underset{2l}{\Lambda}_{00}$,
(b) $\underset{2l+1}{\gamma}_{0n,ss}=2\underset{2l+1}{\Lambda}_{0n}$,	(b) $\underset{2l+1}{\gamma}_{0n,ss}=2\underset{2l+1}{\Lambda}_{0n}$,
(c) $\underset{2l}{\gamma}_{00,01}=\underset{2l+1}{\gamma}_{0n,n}=-\sum_{k=1}^{p}\left\{\underset{2l+1}{\overset{k}{C}}{}_{0}(r)/\overset{k}{r}\right\}$;	(c′) $\underset{2l}{\Lambda}_{00,01}-\underset{2l+1}{\Lambda}_{0n,n}=0$;
(d) $\underset{2l}{\gamma}_{mn,ss}=2\underset{2l}{\Lambda}_{mn}$,	(d) $\underset{2l}{\gamma}_{mn,ss}=2\underset{2l}{\Lambda}_{mn}$,
(e) $\underset{2l}{\gamma}_{mn,n}=-\sum_{k=1}^{p}\left\{\underset{2l}{\overset{k}{C}}{}_{m}(\tau)/\overset{k}{r}\right\}$,	(e′) $\underset{2l}{A}_{mn,n}=0.$

在方程的实际求解中，用(7,19)这一组要比用(7,20)进行起来更为简单。在每一级近似上，我们都必须解 $\gamma_{,ss}=2\Lambda$ 这一类型的方程，而且为了使整个解都是无歧义的，我们必须加上两个条件：场在无限远处该是伽利略型的；没有高于单极类型的谐函数可以加到部分解上去，除了迫于坐标条件(7,19c)，(7,19e)而把它们加上去以外。让我们假设我们能够逐次解所有的近似级。那么 $\overset{k}{C}_0(\tau)$，$\overset{k}{C}_m(\tau)$这些量就由关系

(7,21) $$\overset{k}{C}_0(\tau)=\sum_{l=1}^{\infty}\lambda^{2l+1}\underset{2l+1}{\overset{k}{C}}{}_0(\tau),$$

(7,22) $$\overset{k}{C}_m(\tau)=\sum_{l=1}^{\infty}\lambda^{2l}\underset{2l}{\overset{k}{C}}{}_m(\tau)$$

给出。我们的解一般地并不是引力方程的解,因为(7,6),(7,7)要比引力方程更为一般。可是,如果我们现在置

$$\overset{k}{C}_0(\tau)=0,\qquad \overset{k}{C}_m(\tau)=0, \tag{7,23}$$

把这样的条件加到奇点的运动上去,那么我们的解就确实会变成引力方程的解,这是我们实际感兴趣的。

关于这些 ξ 的微分方程(7,23)实际上是同 λ 无关的,因为它们必须用真时间 x^0 而不可用辅助时间τ来表示,而这样做时,这些 λ 必然会重新被吸收掉。

实践上当然不可能进行超过最初几级的计算。于是让我们假设,我们能够解逐级的近似值至某一 $l=q$ 级。在这种情况下,如果我们置

$$\sum_{l=1}^{q}\lambda^{2l+1}\underset{2l+1}{\overset{k}{C}}{}_0(\tau)=0,\qquad \sum_{l=1}^{q}\lambda^{2l}\underset{2l}{\overset{k}{C}}{}_m(\tau)=0, \tag{7,24}$$

那么我们就会获得准确到$(2q+1)$次幂的项的引力方程的解,而方程(7,24)就会给出直到这一次的近似方程。

8. 零坐标条件

我们在这一节中要证明我们这些方程的解总能够这样作出来:

$$\underset{2l+1}{\overset{k}{C}}{}_0(\tau)=0, \tag{8,1}$$

这就表明,条件

$$\overset{k}{C}_0(\tau)=\sum_{l=1}^{\infty}\lambda^{2l+1}\underset{2l+1}{\overset{k}{C}}{}_0(\tau) \tag{7,21}$$

并没有给奇点的运动加上什么限制。这一结果是有重大意义的,

因为单靠条件(7,22)就足以完备地描述运动，而任何更多的条件，如果不是多余的，就会引起运动的过分确定。

对于每一级近似来说，我们实际上都把(8,1)当作归一化条件来使用，而这些条件对解的唯一性是必不可少的。

对于目前的论证有重大意义的方程是

(7,19a) $$\underset{2l}{\gamma}_{00,ss}=2\underset{2l}{\Lambda}_{00},$$

(7,19b) $$\underset{2l+1}{\gamma}_{0n,ss}=2\underset{2l+1}{\Lambda}_{0n},$$

(7,19c) $$\underset{2l}{\gamma}_{00,\underset{1}{0}}-\underset{2l+1}{\gamma}_{0n,n}=-\sum_{k=1}^{p}\left\{\underset{2l+1}{\overset{k}{C}}{}_{0}(\tau)/\overset{k}{r}\right\},$$

此处这些 Λ 由以前各级近似的解都是已知的，并且我们将假设，我们得到了这些方程的解。如果我们用下列方程引进量 $\overset{k}{\Gamma}(\tau)$：

(8,2) $$\underset{2l}{\overset{k}{\Gamma}}{}_{,\underset{1}{0}}(\tau)=\underset{2l+1}{\overset{k}{C}}{}_{0}(\tau),$$

那么我们可以把(7,19c)写成形式

(8,3) $$\begin{aligned}\underset{2l}{\gamma}_{00,\underset{1}{0}}-\underset{2l+1}{\gamma}_{0n,n}&=-\sum_{k=1}^{p}\left\{\left(\underset{2l}{\overset{k}{\Gamma}}/\overset{k}{r}\right)_{,\underset{1}{0}}-\underset{2l}{\overset{k}{\Gamma}}\left(1/\overset{k}{r}\right)_{,\underset{1}{0}}\right\}=\\&=-\sum_{k=1}^{p}\left\{\left(\underset{2l}{\overset{k}{\Gamma}}/\overset{k}{r}\right)_{,\underset{1}{0}}+\left(\underset{2l}{\overset{k}{\Gamma}}\underset{2}{\overset{k}{\dot\xi}}{}^{n}/\overset{k}{r}\right)_{,n}\right\},\end{aligned}$$

此处 $\dot{\xi}=\dfrac{d\xi}{d\tau}$.

由(7,19a)，(7,19b)，我们看到，$\underset{2l}{\gamma}_{00}$ 和 $\underset{2l+1}{\gamma}_{0n}$ 在附加的谐函数的范围内都是任意的，因此我们可以把单极点加给它们，而形成新的量

(8,4) $$\underset{2l}{\gamma'}_{00}=\underset{2l}{\gamma}_{00}+\sum_{k=1}^{p}\left\{\underset{2l}{\overset{k}{\Gamma}}/\overset{k}{r}\right\},$$

(8,5) $$\underset{2l+1}{\gamma}{}'_{0n}=\underset{2l+1}{\gamma}{}_{0n}-\sum_{k=1}^{p}\left\{\underset{2l}{\overset{k}{\Gamma}}\dot{\overset{k}{\xi}}{}^{n}/\overset{k}{r}\right\}.$$

可是,这些新的 γ 当它们仍然满足(7,19a),(7,19b)时,会是

(8,6) $$\underset{2l}{\gamma}{}'_{00,\underset{1}{0}}-\underset{2l+1}{\gamma}{}'_{0n,n}=0.$$

既然这些 C_0 现在等于零,曲面积分也会等于零,因此零坐标条件不会影响运动。这个定理和我们以前的结果告诉我们,必然形成场和奇点运动方程的实际计算基础的方程是:

(8,7a) $$\underset{2l}{\gamma}{}_{00,ss}=2\underset{2l}{\Lambda}{}_{00},$$

(8,7b) $$\underset{2l+1}{\gamma}{}_{0n,ss}=2\underset{2l+1}{\Lambda}{}_{0n},$$

(8,7c) $$\underset{2l}{\gamma}{}_{00,\underset{1}{0}}-\underset{2l+1}{\gamma}{}_{0n,n}=0;$$

(8,7d) $$\underset{2l}{\gamma}{}_{mn,ss}=2\underset{2l}{\Lambda}{}_{mn},$$

和

(8,7e) $$\underset{2l}{\gamma}{}_{mn,n}=-\sum_{k=1}^{p}\left\{\underset{2l}{\overset{k}{C}}{}_{m}(\tau)/\overset{k}{r}\right\},$$

以及

(8,8) $$\underset{2l}{\overset{k}{C}}{}_{m}(\tau)=\frac{1}{4\pi}\int^{k}2\underset{2l}{\Lambda}{}_{mn}\cos(\boldsymbol{n}\cdot\boldsymbol{N})\,dS.$$

对于 $l=q$ 级的近似运动方程就是

(8,9) $$\sum_{l=1}^{q}\lambda^{2l}\underset{2l}{\overset{k}{C}}{}_{m}(\tau)=0.$$

Ⅱ. 一般理论的应用

前言: 在本文第一部分中,我们提出一个用逐级近似解引力方程,并且获得原则上可到达任意准确度的运动方程的新方法的

一般理论。在现在这一部分中,我们要讨论这个方法的实际应用,使计算达到可以定出离开牛顿运动定律的主要偏差那样一级近似。

不幸,随着工作的进行,计算愈来愈广泛地包括大量的技术细节,而这是不可能有真正兴趣的。要在这里明白写出所有这些计算,那完全是难以办到的,于是我们不得不限于着重说明这项工作的一般思想,并且仅仅宣布实际的结果。可是,为了便于任何对计算细节感兴趣的人去参考,特把本文这部分的全部计算寄存在高级研究院(The Institute for Advanced Studies)里。①

9. $l=1$ 级的近似

$l=0$ 级的近似是平淡的,它导致伽利略型的情况,于是我们立即进行下一级 $l=1$ 的近似。

既然 $\underset{2}{A}_{00}$,$\underset{3}{A}_{0n}$ 和 $\underset{2}{A}_{mn}$ 这些量都等于零,而且如第 3 节所说明的,$\underset{2}{\gamma}_{mn}$ 也都等于零,那么在所有(8,7a),…,(8,7e)这些方程中,我们只留下

(9,1) $$\underset{2}{\gamma}_{00,ss}=0,$$

(9,2) $$\underset{3}{\gamma}_{0n,ss}=0,$$

(9,3) $$\underset{2}{\gamma}_{00,\underset{1}{0}}-\underset{3}{\gamma}_{0n,n}=0.$$

我们整个解的特征实质上取决于我们怎样选取谐函数来作为(9,1)的解。我们假定,我们感兴趣的质点都具有球对称性,并且场在无限远处是伽利略型的。在这种情况下,(9,1)的解是唯一

① 请寄美国新泽西州普林斯顿,高级研究院,数学系秘书转。——原注

的,因为根据(9,1),$\underset{2}{\gamma}_{00}$中的每个奇点现在都必定是一个单极点。因此我们得到关于 $\underset{2}{\gamma}_{00}$ 的解

$$(9,4)\quad \underset{2}{\gamma}_{00}=2\varphi,\varphi=\sum_{k=1}^{p}\left\{-2\overset{k}{m}/\overset{k}{r}\right\},\ \overset{k}{r}=\left[\left(x^{s}-\dot{\overset{k}{\xi}}{}^{s}\right)\left(x^{s}-\dot{\overset{k}{\xi}}{}^{s}\right)\right]^{\frac{1}{2}},$$

此处 p 个量 $\overset{k}{m}$ 都是同空间坐标 x^{s} 无关的,最多只能同时间有关。

由(9,2),我们可看出,$\underset{s}{\gamma}_{0n}$也是一个谐函数,为了要比较准确地确定它,我们必须用坐标(9,3)。由(9,3),(9,4),我们得到

$$\begin{aligned}\underset{3}{\gamma}_{0n,n}=\underset{2}{\gamma}_{00,\underset{1}{0}}&=\sum_{k=1}^{p}\left(-4\overset{k}{m}/\overset{k}{r}\right)_{,0}=\\&=\sum_{k=1}^{p}\left\{\left(4\overset{k}{m}/\overset{k}{r}\right)\dot{\overset{k}{\xi}}{}^{n}\right\}_{,n}-\sum_{k=1}^{p}\left(-4\dot{\overset{k}{m}}/\overset{k}{r}\right).\end{aligned}$$

这个方程用不着引进新的奇点就能解出,只要$\dot{\overset{k}{m}}=0$ 就行了。换句话说,实际上量度出来的具有奇点性的质量的那些量$\overset{k}{m}$,一定都是常数。现在显而易见,在我们的一般限制的条件下,$\underset{3}{\gamma}_{0n}$是唯一地确定了的:

$$(9,5)\qquad \underset{3}{\gamma}_{0n}=\sum_{k=1}^{p}\left\{\left(4\overset{k}{m}/\overset{k}{r}\right)\dot{\overset{k}{\xi}}{}^{n}\right\}.$$

在以后的一切地方,我们的考查将只限于仅有两个质点的情况。这对于直至第 15 节结尾的所有结果都不会造成实质上的限制,而这些结果对于 p 个质点的推广是直截了当的;而且这种情况还允许把用于一般情况的相当不方便的记号加以有益的简化。

对于两个质点的情况,我们写出:

$$\text{(a)}\quad -2\overset{1}{m}/\overset{1}{r}=\psi,\quad -2\overset{2}{m}/\overset{2}{r}=\chi;$$

$$(9,6)\qquad \text{(b)}\quad \varphi=\psi+\chi;$$

$$\text{(c)}\quad \overset{1}{\xi}{}^{s}=\eta^{s},\quad \overset{2}{\xi}{}^{s}=\zeta^{s}.$$

我们的结果(9,4),(9,5)因而可写成这样的形式：

$$\text{(a)}\quad \underset{3}{\gamma}_{00}=2\varphi=2\psi+2\chi,$$

$$(9,7)\qquad \text{(b)}\quad \underset{3}{\gamma}_{0n}=-2\psi\dot{\eta}^{n}-2\chi\dot{\zeta}^{n}.$$

由(1,18),我们现在也得到

$$\text{(a)}\quad \underset{3}{h}_{00}=\varphi=\psi+\chi,$$

$$(9,8)\qquad \text{(b)}\quad \underset{3}{h}_{0n}=-2\psi\dot{\eta}^{n}-2\chi\dot{\zeta}^{n},$$

$$\text{(c)}\quad \underset{3}{h}_{mn}=\delta_{mn}\varphi=\delta_{mn}(\psi+\chi).$$

这表明,$l=1$ 级近似具有一种牛顿型的特征,但由于$\overset{k}{\underset{2}{C}}_{m}$等于零,对运动没有什么限制。

10. 关于 $l=2$ 的各个 Λ 的计算

在计算关于 $l=2$ 的各个 Λ 时,第一步是确定 $h_{\mu\nu}$.

用第 4 节中所说的方法,我们能计算 $h^{\mu\nu}$ 的展开式到任何所要求的近似程度。我们求得,对于 $l=1$,

$$(10,1)\qquad \underset{2}{h}^{00}=-\underset{2}{h}_{00}=-\varphi,$$

$$(10,2)\qquad \underset{2}{h}^{0n}=\underset{3}{h}_{0n}=\underset{3}{\gamma}_{0n},$$

$$(10,3)\qquad \underset{2}{h}^{mn}=-\underset{2}{h}_{mn}=-\delta_{mn}\varphi.$$

下一步我们必须计算出对于 $l=2$ 的(1,15),(1,16),(1,17)中所定义的各个量 $2L_{\mu\nu}$.

在 $2\underset{4}{L}_{00}$ 中,线性项提供了

$$\varphi_{,00}$$

属于非线性项的,只有三项能够作出贡献。它们是

$$-2\{\underset{2}{h}^{sr}[\underset{2}{00},r]\}_{,s}=-\varphi_{,s}\varphi_{,s}\quad(\text{因为 }\varphi_{,ss}=0),$$

$$-2[\underset{2}{00},s][\underset{2}{0s},0]=\frac{1}{2}\varphi_{,s}\varphi_{,s},$$

$$-2[\underset{2}{00},r][\underset{2}{rs},s]=\frac{3}{2}\varphi_{,s}\varphi_{,s},$$

此处$[rs,p]$都是克里斯托菲符号。因此

$$2\underset{4}{L}_{00}=\varphi_{,00}+\varphi_{,s}\varphi_{,s}. \tag{10,4}$$

类似的但是比较使人厌倦的计算导致另外的结果

$$2\underset{5}{L}_{0n}=\varphi_{,s}\underset{3}{h}_{0s,n}-\varphi_{,sn}\underset{3}{h}_{0s}-3\varphi_{,0}\varphi_{,n}, \tag{10,5}$$

$$2\underset{4}{L}_{mn}=-\underset{3}{h}_{0m,0n}-\underset{3}{h}_{0n,0m}+\delta_{mn}\varphi_{,00}-2\varphi\varphi_{,mn}-\\-\varphi_{,m}\varphi_{,n}-\delta_{mn}\varphi_{,s}\varphi_{,s}. \tag{10,6}$$

因此,根据(1,30),…,(1,35),我们得到

(10,7)

$$\text{(a)}\quad \underset{4}{\gamma}_{00,ss}=2\underset{4}{\Lambda}_{00}=-\frac{3}{2}\varphi_{,s}\varphi_{,s},$$

$$\text{(b)}\quad \underset{5}{\gamma}_{0n,ss}=2\underset{5}{\Lambda}_{0n}=\varphi_{,s}\underset{3}{\gamma}_{0s,n}-\varphi_{,sn}\underset{3}{\gamma}_{0s}-3\varphi_{,0}\varphi_{,n},$$

$$\text{(c)}\quad \underset{4}{\gamma}_{mn,ss}=2\underset{4}{\Lambda}_{mn}=-\underset{3}{\gamma}_{0m,0n}-\underset{3}{\gamma}_{0n,0m}+\\+2\delta_{mn}\varphi_{,00}-2\varphi\varphi_{,mn}-\varphi_{,m}\varphi_{,n}+\frac{3}{2}\delta_{mn}\varphi_{,s}\varphi_{,s}.$$

如第 7 节和第 8 节中所说明的,(10,7)这些方程连同对应的坐标条件

(10,8)

$$\text{(a)}\quad \underset{4}{\gamma}_{00,\underset{1}{0}}-\underset{5}{\gamma}_{0n,n}=0,$$

$$\text{(b)}\quad \underset{4}{\gamma}_{mn,n}=-(\underset{4}{\overset{1}{C}}_m/\overset{1}{r})-(\underset{4}{\overset{2}{C}}_m/\overset{2}{r}),$$

都是在下一级近似中确定场的方程。

11. 牛顿的运动方程

我们现在必须算出曲面积分

(11,1) $$\overset{k}{\underset{4}{C}}_m(\tau)=\frac{1}{4\pi}\int^k 2\underset{4}{\Lambda}_{mn}\cos(\boldsymbol{n}\cdot\boldsymbol{N})dS \qquad k=1,2,$$

的值。

按照第一部分(I)的一般理论，这些积分都同积分曲面的特殊形状无关，因为，根据属于前一级近似的场方程的结果，它们的被积函数的散度必定等于零。在这里我们要通过实际计算来证明，这就是(10,7c)所提供的 $2\underset{4}{\Lambda}_{mn}$ 的情况。

既然 φ 和 $\underset{3}{\gamma}_{0n}$ 都是谐函数，我们就得到

$$2\underset{4}{\Lambda}_{mn,n}=-\underset{3}{\gamma}_{0n,0mn}+2\varphi_{,00m},$$

由(9,3)和(9,7a)不难看出，这个量是零。

在实际计算这些曲面积分时，我们算出 $2\underset{4}{\Lambda}_{mn}$ 中各不同的项分别的贡献。既然整个积分的值同它的积分曲面的形状无关，如果取这个曲面的大小是有限的，并且同它的奇点总是保持有限的距离，那么我们就会看出，整个积分不能是无限的。现在 $2\underset{4}{\Lambda}_{mn}$ 的各个项并没有使它们的散度都等于零的那种性质，所以在我们开始计算之前，必须把积分曲面完全明确地固定下来。最方便的是取中心在奇点上的、无限小的一定球面，但是在这种情况下，部分积分的值中会出现

$$\lim_{r\to 0}\text{常数}/r^n, \qquad n\text{ 是正整数},$$

这些类型的无限大。可是，既然这些在最后结果中必定相消了，我

们在曲面积分的全部计算中可以完全不理睬它们。

我们来考查围着第一个奇点所进行的积分。由于积分曲面的大小是无限小的,能够得出结果不是零或者不是无限大的项,只有那些和$(1/\overset{1}{r}{}^2)$同一级的项。

$2\underset{4}{\Lambda}_{mn}$中的第一项是$-\underset{3}{\gamma}_{0m,0n}$,而根据(8,7b),这可以写成

$$-\underset{3}{\gamma}_{0m,0n}=-2\psi_{,ns}\dot{\eta}^m\dot{\eta}^s+2\psi_{,n}\ddot{\eta}^m-2\chi_{,ns}\dot{\zeta}^m\dot{\zeta}^s+2\chi_{,n}\ddot{\zeta}^m.$$

我们需要考查的只有第二项,于是我们得到

$$\frac{1}{4\pi}\int^1(-\underset{3}{\gamma}_{0m,0n})\cos(\boldsymbol{n}\cdot\mathbf{N})dS=\frac{1}{4\pi}\int^1 2\psi_{,n}\ddot{\eta}^m\cos(\boldsymbol{n}\cdot\mathbf{N})dS=$$

$$(11,2)\qquad =4\overset{1}{m}\ddot{\eta}^m)\frac{1}{4\pi}\int^1\{(x^n-\eta^n)(x^n-\eta^n)/\overset{1}{r}{}^4\}dS$$

$$=(4\overset{1}{m}\ddot{\eta}^m)\frac{1}{4\pi}\int^1\{1/\overset{1}{r}{}^2\}dS=4\overset{1}{m}\ddot{\eta}^m.$$

以同样的方式,我们求得

$$(11,3)\qquad \frac{1}{4\pi}\int^1(-\underset{3}{\gamma}_{0n,0m})\cos(\boldsymbol{n}\cdot\mathbf{N})dS=\frac{4}{3}\overset{1}{m}\ddot{\eta}^m.$$

第四项$(-2\varphi\varphi_{,mn})$①要作稍微不同的处理。唯一能使人感兴趣的部分是

$$-2\psi_{,mn}\chi,$$

为了算出相应地对曲面积分所贡献的值,我们必须把χ展开成在第一个奇点邻近区域的幂级数,写出

$$(11,4)\qquad \chi=\widetilde{\chi}+(x^s-\eta^s)\widetilde{\chi}_{,s}+\cdots,$$

---

① 原文误排为$(-2\varphi,\varphi_{,mn})$.——编译者

此处

(11,5) $\tilde{\chi}=\chi(\eta^{n}),\quad \tilde{\chi}_{,s}=\chi_{,s}(\eta^{n})$, 等等。

引进了 χ 的这个展开式,我们可以看出,被积函数中唯一能够给出有限结果的项是

(11,6) $$-2\psi_{,mn}(\chi^{s}-\eta^{s})\tilde{\chi}_{,s}.$$

对这一项的曲面积分的确定,有赖于对

(11,7) $$\int^{1}(x^{s}-\eta^{s})\psi_{,mn}\cos(\boldsymbol{n}\cdot\mathbf{N})dS$$

的计算。我们得到①

$$(x^{s}-\eta^{s})\psi_{,mn}\cos(\boldsymbol{n}\cdot\mathbf{N})=$$

$$=2\overset{1}{m}(\chi^{s}-\eta^{s})\left\{-3(\chi^{m}-\eta^{m})(\chi^{n}-\eta^{n})/\overset{1}{r}{}^{5}+\delta_{mn}/\overset{1}{r}{}^{3}\right\}(\chi^{n}-\eta^{n})/\overset{1}{r}$$

$$=-4\overset{1}{m}(\chi^{s}-\eta^{s})(\chi^{m}-\eta^{m})/\overset{1}{r}{}^{4}.$$

因此,

$$\frac{1}{4\pi}\int(\chi^{s}-\eta^{s})\psi_{,mn}\cos(\boldsymbol{n}\cdot\mathbf{N})dS=$$

$$=-\frac{4\overset{1}{m}}{4\pi}\int(\chi^{s}-\eta^{s})(\chi^{m}-\eta^{m})/\overset{1}{r}{}^{4}\,dS=-\frac{4\overset{1}{m}}{3}\delta_{ms},$$

于是(11,6)这一项的曲面积分是

(11,8) $$+\frac{8\overset{1}{m}}{3}\tilde{\chi}_{,m},$$

这因而也是整个$(-\varphi\varphi_{,mn})$这一项的曲面积分的值。

以多少有点类似的方式,我们得到其余各项的曲面积分的值

---

① 下式中间括号内第一项的 $\overset{1}{r}{}^{5}$ 原文误排为 $\overset{1}{r}{}^{s}$.——编译者

$$(11,9)\quad \begin{cases} 2\delta_{mn}\varphi_{,00}\rightarrow -\frac{4\overset{1}{m}}{3}\ddot{\eta}^{m}, \\ -\varphi_{,m}\varphi_{,n}\rightarrow -\frac{8\overset{1}{m}}{3}\widetilde{\chi}_{,m}, \\ \frac{3}{2}\delta_{mn}\varphi_{,s}\varphi_{,s}\rightarrow 2\overset{1}{m}\widetilde{\chi}_{,m}. \end{cases}$$

因此我们得到

$$(11,10)\overset{1}{\underset{4}{C}}_{m}(\tau)=\frac{1}{4\pi}\int^{1}2\underset{4}{\Lambda}_{mn}\cos(n\cdot N)dS=4\overset{1}{m}\left\{\ddot{\eta}^{m}+\frac{1}{2}\widetilde{\chi}_{,m}\right\}.$$

让我们暂时假定,我们不再作进一步的近似了。在这种情况下,对于每个质点,我们的近似运动方程就会具有形式

$$(11,11)\qquad \lambda^{4}\left\{\ddot{\eta}^{m}+\frac{1}{2}\widetilde{\chi}_{,m}\right\}=0,$$

这种形式的运动方程实际上同变数 x^{s} 无关,注意到这一点是重要的。因为根据(11,5),(9,6),我们得到

$$(11,12)\qquad \widetilde{\chi}_{,s}=\chi_{,s}(\eta^{n}),\qquad \chi=-2\overset{2}{m}/\overset{2}{r}.$$

对我们目前的论证来说,我们可以取 χ 是 $\overset{2}{r}$ 的任何函数。方程(11,12)表明,要形成 $\widetilde{\chi}_{,s}$,我们首先必须把 χ 进行关于 x^{s} 的微分,然后用 η^{s} 代替 x^{s}. 但是,如果我们先用 η^{s} 代替 x^{s},然后进行关于 η^{s} 或者关于$(-\zeta^{s})$的微分,其结果还是一样的。于是

$$(11,13)\qquad \widetilde{\chi}_{,s}=\frac{\partial\chi(r)}{\partial\eta^{s}}=-\frac{\partial\chi(r)}{\partial\zeta^{s}},$$

此处 r 表示 η^{s} 和 ζ^{s} 之间的"距离":

$$(11,14)\qquad r=[(\eta^{s}-\zeta^{s})(\eta^{s}-\zeta^{s})]^{\frac{1}{2}}.$$

我们因而可以想起,我们的运动方程所涉及的是那些只同奇点的位置有关的函数的微分,就像以超距作用概念为基础的那些理论

所具有的特征那样。

用矢量记号把(11,11)比较明白地写成

$$\overset{1}{m}\ddot{\eta}=\nabla\left(\overset{1}{m}\overset{2}{m}/r\right), \tag{11,15}$$

我们可看出,(11,11)正好给出了牛顿的运动定律。①

我们因此单独从场方程得到了牛顿运动方程,而用不着额外的假定,比如像迄今被认为必需的,并且为短程线定律所提供的,或者为能量冲量张量的特殊选择所提供的那种假定。

由上述对牛顿运动方程的推导,能够得出关于带电粒子运动的洛伦兹方程的那个一般机制就变得显而易见了。在这种情况下,我们必须考虑有麦克斯韦能量-动量张量在其右边出现的引力方程,也必须考虑麦克斯韦场方程,并且用我们的近似法来处理整个方程组。现在有必要给每个奇点在它的质量 m 之外再加上电荷 e. 我们可以不担风险地不去考虑由引力势的产物在新的场方程中所产生的影响。因为这种省略引起了使(11,11)的第二项消除;而把麦克斯韦张量包括在内,却导致了在(11,11)的右边出现了一个相应的曲面积分,它给出作用在这个质点上的静电力。在下一级近似中,我们得到带有质量的相对论性改正的完全洛伦兹力。

只要我们处理的是奇点,我们就没有根据可以在这理论中排除负质量;换句话说,不能排除质点之间引力的相斥。可是,如果我们决定始终取质量为正的,那么,麦克斯韦能量-动量张量在场

① 方程(11,11)和(11,15)是用辅助时间和辅助质量写出来的。在第17节,我们将回到这一点。——原注

方程中出现时所带的正负号,就决定着同样的电荷彼此究竟是相吸还是相斥。这也揭示了任何以奇点的存在为基础的理论的局限性。

12. $\underset{4}{\gamma}_{00}$的归一化

由(10,7a)所确定的 $\underset{4}{\gamma}_{00}$ 的值,在附加的谐函数的范围内是任意的,而这个函数是要由关系(8,4),(8,2)以及我们的一个基本要求一道来确定的,这个基本要求就是要尽可能避免高于单极的谐函数。

由(10,7a)以及 φ 是谐函数这一事实,我们立即得到

$$(12,1)\qquad \underset{4}{\gamma}_{00}=-\frac{3}{4}\varphi\varphi+\alpha_{00}\psi+\beta_{00}\chi,$$

此处,我们再一次按照我们目前的记号法把(8,4)的各个附加函数写成不同的形式,通过 η 和 ζ 以及它们的导数,α_{00} 和 β_{00} 都只是τ的函数。α_{00} ,β_{00} 这些量可以由条件

$$(12,2)\qquad \frac{1}{4\pi}\int\{\underset{4}{\gamma}_{00,\underset{1}{0}n}-2\underset{5}{\Lambda}_{0n}\}\cos(\boldsymbol{n}\cdot\boldsymbol{N})dS=0$$

来确定。

α_{00} 的值是对于一个其中心处于第一个奇点上的小球面来进行这个积分而求得的,并且由类似于第 3 节那些计算,在使用了第一级的运动方程之后,我们求得:

$$(12,3)\qquad \alpha_{00}=\left\{\dot{\eta}^{s}\dot{\eta}^{s}+\frac{1}{2}\widetilde{\chi}\right\}.$$

同样,通过对于一个围着第二个奇点的小球面所进行的积分,我们求得

(12,4) $$\beta_{00}=\left\{\dot{\zeta}^{s}\dot{\zeta}^{s}+\frac{1}{2}\widetilde{\psi}\right\},$$

此处

(12,5) $$\widetilde{\chi}=\chi(\eta^{s}),$$

$$\widetilde{\psi}=\psi(\zeta^{s}).$$

这些结果清楚地表明条件(8,4),(8,2)所要求的这种特殊的归一化的物理意义。因为我们现在得到

(12,6) $$\lambda^{2}\underset{2}{\gamma}_{00}+\lambda^{4}\underset{4}{\gamma}_{00}=$$

$$=\lambda^{2}\left\{\left(1+\frac{1}{2}\lambda^{2}\alpha_{00}\right)2\psi+\left(1+\frac{1}{2}\lambda^{2}\beta_{00}\right)2\chi-\frac{3}{4}\lambda^{2}\varphi\varphi\right\},$$

并且由(12,3),(12,4),我们可看出,$\overset{1}{m}\left(1+\frac{1}{2}\lambda^{2}\alpha_{00}\right)$,$\overset{2}{m}\left(1+\frac{1}{2}\lambda^{2}\beta_{00}\right)$包含着质量的第一级相对论性改正。

到这一级为止的计算,相当于导言中所引证的德罗斯特、德·席特和勒维-契维塔的计算。

13. $l=2$ 的场方程的解

既然我们的最后目的是要确定到下一级近似为止的运动方程,那么我们就只对那些对相应的曲面积分有贡献的表示式感兴趣。我们将武断地说什么是这些计算所需要的,因为要是不说明我们实际计算的细节,就不能认为我们的说法是站得住脚的。

1. 计算在奇点邻近的 $\underset{4}{\gamma}_{mn}$ 和 $\underset{5}{\gamma}_{0m}$. 在 $\underset{4}{\gamma}_{mn}$ 中,我们用不着去管那些当 $\overset{1}{r}\to 0$ 时不趋于无限大的项。

2. 计算在整个空间中的 $\underset{4}{\gamma}_{rr}$.

(10,7)中的表示式 $2\underset{4}{\Lambda}_{mn}$ 可以分成两部分,一部分包含线性项以及其他一切不含有两个质点之间相互作用的项,而另一部分则包含一切相互作用的项。我们把这两组项分别记作 X_{mn} 和 Y_{mn}. 要对方程

$$\underset{4}{\gamma}'_{mn,ss}=X_{mn} \tag{13,1}$$

进行积分并不困难,但是,方程

$$\underset{4}{\gamma}''_{mn,ss}=Y_{mn} \tag{13,2}$$

显然不能用初等的方式进行积分,于是我们不得不采用一种简化的办法。既然为了要算出关于比如说第一质点的曲面积分 $\underset{6}{C}_m$,我们主要地需要知道 $\underset{4}{\gamma}_{mn}$ 的值,那么我们就可以引进在这一点邻近的关于 χ 的幂级数展开式,由此得到一个也以这种展开式来表示的 $\underset{4}{\gamma}_{mn}$ 的解。实际上,我们由(13,1),(13,2)求得关于 $\underset{4}{\gamma}'_{mn}$ 和 $\underset{4}{\gamma}''_{mn}$ 的下列表示式:

$$\begin{aligned}\underset{4}{\gamma}'_{mn}=&\{\psi[(\chi^n-\eta^n)\dot{\eta}^m+(\chi^m-\eta^m)\dot{\eta}^n-\delta_{mn}(\chi^s-\eta^s)\dot{\eta}^s]\}_{,0}+\\&+\{\chi[(\chi^n-\zeta^n)\dot{\zeta}^m+(\chi^m-\zeta^m)\dot{\zeta}^n-\delta_{mn}(\chi^s-\zeta^s)\dot{\zeta}^s]\}_{,0}+\\&+\frac{7}{4}\overset{1}{r}{}^2\psi_{,m}\psi_{,n}+\frac{7}{4}\overset{2}{r}{}^2\chi_{,m}\chi_{,n},\end{aligned} \tag{13,3}$$

和

$$\underset{4}{\gamma}''_{mn}=-\psi_{,m}(\chi^n-\eta^n)\tilde{\chi}, \tag{13,4}$$

此处我们只是把那些对于计算曲面积分 $\overset{1}{\underset{6}{C}}_m$ 的值最后有重要作用的项包括在(13,4)里面。

$\underset{4}{\gamma}_{mn}$ 的值由

$$\underset{4}{\gamma}_{mn}=\underset{4}{\gamma}'_{mn}+\underset{4}{\gamma}''_{mn}+\alpha_{mn}\psi \tag{13,5}$$

给出,此处 α_{mn} 是一个要由坐标条件来确定的时间的函数。

以同样方式，我们可以分两部分来算出 $\underset{5}{\gamma}_{0n}$ 的值。由于只包括那些对曲面积分 $\overset{1}{\underset{6}{C}}_m$ 有关的项，在 $\underset{5}{\gamma}_{0n}$ 只是线性地出现的那些被积函数中，我们求得

$$\underset{5}{\gamma}'_{0m}=-\frac{7}{4}\overset{1}{r}^2\psi_{,m}\psi_{,s}\dot{\eta}^s+\frac{3}{4}\psi\psi\dot{\eta}^m, \tag{13,6}$$

$$\begin{aligned}\underset{5}{\gamma}''_{0n}=&-\frac{3}{2}(\chi^s-\eta^s)\psi\tilde{\chi}_{,m}\dot{\zeta}^s-(\chi^m-\eta^m)\psi\tilde{\chi}_{,s}\dot{\eta}^s+\\&+\frac{1}{2}\psi_{,m}(\chi^s-\eta^s)(\chi^l-\eta^l)\tilde{\chi}_{,l}\dot{\zeta}^s+(\chi^m-\eta^m)\psi\tilde{\chi}_{,s}\dot{\zeta}^s+\\&+\frac{1}{2}(\chi^s-\eta^s)\psi\tilde{\chi}_{,s}\dot{\zeta}^m+\frac{3}{2}(\chi^s-\eta^s)\psi\tilde{\chi}_{,m}\dot{\eta}^s+\\&+(\chi^s-\eta^s)\psi_{,m}\tilde{\chi}\dot{\zeta}^s.\end{aligned} \tag{13,7}$$

$\underset{5}{\gamma}_{0n}$ 的值由

$$\underset{5}{\gamma}_{0n}=\underset{5}{\gamma}'_{0n}+\underset{5}{\gamma}''_{0n}+\alpha_{0n}\psi \tag{13,8}$$

给出，此处 α_{0n} 是一个要由归一化条件来确定的时间的函数。

剩下来就只要计算在整个空间中的 $\underset{4}{\gamma}_{rr}$. 由(10,7c)，我们得到

$$\underset{4}{\gamma}_{rr,ss}=2\varphi_{,00}+\frac{7}{2}\varphi_{,s}\varphi_{,s}, \tag{13,9}$$

因此

$$\underset{4}{\gamma}_{rr}=-2\overset{1}{m}\overset{1}{r}_{,00}-2\overset{2}{m}\overset{2}{r}_{,00}+\frac{7}{4}\varphi^2+\alpha\psi+\beta\chi, \tag{13,10}$$

此处 α 和 β 都是要以这样的方式来确定的时间的函数，即要使(13,10)中的 $\underset{4}{\gamma}_{rr}$ 同奇点附近由(13,5)来确定的 $\underset{4}{\gamma}_{rr}$ 相一致。

14. α_{mn} 和 α_{0n} 的确定

为了要由条件(8,7e)，(8,7c)求出 α_{mn}，α_{0n}，我们必须用到在

第 3 节中求得的 $\overset{1}{\underset{4}{C}}_m$ 的值。直到所要求的近似级,其结果是

(14,1)
$$\alpha_{mn}=\{2\dot{\eta}^m\dot{\eta}^n+\delta_{mn}\widetilde{\chi}\}$$

和

(14,2)
$$\alpha_{0n}=-\dot{\eta}^s\dot{\eta}^s\dot{\eta}^n+\widetilde{\chi}\dot{\eta}^n-\widetilde{\chi}\dot{\zeta}^n.$$

由第 13 节的最后说明,终于推得

(14,3)
$$\alpha=2\dot{\eta}^s\dot{\eta}^s+\frac{1}{2}\widetilde{\chi};\quad \beta=2\dot{\zeta}^s\dot{\zeta}^s+\frac{1}{2}\widetilde{\psi}.$$

15. $\underset{6}{\Lambda}_{mn}$的计算

为我们当前的目的,在计算 $\underset{6}{\Lambda}_{mn}$时,我们可以假定 $\underset{4}{C}_m$ 是零,这是我们现在就要加以证明的。

在我们算出了曲面积分 $\underset{6}{C}_m$ 的值之后,我们可以把运动的近似方程写成形式

(15,1)
$$\lambda^4\underset{4}{C}_m+\lambda^6\underset{6}{C}_m=0.$$

但是这表明,当运动是按照(15,1)进行时,$\lambda^4\underset{4}{C}_m$ 和 $\lambda^6\underset{6}{C}_m$ 这些量会具有同一数量级。可是,显然,只有在 $\lambda^6\underset{6}{\Lambda}_{mn}$同一个 $\lambda^2\underset{2}{\theta}$类型的量结合在一起时,才会有 $\lambda^4\underset{4}{C}_m$ 出现。因此,它只会出现在实际上属于 λ^8 或者更高次幂的那些项中;既然我们在计算运动方程时不打算超过 λ^6,我们就可以把 $\underset{6}{\Lambda}_{mn}$中所有出现 $\underset{4}{C}_m$ 的项全部略去。可是,即使我们利用了这一事实,计算还是十分冗长的,而在 $\underset{6}{\Lambda}_{mn}$的展开式中,实际上有四十一个不同类型的项。我们求得:

$$2\underset{6}{\Lambda}_{mn}=-\underset{5}{\gamma}_{0m,0n}-\underset{5}{\gamma}_{0n,0m}+\delta_{mn}\underset{4}{\gamma}_{00,00}+\underset{4}{\gamma}_{mn,00}-\underset{4}{\varphi}\gamma_{00,mn}-\underset{4}{\varphi}\gamma_{ss,mn}-$$
$$-\varphi_{,mn}\underset{4}{\gamma}_{00}-\varphi_{,mn}\underset{4}{\gamma}_{ss}+\varphi_{,ms}\underset{4}{\gamma}_{ns}+\varphi_{,ns}\underset{4}{\gamma}_{ms}-\delta_{mn}\varphi_{,sr}\underset{4}{\gamma}_{sr}-$$

$$
\begin{aligned}
&-2\varphi_{,s}\underset{4}{\gamma}_{mn,s}+\varphi_{,s}\underset{4}{\gamma}_{ms,n}+\varphi_{,s}\underset{4}{\gamma}_{ns,m}-\frac{1}{2}\varphi_{,m}\underset{4}{\gamma}_{ss,n}-\\
&-\frac{1}{2}\varphi_{,n}\underset{4}{\gamma}_{ss,m}-\frac{1}{2}\varphi_{,n}\underset{4}{\gamma}_{00,m}-\frac{1}{2}\varphi_{,m}\underset{4}{\gamma}_{00,n}+\frac{3}{2}\delta_{mn}\varphi_{,s}\underset{4}{\gamma}_{rr,s}+\\
(15,2)\quad&+\frac{3}{2}\delta_{mn}\varphi_{,s}\underset{4}{\gamma}_{00,s}-\underset{3}{\gamma}_{0s}\underset{3}{\gamma}_{0n,ms}-\underset{3}{\gamma}_{0s}\underset{3}{\gamma}_{0m,ns}+2\underset{3}{\gamma}_{0s}\underset{3}{\gamma}_{0s,mn}+\\
&+\frac{1}{2}\delta_{mn}\underset{3}{\gamma}_{0s,r}\underset{3}{\gamma}_{0r,s}-\frac{3}{2}\delta_{mn}\underset{3}{\gamma}_{0s,r}\underset{3}{\gamma}_{0s,r}+\underset{3}{\gamma}_{0s,m}\underset{3}{\gamma}_{0s,n}+\\
&+\underset{3}{\gamma}_{0m,s}\underset{3}{\gamma}_{0n,s}-\varphi_{,0n}\underset{3}{\gamma}_{0m}-\varphi_{,0m}\underset{3}{\gamma}_{0n}+2\delta_{mn}\varphi_{,0s}\underset{3}{\gamma}_{0s}-\\
&-\varphi_{,0}\underset{3}{\gamma}_{0m,n}-\varphi_{,0}\underset{3}{\gamma}_{0n,m}-\varphi_{,n}\underset{3}{\gamma}_{0m,0}-\varphi_{,m}\underset{3}{\gamma}_{0n,0}+2\varphi\underset{3}{\gamma}_{0m,0n}+\\
&+2\varphi\underset{3}{\gamma}_{0n,0m}-2\delta_{mn}\varphi\varphi_{,00}+2\varphi\varphi\varphi_{,mn}-\varphi\varphi_{,m}\varphi_{,n}+\\
&+\frac{3}{2}\delta_{mn}\varphi\varphi_{,s}\varphi_{,s}+\frac{1}{2}\delta_{mn}\varphi_{,0}\varphi_{,0}.
\end{aligned}
$$

$\underset{6}{\Lambda}_{mn,n}$必须是零这个条件，对上述公式的正确性提供了一个有价值的考验。我们算出了(15,2)中所给的 $\underset{6}{\Lambda}_{mn}$ 的散度，发现它确实等于零。

16. 对于 $l=3$ 的曲面积分

为了求出离开牛顿运动定律的主要偏差，留下必须进行的全部事情，就是要计算曲面积分 $\underset{6}{C}_m$ 的值。要这样做，我们首先必须把以前求得的 $\underset{4}{\gamma}_{00}$，$\underset{4}{\gamma}_{mn}$ 和 $\underset{5}{\gamma}_{0n}$ 的值代入(15,2)，以后的问题就是逐个计算所得各项的贡献，并且把得到的式子加起来。一般的技术类似于第 11 节中用来计算 $\underset{4}{C}_m$ 的值的那种技术，不过要复杂得多了。

由于利用我们有使 $\underset{4}{C}_m$ 等于零的权利，我们可以把这结果表示为如下形式

$$\overset{1}{\underset{6}{C}}_m=\frac{1}{4\pi}\int^1 2\underset{6}{\Lambda}_{mn}\cos(\boldsymbol{n}\cdot\mathbf{N})dS=$$

$$(16,1)\qquad =-4\overset{1}{m}\overset{2}{m}\left\{\left[\dot{\eta}^s\dot{\eta}^s+\frac{3}{2}\dot{\zeta}^s\dot{\zeta}^s-4\dot{\eta}^s\dot{\zeta}^s-4\frac{\overset{2}{m}}{r}-5\frac{\overset{1}{m}}{r}\right]\frac{\partial}{\partial\eta^m}\left(\frac{1}{r}\right)\right.$$
$$[4\dot{\eta}^s(\dot{\zeta}^m-\dot{\eta}^m)+3\dot{\eta}^m\dot{\zeta}^s-4\dot{\zeta}^s\dot{\zeta}^m]\frac{\partial}{\partial\eta^s}\left(\frac{1}{r}\right)+$$
$$\left.+\frac{1}{2}\frac{\partial^3 r}{\partial\eta^s\partial\eta^r\partial\eta^m}\dot{\zeta}^s\dot{\zeta}^r\right\}.$$

17. 离开牛顿运动方程的主要偏差

为要得到属于这一级近似的运动方程,我们必须记下

$$(17,1)\qquad \lambda^4\overset{k}{\underset{4}{C}}_m+\lambda^6\overset{k}{\underset{6}{C}}_m=0,\qquad k=1,2,$$

然后又必须通过用旧时间 x^0 来代替辅助时间$\tau=\lambda x^0$,并且引进从 m 到 M(此处 $M=\lambda^2 m$)的质量相应变化,从而把这些 λ 又重新吸收进去。如果我们对于新的量保持旧的记号,使得现在用$\dot{\xi}=d\xi/dx^0$ 来代替 $d\xi/d\tau$,并且用 m 来代替新质量 M,也不会有什么混乱。于是,按照这一约定,我们可以借助于(11,10)和(16,1),把运动方程(17,1)写成形式

$$\ddot{\eta}^m-\overset{2}{m}\frac{\partial(1/r)}{\partial\eta^m}=\overset{2}{m}\left\{\left[\dot{\eta}^s\dot{\eta}^s+\frac{3}{2}\dot{\zeta}^s\dot{\zeta}^s-4\dot{\eta}^s\dot{\zeta}^s-4\frac{\overset{2}{m}}{r}-5\frac{\overset{1}{m}}{r}\right]\frac{\partial}{\partial\eta^m}(1/r)\right.$$
$$(17,2)\qquad [4\dot{\eta}^s(\dot{\zeta}^m-\dot{\eta}^m)+3\dot{\eta}^m\dot{\zeta}^s-4\dot{\zeta}^s\dot{\zeta}^m]\frac{\partial}{\partial\eta^s}(1/r)+$$
$$\left.+\frac{1}{2}\frac{\partial^3 r}{\partial\eta^s\partial\eta^r\partial\eta^m}\dot{\zeta}^s\dot{\zeta}^r\right\}.$$

用 $\overset{2}{m},\overset{1}{m},\zeta,\eta$ 来代替 $\overset{1}{m},\overset{2}{m},\eta,\zeta$,就得出另一质点的运动方程。

这些方程给出了两个有质量的引力体的相对论性运动，它们构成了我们从实际应用的观点来进行计算的主要结果。

这些方程后来由罗伯逊(H. P. Robertson)积分出来了，他的结果发表在下面一篇附文《广义相对论的二体问题》(*The Two Body Problem in General Relativity*)中，见《数学杂志》39 卷，101 页(1938 年)。

我们衷心感谢罗伯逊教授，感谢他对这个问题的亲切关怀和帮助。

引力方程和运动问题(二)[①]

同 L. 英费耳德合著

导　　言

目前这篇论文包括了如前一篇论文(一)[②]所考查的关于广义相对论运动问题理论的一种推广和实质性的简化。构成那篇论文中所用的方法的是:突出某种特殊的坐标系;用奇点来表示物质;最后,使用一种特别适用于处理准静态场的新的近似法。这篇论文所作的改变是:对于坐标系并不预先作什么假定,除了假定在无限处它是伽利略型的以外。

结果表明,有可能展开整个理论,而用不着任何表示坐标系选择的特殊方程。这里所用的表示,比起论文(一)来,不仅更为一般,而且在实质上也更为简单。根据我们的更为一般的考查,可以作为一个特例推断出以前的情况,以及它的明显表述的坐标条件,而这个特例是以所承认的坐标条件的自然特征为标志的。

---

① 这篇论文是 1938 年发表的同名论文的续篇,完成于 1939 年 5 月,发表于 1940 年 4 月出版的美国《数学杂志》(*Annals of Mathematics*),41 卷,第 2 期,455—464 页。这里译自该刊。——编译者

② 《数学杂志》,39 卷,第 1 期,1938 年,65—100 页。见本书 516—566 页。——编译者

1. 场方程

我们用分离的线性式写下引力场方程

$$(1,1)\quad -\gamma_{mn|ss}+\gamma_{ms|ns}+\gamma_{ns|ms}-\delta_{mn}\gamma_{ls|ls}-\gamma_{0m|0n}-$$
$$-\gamma_{0n|0m}+2\delta_{mn}\gamma_{0s|0s}+\gamma_{mn|00}-\delta_{mn}\gamma_{00|00}+2\Lambda'_{mn}=0,$$

$$(1,2)\quad -\gamma_{00|ss}+\gamma_{ls|ls}+2\Lambda'_{00}=0,$$

$$(1,3)\quad -\gamma_{0n|ss}+\gamma_{0s|sn}+\gamma_{ns|s0}-\gamma_{00|0n}+2\Lambda'_{0n}=0.$$

在写下(1,1)—(1,3)时,我们使用了同论文(一)中一样的记号和约定,也就是说:

拉丁文指标是从 1 到 3;重复意味着累加;直划意味着通常的微分;$\gamma_{\mu\nu}$(希腊文指标是从 0 到 3)是:

$$\gamma_{\mu\nu}=h_{\mu\nu}-\frac{1}{2}\eta_{\mu\nu}\eta^{\sigma\rho}h_{\sigma\rho},$$

此处

$$\eta_{mn}=-\delta_{mn}\qquad(\delta_{mn}\text{是克罗内克尔符号}),$$
$$\eta_{0n}=0;\qquad \eta_{00}=1,$$

并且

$$h_{\mu\nu}=g_{\mu\nu}-\eta_{\mu\nu}.$$

$\Lambda'_{\mu\nu}$包含着$h_{\mu\nu}$中的非线性项。我们所以不把它们明显地写出来,是因为我们不打算使用它们。导致(1,1)—(1,3)的整个计算,只对论文(一)中的计算(68,69 页①)作了很小的改动。唯一的区别是,我们不像论文(一)中那样假定坐标条件

① 见本书 593—602 页。——编译者

$$\gamma_{ls|s}=0; \qquad \gamma_{0s|s}-\gamma_{00|0}=0,$$

因此,(1,1)—(1,3)所不同于论文(一)中对应方程的,在于某些新加的线性式。

让我们把(1,1)—(1,3)重新写成形式

(1,4) $$\Phi_{mn}+2\Lambda_{mn}=0,$$

(1,5) $$\Phi_{00}+2\Lambda_{00}=0,$$

(1,6) $$\Phi_{0m}+2\Lambda_{0m}=0,$$

此处

(1,7) $$\Phi_{mn}=-\gamma_{mn|ss}+\gamma_{ms|ns}+\gamma_{ns|ms}-\delta_{mn}\gamma_{ls|ls},$$

(1,8) $$\Phi_{00}=-\gamma_{00|ss}+\gamma_{ls|ls},$$

(1,9) $$\Phi_{0n}=-\gamma_{0n|ss}+\gamma_{0s|sn},$$

因此,

(1,10) $$2\Lambda_{mn}=-\gamma_{0m|0n}-\gamma_{0n|0m}+2\delta_{mn}\gamma_{0s|0s}+ \\ +\gamma_{mn|00}-\delta_{mn}\gamma_{00|00}+2\Lambda'_{mn},$$

(1,11) $$2\Lambda_{00}=2\Lambda'_{00},$$

(1,12) $$2\Lambda_{0n}=\gamma_{ns|s0}-\gamma_{00|n0}+2\Lambda'_{0n}.$$

所以要把 $\Phi_{\mu\nu}$ 中的某些线性式集起来,并且把另外的线性式同非线性的 Λ'式结合在一起,其理由以后会明白。

2. 预备定理

让我们考查一个函数集

$$F_{ab\cdots kl},$$

它们对于指标 k,l 是反号对称的(*skew symmetric*),而对于其余所有指标都是任意的。我们形成一个曲面积分:

(2,1) $$\int_{(s)} F_{ab\cdots kl|l}\cos(x^k,N)dS$$

积分是对任意一个不经过场的奇点的闭合曲面 S 来进行的。这里(x^κ,N)表示方向 x^κ 同 S 的"法线"之间的"角"。

置：

$$F_{ab\cdots 23}=A_1;\quad F_{ab\cdots 31}=A_2;\quad F_{ab\cdots 12}=A_3,$$

我们可以把(2,1)写成形式：

(2,2) $$\int_{(s)} \text{cur } l_n A\ ds,$$

这个积分恒等于零，因为通过斯托克斯定理可以把它变成一个沿着曲面边缘进行的线积分；如果曲面是闭合的，这个积分就是对零长度进行的。这一结果并不取决于这个闭合曲面是不是包有奇点。因此我们证明了(2,1)等于零。

3. 运动方程

在这里，也像在论文(一)中一样，我们把物质当作场中的奇点来处理。让我们假定有 p 个物体，每个物体都用一个奇点来表示。每一个这种奇点的空间坐标都仅仅是时间的函数。我们可以用它们的空间坐标

$$\overset{k}{\xi}{}^m(x^0);\quad k=1\cdots p$$

来表示它们在任何时刻的位置。ξ^m 上面的指标 k 指第 k 个奇点。

让我们以如下方式写出(1,7)—(1,9)中所定义的函数 $\Phi_{\nu m}$：

(3,1) $$\Phi_{mk}=(-\gamma_{mk|l}+\gamma_{ml|k}-\delta_{mk}\gamma_{ls|s}+s_{ml}\gamma_{ks|s})_{|l},$$

(3,2) $$\Phi_{0k}=(-\gamma_{0k|l}+\gamma_{0l|k})_{|l}.$$

(3,1)—(3,2)中写在括号里面的那些表示式,对于指标 k,l 都是反号对称的,因此可以用上第 2 节的预备定理。因此,

$$\int^{k}\Phi_{mk}\cos\ (x^{k},\mathbf{N})dS=0;\qquad(3,3)$$

$$\int^{k}\Phi_{0k}\cos\ (x^{k},\mathbf{N})dS=0.$$

在这里,积分符号上面的 k 表示包着第 κ 个奇点的曲面。从最后这些方程以及从(1,4)—(1,6),可以推出:

$$2\Lambda_{mn|n}=0;\quad 2\Lambda_{0n|n}=0,\qquad(3,4)$$

$$\int^{k}2\Lambda_{mn}\cos\ (x^{n},\mathbf{N})dS=0;\qquad(3,5)$$

$$\int^{k}2\Lambda_{0n}\cos\ (x^{n},\mathbf{N})dS=0.$$

方程(3,4)表明,积分(3,5)不会取决于曲面的形状,只要曲面是包着同一个奇点的。但是,由于用了我们的预备定理而获得的方程(3,5)却进一步声称:这些曲面积分都等于零。

同曲面形状无关的这些曲面积分中的每一个,都只能提供奇点的坐标同它们的时间导数之间的关系。在(3,5)中,我们有一个包括 $4p$ 个微分方程的方程组,这个方程组我们称之为“**p 个质点的运动方程**”。

4. 新近似法的应用

在论文(一)中曾作了比较充分说明的新近似法中,我们引进了辅助时间坐标$\tau=\lambda x^{0}$,并且把每个场量都看作是(τ,x^{1},x^{2},x^{3})的函数。我们还假定,每个场量关于 x^{0} 的导数比起空间导数来都是

小的，或者，换句话说，我们假定：关于τ的导数同关于空间坐标的导数属于同一数量级。我们又假定关于γ的如下展开式：

$$(4,1)\qquad \begin{cases} \gamma_{mn}=\lambda^{4}\underset{4}{\gamma}_{mn}+\lambda^{6}\underset{6}{\gamma}_{mn}+\lambda^{8}\underset{8}{\gamma}_{mn}+\cdots, \\ \gamma_{00}=\lambda^{2}\underset{2}{\gamma}_{00}+\lambda^{4}\underset{4}{\gamma}_{00}+\lambda^{6}\underset{6}{\gamma}_{00}+\cdots, \\ \gamma_{0n}=\lambda^{3}\underset{3}{\gamma}_{0n}+\lambda^{5}\underset{5}{\gamma}_{0n}+\lambda^{7}\underset{7}{\gamma}_{0n}+\cdots. \end{cases}$$

λ^{l} 中的 l 是指数，不是指标。写在 γ 底下的数字表示同展开式中每个 γ 连在一起的 λ 的幂。关于(τ,x^{1},x^{2},x^{3})的微分用逗号来表示，于是，比如

$$\gamma_{mn|s}=\gamma_{mn,s}，可是\ \gamma_{mn|0}=\lambda\gamma_{mn,0}.$$

一个量关于零的“直划微分”可以用关于零的“逗号微分”来代替，只要同这个量连在一起的 λ 的幂同时升高 1 就行了。我们用写在逗号之后的零底下的数字来明显表示这一点，比如：

$$\lambda^{2l}\underset{2l}{\gamma}_{mn,0}=\lambda^{2l+1}\underset{2l}{\gamma}_{mn,0}，\quad 或者\ \lambda^{2l}\underset{2l}{\gamma}_{mn,00}=\lambda^{2l+2}\underset{2l}{\gamma}_{mn,00}，等等。$$

我们可以进一步证明，我们的假定(4,1)导致了一条简单的展开普遍规则，这条规则是：①

任何具有奇数个零下标的分量，在它的展开式中都只有 λ 的奇次幂；而任何具有偶数个这种下标的分量，在它的展开式中都只含 λ 的偶次幂。

我们要用这个近似法来求出场方程(1,4)—(1,6)的解。显然要做的事是，按照我们这种近似法，把它们分裂成如下的几个方程组：

① 参见本书 531—532 页。——编译者

$$\underset{2l}{\Phi}_{mn}+2\underset{2l}{\Lambda}_{mn}=0,$$

(4,2)
$$\underset{2l}{\Phi}_{00}+2\underset{2l}{\Lambda}_{00}=0,$$

$$\underset{2l+1}{\Phi}{}_{0n}+2\underset{2l+1}{\Lambda}{}_{0n}=0.$$

但是这样一种做法一般只有当奇点不存在的时候才是可能的。在(3,5)中所表述的“运动方程”不为任意函数$\overset{\kappa}{\xi}{}^{m}(\tau)$所满足的情况下,这种做法是不允许的。这由下面可以看出。比方说,我们把(3,5)的第一个方程关于参量λ来展开:

$$\sum_{l=1}^{\infty}\lambda^{2l}\int^{\kappa}2\underset{2l}{\Lambda}_{mn}\cos(x^{l},\mathbf{N})dS=0,\qquad \kappa=1\cdots p,$$

或者置

$$\int^{\kappa}2\underset{2l}{\Lambda}_{mn}\cos(x^{n},\mathbf{N})dS=4\pi\underset{2l}{\overset{\kappa}{C}}{}_{m},$$

我们得到

(4,3)
$$\sum_{l=1}^{\infty}\lambda^{2l}\underset{2l}{\overset{\kappa}{C}}{}_{m}=0,$$

此处$\underset{2l}{\overset{\kappa}{C}}{}_{m}$通过$\overset{\kappa}{\xi}{}^{m}$及其导数而同$\tau$有关。方程(4,3)形成一个以$\lambda$为参量的常微分方程组,它的解就给出奇点的运动。我们绝不可由(4,3)下结论说

(4,4)
$$\frac{1}{4\pi}\int^{\kappa}2\underset{2l}{\Lambda}_{mn}\cos(x^{n},N)dS=\underset{2l}{\overset{\kappa}{C}}{}_{m}=0,$$

因为在一般情况下,这会给我们无限个方程,而要任何一组函数$\overset{\kappa}{\xi}{}^{m}$去满足它们,那都是不可能的。但是,场方程以(4,2)所指示的方式来展开,现在却导致错误的方程(4,4),其理由正如以前导致

(3,5)的一样。在每一级近似中,我们得到关于奇点运动的不同的方程,这些方程彼此并不一致。因此,我们必须拒绝应用这个给出方程(4,2)的近似法。

因此,为了避免这一困难,我们得另觅途径。既然这是关键性的一点,我们在给出细节之前,先来表述我们所考虑的一般想法。这分为两步:

1. 我们将引进新的方程来代替引力方程,这些新的方程我们简称为"广义方程"。引力方程具有形式

$$\Phi_{\mu\nu}+2\Lambda_{\mu\nu}=0, \tag{4,5}$$

而广义方程却具有形式

$$\Phi_{\mu\nu}+2\Lambda_{\mu\nu}=C_{\mu\nu}, \tag{4,6}$$

$C_{\mu\nu}$是τ,x^s和λ的某些特殊选定的函数。函数$C_{\mu\nu}$必须以这样的方式来选定,使得方程组(4,6)能够以参数λ来展开,并且能够应用直截了当的近似法,而不会碰到前面已经指出过的那些困难。

2. 既然我们用我们这种近似法要去求解的是广义方程,而不是引力方程,我们就一定能够这样来限制我们的解,使得对于某一λ,我们得到了我们的方程组(4,5)的解,也就是得到了我们的引力方程的解。

因此,我们的方法由下列[步骤]组成:推广(4,5);使用我们的近似法;最后,(通过限制λ来)限制我们的解,使它满足(4,5)。

在这里,我们将要没有根据地来讲我们对$C_{\mu\nu}$的选取;以后当我们证明了我们这种近似法能够使用起来并无任何根本性的困难时,这种选取显然就会站得住脚了。我们取

$$(4,7)\quad C_{mn}=-\sum_{\kappa=1}^{p}\{(\overset{\kappa}{C}_m/\overset{\kappa}{r})_{,n}+(\overset{\kappa}{C}_n/\overset{\kappa}{r})_{,m}-\delta_{mn}(\overset{\kappa}{C}_s/\overset{\kappa}{r})_{,s}\},$$

$$(4,8)\quad C_{00}=-\sum_{\kappa=1}^{p}(\overset{\kappa}{C}_s/\overset{\kappa}{r})_{,s},$$

$$(4,9)\quad C_{0n}=-\sum_{\kappa=1}^{p}\{(\overset{\kappa}{C}_0/\overset{\kappa}{r})_{,n}+(\overset{\kappa}{C}_n/\overset{\kappa}{r})_{,0}\}.$$

在右边的 $\overset{\kappa}{r}$ 我们是用①

$$(\overset{\kappa}{r})^2=(x^1-\overset{\kappa}{\xi}{}^1)^2+(x^2-\overset{\kappa}{\xi}{}^2)^2+(x^3-\overset{\kappa}{\xi}{}^3)^2$$

来定义的,这个表示式就是场中的点到第 κ 个奇点的"距离"的平方。$\overset{\kappa}{C}$是τ和 λ 的函数,它们可以对于参量 λ 来展开

$$(4,10)\quad \overset{\kappa}{C}_m=\sum_{l=1}^{\infty}\lambda^{2l}\underset{2l}{\overset{\kappa}{C}}{}_m,$$

$$(4,11)\quad \overset{\kappa}{C}_0=\sum_{l=1}^{\infty}\lambda^{2l+1}\underset{2l+1}{\overset{\kappa}{C}}{}_0.$$

现在 $\underset{2l}{\overset{\kappa}{C}}{}_m$,$\underset{2l+1}{\overset{\kappa}{C}}{}_0$ 都只是τ的函数,我们以后要加以确定。

我们现在可以分裂方程(4,6)了,再使用我们的近似法,就导致下列方程组:

$$(4,12)\quad \underset{2l}{\Phi}{}_{mn}+2\underset{2l}{\Lambda}{}_{mn}=-\sum_{\kappa=1}^{p}\{(\underset{2l}{\overset{\kappa}{C}}{}_m/\overset{\kappa}{r})_{,n}+(\underset{2l}{\overset{\kappa}{C}}{}_n/\overset{\kappa}{r})_{,m}-\delta_{mn}(\underset{2l}{\overset{\kappa}{C}}{}_s/\overset{\kappa}{r})_{,s}\},$$

$$(4,13)\quad \underset{2l}{\Phi}{}_{00}+2\underset{2l}{\Lambda}{}_{00}=-\sum_{\kappa=1}^{p}\{(\underset{2l}{\overset{\kappa}{C}}{}_s/\overset{\kappa}{r})_{,s}\},$$

---

① 原文中下列表示式的左边是 $\overset{\kappa}{r}{}^2$,指数 2 容易被认为指标,所以译文改为 $(\overset{\kappa}{r})^2$. ——编译者

(4,14) $\underset{2l+1}{\Phi_{0n}}+2\underset{2l+1}{\Lambda_{0n}}=-\sum_{k=1}^{p}\{(\overset{\kappa}{\underset{2l+1}{C_0}}/\overset{\kappa}{r})_{,n}+(\overset{\kappa}{\underset{2l}{C_n}}/\overset{\kappa}{r})_{,\underset{1}{0}}\}$.

在讨论这些方程时，让我们从(4,12)开始。在左边，我们由(1,7)和(1,10)推知：

(4,15) $\underset{2l}{\Phi_{mn}}=-\underset{2l}{\gamma_{mn,ss}}+\underset{2l}{\gamma_{ms,ns}}+\underset{2l}{\gamma_{ns,ms}}-\delta_{mn}\underset{2l}{\gamma_{ls,ls}}$,

(4,16) $2\underset{2l}{\Lambda_{mn}}=-\underset{2l+1}{\gamma_{0m,\underset{1}{0}n}}-\underset{2l-1}{\gamma_{0n,\underset{1}{0}m}}+2\delta_{mn}\underset{2l-1}{\gamma_{0l,\underset{1}{0}l}}+$

$+\underset{2l-1}{\gamma_{mn,\underset{2}{00}}}-\delta_{mn}\underset{2l-2}{\gamma_{00,\underset{2}{00}}}+2\underset{2l}{\Lambda'_{mn}}$.

必须由(4,12)计算出来的未知函数 $\underset{2l}{\gamma_{mn}}$ 只包含在 Φ_{mn} 之中。Λ_{mn} 中所有的 γ，都已经由以前的近似级知道了，就像我们由(4,16)所看到的那样；要记住，Λ'_{mn} 并不含有线性的表示式。这就是我们所以要把场方程分成 Φ 和 Λ 的理由。我们现在能够给 $\overset{\kappa}{\underset{2l}{C_m}}$ 规定不充分的定义。$\overset{\kappa}{\underset{2l}{C_m}}$ 是这样来定义的，使得曲面条件在每一级近似上都同样得到满足，而且对运动不加什么限制。我们现在来证明：总是有可能选取 $\overset{\kappa}{\underset{2l}{C_m}}$，使运动不受限制。构成我们的曲面积分，由(4,12)，我们就得到：

(4,17) $\int^{\kappa}2\underset{2l}{\Lambda_{mn}}\cos(x^n,N)\,dS=4\pi\overset{\kappa}{\underset{2l}{C_m}}$,

因为 $\int^{\kappa}(1/\overset{\kappa}{r})_{,n}\cos(x^n,N)\,dS=-4\pi$，只要我们选一个包着第 κ 个奇点的小球面作为积分曲面就行了。但是 Λ_{mn} 可以由以前的近似级加以确定。因此，如果 $\underset{l'}{\gamma}$ 对于 $l'<2l$ 都是已知的，那么函数 $\overset{\kappa}{\underset{2l}{C_m}}$ 也就是已知的了。在方程(4,12)中，右边和 Λ_{mn} 都是已知的，于是我们就能够算出 $\underset{2l}{\gamma_{mn}}$，而碰不到曲面积分的困难。

按照(4,13)(1,8)和(1,1)明白地写下来就是

$$(4,18)\qquad \underset{2l}{\gamma}_{00,ss}=\underset{2l}{\gamma}_{ls,ls}+2\underset{2l}{\Lambda}'_{00}+\sum_{\kappa=1}^{p}\left(\underset{2l}{\overset{\kappa}{C}}_{s}/\overset{\kappa}{r}\right)_{,s},$$

此处 $\underset{2l}{\gamma}_{ls}$，$\underset{2l}{\Lambda}'_{00}$，$\underset{2l}{\overset{\kappa}{C}}_{s}$ 都是已经知道了的。如果我们在 $\underset{2l}{\gamma}_{00}$ 中排除高阶的极点，那么仍然留有把单极类型的谐函数加给 $\underset{2l}{\gamma}_{s0}$ 的自由。我们以后要回到这一点上来。

最后是方程(4,14)，在这个方程中，由(1,9)和(1,12)推知

$$(4,19)\qquad \underset{2l}{\Phi}_{0n}=-\underset{2l+1}{\gamma}_{0n,ss}+\underset{2l+1}{\gamma}_{0s,ns},$$

$$(4,20)\qquad 2\underset{2l+1}{\Lambda}_{0n}=-\underset{2l}{\gamma}_{00,\underset{1}{n0}}+\underset{2l}{\gamma}_{ns,\underset{1}{0s}}+2\underset{2l+1}{\Lambda}'_{0n},$$

而 $\underset{2l+1}{\overset{\kappa}{C}}_{0}$ 是像以前 $\underset{2l+1}{\overset{\kappa}{C}}_{m}$ 那样由取曲面积分来确定的。$\underset{2l+1}{\Phi}_{0n}$ 中仅有的未知函数也还是 $\underset{2l+1}{\gamma}_{0n}$。

在这种广义方程的情况中，代替(3,5)的曲积分是：①

$$(4,21)\qquad \int^{\kappa}2\Lambda_{mn}\cos\,(x^{n},\ N)\ dS=4\pi\overset{\kappa}{C}_{m},$$

$$(4,22)\qquad \int^{\kappa}2\Lambda_{0n}\cos\,(x^{n},\ N)\ dS=4\pi\left\{\overset{\kappa}{C}_{0}-\frac{1}{3}\right\}.$$

因此，为要得到我们的引力方程的解，我们必须假定

$$(4,23)\qquad \left.\begin{aligned}\sum_{l=1}^{\infty}\lambda^{2l}\underset{2l}{\overset{\kappa}{C}}_{m}&=\overset{\kappa}{C}_{m}=0,\\ \sum_{l=1}^{\infty}\lambda^{2l+1}\underset{2l+1}{\overset{\kappa}{C}}_{0}&=\overset{\kappa}{C}_{0}=0,\end{aligned}\right\}$$

而这就是 $4p$ **个运动方程**。

---

① 方程(4,21)和(4,22)左边的积分中，原文都漏了“dS”。——编译者

因此，在每一近似级上，我们所进行的目的，仿佛不是要解引力方程(4,5)，而是要解对运动不加限制的更为一般的方程(4,6)。完成了我们这个近似程序之后，我们通过(4,23)，用限制运动的办法，回到我们的引力方程。

5. 条件 $\overset{\kappa}{C}_0\equiv 0$

在(4,23)中，我们有 $4p$ 个方程来确定 $3p$ 个函数 $\overset{\kappa}{\xi}{}^m(\tau)$。能够证明，运动并没有被过度确定，因为 $\underset{2l+1}{\overset{\kappa}{C}}{}_0$ 可以任意选取，因而我们可以假定

(5,1) $$\underset{2l+1}{\overset{\kappa}{C}}{}_0\equiv 0;\qquad \overset{\kappa}{C}_0\equiv 0.$$

假定(5,1)是同场方程一致的，并且限制了随便把任意的极点加给 §4 中所说的 $\underset{2l}{\gamma}{}_{00}$.

把

(5,2) $$\underset{1l}{\gamma}{}_{00}\text{代之以}\ \underset{2l}{\gamma}{}_{00}=\underset{2l}{\gamma'}{}_{00}+\sum_{\kappa=1}^{p}\underset{2l}{\overset{\kappa}{\sigma}}{}_0/\overset{\kappa}{r};\ \overset{\kappa}{\sigma}_0=\overset{\kappa}{\sigma}_0(\tau),$$

不会改变方程(4,18)。除了(5,2)以外，让我们再把

(5,3) $$\underset{2l+1}{\gamma}{}_{0m}\text{代之以}\ \underset{2l+1}{\gamma}{}_{0m}=\underset{2l+1}{\gamma'}{}_{0m}-\sum_{\kappa=1}^{p}\underset{2l}{\overset{\kappa}{\sigma}}{}_0/\overset{\kappa}{r}\,\underset{1}{\dot{\overset{\kappa}{\xi}}}{}^m.$$

在方程(4,14)中唯一能引起的变化是来自

(5,4) $$(\underset{2l+1}{\gamma}{}_{0s,s}-\underset{2l}{\gamma}{}_{00,\underset{1}{0}})_{,n},$$

把这个方程同(4,19)和(4,20)进行比较就可以看出。表示式(5,4)用(5,2)和(5,3)代入后，就变成

(5,5) $$\underset{2l+1}{\gamma'}{}_{0s,s}-\underset{2l}{\gamma'}{}_{00,\underset{1}{0}}-\sum_{\kappa=1}^{p}(\underset{2l+1}{\overset{\kappa}{\sigma}}{}_0/\overset{\kappa}{r})_{,n}.$$

同(4,14)相比较,就可以看出,通过相应地确定(5,2)和(5,3)中的函数 $\underset{2l+1}{\overset{\kappa}{\sigma}}{}_{0}$,我们总是能够假定 $\underset{2l+1}{\overset{\kappa}{C}}{}_{0}\equiv 0$.

因此,场方程和运动方程是:

$$\underset{2l}{\Phi}_{mn}+2\underset{2l}{\Lambda}_{mn}=-\sum_{\kappa=1}^{\infty}\left\{\left(\underset{2l}{\overset{\kappa}{C}}_{m}/\overset{\kappa}{r}\right)_{,n}+\left(\underset{2l}{\overset{\kappa}{C}}_{n}/\overset{\kappa}{r}\right)_{,m}-\right.$$
$$\left.-\delta_{mn}\left(\underset{2l}{\overset{\kappa}{C}}_{s}/\overset{\kappa}{r}\right)_{,s}\right\}, \tag{5,6}$$

$$\underset{2l}{\Phi}_{00}+2\underset{2l}{\Lambda}_{00}=-\sum_{\kappa=1}^{\infty}\left\{\left(\underset{2l}{\overset{\kappa}{C}}_{s}/\overset{\kappa}{r}\right)_{,s}\right\}, \tag{5,7}$$

$$\underset{2l+1}{\Phi}{}_{0n}+2\underset{2l+1}{\Lambda}{}_{0n}=-\sum_{\kappa=1}^{p}\left\{\left(\underset{2l}{\overset{\kappa}{C}}_{n}/\overset{\kappa}{r}\right)_{,\underset{1}{0}}\right\}, \tag{5,8}$$

$$\overset{\kappa}{C}_{m}=\sum_{l=1}^{\infty}\lambda^{2l}\underset{2l}{\overset{\kappa}{C}}_{m}=0, \tag{5,9}$$

这表示着我们考查的结果是论文(一)中所提出的理论的推广。

我们确实不难证明,论文(一)中的场方程是(5,6)—(5,9)的一个特例。

让我们假定论文(一)中所承认的坐标条件是:

$$\underset{2l}{\gamma}_{rs,s}=-\sum_{\kappa=1}^{\infty}\underset{2l}{\overset{\kappa}{C}}_{r}/\overset{\kappa}{r} \tag{5,10}$$

$$\underset{2l+1}{\gamma}{}_{0s,s}-\underset{2l}{\gamma}_{00,\underset{1}{0}}=0. \tag{5,11}$$

由于(1,7)—(1,9),场方程(5,6)—(5,8)取形式

$$\underset{2l}{\gamma}_{mn,ss}=2\underset{2l}{\Lambda}_{mn}, \tag{5,12}$$

$$\underset{2l}{\gamma}_{00,ss}=2\underset{2l}{\Lambda}_{00}, \tag{5,13}$$

$$\underset{2l+1}{\gamma}{}_{0m,ss}=2\underset{2l+1}{\Lambda}{}_{0m}, \tag{5,14}$$

而曲面积分则是

$$(5,15)\qquad \int^{\kappa} 2\underset{2l}{\Lambda}_{mn}\cos\,(x^{n},\,N)\;dS=4\pi\overset{\kappa}{\underset{2l}{C}}_{m},$$

$$(5,16)\qquad \int^{\kappa}(\,2\underset{2l+1}{\Lambda}{}'_{0n}-\underset{2l}{\gamma}_{00,n\underset{1}{0}})\cos\,(x^{n},\,N)\;dS=0,$$

同论文(一)中的完全一样。

空间膨胀对于各个星球周围的引力场的影响[①]

同 E. G. 斯特劳斯合著

述 题

在相对论中，通常是用施瓦兹希耳德(Schwarzschild)首先提出的场方程的中心对称的静态解来表示单个星球附近的引力场的。随着离开产生场的物质的距离不断增大，这种场就渐近地变成欧几里得空间(或者说得准确点，变成明可夫斯基空间)。那就是说，它是嵌在一个“平直的”空间里面的。另一方面，我们知道，实在的空间是在膨胀着，而且，对于不为零的物质平均密度的存在，这些场方程就意味着这样一种膨胀。

因此，施瓦兹希耳德解所依据的边界条件对于实在的星球是无效的。具体地说，对于膨胀空间有效的那些边界条件是同时间有关的。因此，人们只好先验地期望单个星球周围的场本质上是

---

① 本文是由爱因斯坦和恩斯特·斯特劳斯(Ernst G. Straus)合写的，发表在1945年4—6月出版的美国《现代物理学评论》季刊(*Reviews of Modern Physics*)，17卷，2—3期合刊，祝贺尼耳斯·玻尔(Niels Bohr, 1885. 10. 7—1962. 11. 18)60岁生日专号，120—124页。这里译自该刊。该季刊第18卷，148—149页(1946年)上又发表了他们写的一篇更正和附注，对这篇论文第二部分中的数学公式作了六处更正。本译文对这些更正都已作了考虑。——编译者

同时间有关的。

这种对时间的相依关系的问题特别重要，因为这样一种同时间有关的性状对于物质理论会具有根本的重要性。关于这一点，已经提出了这样的假定：宇宙常数同分子常数之间可能存在相连的关系。

从下面的考查得知，空间的膨胀对于单个星球周围的场的结构并无影响，因此它是一种静态场——只要是对一个确切划界的邻区而说的。

方　　法

通常求宇宙学的解，总是从一个（没有压力的）在空间上不变的物质密度着手。它具有形式：

$$ds^2 = \frac{-T^2}{(1+zr/2)^2}\delta_{ik}dx_i\, dx_k + dt^2, \qquad \text{(A)}$$

此处 $r=\frac{1}{2}(x_1{}^2+x_2{}^2+x_3{}^2)$. T 是一个只同 t 有关的函数。球面的情况对应于 $z=1$，伪球面的情况对应于 $z=-1$，空间平面的情况则对应于 $z=0$. 这幅图（图 1）①是说明球面情况 $z=1$；两个圆中的每一个都代表四维连续区的一个三维空间截面。一个在时间 t_1 处于 P_1 而在时间 t_2 处于 P_2 的质点，在我们这幅图中它总是处于同一条径向线上。(A)中的空间坐标是这样来选取的，使它们对于一个固定质点同 t（“宇宙坐标”）都无关。保形的欧几里得表示

① 原文附图中 P_1 和 P_2 误标为 ρ_1 和 ρ_2. ——编译者

有一个任意选取的点作为空间坐标的原点。

我们现在考查一个以如下方式从这个连续区分划出来的区域 G:我们考查具有同时间(在"宇宙坐标"中)无关的一个不变的半径、围绕着每一个时间截面的原点构造出来的所有(二维)球面。所有这些球面的共同的内部就是四维区域 G. 在这区域 G 中,我们认为度规场是被这样一个场所代替,产生这个场的物质(用度规场的奇点来表示)是位于(空间的)原点 $x_1=x_2=x_3=0$ 上的。在奇点的外面,这个场将满足空虚空间方程 $R_{ik}=0$. 在 $r=P$ 处,这个场将连续地变为原来的场(A). 在这一过程中,g_{ik} 及其一阶导数将始终是连续的。

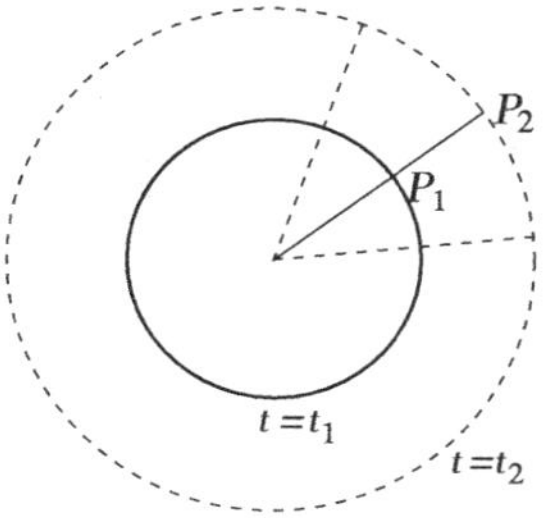

图 1

这个问题的解为整个连续区提供一个场,这个场在 G 内部是由一聚集的质量所产生的,在 G 的外面是由一均匀的物质密度所产生的。而且,很明显,在 G 外面的球的其他区域中,这个场可以按照同样方法用一个由点状物质所产生的场来代替。连续地进行这种替换,就可以得到这样一个场,使得整个度规都是由那些点状的物质所产生,而不是由连续分布的物质所产生的。

用这种方法得到一个严密解的可能性,是花了这样的代价的:为了避免数学上的繁难,我们不允许分划出来的区域有重叠。这意味着,为了能够用许多个由分立的质点所产生的场来代替整个连续区,我们不得不引进无限多个质量小而又小的质点。

然而,这个缺陷用不着我们担心。我们可以只限于考虑这样的情况,即我们只是把 G 的内部用一个在其(空间的)中心的质点所产生的场来代替，并且把这个解同 G 边界上连续分布的物质所产生的解连续地（对于所有 t 的值）联系起来。

I. 区域 G 内部的场方程和过渡到具有均匀物质密度的其余空间的边界条件

广义的中心对称场可以取（保形的欧几里得的，不必要是静态的）形式：①

$$ds^2=-e^{\mu}\delta_{ik}dx_i\,dx_k+e^{\nu}\,dt^2,\qquad i,k=1,2,3, \tag{1}$$

此处 μ 和 ν 都是 r 和 t 的函数。场方程 $R_{ik}=0(i,k=1,\cdots,4)$ 现在就变成：

$$\mu_{rr}+\nu_{rr}-\frac{1}{2}(\mu_r{}^2-\nu_r{}^2)-\mu_r\nu_r=0; \tag{2.1}$$

$$r\left(\mu_{rr}+\frac{1}{2}\mu_r{}^2+\frac{1}{2}u_r\nu_r\right)+\left(2\mu_r+\frac{1}{2}\nu_r\right)-$$
$$-\frac{1}{2}e^{\mu-\nu}\left(\mu_{tt}+\frac{3}{2}\mu_t{}^2-\frac{1}{2}\mu_t\nu_t\right)=0; \tag{2.2}$$

$$2\mu_{rt}-\mu_t\nu_r=0; \tag{2.3}$$

$$r\left(\nu_{rr}+\frac{1}{2}\nu_r{}^2+\frac{1}{2}\mu_r\nu_r\right)+\frac{3}{2}\nu_r-$$
$$-\frac{3}{2}e^{\mu-\nu}\left(\mu_{tt}+\frac{1}{2}\mu_t{}^2-\frac{1}{2}\mu_t\nu_t\right)=0, \tag{2.4}$$

此处下标代表微分。

如上所述，物质均匀分布的其余空间是一个具有不变的空间

① 以下，指标总是指 1,2,3. ——原注

曲率的场，这个曲率的保形的欧几里得表示是由

$$ds^2 = \frac{-T^2}{(1+zr/2)^2}\delta_{ik}dx_i dx_k + dt^2 \tag{3}$$

得出，此处 z 和 T 都如同上述。

我们的边界条件现在是：对于 $r=P$，场(1)直至一阶导数将连续地成为场(3)，①也就是说，对于 $r=P$，

$$e^{\mu} = T^2/(1+zr/2)^2, \tag{4.1}$$

$$\mu_r e^{\mu} = -zT^2/(1+zr/2)^3, \tag{4.2}$$

$$e^{\nu} = 1, \tag{4.3}$$

$$\nu_r e^{\nu} = 0. \tag{4.4}$$

从这些方程，我们就能够对于 $r=P$ 来确定 $\mu, \nu, \mu_r, \nu_r, \mu_t, \nu_t, \mu_{rt}, \mu_{tt}$。如果我们把这些值代入方程组(2)，那么，对于 $r=P$，我们就得到

$$\mu_{rr} + \nu_{rr} - \frac{z^2}{2c^2} = 0, \tag{2.1.1}$$

$$r\left(\mu_{rr} + \frac{z^2}{2c^2}\right) - \frac{2z}{c} - \frac{1}{c^2}(TT'' + 2T'^2) = 0, \tag{2.2.1}$$

$$r\nu_{rr} - (3/c^2)TT'' = 0, \tag{2.4.1}$$

此处 $c = 1 + \frac{1}{2}zr$.（方程(2.3)同样得到满足。）如果我们从这些方程消去 μ_{rr} 和 ν_{rr}，就得到

① 这些边界条件总是充分的，但不总是必要的，也就是说，可能发生这样的情况：g_{ik} 或者它们的一阶导数的不连续，应该是由于有关坐标系的不连续所造成，而不是由于场的不连续所造成。在我们这个情况下，由于两个场的保形的欧几里得表示，这种可能性就避免了。——原注

$$TT''+\frac{1}{2}T'^{2}=-z/2. \tag{5}$$

进行微分，我们得到

$$2T'T''+TT'''=0. \tag{5.1}$$

对此进行积分，我们得到

$$T^{2}T''=-k/2. \tag{5.2}$$

把这代入(5)，

$$T'^{2}=(k-zT)/T. \tag{5.3}$$

这个结果同物质密度在空间上是不变的情况下的场方程的解所得到的结果是一致的(宇宙学问题)。

Ⅱ. 场方程的近似解和充分接近 G 的边界的区域的边界条件

对于一个邻近 G 边界的区域，我们置第一级近似为：

$$-e^{\mu}=-T^{*2}+\sigma,$$

$$e^{\nu}=1+\tau,$$

此处 $\sigma=a_1r^{-\frac{1}{2}}+a_2r$；$\tau=b_0+b_1r^{-\frac{1}{2}}+b_2r+\cdots$，这些 a_i，b_i 和 T^* 都是 t 的函数。在这里 σ 和 τ 都是一阶的微小量。我们还假定，用 t 进行微分，这些微量的阶就升高 $\frac{1}{2}$.

这个形式除了含有同 r 无关的项之外，还含有一个同 $r^{-\frac{1}{2}}$ 成比例的项，这对应于一个嵌在欧几里得空间中的质点的场。而且，它还含有一个同 r 成比例的项，这对应于场的正则部分。这一项之所以出现，是由于在目前情况下，我们并没有在欧几里得空间中嵌进什么东西。

如果我们略去高阶的项，场方程(2)现在就变成

$$\sigma_{rr} - T^{*2}\tau_{rr} = 0, \quad (2.1.2)$$

$$2r\sigma_{rr} + 4\sigma_r - T^{*2}\tau_r + 2T^{*2}(2T^{*\prime 2} + T^* T^{*\prime\prime}) = 0, \quad (2.2.2)$$

$$\frac{T^{*\prime}}{T^*}(T^{*2}\tau_r - 2\sigma_r) + \sigma_{rt} = 0, \quad (2.3.2)$$

$$r\tau_{rr} + \frac{3}{2}\tau_r - 3T^* T^{*\prime\prime} = 0. \quad (2.4.2)$$

如果我们把这些方程按照 r 的幂分离开来，我们就得到

$$a_1 = T^{*2} b_1, \quad (6.1)$$

$$4a_2 - T^* b_2 + 2T^{*2}(2T^{*\prime 2} + T^* T^{*\prime\prime}) = 0, \quad (6.2)$$

$$\frac{T^{*\prime}}{T^*}(T^{*2} b_1 - 2a_1) + a_1' = 0, \quad (6.3)$$

$$\frac{T^{*\prime}}{T^*}(T^{*2} b_2 - 2a_2) + a_2' = 0, \quad (6.4)$$

$$b_2 - 2T^* T^{*\prime\prime} = 0, \quad (6.5)$$

因此，

$$\left.\begin{aligned} a_1 &= k_1 T^*, \\ a_2 &= -T^{*2} T^{*\prime 2}, \\ b_1 &= k_1 T^{*-1}, \\ b_2 &= 2T^* T^{*\prime\prime}. \end{aligned}\right\} \quad (6.6)$$

如果我们略去 P 的更高次幂，边界条件(4)就成为

$$T^{*2} - k_1 T^* P^{-\frac{1}{2}} + T^{*2} T^{*\prime 2} P = T^2 - zT^2 P, \quad (4.1.1)$$

$$\frac{1}{2}k_1 T^* P^{-\frac{3}{2}} + T^{*2} T^{*\prime 2} = -zT^2, \quad (4.2.1)$$

$$b_0+k_1T^{*-1}P^{-\frac{1}{2}}+2T^*T^{*\prime\prime}P=0, \tag{4.3.1}$$

$$-\frac{1}{2}k_1T^{*-1}P^{-\frac{3}{2}}+2T^*T^{*\prime\prime}=0. \tag{4.4.1}$$

由此得知，T^* 所不同于 T 的只在于那些一阶的项，而且(5.3)中的常数 k 的第一级近似是：$k=(-k_1/z)P^{-\frac{3}{2}}$. 在那样的情况下，方程(4)得到满足。

我们的场现在就具有形式

$$\begin{aligned} ds^2 &= (-T^{*2}+k_1T^*r^{-\frac{1}{2}}-T^{*2}T^{*\prime 2}r)\delta_{ik}dx_i\,dx_k+ \\ &\quad +(1+b_0+k_1T^{*-1}r^{-\frac{1}{2}}+2T^*T^{*\prime\prime}r)dt^2= \\ &= [-T^{*2}+k_1T^*r^{-\frac{1}{2}}-T^*(k-zT^*)r]\delta_{ik}dx_i\,dx_k+ \\ &\quad +[1+b_0+k_1T^{*-1}r^{-\frac{1}{2}}-kT^{*-1}r]dt^2. \end{aligned} \tag{7}$$

我们考查在 $t=t_0$ 前后一个短时间间隔的这个解，对它进行变换，使它仍然保持保形的欧几里得形式，而且使 $\delta_{ik}\,dx_i\,dx_k$ 的系数除了一些无限小的项以外，等于 -1（"局部坐标"），于是我们就得到形式（略去较小的项）：

$$ds^2=(-1+k_1r'^{-\frac{1}{2}})\delta_{ik}dx_i\,dx_k+(1+k_1r'^{-\frac{1}{2}})dt'^2. \tag{7.1}$$

这个结果是最值得注意的，因为它代表一个完全静态场，其第一级近似就是施瓦兹希耳德解。

这个结果表明，在 G 内部的场同施瓦兹希耳德场完全相同。

Ⅲ. 关于 G 内部的解能够变换成静态施瓦兹希耳德场的证明

静态施瓦兹希耳德场的保形欧几里得形式是

$$ds^2 = -a^4 \delta_{ik} dx_i' \, dx_k' + \frac{b^2}{a^2} dt'^2, \tag{8}$$

此处

$$a = 1 + \frac{m}{r'^{\frac{1}{2}}}; \quad b = 1 - \frac{m}{r'^{\frac{1}{2}}}.$$

保持这个场中心对称的一般变换是

$$x_i' = U x_i; \qquad t' = V, \tag{9}$$

此处 U, V 都是 r 和 t 的函数。

场(8)现在得到形式：

$$\begin{aligned} ds^2 = & -a^4 U^2 \delta_{ik} dx_i \, dx_k + \\ & + \left[-2a^4 U_r (U + rU_r) + \frac{b^2}{a^2} V_r^{\ 2} \right] x_i x_k dx_i \, dx_k + \\ & + \left[-a^4 U_t (U + 2rU_r) + \frac{b^2}{a^2} V_r V_t \right] x_i dx_i \, dt + \\ & + \left[-2ra^4 U_t^{\ 2} + \frac{b^2}{a^2} V_t^{\ 2} \right] dt^2, \end{aligned} \tag{8.1}$$

现在此处

$$a = 1 + \frac{m}{r^{\frac{1}{2}} U}; \qquad b = 1 - \frac{m}{r^{\frac{1}{2}} U}.$$

现在我们的目的就是要证明，我们可以这样来选取 U 和 V，使得(8.1)成为形式(1)并且满足边界条件(4)。当我们证明了这一点，我们就知道，就 G 的里面来说，施瓦兹希耳德场能够变换成我们这个问题的解，而且，既然边界条件意味着解的唯一性，我们的定理也就得到了证明。

为了使我们的场具有形式(1)，那就必须：

$$-2a^4U_r(U+rU_r)+\frac{b^2}{a^2}V_r{}^2=0, \qquad (10.1)$$

$$-a^4U_t(U+2rU_r)+\frac{b^2}{a^2}V_rV_t=0. \qquad (10.2)$$

那么施瓦兹希耳德场就具有形式

$$ds^2=-a^4U^2\delta_{ik}dx_i\,dx_k+\left(-2ra^4U_t{}^2+\frac{b^2}{a^2}V_t{}^2\right)dt^2. \qquad (8.2)$$

对于 $r=P$，边界条件(4)是：

$$a^4U^2=T^2/c^2, \qquad (4.1.2)$$

$$\frac{\partial}{\partial r}(a^2U)=\frac{\partial}{\partial r}\left(\frac{T}{c}\right), \qquad (4.2.2)$$

$$-2ra^4U_t^2+\frac{b^2}{a^2}V_t{}^2=1, \qquad (4.3.2)$$

$$\frac{\partial}{\partial r}\left(-2ra^4U_t{}^2+\frac{b^2}{a^2}V_t{}^2\right)=0, \qquad (4.4.2)$$

此处我们缩写：$c=1+zr/2$；　$d=1-zr/2$.

这些构成了方程(10)的四个边界条件。由微分方程的存在定理，我们知道方程(10)连同边界条件(4.1.2)和(4.3.2)有一个唯一的①解。为了要证明有满足全部条件(10)和(4)的 U 和 V 存在，我们必须证明条件(4.2.2)和(4.4.2)是从条件(10)和(4.1.2)，(4.3.2)推论出来的。

从(10.2)推知：

$$V_r=\frac{a^6}{b^2}\frac{U_t}{V_t}(U+2rU_r), \qquad (10.3)$$

---

① 除了边界上的 V 值中有一个任意常数之外。——原注

代入(10.1),我们就得到

$$-2U_r(U+rU_r)+\frac{a^6}{b^2}\frac{U_t{}^2}{V_t{}^2}(U+2rU_r)^2=0. \tag{10.4}$$

对于 $r=P$,边界条件(4)意味着

$$T=a^2cU, \tag{11.1}$$

$$U_t=\frac{T'}{abc};\quad U_t{}^2=\frac{k-za^2cU}{a^4b^2c^3U}, \tag{11.2}$$

$$U_r=\frac{2mr^{-\frac{3}{2}}-zU}{abc};$$

$$U+rU_r=\frac{2U-zmr^{\frac{1}{2}}}{2bc};\quad U+2rUr=\frac{adU}{bc}, \tag{11.3}$$

$$V_t{}^2=\frac{a^2}{b^2}(1+2ra^4U_t{}^2)=\frac{a^2}{b^2}\frac{2rk+cU(b^2c^2-2zra^2)}{b^2c^3U}, \tag{11.4}$$

$$\frac{\partial}{\partial r}(V_t{}^2)=\frac{\partial}{\partial r}\left[\frac{a^2}{b^2}(1+2ra^4U_t{}^2)\right]. \tag{11.5}$$

如果我们把方程(11.2)—(11.4)代入(10.4),我们就得到这样一个表示式,它当

$$k=2m\left(1+\frac{zP}{2}\right)^3P^{-\frac{3}{2}} \tag{12}$$

时,按照 U 来说恒等于零。那就是说,在这种情况下,从方程(10)和(4.1.2),(4.3.2)就得出了方程(4.2.2)。

如果我再把方程(10.3)和(11.5)代入方程:

$$V_r\frac{\partial}{\partial r}(V_t{}^2)-V_t\frac{\partial}{\partial t}(V_r{}^2)=0, \tag{13}$$

那么,考虑到(12)中 k 的值,这就变成(对于 $r=P$)

$$\frac{a^7dU}{b^3c}\frac{U_t}{V_t}\frac{\partial}{\partial r}(V_t{}^2)-V_t\frac{\partial}{\partial U}(V_r{}^2)U_t=0 \tag{13.1}$$

或者

$$\frac{a^7 dU}{b^3 c}\frac{\partial}{\partial r}(\log V_t^{\ 2})-\frac{\partial}{\partial U}(V_r^{\ 2})=0, \tag{13.2}$$

按照U来说，这也是一个恒等式。因此，条件(4.4.2)也是(10)和(4.1.2)，(4.3.2)的一个推论。我们的假定因而得到了证实。

结　论

嵌在膨胀空间中的G里面的质点的场，在“局部坐标”看来，是一个由施瓦兹希耳德解所规定的静态场。膨胀所意味的时间相依性，并不就使这个解同时间有关。变成同时间有关的是G的边界，在这个边界上，施瓦兹希耳德场转化为由均匀分布的物质所产生的场。

相对论性引力论的一种推广(一)[①]

在我看来,凡是企图要建立一种统一场论,必定要从比较广泛的变换群着手,它的广泛性至少不低于四个坐标的连续变换群。因为,对于一个以比较狭窄的变换群为基础的理论来说,我们难以指望以后能够把变换群加以扩大。这就更加有理由要企图用相对论性引力论的一种推广来建立统一场论了。这样一种推广似乎过去从未发现,现叙述如下。

当我们讲到统一场论时,会有两种可能的观点,它们在本质上有如下的区别:

(1)认为场是作为一种统一的协变的实体而出现的。我可举电场和磁场通过狭义相对论而得到的统一作为例子。这里的统一在于:所考查的整个场是用一个反对称的张量来描述的。洛伦兹变换的基本群不能使我们离开坐标系而独立地把这种场分裂成一个电场和一个磁场。

(2)不论是场方程还是哈密顿函数都不能用几个不变部分的总和来表示,而都是形式上统一的实体。统一性的这种(比较弱的)判据在我们这个关于麦克斯韦方程的狭义相对论性描述的例

---

① 译自 1945 年 10 月出版的美国《数学杂志》(*Annals of Mathematics*),46 卷,4 期,578—584 页。该刊收到这篇论文的时间是 1945 年 6 月 19 日。标题中的"(一)"是我们补加的,因为一年以后发表的续篇的标题中有"(二)"字样。——编译者

子中也得到满足。

我们所要叙述的理论，按照判据(2)是统一的，而不是按照判据(1)是统一的。这样一种理论只有在一种限定的意义上才被认为是统一的。

场结构和群

上述场是用一个具有复数分量的张量 g_{ik} 来描述的。这些分量会满足一种对称条件，这种对称条件成了从引力论的度规场到复数区域的对称条件的自然推广，我们称之为“厄密对称”(*Hermitian symmetry*)。

(1) $$g_{ik}=\overline{g_{ki}}.$$

这些分量都是四个实数坐标 $x_1,\cdots,x_4$ 的连续函数。由(1)推知，g_{ik} 按照

$$g_{ik}=s_{ik}+ia_{ik}$$

进行分裂，此处 s_{ik} 和 a_{ik} 满足条件：

$$s_{ik}=s_{ki},$$

$$a_{ik}=-a_{ki}.$$

像在引力论中一样，这个变换群也是连续的实数坐标变换群。相对于这个群来说，s_{ik} 和 a_{ik} 都是独立的张量。因此这个场对于判据(1)来说并不是统一的。另一方面，我们会看到，判据(2)能以一种极其自然的方式得到满足。在这一点上，以及在它同相对论性引力论的密切关系上，我看出了下述场论的形式根据。

对于协变张量 g_{ik}，我们可以根据下列条件给它结合上一个唯一的抗变张量 g^{ik}：

(2) $$g_{ki}g^{kl}=g_{ik}g^{lk}=\delta_i^l,$$

此处 δ_i^l 是克罗内克尔张量。由于(1),行列式

$$g=|g_{ik}|$$

是实数。因为 $\bar{g}=|\overline{g_{ik}}|=|g_{ki}|=|g_{ik}|$。像在引力论中一样,由于类时量纲独有的特征,我们选取:$g<0$.

无限小平行移动

我们现在引进一个复数量 Γ_{ik}^l,它的变换像黎曼几何中那些对应的量一样。类似于黎曼几何的那些对应量,Γ_{ik}^l 对于下面的两个指标是厄密对称的。

$$\Gamma_{ik}^l=\overline{\Gamma_{ki}^l}. \tag{3}$$

附注:$\Gamma_{ik}^l-\Gamma_{ki}^l$ 是一个(纯粹虚数的)张量。Γ_{ki}^l 具有的变换定律同 Γ_{ik}^l 的一样$\left(对于\frac{1}{2}(\Gamma_{ik}^l+\Gamma_{ki}^l)也同样\right)$。通过张量 $\frac{1}{2}(\Gamma_{ik}^l-\Gamma_{ki}^l)$ 的降秩,我们得到矢量:

$$\Gamma_i=\frac{1}{2}(\Gamma_{ib}^b-\Gamma_{bi}^b). \tag{4}$$

由基本定律推知,这里的复矢量的平行移动对于所给的 Γ 并不是唯一的运算。因此,为要消除这种不确定,我们引进下列符号:

$$\begin{cases}\delta A^{\overset{i}{+}}=-\Gamma_{st}^iA^sdx_t,\\ \delta A^{\overset{i}{-}}=-\Gamma_{ts}^iA^sdx_t,\\ \delta A^{\overset{i}{0}}=-\frac{1}{2}(\Gamma_{st}^i+\Gamma_{ts}^i)A^sdx_t.\end{cases} \tag{5}$$

对于协变张量的无限小平行移动,以及对于协变微分,都引进对应的符号,比如:

$$A^{\overset{i}{+}}{}_{;k}=A^i{}_{,k}+A^s\Gamma_{sk}^i,$$

$$A_{\underset{-}{i};k}=A_{i,k}-A_s\Gamma_{k\ i}^{\ s}，\text{等等。}$$

我们现在必须由定义来确定这个属于所给的 g_{ik} 场的 Γ。我们置：

$$0=g_{ik;l}=g_{\underset{+}{i}\underset{-}{k};l}=g_{ik,t}-g_{sk}\Gamma_{i\ l}^{\ s}-g_{is}\Gamma_{l\ k}^{\ s}. \tag{6}$$

方程(6)的右边具有张量特征，即使方程(6)得不到满足也如此，认识到这一点，对于下面是事关紧要的。关于克罗内克尔张量，我们得到：

$$\delta_{\underset{+}{i}}{}^{\overset{k}{+}}{}_{;l}=\delta_i{}^s\Gamma_{s\ l}^{\ k}-\delta_s{}^k\Gamma_{i\ l}^{\ s}=0=\delta_{\underset{-}{i}}{}^{\overset{k}{-}}{}_{;l}=\delta_{\underset{0}{i}}{}^{\overset{k}{0}}{}_{;l}.$$

另一方面：

$$\delta_{\underset{-}{i}}{}^{\overset{k}{+}}{}_{;l}=\Gamma_{i\ l}^{\ k}-\Gamma_{l\ i}^{\ k}=-\delta_{\underset{+}{i}}{}^{\overset{k}{-}}{}_{;l}\neq0.$$

因此，在微分符号中把张量降秩的时候，必须密切注意指标的特征。只有对于那些具有同样特征的指标，降秩运算和绝对微分运算才是可互换的。

所以要对 Γ 的对称性和方程(6)中的微分作这种特殊选择，其根据如下。如果人们构成方程(6)右边的厄密共轭，也就是说，如果人们把 i 和 k 互换，然后转到共轭复数，那么就得到：

$$\overline{g_{ki,l}}-\overline{g_{si}}\,\overline{\Gamma_{k\ l}^{\ s}}-\overline{g_{ks}}\,\overline{\Gamma_{l\ i}^{\ s}}$$

或者

$$g_{ik,l}-g_{is}\Gamma_{l\ k}^{\ s}-g_{sk}\Gamma_{i\ l}^{\ s},$$

也就是说，方程(6)(准确些说是它的右边)同它的厄密共轭形式相重合。为了要使 Γ 对于所给的场得以确定下来(但不是过度确定)，这是必要的。

如果人们把(6)乘以 g^{ik}，并且降秩，考虑到(2)，就得到：

$$\frac{g_{,l}}{g}-(\Gamma_{i\ l}^{\ i}+\Gamma_{l\ i}^{\ i})=0. \tag{7}$$

不管方程(7)是不是得到满足,(7)的左边总是具有矢量特征。

如果我们把方程(6)乘以 $-g^{it}g^{sk}$,并且关于 i 和 k 累加起来,那么,由于(2),

$$g^{it}g_{ik,l}+g^{it}{}_{,l}g_{ik}=0,$$

我们就得到

$$0=g^{st}{}_{,l}+g^{bt}\Gamma_{b}{}^{s}{}_{l}+g^{sb}\Gamma_{l}{}^{t}{}_{b}=g^{\underset{+}{s}\underset{-}{t}}{}_{,l}. \tag{6a}$$

关于这些确定 Γ 的方程,同纯引力论相比较,这个推广理论的主要不同点在于:用 g 场来确定 Γ 的方程不能用简单的方式来求解。

仅次于张量概念,张量密度的概念也是一个重要的概念。比如说,如果 A^{i} 是一个张量(一秩的),那么

$$\mathfrak{A}^{i}=\sqrt{-g}A^{i}$$

就是对应的张量密度,变换定律也就由此确定下来了。

通过微分,我们得到比如

$$A^{\underset{+}{i}}{}_{;k}=A^{i}{}_{,k}+A^{a}\Gamma_{a}{}^{i}{}_{k}.$$

如果我们把这乘以 $\sqrt{-g}$,我们就得知

$$(\mathfrak{A}^{\underset{+}{i}}{}_{;k})\equiv\mathfrak{A}^{i}{}_{,k}+\mathfrak{A}^{a}\Gamma_{a}{}^{i}{}_{k}-\frac{1}{2}\mathfrak{A}^{i}\frac{g_{,k}}{g} \tag{6b}$$

是一个张量密度,我们把它定义为 $\mathfrak{A}^{i}$ 的绝对导数 $\mathfrak{A}^{\underset{+}{i}}{}_{;k}$。最后一项考虑到 $\mathfrak{A}^{i}$ 的密度特征。类似的事实对于一切张量密度的微分都成立。特别是对于标量密度 r,我们得到:

$$r_{;l}=r_{,l}-\frac{1}{2}r\frac{g_{,l}}{g}.$$

如果我们置 $r=\sqrt{-g}$,那么绝对导数就等于零。

如果我们置 $\mathfrak{g}^{ik}=\sqrt{-g}g^{ik}$,那么

$$\mathfrak{g}^{\underset{+}{i}\underset{-}{k}}{}_{,l}=\mathfrak{g}^{ik}{}_{;l}+\mathfrak{g}^{ak}\Gamma^{i}_{ak}+\mathfrak{g}^{ia}\Gamma_{l}{}^{k}{}_{a}-\frac{1}{2}\mathfrak{g}^{ik}\frac{g_{,l}}{g}=0, \tag{6c}$$

此处(6c)是由(6b)和张量密度的定义推导出来的。

曲　　率

我们从平行移动的表示式着手,比如以(5)的第一个方程为依据。把一个(复)矢量沿着一个无限小的(平面)曲面元素的边界进行平移,就得到曲率的(复)张量,正如实数场的理论中所得到的一样。

于是人们得到复曲率张量

$$\Gamma^{i}_{kl,m}-\Gamma^{i}_{km,l}-\Gamma_{a}{}^{i}{}_{l}\Gamma_{k}{}^{a}{}_{m}+\Gamma_{a}{}^{i}{}_{m}\Gamma_{k}{}^{a}{}_{l}. \tag{8}$$

把这个张量按照指标 i 和 m 来进行降秩,我们得到张量

$$\Gamma^{a}_{kl,a}-\Gamma_{k}{}^{a}{}_{b}\Gamma_{a}{}^{b}{}_{l}-\Gamma^{a}_{ka,l}+\Gamma_{k}{}^{a}{}_{l}\Gamma^{b}_{ab}. \tag{9}$$

取这个张量和它的厄密共轭的平均值,我们得到厄密张量

$$R_{ik}=\Gamma^{a}_{ik,a}-\Gamma_{i}{}^{a}{}_{b}\Gamma_{a}{}^{b}{}_{k}-\frac{1}{2}(\Gamma^{a}_{ia,k}+\Gamma^{a}_{ak,i})+ \tag{10}$$

$$+\frac{1}{2}\Gamma_{i}{}^{a}{}_{k}(\Gamma_{a}{}^{b}{}_{b}+\Gamma_{b}{}^{b}{}_{a}).$$

场方程的推导

我们现在的目的是要确定同我们的定义(6)相容的场方程。我们通过应用一种在引力论中早已熟悉的方法来达到这一目的。我们姑且引进 g_{ik} 和 Γ^{l}_{ik} 作为独立的场量,而不假定它们是由方程(6)结合在一起的。由这些量和它们的导数,我们构成一个哈密顿密度函数 $\mathfrak{H}$,我们把它的积分同 g 和 Γ 无关地进行变分。$\mathfrak{H}$ 必须

这样来选取,使得它关于 Γ 的变分产生出方程(6)。关于 g 的变分于是就会产生出合宜的场方程。

哈密顿函数的推导

我们首先由 R_{ik} 减去某一张量 S_{ik} 来构成一个新张量。根据(7),我们得知

$$S_i=\frac{\partial \log \sqrt{-g}}{\partial x_i}-\frac{1}{2}(\Gamma_{i\ a}^{\ a}+\Gamma_{a\ i}^{\ a})$$

是一个矢量。由此我们构造张量 $S_{\underset{+}{i};k}(=S_{ik})$,得到

$$(11)\qquad S_{ik}=[(\log\sqrt{-g})_{,i,k}-(\log\sqrt{-g})_{,a}\Gamma_{i\ k}^{\ a}]-\\ -\left[\frac{1}{2}(\Gamma_{i\ a}^{\ a}+\Gamma_{a\ i}^{\ a})_{,k}-\frac{1}{2}(\Gamma_{a\ b}^{\ b}+\Gamma_{b\ a}^{\ b})\Gamma_{i\ k}^{\ a}\right].$$

我们得到

$$(12)\qquad R_{ik}{}^{*}=R_{ik}-S_{ik}=\Gamma_{i\ k,a}^{\ a}-\Gamma_{i\ b}^{\ a}\Gamma_{a\ k}^{\ b}-\\ -(\log\sqrt{-g})_{,i,k}+(\log\sqrt{-g})_{,i,k}\Gamma_{i\ k}^{\ a}.$$

由此,并借助于张量密度 $\mathfrak{g}^{i\kappa}$,我们构造出哈密顿密度函数

$$(13)\qquad \mathfrak{H}=\mathrm{R}_{ik}{}^{*}\,\mathfrak{g}^{ik}.$$

场　方　程

$\mathfrak{H}$ 的积分关于 $\Gamma_{i\ k}^{\ a}$ 和 $\mathfrak{g}^{ik}$ 所进行的变分,经过分部积分后,得出:

$$(14)\qquad \delta\int\mathfrak{H}d\tau=\int[(-\mathfrak{U}_a{}^{ik})\delta\Gamma_{i\ k}^{\ a}+G_{ik}\delta\mathfrak{g}^{ik}]d\tau.$$

由于(12)和(13),关于 $\mathfrak{U}_a{}^{i\kappa}$ 我们得到

$$(14a)\qquad \mathfrak{U}_a{}^{ik}=\mathfrak{g}^{ik}{}_{,a}+\mathfrak{g}^{bk}\Gamma_{b\ a}^{\ i}+\mathfrak{g}^{ib}\Gamma_{a\ b}^{\ k}-\frac{1}{2}\mathfrak{g}^{ik}\frac{g_{,a}}{g}=\mathfrak{g}^{ik}{}_{;a}.$$

关于 $\mathfrak{g}^{ik}$ 的变分首先产生出被积函数

$$R_{ik}^{*}\,\delta\mathfrak{g}^{ik}-[\mathfrak{g},{}^{\gamma s}{}_{\gamma,s}+(\Gamma_{\gamma}{}^{a}{}_{s}\mathfrak{g}^{\gamma s})_{,a}]\delta(\log\sqrt{-g}),$$

此处

$$\frac{\delta g}{g}\equiv g^{ik}\delta g_{ik}\equiv\frac{1}{\sqrt{-g}}\mathfrak{g}^{ik}\delta g_{ik}\equiv\frac{1}{\sqrt{-g}}[\delta(4\sqrt{-g})-g_{ik}\delta\mathfrak{g}^{ik}],$$

或者

$$\frac{\delta g}{g}\equiv\frac{1}{\sqrt{-g}}g^{ik}\delta\mathfrak{g}^{ik}\equiv2\delta(\log\sqrt{-g}).$$

代入这个表示式，我们就得到关于 g 的变分的结果

(14b) $$G_{ik}\equiv R_{ik}^{*}-\frac{1}{2\sqrt{-g}}[\mathfrak{g},{}^{rs}{}_{r,s}+(\Gamma_{r}{}^{a}{}_{s}\mathfrak{g}^{rs})_{,a}]g_{ik}.$$

由我们的变分原理所推得的场方程因而是

(15) $$\begin{cases}\mathfrak{U}_{a}^{ik}=0,\\ G_{ik}=0.\end{cases}$$

第一个方程组同(6)是等价的。第二个方程组能够用第一个方程组进行变换。也就是说，从(6)，我们得到

$$\mathfrak{g}^{as}{}_{;s}=0=\mathfrak{g}^{as}{}_{,s}+\mathfrak{g}^{bs}\Gamma_{b}{}^{a}{}_{s}+\mathfrak{g}^{ab}\Gamma_{s}{}^{s}{}_{b}-\frac{1}{2}\mathfrak{g}^{as}\frac{g_{,s}}{g},$$

或者，由于(7)，

$\mathfrak{g}^{as}{}_{,s}+\mathfrak{g}^{bs}\Gamma_{b}{}^{a}{}_{s}-\mathfrak{g}^{ab}\Gamma_{b}=0$ （此处 Γ_b 同方程(4)中的一样）。

同样，由

$$\mathfrak{g}^{sa}{}_{;a}=0=\mathfrak{g}^{sa}{}_{,s}+\mathfrak{g}^{ba}\Gamma_{b}{}^{s}{}_{s}+\mathfrak{g}^{sb}\Gamma_{s}{}^{a}{}_{b}-\frac{1}{2}\mathfrak{g}^{sa}\frac{g_{,s}}{g}$$

推知：

$$\mathfrak{g}^{sa}{}_{,s}+\mathfrak{g}^{sb}\Gamma_{s}{}^{a}{}_{b}+\mathfrak{g}^{ba}\Gamma_{b}=0.$$

因此我们得到

$$(16)\qquad \mathfrak{g}^{rs}{}_{,rs}+(\Gamma_{r\ s}^{\ a}\mathfrak{g}^{rs})_{,a}=(\mathfrak{g}^{ab}\Gamma_b)_{,a}= \\ =-(\mathfrak{g}^{ba}\Gamma_b)_{,a}=(\mathfrak{g}^{\underset{\vee}{ab}}\Gamma_b)_{,a},$$

此处 $\mathfrak{g}^{\underset{\vee}{ab}}$ 代表 $\mathfrak{g}^{ab}$ 的反对称的(虚)部分。我们因而可写

$$(14c)\qquad G_{ik}=R_{ik}^{\ *}-\frac{1}{2\sqrt{-g}}(\mathfrak{g}^{ab}\Gamma_b)_{,a}g_{ik}.$$

场方程因而明显地可写成:

$$(15b)\begin{cases}0=g_{\underset{+}{i}\underset{-}{k};l}=g_{ik,l}-g_{ak}\Gamma_{i\ l}^{\ a}-g_{ia}\Gamma_{l\ k}^{\ a}.\\ 0=G_{ik}=\Gamma_{ik\ ,a}^{\ a}-\Gamma_{i\ b}^{\ a}\Gamma_{a\ k}^{\ b}-(\log\sqrt{-g})_{,i,k}+\\ \qquad +(\log\sqrt{-g})_{,a}\Gamma_{i\ k}^{\ a}-\frac{1}{2\sqrt{-g}}(\mathfrak{g}^{ab}\Gamma_b)_{,a}g_{ik}.\end{cases}$$

G_{ik} 的最后一项在实场的情况下等于零。其余的项因而就是经过一次降秩的曲率张量。

这些方程都是相容的,因为它们都是从哈密顿原理推导出来的;它们由一个(实的)四重恒等式联系起来,这个四重恒等式能够按照一种大家所熟知的方法推导出来。

至于这些方程究竟有没有物理意义,这个问题倒是难以回答的。人们会倾向于认为 g_{ik} 的反对称部分是电磁场的一种表示,至少对于无限小的场是如此。可是,第一级近似的方程的构成却表明它们比麦克斯韦方程要弱。这些场只能由它们在整个空间中都是正则的这样一个要求来得到充分的表征。物理检验有赖于正则解的构成(如果有正则解的话)。这是一项艰难的任务。可是,这理论看来是那么自然,使得我们值得去作巨大的努力。

在校样上的补充：

考查了所得到的场方程，想起了要附加四个方程：

$$\gamma_s=0.$$

这肯定是许可的，只要这些方程同(15b)中从哈密顿推导出来的那些场方程之间有四个附加的恒等式存在就行了。在那种情况下，经过一次降秩的曲率(9)具有厄密对称性，(15b)中第二个方程的最后一项等于零，于是这些场方程的右边就变成了一次降秩曲率(9)。

事实上我已经成功地建立了上述恒等式。不过要留待另一篇论文[①]来澄清这一点，因为关于这种情况的自然想法，涉及一种推导出场方程的新方程法。

① 见本书603—619页。——编译者

相对论性引力论的一种推广（二）[①]

同 E. G. 斯特劳斯合著

在前一篇论文（《数学杂志》，46 卷，第 4 期）中，我们中间的一个提出了一种推广的相对论性理论，它的特征如下：

（1）四个坐标（$x_1, \cdots, x_4$）的实变换群。

（2）我们取张量 g_{ik} 作为一个可以推导出一切事物的唯一的依变数，取它为复数，并且具有厄密对称性。W. 泡利（Pauli）指出，对厄密张量所作的限制，对于在这个基础上发展起来的理论的形式体系来说，并不是必需的。

（3）在校样上加上了：假定场满足方程

$$\Gamma_i = \frac{1}{2}(\Gamma_{i\ a}^{\ a} - \Gamma_{a\ i}^{\ a}) = 0, \tag{1}$$

这样的假定看来是自然的。并且断定（但未加证明）：有几个恒等式存在，我们可以把它们附加到这些方程上去，而不至于引起一种不许可的过度确定。可是这个断言的根据是错误的。引进方程（1），就意味着不同于原来的一种场方程的推导，意味着后者同第一篇论文的场方程之间有（微小的）出入。

① 本文是 1945 年发表的一篇论文（见本书 521—529 页）的续篇。译自 1946 年 10 月出版的美国《数学杂志》（*Annals of Mathematics*），47 卷，第 4 期，731—741 页。该刊收到这篇论文的时间是 1946 年 1 月 24 日。——编译者

这个理论的数学形式体系在这里是保存下来了，除却关于张量密度绝对微分的规则作了改动以外。这里假定关于那个形式体系的其他方面都是已知的。

§1. 基本张量的无限小平行移动的相依性。密度的绝对微分

g_{ik}同Γ_{ik}^{a}之间的关系，对于这个理论是有特征意义的。这关系由方程

$$(2)\qquad (g_{\underset{+}{i}\,\underline{k};a}\equiv)\, g_{ik,a}-g_{sk}\Gamma_{ia}^{s}-g_{is}\Gamma_{ak}^{s}=0$$

给出。

由g来确定Γ的这种关系具有如下性质：

如果按照(2)，同张量g_{ik}相对应的平移是Γ_{ik}^{a}，那么同张量$g_{ik}=g_{ki}$相对应的平移则是$\widetilde{\Gamma}_{ik}^{a}=\Gamma_{ki}^{a}$.

证明：如果对于$\widetilde{g}_{ik}$和$\widetilde{\Gamma}_{ik}^{a}$形成(2)的左边，那么就得到

$$\widetilde{g}_{ik,a}-\widetilde{g}_{sk}\widetilde{\Gamma}_{ia}^{s}-\widetilde{g}_{is}\widetilde{\Gamma}_{ak}^{s};$$

如果我们在这里根据上述定义引进g和Γ，并且把最后两项进行互换，我们就得到

$$g_{ki,a}-g_{si}\Gamma_{ka}^{s}-g_{ks}\Gamma_{ai}^{s}.$$

根据我们的假定，这个表示式等于零，因为当我们把自由指标i和k进行互换时，这个表示式就变成方程(2)的左边。

附注：刚才确定的这种性质，同g_{ik}和Γ_{ik}^{a}对于指标i和k都是厄密张量这一假定无关。认为这些量是实的但不是对称的，也是同样可能的和同样自然的；g和Γ的独立分量的个数于是也就

同厄密对称的情况一样。由此获得的理论所不同于以前提出的理论的,只是某些项的正负号。

张量密度的绝对微分

如果我们把(2)的左边乘以$\frac{1}{2}g^{ik}$,我们就得到(见上述引文)矢量

$$\frac{(\sqrt{-g})_{,a}}{\sqrt{-g}}-\frac{1}{2}(\Gamma^{s}_{as}+\Gamma^{s}_{sa});\tag{2.1}$$

乘以$\sqrt{-g}$,我们就得到矢量密度

$$(\sqrt{-g})_{,a}-\frac{1}{2}\sqrt{-g}(\Gamma^{s}_{as}+\Gamma^{s}_{sa}).$$

我们把这定义为标量密度$\sqrt{-g}$的绝对导数$(\sqrt{-g})_{;a}$.①我们相应地把一切标量密度ρ的绝对导数定义为

$$\rho_{;a}=\rho_{,a}-\rho\frac{1}{2}(\Gamma^{s}_{as}+\Gamma^{s}_{sa}).\tag{3}$$

由此,对于一切张量密度的[绝对]微分规则就可以用一种大家熟知的办法推导出来,比如

$$\mathfrak{g}^{\underset{+}{i}\underset{-}{k}}{}_{;a}=\mathfrak{g}^{ik}{}_{,a}+\mathfrak{g}^{sk}\Gamma^{i}_{sa}+\mathfrak{g}^{is}\Gamma^{k}_{as}-\mathfrak{g}^{ik}\frac{1}{2}(\Gamma^{s}_{as}+\Gamma^{s}_{sa}).\tag{3.1}$$

不难证明,方程②

$$g^{\underset{+}{i}\underset{-}{k}}{}_{;l}=0;\quad g^{\underset{-}{k}\underset{+}{i}}{}_{;l}=0;\quad \mathfrak{g}^{\underset{+}{i}\underset{-}{k}}_{;l}=0$$

---

① 此处“$(\sqrt{-g})_{;a}$”原文误排为“$(\sqrt{-g})_{,a}$”.——编译者

② 下列方程原文误排为:$g^{\underset{+}{i}\underset{-}{k}};l=0$;$g^{\underset{-}{k}\underset{+}{i}};l=0$;$\mathfrak{g}^{\underset{+}{i}\underset{-}{k}};l=0$.——编译者

在这里也是等价的。

在(2)得到满足的时候，对于张量密度的微分规则就对应于以前所定义的规则。

对于抗变矢量密度 $\mathfrak{A}^i$，我们得到

$$\mathfrak{A}^{\overset{i}{+}}{}_{;a}=\mathfrak{A}^i{}_{,a}+\mathfrak{A}^s\Gamma^i_{sa}-\mathfrak{A}^i\frac{1}{2}(\Gamma^s_{as}+\Gamma^s_{sa}),$$

因而对于散度，

(3.2) $$\mathfrak{A}^{\overset{a}{+}}{}_{;a}=\mathfrak{A}^a{}_{,a}+\mathfrak{A}^a\Gamma_a,$$

以及

(3.3) $$\mathfrak{A}^{\overset{a}{-}}{}_{;a}=\mathfrak{A}^a{}_{,a}-\mathfrak{A}^a\Gamma_a.$$

在这里我们可看出，用方程(1)来规定场，那是多么自然呀。因为(3.2)和(3.3)的右边每一项都具有张量特征，但是根据(1)却只有一个项。

所以要假定方程(1)，是另有一些别的形式理由的，在这里我们应该讲一下。像在对称的 g_{ik} 的理论中一样，一次降秩的曲率张量起着重要作用。曲率张量

$$R^i_{klm}\equiv\Gamma^i_{kl,m}-\Gamma^i_{al}\Gamma^a_{km}-\Gamma^i_{km,l}+\Gamma^i_{am}\Gamma^a_{kl}$$

关于指标 i 和 κ 的降秩在通常的引力论中恒等于零。

这里我们得到

$$R^a_{alm}\equiv\Gamma^a_{al,m}-\Gamma^a_{am,l},$$

一般地它不等于零，即使(2)得到了满足也如此。就是说，如果我们用由(2.1)推出的方程

(2.2) $$(\Gamma^a_{al}+\Gamma^a_{la})_{,m}-(\Gamma^a_{am}+\Gamma^a_{ma})_{,l}\equiv 0$$

来使右边进行变换，那么我们就得到

$$R^{a}_{alm}\equiv-(\Gamma_{l,m}-\Gamma_{m,l}).$$

这一般地不会等于零,但是在场满足方程(1)时它会等于零。

如果我们按照指标 i 和 m 使 R^{i}_{klm} 降秩,我们就得到张量

$$R_{kl}\equiv R^{a}_{kla}\equiv\Gamma^{a}_{kl,a}-\Gamma^{a}_{kb}\Gamma^{b}_{al}-\Gamma^{a}_{ka,l}+\Gamma^{a}_{kl}\Gamma^{b}_{ab}.$$

这个张量一般地不是厄密张量,也就是说,如果我们用 $\tilde{\Gamma}$ 来代替 Γ,并且互换指标 k 和 l,这个张量并不变换成它本身。(下面我们就将在这个意义上来使用"厄密型"(*Hermitian*)这个术语的。)对于反厄密型部分,我们得到:

$$2R_{kl}^{\ *}=-\Gamma^{a}_{ka,l}+\Gamma^{a}_{al,k}+2\Gamma^{a}_{kl}\Gamma_{a};$$

考虑到(2.2),这就变成了

$$R_{kl}^{\ *}=-\frac{1}{2}(\Gamma_{\underset{+}{k};l}+\Gamma_{\underset{-}{l};k}),$$

因此,当(1)和(2)都得到满足时,R_{kl} 的反厄密型部分就等于零。

不难作出进一步的论证来证明,方程(1)对于所用的空间曲率是适合的。不过上面所讲的就应该足够了。现在我们的任务是求出相容的场方程(以变分原理为基础),使方程(1)和(2)成为这些场方程的组成部分。

首先我们要作另一个形式附注,为推导场方程进行准备。如果在(3.1)中我们进行降秩以形成 $\mathfrak{g}^{\overset{i}{+}\overset{a}{-}}{}_{;a}$ 和 $\mathfrak{g}^{\overset{a}{+}\overset{i}{-}}{}_{;a}$,然后通过减法,我们就得到

$$(3.4)\qquad \frac{1}{2}(\mathfrak{g}^{\overset{i}{+}\overset{a}{-}}{}_{;a}-\mathfrak{g}^{\overset{a}{+}\overset{i}{-}}{}_{;a})\equiv\mathfrak{g}^{\underset{\vee}{ia}}{}_{,a}-\mathfrak{g}^{\underline{ia}}\Gamma_{a},$$

此处 $\mathfrak{g}^{\underline{ia}}$ 是 $\mathfrak{g}^{ia}$ 的对称部分,$\mathfrak{g}^{\underset{\vee}{ia}}$ 则是反对称部分。因此,如果(2)得到

满足，我们就得到恒等式

$$(3.5)\qquad (\mathfrak{g}^{ia}\Gamma_a)_{,i}\equiv 0.$$

因此，方程(1)满足一个由(2)所得出的标量恒等式。由方程(3.4)，我们可看出，方程(1)和(2)蕴涵

$$(3.6)\qquad \mathfrak{g}^{\underset{\vee}{ia}}{}_{;a}=0.$$

§2. 哈密顿场方程

我们现在选取哈密顿

$$\mathfrak{H}=\mathfrak{g}^{ik}P_{ik}+\mathfrak{A}^i\Gamma_i+b_i\mathfrak{g}^{\underset{\vee}{ia}}{}_{,a}.$$

P_{ik}是哈密顿化了的曲率张量，

$$P_{ik}=\Gamma^a_{ik,a}-\frac{1}{2}(\Gamma^a_{ia,k}+\Gamma^a_{ak,i})-\Gamma^a_{ib}\Gamma^b_{ak}+\Gamma^a_{ik}\Gamma^b_{\underline{ab}}.$$

变分是按照变量 $\mathfrak{g}^{ik}$，Γ^a_{ik}，$\mathfrak{A}^i$，b_i 来进行的，这些变量都起着独立场变量的作用，其中后面两个(纯粹虚数的)量起着拉格朗日乘数的作用。(无论(1)还是(2)都不能假定是先验地满足的。)

按照 $\mathfrak{A}^i$ 和 b_i 所进行的变分，产生出方程

$$(4)\qquad \Gamma_i=0,$$

$$(5)\qquad \mathfrak{g}^{\underset{\vee}{ia}}{}_{,a}=0.$$

对于按照 Γ 所进行的变分，我们使用帕拉蒂尼(Palatini)对于对称的 g 和 Γ 的情况建立起来的方法。不难验证，

$$\delta P_{ik}=(\delta\Gamma^{\overset{a}{o}}_{\underset{+}{i}\underline{k}})_{;a}-\frac{1}{2}(\delta\Gamma^a_{\underset{+}{i}a})_{;k}-\frac{1}{2}(\delta\Gamma^a_{a\underline{k}})_{;i}.$$

只要考虑到这是按照 Γ 所进行的 $\mathfrak{H}$ 积分的变分(对 $\delta\Gamma$ 来说，它在积分边界上等于零)就行了。

$$
(6)\qquad \begin{cases} 0=-\mathfrak{g}^{\underset{+}{i}\underset{-}{k}}{}_{;a}+\dfrac{1}{2}\mathfrak{g}^{\underset{+}{i}\underset{-}{s}}{}_{;s}\delta^{k}_{a}+\dfrac{1}{2}\mathfrak{g}^{\underset{+}{s}\underset{-}{k}}{}_{;s}\delta^{i}_{a}+ \\ +\dfrac{1}{2}\mathfrak{g}^{is}\Gamma_{s}\delta^{k}_{a}-\dfrac{1}{2}\mathfrak{g}^{sk}\Gamma_{s}\delta^{i}_{a}+ \\ +\dfrac{1}{2}\mathfrak{A}^{i}\delta^{k}_{a}-\dfrac{1}{2}\mathfrak{A}^{k}\delta^{i}_{a}. \end{cases}
$$

由于(4),(6)的第二行等于零。如果我们先按照 k 和 a 把(6)降秩,然后又按照 i 和 a 来降秩,那么我们就得到两个方程

$$
(6.1)\qquad \begin{cases} \mathfrak{g}^{\underset{+}{i}\underset{-}{s}}{}_{;s}+\dfrac{1}{2}\mathfrak{g}^{\underset{+}{s}\underset{-}{i}}{}_{;s}+\dfrac{3}{2}\mathfrak{A}^{i}=0, \\ \mathfrak{g}^{\underset{+}{s}\underset{-}{i}}{}_{;s}+\dfrac{1}{2}\mathfrak{g}^{\underset{+}{i}\underset{-}{s}}{}_{;s}-\dfrac{3}{2}\mathfrak{A}^{i}=0. \end{cases}
$$

把这两个方程相加,我们就得到

$$
(6.2)\qquad \mathfrak{g}^{\underset{+}{i}\underset{-}{s}}{}_{;s}+\mathfrak{g}^{\underset{+}{s}\underset{-}{i}}{}_{;s}=0.
$$

考虑到(4)和(5),以绝对微分的定义为基础的方程(3.4)产生出

$$
(3.7)\qquad \mathfrak{g}^{\underset{+}{i}\underset{-}{s}}{}_{;s}-\mathfrak{g}^{\underset{+}{s}\underset{-}{i}}{}_{;s}=0.
$$

因此,$\mathfrak{g}^{\underset{+}{i}\underset{-}{s}}{}_{,s}$和 $\mathfrak{g}^{\underset{+}{s}\underset{-}{i}}{}_{,s}$都等于零,于是(6.1)就意味着 $\mathfrak{A}^{i}$ 等于零。方程(6)因而就简化为

$$
(6.3)\qquad \mathfrak{g}^{\underset{+}{i}\underset{-}{k}}{}_{,a}=0.
$$

根据(3.4),方程(5)就为方程(4)和(6.3)所蕴涵。

$\mathfrak{H}$ 积分按照 $\mathfrak{g}^{i\kappa}$ 所进行的变分产生出

$$
(7)\qquad P_{ik}-\frac{1}{2}(b_{i,k}-b_{k,i})=0;
$$

或者按照对称性分裂成:

$$
(7.1)\qquad P_{\underline{ik}}=0,
$$

(7.2) $$P_{\underset{\vee}{ik}}-\frac{1}{2}(b_{i,k}-b_{k,i})=0;$$

或者，在消去辅助变数 b 之后，

(7.3) $$P_{\underset{\vee}{ik},l}+P_{\underset{\vee}{kl},i}+P_{\underset{\vee}{li},k}=0.$$

把变分的结果汇总起来，我们得到场方程（它们同第一篇论文的(15b)稍有出入）：

(8.1) $$\mathfrak{g}^{\overset{i}{+}\overset{k}{-}}{}_{;a}=0,$$

(8.2) $$\Gamma_i=0,$$

(8.3) $$P_{\underline{ik}}=0,$$

(8.4) $$P_{\underset{\vee}{ik},l}+P_{\underset{\vee}{kl},i}+P_{\underset{\vee}{li},k}=0.$$

这些方程是从（关于实数的 $\mathfrak{H}$ 的）变分原理推导出来的，这就足以保证它们之间的相容性。

如果我们把这个方程组同上一篇论文的方程组相比较，我们就会明白，方程(8.2)的引进是以由曲率所推导出的方程的削弱为代价的。在方程组(8.4)中只有三个方程是独立的，而在这个理论的原来表述中相对应的却有六个方程；此外，最后一个方程的微分的阶升高了一。哈密顿中最后一项的引进（这引起了微分阶的这种升高），为了使(8.1)得以成立，那是必要的，这显然是由 g 得出 Γ 的唯一合理的决定。

考虑一下方程(8)，就产生这样的问题：(8.3)和(8.4)是不是不能用更强的方程

(9) $$P_{ik}=0$$

来代替。

要判断这样一个方程是否成立的问题，曾使我们大伤脑筋。

要是(9),(8.1)和(8.2)这些方程满足三个附加的独立恒等式,这个方程显然是会成立的。有这样一些恒等式存在的假定,为下述事实所加强,即对于无限微弱的场来说,这样一些附加的恒等式确实是存在的。

也就是说,如果我们置(不考虑时间的特殊特征)

$$g_{ik}=\delta_{ik}+\gamma_{ik},$$

并且在同1相比时略去 γ 的平方,那么我们就可以把(8.1),(8.2)和(9)这些方程代之以一些线性化的方程:

$$\gamma_{ik,a}=\Gamma_{ia}^{k}-\Gamma_{ak}^{i}=0,$$

$$\frac{1}{2}(\Gamma_{is}^{s}-\Gamma_{si}^{s})=0,$$

$$\Gamma_{ik,s}^{s}-\frac{1}{2}\Gamma_{is,k}^{s}-\frac{1}{2}\Gamma_{sk,i}^{s}=0.$$

由第一个方程,我们求出 Γ 的解

$$\Gamma_{ik}^{a}=\frac{1}{2}(-\gamma_{ki,a}+\gamma_{ia,k}+\gamma_{ak,i}),$$

于是第二个方程就给出

$$(G_{i}\equiv)\gamma_{\underset{\vee}{ia},a}=0,$$

考虑到这一点,因而第三个方程给出

$$(G_{ik}\equiv)-\gamma_{ki,aa}+\gamma_{ia,ak}+\gamma_{ak,ai}-\gamma_{aa,ik}=0.$$

反对称化的后一个方程,考虑到 $G_i=0$,可代之以

$$(U_{\underset{\vee}{ik}}\equiv)\gamma_{\underset{\vee}{ik},aa}=0.$$

我们现在就得到恒等式

$$U_{\underset{\vee}{ik},k}-G_{i,kk}\equiv 0.$$

要是同这个关于无限微弱场方程的恒等式相对应的有一个关于严

格方程的恒等式，那么，更强的方程(9)的引进就会站得住脚了。经过麻烦的系统研究，证明了并不存在这种严格的恒等式。

人们会问，如果考虑到这些恒等式的不存在，那么是否可以考虑把方程(9)引进来。根据一种也适用于其他情况的理由，这也必须给以否定的回答。

让我们假定，有一个方程组 $G=0$，对于它来说，存在一个**严格**的恒等式，这个恒等式是用这个方程组的线性和齐次形式来表示的。用符号写出就是

$$L(G)\equiv 0,$$

此处 L 是一个对于 G 是线性和齐次的算符。现在 L 和 G 能够按照场量及其导数的幂来展开。

$$(L_0+L_1+\cdots)(G_1+G_2+\cdots)\equiv 0,$$

由此这个恒等式就按照场量的幂分开了。开头两个是

$$L_0(G_1)\equiv 0,$$

$$L_0(G_2)+L_1(G_1)\equiv 0.$$

我们现在假定，对于场量 g 的 G 有一个参量解

$$G(\varepsilon g_1+\varepsilon^2 g_2+\cdots)=0,$$

或者

$$(G_1+G_2+\cdots)(\varepsilon g_1+\varepsilon^2 g_2+\cdots)=0,$$

或者

$$G_1(\varepsilon g_1+\varepsilon^2 g_2+\cdots)+G_2(\varepsilon g_1+\varepsilon^2 g_2+\cdots)+\cdots=0.$$

这对于 ε 应该完全满足。这产生了开头两个方程。

$G_1(\varepsilon g_1)=0$，或者 $G_1(g_1)=0$（对于 g 是线性的）；

$G_1(\varepsilon^2 g_2)+G_2(\varepsilon g_1)=0$，或者 $G_1(g_2)+G_2(g_1)=0$.

现在我们应用我们的恒等式。既然 $L_0(G_1)\equiv 0$,把 L_0 用于第二个方程,我们就得到

$$\text{(a)}\qquad L_0(G_2(g_1))=0.$$

这是一个对于 g 是二次的方程。既然我们由前面可看出

$$\text{(b)}\qquad L_0(G_2)+L_1(G_1)\equiv 0,$$

那么我们就会知道,这个二次方程是线性方程

$$G_1(g_1)=0$$

的结果。

如果对于第一级近似存在一个线性恒等式,而并没有一个可以同它对应的严格恒等式(就像我们这些方程的那种情况),那么我们就可以像以前一样地推导出方程(a),但是既然恒等式(b)一般地并不成立,这个方程就不再是线性化场方程 $G_1(g_1)=0$ 的结果了。因此它们是对于第一级近似的附加方程。在我们所考查的场方程的情况下,它们是这样构成的:它们的每一项都是一个对称的同一个反对称的 $g(\gamma_{ik})$(或者这些量的导数)的乘积。

如果我们把对称的 $\gamma_{\underline{ik}}$ 解释为引力场的表示式,而把[反对称的]$\gamma_{\underset{\smile}{ik}}$ 解释为电磁场的表示式,那么就场的第一级近似来说,我们会得到引力场同电场的一种相依关系,这种关系无法同我们的物理知识相符合,因此,对方程(8)所考虑的那种加强全是画蛇添足。

根据(8)对于反对称(电磁)场成立的线性化方程是

$$\gamma_{\underset{\smile}{ik},k}=0,$$

$$(\gamma_{\underset{\smile}{ik},l}+\gamma_{\underset{\smile}{kl},i}+\gamma_{\underset{\smile}{li},k})_{,\delta\delta}=0.$$

在第二个方程中,要是括号里面的表示式自身等于零,那么我

们就会得到关于空虚空间的麦克斯韦方程，它们的解因而也会满足我们的方程。后者似乎太弱了。不过这不成为反对这个理论的（站得住脚的）理由，因为我们并不知道究竟线性化方程的哪些解是同整个空间中都是正则的**严格**解相对应的。从一开始就很清楚，在一个称为完备的（同纯引力场之类相对比而说的）、前后一致的场论中，只有那些在整个空间中都是正则的解才必须被考虑到。至于这样一些（不平常的）解究竟是否存在，却还未分晓。

§3. 对于由方程(2)所推出的 g_{ik} 的条件

我们现在要研究，为了使方程(2)是单值地确定 Γ 并且不带奇点，g_{ik} 必须满足哪些条件。

以下我们记：$g_{\underline{ik}}=s_{ik}$；$g_{\underset{\vee}{ik}}=a_{ik}$。在每一个点上我们都能够变换坐标，使 $s_{ik}=s_i\delta_{ik}$（i 并不是累加指标）。方程(2)就变成：

$$(2.3)\qquad a_{sk}\Gamma^{\delta}_{ia}+a_{is}\Gamma^{\delta}_{ak}+S_k\Gamma^{k}_{ia}+s_i\Gamma^{i}_{ak}=g_{ik,a}$$

（i,k 都不是累加指标）。

如果我们置 $i=a=k$，我们就得到

$$(2.4)\qquad 2s_i\Gamma^{i}_{ii}=g_{ii,i}.$$

因此我们必定得到

$$(10)\qquad s_i\neq 0,$$

或者换句话说，在每一个点上，对于行列式 $|s_{ik}|$，我们都得到

$$(10.1)\qquad |s_{ik}|\neq 0.$$

这一结果是重要的，因为它意味着有一种其符号差（*signature*）到处都是一样的“光锥”存在。线元之分为类空元和类时元，由此就得到了保证。

如果符号差现在是按照相对论的习惯来选取的,那么我们就能进一步把坐标规定下来,使得

$$s_{ik}=s\eta_{ik}\qquad \left[s>0,\ \text{而}\ \eta_{ik}=\begin{cases}\delta_{ik}, & \text{对于}\ i=1,2,3;\\ -\delta_{ik}, & \text{对于}\ i=4\end{cases}\right].$$

我们也能够进行(局部的)洛伦兹变换,使得在我们这个点上,除了 $a_{12}=-a_{21}$ 和 $a_{34}=-a_{43}$ 以外,所有的 a_{ik} 都等于零。我们记 $a_{12}=a_1\varepsilon_{12}$;$a_{34}=a_2\varepsilon_{34}$. 在下面,我们将用大写罗马字指标来表示 1,2;而用希腊字指标表示 3,4.

首先考查一下方程

$$a_1(\varepsilon_{sK}\Gamma^s_{IA}+\varepsilon_{Is}\Gamma^s_{AK})+s(\Gamma^K_{IA}+\Gamma^I_{AK})=g_{IK,A}. \tag{2.5}$$

此处所有指标都是 1,2,而且不是所有的 A,I,K 都是相等的。于是我们得到关于六未知数(不考虑我们已由(2.2)得到的 $\Gamma^A_{\underline{A}\,\underline{A}}$)的六个方程,它的行列式是

$(A,I,K)=$	$\Gamma=$	Γ^1_{12}	Γ^1_{21}	Γ^1_{22}	Γ^2_{11}	Γ^2_{12}	Γ^2_{21}
	(1,1,2)	s	0	0	s	a_1	0
	(1,2,1)	0	s	0	s	0	$-a_1$
	(1,2,2)	$-a_1$	a_1	0	0	s	s
	(2,1,1)	s	s	0	0	$-a_1$	a_1
	(2,1,2)	a_1	0	s	0	s	0
	(2,2,1)	0	$-a_1$	s	0	0	s

$$=-4s^2(s^2+a_1^2)^2.$$

以类似的方式,方程

$$a_2(\varepsilon_{\sigma\kappa}\Gamma^\sigma_{\iota\alpha}+\varepsilon_{\iota\sigma}\Gamma^\sigma_{\alpha\kappa})+s(\eta_{\sigma\kappa}\Gamma^\sigma_{\iota\alpha}+\eta_{\sigma\iota}\Gamma^\sigma_{\alpha\kappa})=g_{\iota\kappa,\alpha} \tag{2.6}$$

的行列式是

$$4s^2(-s^2+a_2^2)^2.$$

因此:

(11) $$(s^2+a_1^2)(-s^2+a_2^2)\neq 0,$$

或者

(11.1) $$g=|g_{ik}|\neq 0.$$

我们现在知道，g^{ik}是存在的(这是我们以前已经无形中假定了的事实)。事实上我们得到：

(12) $$g^{IK}=\frac{1}{s^2+a_1^2}(s\delta_{IK}+a_1\varepsilon_{IK});$$

$$g^{\iota\kappa}=\frac{1}{-s^2+a_2^2}(-s\eta_{\iota\kappa}+a_2\varepsilon_{\iota\kappa}).$$

如果在下列三个方程

$$g_{sk}\Gamma^s_{il}+g_{is}\Gamma^s_{lk}=g_{ik,l},$$

$$g_{sl}\Gamma^s_{ki}+g_{ks}\Gamma^s_{il}=g_{kl,i},$$

$$g_{si}\Gamma^s_{lk}+g_{ls}\Gamma^s_{ki}=g_{li,k}$$

中，我们把第一个方程乘以$g^{ml}g^{ak}$，第二个方程乘以$-g^{ka}g^{ml}$，第三个乘以$g^{lm}g^{ka}$，然后加起来，那么我们就得到：

(2.7) $$(g^{ak}g^{ml}g_{is}+g^{ka}g^{lm}g_{si})\Gamma^s_{lk}=$$

$$=g^{ml}g^{ak}g_{ik,l}+g^{lm}g^{ka}g_{li,k}-g^{ml}g^{\kappa a}g_{kl,i}.$$

让我们首先考虑这样的情况：

$$s=\sigma;\quad l=L;\quad k=K;\quad i=\iota;\quad m=M;\quad a=A,$$

应用(12)，(2.7)的左边就变成

(2.8) $$\frac{2s}{(s^2+a_1^2)^2}[(s^2\delta_{AK}\delta_{ML}+a_1^2\varepsilon_{AK}\varepsilon_{ML})\eta_{\iota\sigma}+$$

$$+a_1a_2(\delta_{AK}\varepsilon_{ML}+\delta_{ML}\varepsilon_{AK})\varepsilon_{\iota\sigma}]\Gamma^\sigma_{\iota\kappa}.$$

行列式是

$\Gamma=$	Γ^3_{11}	Γ^3_{12}	Γ^3_{21}	Γ^3_{22}	Γ^4_{11}	Γ^4_{12}	Γ^4_{21}	Γ^4_{22}
$(i,A,M)=(3,1,1)$	s^2	0	0	a_1^2	0	a_1a_2	a_1a_2	0
$(3,1,2)$	0	s^2	$-a_1^2$	0	$-a_1a_2$	0	0	a_1a_2
$(3,2,1)$	0	$-a_1^2$	s_2	0	$-a_1a_2$	0	0	a_1a_2
$(3,2,2)$	a_1^2	0	0	s_2	0	$-a_1a_2$	$-a_1a_2$	0
$(4,1,1)$	0	$-a_1a_2$	$-a_1a_2$	0	$-s^2$	0	0	$-a_1^2$
$(4,1,2)$	a_1a_2	0	0	$-a_1a_2$	0	$-s^2$	a_1^2	0
$(4,2,1)$	a_1a_2	0	0	$-a_1a_2$	0	a_1^2	$-s^2$	0
$(4,2,2)$	0	a_1a_2	a_1a_2	0	$-a_1^2$	0	0	$-s^2$

$$\cdot\frac{(2s)^8}{(s^2+a_1^2)^{16}}=\begin{vmatrix} s^2 & a_1^2 & a_1a_2 & a_1a_2 \\ a_1^2 & s^2 & -a_1a_2 & -a_1a_2 \\ a_1a_2 & -a_1a_2 & -s^2 & a_1^2 \\ a_1a_2 & -a_1a_2 & a_1^2 & -s^2 \end{vmatrix}\cdot\frac{(2s)^8}{(s^2+a_1^2)^{16}}=$$

$$=\frac{(2s)^8}{(s^2+a_1^2)^{12}}[(s^2-a_1^2)^2+4a_1^2a_2^2]^2,$$

这给了我们这样的条件：

$$(s^2-a_1^2)^2+4a_1^2a_2^2\neq 0, \tag{13}$$

或者换句话说，我们不能同时得到

$$a_1=\pm s \text{ 和 } a_2=0.$$

我们立即可看出，关于 $\Gamma^s_{\lambda K}$ 和 $\Gamma^s_{L\kappa}$ 的方程分别具有行列式

$$\frac{(2s)^8}{(s^2+a_1^2)^4(-s^2+a_2^2)^8}[(s^2-a_1^2)^2+4a_1^2a_2^2]^2,$$

因此产生不出新的不等式。

以类似的方式，关于 $\Gamma^s_{\lambda k}$ 的方程则具有行列式

$$\frac{(2s)^8}{(-s^2+a_2^2)^{12}}[(s^2+a_2^2)^2+4a_1^2a_2^2]^2,$$

这给了我们条件

$$(s^2+a_2^2)^2+4a_1^2a_2^2\neq 0,$$

或者换句话说，我们不能同时得到

$$a_2=\pm is \text{ 和 } a_1=0.$$

关于 $\Gamma^{\sigma}_{\lambda K}$ 和 $\Gamma^{\sigma}_{L\kappa}$ 的方程分别具有行列式：

$$\frac{(2s)^8}{(-s^2+a_2^2)^4(s^2+a_1^2)^8}[(s^2+a_2^2)^2+4a_1^2a_2^2]^2,$$

这也产生不出新的条件。

如果我们引进协变表示式（标量密度）：

$$I_1=|s_{ik}|,$$

$$I_2=\frac{1}{4}\varepsilon^{ijkl}\varepsilon^{i'j'k'l'}s_{ii'}s_{jj'}a_{kk'}a_{ll'},$$

$$I_3=|a_{ik}|.$$

那么我们就能够把条件（10），（11），（13）和（14）以如下方式加起来：

方程（2）存在一个唯一的非奇性解的必要和充分条件是

(A) $$I_1\neq 0,$$

(B) $$g=I_1+I_2+I_3\neq 0,$$

(C) $$(I_1-I_2)^2+I_3\neq 0.$$

在有物理意义的情况下，（A）和（B）意味着不等式

$$|g_{ik}|<0 \text{ 和 } |s_{ik}|<0,$$

这里后一个不等式保证了在每一个点上都有一个不退化的“光锥”存在。方程（C）是说没有一个点能够同时满足 $I_1=I_2$ 和 $I_3=0$ 这两个方程的。为了排除这种情况，比如说，只要在空间中到处都用不等式

$$|I_1| > |I_2|$$

(在这里"| |"表示绝对值)来限制反对称场就已足够了。

广义引力论[①]

下面我们要给广义引力论以新的表述，它比以前的表述[②]在明晰性上有一定的进步。我们的目的是，把相对论性引力论的概念和方法进行一种推广，来得到一种关于总场的理论。

1. 场结构

引力论用对称引量 g_{ik} 来表示场，那就是

$$g_{ik}=g_{ki} \qquad (i,k=1,\cdots,4),$$

此处 g_{ik} 都是 $x_1,\cdots,x_4$ 的实函数。

在广义理论中，总场是用一个厄密张量来表示的。（复数的）g_{ik} 的对称性质是

$$g_{ik}=\overline{g^{ki}}$$

如果把 g_{ik} 分解为实数的和虚数的两部分，那么前者是一个对称张量（$g_{\underline{ik}}$），后者是一个反对称张量（$g_{\underset{\vee}{ik}}$）. g_{ik} 仍然都是实变数

---

① 本文发表在 1948 年 1 月出版的美国《现代物理学评论》(*Reviews of Modern Physics*)，20 卷，第 1 期，祝贺罗伯特·安德鲁斯·密立根(Robert Andrews Millikan)(1868. 3. 22—1953. 12. 19)80 岁生日专号，35—39 页。这里译自该刊。——编译者

② A. 爱因斯坦，《相对论性引力论的一种推广》，《数学杂志》，46 卷(1945 年)；A. 爱因斯坦和 E. G. 斯特劳斯，《相对论性引力论的一种推广(二)》，《数学杂志》，47 卷(1946 年)。——原注〔这两篇论文分别见本书 593 页和 603 页。——编译者〕

$x_1, \cdots, x_4$ 的函数。

由于以下的考查，对称张量的这种推广，其形式上的自然特征就变得特别明显：从协变矢量 A_i，可以通过乘法构成特别的对称协变张量 $A_i A_k$，把这样一些张量连同实系数一起加起来，就可以得到所有二秩对称张量：

$$g_{ik} = \sum_{\alpha} \underset{\alpha}{c} \underset{\alpha}{A}_i \underset{\alpha}{A}_k .$$

以类似的方式，我们由复矢量 A_i 构成特殊的厄密张量 $A_i \overline{A_k}$（如果我们互换 i 和 k，并取其复共轭，它仍保持不变）。于是我们得到一般的 2 秩厄密张量的表示

$$g_{ik} = \sum_{\alpha} \underset{\alpha}{c} \underset{\alpha}{A}_i \overline{\underset{\alpha}{A}_k},$$

此处 $\underset{\alpha}{c}$ 都还是实常数。

行列式 $g = |g_{ik}|(\neq 0)$ 是实的。

证明：

$$|g_{ik}| = |g_{ki}| = |\overline{g_{ik}}| = |\overline{g_{ik}}|.$$

正是在实场的情况下，我们可以把一个抗变的 g^{ik} 同这个协变的 g_{ik} 结合起来，只要置

$$g_{is} g^{ls} = \delta_i^l \qquad （或者\ g_{si} g^{sl} = \delta_i^l），$$

此处 $\delta_i{}^l$ 是克罗内克尔张量。这里，指标的次序是重要的，比如，$g_{is} g^{sl}$ 就不等于 $\delta_i{}^l$. 在下面，张量密度 $\mathfrak{g}^{ik} = g^{ik} (g)^{\frac{1}{2}}$ 起着重要作用。

从群论的观点看来，厄密张量的引进是有几分随意的，因为相加的两个部分 $g_{\underline{ik}}$ 和 $g_{\underset{\vee}{ik}}$ 各自都具有张量特征。不过，这个缺陷是可以作些改进的，因为正是在实场的情况下，有个自然的办法可以把平行移动加到厄密张量 g_{ik} 上去；这就是要求自然地引进厄密张

量 g_{ik} 的主要根据。

2. 无限小平行移动，绝对微分和曲率

在实场理论中，我们规定矢量 A^i 或 A_i 的无限小平行移动是

$$\left.\begin{aligned}\delta A^i &= -\Gamma^i_{st}A^s dx^t,\\ \delta A_i &= \Gamma^s_{it}A_s dx_t,\end{aligned}\right\}\qquad(1)$$

对于更高秩张量也可以相应地引进无限小平行移动。

通过

$$0=\delta(\delta^k{}_i)=(\delta^s_i\Gamma^k_{sl}-\delta^k_s\Gamma^s_{il})dx^l$$

这样的要求，(1)的第二个方程就同第一个方程联系起来了。

由(1)，我们以大家熟知的方式得到

$$dA^i-\delta A^i=\left(\frac{\partial A^i}{\partial x_t}+A^s\Gamma^i_{st}\right)dx^t$$

的张量特征，这产生了协变微分概念

$$\left.\begin{aligned}A^i{}_{;t} &= \frac{\partial A^i}{\partial x_t}+A^s\Gamma^i_{st}\\ A_{i;t} &= \frac{\partial A_i}{\partial x_t}-A_s\Gamma^s_{it}\end{aligned}\right\}\qquad(2)$$

为了要得到 g_{ik} 的协变导数，我们记

$$A_{i;l}=\frac{\partial A_i}{\partial x_l}-A_s\Gamma^s_{il},$$

$$A_{k;l}=\frac{\partial A_k}{\partial x_l}-A_s\Gamma^s_{kl},$$

把第一个方程乘以 A_k，第二个方程乘以 A_i，并且加起来，我们得到

$$A_i A_{k;l} + A_k A_{i;l} = (A_i A_k)_{;l} =$$

$$= (A_i A_k)_{,l} - (A_s A_k)\Gamma^s_{il} - (A_i A_s)\Gamma^s_{kl},$$

又因为 g_{ik} 能够作为这样一些特殊张量的和而构造出来，我们就得到

$$g_{ik;l} = g_{ik,l} - g_{sk}\Gamma^s_{il} - g_{is}\Gamma^s_{kl}.$$

这些 Γ 现在都是由 g 及其一阶导数来确定的，因为要求 g_{ik} 的绝对导数等于零，

$$0 = g_{ik,l} - g_{sk}\Gamma^s_{il} - g_{is}\Gamma^s_{kl}. \tag{3}$$

可是，既然 g_{ik} 是对称的，对于这 64 个 Γ，就只有 40 个方程了。为了完全确定 Γ，我们运用唯一可能的代数的不变条件，即对称条件

$$\Gamma^l_{ik} = \Gamma^l_{ki}. \tag{4}$$

我们现在通过像(1)那样来定义平行移动，把这种展开转移到复数的情况中。可是，这会引起一定的麻烦，因为，如果我们从复矢量的平移

$$\delta A^i = \Gamma^s_{it} A_s dx^t$$

(此处 Γ 一般地也是复数)出发，转化成这个方程的复共轭

$$\overline{\delta A_i} = \overline{\Gamma^s_{it}}\,\overline{A_s}\,dx^t,$$

那么就可看出，我们在那里得到一个也是定义平行移动的方程，但是这种平行移动可以不同于第一种的。我们于是定义两种平行移动：

$$\left.\begin{aligned} \delta A^{\overset{i}{+}} &= -\Gamma^i_{st} A^s dx^t, \\ \delta A_{\underset{+}{i}} &= \Gamma^s_{it} A_s dx^t; \end{aligned}\right\} \tag{1a}$$

和
$$\left.\begin{aligned}\delta A^{\underline{i}} &= -\overline{\Gamma^{i}_{st}} A^{s} dx^{t},\\ \delta A_{\underline{i}} &= \overline{\Gamma^{s}_{it}} A_{s} dx^{t};\end{aligned}\right\} \tag{1b}$$

以及相应地像(2)中那样的两种协变微分

$$A^{\overset{i}{+}}_{;t}, A_{\underset{+}{i};t} \text{和} A^{\underline{i}}_{;t}, A_{\underline{i};t}.$$

从(1a)和(1b),我们得到

$$\delta\overline{A^{\underline{i}}}=\delta A^{\overset{i}{+}} \text{和} \delta\overline{A^{\overset{i}{+}}}=\delta A^{\underline{i}}.$$

为了使共轭矢量具有共轭的平移和微分,就有必要在转化成共轭的过程中改变平移或微分的特征,即转化成共轭的 Γ. 为了得到厄密张量的协变导数,我们以类似于实数情况的方式记:

$$A_{\underset{+}{i};l}=\frac{\partial A_i}{\partial x_l}-A_s\Gamma^s_{il}, \quad A_{\underline{i}ll}=\frac{\partial A_i}{\partial x_l}-A_l\Gamma^s_{il}$$

$$\overline{A_{\underline{k};l}}=\frac{\partial\overline{A_k}}{\partial x_l}-\overline{A_s}\,\overline{\Gamma^s{}_{kl}}.$$

像以前一样,我们由此得到

$$A_i\overline{A_{\underline{k};l}}+\overline{A_k}A_{\underset{+}{i};l}=(A_{\underset{+}{i}}A_{\underline{k}})_{;l}=$$

$$=(A_iA_k)_{,l}-(A_s\overline{A_k})\Gamma^s_{il}-(A_i\overline{A_s})\overline{\Gamma^s_{kl}},$$

既然 g_{ik} 能够作为这样一些特殊张量的和而构造出来,我们就得到

$$g_{\underset{+}{i}\underline{k};l}=g_{ik,l}-g_{sk}\Gamma^s_{il}-g_{is}\overline{\Gamma^s_{kl}}.$$

类似于(3)的是要求这个绝对导数等于零:

$$0=g_{\underset{+}{i}\underline{k};l}=g_{ik,l}-g_{sk}\Gamma^s_{il}-g_{is}\overline{\Gamma^s_{kl}}. \tag{3a}$$

这些方程就指标 i,k 来说都是厄密型的(如果我们互换 i,k,并且转化为共轭复数,它们仍保持不变),因此,对于确定复数的 Γ 还是不够的。类似于(4),作为唯一可能的代数的不变确定关系,

我们有厄密性的条件

$$\Gamma^{l}_{ik}=\overline{\Gamma^{l}_{ki}}. \tag{4a}$$

代替(3a),我们因而可以写出

$$0=g_{\underset{+}{i}\underset{-}{k};l}=g_{ik,l}-g_{sk}\Gamma^{s}_{il}-g_{is}\Gamma^{s}_{lk}, \tag{3b}$$

它既蕴涵(3a),又蕴涵(4a).

矢量密度的绝对微分 如果我们用$\frac{1}{2}g^{ik}$乘(3b),并且关于i和k累加起来,那么我们就得到矢量方程

$$\frac{1}{(g)^{\frac{1}{2}}}\frac{\partial(g)^{\frac{1}{2}}}{\partial x_l}-\frac{1}{2}(\Gamma^{a}_{al}+\Gamma^{a}_{la})=0,$$

或者更简短些

$$\frac{\partial(g)^{\frac{1}{2}}}{\partial x_l}-(g)^{\frac{1}{2}}\Gamma^{a}_{la}=0. \tag{3c}$$

$(g)^{\frac{1}{2}}$是标量密度,(3c)的左边是矢量密度。如果用一个任意的标量密度ρ来代替$(g)^{\frac{1}{2}}$,(3c)的左边也还是一个矢量密度。我们因此可以引进

$$\rho_{;l}=\rho_{,l}-\rho\Gamma^{a}_{\underline{la}} \tag{5}$$

作为标量密度ρ的绝对导数。这就允许我们引进对于张量密度的绝对微分。

例:如果我们把方程

$$A^{\overset{i}{+}}{}_{;l}=A^{i}{}_{,l}+A^{s}\Gamma^{i}_{sl}$$

的右边乘以标量密度ρ,那么我们就得到张量密度

$$(\rho A^{i})_{,l}+(\rho A^{s})\Gamma^{i}_{sl}-A^{i}\rho_{,l};$$

或者,在引进矢量密度$\mathfrak{A}^{i}=\rho A^{i}$之后,

$$\mathfrak{A}^i{}_{,l}+\mathfrak{A}^s\Gamma^i{}_{sl}-\mathfrak{A}^i\frac{\rho_{,l}}{\rho},$$

或者依据(5)，

$$(\mathfrak{A}^i{}_{,l}+\mathfrak{A}^s\Gamma^i{}_{sl}-\mathfrak{A}^i\Gamma^a{}_{la})-\mathfrak{A}^i\rho_{;l}.$$

既然最后一项是张量密度，括弧里面的项也是一个张量密度，我们就可以把它定义为矢量密度 $\mathfrak{A}^i$ 的绝对导数 $\mathfrak{A}^{\overset{i}{+}}{}_{;l}$：

$$\mathfrak{A}^{\overset{i}{+}}{}_{;l}=\mathfrak{A}^i{}_{,l}+\mathfrak{A}^s\Gamma^i{}_{sl}-\mathfrak{A}^i\Gamma^a{}_{\underline{la}}. \tag{6}$$

以类似的方式，我们可以定义任意张量密度的绝对导数。它们所不同于张量的绝对导数的，就在于像 $-\mathfrak{A}^i\Gamma^a{}_{\underline{ia}}$ 那样的最后一项。

正如在实场的情况下那样，我们能够把(3a)化为抗变形式；不过，我们必须注意指标的次序。我们得到等价方程

$$0=g^{\overset{i}{+}\overset{k}{-}}{}_{;l}=g^{ik}{}_{,l}+g^{sk}\Gamma^i{}_{sl}+g^{is}\Gamma^k{}_{ls}, \tag{3d}$$

或者，在引进抗变张量密度 $\mathfrak{g}^{ik}=g^{ik}(g)^{\frac{1}{2}}$ 之后，

$$0=\mathfrak{g}^{\overset{i}{+}\overset{k}{-}}{}_{;l}=\mathfrak{g}^{ik}{}_{,l}+\mathfrak{g}^{sk}\Gamma^i{}_{sl}+\mathfrak{g}^{is}\Gamma^k{}_{ls}+\mathfrak{g}^{ik}\Gamma^s{}_{\underline{ls}}. \tag{3e}$$

方程(3a)，(3d)和(3e)都是等价的。

曲率：一个矢量沿着无穷小面积元的边界曲线所经历的变化具有矢量特征。这就使我们在广义场的情况下也可以构成曲率张量。不论我们在这里是选用“＋”平移还是选用“－”平移，这两种平移的结果都是共轭复数，因此只要考虑一种形式就足够了。

我们得到张量

$$R^i{}_{klm}=\Gamma^i{}_{kl,m}-\Gamma^i{}_{km,l}-\Gamma^i{}_{al}\Gamma^a{}_{km}+\Gamma^i{}_{am}\Gamma^a{}_{kl}, \tag{7}$$

和相应的降秩张量（关于 i 和 m 的降秩）

$$R^*{}_{kl}=\Gamma^a{}_{kl,a}-\Gamma^a{}_{ka,l}-\Gamma^a{}_{kb}\Gamma^b{}_{al}+\Gamma^a{}_{kl}\Gamma^b{}_{ab}. \tag{8}$$

这里也存在着一种关于 i 和 k 的不等于零的降秩，它产生张量

$$\Gamma^{a}{}_{al,m}-\Gamma^{a}{}_{am,l}. \tag{9}$$

可是我们将不用这个张量，其理由我们将在以后说明。张量$R^{*}{}_{kl}$并不是厄密型的。我们构成厄密张量 $R_{ik}=\frac{1}{2}(R^{*}{}_{ik}+\overline{R^{*}{}_{ki}})$. 我们于是得到

$$R_{ik}=\Gamma^{a}{}_{ik,a}-\frac{1}{2}(\Gamma^{a}{}_{ia,k}+\Gamma^{a}{}_{ak,i})-\Gamma^{a}{}_{ib}\Gamma^{b}{}_{ak}+\Gamma^{a}{}_{ik}\Gamma^{b}{}_{\underline{ab}} \tag{8a}$$

3. 哈密顿原理场方程

在实对称场的情况下，用如下办法得到场方程最简单。我们用标量密度

$$\mathfrak{H}=\mathfrak{g}^{ik}R_{ik} \tag{10}$$

作为哈密顿函数。

如果我们对 $\mathfrak{H}$ 的体积分分别进行关于 Γ 和 $\mathfrak{g}$ 的变分，那么，(在实场的情况下)关于 Γ 的变分就产生方程(3)，而关于 $\mathfrak{g}$ 的变分就产生方程 $R_{ik}=0$. 如果在我们这个复场(在那里 $\mathfrak{H}$ 仍然是实的)的情况下运用同样的方法，那么就出现了麻烦，因为关于 Γ 的变分并不直接产生方程(3a)，而这个方程是我们无论如何要保持的。关于 Γ 的变分产生

$$-\{\mathfrak{g}^{ik}{}_{,a}+\mathfrak{g}^{sk}\Gamma^{i}{}_{sa}+\mathfrak{g}^{is}\Gamma^{k}{}_{as}-\mathfrak{g}^{ik}\Gamma^{b}{}_{\underline{ab}}\}+$$

$$+\frac{1}{2}\{\mathfrak{g}^{is}{}_{,s}+\mathfrak{g}^{st}\Gamma^{i}{}_{st}-\mathfrak{g}^{is}\Gamma^{a}{}_{\underset{\vee}{sa}}\}\delta_{a}{}^{k}+$$

$$+\frac{1}{2}\{\mathfrak{g}^{sk}{}_{,s}+\mathfrak{g}^{st}\Gamma^{k}{}_{st}+\mathfrak{g}^{sk}\Gamma^{a}{}_{\underset{\vee}{sa}}\}\delta_{a}{}^{i}+$$

$$+\frac{1}{2}\{\mathfrak{g}^{is}\Gamma^{a}_{\ \underset{\vee}{sa}}\delta_{a}^{\ k}-\mathfrak{g}^{sk}\Gamma^{a}_{\ \underset{\vee}{sa}}\delta_{a}^{\ i}\}. \qquad (11)$$

第一个括弧是 $\mathfrak{g}^{\underset{+}{i}\underset{-}{k}}_{\ \ ;a}$；第二个和第三个括弧都是这个量的降秩。要是没有第四个括弧，那么(11)就意味着 $\mathfrak{g}^{\underset{+}{i}\underset{-}{k}}_{\ \ ;a}$ 等于零，那就是(3a). 可是，这就得要求 $\Gamma^{a}_{\ \underset{\vee}{as}}$ 等于零，而暂时我们还没有权利作这种要求。

我们能够用下述办法来解决这个困难。我们构成(11)的虚数部分：

$$-\mathfrak{g}^{\underset{\vee}{ik}}_{\ ,a}-\mathfrak{g}^{\underline{sk}}\Gamma^{i}_{\ \underset{\vee}{sa}}-\mathfrak{g}^{\underset{\vee}{sk}}\Gamma^{i}_{\ \underline{sa}}-\mathfrak{g}V^{is}\Gamma^{k}_{\ \underset{\vee}{as}}-$$

$$-\mathfrak{g}^{\underset{\vee}{is}}\Gamma^{k}_{\ \underline{as}}+\mathfrak{g}^{\underset{\vee}{ik}}\Gamma^{b}_{\ \underline{ab}}+\frac{1}{2}\mathfrak{g}^{\underset{\vee}{is}}_{\ ,s}\delta_{a}^{\ k}+\frac{1}{2}\mathfrak{g}^{\underset{\vee}{sk}}_{\ ,s}\delta_{a}^{\ i}=0.$$

如果我们把这个方程进行关于 k 和 a 的降秩，我们就得到

$$\frac{1}{2}\mathfrak{g}^{\underset{\vee}{is}}_{\ ,s}+\mathfrak{g}^{\underline{is}}\Gamma^{a}_{\ \underset{\vee}{sa}}=0. \qquad (11a)$$

由此我们就能够推出 $\Gamma^{s}_{\ \underset{\vee}{as}}$ 等于零的必要和充分条件①是 $\mathfrak{g}^{\underset{\vee}{is}}_{\ ,s}$ 等于零。为了**绝对地**(*identically*)满足这一点，只要假定

$$\mathfrak{g}^{\underset{\vee}{is}}=\mathfrak{g}^{ist}_{\ \ \ ,t} \qquad (12)$$

就足够了，此处 $\mathfrak{g}^{ist}$ 是对于所有三个指标都是反对称的张量密度。那就是说，我们要求 $\mathfrak{g}^{\underset{\vee}{is}}$ 是从一个"矢势"推导出来的。因此我们在哈密顿函数中代入

$$\mathfrak{g}^{ik}=\mathfrak{g}^{\underline{ik}}+\mathfrak{g}^{ikl}_{\ \ \ ,l}, \qquad (13)$$

并且分别关于 Γ, $\mathfrak{g}^{\underline{ik}}$ 和 $\mathfrak{g}^{ikl}$ 进行变分。正如我们已经指出，关于 Γ

---

① 这对于所有的点都成立，只要我们要求 Γ 是连续的，并且是由方程(3b)唯一地确定的；因为那样，行列式 $|\mathfrak{g}^{\underline{is}}|$ 无论在哪里都不能等于零。——原注

的变分就产生(3a)。关于其余两个量的变分产生方程

$$R_{\underline{ik}}=0, \tag{14}$$

$$R_{\underset{\vee}{ik},l}+R_{\underset{\vee}{kl},i}+R_{\underset{\vee}{li},k}=0. \tag{15}$$

此外,我们还得到方程

$$\mathfrak{g}^{\underset{+}{i}\underline{k}}{}_{;l}=0 \text{ 或者 } g_{\underset{+}{i}\underline{k};l}=0, \tag{3a}$$

$$\Gamma^{s}{}_{\underset{\vee}{is}}=0, \tag{16}$$

$$\mathfrak{g}^{\underset{\vee}{is}}{}_{,s}=0 \text{ 或者 } \mathfrak{g}^{\underset{\vee}{is}}=\mathfrak{g}^{ist}{}_{,t}. \tag{17}$$

考虑到(3a),可以看出(16)和(17)这两个方程组中的每一个都蕴涵另一个;要证明这一点,只要证明(3a)蕴涵方程

$$\mathfrak{g}^{\underset{\vee}{is}}{}_{,s}-\mathfrak{g}^{\underline{is}}\Gamma^{t}{}_{\underset{\vee}{st}}=0$$

就行了。所以,如果我们省掉(17),场方程组也不会因此而减弱。

这一点由于下述理由也是值得一提的。尽管在已经作出的这些方程的推导中,受到特别重视的是密度 $\mathfrak{g}^{ik}$,而不是张量 g_{ik}(或 g^{ik}),但是所产生的方程组本身却同这种不同待遇无关。

我们现在可以看出,因为(16),张量(9)简化为

$$\Gamma^{a}{}_{\underline{al},m}-\Gamma^{a}{}_{\underline{am},l},$$

它因方程(3c)而等于零。

比起以前的推导来,这里所用的推导有这样的优点:所用的哈密顿原理并无附加条件。这种情况,在狭义相对论中从变分原理推导出麦克斯韦方程时也同样碰到过。在那里,(对于虚数的时间坐标),哈密顿函数是 $\mathfrak{H}=\varphi_{\underset{\vee}{ik}}\varphi_{\underset{\vee}{ik}}$. 如果我们在此置 $\varphi_{\underset{\vee}{ik}}=\varphi_{i,k}-\varphi_{k,i}$,并且进行关于 φ_i 的变分,那么我们就直接得到一组方程($\varphi_{\underset{\vee}{ik},k}=0$),另一组方程则由消去 φ_i 而得到。这一方法相当于前面所用的

方法。不过，我们可以用不着引进势 φ_i，而只要带上一个方程组

$$\varphi_{\underset{\vee}{ik},l}+\varphi_{\underset{\vee}{kl},i}+\varphi_{\underset{\vee}{li},k}=0$$

作为 $\varphi_{\underset{\vee}{ik}}$ 在变分中的附加条件就行了。这相当于以前那篇论文中把 $\mathfrak{g}^{\underset{\vee}{is}}{}_{,s}=0$ 当作变分的附加条件来处理。那里引用过的附加条件 $\Gamma^{s}{}_{\underset{\vee}{is}}=0$ 可以省略掉。

评　　注

为了保持局部的类空方向和类时方向的特殊征状，就必须使 $g_{\underline{ik}}\,dx^i\,dx^k$ 的惯性指标到处都一样，也就是说，行列式 $|g_{\underline{ik}}|$ 到处都不等于零。这无疑可以从这样的要求推论出来，即要求 Γ 场是有限的，并且到处都是由方程(3a)来确定的。我的助手对此作了如下的简单证明：

如果行列式 $|g_{\underline{ik}}|$ 在一个点 P 上等于零，那么就应该存在一个不等于零的矢量 ξ^s，使得 $g_{is}\xi^s=0$. 我们现在来考查方程(3a)的实数部分：

$$g_{\underline{ik},l}-g_{\underline{sk}}\Gamma^{s}{}_{\underline{il}}-g_{\underline{is}}\Gamma^{s}{}_{\underline{lk}}-g_{\underset{\vee}{sk}}\Gamma^{s}{}_{\underset{\vee}{il}}-g_{\underset{\vee}{is}}\Gamma^{s}{}_{\underset{\vee}{lk}}=0.$$

如果我们把这个方程(在 P 点上)乘以 $\xi^i\xi^k\xi^l$，并且关于 i,k,l 累加起来，那么，根据 ξ 的定义，第二项和第三项都等于零，而第四项和第五项则由于 Γ 的反对称性也都等于零。因此，存在着一种不含 Γ 的方程(3a)的线性组合。于是，在这样的一个点上，Γ 要么成为无限，要么不能完全确定，这是同我们的要求相矛盾的。

关于物理解释，我们说：反对称密度 $\mathfrak{g}^{ikl}$ 起着电磁矢势的作用，张量 $g_{\underset{\vee}{ik},l}+g_{\underset{\vee}{kl},i}+g_{\underset{\vee}{li},k}$ 起着电流密度的作用。后一个量是一个散度(恒)等于零的抗变矢量密度的“补充”。

以上我们用了复数场。可是存在着这样一种理论上的可能性，在那里，g_{ik} 和 Γ_{ik}^{l} 都是实的，虽然并不对称。于是我们能够得到一种理论，其最后公式除了某些正负号以外，是同上述所建立的理论相当的。E. 薛定谔也把他的仿射理论放在实数场的基础上（即以作为基本场量的 Γ 为基础）。我因而要在这里为复数场的优越性指出几点形式上的理由。

厄密张量 g_{ik} 能够按照 $g_{ik}=\sum_{\alpha} c_{\alpha} A_{i\alpha} \overline{A_{k\alpha}}$ 这样的方案由矢量相加而构造起来。这里最关紧要的事实是：利用一个复矢量 A_i，我们可以通过乘法构成厄密张量 $A_i \overline{A_k}$，这同实对称场的情况十分类似。而不对称的实张量就不能以这种十分类似的方式由矢量构造起来。

我们现在来考查平移量 Γ_{ik}^{l}，这些量就下标来说都是不对称的。无论在实数或复数的情况下，对于这些量我们都有连带的（“共轭”）平移量 $\tilde{\Gamma}_{ik}^{l}=\Gamma_{ki}^{l}$. 在复数的情况下，我们已经把矢量的平行移动

$$\delta A^{i}=-\Gamma_{st}^{i} A^{s} d x^{t}.$$

联系上它的共轭复矢量的平行移动

$$\delta \overline{A^{i}}=-\overline{\Gamma_{st}^{i}}\, \overline{A^{s}} d x^{t}.$$

因此，在复数场的情况下，连带的平移对应于连带的对象，而在实数场的情况下则没有这种连带的对象。

非对称场的相对论性理论[1]

在开始讨论本题之前，我想先讨论一般场方程组的“强度”。这个讨论有内在的重要性，其重要性远远超出这里所提出的特殊理论。然而为了更深入地理解我们的问题，这个讨论几乎是必不可少的。

关于场方程组的“相容性”和“强度”

给定某些场变量以及关于这些变量的场方程组，这个方程组并不能完全确定场。对于场方程的解，还留下某些自由数据。符合场方程组的自由数据的个数愈少，这个方程组就愈“强”。很清

---

① 此文原是 1955 年出版的《相对论的意义》第 5 版(第 1 版 1922 年出版)的附录二。这个附录本来是 1950 年该书第 3 版时加进去的，当时的标题是《广义引力论》，1954 年爱因斯坦把它完全改写过，并改用现在的标题。这里译自该书英文本第 5 版 133—166 页，译时曾参考李灏同志译的《相对论的意义》(1961 年科学出版社出版)。

在这一版的《相对论的意义》开头，有爱因斯坦 1954 年 12 月写的《第五版说明》，全文如下：

“为了目前这一版本，我在《非对称场的相对论性理论》的标题下完全改写了《广义引力论》。因为我已经成功地——部分是同我的助手 B. 考夫曼(Kaufman)合作的——简化了推导程序，也简化了场方程的形式。整个理论因而更加明晰，但没有改变它的内容。”

爱因斯坦从 1923 年起就开始进行关于“统一场论”的探索，这篇文章是他在这方面探索三十年所得的最后结果。——编译者

楚，当不存在任何别的选择方程的观点时，人们宁愿选取较“强”的方程组，而不要较弱的方程组。我们的目的是要为这种方程组的强度寻求一种量度。将会明白，能够定义这样一种量度，使我们甚至对于场变量在个数和种类方面都不相同的一些方程组的强度也都能相互进行比较。

我们将用一些限于四维场的、复杂性逐渐增加的例子，来介绍这里所涉及的概念和方法，并且在举这些例子的过程中，我们将逐步引进有关的概念。

例一：**标量波动方程**①

$$\phi_{,11}+\phi_{,22}+\phi_{,33}-\phi_{,44}=0.$$

这里的方程组只是由**一个**关于**一个**场变数的微分方程所组成。我们假定在一个点 P 的邻域把 ϕ 展开成泰勒级数（预先假定 ϕ 具有分析特征）。于是它的系数的总和就完备地描述了这个函数。n 阶系数（就是 ϕ 在 P 点的 n 阶导数）的个数等于 $\frac{4\cdot5\cdot\cdots\cdot(n+3)}{1\cdot2\cdot\cdots\cdot n}$ $\left(\text{简写成}\binom{4}{n}\right)$，要是这个微分方程并不蕴涵这些系数之间的一定关系，那么所有这些系数全都可以自由选取。既然这个方程是二阶的，只要把这个方程进行 $(n-2)$ 次微分，就可得出这些关系。由此，对于 n 阶系数我们得到 $\binom{4}{n-2}$ 个条件。保持自由的 n 阶系数的个数因而是

① 在下面逗号总是表示偏微分；因此，比如，$\phi_{,i}=\frac{\partial\phi}{\partial x^i}$，$\phi_{,11}=\frac{\partial^2\phi}{\partial x^1\partial x^1}$，等等。——原注

$$z=\binom{4}{n}-\binom{4}{n-2}. \tag{1}$$

这个数对于任何 n 都是正的。因此，如果对于所有小于 n 的各阶的自由的系数都已经确定，那么，对于 n 阶系数的那些条件总是能够满足，而用不着改变已经选定的系数。

类似的推理可以用于由几个方程所组成的方程组。如果 n 阶的自由的系数的个数不小于零，我们就叫这个方程组是**绝对相容**的。我们的讨论将限于这样的方程组。我所知道的物理学中用到的所有方程组全都是这一类的。

让我们改写方程(1)。我们得到

$$\binom{4}{n-2}=\binom{4}{n}\frac{(n-1)n}{(n+2)(n+3)}=\binom{4}{n}\left(1-\frac{z_1}{n}+\frac{z_2}{n^2}+\cdots\right),$$

此处 $z_1=+6$.

如果我们限于很大的 n 值，那么就可以略去括弧里的 $\frac{z_2}{n^2}$ 等项，对于(1)我们就**渐近地**得到

$$z\sim\binom{4}{n}\frac{z_1}{n}=\binom{4}{n}\frac{6}{n}. \tag{1a}$$

我们把 z_1 叫做“自由系数”，在我们的情况下这个值是 6. 这个系数愈大，相应的方程组就愈弱。

例二：关于空虚空间的麦克斯韦方程

$$\phi^{is}{}_{,s}=0;\quad \phi_{ik,l}+\phi_{kl,i}+\phi_{li,k}=0.$$

借助于

$$\eta^{ik}=\begin{pmatrix}-1&&&\\&-1&&\\&&-1&\\&&&+1\end{pmatrix}$$

来提升反对称张量 ϕ_{ik} 的协变指标，就得出 ϕ^{ik}.

这些是 4+4 个关于六个场变数的场方程。在这八个方程中间，有两个恒等式。如果分别用 G^i 和 H_{ikl} 表示这些场方程的左边，这些恒等式就取形式

$$G^i_{,i}\equiv 0;\quad H_{ikl,m}-H_{klm,i}+H_{lmi,k}-H_{mik,l}=0.$$

在这种情况下，我们作如下推理。

六个场分量的泰勒展开，提供了

$$6\binom{4}{n}$$

个 n 阶的系数。对八个一阶的场方程进行 $(n-1)$ 次微分，就得到这些 n 阶系数所必须满足的条件。这些条件的个数因而是

$$8\binom{4}{n-1}.$$

可是这些条件并不是彼此独立的，因为在这八个方程中间存在两个二阶恒等式。对它们进行 $(n-2)$ 次微分，就在那些由场方程得出的条件中间产生了

$$2\binom{4}{n-2}$$

个代数恒等式。n 阶自由的系数的个数因而是

$$z=6\binom{4}{n}-\left[8\binom{4}{n-1}-2\binom{4}{n-2}\right].$$

对于一切 n, z 都是正的。因此这个方程组是“绝对相容的”。如果我们在右边取出因子 $\binom{4}{n}$，并且像上面那样对于很大的 n 进行展开，那么我们就渐近地得到

$$\begin{aligned} z &= \binom{4}{n}\left[6-8\frac{n}{n+3}+2\frac{(n-1)n}{(n+2)(n+3)}\right] \\ &\sim \binom{4}{n}\left[6-8\left(1-\frac{3}{n}\right)+2\left(1-\frac{6}{n}\right)\right] \\ &\sim \binom{4}{n}\left[0+\frac{12}{n}\right]. \end{aligned}$$

在这里，于是 $z_1=12$. 这表明这个方程组对于场的确定，不及标量波动方程($z_1=6$)那样强，并且还表明两者相差的程度。在这两种情况下，括弧里的常数项都等于零，这表示这样的事实：所讨论的方程组不让任何四个变数的函数自由。

例三：**关于空虚空间的引力方程** 我们把它们写成形式

$$R_{ik}=0; \quad g_{ik,l}-g_{sk}\Gamma_{il}^{s}-g_{is}\Gamma_{lk}^{s}=0.$$

R_{ik} 只含有 Γ，而且对于它们是一阶的。我们在这里把 g 和 Γ 当作独立的场变量来处理。第二个方程表明，把 Γ 当作一阶微商的量来处理是合适的，这意味着在泰勒展开式

$$\Gamma=\underset{0}{\Gamma}+\underset{1}{\Gamma}_{s}x^{s}+\underset{2}{\Gamma}_{st}x^{s}x^{t}+\cdots$$

中，我们把 $\underset{0}{\Gamma}$ 当作一阶的，$\underset{1}{\Gamma}_{s}$ 当作二阶的，等等。因此，必须把 R_{ik} 看作是二阶的。这些方程之间存在四个毕安期(Bianchi)恒等式，作为所采取的约定的一个后果，这些恒等式必须看作是三阶的。

在广义协变的方程组中，出现了一个对于正确计数自由系数必不可少的新情况：仅仅由坐标变换而相互引起的场，应当看作只

是同一个场的不同表示。相应地，g_{ik} 的

$$10\binom{4}{n}$$

个 n 阶系数中只有一部分是用来表征本质上不同的场的。所以，实际上确定场的展开系数的个数减少了一定的数量，我们现在就必须算出这个数量。

在对于 g_{ik} 的变换定律

$$g_{ik}{}^{*}=\frac{\partial x^{a}}{\partial x^{i*}}\frac{\partial x^{b}}{\partial x^{k*}}g_{ab}$$

中，g_{ab} 和 $g_{ik}{}^{*}$ 事实上代表同一个场。如果把这个方程对于 x^{*} 进行 n 次微分，那就会看到，四个函数 x 对于 x^{*} 的所有$(n+1)$阶导数全都进入 g^{*} 展开式的 n 阶系数里；那就是说，有 $4\binom{4}{n+1}$ 个是不参与场的表征的。因此，在任何广义相对论性的理论中，为了要考虑到理论的广义协变性，就必须从 n 阶系数的总数中减去 $4\binom{4}{n+1}$ 个。关于 n 阶自由系数的计数于是得出如下结果。

鉴于刚才得出的修正，十个 g_{ik}（零阶微商的量）和四十个 Γ_{ik}^{l}（一阶微商的量）产生了

$$10\binom{4}{n}+40\binom{4}{n-1}-4\binom{4}{n+1}$$

个有关的 n 阶系数。场方程（10 个二阶的和 40 个一阶的）给它们提供了

$$N=10\binom{4}{n-2}+40\binom{4}{n-1}$$

个条件。可是我们必须从这个数目里减去这 N 个条件之间的恒

等式的个数，即减去

$$4\binom{4}{n-3},$$

这是由毕安期恒等式（三阶的）得出来的。因此我们在这里求得

$$z=\left[10\binom{4}{n}+40\binom{4}{n-1}-4\binom{4}{n+1}\right]-$$
$$-\left[10\binom{4}{n-2}+40\binom{4}{n-1}\right]+4\binom{4}{n-3}.$$

再取出因子$\binom{4}{n}$，对于很大的n，我们渐近地得到

$$z\sim\binom{4}{n}\left[0+\frac{12}{n}\right].\qquad 于是 z_1=12.$$

在这里，z 对于一切 n 也都是正的，因此，在上述定义的意义上，这个方程组是绝对相容的。关于空虚空间的引力方程对于引力场的确定，同麦克斯韦方程对于电磁场的确定，强度是完全一样的，这是令人惊奇的事。

相对论性场论

一般评述

广义相对论使物理学没有必要引进“惯性系”（不论是一个或者不止一个惯性系），这是它的根本成就。［惯性系］这概念所以不能令人满意，是由于下述理由：没有任何比较深刻的根据，就在所有可想象的坐标系中间挑选出某些坐标系来。然后假定物理定律（比如惯性定律和光速不变定律）只适用于这种惯性系。因此，在

物理学体系中，空间本身被指派为一种不同于一切别的物理描述元素的特殊角色。它在一切过程中起着决定性的作用，而反过来它却不受一切过程的影响。尽管这样一种理论在逻辑上是可能的，可是它在另一方面却颇不能令人满意。牛顿已经充分地认识到这一缺点，但是他也清楚地了解到，在他那个时代，物理学还没有别的出路。在以后的物理学家中间，恩斯特·马赫比别人都要集中注意这一点。

在牛顿以后的物理学基础的发展中，有哪些革新使人们有可能超越惯性系？首先是，由法拉第和麦克斯韦的电磁理论以及在这以后引进了场概念，或者说得更确切些，引进了一个作为独立的、不可进一步简化的基本概念场。就我们目前可能作出的判断来说，广义相对论只能被看作是一种场论。要是人们坚持这样一种观点：认为实在世界是由许多质点所组成，而这些质点是在作用于它们之间的力的影响之下运动着，那么广义相对论就不可能发展起来。要是人们试图根据等效原理向牛顿解释惯性质量同引力质量之所以相等，他必定会报之以如下的反驳：各个物体相对于一个加速坐标系固然都经受着相同的加速度，就像它们接近一个有引力的天体表面时都经受着相同的相对于该天体的加速度一样。但是在前一情况下，引起加速度的物体究竟在哪里呢？很明显，相对论是预先假定了场概念的独立性。

使广义相对论有可能建立起来的数学知识，我们要归功于高斯和黎曼的几何研究。高斯在他的曲面理论中，研究了镶嵌在三维欧几里得空间里的曲面的度规性质，他指出，这些性质能够用这样一些概念来描述，这些概念只涉及曲面本身，而不涉及曲面同它镶嵌在其中的空间之间的关系。一般地说来，既然在曲面上并不存在什么特选的坐标系，这个研究就第一次导致了用一般坐标系来表示有关的量。黎曼把这种二维曲面理论推广到任意维数的空间(具有黎曼度规的空间，这种度规是用一个二秩对称张量场来表征的)。在这个可钦佩的研究中，他求出了高维度规空间曲率的一般表示式。

刚才概述的为广义相对论的建立所必不可少的数学理论得到了这样的结果，使我们最初把黎曼度规看作是广义相对论所根据的基本概念，因而也是避免使用惯性系所根据的基本概念。可是后来勒维-契维塔正确地指出：使避免使用惯性系成为可能的理论元素却是无限小位移场 Γ_{ik}^{l}. 度规或者规定度规的对称张量场 g_{ik}，就确定位移场来说，只是间接地同避免使用惯性系有关。如下的考查会把这件事搞清楚。

从一个惯性系到另一个惯性系的转移是由一个(特殊种类的)**线性**变换来确定的。如果在两个任意隔开的点 P_1 和 P_2 处，有两个矢量分别为 $\underset{1}{A^i}$ 和 $\underset{2}{A^i}$，它们的对应分量彼此相等($\underset{1}{A^i}=\underset{2}{A^i}$)，那么这个关系在许可的变换下保持不变。如果在变换公式

$$A^{i*}=\frac{\partial x^{i*}}{\partial x^{a}}A^{a}$$

中，系数 $\frac{\partial x^{i*}}{\partial x^{a}}$ 同 x^a 无关，那么矢量分量的变换公式同位置无关。如果我们限于惯性系，那么在不同点 P_1 和 P_2 处的两个矢量的各个分量的相等因而是一种不变的关系。可是如果人们抛弃惯性系概念，从而允许坐标的任意连续变换，使得 $\frac{\partial x^{i*}}{\partial x^{a}}$ 依存于 x^a，那么属

于空间中两个不同点的两个矢量的各个分量的相等就失去了不变的意义，因而在不同点的矢量就不再能够直接进行比较。由于这一事实，在广义相对论性的理论中，人们就不能再用简单的微分法从既定的张量构成新张量，而且在这样的理论中，总的说来，不变的构造是要少得多了。这种欠缺靠着引进无限小位移场来补救。由于它使得我们有可能来比较在一些无限接近的点处的矢量，它就代替了惯性系。我们将在下面从这个概念出发来介绍相对论性场论，并且小心地略去任何对于我们的目的不是必要的东西。

无限小位移场 Γ

对于在点 P（坐标 x^t）处的一个抗变矢量 A^i，我们把它同在无限接近的点（x^t+dx^t）处的矢量 $A^i+\delta A^i$ 用双线性表示式

$$\delta A^i = -\Gamma^i_{st} A^s dx^t \tag{2}$$

关联起来，此处 Γ 是 x 的函数。另一方面，如果 A 是矢量场，那么在点（x^t+dx^t）处（A^i）的分量等于 A^i+dA^i，此处①

$$dA^i = A^i{}_{,t} dx^t.$$

在邻近点（x^t+dx^t），这两个矢量差因而本身是一个矢量

$$(A^i{}_{,t} + A^s \Gamma^i_{st}) dx^t \equiv A^i{}_t + dx^t,$$

它把在两个无限接近点的矢量场的各个分量联系起来。由于位移场所产生的这种联系以前是由惯性系来提供的，所以位移场就代替了惯性系。括弧里的表示式是一个张量，简写成 $A^i{}_t$.

① 像前面一样，“$,t$”表示通常的微分 $\frac{\partial}{\partial x^t}$. ——原注

$A^i{}_l$的张量特征规定了 Γ 的变换规则。我们首先得到

$$A^i{}_k{}^* = \frac{\partial x^{i*}}{\partial x^i}\frac{\partial x^k}{\partial x^{k*}}A^i{}_k.$$

在两个坐标系中使用同样的指标,并不意味着它是指对应的分量,也就是说,i 在 x 和在 x^* 中是**独立地**从 1 到达 4. 经过一些实际运算以后,这种记号法使这些方程大大明晰起来。我们现在用

$$A^{i*}{}_{,k*} + A^{s*}\Gamma^{i*}_{sk} \text{ 代替 } A^i{}_k{}^*,$$

$$A^i{}_{,k} + A^s\Gamma^i_{sk} \quad \text{ 代替 } A^i{}_k,$$

并且再用

$$\frac{\partial x^{i*}}{\partial x^i}A^i \text{代替 } A^{i*}, \qquad \frac{\partial x^k}{\partial x^{k*}}\cdot\frac{\partial}{\partial x^k} \text{ 代替 } \frac{\partial}{\partial x^{k*}}.$$

由此就得到这样一个方程,除了 Γ^* 以外,这个方程只包含原来坐标系的场量以及它们关于原坐标系 x 的导数。解这个方程以求 Γ^*,就得到所要求的变换公式

$$\Gamma^i_{kl}{}^* = \frac{\partial x^{i*}}{\partial x_i}\frac{\partial x^k}{\partial x^{k*}}\frac{\partial x^l}{\partial x^{l*}}\Gamma^i_{kl} - \frac{\partial^2 x^{i*}}{\partial x^s\partial x^t}\frac{\partial x^s}{\partial x^{k*}}\frac{\partial x^t}{\partial x^{l*}}, \tag{3}$$

它的右边第二项可以稍加简化:

$$-\frac{\partial^2 x^{i*}}{\partial x^s\partial x^t}\frac{\partial x^s}{\partial x^{k*}}\frac{\partial x^t}{\partial x^{l*}} = = -\frac{\partial}{\partial x^{l*}}\left(\frac{\partial x^{i*}}{\partial x^s}\right)\frac{\partial x^s}{\partial x^{k*}} =$$

$$= -\frac{\partial}{\partial x^{l*}}\left(\frac{\partial x^{i*}}{\partial x^{k*}}\right) + \frac{\partial x^{i*}}{\partial x^s}\frac{\partial^2 x^s}{\partial x^{k*}\partial x^{l*}} =$$

$$= \frac{\partial x^{i*}}{\partial x^s}\frac{\partial^2 x^s}{\partial x^{k*}\partial x^{l*}}. \tag{3a}$$

我们把这样一个量叫做**伪张量**。在线性变换下,它像张量那样进行变换;可是对于非线性变换,就要加上一项,这个项不包含要变换的表示式,而只是同变换系数有关。

关于位移场的评注

1. 由下标易位所得到的量 $\tilde{\Gamma}^{i}_{kl}(\equiv\Gamma^{i}_{lk})$ 也按照(3)进行变换，因此同样也是一个位移场。

2. 通过对方程(3)进行关于下标 k^*，l^* 的对称化或者反对称化，我们就得到两个方程

$$\Gamma^{i*}_{\underline{kl}}\left(=\frac{1}{2}(\Gamma^{i*}_{kl}+\Gamma^{i*}_{lk})\right)=\frac{\partial x^{i*}}{\partial x^{i}}\frac{\partial x^{k}}{\partial x^{k*}}\frac{\partial x^{l}}{\partial x^{l*}}\Gamma^{i}_{\underline{kl}}-$$

$$-\frac{\partial^{2}x^{i*}}{\partial x^{s}\partial x^{t}}\frac{\partial x^{s}}{\partial x^{k*}}\frac{\partial x^{t}}{\partial x^{l*}},$$

$$\Gamma^{i*}_{\underset{\vee}{kl}}\left(=\frac{1}{2}(\Gamma^{i*}_{kl}-\Gamma^{i*}_{lk})\right)=\frac{\partial x^{i*}}{\partial x^{i}}\frac{\partial x^{k}}{\partial x^{k*}}\frac{\partial x^{l}}{\partial x^{l*}}\Gamma^{i}_{\underset{\vee}{kl}}.$$

因此 Γ^{i}_{kl} 的两个(对称的和反对称的)成分各自独立地进行变换，不相混淆。从变换规则的观点来看，它们就像是独立的量。第二个方程表明，$\Gamma^{i}_{\underset{\vee}{kl}}$ 像张量一样进行变换。所以从变换群的观点来看，要把这样两个成分加起来合成一个单一的量，初看起来似乎是不自然的。

3. 另一方面，Γ 的下标在定义方程(2)时起着完全不同的作用，那就没有强制的理由要用关于下标对称的条件来限制 Γ. 如果人们仍然要作这样的限制，就会导致纯引力场理论。可是，如果人们不使 Γ 服从限制性的对称条件，那就会得到引力定律的推广，在我看来这是自然的推广。

曲率张量

虽然 Γ 场本身并没有张量特征，它却暗示着一个张量的存在。要得到这个张量的最容易的办法是：按照(2)，把矢量 A^{i} 沿着

一个无限小的二维曲面元的周界线移动，并且计算其移动一周的变化。这个变化具有矢量的特征。

设 $\underset{\circ}{x}^t$ 是这条周界线上一个固定点的坐标，x^t 是周界线上另一个点的坐标。因此，$\xi^t = x^t - \underset{\circ}{x}^t$ 对于周界线上所有的点都是很小的，可以用来作为数量级定义的基础。

于是所要计算的积分 $\oint \delta A^i$ 用比较明显的记号来表示就是

$$-\oint \underline{\Gamma^i_{st}}\,\underline{A^s}\,dx^t \text{或者} -\oint \underline{\Gamma^i_{st}}\,\underline{A^s}\,d\xi^t.$$

在被积函数中各个量下面画了一条线，那是表示要对于周界线上相继的各个点(而不是对于起始点 $\xi^t=0$)取这些量。

我们先来计算 $\underline{A^i}$ 在周界线的任意一个点 ξ^t 上的最低级近似值。在积分(现在积分是沿着一条开口路线)中，用积分起始点 $(\xi^t=0)$ 上的 Γ^i_{st} 和 A^s 值来代替 $\underline{\Gamma^i_{st}}$ 和 $\underline{A^s}$，就得到这个最低级近似值。于是由积分得出

$$\underline{A^i} = A^i - \Gamma^i_{st}A^s \int d\xi^t = A^i - \Gamma^i_{st}A^s\xi^t.$$

这里略去不计的是 ξ 的二阶以及更高阶的项。用同样的近似法，立即可得

$$\underline{\Gamma^i_{st}} = \Gamma^i_{st} + \Gamma^i_{st,r}\xi^r.$$

把这些表示式代入上述积分，适当选取累加指标，就首先得到

$$-\oint(\Gamma^i_{st}+\Gamma^i_{st,q}\xi^q)(A^s-\Gamma^s_{pq}A^p\xi^q)\,d\xi^t,$$

此处除了 ξ，所有的量都必须对于积分起始点来取值。于是我们求得

$$-\Gamma^i_{st}A^s\oint d\xi^t - \Gamma^i_{st,q}A^s\oint \xi^q d\xi^t + \Gamma^i_{st}\Gamma^s_{pq}A^p\oint \xi^q d\xi^t,$$

此处积分都是沿着闭合的周界线进行。(第一项等于零,因为它的积分等于零。)因为同$(\xi)^2$成比例的那个项是高阶的,所以略去。另外两个项可以合并成

$$[-\Gamma^t_{pt,q}+\Gamma^i_{st}\Gamma^s_{pq}]A^p\oint\xi^q d\xi^t.$$

这就是矢量A^i沿着周界线移动后的变化ΔA^i. 我们得到

$$\oint\xi^q d\xi^t=\oint d(\xi^q\xi^t)-\oint\xi^t d\xi^q=-\oint\xi^t d\xi^q.$$

这个积分因而对于t和q来说是反对称的,而且它还具有张量特征。我们把它记作f^{tq}. 要是f^{tq}是一个**任意**张量,那么ΔA^i的矢量特征就会蕴涵着上述倒数第二个公式中加方括号的那个表示式的张量特征。可是事实上,只有对这个加括号的表示式进行了关于t和q的反对称化之后,我们才能推断它具有张量特征。这就是**曲率张量**

$$R^i{}_{klm}\equiv\Gamma^i_{kl,m}-\Gamma^i_{km,l}-\Gamma^i_{sl}\Gamma^s_{km}+\Gamma^i_{sm}\Gamma^s_{kl}. \tag{4}$$

所有指标的位置就由此确定下来。施行关于i和m的降秩,我们就得到**降秩曲率张量**

$$R_{ik}\equiv\Gamma^s_{ik,s}-\Gamma^s_{is,k}-\Gamma^s_{it}\Gamma^t_{sk}+\Gamma^s_{ik}\Gamma^t_{st}. \tag{4a}$$

λ 变 换

这个曲率有一种性质,对以后的讨论很为重要。对于位移场Γ,我们可按照下列公式来定义一个新的Γ^*:

$$\Gamma^{l\,*}_{ik}=\Gamma^l_{ik}+\delta^l_i\lambda_{,k} \tag{5}$$

此处λ是坐标的任意函数,δ^l_i是克罗内克尔张量(“λ 变换”)。如果我们构成$R^i{}_{klm}(\Gamma^*)$,而用(5)的右边来代替Γ^*,消去了λ,就得

到

和

$$\left.\begin{aligned} R^{i}{}_{klm}(\Gamma^{*}) &= R^{i}{}_{klm}(\Gamma) \\ R_{ik}(\Gamma^{*}) &= R_{ik}(\Gamma). \end{aligned}\right\} \tag{6}$$

这个曲率在λ变换下是不变的（“λ不变性”）。因此，只是在曲率张量中含有Γ的理论，不能完全确定Γ场，而只能确定到一个函数λ，而这个函数仍然是任意的。在这样的理论中，Γ和Γ^{*}就该被看作是关于同一个场的表示，就好像Γ^{*}只是用坐标变换从Γ得来的一样。

值得注意的是，同坐标变换相反，λ变换从一个对于i和k是对称的Γ产生不对称的Γ^{*}. 关于Γ的对称条件在这样的理论中就失去了它的客观意义。

λ不变性的主要意义在于它对于场方程组的“强度”有影响，就像我们以后将要看到的那样。

“易位不变性”的要求

引进非对称场，碰到了如下的困难。如果Γ^{l}_{ik}是一个位移场，那么$\tilde{\Gamma}^{l}_{ik}(=\Gamma^{l}_{ki})$也是一个位移场。如果$g_{ik}$是一个张量，那么$\tilde{g}_{ik}$ $(=g_{ki})$也是一个张量。这就导致了大量的协变结构，使我们不可能单单根据相对性原理在它们中间进行选择。我们将用一个例子来说明这种困难，并且指出怎样能够以一种自然的方式加以克服。

在对称场的理论中，张量

$$(W_{ikl}\equiv)\,g_{ik,l}-g_{sk}\Gamma^{s}_{il}-g_{is}\Gamma^{s}_{lk}$$

起着重要作用。如果使它等于零，我们就得到这样一个方程，它允许用g来表示Γ，也就是允许消去Γ. 从下面二个事实出发：(1)如以前已经证明，$A_t^i \equiv A_{i,t} + A^s \Gamma_{st}^i$ 是一个张量，(2)任何一个抗变张量都可以用形式 $\sum_t A_t^i B_t^k$ 来表示，那就不难证明，只要 g 和 Γ 这些场都不再是对称的，上述表示式也就具有张量特征。

但是在后一种情况下，比如在最后一项中，要是把 Γ_{lk}^s 加以易位，也就是用 $\tilde{\Gamma}_{lk}^s$ 来代替，张量特征仍未失去（这是由于 $g_{is}(\Gamma_{kl}^s - \Gamma_{lk}^s)$ 是一个张量这一事实）。还有别的一些结构，虽然并不全是这样简单，它们却也保持着张量特征，并且可以看作是上述表示式对于非对称场情况的推广。因此，如果人们想要把 g 和 Γ 之间的关系（这由于置上述表示式等于零而获得）推广到非对称场上去，那么这就似乎含有一种任意的选择。

但是上述结构具有一种性质，使它不同于别的可能的结构。如果在这个结构中，我们同时用 $\tilde{g}_{ik}$ 来代替 g_{ik}，用 $\tilde{\Gamma}_{ik}^l$ 来代替 Γ_{ik}^l，然后把指标 i 和 k 互相调换，那么它就变换成它自己：它对于指标 i 和 k 是“易位对称”的。置这个表示式等于零而得到的方程是“易位不变”的。如果 g 和 Γ 是对称的，这个条件当然也就满足；它是使场量成为对称的这一条件的推广。

对于非对称场的场方程，我们假设它们是**易位不变**的。我想，从物理学上来说，这个假设相当于要求正负电对称地进入物理定律。

看一下(4a)就知道张量 R_{ik} 并不是完全易位对称的，因为它易位后变换成了

$$(R_{ik}{}^* =)\Gamma_{ik,s}^s - \Gamma_{sk,i}^s - \Gamma_{it}^s \Gamma_{sk}^t + \Gamma_{ik}^s \Gamma_{ts}^t. \qquad (4b)$$

这一情况是人们在建立易位不变的场方程的努力中所碰到的困难的根源。

伪张量 U^{l}_{ik}

结果是,由 R_{ik} 能够构成一个易位对称的张量,只要引进一个稍微不同的伪张量 U^{l}_{ik} 来代替 Γ^{l}_{ik} 就行了。在(4a)中,关于 Γ 的两个线性项在形式上可以合并成为一个项。我们用

$$(\Gamma^{s}_{ik}-\Gamma^{t}_{it}\delta^{s}_{k})_{,s}$$

来代替 $\Gamma^{s}_{ik,s}-\Gamma^{s}_{is,k}$,并且以方程

$$U^{l}_{ik}\equiv\Gamma^{l}_{ik}-\Gamma^{t}_{it}\delta^{l}_{k} \tag{7}$$

来定义一个新的伪张量 U^{l}_{ik}. 把(7)进行关于 k 和 l 的降秩,得知

$$U^{t}_{it}=-3\Gamma^{t}_{it},$$

由此,我们就得到下列用 U 来表示的 Γ 的表示式:

$$\Gamma^{l}_{ik}=U^{l}_{ik}-\frac{1}{3}U^{t}_{it}\delta^{l}_{k}. \tag{7a}$$

把这些表示式代入(4a),我们就求出用 U 来表示的降秩曲率张量

$$S_{ik}\equiv U^{s}_{ik,s}-U^{s}_{it}U^{t}_{sk}+\frac{1}{3}U^{s}_{is}U^{t}_{tk}. \tag{8}$$

然而这个表示式却是易位对称的。正是这一事实,使伪张量 U 对于非对称场理论如此有价值。

关于 U 的 λ 变换 如果在(5)中用 U 来代替 Γ,我们经过简单的计算就得到

$$U^{l\,*}_{ik}=U^{l}_{ik}+(\delta^{l}_{i}\lambda_{,k}-\delta^{l}_{k}\lambda_{,i}). \tag{9}$$

这个方程定义了关于 U 的 λ 变换。(8)对于这种变换是不变的($S_{ik}(U^{*})=S_{ik}(U)$)。

关于 U 的变换规则 如果借助于(7a),在(3)和(3a)中用 U

代替 Γ,我们就得到

$$U_{ik}^{l\ *}=\frac{\partial x^{l*}}{\partial x^{l}}\frac{\partial x^{i}}{\partial x^{i*}}\frac{\partial x^{k}}{\partial x^{k*}}U_{\ ik}^{l}+\frac{\partial x^{l*}}{\partial x^{s}}\frac{\partial^{2}x^{s}}{\partial x^{i*}\partial x^{k*}}-$$

$$-\delta_{k*}^{l*}\frac{\partial x^{t*}}{\partial x^{s}}\frac{\partial^{2}x^{s}}{\partial x^{i*}\partial x^{t*}}.\qquad(10)$$

注意,指示两个坐标系的指标,即使使用同样的字母,它们仍然**彼此独立地**取所有从 1 到 4 的值。关于这个公式,值得注意的是:由于最后一项,这个公式对于指标 i 和 k 并不是易位对称的。只要能证明这个变换可以看作是一个易位对称的坐标变换和一个 λ 变换的组合,就能够搞清楚这种奇特的情况。为了了解这一点,我们先把最后一项写成形式

$$-\frac{1}{2}\left[\delta_{k*}^{l*}\frac{\partial x^{t*}}{\partial x^{s}}\frac{\partial^{2}x^{s}}{\partial x^{i*}\partial x^{t*}}+\delta_{i*}^{l*}\frac{\partial x^{t*}}{\partial x^{s}}\frac{\partial^{2}x^{s}}{\partial x^{k*}\partial x^{t*}}\right]+$$

$$+\frac{1}{2}\left[\delta_{i*}^{l*}\frac{\partial x^{t*}}{\partial x^{*}}\frac{\partial^{2}x^{s}}{\partial x^{k*}\partial x^{t*}}-\delta_{k*}^{l*}\frac{\partial x^{t*}}{\partial x^{s}}\frac{\partial^{2}x^{s}}{\partial x^{i*}\partial x^{t*}}\right].\qquad(10a)$$

这两项中的第一项是易位对称的。让我们把它同(10)的右边前面二项结合成为一个表示式 $K_{\ ik}^{l\ *}$. 现在让我们来考查,在变换

$$U_{ik}^{l\ *}=K_{ik}^{l\ *}$$

之后又进行 λ 变换

$$U_{ik}^{l**}=U_{\ ik}^{l\ *}+\delta_{i*}^{l*}\lambda_{,k}{}^{*}-\delta_{k*}^{l*}\lambda_{,i}{}^{*},$$

我们得到的是什么。这个组合产生了

$$U_{ik}^{l*\ *}=K_{\ ik}^{l*}+(\delta_{i*}^{l*}\lambda_{,k*}-\delta_{k*}^{l*}\lambda_{,i*}).$$

这意味着,只要(10a)①的第二项能够化成形式 $\delta^{l*}{}_{i*}\lambda_{,k*}-\delta_{k*}^{l*}$

① 原文在前面的式子后面漏排了"(10a)"字样。——编译者

$\lambda_{,i}{}^{*}$，(10)就可以看作是这样一个组合。为此，只要能证明存在一个 λ，它使

$$\frac{1}{2}\frac{\partial x^{t*}}{\partial x^{s}}\frac{\partial^{2} x^{s}}{\partial x^{k*}\partial x^{t*}}=\lambda_{,k*} \tag{11}$$

$$\left(以及\frac{1}{2}\frac{\partial x^{t*}}{\partial x^{s}}\frac{\partial^{2} x^{s}}{\partial x^{i*}\partial x^{t*}}=\lambda_{,i*}\right),$$

那就足够了。为了对这个目前还是假设的方程的左边进行变换，我们必须先用反变换的系数$\frac{\partial x^{a}}{\partial x^{b*}}$来表示$\frac{\partial x^{t*}}{\partial x^{s}}$，一方面，

$$\frac{\partial x^{p}}{\partial x^{t*}}\frac{\partial x^{t*}}{\partial x^{s}}=\delta_{s}^{p}. \tag{a}$$

另一方面，

$$\frac{\partial x^{p}}{\partial x^{t*}}V_{t*}^{s}=\frac{\partial x^{p}}{\partial x^{t*}}\frac{\partial D}{\partial\left(\frac{\partial x^{s}}{\partial x^{t*}}\right)}=D\delta_{s}^{p}. \tag{b}$$

在这里，$V_{t}^{s}*$ 表示$\frac{\partial x^{s}}{\partial x^{t*}}$的余因子，从而可以表示为行列式 $D=\left|\frac{\partial x^{a}}{\partial x^{b*}}\right|$关于$\frac{\partial x^{s}}{\partial x^{t*}}$的导数。因此，我们又得到

$$\frac{\partial x^{p}}{\partial x^{t*}}\cdot\frac{\partial \log D}{\partial\left(\frac{\partial x^{s}}{\partial x^{t*}}\right)}=\delta_{s}^{p}.$$

由(a)和(b)得到

$$\frac{\partial x^{t*}}{\partial x^{s}}=\frac{\partial \log D}{\partial\left(\frac{\partial x^{s}}{\partial x^{t*}}\right)}.$$

由于这个关系，(11)的左边可以写成

$$\frac{1}{2}\frac{\partial \log D}{\partial\left(\frac{\partial x^s}{\partial x^{t*}}\right)}\left(\frac{\partial x^s}{\partial x^{t*}}\right)_{,k*}=\frac{1}{2}\frac{\partial \log D}{\partial x^{k*}}.$$

这意味着

$$\lambda=\frac{1}{2}\log D$$

确实是满足(11)的。这就证明了变换(10)可以看作是易位对称变换

$$U_{ik}^{l\ *}=\frac{\partial x^{l*}}{\partial x^l}\frac{\partial x^i}{\partial x^{i*}}\frac{\partial x^k}{\partial x^{k*}}U_{ik}^{l}+\frac{\partial x^{l*}}{\partial x^s}\frac{\partial^2 x^s}{\partial x^{i*}\partial x^{k*}}-$$

$$-\frac{1}{2}\left[\delta_{k*}^{l*}\frac{\partial x^{t*}}{\partial x^s}\frac{\partial^2 x^s}{\partial x^{i*}\partial x^{t*}}+\delta_{i*}^{l*}\frac{\partial x^{t*}}{\partial x^s}\frac{\partial^2 x^s}{\partial x^{k*}\partial x^{t*}}\right] \qquad (10b)$$

和一个 λ 变换的组合。(10b)于是可以用来代替(10)作为关于 U 的变换公式。只改变其表示**形式**的 U 场的任何变换,都能够表示成为按照(10b)的一个坐标变换和一个 λ 变换的组合。

变分原理和场方程

由变分原理导出场方程有这样的优点:所得到的方程组的相容性可以有保证;同广义协变性有关的恒等式,即“毕安期恒等式”,以及守恒定律,都可以系统地得到。

要进行变分的积分要求用一个标量密度作为被积函数 $\mathfrak{H}$. 我们将由 R_{ik} 或者 S_{ik} 来构造这样一个密度。最简单的办法是,分别在 Γ 或 U 之外,引进一个权重为 1 的协变张量密度 $\mathfrak{g}^{ik}$,置

$$\mathfrak{H}=\mathfrak{g}^{ik}R_{ik}(=\mathfrak{g}^{ik}S_{ik}). \qquad (12)$$

关于 $\mathfrak{g}^{ik}$ 的变换规则必须是

$$\mathfrak{g}^{ik*}=\frac{\partial x^{i*}}{\partial x^{i}}\frac{\partial x^{k*}}{\partial x^{k}}\mathfrak{g}^{ik}\left|\frac{\partial x^{t}}{\partial x^{t*}}\right|, \tag{13}$$

此处指标不同坐标系的指标，尽管使用了同样的字母，仍然都要作为彼此独立的来处理。我们确实得到了

$$\begin{aligned}\int \mathfrak{H}^{*}\,d\tau^{*} &= \int \frac{\partial x^{i*}}{\partial x^{i}}\frac{\partial x^{\kappa*}}{\partial x^{\kappa}}\mathfrak{g}^{i\kappa}\left|\frac{\partial x^{t}}{\partial x^{t*}}\right|\cdot\frac{\partial x^{s}}{\partial x^{i*}}\frac{\partial x^{t}}{\partial x^{\kappa*}}S_{st}\left|\frac{\partial x^{r*}}{\partial x^{r}}\right|d\tau=\\ &=\int \mathfrak{H}\,d\tau,\end{aligned}$$

就是说，这个积分对于这种变换是不变的。此外，这个积分对于 λ 变换(5)或(9)也是不变的，因为分别用 Γ 或 U 来表示的 R_{ik} 对 λ 变换是不变的，因而 $\mathfrak{H}$ 对于 λ 变换也是不变的。由此可见，由 $\int \mathfrak{H}\,d\tau$ 的变分而导出的场方程对于坐标变换和 λ 变换也都是协变的。

但是我们又假设，场方程对于 $\mathfrak{g}, \Gamma$ 两个场或者 $\mathfrak{g}, U$ 两个场都应该是易位不变的。如果 $\mathfrak{H}$ 是易位不变的，这就有了保证。我们已经知道，如果是用 U 来表示，那么 R_{ik} 就是易位对称的；但如果用 Γ 来表示，那就不是。因此，只有在 $\mathfrak{g}^{ik}$ 之外又引进 U（而不是 Γ）作为场变量，$\mathfrak{H}$ 才是易位不变的。在那种情况下，我们从一开始就确信：由 $\int \mathfrak{H}\,d\tau$ 通过场变量的变分而导出的场方程是易位不变的。

对 $\mathfrak{H}$（方程(12)和(8)）进行关于 $\mathfrak{g}$ 和 U 的变分，我们得到

此处

$$\left.\begin{aligned} \delta\mathfrak{H} &= S_{ik}\delta\mathfrak{g}^{ik} - \mathfrak{N}^{ik}{}_{l}\delta U^{l}_{ik} + (\mathfrak{g}^{ik}\delta U^{s}_{ik})_{,s} \\ S_{ik} &= U^{s}_{ik,s} - U^{s}_{it}U^{t}_{sk} + \frac{1}{3}U^{s}_{is}U^{t}_{tk}, \\ \mathfrak{N}^{ik}{}_{l} &= \mathfrak{g}^{ik}{}_{,l} + \mathfrak{g}^{sk}\left(U^{i}_{sl} - \frac{1}{3}U^{t}_{st}\delta^{i}_{l}\right) + \\ &\quad + \mathfrak{g}^{is}\left(U^{k}_{ls} - \frac{1}{3}U^{t}_{ts}\delta^{k}_{l}\right). \end{aligned}\right\} \tag{14}$$

场方程

我们的变分原理是

$$\delta\left(\int \mathfrak{H}\,d\tau\right) = 0. \tag{15}$$

对 $\mathfrak{g}^{i\kappa}$ 和 $U^{l}_{i\kappa}$ 要独立地进行变分，它们在积分区域的界边上等于零。这个变分首先给出

$$\int \delta\mathfrak{H}\,d\tau = 0.$$

如果在这里用(14)中所给的表示式代入，那么关于 $\delta\mathfrak{H}$ 的表示式的最后一项就不作出任何贡献，因为 δU^{l}_{ik} 在边界上等于零。因此我们得到场方程

$$S_{ik} = 0, \tag{16a}$$

$$\mathfrak{N}^{ik}{}_{l} = 0. \tag{16b}$$

它们对于坐标变换和 λ 变换都是不变的，并且也都是易位不变的，这由变分原理的选择就已经明白了。

恒等式

这些场方程并不是彼此独立的。在它们中间存在 4+1 个恒

等式。也就是说，在它们的左边之间存在着 4＋1 个方程，不论 g-U场是否满足场方程，这 4＋1 个方程总是成立的。

根据 $\int \mathfrak{H}\, d\tau$对于坐标变换和 λ 变换是不变的这一事实，用一种大家熟知的方法，可以导出这些恒等式。

只要人们把分别由无限小坐标变换或者无限小 λ 变换产生的 $\delta_{\mathfrak{g}}$ 和 δU 代入 $\delta\mathfrak{H}$，就可以从 $\int \mathfrak{H}\, d\tau$的不变性知道它的变分**恒等于零**。

无限小坐标变换用

$$x^{i*}=x^{i}+\xi^{i} \tag{17}$$

来描述，此处 ξ^{i}是任意的无限小矢量。我们现在必须利用方程(13)和(10b)，以 ξ^{i}来表示 $\delta\mathfrak{g}^{ik}$ 和 δU^{l}_{ik}. 由于(17)，人们必须用

$$\delta^{a}_{b}+\xi^{a}_{,b} \text{代替} \frac{\partial x^{a*}}{\partial x^{b}}, \quad \text{用 } \delta^{a}_{b}-\xi^{a}_{,b}\text{代替} \frac{\partial x^{a}}{\partial x^{b*}},$$

并且略去关于 ξ 的高于一阶的所有各项。于是我们得到

$$\delta\mathfrak{g}^{ik}\,(=\mathfrak{g}^{ik*}-\mathfrak{g}^{ik})=$$
$$=\mathfrak{g}^{sk}\xi^{i}_{,s}+\mathfrak{g}^{is}\xi^{k}_{,s}-\mathfrak{g}^{ik}\xi^{s}_{,s}+[-\mathfrak{g}^{ik}_{,s}\xi^{s}] \tag{13a}$$

$$\delta U^{l}_{ik}\,(=U^{l}_{ik}{}^{*}-U^{l}_{ik})=U^{s}_{ik}\xi^{l}_{,s}-U^{l}_{sk}\xi^{s}_{,i}-U^{l}_{is}\xi^{s}_{,k}+$$
$$+\xi^{l}_{,ik}+[-U^{l}_{ik,s}\xi^{s}]. \tag{10c}$$

这里要注意下面的情况。变换公式**对于连续区的同一个点**提供场变数的新值。上述计算首先给出关于 $\delta\mathfrak{g}^{ik}$ 和 δU^{l}_{ik} 的表示式，但没有方括号里的那些项。另一方面，在变分法中，$\delta\mathfrak{g}^{ik}$ 和 δU^{l}_{ik} 表示**对于固定坐标值**的变分。要得到这些变分，就必须加上方括号里的那些项。

如果人们把这些“变换变分”$\delta\mathfrak{g}$ 和 δU 代入(14)，那么积分 $\int\mathfrak{H}d\tau$的变分就恒等于零。此外，如果这样来选取 ξ^i，使它们连同它们的一阶导数在积分区域的边界上等于零，那么(14)中的最后一项就无贡献。因此，如果用表示式(13a)和(10c)来代替 $\delta\mathfrak{g}^{ik}$ 和 δU^l_{ik}，那么积分

$$\int(S_{ik}\delta\mathfrak{g}^{ik}-\mathfrak{N}^{ik}{}_l\delta U^l_{ik})d\tau$$

恒等于零。既然这个积分对于 ξ^i及其导数的关系是线性的并且齐次的，那么用迭次分部积分法就能把它变为形式

$$\int\mathfrak{W}_i\xi^i d\tau,$$

此处 $\mathfrak{W}_i$ 是一个已知的表示式(关于 S_{ik} 是一阶的，关于 $\mathfrak{N}^{ik}{}_l$是二阶的)。由此得到恒等式

$$\mathfrak{W}_i\equiv 0. \tag{18}$$

这些就是关于场方程左边 S_{ik}和 $\mathfrak{N}^{ik}{}_l$的四个恒等式，它们相当于毕安期恒等式。按照以前引用的命名法，这些恒等式是三阶的。

存在第五个恒等式，它相当于积分 $\int\mathfrak{H}d\tau$对于无限小 λ 变换的不变性。在这里我们必须把

$$\delta\mathfrak{g}^{ik}=0 \qquad \delta U^l_{ik}=\delta^l_i\lambda_{,k}-\delta^l_k\lambda_{,i}$$

代入(14)，此处 λ 是无限小的，并且在积分区域的边界上等于零。我们先得到

$$\int\mathfrak{N}^{ik}{}_l(\delta^l_i\lambda_{,k}-\delta^l_k\lambda_{,i})d\tau=0,$$

或者，在分部积分之后，得到

$$2\int \mathfrak{N}^{\underset{\vee}{is}}{}_{s,i}\lambda d\tau=0$$

$\left(此处,一般地\ \mathfrak{N}^{\underset{\vee}{ik}}{}_{l}=\frac{1}{2}(\mathfrak{N}^{ik}{}_{l}-\mathfrak{N}^{ki}{}_{l})\right).$

这就提供了所要求的恒等式

$$\mathfrak{N}^{\underset{\vee}{is}}{}_{s,i}\equiv 0. \tag{19}$$

按照我们的命名法,这是一个二阶的恒等式。对于 $\mathfrak{N}^{\underset{\vee}{is}}{}_{s}$,由(14)直接计算,我们就得到

$$\mathfrak{N}^{\underset{\vee}{is}}{}_{s}\equiv \mathfrak{g}^{\underset{\vee}{ik}}{}_{,s}. \tag{19a}$$

如果场方程(16b)得到满足,那么我们就得到

$$\mathfrak{g}^{\underset{\vee}{is}}{}_{,s}=0. \tag{16c}$$

关于物理解释的评述　同麦克斯韦电磁场理论进行比较,就提示这样一种解释:(16c)表示磁流密度等于零。如果接受这一解释,那么该用哪一种表示式来表示电流密度,也就显而易见了。我们可以给张量 g^{ik} 指定张量密度 $\mathfrak{g}^{ik}$,使

$$\mathfrak{g}^{ik}=g^{ik}\sqrt{-|g_{st}|}, \tag{20}$$

此处协变张量 g_{ik} 通过方程

$$g_{is}g^{ks}=\delta_i^k \tag{21}$$

同抗变张量 g^{ik} 联系起来。由这两个方程,我们得到

$$g^{ik}=\mathfrak{g}^{ik}(-|\mathfrak{g}^{st}|)^{-\frac{1}{2}},$$

然后由方程(21)得到 g_{ik}. 我们于是可以假定

$$(a_{ikl})=\mathfrak{g}_{\underset{\vee}{ik},l}+\mathfrak{g}_{\underset{\vee}{kl},i}+\mathfrak{g}_{\underset{\vee}{li},k} \tag{22}$$

或者

$$a^{m}=\frac{1}{6}\eta^{iklm}a_{ikl} \tag{22a}$$

表示电流密度，此处 η^{iklm} 是勒维-契维塔张量密度(具有分量 ± 1)，它关于所有的指标都是反对称的。这个量的散度恒等于零。

方程组(16a)，(16b)的强度

在这里应用前面所说的那种计数法时，必须考虑到这样的事实：通过形式(9)的 λ 变换，由既定的 U 得出的所有的 U^*，实际上都代表同一个 U 场。这就得到这样的推论：$U_{ik}^{\;l}$ 展开式的 n 阶系数含有 $\binom{4}{n}$ 个 λ 的 n 阶导数，这些导数的选择对于区别实际上不同的 U 场是无关紧要的。于是同 U 场的计数有关的展开系数的个数就减少了 $\binom{4}{n}$. 对于自由的 n 阶系数的个数，我们通过计数法得到

$$z=\left[16\binom{4}{n}+64\binom{4}{n-1}-4\binom{4}{n+1}-\binom{4}{n}\right]-$$
$$-\left[16\binom{4}{n-2}+64\binom{4}{n-1}+\left[4\binom{4}{n-3}+\binom{4}{n-2}\right]\right]. \quad (23)$$

第一个方括号代表那些表征 $\mathfrak{g}$-U 场的有关的 n 阶系数的总个数，第二个方括号代表这个总数由于场方程的存在而必须减少的个数，第三个方括号则给出了由于恒等式(18)和(19)而对这个减少所作的修正。计算对于很大的 n 的渐近值，我们求得

$$z\sim\binom{4}{n}\frac{z_1}{n}, \quad (23a)$$

此处

$$z_1=42.$$

非对称场的场方程因而比纯引力场的场方程($z_1=12$)要弱得相当多。

λ 不变性对于方程组强度的影响　人们会试图从易位不变式

$$\mathfrak{H}=\frac{1}{2}(\mathfrak{g}^{ik}R_{ik}+\widetilde{\mathfrak{g}}^{ik}\widetilde{R}_{ik})$$

出发(代替用 U 作为场变数),导致理论的易位不变性。这样所产生的理论当然不同于上面所阐述的理论。可以证明,对于这个 $\mathfrak{H}$ 并不存在 λ 不变性。在这里,我们也得到(16a),(16b)这一类型的场方程,它们(对于 $\mathfrak{g}$ 和 Γ)是易位不变的。可是在它们中间只存在四个“毕安期恒等式”。如果人们把计数方法应用于这个方程组,那么在相当于(23)的公式里就少了第一个方括号中的第四项和第三个方括号中的第二项。我们就得到

$$z_1=48.$$

可见这个方程组比我们所选取的方程组要弱,因此应当被舍弃。

同前面那个场方程组的比较　这是由如下规定的:

$$\Gamma^s_{\underset{\vee}{is}}=0, \qquad R_{\underline{ik}}=0,$$

$$g_{ik,l}-g_{sk}\Gamma^s_{il}-g_{is}\Gamma^s_{lk}=0, \qquad R_{\underset{\vee}{ik},l}+R_{\underset{\vee}{kl},i}+R_{\underset{\vee}{li},k}=0$$

此处 R_{ik} 由(4a)定义为 Γ 的一个函数$\left(\text{而且此处 } R_{\underline{ik}}=\frac{1}{2}(R_{ik}+R_{ki}),R_{\underset{\vee}{ik}}=\frac{1}{2}(R_{ik}-R_{ki})\right)$.

这个方程组完全等效于新方程组(16a),(16b),因为它是用变分法从同一个积分导出来的。它对 g_{ik} 和 Γ^l_{ik} 是易位不变的。可是区别在于下面所述。要进行变分的那个积分本身并不是易位不变的,在它变分后最初得到的方程组也不是易位不变的;可是它对

于 λ 变换(5)却是不变的。为了要在这里获得易位不变性,必须用一种技巧。我们在形式上引用四个新的场变量 λ_i,它们在变分后是这样选取的,使方程 $\Gamma^{s}_{\underset{\vee}{is}}=0$ 得到满足。① 于是,由关于 Γ 进行变分而得到的那些方程,就化为所指示的易位不变的形式。但是 R_{ik} 方程仍然含有辅助变量 λ_i. 可是我们能够消去它们,这就以上述方式导致这些方程的分解。所得的方程因而也是(对于 $\mathfrak{g}$ 和 Γ)易位不变的。

假设方程 $\Gamma^{s}_{\underset{\vee}{is}}=0$ 会使 Γ 场归一化,这取消了方程组的 λ 不变性。其结果是,并不是 Γ 场的所有等效的表示都可以成为这一方程组的解。这里所发生的,有点类似于给纯引力场方程加上一些限制坐标选择的任意附加方程这一做法。此外,在我们的这个情况下,方程组变得不必要的复杂。要是从一个对于 $\mathfrak{g}$ 和 U 是易位不变的变分原理出发,并且始终用 $\mathfrak{g}$ 和 U 作为场变量,在新的表示中就能避免这些困难。

散度定律以及动量和能量守恒定律

如果场方程得到满足,而且变分又是变换变分,那么,在(14)中,不仅 S_{ik} 和 $\mathfrak{N}^{ik}{}_{l}$ 等于零,而且 $\delta\mathfrak{H}$ 也等于零,结果场方程就意味着这样一些方程

$$(\mathfrak{g}^{ik}\delta U^{s}_{ik})_{,s}=0,$$

此处 δU^{s}_{ik} 是由(10c)给定的。这个散度定律对于矢量 ξ^{i} 的任何选择都有效。最简单的特殊选择,即 ξ^{i} 同 x 无关,导致四个方程:

① 置 $\Gamma^{l*}_{ik}=\Gamma^{l}_{ik}+\delta^{l}_{i}\lambda_{k}$.——原注

$$\mathfrak{T}_{t,s}^{s}\equiv(\mathfrak{g}^{ik}U_{ik,t}^{s})_{,s}=0.$$

这些方程可以作为动量和能量守恒方程来解释和应用。应当注意，这样的守恒方程绝不是由场方程组唯一地确定的。有趣的是，按照方程

$$\mathfrak{T}_{t}^{s}\equiv\mathfrak{g}^{ik}U_{ik,t}^{s},$$

能流密度($\mathfrak{T}_4^1,\mathfrak{T}_4^2,\mathfrak{T}_4^3$)以及能量密度 $\mathfrak{T}_4^4$ 对于同 x^4 无关的场都等于零。由此可以推断：按照这个理论，没有奇点的稳定场绝不能表示不是零的质量。

如果采用了前面的场方程的表述方法，那么守恒定律的推导及其形式就都要复杂得多了。

一般评述

A. 照我的见解，这里所介绍的理论是最可能的、逻辑上最简单的相对论性场论。但是这并不意味着自然界就不可能遵循一种更复杂的场论。

更复杂的场论时常被提出来。它们可以按照下列的特征加以分类：

(a) 增加连续区的维数。在这种情况下，人们就必须解释为什么连续区在**表观上**要限于四维的。

(b) 在位移场及其相关的张量场 g_{ik}（或者 $\mathfrak{g}^{ik}$）之外，又引进了不同种类的场（比如矢量场）。

(c) 引进高阶（微商的）场方程。

依我看来，这样一些更加复杂的体系以及它们的组合，只有存在着要这样做的物理经验的理由时，才应当加以考虑。

B. 场论还没有为场方程组完全确定下来。该不该允许奇点出现？该不该假设边界条件？关于第一个问题，我认为必须排除奇点。把那些对于它们场方程是不成立的点（或者线等等）引进连续区理论中来，我觉得是不合理的。而且，引进奇点，就相当于在密切围绕着奇点的"曲面"上假设了边界条件（从场方程来看，它是任意的）。要是没有这样的假设，这理论就太含糊了。我认为第二个问题的答案是：边界条件的假设是必不可少的。我可举一个初浅的例子来说明这一点。人们可以把势的形式为 $\phi=\Sigma\frac{m}{r}$ 这个假设，同方程 $\Delta\phi=0$ 在质点外面（三维的）得到满足这个陈述来作比较。但是，如果不加上 ϕ 在无限远处趋于零（或者保持有限）这样一个边界条件，那么就存在着这样的一些解，它们是 x 的整函数$\left(比如\ x_1^2-\frac{1}{2}(x_2^2+x_3^2)\right)$，并且在无限远处变成无限大。在空间是一个"开放的"空间的情况下，要排除这样的场，那只有假设一种边界条件。

C. 是否可以设想场论能使人理解关于实在的原子论性的和量子的结构呢？几乎每个人都会对这个问题作否定的回答。但是我相信，在目前，关于它，谁也不知道有任何可靠的东西。其所以如此，那是因为我们无法判断：排除了奇点，会以怎样的方式，并且在什么程度上来减少解的多样性。要系统地导出没有奇点的解，我们还没有任何办法。近似法无能为力，因为我们从来不知道，对应于一个特殊的近似解，是否存在着**没有奇点**的精确解。由于这个缘故，我们目前不能把非线性场论的内容来同经验作比较。只有数学方法上的重大进步，才能对此有所帮助。目前所流行的见解是：场论首先必须通过“量子化”，按照一些大致已经建立起来的规则，转化成为一种场几率的统计理论。在这个方法中，我只看到这样一种企图，它是要用线性的方法来描述那些本质上是非线性的关系。

D. 人们可以提出很好的理由来说明为什么完全不能用连续的场来表示实在。从量子现象看来，好像可以确定地知道：一个具有有限能量的有限体系，可以用一个有限的数（量子数）集来作完备的描述。这似乎同连续区理论不符合，而且势必引起这样的一种企图：为了要描述实在，而去寻求一种纯粹的代数理论。但是谁也不知道究竟怎样去获得这样一种理论的基础。